图版 1　龙榛 1 号

1.树体；2.当年新生枝；3.叶（叶面、叶背）；4.枝；5.雄花；6.雌花；

7.带果苞的果；8.坚果；9.坚果果壳与果仁；10.果仁

图版 2 龙榛 2 号

1.树体；2.当年新生枝；3.叶（叶面、叶背）；4.雌花；5.雄花；6.芽；
7.带果苞的果；8.坚果；9.坚果果壳与果仁；10.果仁

图版 3　龙榛 3 号

1.树体；2.当年新生枝；3.叶（叶面、叶背）；4.芽；5.雄花；6.雌花；

7.带果苞的果；8.坚果；9.坚果果壳与果仁；10.果仁

图版 4　龙榛 4 号

1.树体；2.当年新生枝；3.叶（叶面、叶背）；4.枝；5.雄花；6.雌花；
7.带果苞的果；8.坚果；9.坚果果壳与果仁；10.果仁；

图版5　龙榛5号

1.树体；2.当年新生枝；3.叶（叶面、叶背）；4.枝；5.雄花；6.雌花；
7.带果苞的果；8.坚果；9.坚果果壳与果仁；10.果仁；

图版6　龙榛6号优系

1.树体；2.当年新生枝；3.叶（叶面、叶背）；4.雄花；5.芽；
6.带果苞的果；7.坚果；8.坚果果壳与果仁；9.果仁

图版 7　龙榛 7 号优系

1.树体；2.当年新生枝；3.叶（叶面、叶背）；4.雄花；5.芽；
6.带果苞的果；7.坚果；8.坚果果壳与果仁；9.果仁

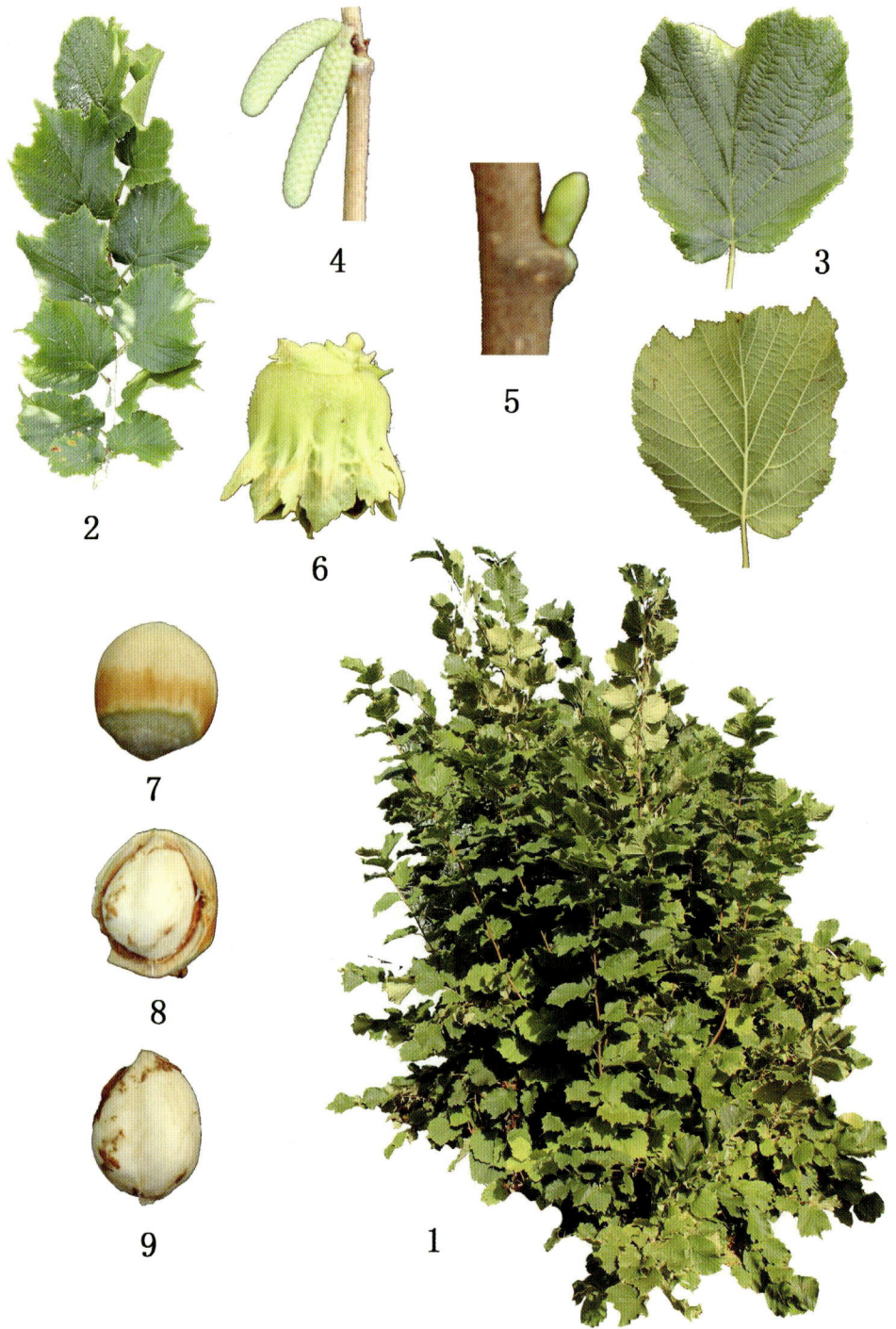

图版 8　龙榛 8 号优系

1.树体；2.当年新生枝；3.叶（叶面、叶背）；4.雄花；5.芽；
6.带果苞的果；7.坚果；8.坚果果壳与果仁；9.果仁

图版 9　龙榛 9 号优系

1.树体；2.当年新生枝；3.叶（叶面、叶背）；4.雄花；5.芽；
6.带果苞的果；7.坚果；8.坚果果壳与果仁；9.果仁

三道林场 龙榛1号组图

三道林场 龙榛2号组图

三道林场　龙榛 3 号组图

三道林场 龙榛 4 号组图

三道林场　龙榛5号组图

野生平榛组图

种质资源 1

种质资源 2

种质资源 3

种质资源 4

小兴安岭种质资源组图

花粉收集 1

花粉收集 2

花粉收集 3

花粉收集 4

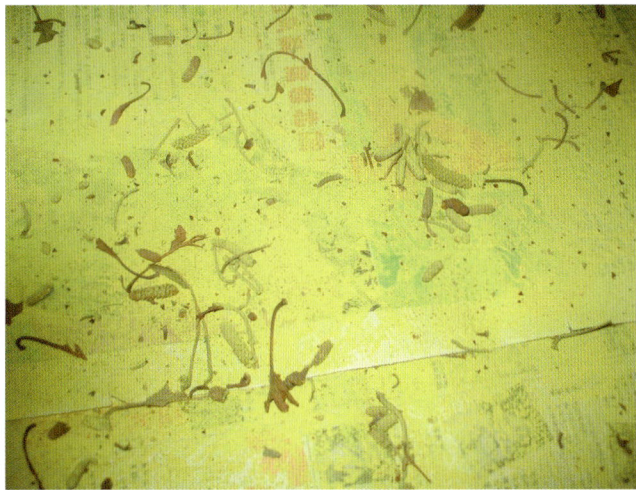

花粉收集 5

花粉收集组图

杂交育种 1

杂交育种 2

杂交育种雌花开放

杂交育种组图

杂交果实 1

杂交果实 2

杂交果实 3

杂交果实 4

杂交果实组图

高锰酸钾浸种种子处理 1

细河沙种子处理 2

种子装湿沙处理 3

杂交龙榛 F_1 代育苗种子处理组图

杂交龙榛 F₁ 代容器育苗组图

苗木生长 1

苗木生长 2

苗木生长 3

苗木生长 4

杂交龙榛 F$_1$ 代育苗苗木生长组图

榛子育苗 1

榛子育苗 2

榛子起苗

苗木分级

龙榛优质苗木培育组图

榛园定植

榛园抚育

榛园测试

榛子区域

龙榛示范基地组图

HANDI ZAJIAO ZHENZI
LIANGZHONG XUANYU YU ZAIPEI YANJIU

寒地杂交榛子良种选育与栽培研究

龙作义 著

黑龙江科学技术出版社

图书在版编目（CIP）数据

寒地杂交榛子良种选育与栽培研究 / 龙作义著 . --
哈尔滨：黑龙江科学技术出版社，2019.12
ISBN 978-7-5719-0343-5

Ⅰ . ①寒… Ⅱ . ①龙… Ⅲ . ①榛－果树园艺 Ⅳ .
① S664.4

中国版本图书馆 CIP 数据核字 (2019) 第 286639 号

寒地杂交榛子良种选育与栽培研究
HANDI ZAJIAO ZHENZI LIANGZHONG XUANYU YU ZAIPEI YANJIU
龙作义 著

项目总监　侯　擘
项目策划　朱佳新 梁祥崇
责任编辑　王　姝 闫海波 宋秋颖 梁祥崇 张东君
责任校对　回　博 刘　杨
封面设计　林　子
出　　版　黑龙江科学技术出版社
地　　址　哈尔滨市南岗区公安街 70-2 号　邮编：150007
电　　话　（0451）53642106 传真：（0451）53642143
网　　址　www.lkcbs.cn
发　　行　全国新华书店
印　　刷　雅迪云印（天津）科技有限公司
开　　本　889 mm×1194 mm　1/16
印　　张　32　插　页 24
字　　数　800 千字
版　　次　2019 年 12 月第 1 版
印　　次　2019 年 12 月第 1 次印刷
书　　号　ISBN 978-7-5719-0343-5
定　　价　65.00 元

序 一

    榛子是世界四大坚果之一，有"坚果之王"的美称。当前，国外进口的大量榛果占据国内主要市场。东北地区是我国纬度最高、气候最寒冷、受大陆季风影响较大的自然区域，同时日照时间长、光照充足、昼夜温差大，加之土质肥沃、水质优良，适合优质榛子的生产。

    龙作义研究员利用欧榛种质资源与平榛、毛榛以及平欧杂交榛进行杂交或进行诱变育种，培育出优质丰产抗寒系列榛子品种——龙榛，使榛子栽培区域从北纬 42° 向北推进到北纬 47° 30′ ，填补了世界高纬高寒地区榛子育种、栽培技术的空白。而且，龙榛的榛果与全国其他产区的榛果相比，具有糖类与氨基酸含量高、微量元素丰富、风味上佳等特点，提升了我国榛果的世界竞争力。

    榛子产业在现代农林产业发展中具有举足轻重的地位，它不仅能够满足人们对榛子和榛子产品的需求，而且对调整种植产业结构、改善饮食结构和增加社会就业有积极意义。在森林生态建设中还能增加森林覆盖率、提高土壤肥力、调节土壤结构、增强林地涵养水源及保持水土和固碳能力，改善森林生态环境，达到生态可持续发展的目的。经济效益方面，根据高寒地区的自然、气候条件和区域特点，选择适宜的杂交榛子品种进行适地适栽，突出区域特色，提高榛果产品品质，形成规模化生产栽培，增强市场竞争力，从而将潜在的发展优势转化为现实的经济优势。因此，迫切需要适合高寒地区，科学性、实用性强且能介绍与反映寒地榛子科研水平和栽培技术的书籍。

    此外，龙作义研究员在培育出龙榛系列品种的基础上，开展了龙榛根蘖压条育苗机制的研究、物理与化学等技术措施的调控研究，为寒地杂交榛子的栽培与产业发展奠定了基础。

    《寒地杂交榛子良种选育与栽培研究》一书，是这些重要研究成果的总结，具有极为重要的出版价值。本书对深化榛子良种研究，加快优质丰产抗寒系列榛子品种的推广，促进东北地区农业结构调整，提高农民收入具有重要的推动作用。

沈国舫

2018 年 7 月 9 日

序 二

  龙作义研究员所著的《寒地杂交榛子良种选育与栽培研究》一书,介绍了我国在寒地榛子育种、栽培方面的最新成果,填补了世界高纬高寒地区榛子育种、栽培技术的空白,这些研究成果为全球高纬高寒地区栽培榛子提供了新的育种方法和栽培模式。

  榛子是我国重要的高档木本粮油作物之一,是一种具有多种用途的木本粮油树种。北纬42°以上的高寒地区受自然环境条件制约,曾被视为杂交榛子抗寒能力的禁区,在此地区种植榛子必须对其品种选择、栽培技术等方面有所创新。龙作义研究员采用了系统引种、选种、远缘杂交育种、辐射育种等多种手段,成功培育出了适合高纬地区栽培的杂交榛子新品种——龙榛,在榛子育种上具有重要的学术价值。"龙榛"系列榛子良种使我国榛子栽培区域从北纬42°向北推进到北纬47°30′,填补了世界高纬高寒地区榛子育种的空白。

  榛子产业是一个投资少、见效快、收益大的产业,不仅能够满足人们对榛子和榛子产品的需求,而且对调整种植产业结构、改善饮食构成、增加社会就业以及促进社会与自然和谐发展具有积极意义。同时还能增加森林覆盖率、提高土壤肥力、调节土壤结构、增强林地涵养水源及保持水土和固碳能力,改善森林生态环境,实现了国家倡导的森林生态可持续发展。目前,在现有的榛子生产中,存在着品种混杂、栽植成活率低、管理粗放等问题,导致产量低、效益差。如何根据高寒地区的自然环境、气候条件和区域特点,选择适宜的杂交榛子品种进行适地适栽,突出区域特色,提高榛果产品品质,形成规模化生产栽培,增强市场竞争力,从而将潜在的发展优势转化为现实的经济优势,就成了亟待解决的重要科学问题。因此,迫切需要科学性、实用性强,且能指导高寒地区榛子产业发展的最新科研成果和栽培技术的书籍问世。

  这一著作凝聚了作者二十多年的心血,也彰显了他深厚的育种学、栽培学功底。他秉承科学性和实用性的原则,将多年榛子杂交育种与栽培研究、推广的第一手科技资料荟萃成书。全书系统论述了榛子种质资源与龙榛的生物学特性、龙榛育种技术、龙榛育苗技术、龙榛栽培技术等,内容完整,是榛子育种工作者、栽培推广工作者和农林业从业者重要的学习教材。该书的出版,对加快优质丰产抗寒系列龙榛品种的推广、提高农民收入具有重要的推动作用。同时,北纬47°30′涵盖俄罗斯、蒙古、哈萨克斯坦、美国等国,龙榛系列榛子育种、栽培技术可能成为我国农业技术"走出去"的一个重要项目。

罗伟兄

2018 年 7 月 6 日

自　序

　　黑龙江省的榛子研究工作始于 1997 年，黑龙江省牡丹江林业科学研究所得到了黑龙江省森林工业总局的支持，首先开展了"榛子开发系列技术的研究"。该项目在 2003 年通过验收，通过引种选育出 3 个杂交榛子品系，2004 年获得黑龙江省森林工业总局科技进步奖。经过多年不懈的努力，在引种上获得了重要突破，为在黑龙江省保存和利用欧榛基因奠定了基础。

　　此后，黑龙江省牡丹江林业科学研究所先后于 2005 年获得黑龙江省科技厅的资助，开展了"杂交榛子良种选育"（GC05B113）项目的研究，2006 年获得黑龙江省科技厅"十一五"重大攻关项目资助，开展了"森林坚果资源定向培育与天然林分改良技术的研究"（GB06B306-1）项目，2008 年获得黑龙江省科技厅农转资金项目的资助，开展了"龙榛区域性栽培试验"（N08B017）项目的研究。并且于 2010 年、2014 年、2015 年、2017 年分别获得国家中央财政林业科技推广示范资金项目的资助，开展了"杂交榛子新品种——龙榛 1 号良种基地建设与丰产栽培技术的推广与示范"（[2010]TQ102号）、"龙榛 2 号良种基地建设与丰产栽培技术的推广与示范"（[2014]TQ102 号）、"优质丰产抗寒杂交榛子优良品种推广示范"（[2015]TQ002 号）和"优质丰产抗寒龙榛新品种推广与示范"（[2017]HZT16 号）的研究与推广，于 2010 年、2014 年、2015 年分别获得黑龙江省森林工业总局的资助，开展了"优质丰产抗寒杂交榛子新品种选育及优质苗木繁殖技术的研究"（sgzjY2010001）、"寒地榛子新品种选育技术的研究"（sgzjY2014003）、"杂交榛子新品种的推广与示范"（sgzjT2014007）和"龙榛育苗技术的推广与应用"（sgzjT2015004）等项目的研究工作。

　　经过二十多年的不懈努力，黑龙江省牡丹江林业科学研究所获得了三项省级科研成果，选育出良种 4 个；建立育种基地 1 处、种质资源圃 1 处、良种选育基地 1 处；栽培示范区 5 处，推广面积 2000 多亩（1 亩 ≈ 667m^2）；制定了榛子方面黑龙江省地方标准 3 个；完成了龙榛的良种选育技术体系、龙榛优质苗木培育技术体系、龙榛经济林培育技术体系建设和龙榛栽培技术推广体系。龙榛系列品种具有果实品质好、营养价值高、抗寒性强、栽植区域广、管理方便、见效快和收益期长等优点，可在退耕还林地、荒山荒地以及宜林地进行栽植。这些成果使得龙榛系列杂交榛子良种栽培由北纬 42° 向北推移至北纬 47° 30′，扩大了龙榛系列品种在寒地的种植范围。

　　本书的出版对推广高纬高寒地区杂交榛子新品种，扩大杂交榛子种植面积，大幅提高我国高纬高寒农林区域内农民和林业职工的经济收入，促进该区域的经济增长具有重要作用；对我国高纬高寒地区的种植业结构调整具有重要的作用；为我国榛果走出国门，抢占国际市场奠定了基础。

　　本书的出版，首先感谢黑龙江省科技厅和黑龙江省森林工业总局为我们项目的开展提供的资助。感谢中国工程院资深院士沈国舫教授，中国工程院院士尹伟伦教授，黑龙江省林业科学院牡丹江分院经济林研究室李雪高级工程师、逄宏扬高级工程师、李红莉高级工程师以及杨燕超工程师提供的支持与帮助。特别要对孙强工程师对本书的校阅表示感谢。同时，本项目的开展也得到了黑龙江省牡丹江林业科学研究所各级领导与同事的支持和关心，经过经济林研究室科研团队二十多年的共同努力，"寒地杂交榛子良种选育与栽培研究"取得了较好的成绩和丰硕的成果，为森林培育、经济林育种与栽培、果树栽培以及水土保持林事业的发展做出了应有的贡献。

寒地杂交榛子良种选育与栽培仍在研究与发展中，因此，本书所涉及的许多方面还需进一步完善。由于我们水平有限，难免有不妥之处，恳请读者批评指正。

龙作义

前 言

发展森林坚果生产是丰富副食品供应、促进社会经济发展和保证人们身心健康的一项重要社会活动事业。榛果在过去、现在和将来，都能为人类提供大量的维生素、粗纤维素、矿物质及其他营养成分，是人们传统饮食结构中不可替代的一种食物。随着人类社会的发展和生活水平的提高，对优质榛果的需求量越来越大，因此，需要不断地选育优良新品种，以满足市场的需求与供应。在近些年发展榛果的生产中，通过改变榛树的遗传特性，选育的新品种更符合栽培技术进步的要求，在栽培上具有更广的适应性与抗性，能产生更大的经济效益，在国内外市场上具有更强的竞争力。

榛树是我国重要的坚果树种，其生产的榛果也是国际上"四大坚果"之一，由于它独特的风味和丰富的营养而深受广大消费者的喜爱。榛树栽培在中亚及欧洲有上千年的历史，而在我国则始终处于利用野生资源的状态，直到 20 世纪末，科技人员选育出了杂交榛子新品种后，我国榛子生产才走上了人工栽培的道路。

选用榛树优良品质性状进行育种是榛子良种化发展的必然趋势。选择与杂交（交配）是榛属（*Corylus* L.）育种最有效的基本手段。目前，具有栽培价值的榛子品种只适应夏凉冬暖的气候，导致栽植范围受到很大限制，因此培育抗寒的榛子品种一直是世界榛子育种工作中的重要课题之一。抗寒育种，一方面需要有抗寒性的种质做亲本，另一方面杂交后代的抗寒性鉴定尤为重要，只有这两方面有效结合，才能够达到目的。早期的榛子育种工作项目主要是在弗吉尼亚实验站（1928 年）、马里兰州美国农业部种植工业局（1928 年）和纽约农业试验站（1930 年）实施的，当时的重要育种目标是通过美洲榛（*C. americana* Marsh.）与欧洲榛（*C. avellana* L.）种间杂交，将美洲榛的抗寒性状以及抗东方榛枯萎病性状与欧洲榛的优良性状结合起来，培育出新的栽培品种。20 世纪 50 年代Gellatly 的杂交育种工作，1969 年和 1972 年 Thompson 的育种项目，抗寒育种都是重要的目标之一。中国对榛子的研究始于 20 世纪 60 年代初，沈阳农业大学、中国农业科学院特产研究所、黑龙江省牡丹江林业科学研究所、中国科学院沈阳应用生态研究所及内蒙古自治区林业科学研究所进行了平榛生态学和生物学特性的调查研究。20 世纪 70 年代后，开展了欧洲榛引种及选种的研究、平榛选优研究，80 年代开展了平榛与欧洲榛的种间杂交育种研究。

辽宁省经济林研究所在 1980 年进行了平榛（*C. heterophylla* Fisch.）与欧洲榛的种间杂交育种，用引进的欧洲榛改良我国原产平榛，把欧洲榛的果大、出仁率高、丰产等性状同我国原产平榛的抗寒适应性强、风味优良等性状结合起来，希望培育出抗寒、大果、优质、丰产的种间杂交新品种。1996—1998 年陆续推出了平欧种间杂交优系，1999 年选育出抗寒类型平欧杂交榛（*C. heterophylla* × *C. avellana*）共 5 个品种，分别为平顶黄、薄壳红、达维、金铃、玉坠。其主要特点是丰产、果实大、果仁光洁、抗寒性较强。彭立新等采用电解质渗出率法、恢复生长法和组织褐变法，对榛属 47 份试材的抗寒性进行了分析研究，根据抗寒性和恢复生长后的萌芽百分率，筛选出 10 个较抗寒的平欧杂交榛品系。

平欧杂交榛新品种集合了平榛与欧洲榛的优良遗传基因，在抗寒适应性方面，大部分优良品种及品系可抗 -30℃低温，在有雪覆盖的冬季，有 11 个平欧杂种优系可抗 -32℃低温（欧洲榛只抗 -6~-4℃低温），可在沈阳北郊露地越冬。经国内十多个省（自治区、直辖市）引种实验证明，这些品种、品系的适宜栽培范围在北纬 32°~42° 之间。对此，我们确定的育种目标是培育出抗寒、优质、丰产的新品种。

榛子育种在黑龙江省起步略晚于辽宁省，但是我们建立健全了寒地育种技术体系。我们从项目实施开始时，就注重寒地杂交榛子育种技术体系的研究，经过努力，不仅选育出了抗寒平欧杂交榛新品种，而且建立了一套完整的由种质资源收集与保存、引种驯化、远缘杂交育种、辐射育种、F_1 代苗木培育、F_1 代评比园建设与评比以及选择育种等先进技术组成的杂交榛子育种体系。我们研究的结果使得龙榛（C. heterophylla × C. avellana）系列杂交榛良种栽培由北纬 42° 向北推移至北纬 47° 30′。龙榛系列品种具有果实品质好、营养价值高、抗寒性强、栽植区域广、管理方便、见效快和收益期长等优点，可在退耕还林地、荒山荒地以及宜林地进行栽植。

龙榛新品种育苗必须靠无性繁殖技术，这是由龙榛新品种的特性所决定的。高寒地区龙榛育苗由于受当地环境因素影响极大，如生长期短、有效积温少、土壤温度低、降水少等诸多环境因素条件的限制，往往导致育苗时间把握得不好、采用的培养基质不理想、环束的高低与松紧程度不适宜、萌生条基部表皮上的处理生根素的选择不恰当以及施肥灌水条件不合格等，从而形成育苗多、发根不多、成苗率较低的不利局面。因此，我们综合研究了育苗的机制，对上述技术进行了系统研究并取得了积极的进展，为龙榛的产业化发展奠定了基础。

龙榛是本地区退耕还林和水土保持优先选择的树种之一，对改善生态环境、防止水土流失有重大生态效益。龙榛与其他经济树种混交，不仅丰富了森林植被，促进了土壤肥力的改善，实现了生物的多样性，而且增加了经济收益。龙榛生态经济林的生长，使得黑龙江地区生态条件更具自然景观特色和生态面貌，对提高区域生态环境质量发挥了重要作用，同时可以充分发挥森林资源涵养水源、防风固沙、防止水土流失的能力，也可有效地保护森林生态系统的生物多样性和宝贵的生物基因库，为不断提高森林资源的质量奠定了基础。

中央财政林业科技项目的推广和示范，健全了龙榛优质、丰产、抗寒的栽培技术。这些技术在黑龙江省林口林业局、八面通林业局、山河屯林业局、海林林业局、鹤立林业局及黑龙江省庆安国有林场管理局等地进行了大面积推广应用，取得了良好的效果。龙榛系列良种的推广应用，有利于水土保持和生态环境改善，通过龙榛的良种繁育，优质丰产栽培，果实生产加工、贮藏、流通等延长产业链，不仅提高了经济效益，而且提供了较多的就业机会，特别是在精准扶贫中起到了积极作用，对建设林区生态环境、调整林区种植结构、提高职工收入以及促进寒地社会经济发展具有重要的意义。栽培示范区的建设可起到带头示范作用，实现寒地林业的可持续发展。

目　录

第三篇　龙榛良种苗木培育技术

第四篇　龙榛栽培技术

第一篇 榛属种质资源与生物学特性

第一章 榛属种质资源的调查、收集与评价

种质是决定生物种性（生物之间相互区别的特性），并将丰富的遗传信息从亲代传给子代的遗传物质的载体。种质资源的丰度通过遗传多样性来衡量，而其他自然资源的丰度通过蕴藏的数量和质量来衡量。种质资源是育种工作的物质基础。榛属种质资源是榛属植物材料中能将其特定的遗传信息传递给后代并能表达的遗传物质总称。育种目标确定后，就要准确选择和利用种质资源，进行不断的创新。

榛属种质资源对我们人类来说，是食物的重要来源。其为现代育种兴起与发展提供了关键的原材料，是榛属进化的基础。丰富的榛属种质资源可使榛属栽培适应不同的环境与用途，是构成生物多样性极其重要的因素，对森林生态系统起着稳定性作用。掌握的榛属种质资源越丰富，对它们的研究越透彻，则利用它们选育新品种的概率越大。

第一节 榛属植物资源的调查方法

一、寒地榛属植物种质资源的调查区域

寒地榛属植物种质资源调查组，根据榛属资源的种类与分布状况，在黑龙江全省划分了5个调查区域，由南到北，分别对老爷岭、张广才岭、完达山、小兴安岭、大兴安岭地区黑龙江沿岸等进行调查。

1. 老爷岭地域

调查地点主要包括：东京城林业局三道林场，绥阳林业局寒葱河林场、暖泉河林场、中股流林场与三岔河林场，山河屯林业局奋斗林场与胜利经营所，大海林林业局双峰林场与柳河林场，海林林业局夹皮沟林场等。

2. 张广才岭地域

调查地点主要包括：海林林业局三部落林场和夹皮沟林场，柴河林业局黑牛背林场、双桥林场和秋皮沟林场，林口林业局曙光林场与青山林场，苇河林业局平林林场与西平林场，八面通林业局枫月桥林场，勃利县红旗林场等。

3. 完达山地域

调查地点主要包括：迎春林业局皖峰林场，东方红林业局青山林场，双鸭山市岭东区二站经营所，桦南林业局永青林场等。

4. 小兴安岭地域

调查地点主要包括：清河林业局大古洞林场，兴隆林业局东方林场，桃山林业局奋斗林场，绥棱林业局建兴经营所，朗乡林业局六道沟林场，通北林业局前进林场，沾河林业局幸福林场，翠峦林业局解放经营所，带岭林业局东方红林场，新青林业局泉林林场、乌拉嘎经营所、汤林林场与桦林经营所，铁力林业局卫星林场，乌伊岭林业局林海林场，金山屯林业局丰林林场、丰沟林场与丰岭林场等。

5. 大兴安岭地区黑龙江沿岸地域

调查地点主要包括：松岭林业局壮志林场，加格达奇林业局卧都河林场，图强林业局育英林场，塔河林业局瓦拉干林场，十八站林业局永庆林场，韩家园林业局韩家园林场，呼玛县林业局金山林场。

二、寒地榛属植物资源的调查方法

寒地榛属植物种质资源调查组的调查方法采用现场询问和现场踏查实测。通过对榛属种质资源的调查，了解寒地榛属植物的生长环境、分布状况、生长习性以及在自然生境中基本形态的变化。

1. 调查的准备

寒地榛属植物种质资源调查组首先确定调查地点，然后设计调查路线，准备调查所需用品，包括收集榛属种质资源所用工具、记录的标签卡片、包装材料等，以及交通工具、相关工作人员联系方式等。

2. 调查的内容

（1）野生资源调查。
主要榛属植物在东北三省，特别是黑龙江省的分布区域、分布面积及数量、生境条件、主要林分榛果产量与质量等。
（2）人工栽培资源调查。
榛属植物人工栽培区域、品种来源、栽培年份、生长情况、榛果产量与质量、病虫害发生情况等。

3. 资料的收集整理、收集的对象

调查中需要了解野生榛属植物的分布区域、面积数量、生境条件、主要林分以及质量、榛果产量与质量等，榛属植物人工栽培区域、品种来源、栽培年份、生长情况、榛果产量与质量、病虫害发生情况等，对其进行统计与分析，并确定今后榛属种质资源收集与保存的方法、数量等。

三、榛属种质资源的收集

为了做好榛属种质资源的收集，真正反映榛属种质资源的地域性，使其具有代表性，我们从实际出发，确定榛属种质资源收集的对象分为两种，一是带有雄花的枝条，主要用于春季的杂交育种活动；二是整体植株，主要用于建立榛属种质资源圃。

1. 花枝的收集

按照优良林分的选择标准确定优良林分。在优良林分中，按照优良单株的选择标准确定优良单株。单株性状一般为 50 株，株间需相距 50 m 以上。在选择的优良单株上部，剪取发育有雄花序的枝条 3~5 个。剪取的枝条集中用塑料袋打包，放置标签卡片后，寄回实验室，用于培养收取花粉。

2. 整体植株的收集

按照优良林分的选择标准确定优良林分。在优良林分中，按照优良单株的选择标准确定优良单株。单株性状一般为 20 株，株间需相距 80 m 以上。人工采挖选择后的优良单株，经平头、去部分树干并修剪根系后，堆积成捆打包。平头是指榛树保留 50~60 cm 高度的树干，平掉其上部剩余部分。修剪根系是指根系保留 20 cm 长，有利于运输和栽植前的管理与修根。挖取榛树的树体后，集中用塑料袋打包，根部放置于湿度较大的枯枝落叶中，填写标签卡片，用编织袋装妥，寄回单位，用于建立榛属种质资源圃。

四、省外榛属植物资源的调查方法

对省外榛属植物资源的调查采用文献资料查询的方式进行，重点是具有较高的食用价值的种或变种。通过对这些种或变种的分布区域的调查，主要了解榛属的种类、各种群的分布与利用情况，如从国外引进的欧榛、北美榛的利用情况，影响榛属植物生长发育的原因、技术障碍（瓶颈），国内相关科研生产单位的发展利用水平等。这些调查途经河北省林业科学研究院的邯郸基地、河南省洛宁县林业局榛子基地、安徽省林业科学研究院的六安榛子基地，一直到山东省的泰安市农业科学研究院，获取了大量的珍贵资料，为榛子育种奠定了良好的基础。

第二节　我国榛属植物资源

一、榛属的种类

榛子属于桦木科（Betulaceae）榛属（*Corylus* L.），在我国有 7 种 2 变种，分别是刺榛（*C. ferox* Wall.）、藏刺榛 [*C. ferox* Wall. var. *thibetica*（Batal.）Franch.]、维西榛（*C. wangii* Hu.）、滇榛（*C. yunnanensis* A. Camus.）、平榛（*C. heterophylla* Fisch.）、川榛（*C. heterophylla* Fisch. var.

sutchuenensis Franch.）、华榛（*C. chinensis* Franch.）、披针叶榛（*C. fargesii* Schneid.）和毛榛（*C. mandshurica* Maxim.），主要分布于西南、西北、华北和东北地区。

二、榛属分种检索

榛属 7 种 2 变种的分种检索见表 1-1。

表 1-1　榛属分种检索表

1.果苞钟状，其裂片全部硬化为分叉的针刺状；花药紫红色

　2.叶矩圆形，倒卵状矩圆形；果苞背面无或偶有刺状腺体（西藏、云南、四川西部和西南部）…………………………………………………………………………刺榛 *C. ferox* Wall.

　2.叶宽倒卵形或宽椭圆形；果苞背面具或疏或密的刺状腺体（甘肃、陕西、四川东部和北部）……………………藏刺榛 *C. ferox*.Wall. var. *thibetica* （Batal.）Franch.

1.果苞钟状或管状，裂片不硬化；花药黄色或红色

　3.果苞钟状，与果近等长或稍长于果，但长不超过果的 1 倍

　　4.果苞的裂片条形，反折，裂片的边缘具 1~3 枚羽状小裂片；叶矩圆形、卵状矩圆形，较少宽椭圆形，顶端近尾状（云南西北部）…………………… 维西榛 *C. wangii* Hu.

　　4.果苞的裂片条形，不反折，裂片的边缘具锯齿或全缘

　　　5.小枝、叶柄、叶片背面、果苞均密被黄色的茸毛；叶柄粗壮，长 7~12 mm；果苞通常与果等长或稍短于果（云南西北部、四川西部与西南部）……………………滇榛 *C. yunnanensis* A.Camus.

　　　5.小枝、叶柄、叶片背面、果苞均无毛或疏被长柔毛；叶卵形、矩圆形、椭圆形、宽倒卵形，很少近圆形，边缘的中部以上具浅裂或缺刻；叶柄长 1~3 cm；果苞长于果，极少稍短于果

　　　　6.叶的顶端凹缺或截形、中央具突尖；花药黄色；果苞裂片的边缘全缘，很少有锯齿（黑龙江、吉林、辽宁、河北、山西、陕西）……………………平榛 *C. heterophylla* Fisch.

　　　　6.叶的顶端尾状；花药红色；果苞裂片边缘有锯齿，很少全缘（四川东部、陕西、甘肃、河南、山东、安徽、江苏、浙江、江西、湖北）……………………川榛 *C. heterophylla* Fisch. var. *sutchuenensis* Franch.

　3.果苞管状，长于果 1~3 倍

　　　7.乔木；果苞外面疏被短柔毛或密被茸毛，很少无毛；叶的边缘具重锯齿，基部的两侧不对称

　　　　8.果苞外面疏被短柔毛或无毛，有多数明显的纵肋，密生刺状腺体，裂片披针形，较少为三角形（云南、四川西南部）……………………华榛 *C. chinensis* Franch.

　　　　8.果苞外面密被黄色茸毛，无纵肋，无或多少具刺状腺体，裂片三角形或三角状披针形（贵州、四川、湖北西部、河南、陕西、甘肃）……………………披针叶榛 *C. fargesii* Schneid.

　　　7.灌木；果苞外面密被黄色刚毛；叶边缘具粗锯齿，中部以上具浅裂，基部的两侧近于对称（黑龙江、吉林、辽宁、河北、山西、山东、陕西、甘肃）……………………毛榛 *C. mandshurica* Maxim.

三、国内非寒地的榛属植物简介

1. 刺榛（*Corylus ferox* Wall.）

乔木或小乔木；芽鳞外面密生短柔毛。叶矩圆形或矩圆状倒卵形，长 5~15 cm，先端骤急尖、长渐尖至尾状渐尖，基部近心形或圆形，边缘有不规则锐尖重锯齿，上面疏生毛，下面沿叶脉密生黄色长柔毛，侧脉 8~14 对；叶柄长 1.0~3.5 cm。果 3~6 个簇生；总苞褐色，外面密生短柔毛，疏生刺毛状腺体或无，裂片呈密细而尖锐的针刺并密生短柔毛；坚果扁球状，长 1.0~1.5 cm，直径约 1.0 cm。

刺榛分布于我国西藏、云南、四川；尼泊尔也有。生山坡杂林中。坚果供食用。

2. 藏刺榛（变种）[*Corylus ferox* Wall. var. *thibetica*（Batal.）Franch.]

乔木或小乔木，高 5~12 m。树皮灰黑色或灰色；枝条灰褐色或暗灰色，无毛；小枝褐色，疏被长柔毛，基部密生黄色长柔毛，有时具或疏或密的刺状腺体。叶厚纸质，叶为宽椭圆形或宽倒卵形，很少矩圆形，长 5~15 cm，宽 3~9 cm，顶端尾状，基部近心形或近圆形，有时两侧稍不对称，边缘具刺毛状重锯齿，上面仅幼时疏被长柔毛，后变无毛，下面沿脉密被淡黄色长柔毛，脉腋间有时具簇生的髯毛，侧脉 8~14 对；叶柄较细瘦，长 1.0~3.5 cm，密被长柔毛或疏被毛至几无毛。雄花序 1~5 枚排成总状；苞鳞背面密被长柔毛；花药紫红色。果 3~6 枚簇生，极少单生；果苞钟状，成熟时褐色，果苞背面具或疏或密刺状腺体，针刺状裂片疏被毛至几无毛；上部具分叉而锐利的针刺状裂片。坚果扁球形，上部裸露，顶端密被短柔毛，长 1.0~1.5 cm。

藏刺榛对地势的要求不十分严格，生于海拔 1500~3000 m 的林中。陡坡较低有利于藏刺榛生长和结实。中国北方地区以海拔 750 m 以下栽培为宜，南方地区海拔 1000 m 以下可以栽培。其分布于我国甘肃、陕西、四川东部及北部、湖北西部，尼泊尔也有。

藏刺榛果仁含油量为 62.9%（云南彝良）。藏刺榛所榨的油属于干性油，含有不饱和脂肪酸，为优质食用油。种子也可做干果食用，还可用于制肥皂、蜡烛及化妆品。藏刺榛果壳是制造活性炭的好原料。树皮和果苞中含单宁 8.5%~14.5%，可提制栲胶。藏刺榛叶含粗蛋白 15.9%，可养柞蚕和做猪饲料。

藏刺榛种子营养丰富，除可食用，也可入药，具有调中、开胃、明目的功用，主治皮肤瘙痒、肠炎腹泻。

3. 维西榛（*Corylus wangii* Hu.）

小乔木，高约 7 m；枝条灰褐色，无毛；幼枝褐色，疏被长柔毛及刺状腺体。叶厚纸质，矩圆形或卵状矩圆形，较少宽椭圆形，长 5~10 cm，宽 2.5~7.0 cm，顶端近尾状，基部心形或斜心形，边缘具锐尖的重锯齿，两面均疏被毛至几无毛，下面沿脉被长柔毛，侧脉 9~13 对；叶柄细瘦，长 7~20 mm，密被长柔毛及刺状腺体。果 4~8 枚簇生；序梗长约 1 cm，密被长柔毛；果苞钟状，较果长 1 倍左右，背面具条棱，密生刺状腺体，幼时密被黄色茸毛，后渐变无毛，上部深裂，裂片条形，反折，长约 2 cm，宽约 2 mm，边缘又具 1~3 枚羽状小裂片。坚果卵圆形，顶端短尖，无毛，长 1.5 cm。

维西榛分布于我国西藏、云南、四川西部和西南部，生长在山坡，海拔约 3400 m。

相似物种区别：本种与分布于欧洲东南部至伊朗、印度和喜马拉雅山区的 *C. colurna* L. 相似，但本种的叶多为矩圆形，顶端尾状与后者区别。

4. 滇榛（*Corylus yunnanensis* A. Camus.）

灌木或小乔木，高 1~7 m；树皮暗灰色；枝条暗灰色或灰褐色，无毛；小枝褐色，密被黄色茸毛和具或疏或密的刺状腺体。叶厚纸质，近圆形或宽卵形，很少倒卵形，长 4~12 cm，宽 3~9 cm，顶端骤尖或尾状，基部近心形，边缘具不规则的锯齿，上面疏被短柔毛，幼时具刺状腺体，下面密被茸毛，幼时沿主脉的下部生刺状腺体；侧脉 5~7 对；叶柄粗壮，长 7~12 mm，密被茸毛，幼时密生刺状腺体。雄花序 2~3 枚排成总状，下垂，长 2.5~3.5 cm，苞鳞背面密被短柔毛。果单生或 2~3 枚簇生呈头状，果苞钟状，外面密被黄色茸毛和刺状腺体，通常与果等长或较果短，很少较果长，上部浅裂，裂片三角形，边缘具疏齿。坚果球形，长 1.5~2.0 cm，密被茸毛。

滇榛分布于我国云南中部、西部及西北部，四川西部及西南部，贵州西部。生于海拔 2000~3700 m 的山坡灌丛中。

树皮可提制栲胶，种子可榨油。

5. 川榛（变种）（*Corylus heterophylla* Fisch. var. *sutchuenensis* Franch.）

灌木或小乔木；小枝黄褐色，密生短柔毛，有时具少数刺毛状腺体，密生皮孔。叶矩圆形或宽倒卵形，长 4~13 cm，先端不若正种榛（*C. heterophylla*）那样平截，有时圆，从中伸出或长或短的渐尖，上面有短柔毛，下面常无毛或几无毛，侧脉 3~7 对；叶柄细，长 12 cm，有短柔毛。果序 1~6 个簇生；总苞叶状，较坚果长，有时短于坚果，外面密生短柔毛，有时密生刺毛状腺体，裂片通常有粗齿稀全缘。坚果近球形，直径 7~15 mm。

川榛分布于我国贵州、四川东部、陕西、甘肃中部和东南部、河南、山东、江苏、安徽、浙江、江西。生于海拔 700~2500 m 的山地林间。

种子可食，并可榨油。

6. 华榛（*Corylus chinensis* Franch.）[又称山白果（湖北）]

乔木，高可达 20 m；树皮灰褐色，纵裂；枝条灰褐色，无毛；小枝褐色，密被长柔毛和刺状腺体，很少无毛无腺体，基部通常密被淡黄色长柔毛。叶椭圆形、宽椭圆形或宽卵形，长 8~18 cm，宽 6~12 cm，顶端骤尖至短尾状，基部心形，两侧显著不对称，边缘具不规则的钝锯齿，上面无毛，下面沿脉疏被淡黄色长柔毛，有时具刺状腺体，侧脉 7~11 对；叶柄长 1.0~2.5 cm，密被淡黄色长柔毛及刺状腺体。雄花序 2~8 枚排成总状，长 2~5 cm；苞鳞三角形，锐尖，顶端具 1 枚易脱落的刺状腺体。果 2~6 枚簇生成头状，长 2~6 cm，直径 1.0~2.5 cm；果苞管状，于果的上部缢缩，较果长 2 倍，外面具纵肋，疏被长柔毛及刺状腺体，很少无毛和无腺体，上部深裂，具 3~5 枚镰状披针形的裂片，裂片通常又分叉成小裂片。坚果球形，长 1~2 cm，无毛。坚果成熟期为 9 月中旬至下旬。

华榛分布于我国河南西部，陕西南部，湖北西部，湖南西北部及西南部，四川东北部、东南部及西部，云南西北部。生于海拔 2000~3500 m 的湿润山坡林中。华榛为阳性树种，常与其他阔叶树种组成混交林，居于林分上层或生于林缘。根系发达，生长较快，在疏林下天然更新良好，幼树稍耐阴。

木材供建筑及制作器具；种子营养丰富，各种矿物质如钙、磷、铁含量高于其他坚果。

7. 披针叶榛（*Corylus fargesii* Schneid.）

小乔木，高 5~10 m；树皮暗灰色，呈鳞片状剥裂；小枝密被短柔毛。叶厚纸质，矩圆披针形、披针形或长卵形，长 6~9 cm，宽 3~5 cm，顶端渐尖，基部斜心形，边缘具不规则的重锯齿，两面均疏被长柔毛，下面沿脉毛较密，侧脉 9~10 对；叶柄长 1.0~1.5 cm，密被短柔毛。果数枚簇生，果苞管状，在果的上部急骤缢缩，无纵肋或有不明显的纵肋，密被黄色茸毛，有时疏生刺状腺体，上部浅裂，裂片三角形或披针形，反折。坚果球形，直径 1.0~1.5 cm。

披针叶榛分布于我国四川、贵州、湖北、河南、陕西、甘肃。生于海拔 800~3000 m 的山谷林中。

第三节 寒地榛属主要植物育种资源

一、平榛

别名：榛、榛子，学名：*Corylus heterophylla* Fisch.

落叶小乔木或灌木，高达 7 m，灌木可达 2~3 m。树皮灰褐色或褐色，有光泽。一年生枝灰褐色或黄褐色，密生柔毛和腺毛。叶互生，倒卵形或圆卵形，长宽几乎相等，4~13 cm，顶端平截或凹缺，中央具三角形突尖，基部多数心形，有时两侧不对称，叶表面无毛，背面叶脉具稀疏短茸毛，侧脉 3~5 对，叶边有不规则锯齿，中部以上具浅裂；叶柄长 1.5~3.0 cm，其上密生短茸毛和稀疏腺毛。雄花为柔荑花序，常 2~9 个呈总状着生于新梢中上部和叶腋。果苞钟状，其上密被腺毛和稀疏短柔毛，苞叶 1~2 片，多数长于坚果，其上部裂片三角形，多全缘；序梗 1.0~2.5 cm。坚果包于果苞内，果顶多数露于苞外，单生或 2~12 个簇生。果实近球形，直径 0.7~1.5 cm。开花期 4 月中旬至中下旬，果实成熟期 8 月下旬至 9 月上旬。

平榛是我国榛属植物中分布最广、资源最丰富、产量最多的树种，是榛子的主要生产树种。平榛具有抗寒、耐瘠薄、适应性强、结果早等特点。平榛果仁具有独特的清香味，市场上出售和出口的商品榛子主要来源于此种。

平榛分布于内蒙古大兴安岭北部山地东麓，一直延伸到黑龙江境内；主要分布于大兴安岭、小兴安岭、张广才岭和老爷岭等山区、低山丘陵区，由于平榛所处的地方大部分已开垦为农田，现在资源已近枯竭。

平榛由于受环境条件的长期影响，形成了多种多样的类型。这些类型在坚果形状、大小、果皮厚薄、出仁率等方面都有明显的差别。按坚果形状划分为 7 个类型，即圆形榛、圆锥榛、扁圆榛、长圆榛、扁形榛、尖榛、平顶榛。

二、毛榛

别名：胡榛子、火榛，学名：*Corylus mandshurica* Maxim.

丛生灌木，高 2~5 m。树皮暗灰褐色或黄褐色。一年生枝暗灰色或灰褐色，有长柔毛。芽卵形，先端钝，芽鳞具白色茸毛。叶宽卵形或椭圆形，近圆形，先端渐尖，边缘具不规则重锯齿，中部以上具浅裂，叶面有短柔毛或无毛，叶背密生短柔毛，侧脉 5~7 对；叶柄细，长 2~4 cm。雄花为柔荑花序，2~4 枚排成总状。雌花为头状花序，开放时在混合芽的顶端伸出一束粉红色或鲜红色柱头。雌、雄花序均生长在一年生枝的中上部，短枝在基部第二节即可形成花芽。果实单生或 1~6 粒簇生，每粒果实均由果苞包裹着。果苞管状，细长，在坚果上缢缩，长 4~9 cm，其上具纵条棱，密生黄色刚毛和白色柔毛。果苞上部分裂，裂片披针形。坚果圆锥形，其上密被白色茸毛。开花期 4 月中旬至下旬，坚果成熟期 9 月上旬。

毛榛坚果果形整齐，为圆锥形，尖顶，黄褐色，果面密被白色短茸毛，果实比平榛小，平均单果重 0.9 g，平均果径 1.37 cm。毛榛果皮薄，出仁率高。果皮平均厚度为 0.9 mm，平均出仁率 41%，果仁含脂肪 56.21%~63.77%、蛋白质 15.79%、糖类 8.44%、水分 3.65%~6.82%。由于毛榛坚果果皮薄、出仁率高、果仁可口、品质优良，可以生食及加工后食用，也可以利用这个特性作为培育新品种的原始材料。毛榛子在黑龙江省的商品榛子中占有一定数量。

毛榛分布于黑龙江省的小兴安岭、张广才岭、老爷岭山区。生于海拔 300 m 以上的山坡灌丛，以及阔叶林或针阔混交林林下、林缘，有时与平榛混生。喜湿润、腐殖质层厚、肥沃的微酸性土，对生长地的阴湿条件要求较严，故分布面积虽然很广，但是数量不多，产量也低于平榛，其利用价值与经济栽培价值仅次于平榛。

三、欧榛

欧榛（*Corylus avellana* L.）的花粉资源主要由河北省林业科学院、安徽省林业科学院、山东泰安市农业科学研究院和河南洛宁县林业局引进。2011 年与龙榛、平榛、毛榛等杂交，得以保留欧榛基因。

欧榛在安徽省六安市的自然生长品种为落叶大灌木，有时为乔木，树高 5~8 m，枝干直径可达 10~20 cm。树皮深褐色，一年生枝黄褐色，密生腺毛和长柔毛。叶片近圆形、宽卵形或倒卵形、椭圆形、短圆形，长 10~14 cm，宽 8~12 cm，叶面深绿色，皱褶，叶缘具不规则复式锯齿，中上部具缺刻，先端渐尖，叶基心形，叶表面有短茸毛，叶背面密生短茸毛，侧脉 7~9 对，叶柄短而粗，密生茸毛。雌雄同株单性花。雄花为柔荑花序，圆柱形，1~5 个呈总状着生在一年生枝的中上部。雌花为头状花序，着生在一年生枝的上部和顶端。果苞钟状，开张，因品种不同有的长于坚果，有的短于坚果，但同一品种是一致的。苞叶 1~2 片，薄，其上生茸毛。芽细长，顶端尖，绿色。坚果有多种形状：圆形、长圆形、椭圆形、卵形、扁圆形、圆锥形等。果面色泽有金黄色、金红色、红褐色，具彩色条纹，美观。坚果大型，平均果径 1.4~2.2 cm，单果重 2~4 g。开花期 3 月，坚果成熟期 8 月下旬到 9 月下旬。

欧榛的枝叶、坚果形状变化很大，有许多类型。坚果大型的适于经济栽培，利用其果实。叶片紫红色、金黄色，裂叶形，枝条下垂类型等适于庭院、公园观赏栽植。自然分布地域广阔，几乎遍及整个欧洲和亚洲西部，但主要栽培在地中海和河海沿岸。栽培较多的国家依次是土耳其、意大利、西班牙、美国、伊朗、法国、希腊、阿塞拜疆、俄罗斯等。

欧榛具有坚果大、外观美、营养丰富的特点。其榛仁含脂肪 54.1%~70.0%、蛋白质 12.12%~20.29%、糖类 9.17%~12.19%，还含有各种维生素和矿物质。坚果壳薄，其厚度为 0.7~1.4 mm。出仁率高，可达 45.2%~60.0%。具有较高的商品价值。

四、平欧杂交榛

1999 年从辽宁省经济林研究所处引进平欧杂交榛 18 个品系 121 株，栽植于绥阳林业局太平川经营所营林科试验地中。2001 年引进 8 个品系 200 株,栽植于东京城林业局三道林场。2002 年主要引进 5 个平欧杂交榛品系苗木 500 株,同时栽植于林口林业局湖水经营所和东京城林业局三道林场。

第四节 榛属植物种质资源的收集与保存

一、榛属优良林分选择的结果

选择榛属优良林分主要用于杂交育种的花粉收集。

平榛优良林分选择标准:①林分整齐,盖度 $\geq 60\%$;② 4~5 年生产量 8 kg/667 m^2;③病虫害少;④坚果外形美观。

毛榛优良林分选择标准:①盖度 $\geq 20\%$;② 4~5 年生产量 4 kg/667 m^2;③病虫害少;④坚果外形美观。

从 2001 年开始,在全省范围内进行了平榛和毛榛的选优工作,选择优良林分 10 个,面积 7.8 hm^2(表 1-2)。选择的优良林分包括平榛 10 个林业局、10 个优良林分,面积 5.1 hm^2;毛榛 8 个林业局、8 个优良林分,面积 2.7 hm^2。

表 1-2 优良林分选择地点与面积

林业局	林场	平榛 /hm^2	毛榛 /hm^2
林口	曙光	2.5	—
海林	夹皮沟	—	0.2
	三部落	1.2	—
东京城	三道	0.1	0.1
牡丹江市郊区	丰收村	0.2	—
带岭	东方红	0.2	0.1
翠峦	抚育河	0.1	0.1
新青	泉林	0.1	—
	乌拉嘎	—	0.2
松岭	壮志	0.2	0.5
加格达奇	卧都河	0.3	0.5
呼玛县	金山	0.2	1.0
合 计		5.1	2.7

二、榛属优树选择的结果

2001—2005 年，选择榛属优树主要用于建立种质资源圃。

平榛优树选择标准：①坚果形状一致，颜色美观、大小整齐；②果皮厚度 1.5~2.0 mm；③单果重 ≥ 1.1 g；④出仁率 ≥ 35%；⑤每株干径结实量 ≥ 10 g/cm。

毛榛优树选择标准：①坚果形状一致，颜色美观、大小整齐；②果皮厚度 1.0~1.2 mm；③单果重 ≥ 0.75 g；④出仁率 ≥ 40%；⑤每株干径结实量 ≥ 5 g/cm。

在优良林分选择的同时，进行了平榛和毛榛的选优工作，选择的优良单株共计 1050 株，其中平榛 700 株、毛榛 350 株（表 1-3）。

表 1-3 优良单株选择

林业局	林场	平榛 / 株	毛榛 / 株
林口	曙光	100	—
	夹皮沟	—	30
东京城	三部落	100	—
	三道	100	30
牡市郊区	丰收村	50	—
带岭	东方红	50	30
翠峦	抚育河	50	30
新青	泉林	50	—
	乌拉嘎	—	30
松岭	壮志	50	50
加格达奇	卧都河	50	50
呼玛县	金山	100	100
合计		700	350

三、基因库

选择东京城林业局三道林场苗圃作为种质资源基因库，把从各地收集到的优良单株，经早春起苗栽植，建立永久性榛子种质资源基因库。种质资源基因库现保留平榛 98 株、毛榛 30 株、平欧杂交榛 10 个品系 240 株。通过对其主要生物学指标的测定，得到榛子种质资源的生长情况（表1-4），从表中看出，各主要指标中有 7 项指标，即树高、冠幅、当年枝长、雄花序数、每序果数、每株结果数和平均果重等差异极显著，而干径、开张角度和萌生条数差异不显著。

表 1-4 不同榛子种质资源的生长情况

种名	地点	干径/cm	树高/m	冠幅/m	当年枝长/cm	开张角度/(°)	萌生条数	雄花序数	每序果数	每株结果数	平均果重/g
平榛	林口	2.58	2.20	1.80	39.92	41.67	31.50	288.2	2.07	61.33	2.72
	东京城	2.32	1.89	1.98	40.98	40.83	23.70	473.7	1.74	51.50	2.98
	海林	1.70	1.32	0.95	31.30	33.00	18.60	62.70	1.73	16.80	1.93
	牡丹江	1.88	1.46	1.34	29.85	42.78	24.80	96.20	1.48	7.22	2.02
	新青	2.11	1.79	1.27	32.15	40.83	12.00	192.20	2.00	19.67	2.01
	平均	2.12	1.73	1.47	34.84	39.82	22.12	222.60	1.80	31.30	2.33
	差异性	—	**	**	**	—	—	**	**	**	**
毛榛	新青	2.50	2.21	1.54	26.00	38.33	43.70	301.30	1.39	33.00	2.03

注：* 为差异显著；** 为差异极显著；— 为差异不显著（后文不再注释）。

在种质资源的来源、自然属性和育种利用等不同特征中，更加注重育种目标性状的评价，这些性状为今后的良种选育提供了基因材料。总体上东京城和林口的种质资源为优，新青次之，海林和牡丹江较差。

第五节 榛属种质资源性状的描述与评价

对黑龙江省榛属种质资源性状描述与评价系统的研究，为种质资源收集与利用提供优质的基因资源。试验在东京城林业局三道林场进行。试材为 2002 年定植的平榛（*Corylus heterophylla* Fisch.）和毛榛（*Corylus mandshurica* Maxim.）。平榛种质资源产地分别为林口、海林、东京城、牡丹江、新青等，毛榛种质资源产地为新青。

一、榛属种质资源性状描述与评价的起源

寒地是榛子的主要分布区，由于分布的地域差异，导致其在生物学特性上的差异。这些差异在有关性状上的表现就需要系统的测定与评价。对榛属种质资源性状描述与评价方面的研究工作，国内外早有报道，Qurevky 等人（1974）研究了榛属数值记录系统；1976 年，第 1 届国际榛子和扁桃大会讨论了关于建立一个通用的榛树评价系统的问题；1978 年，Thompson 等人首次提出了欧榛的评价系统。这个系统对欧榛的 39 个性状进行了研究，提出了部分性状的分级标准和参考品种，它在一定范围内促进了榛子育种工作和种质资源的国际交流。但是这个系统的参考品种都是欧榛的栽培品种，对我国很不适用。

王明启等人（1999）通过对 58 份试材的研究，并参考 Thompson 等人的欧榛评价系统，初步建立了适合中国东北地区特点的榛属种质资源性状描述与评价系统。同时，研究确定了标准叶片取样

部位、数量性状理论样本容量和分级标准。我们对该系统做了调整，对品种内稳定、品种间差异显著的项目予以保留，否则删除。黑龙江省的榛属分布有其特殊性，如年平均温度低、分布范围广、个体之间差异大、生长期短、病虫害严重等问题，掌握其遗传特性就成为育种工作的基础性工作，可以按照育种目标有针对性地选择优良性状加以利用。

二、评价方法

1. 生物学性状的调查内容

调查的生物学性状内容包括一般情况、枝条、叶片、芽、花、果实等。这些性状中包含数量性状和非数量性状，根据性状的性质进行记载。

2. 枝、芽与叶的取样部位

分别取树冠外围发育正常的一年生枝（>20 cm）30 枝，在第 5 至第 6 个叶片之间测定枝条的各种性状，取第 5 个芽和叶片测定芽和叶片的各种性状。

3. 雄花与果实的取样部位

随机抽取树冠上部的雄花与果实，进行雄花与果实的各种性状测定。

4. 性状的筛选

对调查记载项目中的数量性状进行显著性检验，试材间差异显著的予以保留；对非数量性状的筛选原则是试材间能明显区分开的性状予以保留，否则淘汰。最终保留的性状作为榛属种质资源的性状描述与评价系统的记载项目。

5. 性状记载项目的分级标准

（1）求出各个性状的平均值 X、级差 D（$D=X_{max}-X_{min}$）。
（2）根据性状不同将其划分为：3 级（低、中、高）、5 级（低、较低、中、较高、高）、7 级（很低、低、较低、中、较高、高、很高）、9 级（极低、很低、低、较低、中、较高、高、很高、极高）。
（3）根据 D 项确定级差 d（$d=D/3$、$D/5$、$D/7$ 或 $D/9$），如果 d 值是个非整数，为应用方便可将其上进到最接近的整数或两个数的中值。
（4）将平均值列为性状表现中等的 1 级，高于平均值 1 个级差的为较高，高于 2 个级差的为高，高于 3 个级差的为很高，高于 4 个级差的为极高。相反，为较低、低、很低和极低。对非数值性状，以试材间能明显区分开为原则进行分级。

三、榛属种质资源性状的描述与评价

对平榛种源中林口、海林、东京城、牡丹江、新青等，种源产地为新青的毛榛进行测定。其中，一般情况23项，枝条叶片36项，花4项，果实37项，总计100项。测定数量性状与非数量性状的结果见表1-5，差异性检验见表1-6。

表 1-5 榛属种质资源调查

项目	性状	平榛						毛榛
		林口	海林	东京城	牡丹江	新青	差异性	新青
一般情况	原产地	曙光	三部落	三道	丰收	乌拉嘎	—	乌拉嘎
	引入时间	2002 年	2002 年	2002 年	2002 年	2002 年	—	2002 年
	引入地点	三道	三道	三道	三道	三道	—	三道
	繁殖方式	种子根蘖	种子根蘖	种子根蘖	种子根蘖	种子根蘖	—	种子根蘖
	果实用途	食用	食用	食用	食用	食用	—	食用
	根蘖萌条数	31.50	18.60	23.70	24.80	12.00	—	43.70
	树体形态	略直立	略直立	略直立	灌丛	略直立	—	直立
	株高 /m	2.20	1.32	1.89	1.46	1.79	**	2.21
	冠幅 /m	1.80	0.95	1.98	1.34	1.27	**	1.54
	干径 /cm	2.58	1.70	2.32	1.88	2.11	—	2.50
	雄花开放期[①]	4 中下	4 中下	4 中下	4 中下	4 中下	—	4 中下
	雌花开放期	4 中下	4 中下	4 中下	4 中下	4 中下	—	4 中下
	萌芽期	4 下	4 下	4 下	4 下	4 下	—	4 下
	生育期	4 下—9 下	4 下—9 下	4 下—9 下	4 下—9 下	4 下—9 下	—	4 下—9 下
	花粉产量	高	高	高	中	中	—	低
	自然坐果率	低	低	低	低	低	—	低
	坚果生育期	120 d	120 d	120 d	120 d	120 d	—	120 d
	坚果成熟期	8 下—9 上	8 下—9 上	8 下—9 上	8 下—9 上	8 下—9 上	—	8 下—9 上
	丰产性	较差	较差	较差	较差	较差	—	差
	树体休眠期	9 下—4 上	9 下—4 上	9 下—4 上	9 下—4 上	9 下—4 上	—	9 下—4 上
	抗寒性	强	强	强	强	强	—	强
	染色体数 / 对	22	22	22	22	22	—	22
	病害敏感性	高	高	高	高	高	—	中
枝条叶片	一年生新枝数	58.50	19.00	63.67	26.00	43.67	**	46.33

15

项目	性状	平榛						毛榛
		林口	海林	东京城	牡丹江	新青	差异性	新青
枝条叶片	一年生枝色	棕褐色	棕褐色	棕褐色	棕褐色	棕褐色	—	青灰
	一年生枝尖削度	0.33	0.52	0.32	0.42	0.43	**	0.52
	枝开张角度 /（°）	41.67	33.0	40.83	42.78	40.83	—	38.30
	基径 /cm	0.54	0.42	0.54	0.41	0.45	—	0.36
	一年生枝长 /cm	39.92	31.30	40.98	29.85	32.15	**	26.00
	一年生枝茸毛	无或顶部有少量	顶部有	有	无或顶有少量	无	—	无
	皮孔密度 /（个 / cm^2）	11.90	9.30	13.90	8.20	13.70	—	4.60
	皮孔长 /mm	0.89	0.79	0.77	0.82	0.82	—	1.00
	皮孔宽 /mm	0.59	0.48	0.45	0.42	0.64	**	0.70
	皮孔颜色	褐色	淡褐色	褐色	褐色	褐色	—	褐色
	叶芽长 /cm	0.54	0.49	0.49	0.43	0.39	*	0.70
	叶芽宽 /cm	0.33	0.30	0.33	0.27	0.24	*	0.37
	叶片数	14.00	12.70	14.10	9.80	9.00	**	9.00
	叶长 /cm	10.54	10.26	10.82	9.42	10.88	—	12.43
	叶宽 /cm	8.83	7.77	8.98	8.38	8.98	—	9.93
	叶厚 /mm	0.49	0.56	0.54	0.50	0.65	—	0.55
	叶形指数	1.21	1.33	1.22	1.13	1.22	—	1.26
	叶面积 /cm^2	69.23	61.10	76.20	63.40	77.00	—	88.70
	叶鲜重 /g	1.52	1.31	1.55	1.08	1.91	*	1.56
	叶干重 /g	0.78	0.63	0.82	0.58	0.92	—	0.84
	叶含水率 /%	0.49	0.52	0.47	0.46	0.52	—	0.46
	叶比重 /（g/cm^3）	0.24	0.20	0.21	0.19	0.18	**	0.18
	叶基宽距 /cm	0.40	1.44	1.17	1.12	0.69	—	1.19
	叶形	椭圆或倒卵形	椭圆形	椭圆形	倒卵形	倒卵形	—	椭圆形
	叶尖形	急尖	急尖	急尖	急尖	急尖	—	急尖
	叶基形	心形	心形	心形	心形	心形	—	心形
	锯齿方式	重锯齿	重锯齿	重锯齿	重锯齿	重锯齿	—	重锯齿
	锯齿密度	7.60	7.90	6.80	6.50	7.60	—	9.00

项目	性状	平榛						毛榛
		林口	海林	东京城	牡丹江	新青	差异性	新青
枝条叶片	大缺刻数	6.60	6.90	5.80	5.50	6.60	—	8.00
	大缺刻宽 /cm	1.81	1.50	2.15	2.31	2.53	—	1.63
	大缺刻深 /cm	0.64	0.66	0.66	0.80	1.58	*	0.87
	侧脉对数	5.25	5.45	5.50	5.00	4.80	—	4.95
	叶表茸毛	少量或无	极少	有	无	少量	—	无
	叶柄长 /cm	1.94	2.10	1.94	2.17	2.36	*	2.96
	叶柄粗 /mm	1.61	1.60	1.60	1.41	1.68	—	1.88
花	雄花序长 /cm	1.94	1.95	2.01	1.47	1.72	*	1.56
	雄花序直径 /cm	0.44	0.43	0.43	0.41	0.40	—	0.48
	雄花序柄长 /cm	0.62	0.64	0.61	0.61	0.92	—	—
	雄花序数	288.20	67.20	473.70	96.20	192.20	**	301.30
果实	株结果数	61.33	21.00	51.50	7.22	19.67	**	33.00
	株结果序数	29.67	5.8	29.67	4.89	9.83	**	23.67
	序结果数	2.07	1.73	1.74	1.48	2.00	*	1.39
	果苞长 /cm	4.03	3.53	4.38	2.94	3.17	**	5.99
	果苞锯齿深 /cm	6.51	5.32	7.85	5.77	5.77	**	5.37
	果苞形状	钟形	钟形	钟形	钟形	钟形	—	水滴形
	果苞刺或腺毛	有	有	有	有	有	—	有
	坚果露出果苞否	露	露	露	露	露	—	不露
	带苞重 /g	5.29	3.37	6.03	3.38	3.44	**	7.29
	果苞片数	1.94	1.96	1.88	2.03	1.97	—	1.00
	果苞横径 /cm	2.12	2.72	2.20	1.97	1.90	**	2.45
	果苞大缺刻数	14.82	9.24	11.38	11.97	14.21	**	3.68

项目	性状	平榛						毛榛
		林口	海林	东京城	牡丹江	新青	差异性	新青
果实	坚果纵径 /cm	1.98	1.60	1.98	1.37	1.56	**	1.66
	坚果横径 /cm	1.76	1.61	1.83	1.73	1.60	**	1.67
	坚果侧径 /cm	1.64	1.51	1.71	1.54	1.38	**	1.57
	果形指数（纵 / 均）	1.12	1.01	1.09	0.79	0.98	**	1.03
	果顶宽 /cm	1.09	1.44	1.84	1.73	1.10	**	1.67
	果顶高 /cm	0.42	1.06	1.32	0.91	0.28	**	1.43
	果基宽 /cm	1.60	1.44	1.63	1.47	1.32	**	1.41
	果基高 /cm	0.56	0.54	0.60	0.42	0.47	**	0.23
	坚果形状	圆锥形	近圆形	圆锥形	扁圆	近圆形	—	圆锥形
	果顶形状	尖	椭圆	尖	椭圆	椭圆	—	尖
	果基形状	平	较尖	平	较平	较平	—	平
	果仁纵径 /cm	1.62	1.23	1.14	1.02	1.15	**	1.11
	果仁横径 /cm	1.13	1.04	1.21	1.09	1.13	—	1.08
	果仁侧径 /cm	0.93	0.88	0.99	0.92	0.78	*	0.94
	果皮厚 /cm	0.13	0.12	0.13	0.12	0.10	—	0.12
	果腔系数	0.94	1.16	0.92	0.83	0.97	*	0.97
	坚果鲜重 /g	2.72	1.93	2.98	2.02	2.01	**	2.03
	坚果干重 /g	1.97	1.66	1.77	1.60	1.53	**	1.57
	果仁重 /g	0.48	0.67	0.57	0.46	0.50	**	0.50
	坚果颜色	黄褐色	黄褐色	黄褐色	黄褐色	黄褐色	—	黄褐色
	果面有无光泽	无	无	无	无	无	—	无
	果面有无条纹与茸毛	有	有	有	有	有	—	有
	果仁饱满度	饱满	饱满	不饱满	饱满	饱满	—	饱满
	果仁颜色	乳白	乳白	乳白	乳白	乳白	—	乳白
	果仁外观	扁圆	扁圆	扁圆	扁圆	扁圆	—	心形

注：①为叙述方便，省略数字后"月"字，"上""中""下"后省略"旬"字（后文不再注释）。

通过表 1-6 可以看出，数量性状中具有差异性的指标是明显的，一般情况 4 项，枝条叶片 28 项，花4项，果实23项。其中一般项目中树高和冠幅差异极显著，其余不显著；枝条叶片差异显著的5项、极显著的6项，极显著的包括一年生新枝数、一年生枝尖削度、一年生枝长、皮孔宽、叶片数和叶比重；花有雄花长差异显著、雄花序数差异极显著；果实有18项极显著，包括株结果数、序结果数、果苞长、果苞锯齿深、带苞重、果苞横径、坚果纵径、坚果横径、坚果侧径、果形指数（纵／均）、果顶宽、果顶高、果基宽、果基高、果仁纵径、坚果鲜重、坚果干重、果仁重，另有果仁侧径和果腔系数2项差异显著。根据数量性状和非数量性状的差异显著性，按照性状记载项目的分级标准，制定黑龙江省榛属种质资源性状描述与评价系统。

表 1-6 榛属种质资源各性状方差分析总表

变异来源	因变量	平方和	自由度	均方	F	P值
一般情况	冠幅	3.471	4	0.868	8.302	0.000**
	根蘖萌条数	1278.380	4	319.595	1.972	0.127
	干径	1.941	4	0.485	2.390	0.076
	树高	2.382	4	0.596	7.331	0.000**
枝条与叶片	一年生枝尖削度	0.277	4	0.069	10.905	0.000**
	枝开张角度	336.319	4	84.080	1.102	0.376
	一年生新枝数	9403.333	4	350.833	12.258	0.000**
	当年枝基径	86.638	4	21.659	0.583	0.677
	一年生枝长	6460.396	4	1615.099	26.070	0.000**
	皮孔密度	264.400	4	66.100	2.455	0.059
	皮孔长	0.083	4	0.021	0.307	0.872
	皮孔宽	0.357	4	0.089	5.660	0.001**
	叶长	14.051	4	3.513	1.743	0.157
	叶宽	10.783	4	2.696	1.530	0.210
	叶形指数	0.187	4	0.047	2.298	0.074
	叶基宽距	6.865	4	1.716	2.179	0.087
	锯齿密度	14.280	4	3.570	1.677	0.172
	大缺刻宽	6.676	4	1.669	2.378	0.066
	大缺刻数	14.280	4	3.570	1.677	0.172
	大缺刻深	1.105	4	0.276	2.753	0.039*
	侧脉对数	3.550	4	0.887	1.953	0.118
	叶柄长	1.211	4	0.303	2.994	0.028*
	叶柄粗	0.397	4	0.099	0.544	0.704
	叶厚	0.163	4	0.041	2.125	0.093

变异来源	因变量	平方和	自由度	均方	F	P 值
枝条与叶片	叶片数	227.080	4	56.770	6.252	0.000**
	叶面积	2090.630	4	522.658	1.472	0.226
	叶鲜重	3.774	4	0.943	3.122	0.024*
	叶干重	0.767	4	0.192	2.533	0.053
	含水率	0.016	4	0.004	0.532	0.713
	叶比重	0.305	4	0.076	25.518	0.000**
	叶芽长	0.133	4	0.033	3.378	0.017*
	叶芽宽	0.061	4	0.015	3.501	0.015*
花	雄花序数	672830.519	4	168207.630	12.070	0.000**
	雄花长	2.014	4	0.504	3.372	0.017*
	雄花直径	0.012	4	0.003	2.124	0.094
	雄花序柄长	0.725	4	0.181	1.432	0.240
果实	序结果数	4082.811	4	1020.703	6.416	0.001**
	株结果数	14837.478	4	3709.369	7.021	0.001**
	带苞重	227.674	3	75.891	82.243	0.000**
	果苞长	61.280	4	15.320	69.819	0.000**
	果苞横径	18.998	4	4.750	49.090	0.000**
	果苞片数	0.495	4	0.124	1.339	0.256
	果苞锯齿深	190.043	4	47.511	16.364	0.000**
	坚果纵径	13.197	4	3.299	107.981	0.000**
	坚果横径	1.763	4	0.441	25.772	0.000**
	坚果侧径	2.796	4	0.699	27.425	0.000**
	果顶宽	20.891	4	5.223	205.723	0.000**
	果形指数（纵/均）	2.697	4	0.674	42.018	0.000**
	果顶高	1916.648	4	479.162	819.055	0.000**
	果基宽	2.657	4	0.664	31.853	0.000**
	果基高	0.942	4	0.236	9.089	0.000**

变异来源	因变量	平方和	自由度	均方	F	P值
果实	坚果鲜重	43.329	4	10.832	52.874	0.000**
	坚果干重	4.997	4	1.249	20.351	0.000**
	果仁纵径	1.061	4	0.265	20.123	0.000**
	果仁横径	0.059	4	0.015	2.895	0.052
	果仁侧径	0.112	4	0.028	3.187	0.038*
	果腔系数	0.282	4	0.071	3.781	0.021*
	果仁重	0.142	4	0.036	5.629	0.004**
	果皮厚	0.002	4	0.000	0.904	0.482

四、平榛种质资源主要性状描述的级差评价项目及分级标准

根据最终测定结果与确定的评价标准,制定平榛种质资源主要性状描述的级差评价项目及分级标准,见表1-7。

表1-7 平榛种质资源主要数量性状描述的级差评价项目及分级标准

性状	序号	性状	级次及分级标准					单位
			1	3	5	7	9	
树体	1	株高	< 0.90	1.06~1.23	1.36~1.50	1.66~1.80	> 2.10	m
	2	冠幅	< 1.10	1.26~1.30	1.46~1.60	> 1.95		m
新枝	3	一年生枝茸毛	无	少量	中等	较多	密	
	4	新枝数	< 29	34~37	42~45	50~53	> 61	
	5	一年生尖削度	< 1.9	2.2~2.3	2.6~2.7	> 3.1		
	6	一年生枝长	< 30.5	32.1~33.5	35.1~36.5	> 39.5		cm
	7	皮孔宽	< 0.45	0.51~0.55	> 0.65			mm
叶片	8	叶形	倒卵形	椭圆形				
	9	叶表茸毛	无	少量	中等	较多	密	
	10	叶芽长	< 0.41	0.43~0.47	> 0.53			cm
	11	叶芽宽	< 0.25	0.28~0.29	> 0.33			cm
	12	叶片数	< 9.10	10.0~10.7	11.6~12.3	> 13.8		

性状	序号	性状	级次及分级标准					单位
			1	3	5	7	9	
叶片	13	叶鲜重	< 1.05	1.21~1.35	1.51~1.65	> 1.95		g
	14	叶柄长	< 2.00	2.06~2.10	2.16~2.20	> 2.30		cm
	15	大缺刻深	< 0.65	0.81~0.95	1.11~1.25	> 1.45		cm
雄花	16	雄花序长	< 1.45	1.56~1.65	1.76~1.85	> 2.05		cm
	17	雄花序数	< 125	166~205	246~285	326~365	> 445	
果实	18	株结果数	< 11	18~23	30~35	42~47	> 59	
	19	序结果数	< 1.55	1.66~1.75	> 1.95			
	20	带苞重	< 3.7	4.0~4.1	4.4~4.5	4.8~4.9	> 5.3	g
	21	果苞长	< 2.9	3.2~3.3	3.6~3.7	> 4.1		cm
	22	果苞横径	< 2.00	2.16~2.30	> 2.60			cm
	23	果苞大缺刻数	< 9.6	10.5~11.2	12.1~12.8	> 14.4		
	24	果苞锯齿深	< 5.6	5.9~6.0	> 6.4			cm
	25	坚果纵径	< 1.44	1.57~1.68	> 1.92			cm
	26	坚果形状	扁圆形	近圆形	圆形	圆锥形	纺锤形	
	27	坚果横径	< 1.60	1.66~1.70	> 1.80			cm
	28	坚果侧径	< 1.35	1.46~1.50	1.56~1.60	> 1.70		cm
	29	果形指数	< 0.80	0.86~0.90	0.96~1.00	> 1.10		
	30	果顶宽	< 1.01	1.21~1.30	1.41~1.50	> 1.70		cm
	31	果顶高	< 1.05	1.11~1.15	1.21~1.25	> 1.35		cm
	32	果顶形状	圆形	椭圆形	尖形			
	33	果基宽	< 1.40	1.46~1.50	> 1.60			cm
	34	果基高	< 0.20	0.26~0.30	0.36~0.40	> 0.50		cm
	35	果基形状	平	较平	较尖			
	36	果仁纵径	< 1.00	1.09~1.16	1.25~1.32	> 1.48		cm
	37	果仁侧径	< 0.80	0.86~0.90	> 1.00			cm
	38	果腔系数	< 0.85	0.91~0.95	1.01~1.05	> 1.15		
	39	坚果鲜重	< 2.05	2.21~2.35	2.51~2.65	> 2.95		g
	40	坚果干重	< 1.55	1.66~1.75	> 1.95			g
	41	果仁重	< 0.45	0.51~0.55	> 0.65			g
	42	果仁形状	扁圆形	近圆形	圆形	圆锥形	纺锤形	

第二篇 龙榛育种技术

第二章 平欧杂交榛的引种与驯化

平欧杂交榛的引种与驯化的成败，是寒地榛属植物能否得到成功改良的基础和关键。如果成功，就能够使平榛与欧榛杂交遗传后代在寒地得以保存下来，从而为今后的育种保留欧榛的遗传基因。

平欧杂交榛引种成功的一般标准应该表现在三个方面，一是与原产地辽宁省比较，不需要特殊保护而能露地越冬、度夏，并能够正常生长、开花及结实；二是能够保持其在原产地固有的产量与质量等经济性状；三是能用适当的培育方式进行正常繁殖。通过 20 多年的努力，我们已达到了保存欧榛遗传基因的目的。

第一节 平欧杂交榛引种的原理

平欧杂交榛品系是由辽宁省经济林研究所选育的，其分布北界为北纬 42°。通过引种驯化，向北能够推移到寒地的北界有多远呢？平欧杂交榛品系引种必须深入研究相互联系的两个因素，一是它自身的遗传特性及适应性，二是生态环境条件对它的制约。为此我们进行估算后，确定可以北移到北纬 47° 30′。

一、引种的遗传学基础

榛属植物的引种适应范围受到基因型的严格制约。所谓平欧杂交榛的适应范围，就是它的基因型在寒地适用性方面的反应规范（reaction norm）。自然界环境条件极其多样复杂，实际上不可能用实验的方法测定某一基因型的全部反应规范。对平欧杂交榛的反应规范了解得越多，就越能使它在更大范围内发挥作用。

据 K.Mather（1942）研究，品种的自体调节能力和品种基因型的杂合性程度有关。果树中有些亲缘较复杂、杂结合程度大的品种均具有较强的适应性。因此，认为杂结合程度高的类型，具有更高的合成能力和较低的要求。

品种对在其进化过程中经常产生影响的环境条件，通常都具有较高的适应能力。例如，落叶树种在节律性日照长度和温度的变化下发生的秋季落叶，有利于增强其对冬季严酷环境的适应性，这是植物本身的自体调节表现，这种表现叫饰变（modification）。反之，品种对在其进化过程中很少产生影响的环境条件，则很少具有适应能力。适应性饰变反映品种在扩大适应范围上的潜力，而形变则表明品种适应范围狭窄，引种中应善于区分这两种不同的反应。

二、引种的生态学基础

植物生态学是研究植物与自然环境、栽培条件相互关系的科学。植物与环境条件的生态关系包括温度、光照、水分、土壤、生物等因子对植物生长发育产生的生态影响，以及植物对变化着的生态环境产生各种不同的反应和适应性。生态型（ecotype）是指植物对一定生态环境具有相应的遗传适应性的品种类群，是植物在特定环境的长期影响下，形成对某些生态因子的特定需要或适应能力。这种习性是在长期自然选择和人工选择作用下通过遗传和变异形成的，所以也叫生态遗传型（ecogenotype）。同一生态型的个体或品种群，多数是在相似的自然环境或栽培条件下形成的，因此要求相似的生态环境。

生态型一般可分为气候生态型、土壤生态型和共栖生态型三类。气候生态型是在温度、光照、湿度和雨量等气候条件影响下形成的；土壤生态型是在土壤的理化特性、含水量、含盐量、pH值等因素影响下形成的；共栖生态型是在植物与其他生物（病、虫、蜜蜂等）间不同的共栖关系影响下形成的。

平欧杂交榛引种的生态学研究，主要是研究各种生态因子综合作用于植物的结果。当然，在一定时间、地点条件下，或植物生长发育的某一阶段，在综合生态因子中总是有某一生态因子起主导的决定性作用，这一主导因子就是极限低温。

（一）综合生态因子的研究

在平欧杂交榛的综合生态因子研究中，常根据不同地区之间某些主要气候特征的相似程度，将平欧杂交榛在寒地划分在第二积温带下限，即有效积温在2300℃以上。属于同一生态带内的不同地区之间，由于主要生态因子近似，即使两地相距遥远，彼此间相互引种时仍较易获得成功。

地理位置是影响不同地区气候条件的主要因素，其中尤以不同纬度的影响最明显。受纬度影响的主要环境因子有日照、温度、雨量等，所以在纬度相近地区之间，通常其日照长短、温度及雨量等亦相近似，相互引种就较易成功。

（二）温度生态因子的研究

温度常常是影响平欧杂交榛引种成败的具主导作用的限制性因子之一。温度条件不合适对引种平欧杂交榛的不良影响可表现为：不符合平欧杂交榛生长发育的基本要求，致使引种植物的整体或局部受到致命伤害，严重的则死亡；引种平欧杂交榛虽能生存，但影响产量、品质，失去生产价值。

北方寒地，温度对平欧杂交榛北引的影响包括极限低温、低温持续时间及升降温速度、霜冻、有效积温等。临界温度是植物能忍受的最低温度的极限，超越临界温度会造成植物严重伤害或死亡。冬季绝对低温是南种北引的关键因子。除极限低温外，低温的持续时间、降温升温速度及植物本身的越冬准备等也具重要作用。通过分析认为最低旬平均气温可反映降温程度和作用时间两方面因素，作为衡量引种的指标较适宜，并提出以最低旬平均气温 −35~−33℃作为抗寒力优等的平欧杂交榛引种时的参考指标。

低温造成严重伤害的另一种表现是霜冻。对杂交榛子来说，尤其是开花期的晚霜（倒春寒）常造成严重减产。对于早春开花的平欧杂交榛，雄花遭受的冻害是向北引种的主要限制因子。

（三）日照生态因子的研究

日照对平欧杂交榛引种的影响大致包括昼夜交替的光周期、日照强度和时间。不同纬度地区日照时数不同，纬度越高，一年中昼夜长短的差别越大。夏季白昼时间越长，则冬季白昼时间越短，而低纬度地区则夏季和冬季白昼时间长短差别不大。长期生长在不同纬度地区的植物，对昼夜长短有一定的反应，这种反应称为光周期现象。有些植物在日照长的时期进行营养生长，到日照短的时期分化花芽并开花结实，叫短日照植物；与上述情况相反的另一类植物，在日照短的时期进行营养生长，要到日照长的时期才能开花结实，叫长日照植物。凡是对日照长短反应敏感的种类和品种，通常以在纬度相近的地区间引种为宜。

对于多年生木本植物平欧杂交榛，在"南树北引"时，由于生长季内日照加长，常造成生长期延长，影响枝条封顶或促使副梢萌发，从而减少体内养分积累，妨碍组织木质化，降低越冬能力。

（四）降水与湿度生态因子的研究

降水对植物生长发育的影响，包括年降水量、降水在四季的分布和空气湿度。对多年生木本植物来说，降水量的多少是决定树种分布的重要因素之一。平欧杂交榛不同品种在杂交过程中，亲本基因重组，从而从亲本遗传到了不同的基因，具有不同需水要求的生态型。即使同一种植物的不同品种类型之间，其需水程度也存在明显差异。

杂交榛子需水量与温度高低也有很大关系，通常温度高则需水量大。因此用水热系数作为需水量高低的指标。水热系数是指一定时期内降水量（mm）和同一期内活动积温全值的比。降水量在一年中的分布，也是决定引入品种能否适应的重要因素之一。

与降水相关联的是大气相对湿度，平欧杂交榛引种时也应予以注意。平欧杂交榛属于阳性树种，适于相对湿度较低的环境。

（五）土壤生态因子的研究

土壤的理化性质、含盐量、pH值以及地下水位的高低，都会影响平欧杂交榛的生长发育，其中含盐量和pH值常成为影响某些种类和品种分布的限制因子。在生产中人们可以采用某些措施，对土壤的某些不利因子加以改良，但在大面积种植情况下这种改良常有一定局限性而且效果难以持久，所以引种时仍须注意选择与当地土壤性质相适应的生态型。

（六）其他生态因子

不同地区引种平欧杂交榛时，还有一些当地特殊的生态因子可能成为引种的限制因素，主要有目前还难以控制的某些严重病虫害和风害等。

第二节 平欧杂交榛引种的方法

一、平欧杂交榛品系来源

平欧杂交榛品系来源于辽宁省沈阳市沈北新区，由辽宁省经济林研究所选育的平欧杂交榛品系。虽然辽宁省成功培育的平欧杂交榛具有很高的经济价值，但是它只能在北纬42°（沈阳北郊）以南栽培，限制了其在东北大部分高寒地区的种植。为解决这个重大技术难题，从1999年开始，黑龙江省牡丹江林业科学研究所引进辽宁省经济林研究所选育的平欧杂交榛品系。

二、平欧杂交榛的原生态环境条件

（一）温度

平欧杂交榛原栽培安全北界是沈阳北郊，北纬 42°，年平均气温 7.5℃，冬季最低气温 -30℃，可以正常或轻微冻害越冬。

（二）水分和湿度

休眠期空气相对湿度达到 60% 以上，降水量 500~800 mm，可满足生长发育的要求。

（三）光照

一般年日照时数在 2000 h 以上，可满足榛树对光照的要求。

（四）土壤

对土壤的适应性较强，在沙土、壤土、黏质土及轻盐碱土中可以生长。

三、引种时间与栽培方法

平欧杂交榛于 1999 年、2001 年、2002 年和 2004 年分 4 批次引种，共引进 31 个品系，累计 1000 株。通过对引进的品种进行抗寒性测试、适生条件测试、结实特性测定、果实品质检测等项研究，取得了详尽的资料，为平欧杂交榛种质资源保存与选育奠定了基础。

引种后，分别栽植在绥阳林业局太平川经营所、东京城林业局三道林场和林口林业局湖水经营所。栽植采用区组 5 次重复设计，密度 2 m×2 m，挖直径 50 cm、深 40 cm 的穴，施基肥后栽植。

第三节 平欧杂交榛引种与驯化

一、1999 年平欧杂交榛引种与驯化

1999 年引进平欧杂交榛 18 个品系 118 株，栽植于黑龙江省东南部的绥阳林业局太平川经营所营林科试验地中。太平川经营所营林科试验地位于老爷岭东北部，是典型的寒地气候。引进平欧杂交榛的品系与株数见表 2-1。由于平欧杂交榛品种栽植当年干旱与冬季寒冷等原因，导致成活率低。

加之 1999—2000 年度越冬效果比较差，使得大部分平欧杂交榛引种苗木因冻害而死亡，剩余存活苗木较少。2001 年春季后调查结果显示，平欧杂交榛全部死亡。这主要是由于原产地的抗寒性品种筛选还在进行中，尚不能提供理想的抗寒性强的品系等原因造成的。

表 2-1　1999 年平欧杂交榛引种情况

引种序号	品系	株数	引种序号	品系	株数
1	84-592	4	10	81-18	6
2	80-8	2	11	83-92	3
3	85-51	4	12	82-18	10
4	82-14	10	13	2-16	7
5	84-475	2	14	1-19	5
6	84-580	11	15	3-15	5
7	84-469	9	16	7-21	7
8	84-614	13	17	8-6	5
9	2-17	7	18	2-17	8

二、2001 年平欧杂交榛引种与驯化

2001 年加大引种力度，通过辽宁本地的抗寒性筛选，推荐引进 8 个品系 196 株平欧杂交榛苗木，定植于东京城林业局三道林场苗圃地中。平欧杂交榛定植的株行距为 2 m×3 m。这些平欧杂交榛植株当年表现见表 2-2，定植后的成活率为 49%，平欧杂交榛植株平均树高 26.1 cm，当年平均苗高 18.5 cm。随后几年中不断有冻害发生，2003 年有的品系已经开花结实，到 2007 年保留有 7 个品系 45 株苗木。

表 2-2　2001 年平欧杂交榛引种栽植后当年生长情况表

引种序号	品系	株数	成活株数	成活率 /%	树高 /cm	当年苗高 /cm
1	84-493	20	16	80	24.2	19.1
2	82-6	20	11	55	25.1	15.7
3	81-21	26	20	77	27.8	20.3
4	81-70	27	3	11	36.3	32.5
5	85-134	50	26	52	24.3	15.1
6	86-107	13	7	54	25.3	10.5
7	85-164	10	5	50	23.6	16.0

引种序号	品系	株数	成活株数	成活率 /%	树高 /cm	当年苗高 /cm
8	85-135	30	8	27	21.8	18.9
合计 / 平均	8	196	96	49	26.1	18.5

三、2002—2004 年平欧杂交榛引种与驯化

2002—2004 年主要引进 5 个平欧杂交榛品系的苗木 200 株，同时栽植于林口林业局湖水林场和东京城林业局三道林场。次年春天生长情况见表 2-3，通过表中结果看出，5 个品系在成活率和树高上差别不大，在越冬方面 2002-01（以下简称 02-1）无冻害现象，2002-03（以下简称 02-3）品种有轻微的抽梢现象，2002-02（以下简称 02-2）介于两者之间，2004-04（以下简称 04-4）和 2004-05（以下简称 04-5）品种无冻害现象，与 02-2 相似。这些品系经过几年的生长，已经适应本地的环境条件，能够正常生长发育，已开始大量结实。

表 2-3 2002 年平欧杂交榛引种栽植后当年生长情况表

引种序号	栽植地点	株数	成活株数	成活率 /%	树高 /cm	雄花数	抽梢率 /%	生长状况
2002-01	林口	25	25	100.0	83.48	166	0	良
	东京城	74	70	94.5	62.60	368	0	良
	合计 / 平均	99	95	97.3	73.04	267	0	良
2002-02	林口	21	21	100.0	73.23	28	7.14	良
	东京城	30	28	93.3	69.50	66	4.76	良
	合计 / 平均	51	49	96.7	71.37	47	5.95	良
2002-03	林口	21	21	100.0	86.38	154	0	良
	东京城	28	27	96.4	59.17	30	29.63	良
	合计 / 平均	49	48	98.2	72.78	92	14.82	良
2004-04	林口	38	29	76.3	114.00	22	12.20	良
	东京城	100	90	90.0	184.00	368	0	良
	合计 / 平均	138	119	86.2	149.00	195	6.10	良
2004-05	林口	34	23	67.6	117.00	20	6.00	良
	东京城	100	88	88.0	165.00	245	0	良
	合计 / 平均	134	111	77.8	141.00	133	3.00	良

第四节 平欧杂交榛主要性状测定

一、主要测定项目

1. 平欧杂交榛主要生物学性状的评定

主要测定内容是以数量性状相关的为主，这里包括干径（cm）、株高（cm）、冠幅（cm）、树冠投影面积（cm²）、一年生枝长（cm）、一年生枝基径（cm）、雄花序数、萌生条数、分枝角度（°）和叶面积（cm²）等。

2. 平欧杂交榛结实特性的评定

主要测定内容是以结实性状相关的为主，这里包括栽植品种、栽植时间、雄花序数、雌花开放数、单果重（g）、结果数量、单株产量（g）、每亩产量（kg）等。

3. 平欧杂交榛抗寒性的评定

主要测定内容是以抗寒性状相关的为主，这里包括芽是否正常开放，当年生枝、多年生枝、主干是否有冻害，雄花序是否正常开放，以及越冬性级别评定。

评定越冬性性状，是把抗寒性状划分成5个等级。抗寒性状5个等级分别是以芽、雄花序、雌花序、一年生枝条、多年生枝条和树干等受冻害的程度而定。抗寒性状5个等级分别为：

Ⅰ级——未受害，芽完好率95%以上，雄花完好率85%以上；

Ⅱ级——轻微受害，芽开放60%以上，雄花完好率50%以上；

Ⅲ级——中等受害，一年生枝抽干20%~50%，多年生枝正常，雄花完好率20%以下，芽开放20%以上；

Ⅳ级——受害较重，一年生枝抽干50%~80%，雄花无开花，多年生枝抽干30%以上；

Ⅴ级——严重受害，多年生枝抽干50%以上，树干抽干50%以上。

4. 平欧杂交榛物候期的评定

主要测定内容包括雄花、雌花、子房膨大、果实成熟等生殖发育物候期，芽萌动、展叶、新枝生长、新芽生长、叶变色等营养生长物候期。

二、平欧杂交榛主要品系生物学特性的评定

平欧杂交榛是以平榛为母本、欧榛为父本经远缘杂交后育成的品种，所以具有父母本双方的遗传特征，果大、果壳薄、抗寒性能不强、树体呈小乔木状。主要品系栽植后第二年的生物学特性见表2-4。

表 2-4 平欧杂交榛生长发育测定表

品系	干径 / cm	株高 / cm	冠幅 / cm	树冠投影 面积 /cm²	一年生枝		雄花 序数	萌生 条数	分枝角度 / (°)	叶面积 / cm²
					长度 /cm	基径 /cm				
02-1	1.61	137.2	44.96	6437.2	72.4	0.82	20	2.1	23.32	5383.43
02-2	1.43	106.4	55.90	9598.9	59.5	0.66	13	4.6	22.15	10499.72
02-3	1.35	111.4	61.15	11741.5	67.3	0.70	15	4.2	23.16	5383.43
04-4	1.26	105.6	46.88	6642.5	64.2	0.72	6	2.6	24.65	5648.02
04-5	1.31	108.2	42.64	6238.7	56.7	0.58	3	0.4	21.63	4697.26
平均	1.39	113.8	50.31	8131.8	64.0	0.70	11	2.78	22.98	6322.37

从表 2-4 中看出各品系在生物学特征上有明显的区别，如品种 02-1 株高、干径较大，冠幅、叶面积与树冠投影面积小，雄花多，萌生条少；品种 02-2 干径、冠幅中等，叶面积与树冠投影面积大，雄花少，萌生条多；品种 02-3 株高与干径中等，叶面积小，冠幅、树冠投影面积大，雄花和萌生条中等；品种 04-4 与品种 04-5 比品种 02-3 的雄花序数与萌生条少。

三、平欧杂交榛结实特性的评定

平欧杂交榛在寒地的表现与辽宁省是有极大区别的。主要表现在果实大而饱满、果皮略有增厚，出仁率增加，产量提高。结实调查见表 2-5，主栽品种 4 年生出仁率达到 42%，单果重在 2.61~3.24 g 之间，单株结果数在 80.1~158.3 粒之间，单株产量达到 228.1~512.9 g，亩产量在 25.09~56.42 kg 之间；平欧杂交榛单果重比平榛提高 137.3%~195.5%，单株结果数提高 55.5%~207.4%，单株产量提高 303.7%~807.8%，亩产量提高 303.4%~807.1%。

表 2-5 平欧杂交榛不同品种与平榛的比较

品种	雄花数	单果重		单株结果数		单株产量		栽培密度 株 /667 m²	每亩产量	
		/g	/%	/粒	/%	/g	/%		/kg	/%
02-1	251.2	2.93	267.1	80.1	155.5	234.7	415.4	110	25.82	415.1
02-2	316.3	2.95	268.9	113.7	220.8	335.4	593.6	110	36.89	593.1
02-3	207.1	2.61	237.9	87.4	169.7	228.1	403.7	110	25.09	403.4
04-4	192.3	3.00	273.5	88.3	171.5	264.9	468.8	110	29.14	468.5
04-5	470.5	3.24	295.4	158.3	307.4	512.9	907.8	110	56.42	907.1
平榛	473.7	1.10	100.5	51.5	100.0	56.5	100.0	110	6.22	100.0

四、平欧杂交榛主要抗寒性状的评定

平欧杂交榛能否引种成功的关键因素之一就是抗寒性问题，解决抗寒性问题就要明确其抗寒程度。通过引种驯化得到了抗寒性状为Ⅰ级的有3个品系、Ⅱ级的有2个品系，而Ⅰ级的3个品系具有极高的抗寒能力（表2-6）。在引种过程中，整体表现为早期引种的抗寒性普遍较差，后期表现优异。这是因为早期的引种受到种质资源、苗木生长状况以及原产地的适应性等因素影响，导致筛选具有抗寒性状品系的困难，而后期的选择在这些方面得到极大的改善，最终成功选育了抗寒新品系。

表 2-6 平欧杂交榛越冬性

品种	树龄 1年	芽开放率 /%	一年生枝 抽干率 /%	多年生枝 抽干率 /%	主枝（干）抽干率 /%	雄花序开放率 /%	越冬性级别
02-1	4	98	2	0	0	69	Ⅰ
02-2	4	92	6	0	0	71	Ⅰ
02-3	4	89	4	3	0	73	Ⅰ
04-4	4	67	16	10	8	46	Ⅱ
04-5	4	79	12	6	4	59	Ⅱ

五、物候期

平欧杂交榛比平榛的雌雄花发育期略早几日，差别不是很大，这主要是由于平欧杂交榛对温度的敏感性高于平榛。关于榛果的成熟期，两者相差较大，基本保持在10~15 d（表2-7），这10~15 d的时间是平欧杂交榛果实能够充分成熟的重要因素，生长期延长了，满足了榛果成熟所需要的光照、温度、水分及养分等，有利于后期营养的充分积累。

表 2-7 生殖发育期物候期观察表

物候期	雄花				雌花			子房膨大	果实成熟期	
	开始	形成	初花	盛花	初花	盛花	终花		开始	盛期
平榛	6下—7上	9上	4中下	4下	4中下	4下	5初	6上	8中	9上
平欧杂交榛	6下—7上	9中	4中	4下	4中	4下	5初	6上	9上	9中

平榛与平欧杂交榛在芽萌动和展叶期上没有明显的区别，而在新枝生长与新芽生长上平欧杂交榛比平榛多10 d，叶变色期则落后10~15 d（表2-8）。总体上平欧杂交榛的春夏发育与平榛相同或相近，秋季则落后于平榛10 d以上。

表 2-8 生长物候期观察表

物候期	芽萌动		展叶		新枝生长		新芽生长		叶变色	
	膨大	开裂	初期	盛期	初期	盛期	初期	盛期	初期	盛期
平榛	4下	4末	4末	5上	5上	5中—7上	7上	7中—9上	8末	9中
平欧杂交榛	4下	4中下	4中下	4上	5上	5中—7下	7中	7下—9中	9上	9下

第三章 榛子花枝的培养与花粉收集

榛属杂交育种的首要问题是父本雄花枝的水培与花粉的收集，这是保证杂交育种成功的关键步骤。榛子花粉的培育和收集是在选优的基础上，把获得的雄花枝在实验室内通过水培的方式获取花粉的整个过程。在这个过程中室内的温度与光照直接影响获取花粉的数量与质量，只有熟练掌握这种技能，才能更好地把控杂交育种的进程。

第一节 光照对雄花生长与花粉产量的影响

一、测定方法

1. 水培方法

将所采集的平榛花枝，在实验室内采用水培的方法进行花粉的培育，水培的水中加入适量的蔗糖。定时测定雄花的生长量、花粉产量等。将每天收集到的花粉存放在低温冰箱中。

2. 培育时间

培育时间分别设定为 0 h、24 h、48 h、72 h、96 h、120 h、144 h、168 h、192 h、216 h 不等，以测定在水培中雄花序伸长过程中的直径生长、纵径生长与花粉产量的关系。

3. 透光率

按照实验室内的光照强度，透光率分别设定为 0、25%、50%、75% 和 100%，用以测定透光率对水培中雄花序伸长过程中的直径生长、纵径生长与花粉产量的影响。

二、光照对雄花生长与花粉产量的影响

由于榛属植物的花粉收集，受花枝采集时间、贮藏方式、培育方法、培育时间、培育环境的温度与光照等因素的影响较大，因此，要想收集到优质的花粉，就需要对花粉收集的方法进行研究。在室内常温 20~25℃条件下，不同透光率对平榛花粉的收集影响结果见表 3-1。

表 3-1 不同透光率对平榛雄花序花粉产量的影响

项目	水培时间 /h	透光率 /%				
		0	25	50	75	100
雄花生长 /cm	0	0.85	0.83	0.73	0.72	0.83
	24	1.10	1.09	0.87	0.92	1.03
	48	1.59	1.61	1.34	1.40	1.41
	96	1.96	2.08	1.54	1.74	1.67
	120	2.02	2.08	1.55	1.74	1.67
	144	2.22	—	—	—	—
花粉量 /g	144	0.0004	0.0004	0.0015	0.0018	0.0021

通过方差分析和相关分析（表3-2、表3-3）以及图3-1、图3-2可以看出，不同透光率对雄花序伸长与花粉产量有显著影响。从图3-2中可以看出，随着透光率的增加，花粉产量也在逐步增加，两者之间的关系密切。通过相关分析表明，水培时间与雄花序伸长呈正相关，相关系数为R^2=0.893，相关极显著。透光率对雄花序伸长的影响呈负相关，透光率降低，雄花序开放的时间相应延长，花序也伸得越长；而透光率对花粉产量的影响则相反，透光率越高，雄花序开花时间越短，花粉产量则越多。这种现象说明，在花序开放时，光照不足，就如同黄化现象，雄花序只伸长而花粉不成熟，花粉产量低。这个现象也证明野生榛子在春季开花时，如遇低温和光照不足时花粉产量少，授粉不理想，则产量降低。

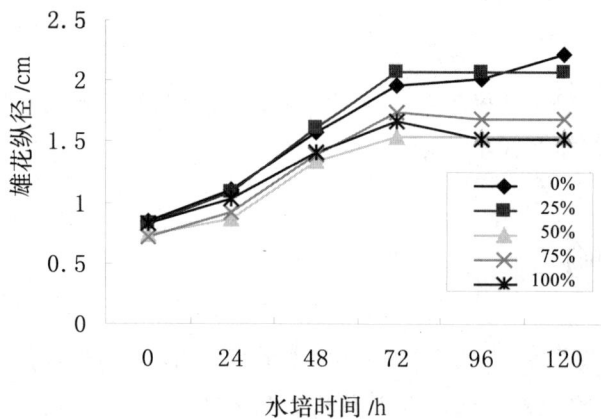

图 3-1 培育时间对平榛雄花纵径生长的影响

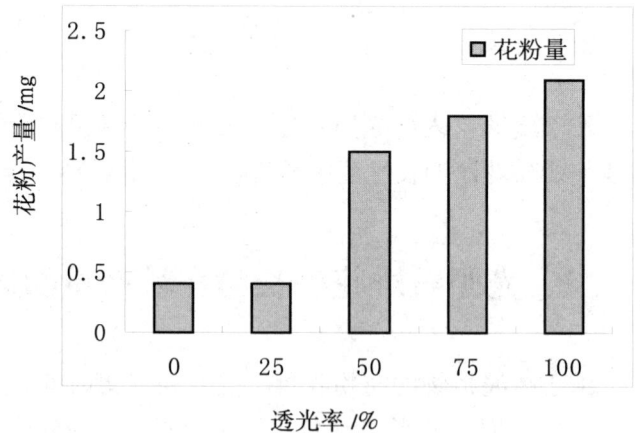

图 3-2 透光率对平榛花粉产量的影响

表 3-2 不同透光率对雄花序伸长的影响方差分析

变异来源	平方和	自由度	均方	F	P 值
透光率	11.704	4	2.926	17.765	0.000**
水培时间	91.188	5	18.238	110.727	0.000**
透光率 × 水培时间	4.007	18	0.223	1.352	0.151

表 3-3 不同透光率对雄花序伸长影响相关分析

项目	分析数据	雄花伸长	水培时间	透光率
雄花序伸长	皮尔逊相关系数	1	0.893**	−0.219
	P 值（双侧）		0.000	0.293
	N	25	25	25
水培时间	皮尔逊相关系数			0.000
	P 值（双侧）			1.000
	N			25

第二节 平榛花枝的培养与花粉收集

平榛是东北地区主要的木本经济林树种，其榛果是食用榛子的主要来源。由于平榛抗寒能力强，其成为选育抗寒杂交榛子的重要基因来源。其花枝的培养与花粉收集是杂交榛子育种的关键技术之一，用以保证研究工作的按时开展和顺利进行。

一、黑龙江省南部平榛花枝的培养与花粉收集

我们收集了黑龙江省南部 4 个平榛种源的花枝，分别是林口、海林、牡丹江和东京城。将所采集的平榛花枝在实验室内采用水培的方法进行花粉的培育，水培的水中加入适量的蔗糖。通过水培对 4 份花粉进行收集，各项相关表现见表 3-4 以及图 3-3、图 3-4。雄花开放与产地和水培时间有关（差异性检验见表 3-5）。通过检验证明不同产地和培养时间对雄花序伸长和直径增粗均差异性极显著，而两者共同的影响只在雄花长度上差异极显著。结果表明，水培后雄花生长速度不一致，净生长也不一致。在雄花序长方面，海林平榛净生长最好，为 1.21 cm；其次是东京城和牡丹江，净生长分别为 0.71 cm 和 0.50 cm；最后是林口，净生长只有 0.23 cm。

表 3-4 黑龙江省南部平榛花枝培养与雄花序生长的关系

水培时间 /h	林口		海林		东京城		牡丹江	
	雄花序长 /cm	直径 /mm	雄花序长 /cm	直径 /mm	雄花序长 /cm	直径 /mm	雄花序长 /cm	直径 /mm
0	3.82	2.85	3.47	1.21	3.07	1.74	3.57	1.56
24	3.90	3.09	3.86	1.51	3.70	2.48	3.86	1.77
48	4.05	3.22	4.22	1.94	3.78	3.23	4.03	1.86
72	4.05	3.22	4.68	3.57	3.78	3.23	4.07	1.92
净生长	0.23	0.37	1.21	2.36	0.71	1.49	0.50	0.36

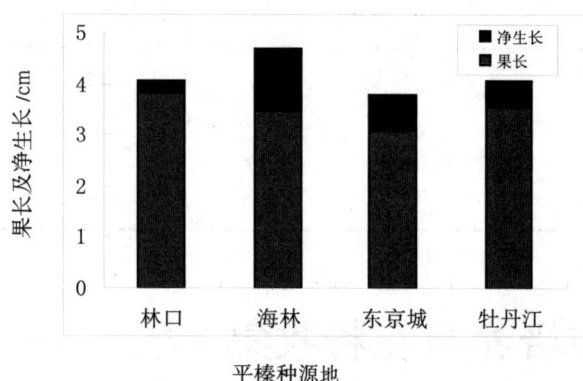

图 3-3 南部不同产地平榛雄花序长生长情况

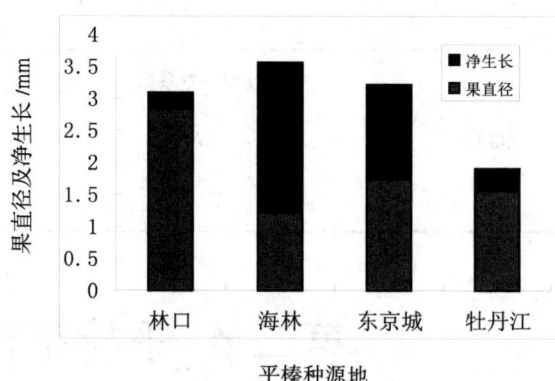

图 3-4 南部不同产地平榛雄花序直径生长情况

表 3-5 黑龙江省南部平榛花枝培养与雄花序生长方差分析

变异来源	因变量	平方和	自由度	均方	F	P 值
种源	花序长	5.812	3	1.937	14.212	0.000**
	直径	87.167	3	29.056	32.435	0.000**
水培时间	花序长	22.796	4	5.699	41.806	0.000**
	直径	80.219	4	20.055	22.387	0.000**
种源 × 水培时间	花序长	2.528	6	0.421	3.090	0.006*
	直径	8.916	6	1.486	1.659	0.131

二、黑龙江省北部平榛花枝的培养与花粉收集

收集到黑龙江省北部 5 个平榛种源的花枝，其中有小兴安岭的翠峦、新青和带岭等 3 个种源，大兴安岭加格达奇、呼玛县等 2 个种源。通过水培收集到 5 份花粉。试验结果见表 3-6、表 3-7 与图 3-5、图 3-6，通过方差分析（表 3-8）可以看出，花粉的收集与种源、水培时间以及两者之间差异性极显著。水培后雄花生长速度不一致，净生长也不一致。单花产花粉量以翠峦最高，为 3.680 mg；

其次是加格达奇，为 1.304 mg；之后是呼玛县和新青，分别为 0.498 mg 和 0.433 mg。

表 3-6 黑龙江省北部平榛雄花序纵径生长和花粉产量与水培时间的关系

水培时间 /h	翠峦		新青		带岭		加格达奇		呼玛县	
	雄花序长 /mm	花粉量 /g	雄花序长 /mm	花粉量 /g	雄花序长 /mm	花粉量 /g	雄花序长 /mm	花粉量 /g	雄花序长 /mm	花粉量 /g
0	16.21		13.33		10.99		12.11		11.49	
24	17.33	0.275	15.22		10.99		12.11		11.95	
48	19.73	4.548	15.68	0.655	13.45		12.20		11.96	
72	21.61	6.494	19.20	0.655	15.18		12.59		12.32	
96	25.28	4.342	19.25	0.480	16.28		12.85	1.655	12.65	
120	25.93	2.150	19.21	0.480	16.28	3.229	14.04	0.853	13.55	4.593
144	25.93	1.080	19.64	0.127	16.48	2.528	14.51	0.330	15.66	1.281
168	26.62	0.101	19.64	0.024	16.48	2.855	14.75	0.114	16.74	0.535
192					20.37	0.439	16.15	0.063	16.94	0.532
216					20.37	0.123	16.15	0.035		
累计花粉量 /g		18.9895		1.2860		9.1816		3.0496		6.9405
累计净生长 /mm	10.41		6.31		9.38		4.04		5.45	

表 3-7 黑龙江省北部平榛雄花序平均花粉产量与水培时间的关系

水培时间 /h	翠峦		新青		带岭		加格达奇		呼玛县	
	雄花数	花粉量 /g	雄花数	花粉量 /g	雄花数	花粉量 /g	雄花数	花粉量 /g	雄花数	花粉量 /g
48				0.069						
72		0.186						0.037		
96		0.351		0.006				0.110		
120	305	0.412	180	0.001	754	0.091	207	0.088	261	
144		0.093		0.002		0.003		0.021		0.054
168		0.070				0.014		0.009		0.017
192		0.011				0.003		0.005		0.059
累计花粉量 /g		1.123		0.078		0.111		0.27		0.13
平均 /g		0.003680		0.000433		0.000147		0.001304		0.000498

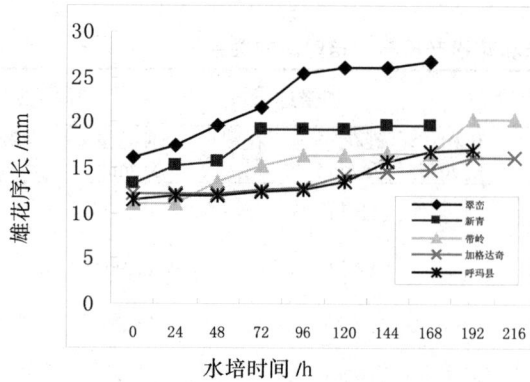

图 3-5 北部平榛雄花序生长与水培时间的关系

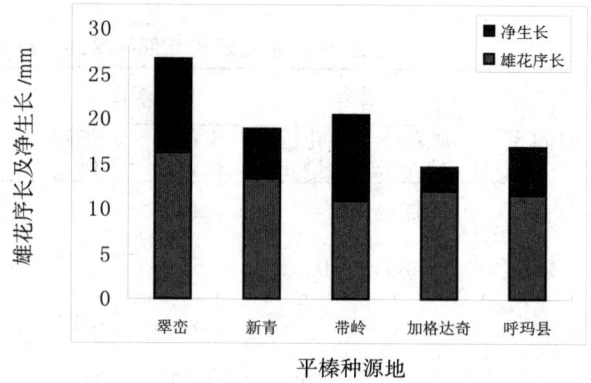

图 3-6 北部平榛雄花序水培后净生长情况

表 3-8 平榛雄花序伸长与水培时间关系方差分析

变异来源	平方和	自由度	均方	F	P 值
地 点	10244.321	4	2561.080	150.624	0.000**
水培时间	3565.517	13	274.271	16.131	0.000**
地点 × 水培时间	1328.288	28	47.439	2.790	0.000**

第三节 毛榛花枝的培养与花粉收集

一、黑龙江省南部毛榛花枝的培养与花粉收集

采集到林口和海林2个毛榛种源的花枝,在实验室内采用水培的方法进行花粉的培育,水培的水中加入适量的蔗糖,经水培后收集到2份毛榛花粉(表3-9)。通过方差分析(表3-10)可以看出雄花生长与种源差异性显著,水培时间、种源 × 水培时间两者之间差异性不显著。从雄花序伸长和直径的增粗可以看出,海林种源要优于东京城种源。

表 3-9 黑龙江省南部毛榛花枝的培养与雄花序生长的关系

水培时间 /h	海林		东京城	
	雄花序长 /cm	直径 /mm	雄花序长 /cm	直径 /mm
0	3.56	3.88	3.95	1.49
24	3.79	3.88	4.11	1.57
48	3.93	4.23	4.11	1.64
72	4.00	4.23	—	—
净生长	0.44	0.35	0.16	0.15

表 3-10　黑龙江省南部毛榛花枝培养与雄花序生长关系方差分析

变异来源	因变量	平方和	自由度	均方	F	P 值
种源	雄花序长	1.561	1	1.561	5.797	0.017[*]
	直径	517.349	1	517.349	5.992	0.016[*]
水培时间	雄花序长	1.645	3	0.548	2.037	0.112
	直径	310.313	3	103.438	1.198	0.313
种源 × 水培时间	雄花序长	0.899	2	0.450	1.670	0.192
	直径	184.581	2	92.291	1.069	0.346

二、黑龙江省北部毛榛花枝的培养与花粉收集

收集了黑龙江省北部抗寒毛榛种源的花枝 7 份，包括小兴安岭的翠峦、新青和带岭，大兴安岭的加格达奇、松岭、韩家园以及张广才岭的海林（对照）。经过水培收集到 7 份花粉（表 3-11）。

从表 3-11 与图 3-7、图 3-8 中可以看出，雄花的生长同种源与水培时间有关，水培后各种源的生长速度不一致，净生长也不一致。以韩家园最高，为 10.22 mm；其次是加格达奇和松岭，分别为 6.33 mm 和 6.24 mm；带岭和新青分别为 5.71 mm 和 3.95 mm；海林和翠峦分别为 3.18 mm 和 2.23 mm。

表 3-11　黑龙江省北部毛榛花枝的培养对雄花生长的影响

水培时间 /h	翠峦 /mm	新青 /mm	带岭 /mm	加格达奇 /mm	松岭 /mm	韩家园 /mm	海林 /mm
0	10.70	11.40	14.49	14.20	12.04	14.46	12.97
24	11.36	12.20	15.05	14.34	12.20	15.40	13.14
48	12.08	12.40	15.09	14.48	12.20	15.97	13.23
72	12.55	12.70	16.10	15.87	12.56	18.37	13.35
96	12.58	12.70	16.26	17.81	12.57	21.81	13.63
120	12.93	13.29	17.57	19.60	12.99	23.93	13.69
144	12.93	13.91	17.57	19.93	15.10	24.68	14.36
168		13.95	18.95	21.53	16.99	24.68	14.38
192		13.95	19.53	21.53	18.26		14.38
216		14.54	19.61	21.90	18.26		15.23
240		14.98	19.63	21.90			16.15
264		15.18	20.02	22.53			

水培时间/h	翠峦/mm	新青/mm	带岭/mm	加格达奇/mm	松岭/mm	韩家园/mm	海林/mm
288		15.35					
雄花总长/mm	12.93	15.35	20.02	22.53	18.28	24.68	16.15
净生长/mm	2.23	3.95	5.71	6.33	6.24	10.22	3.18

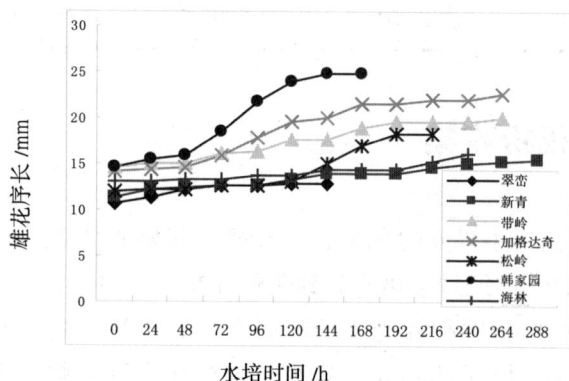

图 3-7 不同水培时间毛榛雄花序生长情况

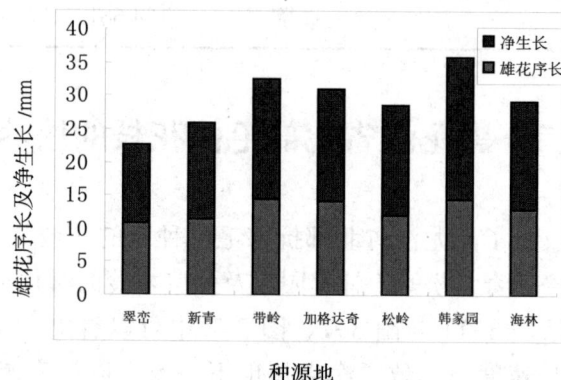

图 3-8 不同种源地毛榛雄花序水培净生长情况

从表 3-12 中可以看出，随着水培时间的变化，各种源花粉的成熟时间也不一致，有时间长短的区别，而时间短有利于花粉的收集。松岭、韩家园、海林的生长时间短，而其他的则时间长。单花的花粉产量由于种源的不同而有区别，其中以韩家园最好，为 1.206 mg；其次是加格达奇，为 1.073 mg；带岭和松岭分别为 0.452 mg 和 0.245 mg；最后是海林，只有 0.224 mg。

表 3-12　黑龙江省北部毛榛雄花序花粉产量与水培时间的关系

水培时间/h	带岭		加格达奇		松岭		韩家园		海林	
	雄花数	花粉量/mg	雄花数	花粉量/mg	雄花数	花粉量/mg	雄花数	花粉量/mg	雄花数	花粉量/mg
96				44.1						
120				49.1				59.1		1.8
144		3.5		31.8		13.4		8.2		9.7
168		28.9		21.3		12.3		99.3		6.7
	242		150		144		190		114	
192		39.9		4.3		5.3		26.4		5.3
216		28.9		5.9		4.3		36.2		2.0
240		3.2		4.2						
264		2.0		0.2						

水培时间 /h	带岭		加格达奇		松岭		韩家园		海林	
	雄花数	花粉量 /mg	雄花数	花粉量 /mg	雄花数	花粉量 /mg	雄花数	花粉量 /mg	雄花数	花粉量 /mg
288		1.8								
312		1.2								
累计花粉量 /mg		109.4		160.9		35.3		229.2		25.5
平均 /mg		0.452		1.073		0.245		1.206		0.224

第四节 龙榛花枝的培养与花粉收集

将所采集的龙榛花枝在实验室内采用水培的方法进行花粉的培育，水培的水中加入适量的蔗糖。对龙榛5个品系的花枝进行水培后得到了5份花粉（表3-13）。通过表3-14的方差分析表明，雄花开放与品种和水培时间有关，品种和培养时间对雄花序伸长的影响差异极显著，直径增粗与品种间有显著的差异性，而两者共同的影响只在雄花长度方面差异极显著，而在直径生长上没有显著影响。雄花序伸长方面龙榛1号最好，为1.95 cm，其次为龙榛2号和龙榛3号，分别为0.89 cm和0.75 cm，龙榛4号和龙榛5号分别只有0.35 cm和0.34 cm；直径生长方面以龙榛3号最好，为0.13 cm，其次是龙榛1号和龙榛5号，分别为0.11 cm和0.08 cm，龙榛4号和龙榛2号分别只有0.06 cm和0.03 cm。

表3-13 龙榛花枝培养对雄花生长的影响

水培时间 /h	龙榛1号		龙榛2号		龙榛3号		龙榛4号		龙榛5号	
	雄花序长 /cm	直径 /cm	雄花序长 /cm	直径 /cm	雄花序长 /cm	直径 /cm	雄花序长 /cm	直径 /cm	雄花序长 /cm	直径 /cm
0	2.35	0.41	2.71	0.44	3.27	0.46	3.95	0.39	2.41	0.42
24	2.35	0.41	2.71	0.44	3.27	0.46	3.95	0.39	2.41	0.42
48	3.90	0.52	3.60	0.47	4.10	0.59	4.25	0.43	2.63	0.46
72	4.30	0.52	3.60	0.47	4.02	0.59	4.30	0.45	2.75	0.50
净生长 /cm	1.95	0.11	0.89	0.03	0.75	0.13	0.35	0.06	0.34	0.08

表3-14 龙榛花枝培养对雄花生长的影响方差分析

变异来源	因变量	平方和	自由度	均方	F	P 值
品种	雄花序长	30.318	4	7.580	18.809	0.000**
	直径	0.048	4	0.012	3.375	0.013*

变异来源	因变量	平方和	自由度	均方	F	P 值
水培时间	雄花序长	9.066	2	4.533	11.249	0.000**
	直径	0.014	2	0.007	1.943	0.150
品种 × 水培时间	雄花序长	14.632	8	1.829	4.539	0.000**
	直径	0.023	8	0.003	0.816	0.591

第五节 欧榛的花粉收集

一、花枝来源

2011 年从牡丹江市向南，经河北省林业科学研究院的邯郸基地、河南省的洛宁县、安徽省林业科学研究院的六安基地，一直到山东省的泰安市，沿途获得了 36 个欧榛的品种或优系的花枝，回到牡丹江后收取花粉（表 3-15）。

二、收取欧榛花粉

将所采集的欧榛花枝在实验室内采用水培的方法进行花粉的培育，水培的水中加入适量的蔗糖。经过 7~10 d 的收集，36 个品种或优系中大部分获得了花粉，其中品种 20 个、优系 14 个、对照（平榛）1 个。

表 3-15 2011 年度四省欧榛编号

序号	编号	省份	原种名称	序号	编号	省份	原种名称
1	11-A-01	河北	巴特勒（Butler）	10	11-A-10	河北	OSU 479.027
2	11-A-02	河北	威莱迈特（Willamette）	11	11-A-11	河北	卡姆佩尼卡（Camponica）
3	11-A-03	河北	埃内斯（Ennis）	12	11-A-12	河北	121 OSU 479.027
4	11-A-04	河北	G1 号	13	11-A-13	河北	12 OSU 228.084
5	11-A-05	河北	玛丽亚（50）达丽亚（Daria）	14	11-A-14	河北	帝吉里（14）地捷里（Duchilly）
6	11-A-06	河北	莱维斯（Lewii）	15	11-A-15	河北	莫泰比罗（34）（Montebillo）
7	11-A-07	河北	麦莱特（61）沃麦莱特（Wermellet）	16	11-A-16	河北	15 OSU 287.008
8	11-A-08	河北	罗亚尔（Royal）	17	11-A-17	河北	19 OSU 474.084
9	11-A-09	河北	诺赛民（39）诺赛尼（Nocchidne）	18	11-B-1	安徽	15-5 OSU 287.008

序号	编号	省份	原种名称	序号	编号	省份	原种名称
19	11-B-02	安徽	6-5 卡西纳（Casina）	28	11-B-11	安徽	19-8 OSU 474.084
20	11-B-03	安徽	16-7 OSU 309.074	29	11-B-12	安徽	18-6 OSU 384.014
21	11-B-04	安徽	间 1-4 巴塞罗那（Barcelona）	30	11-B-13	安徽	4-6 巴特勒（Butler）
22	11-B-05	安徽	21-4 OSU 479.027	31	11-B-14	安徽	17-4 OSU 312.030
23	11-B-06	安徽	18-7 OSU 384.014	32	11-B-15	安徽	17-1 OSU 312.030
24	11-B-07	安徽	21-3 OSU 479.027	33	11-B-16	安徽	间 2-2 埃内斯（Ennis）
25	11-B-08	安徽	19-7 OSU 474.084	34	11-B-17	安徽	CK
26	11-B-09	安徽	8-6 地捷里（Duchilly）	35	11-C-01	山东	都达·捷佛内
27	11-B-10	安徽	19-7 OSU 474.084	36	11-D-01	河南	埃内斯（Ennis）

注：2011 年 3 月收集到四省欧榛花粉。

将收获的欧榛 20 个品种、14 个优系花粉以及其他花粉都储藏在 1~3℃ 的低温冰箱中。将所收获的大量的花粉，应用到 4 月中旬的育种中，依此作为父本与母本的龙榛、平榛、毛榛进行远缘杂交育种，当年获得了大量组合的杂交组合 F_1 代苗木，为今后以欧榛为父本的远缘杂交育种奠定了基础。

第四章 早期杂交育种的研究

自 2002 年开始，利用辽宁省平欧杂交榛的花粉与寒地的野生平榛进行杂交，杂交地点位于东京城林业局三道林场。2004 年开始在东京城林业局三道林场苗圃的育种园内进行杂交育种。早期主要以探索杂交育种方法为目的，采用平榛与龙榛进行杂交组合设计，在取得实际成效后，逐渐推广毛榛、龙榛与欧榛进行杂交组合设计。我们早期的杂交育种研究工作的育种目标，以提高抗寒性为主旨进行研究，重点在龙榛与平榛、毛榛的远缘杂交，同时，研究杂交 F_1 代种子处理、杂交 F_1 代苗木培育、杂交 F_1 代评比等技术体系建设。经过不断的研究与完善，解决了榛属植物的育种关键技术，为后期远缘杂交做好准备工作。与之相对应的是在 2006 年后逐步开展了辐射育种，以及 2011 年利用欧榛进行的杂交育种工作。

第一节 平榛与龙榛育种的研究

一、父本、母本的选择与花粉的制备

1. 父本来源

父本种源包括东京城林业局三道林场、海林林业局三部落林场、林口林业局曙光林场、牡丹江市郊丰收等，选取龙榛 1 号、龙榛 2 号、龙榛 3 号、龙榛 4 号、龙榛 5 号等。

2. 父本花粉的制备

父本选择优良平榛和龙榛个体，于 3 月份采集雄花枝。在 3 月末或 4 月初，经过试验室内水培的方法，收集到足够的育种花粉，同时将收集到的花粉放置于冰箱内低温保存。

3. 母本来源

选择种源包括东京城林业局三道林场、海林林业局三部落林场、林口林业局曙光林场、牡丹江市郊丰收等，选取龙榛 1 号、龙榛 2 号、龙榛 3 号、龙榛 4 号、龙榛 5 号等。

二、杂交组合与杂交育种

1. 杂交组合

杂交组合为两组，一是龙榛 × 平榛，二是平榛 × 龙榛。

2. 杂交育种

选择龙榛、平榛的优良个体，4月上旬摘掉雄花序，在枝上套牛皮袋。待雌花开放时授粉，并观测记录。

母本树体雄花期过后去育种牛皮袋。9月中旬，杂交 F_1 代榛果成熟后及时采摘，并测定各项指标。同时观测授粉果实个体的物候期和生产过程。

三、平榛父本杂交 F_1 代种子的结实情况

1. 寒地南部龙榛母本与平榛父本杂交 F_1 代种子情况

从2005年开始，我们先后进行了以龙榛、平榛和毛榛互为母本、父本的远缘杂交试验，筛选抗寒品种。

选择5个龙榛品系作为母本，以黑龙江省南部4个平榛种源作为父本，二者进行杂交育种后获得杂交 F_1 代种子情况见表4-1。

表4-1 龙榛 × 平榛（南部）杂交 F_1 代种子情况

父本平榛来源 母本	东京城		海林		牡丹江		林口		平均	
	结实数	单果重/g	结实数	单果重/g	结实数	单果重/g	结实数	单果重/g	结实数	单果重/g
龙榛1号$_9$	270	4.27	20	4.11	564	4.06	288	4.24	285.5	4.17
龙榛1号$_{16}$	178	4.05	333	4.40	199	4.66	122	4.35	208.0	4.37
龙榛1号$_{17}$	77	4.28	168	4.40	71	4.25	83	4.27	99.8	4.30
平均	175	4.20	173.7	4.30	278	4.32	164.3	4.29	197.8	4.28
龙榛2号$_{11}$	103	2.99	66	2.67	73	2.95	159	3.17	100.3	2.95
龙榛2号$_{20}$	47	2.60	102	2.85	21	2.67	118	4.15	72.0	3.07
平均	75	2.80	84	2.76	47	2.81	138.5	3.66	86.5	3.01
龙榛3号$_5$	42	3.97	6	4.08	34	4.05	119	3.81	50.3	3.98
龙榛4号$_{10}$	38	4.25	77	3.82	69	3.59	35	4.08	54.8	3.94
龙榛4号$_{18}$	51	4.13	70	3.78	—	—	6	3.78	42.3	3.90
龙榛4号$_{19}$	36	3.40	20	3.27	—	—	70	3.93	42.0	3.53
平均	42	3.93	56	3.62	69	3.59	37	3.93	47	3.80
龙榛5号$_{13}$	100	4.97	—	—	91	5.28	90	5.02	93.7	5.09
总平均	94.2	3.89	95.8	3.71	140.2	3.94	109.0	4.08	109.8	3.85

通过表4-2单果重方差分析可以看出父本、母本以及两者之间的差异极显著，这说明杂交后得到的

F$_1$代种子个体间变化大，有利于以后的性状选择。从单果重平均值来看，母本以龙榛5号（04-5）最好，达到5.09 g、龙榛1号（02-1）为4.28 g、龙榛3号（02-3）为3.98 g、龙榛4号（04-4）为3.80 g、龙榛2号（02-2）较低，为3.01 g；父本以林口最好，F$_1$平均达到4.05 g，牡丹江F$_1$为3.84 g、东京城F$_1$为3.83 g、海林F$_1$较低，为3.67 g。结实量牡丹江F$_1$强于其他3个种源地；母本以龙榛1号（02-1）为最好，其次为龙榛5号（04-5），而龙榛4号（04-4）最低。

表 4-2 龙榛 × 平榛（南部）杂交育种 F$_1$ 代单果重方差分析

变异来源	平方和	自由度	均方	F	P 值
父本	4.174	3	1.391	4.784	0.003**
母本	231.689	4	57.922	199.128	0.000**
区组	5.099	2	2.549	8.765	0.000**
母本 × 父本	22.771	11	2.070	7.117	0.000**

2. 寒地北部龙榛母本与平榛父本杂交 F$_1$ 代种子的结实情况

选择5个龙榛品系作为母本与黑龙江省北部5个平榛种源父本进行杂交育种后获得杂交 F$_1$ 代种子情况见表4-3。通过表4-4单果重方差分析可以看出父本、母本以及两者双亲本的差异极显著。综合结实量和单果重进行分析，其中母本以龙榛5号和龙榛4号为好，龙榛1号和龙榛3号次之，龙榛2号较低；父本以韩家园和翠峦为好，带岭次之，其他较低。

表 4-3 龙榛 × 平榛（北部）杂交育种 F$_1$ 代种子情况

父本平榛来源	翠峦		新青		带岭		加格达奇		韩家园		平均	
母本	结实数	单果重 /g	结实数	单果重 /g	结实数	单果重 /g	结实数	单果重 /g	结实数	单果重 /g	结实数	单果重 /g
龙榛 1 号	55	3.44	5	3.22	46	3.02	4	3.16	30	3.06	28.0	3.18
龙榛 2 号	101	2.66	47	2.52	121	2.68	22	2.88	80	2.78	74.2	2.70
龙榛 3 号	83	3.08	—	—	21	3.12	21	3.26	29	3.28	38.5	3.19
龙榛 4 号	95	3.52	25	3.26	126	3.48	—	—	49	3.98	73.8	3.56
龙榛 5 号	104	3.87	10	3.33	46	3.57	—	—	112	3.68	68.0	3.61
平均	87.6	3.31	21.8	3.08	72.0	3.17	15.7	3.10	60.0	3.36	51.4	3.21

表 4-4 龙榛 × 平榛（北部）杂交 F$_1$ 代单果重方差分析

变异来源	平方和	自由度	均方	F	P 值
父本	4.579	4	1.145	7.014	0.000**
母本	59.530	4	14.883	91.186	0.000**
区组	1.172	4	0.293	1.795	0.128
母本 × 父本	8.551	13	0.658	4.030	0.000**

四、平榛 × 龙榛杂交 F_1 代种子情况

为更好地利用平榛的抗寒基因，采用平榛为母本与龙榛为父本进行远缘杂交。选择具有优良抗寒性的 5 个平榛种源为母本，父本来源于龙榛混合花粉，经杂交育种后获得杂交 F_1 代种子情况见表 4-5。通过表 4-6 方差分析可以看出，杂交 F_1 代种子受母本的影响较大，单果重差异性极显著，并以东京城为好，林口次之，海林最小；结实数以林口为好，东京城次之，新青最少；单果重相差达 1.05 g，其中东京城比海林高出 54%，F_1 代果实杂交效果明显。

表 4-5 平榛 × 龙榛杂交 F_1 代种子

平榛（母本）	龙榛（父本）	
	结实数	单果重 /g
新青	75	2.01
林口	256	2.61
牡丹江	99	2.02
海林	89	1.93
东京城	109	2.98
平均	125.6	2.31

表 4-6 平榛 × 龙榛杂交育种 F_1 代单果重方差分析

变异来源	平方和	自由度	均方	F	P 值
母本	43.343	4	10.836	51.980	0.000**
区组	0.058	4	0.014	0.069	0.991

五、龙榛 × 平榛杂交 F_1 代苗木的培育

1. 种子处理

10 月下旬进行杂交 F_1 代种子催芽处理。具体做法是将获得的 F_1 代种子用 0.1% 的高锰酸钾水溶液浸泡 10 min，用清水冲洗干净，与 3 倍体积的含水率为 65% 的细河沙混拌，装入特制的棉布袋中，放入写好的标签，把含种子的棉布袋统一放在一起备用。在处理种子袋的地方，挖 2.5 m×3.5 m×1.5 m 的立方体状坑，内置规格为 2.0 m×3.0 m×1.2 m 的木箱，然后将备用的装有种子的棉布袋运到木箱上侧方，在木箱内先铺一层含水率为 65%、厚度 10 cm 的细河沙后，放上一层 8~10 cm 厚的处理种子的棉布袋，其后再铺一层含水率为 65% 的细河沙 10 cm，再铺上一层 8~10 cm 厚处理种子的棉布袋，直到所有棉布袋铺完为止，在最上面铺满含水率为 65% 的细河沙，封上木箱盖板，木箱四周和上部用含水率为 65% 的细河沙填封，同时可加入灭鼠药用来灭鼠，上部要高于地表 10 cm，用草帘封口，最后上面再覆 10 cm 原地土。

2. F₁ 代播种育苗

2. F_1 代播种育苗

次年5月初，进行杂交 F_1 代苗木培育。苗木培育采用容器育苗技术，先装 10 cm×16 cm（直径 × 高）的薄膜容器杯，基质为农田土，然后取出经过处理的杂交 F_1 代种子，按随机区组进行播种，定期测定各项指标，10月下旬进行越冬处理。

3. 龙榛 × 平榛杂交 F_1 代苗木的培育情况

将龙榛 × 平榛杂交所获得杂交 F_1 代种子进行苗木培育，育苗效果见表4-7。播种3649粒，出苗2697株，出苗率为73.9%，成苗数2460株。出苗率从父本来看，海林为80.0%，东京城73.9%，牡丹江73.1%，林口69.9%；从母本来看，龙榛2号为84.1%，龙榛4号为79.9%，龙榛5号为77.0%，龙榛1号为70.4%，龙榛3号为54.0%。苗木生长情况经表4-8的方差分析，来自母本的苗高、父本的地径和双亲的苗高与叶片数差异性极显著，来自母本的叶片数、父本的苗高和双亲的地径差异性显著。由于苗期的可测生物学性状少，所以需要今后做进一步的评比与筛选，才能确定与早期选择优良品种密切相关的性状。

表 4-7 龙榛 × 平榛杂交 F_1 代育苗情况

杂交组合		育苗效果				生长情况		
母本	父本	播种粒数	出苗株数	出苗率 /%	成苗株数	苗高 /cm	地径 /mm	叶片数
龙榛 1 号 9		254	179	70.5	179	46.7	6.1	12.7
龙榛 1 号 16		56	38	67.9	22	32.8	5.0	10.3
龙榛 1 号 17		74	52	70.3	52	32.8	5.2	11.2
龙榛 2 号 11		110	95	86.4	86	43.3	6.4	12.2
龙榛 2 号 20	东京城	48	38	79.2	38	44.5	5.2	11.1
龙榛 3 号 5		30	11	36.7	11	39.6	5.6	11.7
龙榛 4 号 10		31	25	80.6	25	40.0	6.4	12.0
龙榛 4 号 18		48	37	77.1	37	33.6	5.5	9.5
龙榛 4 号 9		34	30	88.2	25	43.3	5.8	11.7
龙榛 5 号 13		100	75	75.0	56	37.2	5.1	10.5
合计 / 平均		785	580	73.9	531	39.4	5.6	11.3
龙榛 1 号 9		20	15	75.0	15	36.2	5.5	10.2
龙榛 1 号 16	海林	328	255	77.7	246	36.5	5.7	10.7
龙榛 1 号 17		161	122	75.8	122	39.5	5.0	10.0
龙榛 2 号 11		60	52	86.7	27	35.0	5.5	10.4

续表

杂交组合		育苗效果				生长情况		
母本	父本	播种粒数	出苗株数	出苗率/%	成苗株数	苗高/cm	地径/mm	叶片数
龙榛2号20		89	70	78.7	70	35.6	5.4	9.3
龙榛3号5		6	4	66.7	4	19.3	4.1	7.0
龙榛4号10	海	72	66	91.7	55	46.9	5.9	14.1
龙榛4号18	林	70	57	81.4	56	41.5	5.4	11.0
龙榛4号19		95	80	84.2	46	27.7	4.5	9.0
合计/平均		901	721	80.0	641	35.4	5.2	10.2
龙榛1号9		512	386	75.4	373	39.7	5.5	11.5
龙榛1号6		200	125	62.5	104	40.4	6.0	12.9
龙榛1号17		67	39	58.2	39	45.6	5.9	13.2
龙榛2号11	牡	60	52	86.7	48	38.7	5.5	9.7
龙榛2号20	丹	21	15	72.4	12	27.9	5.2	9.4
龙榛3号5	江	30	17	56.7	17	34.7	5.7	10.9
龙榛4号10		32	32	100.0	32	39.2	5.5	11.6
龙榛5号13		81	59	72.8	59	41	5.9	11.3
合计/平均		1003	725	73.1	684	38.4	5.7	11.3
龙榛1号9		245	148	60.4	143	41.1	6.2	11.5
龙榛1号16		103	60	58.3	58	39.6	5.4	10.0
龙榛1号17		75	55	73.3	52	42.3	5.6	10.6
龙榛2号11		159	138	86.8	116	37.2	5.4	10.5
龙榛2号20		118	99	83.9	82	38.9	5.7	12.5
龙榛3号5	林	84	49	58.3	41	35.5	5.3	9.7
龙榛4号10	口	32	23	71.9	22	41.5	5.8	10.6
龙榛4号18		7	7	100	7	34.0	5.5	9.0
龙榛4号19		66	32	48.5	32	35.5	5.4	9.4
龙榛5号13		71	60	84.5	51	51.8	5.8	14.1
合计/平均		960	671	69.9	604	39.7	5.6	10.8
合计/总平均		3649	2697	73.9	2460	38.3	5.5	10.9

表 4-8　龙榛 × 平榛杂交 F_1 代苗木生长方差分析

变异来源	因变量	平方和	自由度	均方	F	P 值
母本	苗高	1884.884	4	471.221	3.812	0.005**
	地径	4.601	4	1.150	1.181	0.319
	叶片数	87.382	4	21.845	2.933	0.021*
父本	苗高	1401.879	3	467.293	3.780	0.011*
	地径	11.724	3	3.908	4.014	0.008**
	叶片数	56.065	3	18.688	2.510	0.059
区组	苗高	570.290	2	285.145	2.307	0.101
	地径	9.797	2	4.898	5.031	0.007**
	叶片数	91.039	2	45.519	6.112	0.002**
母本 × 父本	苗高	3493.643	11	317.604	2.569	0.004**
	地径	23.999	11	2.182	2.241	0.012*
	叶片数	275.953	11	25.087	3.369	0.000**

六、龙榛 × 平榛杂交育种 F_1 代良种的评比与选育情况

1. 建立评比园

第三年 5 月初在牡丹峰自然保护区内建立评比园。将培育的杂交 F_1 代容器苗，按照随机区组进行去杯定植。密度为 110 株 / 亩，株行距为 2 m × 3 m，生长期做好各项管理工作，以后定期测定各项选育指标。2007 年在牡丹峰自然保护区建立杂交育种 F_1 代良种评比园，该园是将 2005 年杂交育种获得的 F_1 代种子，经过 2006 年 F_1 代苗木培育，2007 年春季定植建立的 F_1 代良种评比园。

2. 龙榛 × 平榛杂交 F_1 代良种的评比与选育情况

龙榛 × 平榛杂交 F_1 代苗木评比情况见表 4-9。表 4-10 的方差分析看出母本在分枝数上差异极显著，当年高和萌生条数差异显著；父本在当年高和萌生条数差异极显著；双亲本在树高和萌生条数上差异极显著。母本在分枝数方面平均为 3.80，其中龙榛 2 号为 4.35、龙榛 1 号为 3.87、龙榛 4 号只有 3.28；当年高方面平均为 11.02 cm，其中龙榛 2 号为 13.24 cm、龙榛 1 号为 10.37 cm、龙榛 4 号只有 10.09 cm；萌生条数方面平均为 1.09，其中龙榛 1 号为 1.34、龙榛 2 号为 1.15、龙榛 4 号只有 0.72。父本当年高方面平均为 11.02 cm，其中海林为 12.77 cm、林口为 11.95 cm、东京城为 10.34 cm、牡丹江只有 9.27 cm；萌生条数方面平均为 1.09，其中林口 1.40、牡丹江 1.21、海林 1.06、东京城 0.84。

表 4-9 龙榛 × 平榛杂交 F₁ 代良种评比结果表

杂交组合		株数	树高 /cm	地径 /mm	分枝数	叶片数	当年高 /cm	萌生条数
母本	父本							
龙榛 1 号 9		7	44.38	7.6	3.00	32.00	9.75	2.50
龙榛 1 号 16		57	47.33	6.5	2.91	19.11	9.73	0.50
龙榛 1 号 17		114	49.67	6.4	2.57	20.61	11.17	0.40
龙榛 2 号 11	东京城	28	52.80	7.4	3.73	29.13	19.47	0.60
龙榛 2 号 20		13	41.40	5.8	2.20	12.60	9.00	1.40
龙榛 4 号 10		20	43.63	6.9	3.42	21.47	8.32	1.00
龙榛 4 号 18		14	50.88	7.1	3.83	18.00	10.29	0.33
龙榛 4 号 19		1	41.00	5.0	3.00	18.00	5.00	0.00
平均		31.8	46.38	6.6	3.08	21.37	10.34	0.84
龙榛 1 号 9		28	37.25	5.7	9.05	28.41	9.23	1.14
龙榛 1 号 16		21	42.90	7.0	2.25	17.95	15.68	2.20
龙榛 1 号 17		42	41.91	6.5	4.19	18.43	11.38	0.89
龙榛 2 号 11	海林	26	44.77	6.5	3.54	24.23	11.42	1.15
龙榛 2 号 20		12	45.45	6.4	10.91	19.27	17.41	0.45
龙榛 4 号 10		16	62.00	7.9	3.10	25.90	11.80	0.70
龙榛 4 号 18		34	51.31	7.0	3.48	23.76	14.22	1.24
龙榛 4 号 19		30	49.37	6.9	3.11	19.89	11.05	0.74
平均		26.1	46.87	6.7	4.95	22.23	12.77	1.06
龙榛 1 号 9		9	47.00	7.8	4.89	19.00	6.76	3.33
龙榛 1 号 16		11	44.63	6.2	3.29	20.57	10.29	0.57
龙榛 1 号 17		61	55.06	7.2	3.36	23.57	9.00	0.49
龙榛 2 号 11	牡丹江	40	48.58	7.1	3.95	23.05	9.44	0.78
龙榛 2 号 20		23	49.94	6.2	4.25	30.50	10.13	1.25
龙榛 4 号 18		12	40.25	6.6	3.00	13.50	9.88	1.25
龙榛 4 号 19		5	40.20	6.2	3.40	10.00	9.40	0.80
平均		23	46.52	6.8	3.73	20.03	9.27	1.21
龙榛 1 号 16	林口	49	46.15	6.7	3.55	27.33	9.50	0.95

杂交组合		株数	树高 /cm	地径 /mm	分枝数	叶片数	当年高 /cm	萌生条数
母本	父本							
龙榛 1 号 17		25	36.59	6.6	3.50	22.15	11.63	1.75
龙榛 2 号 20	林	23	42.00	6.7	1.86	25.48	15.79	2.43
龙榛 4 号 18	口	31	51.77	6.9	3.15	21.19	10.88	0.46
平均		32	44.13	6.7	3.02	24.04	11.95	1.40
总平均		27.9	46.23	6.7	3.80	21.67	11.02	1.09

表 4-10 龙榛 × 平榛杂交 F_1 代良种评比方差分析

变异来源	因变量	平方和	自由度	均方	F	P 值
母本	树高	995.64	3	331.88	1.30	0.275
	地径	41.51	3	13.84	0.96	0.413
	分枝数	386.69	3	128.90	8.22	0.000**
	叶片数	192.48	3	64.16	0.24	0.870
	当年高	716.57	3	238.86	3.59	0.014*
	萌生条数	14.62	3	4.87	3.72	0.011*
父本	树高	385.20	2	192.60	0.75	0.472
	地径	78.72	2	39.36	2.72	0.067
	分枝数	42.92	2	21.46	1.37	0.255
	叶片数	1441.11	2	720.56	2.67	0.070
	当年高	1128.67	2	564.34	8.47	0.000**
	萌生条数	15.46	2	7.73	5.91	0.003**
区组	树高	879.21	2	439.61	1.72	0.181
	地径	109.50	2	54.75	3.79	0.023*
	分枝数	67.72	2	33.86	2.16	0.116
	叶片数	1429.21	2	714.60	2.64	0.072
	当年高	209.38	2	104.69	1.57	0.209
	萌生条数	31.41	2	15.71	12.00	0.000**
母本 × 父本	树高	5440.65	6	906.78	3.54	0.002**

变异来源	因变量	平方和	自由度	均方	F	P 值
	地径	91.80	6	15.30	1.06	0.387
	分枝数	163.59	6	27.26	1.74	0.110
母本 × 父本	叶片数	1845.38	6	307.56	1.14	0.339
	当年高	663.80	6	110.63	1.66	0.128
	萌生条数	55.88	6	9.31	7.12	0.000**

第二节 毛榛与龙榛育种的研究

我们从 2004 年开始进行榛子杂交育种，主要是用平榛与龙榛进行杂交组合设计，在取得实际成效后，逐渐进行毛榛与龙榛杂交组合设计。毛榛作为亲本用于杂交育种常被认为难以获得杂交后代（F$_1$ 代）种子，这是由于其花粉收集困难、受精率和坐果率低等原因造成的。毛榛作为分布区内的主要伴生树种，生活在林内，具有耐阴性，极少见于林外。作为杂交育种中的父本或母本来说，在这两方面都有其特殊性，所以在收集花粉之后，就要集中解决杂交过程中受精率和坐果率低的难题。

一、育种准备

1. 父本的选择与花粉的制备

父本选择优良毛榛和龙榛个体，于 3 月份采集雄花枝，经室内水培后收集花粉。收集到的花粉放置于冰箱内低温保存。

2. 远缘杂交育种

母本选择优良龙榛和毛榛个体，4 月上旬摘掉雄花序，在枝上套牛皮袋。待雌花开放时授粉，并观测和做好记录。

母本树体花期过后，及时去掉牛皮袋。9 月中旬，杂交 F$_1$ 代榛果成熟后及时采摘，并测定各项指标。同时观测授粉果实个体的物候期和生产过程。

3. 杂交组合与杂交 F$_1$ 代种子的结实测定

设计的杂交组合分两组，分别如下：
（1）毛榛 × 龙榛（平欧杂交榛）组合；
（2）龙榛（平欧杂交榛）× 毛榛组合。
9 月中旬，杂交 F$_1$ 代果实成熟后采摘，及时测定各项指标。

二、龙榛 × 毛榛杂交 F₁ 代种子的结实情况

1. 黑龙江省南部毛榛父本杂交 F₁ 代种子的结实情况

选择5个龙榛品系作为母本，与黑龙江省南部2个毛榛种源作为父本进行杂交育种后获得杂交 F₁ 代种子情况见表4-11，总共获得果实1221粒。通过表4-12的方差分析，母本、双亲本的影响都是差异极显著，而父本则无影响。其中母本龙榛5号和龙榛1号结实数量最多，优于母本龙榛2号和龙榛4号，而龙榛3号最低。这不仅说明母本龙榛5号和龙榛1号与毛榛的亲和力高，而且坐果率也高，反之母本龙榛3号和龙榛4号与毛榛的亲和力和坐果率都低。单果重也比2005年有较大的提高，其中龙榛5号 × 毛榛为最好，达到4.92 g，龙榛3号 × 毛榛次之，为4.47 g，龙榛1号 × 毛榛为4.35 g，龙榛4号 × 毛榛为3.87 g，龙榛2号 × 毛榛为2.95 g最低，结实数量与单果重相比，父本海林优于东京城。这证明本年度以毛榛为父本的杂交育种的方法和策略是成功的。

表 4-11 龙榛 × 毛榛（南部）杂交 F₁ 代种子情况

父本毛榛来源	海林		东京城		平均	
母本	结实数	单果重 /g	结实数	单果重 /g	结实数	单果重 /g
龙榛1号 9	130	4.43	163	4.39	146.5	4.41
龙榛1号 16	345	4.60	39	3.93	192.0	4.27
龙榛1号 17	62	4.27	194	4.47	128.0	4.37
平 均	179.0	4.43	132.0	4.26	155.5	4.35
龙榛2号 11	28	2.89	20	2.72	24	2.81
龙榛2号 20	52	3.32	59	2.85	56	3.09
平均	40.0	3.11	39.5	2.79	39.8	2.95
龙榛3号 5	3	4.50	21	4.44	12	4.47
龙榛4号 10	12	3.78	8	3.54	10	3.66
龙榛4号 18	—	—	20	3.80	20	3.80
龙榛4号 19	58	4.21	31	3.92	44.5	4.07
平均	35.0	4.00	19.7	3.75	27	3.87
龙榛5号 13	119.0	4.72	21	5.12	70	4.92
总平均	89.9	4.08	57.6	3.92	72.9	4.00

表 4-12 龙榛 × 毛榛杂交育种 F₁ 代单果重方差分析

变异来源	平方和	自由度	均方	F	P 值
父本	0.230	1	0.230	1.018	0.314
母本	125.607	4	31.402	138.967	0.000**
区组	0.422	2	0.211	0.933	0.395
母本 × 父本	3.847	4	0.962	4.256	0.002**

2. 黑龙江省北部毛榛父本杂交 F₁ 代种子的结实情况

选择黑龙江省北部 7 个抗寒毛榛种源作为父本，与 5 个龙榛母本进行杂交后，获得 F₁ 代种子情况见表 4-13。通过表 4-14 中方差分析表明，父本与母本以及双亲本之间的作用差异性极显著。数据表明，35 个组合中有 28 个组合获得 F₁ 代种子，占 80%，获得 9 个组合 519 粒 F₁ 代种子，获得的 F₁ 代种子为建立榛子杂交育种体系提供了物质基础。结实量以母本排序为龙榛 2 号＞龙榛 4 号＞龙榛 1 号＞龙榛 5 号＞龙榛 3 号，单果重大小以母本排序为龙榛 4 号＞龙榛 3 号＞龙榛 5 号＞龙榛 1 号＞龙榛 2 号；结实量以父本排序为带岭＞韩家园＞新青＞加格达奇＞翠峦＞海林＞松岭，单果重以父本排序为翠峦＞新青＞韩家园＞带岭＞海林＞加格达奇＞松岭。

表 4-13 龙榛 × 毛榛（北部）杂交 F₁ 代种子情况

母本 父本	龙榛 1 号		龙榛 2 号		龙榛 3 号		龙榛 4 号		龙榛 5 号		平均	
	结实数	单果重/g	结实数	单果重/g	结实数	单果重/g	结实数	单果重/g	结实数	单果重/g	结实数	单果重/g
翠峦	7	3.21	—	—	7	3.74	6	3.16	5	3.87	6.3	3.50
新青	12	2.98	28	2.72	14	3.01	1	3.98	8	3.75	12.6	3.29
带岭	23	3.12	130	2.74	18	3.03	81	3.69	—	—	63	3.15
加格达奇	—	—	9	2.18	7	3.56	—	—	12	2.88	9.3	2.87
松岭	4	2.85	—	—	—	—	1	3.13	1	1.67	2.0	2.55
韩家园	28	3.12	24	2.40	5	3.06	44	3.96	30	3.43	26.2	3.19
海林	2	2.85	1	1.86	—	—	3	3.56	8	3.67	3.5	2.99
平均	12.7	3.02	38.4	2.38	10.2	3.28	22.7	3.58	10.7	3.21	18.9	3.09

表 4-14 龙榛 × 毛榛（北部）杂交 F₁ 代单果重方差分析

变异来源	平方和	自由度	均方	F	P 值
父本	4.489	6	0.748	4.443	0.000**
母本	16.591	4	4.148	24.630	0.000**
区组	0.315	4	0.079	0.467	0.760
母本 × 父本	14.444	17	0.850	5.045	0.000**

3. 毛榛 × 龙榛杂交 F$_1$ 代种子的结实情况

我们在成功解决了龙榛 × 毛榛杂交育种难题之后，又开展了毛榛 × 龙榛杂交育种工作。杂交 F$_1$ 代种子结实情况见表 4-15。表 4-15 中的数据显示，获得 F$_1$ 代种子 109 粒，单果重为 2.03 g。F$_1$ 代果实具有果苞长、苞腔大、苞表面密布刚刺、坚果重量大、果顶戴冠有纵棱，且呈尖状突起等特点，证明以毛榛为母本、龙榛为父本的杂交育种有了新的突破，也表明改进后的抗寒杂交榛子选育研究方法和策略是可行的，是在龙榛 × 毛榛的基础上，建立新的毛榛 × 龙榛育种体系。

表 4-15 毛榛 × 龙榛杂交 F$_1$ 代种子情况

母本	父本	结实数	单果重 /g
毛榛	龙榛	109	2.03

三、龙榛 × 毛榛杂交 F$_1$ 代苗木的培育情况

10 月下旬进行杂交 F$_1$ 代种子催芽处理，次年 5 月初，在牡丹江林业科学研究所青梅试验站进行杂交 F$_1$ 代苗木培育。苗木培育采用容器育苗技术，先装入 10 cm × 16 cm（直径 × 高）的薄膜容器杯，基质为农田土，然后取出经过处理的杂交 F$_1$ 代种子，按随机区组进行播种，定期测定各项指标，10 月下旬进行越冬处理。

对龙榛 × 毛榛杂交后得到的杂交 F$_1$ 代种子进行苗木培育。杂交 F$_1$ 代苗木培育结果见表 4-16。播种 1284 粒，出苗 983 株，出苗率为 76.6%，成苗数 867 株，育苗的效果比较理想。出苗率海林为 80.5%，东京城为 71.9%，平均为 76.6%，较 2006 年有一定的提高，并且高于平榛为父本的出苗率。经表 4-17 方差检验证明，来自父本的苗高差异性极显著，地径和叶片数差异性显著；双亲间的苗高和叶片数差异性显著。海林苗高为 39.4 cm，东京城为 33.9 cm。

表 4-16 龙榛 × 毛榛杂交 F$_1$ 代父本育苗情况

杂交组合		育苗效果				生长情况		
母本	父本	播种粒数	出苗株数	出苗率 /%	成苗株数	苗高 /cm	地径 /mm	叶片数
龙榛 1 号 $_9$		125	84	67.2	68	40.0	5.8	12.4
龙榛 1 号 $_{16}$		239	230	96.2	230	35.7	5.2	10.7
龙榛 1 号 $_{17}$		74	47	63.5	38	43.4	5.8	12.5
龙榛 2 号 $_{11}$	海	27	24	88.9	24	38.2	5.4	10.5
龙榛 2 号 $_{20}$	林	52	41	78.8	41	35.0	5.8	11.2
龙榛 3 号 $_5$		3	1	33.3	1	50	6.5	14.0
龙榛 4 号 $_{10}$		14	11	78.6	11	33.8	5.5	9.6
龙榛 4 号 $_{19}$		56	50	89.3	45	40.2	5.8	11.0

杂交组合		育苗效果				生长情况		
母本	父本	播种粒数	出苗株数	出苗率 /%	成苗株数	苗高 /cm	地径 /mm	叶片数
龙榛 5 号 13	海林	103	70	68.0	64	38.2	5.8	11.8
合计 / 平均		693	558	80.5	522	39.4	5.7	11.5
龙榛 1 号 9		137	93	67.9	76	33.2	5.4	10.0
龙榛 1 号 16		36	28	77.8	25	38.3	6.2	11.3
龙榛 1 号 17		187	130	69.5	89	39.1	6.3	12.9
龙榛 2 号 11		36	18	50.0	13	32.3	5.2	11.2
龙榛 2 号 20	东京城	58	51	87.9	45	37.0	5.9	11.7
龙榛 3 号 5		17	3	17.6	1	14.2	3.8	6.7
龙榛 4 号 10		8	8	100.0	8	36.8	6.0	11.3
龙榛 4 号 18		30	22	73.3	21	37.0	5.4	10.1
龙榛 4 号 19		61	52	85.2	47	41.0	6.0	11.3
龙榛 5 号 13		21	20	95.2	20	29.6	5.0	9.0
合计 / 平均		591	425	71.9	345	33.9	5.5	10.6
总合计 / 总平均		1284	983	76.6	867	36.5	5.6	11.0

表 4-17 龙榛 × 毛榛杂交 F_1 代苗木生长方差分析

变异来源	因变量	平方和	自由度	均方	F	P 值
母本	苗高	376.949	4	94.237	0.891	0.471
	地径	2.830	4	0.708	0.586	0.673
	叶片数	48.711	4	12.178	1.392	0.239
父本	苗高	1179.198	1	1179.198	11.153	0.001**
	地径	5.248	1	5.248	4.346	0.039*
	叶片数	45.396	1	45.396	5.190	0.024*
区组	苗高	298.758	2	149.379	1.413	0.247
	地径	4.447	2	2.223	1.841	0.162
	叶片数	13.510	2	6.755	0.772	0.464
母本 × 父本	苗高	1362.872	4	340.718	3.223	0.014*

变异来源	因变量	平方和	自由度	均方	F	P值
母本 × 父本	地径	11.695	4	2.924	2.421	0.051
	叶片数	92.808	4	23.202	2.653	0.035*

四、龙榛 × 毛榛杂交育种 F_1 代良种的评比情况

1. 建立评比园

第三年5月初在牡丹峰自然保护区内建立评比园。把培育的杂交 F_1 代容器苗,按照随机区组进行去杯定植。密度为110株/亩,株行距为2 m×3 m,生长期做好各项管理工作,以后定期测定各项选育指标。

2007年在牡丹峰自然保护区建立杂交种 F_1 代良种评比园,该园是把2005年杂交育种获得的 F_1 代种子,经过2006年 F_1 代苗木培育,2007年春季在园内定植建立而成的。

2. 龙榛 × 毛榛杂交育种 F_1 代良种的评比

龙榛 × 毛榛杂交 F_1 代良种评比情况见表4-18。通过表4-19的方差分析,母本在树高上差异性极显著,分枝数差异性显著,其他不显著。树高平均43.27 cm,其中龙榛4号最好为56.67 cm,其次龙榛1号为43.13 cm,龙榛2号只有30.14 cm。分枝数平均3.16,其中龙榛1号最好为4.24,其次龙榛2号为2.14,龙榛4号只有2.00。

表 4-18 龙榛 × 毛榛杂交育种 F_1 代良种评比情况

杂交组合		株数	树高/cm	地径/cm	分枝数	叶片数	当年高/cm	萌生条数
母本	父本							
龙榛1号16		20	42.90	0.66	4.93	15.80	11.03	0.80
龙榛1号17	毛榛	15	43.36	0.72	3.55	33.00	13.91	0.55
平均		17.5	43.13	0.69	4.24	24.40	12.47	0.68
龙榛2号20	毛榛	8	30.14	0.54	2.14	21.29	7.79	0.86
龙榛4号18	毛榛	14	56.67	0.64	2.00	19.67	9.00	0.50
总平均		14.3	43.27	0.64	3.16	22.44	10.43	0.68

表 4-19 龙榛 × 毛榛杂交育种 F_1 代各组合评比方差分析

变异来源	因变量	平方和	自由度	均方	F	P 值
母本	树高	2274.736	2	1137.368	5.707	0.007**
	地径	0.068	2	0.034	1.243	0.301
	分枝数	56.888	2	28.444	5.118	0.011*
	叶片数	164.838	2	82.419	0.922	0.407
	当年高	55.052	2	27.526	0.750	0.480
	萌生条数	0.493	2	0.246	0.230	0.796
区组	树高	1.364	1	1.364	0.007	0.935
	地径	0.024	1	0.024	0.888	0.352
	分枝数	12.224	1	12.224	2.199	0.147
	叶片数	1877.446	1	1877.446	21.013	0.000**
	当年高	52.483	1	52.483	1.431	0.240
	萌生条数	0.411	1	0.411	0.384	0.540

第五章 龙榛、平榛与毛榛的远缘杂交育种

经过早期的育种工作，我们已经全面系统地掌握了榛属杂交育种技术，逐步在龙榛与寒地平榛、毛榛之间进行远缘杂交育种，这些育种工作为杂交榛子抗寒性研究提供了扎实的物质基础。

第一节 龙榛 × 平榛杂交组合的试验结果

龙榛 × 平榛杂交组合的试验结果见表5-1，在15个组合中，共获得了13个组合的杂交F₁代种子，获得具有亲和性F₁代种子获得率为86.7%。从表5-1中可以看出，龙榛 × 平榛杂交组合的结果为：平均坚果纵径22.102 mm、坚果横径19.318 mm、坚果侧径18.506 mm、坚果重3.320 g，授粉坐果率为44.33%，高于平榛 × 龙榛的杂交组合。可以认为龙榛 × 平榛杂交组合具有极高的亲和性，这与多年来的杂交试验是一致的。通过表5-2的方差分析可以看出，6项指标差异性极显著。

表 5-1 龙榛 × 平榛杂交组合的 F₁ 代果实指标测定表

母本	父本	主要技术指标							
		坚果纵径 /mm	坚果横径 /mm	坚果侧径 /mm	果基宽 /mm	果基高 /mm	坚果重 /g	坐果序数	授粉数
龙榛1号	三部落	27.10	25.71	25.62	24.88	10.06	4.70	91	189
龙榛1号	夹皮沟	21.33	19.98	20.17	18.61	6.65	4.23	57	129
龙榛1号	三道	21.80	20.79	19.71	18.08	8.41	4.40	157	302
平均		23.410	22.160	21.833	20.523	8.373	4.443	101.667	206.667
龙榛2号	三部落	20.28	17.58	15.88	14.30	7.35	2.85	59	191
龙榛2号	夹皮沟	19.68	15.99	15.16	13.89	4.88	2.14	61	92
龙榛2号	三道	20.56	17.67	16.04	14.59	5.94	2.56	43	76
平均		20.173	17.080	15.693	14.260	6.057	2.517	54.333	119.667
龙榛3号	三部落	21.99	19.76	18.47	17.85	7.56	3.91	31	61
龙榛3号	夹皮沟	22.39	19.44	18.59	17.79	7.49	4.09	102	251
龙榛3号	三道	23.79	20.01	19.29	17.85	8.36	4.17	20	45
平均		22.723	19.737	18.783	17.830	7.803	4.057	51.000	119.000
龙榛4号	三部落	21.67	18.70	18.12	16.91	7.51	2.76	36	73
龙榛4号	夹皮沟	20.09	17.45	16.61	15.62	5.71	2.03	24	96
龙榛4号	三道	21.45	18.04	17.33	16.56	7.19	2.51	73	134
平均		21.070	18.063	17.353	16.363	6.803	2.433	44.333	101.000

续表

母本	父本	主要技术指标							
		坚果纵径 /mm	坚果横径 /mm	坚果侧径 /mm	果基宽 /mm	果基高 /mm	坚果重 /g	坐果序数	授粉数
龙榛 5 号	三部落	25.19	20.02	19.59	19.19	10.52	2.81	48	170
总平均		22.102	19.318	18.506	17.394	7.510	3.320	61.692	139.154

表 5-2 龙榛 × 平榛杂交组合的方差分析

变异来源	因变量	离差平方和	df	均方	F	Sig.
杂交组合	坚果纵径	583.705	12	48.642	40.827	0.000
	坚果横径	708.437	12	59.036	134.512	0.000
	坚果侧径	948.932	12	79.078	144.210	0.000
	果基宽	1076.671	12	89.723	124.916	0.000
	果基高	318.317	12	26.526	27.508	0.000
	坚果重	111.160	12	9.263	38.983	0.000

通过表 5-3 的多重比较可以看出，龙榛 × 平榛杂交组合的试验结果中，坚果纵径方面，以龙榛 3 号 × 三道、龙榛 5 号 × 三部落 2、龙榛 1 号 × 三部落 2 为优；坚果横径方面，以龙榛 3 号 × 三道、龙榛 5 号 × 三部落 2、龙榛 1 号 × 三道、龙榛 1 号 × 三部落 2 为优；坚果侧径方面，以龙榛 5 号 × 三部落 2、龙榛 1 号 × 三道、龙榛 1 号 × 夹皮沟、龙榛 1 号 × 三部落 2 为优；坚果重以龙榛 3 号 × 夹皮沟、龙榛 3 号 × 三道、龙榛 1 号 × 夹皮沟、龙榛 1 号 × 三道、龙榛 1 号 × 三部落 2 为优。

表 5-3 龙榛 × 平榛杂交组合多重比较

性状	杂交组合	N	子集							
			1	2	3	4	5	6	7	8
坚果纵径	龙榛 2 号 × 夹皮沟	10	19.6760							
	龙榛 4 号 × 夹皮沟	10	20.0900							
	龙榛 2 号 × 三部落 2	20	20.2785							
	龙榛 2 号 × 三道	15	20.5640	20.5640						
	龙榛 1 号 × 夹皮沟	10		21.3260	21.3260					
	龙榛 4 号 × 三道	10		21.4500	21.4500	21.4500				
	龙榛 4 号 × 三部落 2	10			21.6650	21.6650				
	龙榛 1 号 × 三道	10			21.7956	21.7956				

性状	杂交组合	N	子集							
			1	2	3	4	5	6	7	8
坚果纵径	龙榛3号 × 三部落2	10			21.9936	21.9936				
	龙榛3号 × 夹皮沟	10				22.3870				
	龙榛3号 × 三道	10					23.7900			
	龙榛5号 × 三部落2	10						25.1870		
	龙榛1号 × 三部落2	10							27.0960	
	Sig.		0.088	0.078	0.215	0.079	1.000	1.000	1.000	
坚果横径	龙榛2号 × 夹皮沟	10	15.9880							
	龙榛4号 × 夹皮沟	10		17.4520						
	龙榛2号 × 三部落2	20		17.5755						
	龙榛2号 × 三道	15		17.6747						
	龙榛4号 × 三道	10		18.0410						
	龙榛4号 × 三部落2	10			18.7000					
	龙榛3号 × 夹皮沟	10				19.4390				
	龙榛3号 × 三部落2	10				19.7640				
	龙榛1号 × 夹皮沟	10				19.9820				
	龙榛3号 × 三道	10				20.0070				
	龙榛5号 × 三部落2	10				20.0160				
	龙榛1号 × 三道	10					20.7940			
	龙榛1号 × 三部落2	10						25.7050		
	Sig.		1.000	0.062	1.000	0.074	1.000	1.000		
坚果侧径	龙榛2号 × 夹皮沟	10	15.1560							
	龙榛2号 × 三部落2	20		15.8760						
	龙榛2号 × 三道	15		16.0440	16.0440					
	龙榛4号 × 夹皮沟	10			16.6080					
	龙榛4号 × 三道	10				17.3280				
	龙榛4号 × 三部落2	10					18.1150			
	龙榛3号 × 三部落2	10					18.4720			

性状	杂交组合	N	子集							
			1	2	3	4	5	6	7	8
坚果侧径	龙榛 3 号 × 夹皮沟	10					18.5940			
	龙榛 3 号 × 三道	10						19.2910		
	龙榛 5 号 × 三部落 2	10						19.5870	19.5870	
	龙榛 1 号 × 三道	10						19.7130	19.7130	
	龙榛 1 号 × 夹皮沟	10							20.1690	
	龙榛 1 号 × 三部落 2	10								25.6205
	Sig.		1.000	0.601	0.081	1.000	0.161	0.218	0.088	1.000
果基宽	龙榛 2 号 × 夹皮沟	10	13.8900							
	龙榛 2 号 × 三部落 2	20	14.3005							
	龙榛 2 号 × 三道	15	14.5940							
	龙榛 4 号 × 夹皮沟	10		15.6190						
	龙榛 4 号 × 三道	10			16.5580					
	龙榛 4 号 × 三部落 2	10			16.9120					
	龙榛 3 号 × 夹皮沟	10				17.7900				
	龙榛 3 号 × 三部落 2	10				17.8450	17.8450			
	龙榛 3 号 × 三道	10				17.8540	17.8540			
	龙榛 1 号 × 三道	10				18.0770	18.0770			
	龙榛 1 号 × 夹皮沟	10					18.6070	18.6070		
	龙榛 5 号 × 三部落 2	10						19.1930		
	龙榛 1 号 × 三部落 2	10							24.8810	
	Sig.		0.071	1.000	0.336	0.483	0.059	0.112	1.000	
果基高	龙榛 2 号 × 夹皮沟	10	4.8790							
	龙榛 4 号 × 夹皮沟	10	5.7050	5.7050						
	龙榛 2 号 × 三道	15		5.9380	5.9380					
	龙榛 1 号 × 夹皮沟	10			6.6540	6.6540				
	龙榛 4 号 × 三道	10				7.1900				
	龙榛 2 号 × 三部落 2	20				7.3515				

性状	杂交组合	N	子集							
			1	2	3	4	5	6	7	8
果基高	龙榛3号×夹皮沟	10				7.4890	7.4890			
	龙榛4号×三部落2	10				7.5080	7.5080			
	龙榛3号×三部落2	10				7.5610	7.5610			
	龙榛3号×三道	10					8.3600			
	龙榛1号×三道	10					8.4130			
	龙榛1号×三部落2	10						10.0610		
	龙榛5号×三部落2	10						10.5220		
	Sig.		0.054	0.584	0.094	0.063	0.053	0.280		
坚果重	龙榛4号×夹皮沟	10	2.02720							
	龙榛2号×夹皮沟	10	2.13580	2.13580						
	龙榛4号×三道	10		2.50560	2.50560					
	龙榛2号×三道	15		2.56393	2.56393					
	龙榛4号×三部落2	10			2.76480					
	龙榛5号×三部落2	10			2.81220					
	龙榛2号×三部落2	20			2.84845					
	龙榛3号×三部落2	10				3.90850				
	龙榛3号×夹皮沟	10				4.09010	4.09010			
	龙榛3号×三道	10				4.17430	4.17430			
	龙榛1号×夹皮沟	10				4.22830	4.22830			
	龙榛1号×三道	10					4.40050	4.40050		
	龙榛1号×三部落2	10						4.69810		
	Sig.		0.607	0.056	0.152	0.171	0.184	0.161		

第二节 平榛 × 龙榛杂交组合的试验结果

平榛 × 龙榛杂交组合的试验结果见表5-4。从表5-4中可以看出，在25个组合中，获得了23个组合的杂交 F_1 代种子，获得具有亲和性 F_1 代种子为92%。可以认为平榛 × 龙榛杂交组合具有极高的亲和性，这与多年来的杂交试验结果是一致的。平榛 × 龙榛杂交组合的结果：平均坚果纵径 16.718 mm、平均坚果横径 16.632 mm、坚果侧径 15.009 mm、平均坚果重 1.671 g，授粉坐果率为 23.72%。通过表 5-5 的方差分析可以看出，6 项指标差异性极显著。

表 5-4 平榛 × 龙榛杂交组合的 F₁ 代果实指标测定表

母本（平榛）	父本（平欧）	技术指标							
		坚果纵径 /mm	坚果横径 /mm	坚果侧径 /mm	果基宽 /mm	果基高 /mm	坚果重 /g	坐果序数	授粉数
三部落平	龙榛 1 号	12.92	14.37	13.84	13.88	3.48	1.17	2	3
三部落平	龙榛 2 号	14.89	15.16	14.05	13.36	3.93	1.25	4	9
三部落平	龙榛 5 号	15.54	15.00	13.89	14.31	4.52	1.24	1	3
平均		14.450	14.843	13.927	13.850	3.977	1.220	2.333	5.000
三道平	龙榛 1 号	18.58	18.24	16.16	14.85	3.76	2.43	20	108
三道平	龙榛 2 号	19.00	17.77	16.32	15.94	5.57	2.11	48	131
三道平	龙榛 3 号	15.72	15.64	14.84	14.41	6.40	1.13	11	15
三道平	龙榛 4 号	19.10	17.59	16.13	16.05	5.70	2.14	15	74
三道平	龙榛 5 号	19.49	17.84	16.42	15.18	6.82	1.88	47	161
平均		18.378	17.416	15.974	15.286	5.650	1.938	28.200	97.800
丰收平	龙榛 1 号	22.68	19.28	18.40	16.63	6.95	2.07	5	76
丰收平	龙榛 2 号	16.99	17.67	15.58	15.04	4.59	3.63	18	38
丰收平	龙榛 3 号	20.23	19.14	16.48	15.62	6.38	1.89	17	71
丰收平	龙榛 4 号	17.62	19.19	16.30	14.29	4.20	2.17	15	84
丰收平	龙榛 5 号	18.23	17.97	16.03	15.18	5.84	1.83	12	68
平均		19.150	18.650	16.558	15.352	5.592	2.318	13.400	67.400
新青平	龙榛 1 号	13.60	15.73	12.79	10.97	2.87	1.09	5	24
新青平	龙榛 2 号	14.40	14.76	13.19	12.42	3.69	1.26	7	56
新青平	龙榛 3 号	13.82	15.31	13.48	12.54	3.73	1.18	5	64
新青平	龙榛 4 号	13.41	14.65	12.76	11.53	3.84	0.96	9	21
新青平	龙榛 5 号	12.95	14.46	12.44	11.46	3.11	1.15	6	62
平均		13.64	14.98	12.93	11.78	3.45	1.13	6	45
曙光平	龙榛 1 号	17.23	16.22	15.20	14.85	4.28	1.60	13	41
曙光平	龙榛 2 号	18.85	17.04	15.58	15.45	5.94	1.87	13	118

母本 （平榛）	父本 （平欧）	技术指标							
		坚果 纵径 /mm	坚果 横径 /mm	坚果 侧径 /mm	果基 宽 /mm	果基 高 /mm	坚果重 /g	坐果序数	授粉数
曙光平	龙榛 3 号	18.16	17.18	16.17	15.47	5.27	1.92	58	143
曙光平	龙榛 4 号	13.03	14.90	12.94	13.08	3.14	0.61	2	12
曙光平	龙榛 5 号	18.08	17.42	16.23	15.94	4.93	1.86	6	47
平均		17.069	16.552	15.223	14.955	4.709	1.571	18.400	72.200
总平均		16.718	16.632	15.009	14.280	4.736	1.671	14.739	62.130

表 5-5 平榛 × 龙榛杂交组合的方差分析

变异来源	因变量	离差平方和	df	均方	F	Sig.
杂交组合	坚果纵径	1263.353	21	60.160	23.668	0.000
	坚果横径	534.077	21	25.432	18.305	0.000
	坚果侧径	464.739	21	22.130	16.830	0.000
	果基宽	519.985	21	24.761	14.818	0.000
	果基高	318.552	21	15.169	7.671	0.000
	坚果重	83.638	21	3.983	2.790	0.000

通过表 5-6 的多重比较可以看出，平榛 × 龙榛杂交组合的试验结果中，坚果纵径方面，以三道 × 龙榛 1 号、三道 × 龙榛 2 号、三道 × 龙榛 4 号、三道 × 龙榛 5 号、丰收 × 龙榛 3 号、丰收 × 龙榛 1 号为优；坚果横径方面，以三道 × 龙榛 1 号、丰收 × 龙榛 4 号、丰收 × 龙榛 3 号、丰收 × 龙榛 1 号为优；坚果侧径方面，以三道 × 龙榛 2 号、三道 × 龙榛 5 号、丰收 × 龙榛 3 号、三道 × 龙榛 1 号、丰收 × 龙榛 1 号为优；坚果重方面，以丰收 × 龙榛 2 号、三道 × 龙榛 4 号、三道 × 龙榛 1 号、丰收 × 龙榛 4 号为优。

表 5-6 平榛 × 龙榛杂交组合多重比较

性状	杂交组合	N	子集										
			1	2	3	4	5	6	7	8	9	10	11
坚果纵径	三部落 × 龙榛 1 号	3	12.917										
	新青 × 龙榛 2 号	8	12.951										
	曙光 × 龙榛 1 号	6	13.031										
	新青 × 龙榛 5 号	11	13.406	13.406									

性状	杂交组合	N	子集										
			1	2	3	4	5	6	7	8	9	10	11
坚果纵径	新青 × 龙榛 4 号	8	13.600	13.600	13.600								
	曙光 × 龙榛 5 号	7	13.821	13.821	13.821								
	新青 × 龙榛 3 号	10	14.397	14.397	14.397	14.397							
	三部落 × 龙榛 2 号	8		14.888	14.888	14.888							
	三部落 × 龙榛 5 号	3			15.283	15.283	15.283						
	三道 × 龙榛 3 号	18				15.717	15.717	15.717					
	丰收 × 龙榛 2 号	9					16.902	16.902	16.902				
	丰收 × 龙榛 4 号	18						17.013	17.013				
	曙光 × 龙榛 2 号	10						17.229	17.229	17.229			
	曙光 × 龙榛 4 号	15							18.075	18.075	18.075		
	丰收 × 龙榛 5 号	16							18.225	18.225	18.225		
	曙光 × 龙榛 3 号	18							18.402	18.402	18.402		
	三道 × 龙榛 1 号	6								18.893	18.893	18.893	
	三道 × 龙榛 2 号	9								18.990	18.990	18.990	
	三道 × 龙榛 4 号	11									19.101	19.101	
	三道 × 龙榛 5 号	10									19.488	19.488	
	丰收 × 龙榛 3 号	13										20.227	
	丰收 × 龙榛 1 号	5											22.684
	Sig.		0.116	0.103	0.062	0.137	0.057	0.087	0.105	0.055	0.134	0.143	1.000
坚果横径	三部落 × 龙榛 1 号	3	14.370										
	新青 × 龙榛 2 号	8	14.459										
	新青 × 龙榛 5 号	11	14.648										
	三部落 × 龙榛 5 号	3	14.673										
	新青 × 龙榛 3 号	10	14.764										
	曙光 × 龙榛 1 号	6	14.900	14.900									
	三部落 × 龙榛 2 号	8	15.158	15.158									
	曙光 × 龙榛 5 号	7	15.311	15.311									

性状	杂交组合	N	1	2	3	4	5	6	7	8	9	10	11
						子集							
	三道×龙榛3号	18	15.644	15.644									
	新青×龙榛4号	8	15.728	15.728									
	曙光×龙榛2号	10		16.222	16.222								
	曙光×龙榛3号	18			17.131	17.131							
	曙光×龙榛4号	15			17.415	17.415	17.415						
坚果横径	三道×龙榛4号	11				17.665	17.665	17.665					
	三道×龙榛2号	9				17.693	17.693	17.693					
	丰收×龙榛2号	9				17.694	17.694	17.694					
	三道×龙榛5号	10				17.837	17.837	17.837	17.837				
	丰收×龙榛5号	16				17.968	17.968	17.968	17.968				
	三道×龙榛1号	6					18.730	18.730	18.730	18.730			
	丰收×龙榛4号	18						18.978	18.978	18.978			
	丰收×龙榛3号	13							19.142	19.142			
	丰收×龙榛1号	5								19.276			
	Sig.		0.056	0.051	0.058	0.233	0.056	0.057	0.050	0.410			
	新青×龙榛2号	8	12.440										
	新青×龙榛5号	11	12.760	12.760									
	新青×龙榛4号	8	12.785	12.785									
	曙光×龙榛1号	6	12.940	12.940									
坚果侧径	新青×龙榛3号	10	13.185	13.185									
	曙光×龙榛5号	7	13.480	13.480									
	三部落×龙榛5号	3	13.637	13.637									
	三部落×龙榛1号	3		13.843	13.843								
	三部落×龙榛2号	8		14.051	14.051	14.051							
	三道×龙榛3号	18			14.836	14.836	14.836						
	曙光×龙榛2号	10				15.198	15.198	15.198					
	丰收×龙榛2号	9					15.479	15.479	15.479				

性状	杂交组合	N	子集										
			1	2	3	4	5	6	7	8	9	10	11
坚果侧径	曙光 × 龙榛3号	18					15.983	15.983	15.983				
	丰收 × 龙榛4号	18					16.022	16.022	16.022				
	丰收 × 龙榛5号	16					16.028	16.028	16.028				
	三道 × 龙榛4号	11					16.137	16.137	16.137				
	曙光 × 龙榛4号	15						16.229	16.229				
	三道 × 龙榛2号	9						16.327	16.327				
	三道 × 龙榛5号	10						16.418	16.418				
	丰收 × 龙榛3号	13						16.485	16.485				
	三道 × 龙榛1号	6							16.762				
	丰收 × 龙榛1号	5								18.400			
	Sig.		0.075	0.057	0.058	0.061	0.052	0.063	0.064	1.000			
果基宽	新青 × 龙榛4号	8	10.965										
	新青 × 龙榛2号	8	11.455	11.455									
	新青 × 龙榛5号	11	11.531	11.531									
	新青 × 龙榛3号	10		12.420	12.420								
	曙光 × 龙榛5号	7		12.543	12.543	12.543							
	曙光 × 龙榛1号	6			13.078	13.078	13.078						
	三部落 × 龙榛2号	8			13.364	13.364	13.364						
	三部落 × 龙榛1号	3				13.883	13.883	13.883					
	丰收 × 龙榛4号	18				13.908	13.908	13.908					
	三部落 × 龙榛5号	3					14.090	14.090	14.090				
	三道 × 龙榛3号	18					14.407	14.407	14.407	14.407			
	曙光 × 龙榛2号	10						14.847	14.847	14.847	14.847		
	丰收 × 龙榛2号	9						14.911	14.911	14.911	14.911		
	三道 × 龙榛5号	10						15.175	15.175	15.175	15.175	15.175	
	丰收 × 龙榛5号	16						15.181	15.181	15.181	15.181	15.181	
	三道 × 龙榛1号	6						15.348	15.348	15.348	15.348	15.348	

续表

性状	杂交组合	N	子集										
			1	2	3	4	5	6	7	8	9	10	11
果基宽	曙光 × 龙榛3号	18							15.503	15.503	15.503	15.503	
	丰收 × 龙榛3号	13								15.620	15.620	15.620	
	曙光 × 龙榛4号	15									15.936	15.936	
	三道 × 龙榛4号	11									15.976	15.976	
	三道 × 龙榛2号	9									16.019	16.019	
	丰收 × 龙榛1号	5										16.632	
	Sig.		0.418	0.130	0.191	0.062	0.075	0.058	0.065	0.116	0.137	0.059	
果基高	新青 × 龙榛4号	8	2.875										
	新青 × 龙榛2号	8	3.105										
	曙光 × 龙榛1号	6	3.137										
	三部落 × 龙榛1号	3	3.477	3.477									
	新青 × 龙榛3号	10	3.692	3.692									
	曙光 × 龙榛5号	7	3.737	3.737									
	新青 × 龙榛5号	11	3.840	3.840									
	丰收 × 龙榛4号	18	3.846	3.846									
	三道 × 龙榛1号	6	3.863	3.863									
	三部落 × 龙榛2号	8	3.931	3.931									
	曙光 × 龙榛2号	10	4.275	4.275	4.275								
	三部落 × 龙榛5号	3	4.483	4.483	4.483								
	丰收 × 龙榛2号	9	4.494	4.494	4.494								
	曙光 × 龙榛4号	15		4.927	4.927	4.927							
	曙光 × 龙榛3号	18			5.548	5.548	5.548						
	三道 × 龙榛4号	11			5.591	5.591	5.591						
	三道 × 龙榛2号	9			5.693	5.693	5.693						
	丰收 × 龙榛5号	16			5.836	5.836	5.836						
	丰收 × 龙榛3号	13				6.381	6.381						
	三道 × 龙榛3号	18				6.397	6.397						

续表

性状	杂交组合	N	子集										
			1	2	3	4	5	6	7	8	9	10	11
果基高	三道 × 龙榛5号	10					6.816						
	丰收 × 龙榛1号	5					6.948						
	Sig.		0.061	0.091	0.061	0.075	0.095						
坚果重	曙光 × 龙榛1号	6	0.609										
	新青 × 龙榛5号	11		0.963									
	新青 × 龙榛4号	8		1.092									
	三道 × 龙榛3号	18		1.129									
	新青 × 龙榛2号	8		1.149									
	三部落 × 龙榛5号	3		1.154									
	三部落 × 龙榛1号	3		1.174									
	曙光 × 龙榛5号	7		1.183									
	三部落 × 龙榛2号	8		1.247									
	新青 × 龙榛3号	10		1.258									
	曙光 × 龙榛2号	10		1.602									
	丰收 × 龙榛5号	16		1.832									
	曙光 × 龙榛4号	15		1.856									
	三道 × 龙榛5号	10		1.882									
	丰收 × 龙榛3号	13		1.893									
	曙光 × 龙榛3号	18		1.898									
	丰收 × 龙榛1号	5		2.070									
	三道 × 龙榛2号	9		2.087									
	三道 × 龙榛4号	11		2.164									
	丰收 × 龙榛4号	18		2.173									
	三道 × 龙榛1号	6		2.430									
	丰收 × 龙榛2号	9			3.761								
	Sig.		0.085	0.052	1.000								

第三节 龙榛 × 毛榛杂交组合的试验结果

　　龙榛 × 毛榛杂交组合的试验结果见表5-7，10个组合中，获得了10个组合的杂交F₁代种子，获得具有亲和性F₁代种子为100%，这就证明了龙榛 × 毛榛杂交组合具有极高的亲和性，这与多年来的杂交试验结果是一致的。龙榛 × 毛榛杂交组合的结果为：平均坚果纵径21.904 mm、平均坚果横径19.035 mm、平均坚果侧径18.053 mm、平均坚果重3.173 g，授粉坐果率为52.62%，远高于龙榛 × 平榛杂交组合的44.33%。通过表5-8的方差分析可以看出，6项指标差异性均极显著。

表5-7 龙榛 × 毛榛杂交组合的 F₁ 代果实指标测定表

母本	父本	主要技术指标							
		坚果纵径 /mm	坚果横径 /mm	坚果侧径 /mm	果基宽 /mm	果基高 /mm	坚果重 /g	坐果序数	授粉数
龙榛1号	三部落	20.24	19.54	18.98	18.83	6.70	3.35	162	230
龙榛1号	夹皮沟	21.09	20.77	19.15	17.05	9.18	4.13	116	240
平均		20.665	20.155	19.065	17.940	7.940	3.740	139.000	235.000
龙榛2号	三部落	19.32	15.91	15.07	13.48	6.63	2.27	26	63
龙榛2号	夹皮沟	17.91	14.57	13.41	12.63	3.96	1.28	55	73
平均		18.615	15.240	14.240	13.055	5.295	1.775	40.500	68.000
龙榛3号	三部落	22.66	20.43	19.48	19.15	7.63	3.96	29	160
龙榛3号	夹皮沟	22.38	19.85	18.96	17.08	8.02	3.84	98	160
平均		22.520	20.140	19.220	18.115	7.825	3.900	63.500	160.000
龙榛4号	三部落	21.89	19.00	18.14	17.14	7.73	2.85	24	128
龙榛4号	夹皮沟	21.46	18.81	17.80	16.66	6.96	2.75	76	95
平均		21.675	18.905	17.970	16.900	7.345	2.800	50.000	111.500
龙榛5号	三部落	25.98	20.72	19.90	18.29	11.65	3.86	263	513
龙榛5号	夹皮沟	26.11	20.75	19.64	20.29	10.13	3.44	114	168
平均		26.045	20.735	19.770	19.290	10.890	3.650	188.500	340.500
总平均		21.904	19.035	18.053	17.060	7.859	3.173	96.300	183.000

表 5-8 龙榛 × 毛榛杂交组合的方差分析

变异来源	因变量	离差平方和	df	均方	F	Sig.
杂交组合	坚果纵径	836.557	9	92.951	73.879	0.000
	坚果横径	525.168	9	58.352	96.478	0.000
	坚果侧径	524.705	9	58.301	125.640	0.000
	果基宽	647.850	9	71.983	87.370	0.000
	果基高	552.658	9	61.406	42.027	0.000
	坚果重	83.415	9	9.268	29.496	0.000

通过表 5-9 的多重比较可以看出，龙榛 × 毛榛杂交组合的试验结果中，坚果纵径方面，以龙榛 3 号 × 夹皮沟毛榛、龙榛 3 号 × 三部落毛榛、龙榛 5 号 × 三部落毛榛、龙榛 5 号 × 夹皮沟毛榛为优；坚果横径方面，以龙榛 3 号 × 三部落毛榛、龙榛 5 号 × 三部落毛榛、龙榛 5 号 × 夹皮沟毛榛、龙榛 1 号 × 夹皮沟毛榛为优；坚果侧径方面，以龙榛 1 号 × 夹皮沟毛榛、龙榛 3 号 × 三部落毛榛、龙榛 5 号 × 夹皮沟毛榛、龙榛 5 号 × 三部落毛榛为优；坚果重以龙榛 3 号 × 夹皮沟毛榛、龙榛 5 号 × 三部落毛榛、龙榛 3 号 × 三部落毛榛、龙榛 1 号 × 夹皮沟毛榛为优。

表 5-9 龙榛 × 毛榛杂交组合的多重比较

性状	杂交组合	N	子集						
			1	2	3	4	5	6	7
坚果纵径	龙榛 2 号 × 夹皮沟毛榛	10	17.9070						
	龙榛 2 号 × 三部落毛榛	19		19.3195					
	龙榛 1 号 × 三部落毛榛	10		20.2370	20.2370				
	龙榛 1 号 × 夹皮沟毛榛	9			21.0489	21.0489			
	龙榛 4 号 × 夹皮沟毛榛	10				21.4640	21.4640		
	龙榛 4 号 × 三部落毛榛	10				21.8910	21.8910	21.8910	
	龙榛 3 号 × 夹皮沟毛榛	10					22.3840	22.3840	
	龙榛 3 号 × 三部落毛榛	10						22.6580	
	龙榛 5 号 × 三部落毛榛	20							25.9750
	龙榛 5 号 × 夹皮沟毛榛	10							26.1090
	Sig.		1.000	0.058	0.093	0.100	0.072	0.134	0.780

性状	杂交组合	N	子集						
			1	2	3	4	5	6	7
坚果横径	龙榛2号×夹皮沟毛榛	10	14.5700						
	龙榛2号×三部落毛榛	19		15.9147					
	龙榛4号×夹皮沟毛榛	10			18.8080				
	龙榛4号×三部落毛榛	10			18.9980	18.9980			
	龙榛1号×三部落毛榛	10				19.5390	19.5390		
	龙榛3号×夹皮沟毛榛	10					19.8490	19.8490	
	龙榛3号×三部落毛榛	10						20.4270	20.4270
	龙榛5号×三部落毛榛	20							20.7175
	龙榛5号×夹皮沟毛榛	10							20.7490
	龙榛1号×夹皮沟毛榛	9							20.7733
	Sig.		1.000	1.000	0.569	0.107	0.353	0.085	0.350
坚果侧径	龙榛2号×夹皮沟毛榛	10	13.4110						
	龙榛2号×三部落毛榛	19		15.0684					
	龙榛4号×夹皮沟毛榛	10			17.7970				
	龙榛4号×三部落毛榛	10			18.1440				
	龙榛3号×夹皮沟毛榛	10				18.9570			
	龙榛1号×三部落毛榛	10				18.9790			
	龙榛1号×夹皮沟毛榛	9				19.0900	19.0900		
	龙榛3号×三部落毛榛	10				19.4760	19.4760	19.4760	
	龙榛5号×夹皮沟毛榛	10					19.6370	19.6370	
	龙榛5号×三部落毛榛	20						19.9015	
	Sig.		1.000	1.000	0.236	0.107	0.078	0.172	

性状	杂交组合	N	子集						
			1	2	3	4	5	6	7
果基宽	龙榛2号 × 夹皮沟毛榛	10	12.6330						
	龙榛2号 × 三部落毛榛	19		13.4816					
	龙榛4号 × 夹皮沟毛榛	10			16.6640				
	龙榛3号 × 夹皮沟毛榛	10			17.0770				
	龙榛4号 × 三部落毛榛	10			17.1390				
	龙榛1号 × 夹皮沟毛榛	9			17.1400				
	龙榛5号 × 三部落毛榛	20				18.2890			
	龙榛1号 × 三部落毛榛	10				18.8330	18.8330		
	龙榛3号 × 三部落毛榛	10					19.1520		
	龙榛5号 × 夹皮沟毛榛	10						20.2930	
	Sig.		1.000	1.000	0.270	0.164	0.413	1.000	
果基高	龙榛2号 × 夹皮沟毛榛	10	3.9610						
	龙榛2号 × 三部落毛榛	19		6.6311					
	龙榛1号 × 三部落毛榛	10		6.6990					
	龙榛4号 × 夹皮沟毛榛	10		6.9620	6.9620				
	龙榛3号 × 三部落毛榛	10		7.6310	7.6310				
	龙榛4号 × 三部落毛榛	10		7.7330	7.7330				
	龙榛3号 × 夹皮沟毛榛	10			8.0240				
	龙榛1号 × 夹皮沟毛榛	9				9.2011			
	龙榛5号 × 夹皮沟毛榛	10				10.1260			
	龙榛5号 × 三部落毛榛	20					11.6515		
	Sig.		1.000	0.058	0.062	0.076	1.000		

性状	杂交组合	N	子集						
			1	2	3	4	5	6	7
坚果重	龙榛 2 号 × 夹皮沟毛榛	10	1.27740						
	龙榛 2 号 × 三部落毛榛	19		2.27395					
	龙榛 4 号 × 夹皮沟毛榛	10			2.75300				
	龙榛 4 号 × 三部落毛榛	10			2.84650				
	龙榛 1 号 × 三部落毛榛	10				3.35000			
	龙榛 5 号 × 夹皮沟毛榛	10				3.43780			
	龙榛 3 号 × 夹皮沟毛榛	10				3.83980	3.83980		
	龙榛 5 号 × 三部落毛榛	20				3.86485	3.86485		
	龙榛 3 号 × 三部落毛榛	10					3.95660		
	龙榛 1 号 × 夹皮沟毛榛	9					4.12522		
	Sig.		1.000	1.000	0.697	0.051	0.285		

第四节 毛榛 × 龙榛杂交组合的试验结果

毛榛 × 龙榛杂交组合的试验结果见表 5-10。从表 5-10 中可以看出，在 6 个组合中，获得了 5 个组合的杂交 F_1 代种子，获得具有亲和性 F_1 代种子为 83.33%。可以认为毛榛 × 龙榛杂交组合具有较高的亲和性，这与多年来的杂交试验结果是一致的。毛榛 × 龙榛杂交组合的结果为：平均坚果纵径 15.218 mm、平均坚果横径 14.760 mm、平均坚果侧径 13.878 mm、平均坚果重 1.348 g，授粉坐果率为 29.13%，高于平榛 × 龙榛的杂交组合。通过表 5-11 的方差分析可以看出，只有坚果横径差异性极显著，其余 5 项指标差异性不显著。

表 5-10 毛榛 × 龙榛杂交组合的 F_1 代果实指标测定表

母本（新青）	父本	技术指标							
		坚果纵径 / mm	坚果横径 / mm	坚果侧径 / mm	果基宽 /mm	果基高 /mm	坚果重 / g	坐果序数	授粉数
毛榛	龙榛 1 号	15.80	15.71	14.57	12.88	2.05	1.53	3	14

母本（新青）	父本	技术指标							
		坚果纵径/mm	坚果横径/mm	坚果侧径/mm	果基宽/mm	果基高/mm	坚果重/g	坐果序数	授粉数
毛榛	龙榛2号	15.63	14.00	13.30	11.61	2.47	1.22	8	32
毛榛	龙榛4号	14.92	14.86	13.88	11.52	2.24	1.43	3	31
毛榛	龙榛5号	14.48	14.70	13.80	11.13	0.50	1.34	1	11
毛榛	毛榛	15.26	14.53	13.84	12.44	1.96	1.22	15	15
	平均	15.218	14.760	13.878	11.916	1.844	1.348	6.000	20.600

表 5-11 毛榛 × 龙榛杂交组合的方差分析

变异来源	因变量	离差平方和	df	均方	F	Sig.
父本	坚果纵径	3.818	4	0.955	0.606	0.662
	坚果横径	7.271	4	1.818	4.350	0.009
	坚果侧径	3.991	4	0.998	1.908	0.142
	果基宽	8.265	4	2.066	2.270	0.091
	果基高	6.622	4	1.655	2.713	0.054
	坚果重	0.356	4	0.089	2.363	0.082

毛榛 × 龙榛杂交组合的试验结果，通过坚果横径的多重比较（表5-12）可以看出，坚果横径方面，毛榛 × 龙榛4号、毛榛 × 龙榛1号为优，其他组合略差一些。

表 5-12 坚果横径多重比较

父本	N	子集	
		1	2
龙榛2号	9	13.9989	
毛榛	10	14.5270	
龙榛5号	2	14.7000	
龙榛4号	5	14.8580	14.8580
龙榛1号	3		15.7067
Sig.		0.096	0.075

第五节 平榛 × 毛榛杂交组合的试验结果

平榛 × 毛榛杂交组合的试验结果见表5-13，10个组合中，获得了8个组合的杂交F₁代种子，获得具有亲和性F₁代种子为80%。可以认为平榛 × 毛榛杂交组合具有较高的亲和性，这与多年来的杂交试验结果是一致的。平榛 × 毛榛杂交组合的结果为：平均坚果纵径18.751 mm、平均坚果横径17.640 mm、平均坚果侧径15.841 mm、平均坚果重1.975 g，授粉坐果率只有27.35%，低于除平榛 × 龙榛外的杂交组合，这是由两者的亲和性所决定的。

表 5-13 平榛 × 毛榛杂交组合的 F₁ 代果实指标测定表

母本（平榛）	父本（毛榛）	技术指标							
		坚果纵径 /mm	坚果横径 /mm	坚果侧径 /mm	果基宽 /mm	果基高 /mm	坚果重 /g	坐果序数	授粉数
三部落	三部落	15.92	16.74	15.29	16.05	5.53	1.88	3	9
三道	夹皮沟	17.73	16.54	15.45	15.02	5.39	1.63	42	68
三道	三部落	19.13	17.31	15.95	14.63	4.97	3.34	9	44
丰收	三部落	23.07	20.34	16.83	15.94	5.77	2.09	4	24
丰收	夹皮沟	22.56	20.67	18.63	17.17	6.24	2.37	16	65
新青	夹皮沟	13.34	13.79	12.00	11.18	3.46	0.80	7	16
曙光	夹皮沟	18.01	17.33	15.54	14.57	5.08	1.56	51	306
曙光	三部落	20.25	18.40	17.04	16.65	5.37	2.12	28	53
平均		18.751	17.640	15.841	15.152	5.226	1.975	20.000	73.125

平榛 × 毛榛杂交组合的试验结果，通过表5-14的多重比较可以看出，坚果纵径方面，以丰收平榛 × 夹皮沟毛榛、丰收平榛 × 三部落毛榛为优；坚果横径方面，以丰收平榛 × 三部落毛榛、丰收平榛 × 夹皮沟毛榛为优；坚果侧径方面，以丰收平榛 × 三部落毛榛、曙光平榛 × 三部落毛榛、丰收平榛 × 夹皮沟毛榛为优；坚果重方面，以丰收平榛 × 三部落毛榛、曙光平榛 × 三部落毛榛、丰收平榛 × 夹皮沟毛榛、三道平榛 × 三部落毛榛为优。

表 5-14 平榛 × 毛榛杂交组合的多重比较

性状	杂交组合	N	子集				
			1	2	3	4	5
坚果纵径	新青平榛 × 夹皮沟毛榛	10	13.3400				
	三部落平榛 × 三部落毛榛	7		15.9157			
	三道平榛 × 夹皮沟毛榛	20			17.7325		

性状	杂交组合	N	子集				
			1	2	3	4	5
坚果纵径	曙光平榛 × 夹皮沟毛榛	10			18.0070		
	三道平榛 × 三部落毛榛	9			19.1267	19.1267	
	曙光平榛 × 三部落毛榛	10				20.2480	
	丰收平榛 × 夹皮沟毛榛	10					22.5550
	丰收平榛 × 三部落毛榛	2					23.0650
	Sig.		1.000	1.000	0.061	0.111	0.465
坚果横径	新青平榛 × 夹皮沟毛榛	10	13.7890				
	三道平榛 × 夹皮沟毛榛	20		16.5365			
	三部落平榛 × 三部落毛榛	7		16.7371			
	三道平榛 × 三部落毛榛	9		17.3144	17.3144		
	曙光平榛 × 夹皮沟毛榛	10		17.3260	17.3260		
	曙光平榛 × 三部落毛榛	10			18.4040		
	丰收平榛 × 三部落毛榛	2				20.3400	
	丰收平榛 × 夹皮沟毛榛	10				20.6740	
	Sig.		1.000	0.267	0.111	0.602	
坚果侧径	新青平榛 × 夹皮沟毛榛	10	11.9960				
	三部落平榛 × 三部落毛榛	7		15.2929			
	三道平榛 × 夹皮沟毛榛	20		15.4450			
	曙光平榛 × 夹皮沟毛榛	10		15.5420	15.5420		
	三道平榛 × 三部落毛榛	9		15.9544	15.9544	15.9544	
	丰收平榛 × 三部落毛榛	2			16.8300	16.8300	
	曙光平榛 × 三部落毛榛	10				17.0380	
	丰收平榛 × 夹皮沟毛榛	10					18.6270
	Sig.		1.000	0.343	0.055	0.106	1.000
果基宽	新青平榛 × 夹皮沟毛榛	10	11.1820				
	曙光平榛 × 夹皮沟毛榛	10		14.5740			
	三道平榛 × 三部落毛榛	9		14.6300			

性状	杂交组合	N	子集 1	2	3	4	5
果基宽	三道平榛 × 夹皮沟毛榛	20		15.0230	15.0230		
	丰收平榛 × 三部落毛榛	2			15.9350	15.9350	
	三部落平榛 × 三部落毛榛	7			16.0543	16.0543	16.0543
	曙光平榛 × 三部落毛榛	10				16.6510	16.6510
	丰收平榛 × 夹皮沟毛榛	10					17.1660
	Sig.		1.000	0.437	0.073	0.214	0.053
果基高	新青平榛 × 夹皮沟毛榛	10	3.4580				
	三道平榛 × 三部落毛榛	9		4.9722			
	曙光平榛 × 夹皮沟毛榛	10		5.0830	5.0830		
	曙光平榛 × 三部落毛榛	10		5.3700	5.3700		
	三道平榛 × 夹皮沟毛榛	20		5.3865	5.3865		
	三部落平榛 × 三部落毛榛	7		5.5314	5.5314		
	丰收平榛 × 三部落毛榛	2		5.7700	5.7700		
	丰收平榛 × 夹皮沟毛榛	10			6.2430		
	Sig.		1.000	0.213	0.068		
坚果重	新青平榛 × 夹皮沟毛榛	10	0.80370				
	曙光平榛 × 夹皮沟毛榛	10	1.56440	1.56440			
	三道平榛 × 夹皮沟毛榛	20	1.63090	1.63090			
	三部落平榛 × 三部落毛榛	7	1.88314	1.88314			
	丰收平榛 × 三部落毛榛	2	2.09250	2.09250			
	曙光平榛 × 三部落毛榛	10	2.12360	2.12360			
	丰收平榛 × 夹皮沟毛榛	10	2.37290	2.37290			
	三道平榛 × 三部落毛榛	9		3.33700			
	Sig.		0.146	0.100			

第六章 欧榛远缘杂交育种技术

远缘杂交育种可以丰富榛属的变异类型，增加榛属的生物多样性，但是其进行的难度也比较大，特别是可供欧榛的亲本选择、选配难度大，其亲本的亲和性就是重中之重。欧榛与龙榛、平榛、毛榛的远缘杂交存在诸多障碍，主要表现在：远缘杂交相对的难交配性，由于双亲的亲缘关系较远，遗传差异大，存在生殖隔离机制，而导致交配中雌、雄配子不能正常受精形成合子；远缘杂交相对的难育性，雌、雄配子虽然能够交配，或通过克服杂交难交配性的措施产生了受精卵，但是这种受精卵与胚乳或母体的生理功能不协调，不能发育成健全的种子，有时种子在形态上虽已形成，但不能发芽，或发芽后不能发育成正常植株；远缘杂交相对的难稔性，远缘杂种虽然能形成植株，但由于生理上的不协调，不能形成正常的生殖器官，或虽能开花，但由于形成配子时减数分裂过程中染色体不能造成联系，就不能产生配子，导致不能繁衍后代。特别是杂交后的 F_1 代胚不育性尤为突出，我们成功解决了这些问题，为榛属应用杂交提供了理论上的支撑。

第一节 欧榛远缘杂交育种的技术准备

2011 年，在东京城林业局的三道林场苗圃育种。三道林场苗圃位于黑龙江省东南部地区，地理位置为东经 129°28′、北纬 44°20′；年平均气温 4.6℃，无霜期 144 d，年降水量 489.9 mm，蒸发量 1223.5 mm，≥ 10℃有效积温 2831.1℃，年最低气温 -41.2℃，日照时数 2489.8 h，相对湿度 65%。

一、父本的选择、花粉的制备

1. 父本的选择与花粉的制备

父本选择优良欧榛、平榛、毛榛和龙榛（平欧杂交榛）个体，于 2011 年 3 月份采集雄花枝，经室内水培后收集花粉。收集到的花粉放置于冰箱内低温保存。

2. 父本来源

欧榛来源于河北省邯郸市的 17 个品种，安徽省六安市的 17 个品种，以及河南省洛河县的 1 个品种、山东省泰安市的 1 个品种。

龙榛（平欧杂交榛）种源为龙榛 1 号、2 号、3 号、4 号、5 号。

平榛种源为牡丹江丰收、新青、林口曙光、东京城三道、海林三部落、海林夹皮沟。

毛榛种源为新青。

二、母本的选择与授粉

母本选择平欧杂交榛、平榛和毛榛的优良个体，其中：

平欧杂交榛种源为龙榛1号、2号、3号、4号、5号。平榛种源为牡丹江丰收、新青、林口曙光、东京城三道、海林三部落、海林夹皮沟。

毛榛种源为新青。

4月上旬摘掉雄花序，在枝上套牛皮袋，待雌花开放时授粉，并观测和做好记录，花期过后去袋。

三、杂交组合设计

根据育种目标，我们由初始时简单地以含欧榛基因的杂交榛向北推移为主的育种目标选育，到开始向以达到黑龙江沿岸种植为目标的育种设计，这里包含了八大类杂交组合：

（1）龙榛 × 欧榛。

（2）平榛 × 欧榛。

（3）毛榛 × 欧榛。

（4）平榛 × 龙榛。

（5）毛榛 × 龙榛。

（6）龙榛 × 平榛。

（7）龙榛 × 毛榛。

（8）平榛 × 毛榛。

根据育种目标，我们设计了三大类杂交组合：

（1）龙榛（平欧杂交榛）× 欧榛。

（2）平榛 × 欧榛。

（3）毛榛 × 欧榛。

四、杂交方法与杂交 F_1 代种子的采收与测定

于3—4月份采集雄花枝，经室内水培后收集花粉。收集到的花粉放置于冰箱内低温保存。

在三道杂交育种园内，选择平欧杂交榛、平榛和毛榛的优良个体作为母本，以备育种用。

4月上旬摘掉雄花序，在枝上套牛皮袋，待雌花开放时授粉，并观测和做好记录，花期过后去袋。授粉后进行科学的田间管理。

9月中旬，杂交 F_1 代果实成熟后采摘，及时测定各项指标。指标主要有坚果纵径、坚果横径、坚果侧径、果基宽、果基高、坚果重等。

第二节 龙榛 × 欧榛杂交组合的 F₁ 代试验

一、龙榛 1 号 × 欧榛杂交组合的 F₁ 代试验结果

从表 6-1 中可以看出,龙榛 1 号 × 欧榛杂交组合共获得 12 个组合的 F₁ 代果实,F₁ 代平均坚果纵径 20.061 mm、平均坚果横径 18.377 mm、平均坚果侧径 17.653 mm、平均坚果重 2.821 g,授粉坐果率为 47.28%。通过表 6-2 的方差分析可以看出,果基高差异性显著,其他 5 项指标皆差异性极显著。

表 6-1 龙榛 1 号 × 欧榛杂交组合的 F₁ 代果实指标测定表

母本 (平欧)	父本 (欧榛)	技术指标							
		坚果纵径 / mm	坚果横径 / mm	坚果侧径 / mm	果基宽 /mm	果基高 /mm	坚果重 / g	坐果序数	授粉数
龙榛 1 号	11-A-10	21.49	19.55	19.22	18.82	6.51	3.03	15	23
龙榛 1 号	11-A-16	20.99	19.80	19.23	18.59	5.82	3.81	23	36
龙榛 1 号	11-A-17	20.30	18.96	17.59	17.81	7.41	3.05	1	2
龙榛 1 号	11-B-07	20.07	19.61	18.19	18.23	5.22	3.29	2	7
龙榛 1 号	11-B-09	20.40	17.87	17.69	17.38	6.21	2.44	1	11
龙榛 1 号	11-B-10	19.79	17.91	16.76	15.26	7.27	2.61	6	21
龙榛 1 号	11-B-11	18.61	17.29	16.38	16.41	5.61	2.14	11	21
龙榛 1 号	11-B-12	20.31	18.79	18.35	17.37	6.60	3.31	11	24
龙榛 1 号	11-B-14	18.16	16.13	14.74	14.97	5.14	1.52	4	4
龙榛 1 号	11-B-15	20.25	18.68	18.98	16.96	5.76	3.29	5	17
龙榛 1 号	11-B-16	19.97	17.51	16.71	16.87	6.58	2.09	3	13
龙榛 1 号	11-D-01	20.39	18.42	18.00	15.58	7.90	3.27	5	5
	平均	20.061	18.377	17.653	17.021	6.336	2.821	7.250	15.333

表 6-2 龙榛 1 号 × 欧榛杂交组合 F₁ 代果实主要因子的方差分析

变异来源	因变量	离差平方和	df	均方	F	Sig.
父本	坚果纵径	79.185	11	7.199	15.048	0.000
	坚果横径	95.150	11	8.650	14.545	0.000
	坚果侧径	154.084	11	14.008	18.508	0.000

变异来源	因变量	离差平方和	df	均方	F	Sig.
	果基宽	150.877	11	13.716	12.233	0.000
父本	果基高	60.120	11	5.465	2.349	0.015
	坚果重	37.106	11	3.373	9.525	0.000

通过表6-3的多重比较可以看出，F_1代坚果纵径、横径和侧径上，来自河北的欧榛遗传度高于安徽的欧榛，坚果重尤以父本11-D-01、11-B-07、11-B-15、11-B-12、11-A-16等为优。

表6-3 龙榛1号 × 欧榛杂交组合 F_1 代果实主要因子的多重比较

性状	父本	N	子集 1	子集 2	子集 3	子集 4	子集 5	子集 6
坚果纵径	11-B-14	6	18.1633					
	11-B-11	11	18.6055					
	11-B-10	11		19.7945				
	11-B-16	8		19.9725				
	11-B-07	3		20.0700	20.0700			
	11-B-15	6		20.2517	20.2517			
	11-A-17	2		20.2950	20.2950			
	11-B-12	10		20.3120	20.3120			
	11-D-01	10		20.3920	20.3920			
	11-B-09	2		20.4000	20.4000			
	11-A-16	10			20.9940	20.9940		
	11-A-10	11				21.4910		
	Sig.		0.312	0.243	0.069	0.256		
坚果横径	11-B-14	6	16.1267					
	11-B-11	11		17.2900				
	11-B-16	8		17.5062	17.5062			
	11-B-09	2		17.8700	17.8700	17.8700		
	11-B-10	11		17.9055	17.9055	17.9055		
	11-D-01	10			18.4190	18.4190		

性状	父本	N	子集 1	2	3	4	5	6
坚果横径	11-B-15	6				18.6817	18.6817	
	11-B-12	10				18.7900	18.7900	18.7900
	11-A-17	2				18.9600	18.9600	18.9600
	11-A-10	11					19.5450	19.5450
	11-B-07	3					19.6133	19.6133
	11-A-16	10						19.7980
	Sig.		1.000	0.253	0.088	0.050	0.090	0.066
坚果侧径	11-B-14	6	14.7350					
	11-B-11	11		16.3764				
	11-B-16	8		16.7050	16.7050			
	11-B-10	11		16.7564	16.7564			
	11-A-17	2			17.5850	17.5850		
	11-B-09	2			17.6850	17.6850		
	11-D-01	10				18.0010	18.0010	
	11-B-07	3				18.1933	18.1933	
	11-B-12	10				18.3470	18.3470	
	11-B-15	6					18.980	
	11-A-10	11					19.220	
	11-A-16	10					19.225	
	Sig.		1.000	0.517	0.105	0.221	0.051	
果基宽	11-B-14	6	14.9733					
	11-B-10	11	15.2591	15.2591				
	11-D-01	10	15.5770	15.5770	15.5770			
	11-B-11	11		16.4127	16.4127	16.4127		
	11-B-16	8			16.8675	16.8675	16.8675	
	11-B-15	6			16.9550	16.9550	16.9550	
	11-B-12	10				17.3650	17.3650	17.3650

性状	父本	N	子集					
			1	2	3	4	5	6
果基宽	11-B-09	2				17.3800	17.3800	17.3800
	11-A-17	2				17.8050	17.8050	17.8050
	11-B-07	3					18.2300	18.2300
	11-A-16	10						18.5930
	11-A-10	11						18.8220
	Sig.		0.397	0.105	0.061	0.069	0.075	0.057
果基高	11-B-14	6	5.1417					
	11-B-07	3	5.2200	5.2200				
	11-B-11	11	5.6109	5.6109				
	11-B-15	6	5.7567	5.7567	5.7567			
	11-A-16	10	5.8230	5.8230	5.8230			
	11-B-09	2	6.2050	6.2050	6.2050			
	11-A-10	11	6.5140	6.5140	6.5140			
	11-B-16	8	6.5788	6.5788	6.5788			
	11-B-12	10	6.6000	6.6000	6.6000			
	11-B-10	11	7.2718	7.2718	7.2718			
	11-A-17	2		7.4100	7.4100			
	11-D-01	10			7.9010			
	Sig.		0.064	0.057	0.060			
坚果重	11-B-14	6	1.5240					
	11-B-16	8	2.0899	2.0899				
	11-B-11	11	2.1361	2.1361				
	11-B-09	2		2.4395	2.4395			
	11-B-10	11		2.6144	2.6144	2.6144		
	11-A-10	11			3.0285	3.0285	3.0285	
	11-A-17	2			3.0470	3.0470	3.0470	
	11-D-01	10				3.2729	3.2729	

性状	父本	N	子集					
			1	2	3	4	5	6
坚果重	11-B-07	3				3.2910	3.2910	
	11-B-15	6				3.2938	3.2938	
	11-B-12	10				3.3110	3.3110	
	11-A-16	10					3.8131	
	Sig.		0.126	0.207	0.143	0.112	0.072	

二、龙榛2号 × 欧榛杂交组合的 F_1 代试验结果

从表6-4中可以看出，龙榛2号 × 欧榛杂交组合共获得17个组合的 F_1 代果实，F_1 代平均坚果纵径19.432 mm、平均坚果横径16.381 mm、平均坚果侧径15.161 mm、平均坚果重2.003 g，授粉坐果率为69.58%。通过表6-5的方差分析可以看出，坚果侧径差异性不显著，其他5项指标皆差异性极显著。

表6-4 龙榛2号 × 欧榛杂交组合的 F_1 代果实指标测定表

母本（平欧）	父本（欧榛）	技术指标							
		坚果纵径/mm	坚果横径/mm	坚果侧径/mm	果基宽/mm	果基高/mm	坚果重/g	坐果序数	授粉数
龙榛2号	11-A-03	19.21	16.01	14.32	13.44	4.85	1.60	17	19
龙榛2号	11-A-06	19.45	16.47	14.80	13.98	5.90	2.10	20	46
龙榛2号	11-A-10	20.41	17.22	16.03	13.84	7.28	2.70	25	33
龙榛2号	11-A-11	19.64	16.98	15.51	14.23	5.88	2.24	39	49
龙榛2号	11-A-14	19.62	16.13	15.33	13.32	6.29	1.77	15	23
龙榛2号	11-A-15	19.37	16.52	15.19	13.24	6.48	2.21	20	26
龙榛2号	11-A-16	19.12	16.46	15.48	13.67	6.17	2.49	30	38
龙榛2号	11-A-17	18.03	15.36	13.53	12.26	4.46	1.54	6	9
龙榛2号	11-B-05	20.73	17.32	15.88	14.19	6.84	2.31	10	13
龙榛2号	11-B-07	20.16	17.19	15.69	14.26	5.27	2.26	18	23
龙榛2号	11-B-09	19.15	15.29	16.63	12.36	6.20	1.87	6	15
龙榛2号	11-B-10	19.47	16.90	15.11	13.93	5.01	1.96	13	22

母本 （平欧）	父本 （欧榛）	技术指标							
		坚果 纵径 /mm	坚果 横径 /mm	坚果 侧径 /mm	果基 宽 /mm	果基 高 /mm	坚果重 /g	坐果序数	授粉数
龙榛 2 号	11-B-11	20.35	17.72	15.92	14.56	4.81	2.35	14	18
龙榛 2 号	11-B-12	19.71	16.27	15.22	13.87	5.14	2.05	18	26
龙榛 2 号	11-B-15	19.36	16.46	15.20	14.37	5.62	2.17	39	48
龙榛 2 号	11-B-16	18.11	14.63	13.60	12.68	4.60	1.12	14	26
龙榛 2 号	11-D-01	18.87	16.13	15.38	13.23	6.22	2.13	12	17
平均		19.432	16.381	15.161	13.624	5.568	2.003	18.600	26.733

表 6-5 龙榛 2 号 × 欧榛杂交组合 F₁ 代果实主要因子的方差分析

变异来源	因变量	离差平方和	df	均方	F	Sig.
父本	坚果纵径	91.436	16	5.715	9.567	0.000
	坚果横径	110.816	16	6.926	12.131	0.000
	坚果侧径	111.349	16	6.959	1.617	0.068
	果基宽	82.295	16	5.143	7.890	0.000
	果基高	125.284	16	7.830	8.243	0.000
	坚果重	27.531	16	1.721	21.611	0.000

通过表 6-6 的多重比较可以看出，坚果纵径方面欧榛父本以 11-B-07、11-B-11、11-A-10、11-B-05 为优，坚果横径方面欧榛父本以 11-B-07、11-A-10、11-B-05、11-B-11 为优，坚果重尤以父本 11-A-16、11-A-10 为优。

表 6-6 龙榛 2 号 × 欧榛杂交组合 F₁ 代果实主要因子的多重比较

性状	父本	N	子集								
			1	2	3	4	5	6	7	8	9
坚果纵径	11-A-17	10	18.0330								
	11-B-16	10	18.1060								
	11-D-01	9		18.8667							
	11-A-16	19		19.0789	19.0789						
	11-B-09	11		19.1500	19.1500						
	11-A-03	10		19.2090	19.2090						

续表

性状	父本	N	子集								
			1	2	3	4	5	6	7	8	9
坚果纵径	11-B-15	10		19.3560	19.3560						
	11-A-15	14		19.3714	19.3714						
	11-A-06	10		19.4450	19.4450	19.4450					
	11-B-10	10		19.4720	19.4720	19.4720					
	11-A-14	10		19.6200	19.6200	19.6200					
	11-A-11	21			19.6362	19.6362					
	11-B-12	10			19.7130	19.7130	19.7130				
	11-B-07	10				20.1550	20.1550	20.1550			
	11-B-11	10					20.3470	20.3470			
	11-A-10	16					20.4144	20.4144			
	11-B-05	10						20.7300			
	Sig.		0.824	0.053	0.110	0.059	0.051	0.113			
坚果横径	11-B-16	10	14.6250								
	11-B-09	11		15.2873							
	11-A-17	10		15.3610							
	11-A-03	10			16.0060						
	11-D-01	9			16.1278						
	11-A-14	10			16.1340						
	11-B-12	10			16.2700	16.2700					
	11-A-16	19			16.4342	16.4342					
	11-B-15	10			16.4630	16.4630					
	11-A-06	10			16.4660	16.4660					
	11-A-15	14			16.5236	16.5236	16.5236				
	11-B-10	10				16.8990	16.8990	16.8990			
	11-A-11	21				16.9762	16.9762	16.9762			
	11-B-07	10					17.1930	17.1930	17.1930		
	11-A-10	16					17.2231	17.2231	17.2231		

性状	父本	N	子集								
			1	2	3	4	5	6	7	8	9
坚果横径	11-B-05	10						17.3180	17.3180		
	11-B-11	10							17.7180		
	Sig.		1.000	0.819	0.176	0.058	0.052	0.253	0.139		
坚果侧径	11-A-17	10	13.5340								
	11-B-16	10	13.5990								
	11-A-03	10	14.3190	14.3190							
	11-A-06	10	14.8010	14.8010	14.8010						
	11-B-10	10	15.1070	15.1070	15.1070						
	11-A-15	14	15.1914	15.1914	15.1914						
	11-B-15	10	15.2020	15.2020	15.2020						
	11-B-12	10	15.2170	15.2170	15.2170						
	11-A-14	10	15.3250	15.3250	15.3250						
	11-D-01	9	15.3833	15.3833	15.3833						
	11-A-16	19	15.4953	15.4953	15.4953						
	11-A-11	21	15.5052	15.5052	15.5052						
	11-B-07	10		15.6920	15.6920						
	11-B-05	10		15.8820	15.8820						
	11-B-11	10		15.9150	15.9150						
	11-A-10	16		16.0288	16.0288						
	11-B-09	11			16.6345						
	Sig.		0.066	0.117	0.092						
果基宽	11-A-17	10	12.2640								
	11-B-09	11	12.3600								
	11-B-16	10	12.6830	12.6830							
	11-D-01	9		13.2322	13.2322						
	11-A-15	14		13.2393	13.2393						
	11-A-14	10		13.3220	13.3220						

性状	父本	N	子集								
			1	2	3	4	5	6	7	8	9
果基宽	11-A-03	10			13.4390	13.4390					
	11-A-16	19			13.6716	13.6716	13.6716				
	11-A-10	16			13.8431	13.8431	13.8431	13.8431			
	11-B-12	10			13.8700	13.8700	13.8700	13.8700			
	11-B-10	10			13.9310	13.9310	13.9310	13.9310			
	11-A-06	10			13.9780	13.9780	13.9780	13.9780			
	11-B-05	10				14.1880	14.1880	14.1880			
	11-A-11	21					14.2281	14.2281			
	11-B-07	10					14.2620	14.2620			
	11-B-15	10					14.3670	14.3670			
	11-B-11	10						14.5570			
	Sig.		0.253	0.091	0.067	0.060	0.089	0.081			
果基高	11-A-17	10	4.4640								
	11-B-16	10	4.5960								
	11-B-11	10	4.8070	4.8070							
	11-A-03	10	4.8490	4.8490							
	11-B-10	10	5.0120	5.0120	5.0120						
	11-B-12	10	5.1390	5.1390	5.1390						
	11-B-07	10	5.2650	5.2650	5.2650	5.2650					
	11-B-15	10		5.6240	5.6240	5.6240	5.6240				
	11-A-11	21			5.8824	5.8824	5.8824				
	11-A-06	10			5.8960	5.8960	5.8960				
	11-A-16	19				6.1163	6.1163	6.1163			
	11-B-09	11					6.2027	6.2027			
	11-D-01	9					6.2233	6.2233			
	11-A-14	10					6.2930	6.2930			
	11-A-15	14					6.4814	6.4814	6.4814		

性状	父本	N	子集								
			1	2	3	4	5	6	7	8	9
果基高	11-B-05	10						6.8410	6.8410		
	11-A-10	16							7.2788		
	Sig.		0.098	0.086	0.062	0.068	0.079	0.130	0.070		
坚果重	11-B-16	10	1.1233								
	11-A-17	10		1.5388							
	11-A-03	10		1.6044							
	11-A-14	10		1.7717	1.7717						
	11-B-09	11			1.8666	1.8666					
	11-B-10	10			1.9641	1.9641	1.9641				
	11-B-12	10				2.0482	2.0482	2.0482			
	11-A-06	10				2.0954	2.0954	2.0954	2.0954		
	11-D-01	9				2.1278	2.1278	2.1278	2.1278		
	11-B-15	10					2.1743	2.1743	2.1743		
	11-A-15	14					2.2051	2.2051	2.2051		
	11-A-11	21						2.2443	2.2443	2.2443	
	11-B-07	10						2.2576	2.2576	2.2576	
	11-B-05	10						2.3054	2.3054	2.3054	
	11-B-11	10							2.3476	2.3476	
	11-A-16	19								2.4872	2.4872
	11-A-10	16									2.6975
	Sig.		1.000	0.067	0.132	0.052	0.080	0.068	0.074	0.072	0.081

三、龙榛3号 × 欧榛杂交组合的 F$_1$ 代试验结果

从表6-7中可以看出，龙榛3号 × 欧榛杂交组合 F$_1$ 代果实的平均坚果纵径 19.054 mm、平均坚果横径 21.439 mm、平均坚果侧径 20.795 mm、平均坚果重 3.718 g，授粉坐果率为 44.59%。通过表6-8的方差分析可以看出，6项指标皆差异性极显著。

表 6-7 龙榛 3 号 × 欧榛杂交组合的 F₁ 代果实指标测定表

母本（平欧）	父本（欧榛）	技术指标							
		坚果纵径 /mm	坚果横径 /mm	坚果侧径 /mm	果基宽 /mm	果基高 /mm	坚果重 /g	坐果序数	授粉数
龙榛 3 号	11-A-03	19.63	21.82	21.55	21.15	4.34	4.31	26	35
龙榛 3 号	11-A-10	19.33	21.42	21.33	19.94	3.99	3.81	11	33
龙榛 3 号	11-A-15	16.05	19.64	18.23	17.48	2.98	1.99	1	9
龙榛 3 号	11-A-16	18.19	20.43	19.73	18.12	3.73	2.71	13	54
龙榛 3 号	11-B-12	19.97	22.57	21.61	20.55	4.48	4.48	5	20
龙榛 3 号	11-B-15	17.82	20.25	18.93	17.68	2.84	2.57	3	14
龙榛 3 号	11-B-16	20.60	21.95	22.23	20.71	4.73	4.72	18	35
龙榛 3 号	11-D-01	20.84	23.43	22.75	21.45	5.58	5.15	22	22
平均		19.054	21.439	20.795	19.635	4.084	3.718	12.375	27.750

表 6-8 龙榛 3 号 × 欧榛杂交组合 F₁ 代果实主要因子的方差分析

变异来源	因变量	离差平方和	df	均方	F	Sig.
父本	坚果纵径	71.830	7	10.261	5.238	0.000
	坚果横径	63.942	7	9.135	8.201	0.000
	坚果侧径	87.045	7	12.435	13.453	0.000
	果基宽	103.726	7	14.818	11.507	0.000
	果基高	32.702	7	4.672	5.058	0.000
	坚果重	49.605	7	7.086	22.061	0.000

通过表 6-9 的多重比较可以看出，坚果纵径方面欧榛父本以 11-A-10、11-A-03、11-B-12、11-B-16、11-D-01 为优，坚果横径方面欧榛父本以 11-B-12、11-D-01 为优，坚果侧径方面欧榛父本以 11-B-12、11-B-16、11-D-01 为优，坚果重以父本 11-B-16、11-D-01 为优。

表 6-9 龙榛 3 号 × 欧榛杂交组合 F₁ 代果实主要因子的多重比较

性状	父本	N	子集				
			1	2	3	4	5
坚果纵径	11-A-15	4	16.0500				
	11-B-15	4		17.8200			
	11-A-16	10		18.1920	18.1920		

性状	父本	N	子集				
			1	2	3	4	5
坚果纵径	11-A-10	10		19.3250	19.3250	19.3250	
	11-A-03	10			19.6290	19.6290	
	11-B-12	5				19.9680	
	11-B-16	10				20.6040	
	11-D-01	10				20.8390	
	Sig.		1.000	0.060	0.073	0.074	
坚果横径	11-A-15	4	19.6400				
	11-B-15	4	20.2450	20.2450			
	11-A-16	10	20.4310	20.4310			
	11-A-10	10		21.4200	21.4200		
	11-A-03	10			21.8190		
	11-B-16	10			21.9450		
	11-B-12	5			22.5720	22.5720	
	11-D-01	10				23.4280	
	Sig.		0.190	0.052	0.065	0.133	
坚果侧径	11-A-15	4	18.2300				
	11-B-15	4	18.9325	18.9325			
	11-A-16	10		19.7340			
	11-A-10	10			21.3250		
	11-A-03	10			21.5480		
	11-B-12	5			21.6060		
	11-B-16	10			22.2300	22.2300	
	11-D-01	10				22.7470	
	Sig.		0.176	0.123	0.112	0.317	
果基宽	11-A-15	4	17.4800				
	11-B-15	4	17.6800				
	11-A-16	10	18.1210				

性状	父本	N	子集				
			1	2	3	4	5
果基宽	11-A-10	10		19.9400			
	11-B-12	5		20.5520	20.5520		
	11-B-16	10		20.7120	20.7120		
	11-A-03	10		21.1500	21.1500		
	11-D-01	10			21.4510		
	Sig.		0.323	0.072	0.182		
果基高	11-B-15	4	2.8425				
	11-A-15	4	2.9800	2.9800			
	11-A-16	10	3.7340	3.7340	3.7340		
	11-A-10	10		3.9890	3.9890		
	11-A-03	10			4.3370		
	11-B-12	5			4.4800		
	11-B-16	10			4.7310	4.7310	
	11-D-01	10				5.5790	
	Sig.		0.105	0.067	0.087	0.103	
坚果重	11-A-15	4	1.9930				
	11-B-15	4	2.5698	2.5698			
	11-A-16	10		2.7068			
	11-A-10	10			3.8107		
	11-A-03	10			4.3084	4.3084	
	11-B-12	5				4.4756	
	11-B-16	10				4.7170	4.7170
	11-D-01	10					5.1458
	Sig.		0.061	0.652	0.105	0.208	0.161

四、龙榛 4 号 × 欧榛杂交组合的 F_1 代试验结果

从表 6-10 中可以看出，龙榛 4 号 × 欧榛杂交组合 F_1 代果实的平均坚果纵径 19.443 mm、平均坚果横径 16.754 mm、平均坚果侧径 16.004 mm、平均坚果重 1.926 g，授粉坐果率为 28.31%。通过表 6-11 的方差分析可以看出，除坚果纵径差异性不显著外，其余 5 项指标皆差异性极显著。

表 6-10 龙榛 4 号 × 欧榛杂交组合的 F_1 代果实指标测定表

母本 （平欧）	父本 （欧榛）	技术指标							
		坚果 纵径 /mm	坚果 横径 /mm	坚果 侧径 /mm	果基 宽 /mm	果基 高 /mm	坚果重 /g	坐果 序数	授粉数
龙榛 4 号	11–A–06	19.90	17.77	16.85	16.77	7.11	2.14	5	14
龙榛 4 号	11–A–10	17.47	15.13	15.09	14.10	4.31	1.53	2	6
龙榛 4 号	11–A–11	18.86	16.83	15.76	15.03	6.82	1.92	8	14
龙榛 4 号	11–A–14	18.37	16.28	15.92	15.16	6.48	1.88	3	14
龙榛 4 号	11–A–15	20.51	17.67	17.00	16.17	6.97	2.15	7	30
龙榛 4 号	11–A–16	20.14	17.22	16.65	15.67	6.44	2.18	5	15
龙榛 4 号	11–A–17	18.30	14.72	14.23	13.54	4.79	1.48	4	15
龙榛 4 号	11–B–05	19.42	15.73	15.68	14.84	5.20	1.84	1	13
龙榛 4 号	11–B–07	17.47	16.89	14.45	13.93	6.22	1.38	4	8
龙榛 4 号	11–B–09	19.33	16.12	15.28	14.27	6.52	1.71	2	13
龙榛 4 号	11–B–11	19.67	17.31	16.47	15.28	7.19	2.12	9	23
龙榛 4 号	11–B–12	20.17	17.22	17.03	15.84	8.12	2.23	2	6
龙榛 4 号	11–B–15	20.60	17.50	16.33	15.63	8.46	1.62	2	5
龙榛 4 号	11–B–16	20.12	16.18	15.37	14.73	6.20	1.81	6	27
龙榛 4 号	11–D–01	21.99	18.16	17.32	16.76	7.95	2.78	8	43
平均		19.443	16.754	16.004	15.214	6.613	1.926	4.429	15.643

表 6-11 龙榛 4 号 × 欧榛杂交组合 F_1 代果实主要因子的方差分析

变异来源	因变量	离差平方和	df	均方	F	Sig.
父本	坚果纵径	135.452	14	9.675	1.780	0.055
	坚果横径	110.448	14	7.889	8.977	0.000
	坚果侧径	102.469	14	7.319	7.051	0.000
	果基宽	107.893	14	7.707	7.138	0.000
	果基高	97.694	14	6.978	5.105	0.000

通过表 6-12 的多重比较可以看出，坚果纵径方面差异性不显著；坚果横径方面，欧榛父本以 11-B-12、11-B-11、11-B-15、11-A-15、11-A-06、11-D-01、11-A-16 为优；坚果侧径方面，欧榛父本以 11-B-15、11-B-11、11-A-06、11-A-15、11-B-12、11-D-01、11-A-16 为优；坚果重方面，欧榛父本以 11-B-11、11-A-06、11-A-15、11-B-12、11-A-16、11-D-01 为优。

表 6-12 龙榛 4 号 × 欧榛杂交组合 F₁ 代果实主要因子的多重比较

性状	父本	N	子集						
			1	2	3	4	5	6	7
坚果纵径	11-B-07	3	17.4667						
	11-A-10	4	17.4675						
	11-A-17	7	18.2971						
	11-A-14	3	18.3733						
	11-A-11	10	18.8640	18.8640					
	11-B-09	6	18.9017	18.9017					
	11-A-16	10	19.0580	19.0580					
	11-B-05	2	19.4150	19.4150					
	11-B-11	10	19.6650	19.6650					
	11-A-06	7	19.8971	19.8971					
	11-B-16	10	20.1190	20.1190					
	11-B-12	2	20.1700	20.1700					
	11-A-15	12	20.5100	20.5100					
	11-B-15	5	20.6040	20.6040					
	11-D-01	10		21.9880					
	Sig.		0.092	0.088					
坚果横径	11-A-17	7	14.7171						
	11-A-10	4	15.1325	15.1325					
	11-B-05	2	15.7250	15.7250	15.7250				
	11-B-09	6	15.7433	15.7433	15.7433				
	11-B-16	10		16.1810	16.1810	16.1810			
	11-A-14	3		16.2833	16.2833	16.2833			
	11-A-11	10			16.8270	16.8270	16.8270		
	11-B-07	3			16.8867	16.8867	16.8867		

性状	父本	N	子集						
			1	2	3	4	5	6	7
坚果横径	11-B-12	2				17.2150	17.2150		
	11-B-11	10				17.3070	17.3070		
	11-B-15	5				17.4980	17.4980		
	11-A-15	12					17.6725		
	11-A-06	7					17.7743		
	11-D-01	10					18.1580		
	11-A-16	10					18.1620		
	Sig.		0.128	0.095	0.098	0.063	0.065		
坚果侧径	11-A-17	7	14.2329						
	11-B-07	3	14.4467	14.4467					
	11-B-09	6	14.9683	14.9683	14.9683				
	11-A-10	4	15.0925	15.0925	15.0925				
	11-B-16	10	15.3710	15.3710	15.3710	15.3710			
	11-B-05	2	15.6750	15.6750	15.6750	15.6750	15.6750		
	11-A-11	10		15.7600	15.7600	15.7600	15.7600		
	11-A-14	3		15.9233	15.9233	15.9233	15.9233	15.9233	
	11-B-15	5			16.3300	16.3300	16.3300	16.3300	16.3300
	11-B-11	10			16.4700	16.4700	16.4700	16.4700	16.4700
	11-A-06	7				16.8529	16.8529	16.8529	16.8529
	11-A-15	12					17.0008	17.0008	17.0008
	11-B-12	2					17.0300	17.0300	17.0300
	11-D-01	10						17.3210	17.3210
	11-A-16	10							17.5100
	Sig.		0.057	0.055	0.054	0.054	0.083	0.070	0.128
果基宽	11-A-17	7	13.5429						
	11-B-07	3	13.9267	13.9267					
	11-B-09	6	14.0150	14.0150					

性状	父本	N	子集						
			1	2	3	4	5	6	7
果基宽	11-A-10	4	14.1000	14.1000	14.1000				
	11-B-16	10	14.7280	14.7280	14.7280	14.7280			
	11-B-05	2	14.8400	14.8400	14.8400	14.8400			
	11-A-11	10	15.0280	15.0280	15.0280	15.0280	15.0280		
	11-A-14	3		15.1600	15.1600	15.1600	15.1600		
	11-B-11	10		15.2760	15.2760	15.2760	15.2760	15.2760	
	11-B-15	5			15.6300	15.6300	15.6300	15.6300	
	11-B-12	2				15.8350	15.8350	15.8350	
	11-A-15	12				16.1667	16.1667	16.1667	
	11-A-16	10					16.5350	16.5350	
	11-D-01	10						16.7570	
	11-A-06	7						16.7700	
	Sig.		0.059	0.091	0.051	0.071	0.055	0.057	
果基高	11-A-10	4	4.3050						
	11-A-17	7	4.7929	4.7929					
	11-B-05	2	5.2000	5.2000	5.2000				
	11-B-16	10		6.2000	6.2000	6.2000			
	11-B-07	3		6.2167	6.2167	6.2167			
	11-B-09	6		6.3617	6.3617	6.3617	6.3617		
	11-A-14	3		6.4833	6.4833	6.4833	6.4833		
	11-A-11	10			6.8230	6.8230	6.8230	6.8230	
	11-A-15	12				6.9742	6.9742	6.9742	
	11-A-16	10				7.0530	7.0530	7.0530	
	11-A-06	7				7.1086	7.1086	7.1086	
	11-B-11	10				7.1920	7.1920	7.1920	
	11-D-01	10				7.9500	7.9500	7.9500	

性状	父本	N	子集						
			1	2	3	4	5	6	7
果基高	11-B-12	2					8.1200	8.1200	
	11-B-15	5						8.4580	
	Sig.		0.271	0.052	0.063	0.054	0.051	0.068	
坚果重	11-B-07	3	1.3807						
	11-A-17	7	1.4787						
	11-A-10	4	1.5285						
	11-B-15	5	1.6242	1.6242					
	11-B-09	6	1.7098	1.7098	1.7098				
	11-B-16	10	1.8066	1.8066	1.8066				
	11-B-05	2	1.8410	1.8410	1.8410				
	11-A-14	3	1.8793	1.8793	1.8793				
	11-A-11	10	1.9249	1.9249	1.9249				
	11-B-11	10		2.1231	2.1231	2.1231			
	11-A-06	7		2.1366	2.1366	2.1366			
	11-A-15	12		2.1529	2.1529	2.1529			
	11-B-12	2			2.2295	2.2295			
	11-A-16	10				2.6362	2.6362		
	11-D-01	10					2.7801		
	Sig.		0.076	0.085	0.090	0.077	0.577		

五、龙榛 5 号 × 欧榛杂交组合的 F_1 代试验结果

从表 6-13 中可以看出，龙榛 5 号 × 欧榛杂交组合 F_1 代果实的平均坚果纵径 24.935 mm、平均坚果横径 19.682 mm、平均坚果侧径 18.574 mm、平均坚果重 2.996 g，授粉坐果率为 32.54%。通过表 6-14 的方差分析可以看出，6 项指标皆差异性极显著。

表 6-13 龙榛 5 号 × 欧榛杂交组合的 F₁ 代果实指标测定表

母本（平欧）	父本（欧榛）	主要技术指标							
		坚果纵径 /mm	坚果横径 /mm	坚果侧径 /mm	果基宽 /mm	果基高 /mm	坚果重 / g	坐果序数	授粉数
龙榛 5 号	11–A–03	23.83	19.58	18.42	18.37	7.87	3.39	3	23
龙榛 5 号	11–A–06	26.83	20.26	19.05	19.62	10.88	2.58	6	12
龙榛 5 号	11–A–10	25.68	19.69	18.77	18.73	9.50	3.04	6	36
龙榛 5 号	11–A–11	25.66	19.81	19.00	20.44	10.71	3.20	10	26
龙榛 5 号	11–A–14	22.32	19.07	17.27	17.31	6.62	2.51	2	5
龙榛 5 号	11–A–15	24.49	19.36	17.58	18.12	7.78	2.59	10	17
龙榛 5 号	11–A–16	27.92	21.68	20.22	20.87	9.67	4.25	16	29
龙榛 5 号	11–A–17	26.08	19.66	19.65	19.20	10.04	3.51	15	33
龙榛 5 号	11–B–05	25.09	18.95	17.89	18.39	10.06	2.79	9	26
龙榛 5 号	11–B–09	24.79	19.12	18.08	16.03	5.06	2.25	7	13
龙榛 5 号	11–B–10	25.40	20.51	18.90	19.43	9.32	3.04	11	17
龙榛 5 号	11–B–11	24.73	19.16	18.23	18.74	10.32	2.67	11	51
龙榛 5 号	11–B–12	25.70	20.14	18.38	18.52	10.63	2.99	6	12
龙榛 5 号	11–B–15	18.54	16.83	16.69	16.03	5.05	2.25	10	34
龙榛 5 号	11–B–16	25.67	20.70	19.78	19.92	9.79	3.21	4	51
龙榛 5 号	11–D–01	26.23	20.39	19.27	20.10	10.76	3.67	10	33
平均		24.935	19.682	18.574	18.739	9.004	2.996	8.5	26.125

表 6-14 龙榛 5 号 × 欧榛杂交组合 F₁ 代果实主要因子的方差分析

变异来源	因变量	离差平方和	df	均方	F	Sig.
父本	坚果纵径	600.431	15	40.029	16.998	0.000
	坚果横径	155.656	15	10.377	8.974	0.000
	坚果侧径	113.456	15	7.564	7.039	0.000
	果基宽	274.002	15	18.267	6.827	0.000
	果基高	496.555	15	33.104	18.484	0.000
	坚果重	40.238	15	2.683	9.216	0.000

通过表 6-15 的多重比较可以看出，坚果纵径方面，欧榛父本以 11-D-01、11-A-06、11-A-16 为优；坚果横径方面，欧榛父本以 11-B-10、11-B-16、11-A-16 为优；坚果侧径方面，欧榛父本以 11-

A-06、11-D-01、11-A-17、11-B-16、11-A-16 为优；坚果重方面，欧榛父本以 11-D-01、11-A-16 为优。

表 6-15 龙榛 5 号 × 欧榛杂交组合 F₁ 代果实主要因子的多重比较

性状	父本	N	子集							
			1	2	3	4	5	6	7	8
坚果纵径	11-B-15	10	18.5390							
	11-A-14	2		22.3150						
	11-A-03	4		23.8325	23.8325					
	11-A-15	10			24.4880	24.4880				
	11-B-11	7			24.7314	24.7314				
	11-B-09	10			24.7920	24.7920				
	11-B-05	10			25.0890	25.0890	25.0890			
	11-B-10	10			25.3960	25.3960	25.3960			
	11-B-16	6			25.6700	25.6700	25.6700			
	11-B-12	5			25.7040	25.7040	25.7040			
	11-A-10	6			25.7250	25.7250	25.7250			
	11-A-11	9			25.7311	25.7311	25.7311			
	11-A-17	10				26.0770	26.0770			
	11-D-01	10				26.2300	26.2300	26.2300		
	11-A-06	10					26.8310	26.8310		
	11-A-16	10						27.9210		
	Sig.		1.000	0.076	0.062	0.090	0.085	0.061		
坚果横径	11-B-15	10	16.8340							
	11-B-05	10		18.9500						
	11-A-14	2		19.0700	19.0700					
	11-B-09	10		19.1180	19.1180	19.1180				
	11-B-11	7		19.1629	19.1629	19.1629				
	11-A-15	10		19.3550	19.3550	19.3550	19.3550			
	11-A-03	4		19.5800	19.5800	19.5800	19.5800			
	11-A-17	10		19.6620	19.6620	19.6620	19.6620			
	11-A-10	6		19.7650	19.7650	19.7650	19.7650			

性状	父本	N	子集							
			1	2	3	4	5	6	7	8
坚果横径	11-A-11	9		19.7889	19.7889	19.7889	19.7889			
	11-B-12	5		20.1380	20.1380	20.1380	20.1380			
	11-A-06	10		20.2560	20.2560	20.2560	20.2560			
	11-D-01	10			20.3890	20.3890	20.3890			
	11-B-10	10				20.5080	20.5080	20.5080		
	11-B-16	6					20.7017	20.7017		
	11-A-16	10						21.6750		
	Sig.		1.000	0.069	0.066	0.052	0.058	0.065		
坚果侧径	11-B-15	10	16.6940							
	11-A-14	2	17.2700	17.2700						
	11-A-15	10	17.5800	17.5800	17.5800					
	11-B-05	10	17.8870	17.8870	17.8870	17.8870				
	11-B-09	10		18.0840	18.0840	18.0840	18.0840			
	11-B-11	7		18.2296	18.2296	18.2296	18.2296			
	11-B-12	5		18.3780	18.3780	18.3780	18.3780	18.3780		
	11-A-03	4		18.4200	18.4200	18.4200	18.4200	18.4200		
	11-A-10	6			18.8067	18.8067	18.8067	18.8067	18.8067	
	11-B-10	10			18.9000	18.9000	18.9000	18.9000	18.9000	
	11-A-11	9			18.9089	18.9089	18.9089	18.9089	18.9089	
	11-A-06	10				19.0460	19.0460	19.0460	19.0460	19.0460
	11-D-01	10					19.2680	19.2680	19.2680	19.2680
	11-A-17	10						19.6490	19.6490	19.6490
	11-B-16	6							19.7817	19.7817
	11-A-16	10								20.2230
	Sig.		0.058	0.085	0.050	0.090	0.083	0.059	0.147	0.068
果基宽	11-B-09	10	16.0310							
	11-B-15	10	16.0310							

性状	父本	N	子集							
			1	2	3	4	5	6	7	8
果基宽	11-A-14	2	17.3050	17.3050						
	11-A-15	10		18.1150	18.1150					
	11-A-03	4		18.3650	18.3650					
	11-B-05	10		18.3940	18.3940					
	11-B-12	5		18.5220	18.5220	18.5220				
	11-B-11	7		18.7357	18.7357	18.7357				
	11-A-10	6		18.8467	18.8467	18.8467	18.8467			
	11-A-17	10		19.2000	19.2000	19.2000	19.2000			
	11-B-10	10			19.4270	19.4270	19.4270			
	11-A-06	10			19.6220	19.6220	19.6220			
	11-B-16	6			19.9200	19.9200	19.9200			
	11-D-01	10			20.0960	20.0960	20.0960			
	11-A-11	9				20.5989	20.5989			
	11-A-16	10					20.8730			
	Sig.		0.187	0.075	0.070	0.053	0.056			
果基高	11-B-15	10	5.0500							
	11-B-09	10	5.0550							
	11-A-14	2		6.6150						
	11-A-15	10		7.7750						
	11-A-03	4		7.8725	7.8725					
	11-B-10	10			9.3200	9.3200				
	11-A-10	6				9.4200				
	11-A-16	10				9.6660				
	11-B-16	6				9.7850				
	11-A-17	10				10.0430				
	11-B-05	10				10.0590				
	11-B-11	7				10.3186				

性状	父本	N	子集 1	2	3	4	5	6	7	8
果基高	11-B-12	5				10.6260				
	11-D-01	10				10.7580				
	11-A-11	9				10.8278				
	11-A-6	10				10.8770				
	Sig.		0.995	0.110	0.053	0.082				
坚果重	11-B-09	10	2.2464							
	11-B-15	10	2.2464							
	11-A-14	2	2.5130	2.5130						
	11-A-06	10	2.5819	2.5819						
	11-A-15	10	2.5880	2.5880						
	11-B-11	7	2.6690	2.6690						
	11-B-05	10	2.7922	2.7922	2.7922					
	11-B-12	5		2.9862	2.9862	2.9862				
	11-A-10	6		3.0415	3.0415	3.0415				
	11-B-10	10		3.0433	3.0433	3.0433				
	11-A-11	9		3.1980	3.1980	3.1980				
	11-B-16	6		3.2057	3.2057	3.2057				
	11-A-03	4			3.3873	3.3873				
	11-A-17	10				3.5086				
	11-D-01	10				3.6658	3.6658			
	11-A-16	10					4.2453			
	Sig.		0.118	0.052	0.087	0.052	0.054			

第三节 平榛 × 欧榛杂交组合的试验结果

一、林口曙光平榛 × 欧榛杂交组合的 F_1 代试验结果

林口曙光平榛 × 欧榛杂交组合的试验结果见表6-16，林口曙光平榛 × 欧榛杂交组合 F_1 代果实的平均坚果纵径19.273 mm、平均坚果横径18.155 mm、平均坚果侧径16.608 mm、平均坚果重2.147 g，授粉坐果率为30.18%。通过表6-17的方差分析可以看出，果基宽差异性显著，其他5项指标皆差异性极显著。

表 6-16 林口曙光平榛 × 欧榛杂交组合的 F_1 代果实指标测定表

母本 (平榛)	父本 (欧榛)	技术指标							
		坚果纵径 /mm	坚果横径 /mm	坚果侧径 /mm	果基宽 /mm	果基高 /mm	坚果重 /g	坐果序数	授粉数
曙光	11-A-06	20.474	18.317	16.897	15.241	4.904	2.128	3	9
曙光	11-A-10	21.037	20.660	18.547	17.223	4.490	3.599	3	9
曙光	11-A-11	19.592	18.777	16.943	15.553	3.727	2.469	5	20
曙光	11-A-12	17.207	17.407	15.727	14.807	3.277	1.295	2	9
曙光	11-A-14	18.745	18.055	16.530	15.080	4.150	2.079	2	3
曙光	11-A-15	19.330	18.785	17.280	15.755	3.993	2.838	2	18
曙光	11-A-16	19.818	17.547	16.694	14.586	5.090	2.134	4	11
曙光	11-A-17	16.637	17.927	15.947	15.633	4.870	1.662	2	9
曙光	11-B-02	18.689	17.009	15.767	13.979	3.757	1.938	4	10
曙光	11-B-03	18.594	17.714	15.966	15.301	4.243	1.823	4	20
曙光	11-B-04	20.263	17.549	16.171	15.884	5.304	1.998	4	12
曙光	11-B-05	20.280	19.360	18.400	16.460	3.150	2.952	1	3
曙光	11-B-06	20.318	18.175	16.795	14.585	4.830	1.806	2	6
曙光	11-B-08	19.360	18.960	16.705	14.000	4.285	2.177	2	5
曙光	11-B-15	19.971	18.773	17.204	15.857	4.300	2.618	6	17
曙光	11-B-17	18.278	16.075	14.800	14.348	4.47	1.288	3	6
曙光	11-C-01	19.053	17.553	15.970	15.413	5.697	1.704	2	2
平均		19.273	18.155	16.608	15.277	4.385	2.147	3.000	9.941

表 6-17 林口曙光平榛 × 欧榛杂交组合 F₁ 代果实主要因子的方差分析

变异来源	因变量	离差平方和	df	均方	F	Sig.
父本	坚果纵径	84.444	16	5.278	2.923	0.001
	坚果横径	66.392	16	4.150	3.299	0.000
	坚果侧径	51.505	16	3.219	2.630	0.003
	果基宽	47.213	16	2.951	2.107	0.018
	果基高	32.914	16	2.057	2.635	0.003
	坚果重	20.309	16	1.269	2.985	0.001

林口曙光平榛 × 欧榛杂交组合的试验结果，通过表 6-18 的多重比较可以看出，坚果纵径方面，欧榛父本以 11-B-04、11-B-05、11-B-06、11-A-06、11-A-10 为优；坚果横径方面，欧榛父本以 11-B-08、11-B-05、11-A-10 为优；坚果侧径方面，欧榛父本以 11-B-15、11-A-15、11-B-05、11-A-10 为优；坚果重方面，欧榛父本以 11-B-15、11-A-15、11-B-05、11-A-10 为优。

表 6-18 林口曙光平榛 × 欧榛杂交组合 F₁ 代果实主要因子的多重比较

性状	父本	N	子集 1	2	3	4	5
坚果纵径	11-A-17	3	16.6367				
	11-A-12	3	17.2067	17.2067			
	11-B-17	4	18.2775	18.2775	18.2775		
	11-B-03	7	18.5943	18.5943	18.5943		
	11-B-02	7	18.6886	18.6886	18.6886	18.6886	
	11-A-14	2	18.7450	18.7450	18.7450	18.7450	
	11-C-01	3		19.0533	19.0533	19.0533	
	11-A-15	4		19.3300	19.3300	19.3300	
	11-B-08	2		19.3600	19.3600	19.3600	
	11-A-11	6			19.5917	19.5917	
	11-A-16	7			19.8157	19.8157	
	11-B-15	9			19.9711	19.9711	
	11-B-04	10			20.2630	20.2630	
	11-B-05	2			20.2800	20.2800	
	11-B-06	4			20.3175	20.3175	
	11-A-06	7			20.4743	20.4743	

続表

性状	父本	N	子集				
			1	2	3	4	5
坚果纵径	11-A-10	3				21.0367	
	Sig.		0.063	0.064	0.069	0.050	
坚果横径	11-B-17	4	16.0750				
	11-B-02	7	17.0086	17.0086			
	11-A-12	3	17.4067	17.4067	17.4067		
	11-A-16	7	17.5471	17.5471	17.5471		
	11-B-04	10	17.5490	17.5490	17.5490		
	11-C-01	3	17.5533	17.5533	17.5533		
	11-B-03	7	17.7143	17.7143	17.7143		
	11-A-17	3	17.9267	17.9267	17.9267		
	11-A-14	2		18.0550	18.0550		
	11-B-06	4		18.1750	18.1750		
	11-A-06	7		18.3171	18.3171		
	11-B-15	9		18.7733	18.7733		
	11-A-11	6		18.7767	18.7767		
	11-A-15	4		18.7850	18.7850		
	11-B-08	2		18.9600	18.9600	18.9600	
	11-B-05	2			19.3600	19.3600	
	11-A-10	3				20.6600	
	Sig.		0.056	0.052	0.052	0.053	
坚果侧径	11-B-17	4	14.8000				
	11-A-12	3	15.7267	15.7267			
	11-B-02	7	15.7671	15.7671			
	11-A-17	3	15.9467	15.9467			
	11-B-03	7	15.9657	15.9657			
	11-C-01	3	15.9700	15.9700			
	11-B-04	10	16.1710	16.1710			

续表

性状	父本	N	子集				
			1	2	3	4	5
坚果侧径	11-A-14	2	16.5300	16.5300	16.5300		
	11-A-16	7		16.6943	16.6943	16.6943	
	11-B-08	2		16.7050	16.7050	16.7050	
	11-B-06	4		16.7950	16.7950	16.7950	
	11-A-06	7		16.8971	16.8971	16.8971	
	11-A-11	6		16.9433	16.9433	16.9433	
	11-B-15	9		17.2044	17.2044	17.2044	
	11-A-15	4		17.2825	17.2825	17.2825	
	11-B-05	2			18.4000	18.4000	
	11-A-10	3				18.5467	
	Sig.		0.070	0.118	0.052	0.054	
果基宽	11-B-02	7	13.9786				
	11-B-08	2	14.0000				
	11-B-17	4	14.3475				
	11-B-06	4	14.5850	14.5850			
	11-A-16	7	14.5857	14.5857			
	11-A-12	3	14.8067	14.8067			
	11-A-14	2	15.0800	15.0800			
	11-A-06	7	15.2414	15.2414	15.2414		
	11-B-03	7	15.3014	15.3014	15.3014		
	11-C-01	3	15.4133	15.4133	15.4133		
	11-A-11	6	15.5533	15.5533	15.5533		
	11-A-17	3	15.6333	15.6333	15.6333		
	11-A-15	4	15.7550	15.7550	15.7550		
	11-B-15	9	15.8567	15.8567	15.8567		
	11-B-04	10	15.8840	15.8840	15.8840		
	11-B-05	2		16.4600	16.4600		

性状	父本	N	子集				
			1	2	3	4	5
果基宽	11-A-10	3			17.2233		
	Sig.		0.074	0.077	0.056		
果基高	11-B-05	2	3.1500				
	11-A-12	3	3.2767				
	11-A-11	6	3.7267	3.7267			
	11-B-02	7	3.7571	3.7571			
	11-A-15	4	3.9925	3.9925	3.9925		
	11-A-14	2	4.1500	4.1500	4.1500		
	11-B-03	7	4.2429	4.2429	4.2429	4.2429	
	11-B-08	2	4.2850	4.2850	4.2850	4.2850	
	11-B-15	9	4.3000	4.3000	4.3000	4.3000	
	11-B-17	4	4.4700	4.4700	4.4700	4.4700	
	11-A-10	3	4.4900	4.4900	4.4900	4.4900	
	11-B-06	4		4.8300	4.8300	4.8300	
	11-A-17	3		4.8700	4.8700	4.8700	
	11-A-06	7		4.9043	4.9043	4.9043	
	11-A-16	7		5.0900	5.0900	5.0900	
	11-B-04	10			5.3040	5.3040	
	11-C-01	3				5.6967	
	Sig.		0.087	0.085	0.096	0.063	
坚果重	11-B-17	4	1.2880				
	11-A-12	3	1.2953				
	11-A-17	3	1.6617	1.6617			
	11-C-01	3	1.7040	1.7040	1.7040		
	11-B-06	4	1.8055	1.8055	1.8055		
	11-B-03	7	1.8227	1.8227	1.8227		
	11-B-02	7	1.9383	1.9383	1.9383	1.9383	

性状	父本	N	子集				
			1	2	3	4	5
坚果重	11-B-04	10	1.9977	1.9977	1.9977	1.9977	
	11-A-14	2	2.0785	2.0785	2.0785	2.0785	
	11-A-06	7	2.1276	2.1276	2.1276	2.1276	
	11-A-16	7	2.1343	2.1343	2.1343	2.1343	
	11-B-08	2	2.1765	2.1765	2.1765	2.1765	
	11-A-11	6		2.4693	2.4693	2.4693	
	11-B-15	9		2.6181	2.6181	2.6181	2.6181
	11-A-15	4			2.8377	2.8377	2.8377
	11-B-05	2				2.9520	2.9520
	11-A-10	3					3.5987
	Sig.		0.127	0.100	0.050	0.077	0.063

二、新青泉林平榛 × 欧榛杂交组合的 F_1 代试验结果

新青泉林平榛 × 欧榛杂交组合的试验结果见表6-19。从表6-19中可以看出，新青泉林平榛 × 欧榛杂交组合 F_1 代果实的平均坚果纵径13.030 mm、平均坚果横径20.997 mm、平均坚果侧径13.288 mm、平均坚果重1.143 g，授粉坐果率为13.31%。通过表6-20的方差分析可以看出，坚果纵径、坚果横径和坚果重差异性不显著，其他3项指标皆差异性极显著。

表 6-19 新青泉林平榛 × 欧榛杂交组合的 F_1 代果实指标测定表

母本（平榛）	父本（欧榛）	技术指标							
		坚果纵径/mm	坚果横径/mm	坚果侧径/mm	果基宽/mm	果基高/mm	坚果重/g	坐果序数	授粉数
新青	11-A-03	11.806	14.904	12.236	10.832	2.520	0.9662	3	50
新青	11-A-09	13.477	14.430	12.644	11.579	2.879	0.953	3	19
新青	11-A-10	12.503	14.943	11.694	11.403	3.159	0.985	3	30
新青	11-A-11	11.973	15.060	12.087	10.497	2.787	0.703	2	34
新青	11-A-15	12.820	15.940	12.640	10.530	2.935	0.983	2	27
新青	11-B-03	14.746	16.072	13.636	11.622	2.606	1.474	3	43
新青	11-B-05	13.777	17.240	14.437	13.023	2.687	1.329	3	5

母本 （平榛）	父本 （欧榛）	技术指标							
		坚果 纵径 /mm	坚果 横径 /mm	坚果 侧径 /mm	果基 宽 /mm	果基 高 /mm	坚果重 /g	坐果序数	授粉数
新青	11-B-07	14.060	15.980	14.377	13.097	2.860	1.220	5	3
新青	11-B-08	12.820	16.120	12.870	12.370	2.330	1.348	1	8
新青	11-B-09	13.145	15.185	13.385	11.325	3.180	1.102	2	6
新青	11-B-12	13.196	16.702	14.154	13.130	3.651	1.209	5	25
新青	11-B-13	11.950	90.250	13.115	10.240	1.900	1.094	2	12
新青	11-B-16	14.618	16.700	15.688	14.996	5.716	1.506	5	25
新青	11-D-01	11.525	14.430	13.065	11.800	2.280	1.128	2	21
平均		13.030	20.997	13.288	11.889	2.964	1.143	2.929	22.000

表 6-20 新青泉林平榛 × 欧榛杂交组合 F_1 代果实主要因子的方差分析

变异来源	因变量	离差平方和	df	均方	F	Sig.
父本	坚果纵径	54.472	13	4.190	1.841	0.066
	坚果横径	46.715	13	3.593	1.832	0.068
	坚果侧径	76.577	13	5.891	2.868	0.005
	果基宽	91.416	13	7.032	3.523	0.001
	果基高	46.597	13	3.584	5.286	0.000
	坚果重	2.698	13	0.208	1.290	0.255

新青泉林平榛 × 欧榛杂交组合的试验结果，通过表 6-21 的多重比较可以看出，坚果侧径方面，欧榛父本以 11-B-12、11-B-07、11-B-05、11-B-16 为优；坚果重方面，欧榛父本以 11-B-05、11-B-08、11-B-03、11-B-16 为优。

表 6-21 新青泉林平榛 × 欧榛杂交组合 F_1 代果实主要固子的多重比较

性状	父本	N	子集		
			1	2	3
坚果纵径	11-D-01	2	11.5250		
	11-A-03	5	11.8060	11.8060	
	11-B-13	2	11.9500	11.9500	11.9500
	11-A-11	3	11.9733	11.9733	11.9733
	11-A-10	8	12.3787	12.3787	12.3787

续表

性状	父本	N	子集		
			1	2	3
坚果纵径	11-A-15	2	12.8200	12.8200	12.8200
	11-B-08	2	12.8200	12.8200	12.8200
	11-B-09	2	13.1450	13.1450	13.1450
	11-B-12	9	13.1956	13.1956	13.1956
	11-A-09	7	13.4771	13.4771	13.4771
	11-B-05	3	13.7767	13.7767	13.7767
	11-B-07	3	14.0600	14.0600	14.0600
	11-B-16	5		14.6180	14.6180
	11-B-03	5			14.7460
	Sig		0.085	0.056	0.058
坚果横径	11-A-09	7	14.4300		
	11-D-01	2	14.4300		
	11-A-03	5	14.9040	14.9040	
	11-A-11	3	15.0600	15.0600	
	11-A-10	8	15.1325	15.1325	
	11-B-09	2	15.1850	15.1850	
	11-A-15	2	15.9400	15.9400	
	11-B-07	3	15.9800	15.9800	
	11-B-03	5	16.0720	16.0720	
	11-B-08	2	16.1200	16.1200	
	11-B-16	5	16.7000	16.7000	
	11-B-12	9	16.7022	16.7022	
	11-B-13	2	16.7500	16.7500	
	11-B-05			17.2400	
	Sig.		0.091	0.088	
坚果侧径	11-A-15	2	12.6400		
	11-A-09	7	12.6443		
	11-A-10	8	11.7562		
	11-A-11	3	12.0867		

115

性状	父本	N	子集		
			1	2	3
坚果侧径	11-A-03	5	12.2360		
	11-B-08	2	12.8700		
	11-D-01	2	13.0650	13.0650	
	11-B-13	2	13.1150	13.1150	
	11-B-09	2	13.3850	13.3850	
	11-B-03	5	13.6360	13.6360	
	11-B-12	9	14.1544	14.1544	
	11-B-07	3	14.3767	14.3767	
	11-B-05	3	14.4367	14.4367	
	11-B-16	5		15.6880	
	Sig.		0.057	0.054	
果基宽	11-B-13	2	10.2400		
	11-A-11	3	10.4967	10.4967	
	11-A-15	2	10.5300	10.5300	
	11-A-03	5	10.8320	10.8320	
	11-B-09	2	11.3250	11.3250	
	11-A-10	8	11.5725	11.5725	
	11-A-09	7	11.5786	11.5786	
	11-B-03	5	11.6220	11.6220	
	11-D-01	2	11.8000	11.8000	
	11-B-08	2	12.3700	12.3700	
	11-B-05	3		13.0233	13.0233
	11-B-07	3		13.0967	13.0967
	11-B-12	9		13.1300	13.1300
	11-B-16	5			14.9960
	Sig.		0.119	0.056	0.118
果基高	11-B-13	2	1.9000		
	11-D-01	2	2.2800	2.2800	

性状	父本	N	子集		
			1	2	3
果基高	11-B-08	2	2.3300	2.3300	
	11-A-03	5	2.5200	2.5200	
	11-B-03	5	2.6060	2.6060	
	11-B-05	3	2.6867	2.6867	
	11-A-11	3	2.7867	2.7867	
	11-B-07	3	2.8600	2.8600	
	11-A-09	7	2.8786	2.8786	
	11-A-15	2	2.9350	2.9350	
	11-B-09	2	3.1800	3.1800	
	11-A-10	8	3.2463	3.2463	
	11-B-12	9		3.6511	
	11-B-16	5			5.7160
	Sig.		0.094	0.088	1.000
坚果重	11-A-11	3	0.7030		
	11-A-09	7	0.9529	0.9529	
	11-A-03	5	0.9668	0.9668	
	11-A-15	2	0.9830	0.9830	
	11-A-10	8	0.9845	0.9845	
	11-B-13	2	1.0935	1.0935	
	11-B-09	2	1.1015	1.1015	
	11-D-01	2	1.1275	1.1275	
	11-B-12	9	1.2090	1.2090	
	11-B-07	3	1.2203	1.2203	
	11-B-05	3	1.3293	1.3293	
	11-B-08	2	1.3475	1.3475	
	11-B-03	5	1.4730	1.4730	
	11-B-16	5		1.5060	
	Sig.		0.050	0.159	

三、牡丹江丰收平榛 × 欧榛杂交组合的 F_1 代试验结果

牡丹江丰收平榛 × 欧榛杂交组合的试验结果见表 6-22，牡丹江丰收平榛 × 欧榛杂交组合 F_1 代果实的平均坚果纵径 16.600 mm、平均坚果横径 18.511 mm、平均坚果侧径 15.648 mm、平均坚果重 1.725 g，授粉坐果率为 28.29%。通过表 6-23 的方差分析可以看出，6 项指标皆差异性极显著。

表 6-22 牡丹江丰收平榛 × 欧榛杂交组合的 F_1 代果实指标测定表

母本（平榛）	父本（欧榛）	技术指标							
		坚果纵径 /mm	坚果横径 /mm	坚果侧径 /mm	果基宽 /mm	果基高 /mm	坚果重 / g	坐果序数	授粉数
丰收	11-A-03	14.06	17.91	14.87	12.72	2.81	1.48	10	30
丰收	11-A-06	17.22	17.46	12.42	10.40	4.76	0.94	1	5
丰收	11-A-09	14.42	18.76	14.49	13.60	3.21	1.39	1	9
丰收	11-A-10	13.91	17.01	14.66	13.76	3.11	1.38	7	29
丰收	11-A-11	20.84	19.32	16.02	14.26	5.17	1.55	5	22
丰收	11-A-14	17.93	18.41	16.02	13.10	4.61	1.37	4	10
丰收	11-A-15	14.04	17.41	14.88	12.86	3.07	1.46	4	19
丰收	11-A-16	17.81	18.74	16.72	14.74	4.29	1.98	10	31
丰收	11-B-02	14.15	17.48	15.08	13.78	3.25	1.40	3	7
丰收	11-B-03	17.29	20.26	16.43	14.41	3.63	2.39	2	6
丰收	11-B-05	13.34	17.15	14.45	12.43	2.72	1.38	10	31
丰收	11-B-08	21.56	19.03	16.84	16.75	8.05	1.95	4	17
丰收	11-B-09	13.75	16.93	14.57	12.84	2.79	1.37	11	13
丰收	11-B-10	16.89	18.13	15.85	14.17	2.94	2.07	1	3
丰收	11-B-11	14.23	19.08	16.25	12.59	2.06	1.65	1	6
丰收	11-B-14	25.18	22.37	20.46	19.93	8.93	2.81	4	26
丰收	11-B-15	16.25	18.30	15.24	13.62	2.98	1.76	4	7
丰收	11-B-17	16.68	19.56	15.66	14.49	3.36	2.29	1	8
丰收	11-C-01	12.62	17.07	14.78	12.15	2.52	1.23	4	12
丰收	11-D-01	19.83	19.83	17.26	15.73	4.58	2.65	12	59
平均		16.600	18.511	15.648	13.917	3.942	1.725	4.950	17.500

表 6-23 牡丹江丰收平榛 × 欧榛杂交组合 F₁ 代果实主要因子的方差分析

变异来源	因变量	离差平方和	df	均方	F	Sig.
父本	坚果纵径	1161.582	19	61.136	6.303	0.000
	坚果横径	174.820	19	9.201	2.941	0.000
	坚果侧径	192.508	19	10.132	4.629	0.000
	果基宽	1161.582	19	61.136	6.303	0.000
	果基高	174.820	19	9.201	2.941	0.000
	坚果重	192.508	19	10.132	4.629	0.000

牡丹江丰收平榛 × 欧榛杂交组合的试验结果，通过表 6-24 的多重比较可以看出，坚果纵径方面，欧榛父本以 11-A-11、11-B-08、11-B-14 为优；坚果横径方面，欧榛父本以 11-D-01、11-B-03、11-B-14 为优；坚果侧径方面，欧榛父本以 11-A-16、11-B-08、11-D-01、11-B-14 为优；坚果重方面，欧榛父本以 11-B-10、11-B-17、11-B-03、11-D-01、11-B-14 为优。

表 6-24 牡丹江丰收平榛 × 欧榛杂交组合 F₁ 代果实主要因子的多重比较

性状	父本	N	子集 1	2	3	4	5
坚果纵径	11-C-01	4	12.6200				
	11-B-05	20	13.3375				
	11-B-09	13	13.7538				
	11-A-10	11	13.9118				
	11-A-15	4	14.0375				
	11-A-03	18	14.0589				
	11-B-02	3	14.1500				
	11-B-11	2	14.2300				
	11-A-09	2	14.4200				
	11-B-15	4	16.2500	16.2500			
	11-B-17	2	16.6800	16.6800			
	11-B-10	2	16.8900	16.8900			
	11-A-06	2	17.2200	17.2200			
	11-B-03	3	17.2900	17.2900			
	11-A-16	10	17.8090	17.8090			
	11-A-14	5	17.9280	17.9280			

性状	父本	N	子集				
			1	2	3	4	5
坚果纵径	11-D-01	13		19.8277			
	11-A-11	9		20.8433	20.8433		
	11-B-08	4		21.5600	21.5600		
	11-B-14	2			25.1800		
	Sig.		0.062	0.053	0.076		
坚果横径	11-B-09	13	16.9346				
	11-A-10	11	17.0136				
	11-C-01	4	17.0675				
	11-B-05	20	17.1530	17.1530			
	11-A-15	4	17.4125	17.4125			
	11-A-06	2	17.4600	17.4600			
	11-B-02	3	17.4833	17.4833			
	11-A-03	18	17.9061	17.9061			
	11-B-10	2	18.1300	18.1300			
	11-B-15	4	18.3025	18.3025			
	11-A-14	5	18.4100	18.4100			
	11-A-16	10	18.7390	18.7390			
	11-A-09	2	18.7600	18.7600			
	11-B-08	4	19.0250	19.0250			
	11-B-11	2	19.0800	19.0800			
	11-A-11	9	19.3211	19.3211			
	11-B-17	2	19.5600	19.5600			
	11-D-01	13	19.8277	19.8277	19.8277		
	11-B-03	3		20.2600	20.2600		
	11-B-14	2			22.3700		
	Sig.		0.075	0.054	0.067		
坚果侧径	11-A-06	2	12.4200				

続表

性状	父本	N	子集				
			1	2	3	4	5
坚果侧径	11-B-05	20	14.4515	14.4515			
	11-A-09	2	14.4900	14.4900			
	11-B-09	13	14.5685	14.5685			
	11-A-10	11	14.6564	14.6564	14.6564		
	11-C-01	4	14.7825	14.7825	14.7825		
	11-A-03	18	14.8694	14.8694	14.8694		
	11-A-15	4	14.8825	14.8825	14.8825		
	11-B-02	3		15.0800	15.0800		
	11-B-15	4		15.2400	15.2400		
	11-B-17	2		15.6600	15.6600		
	11-B-10	2		15.8500	15.8500		
	11-A-14	5		16.0180	16.0180		
	11-A-11	9		16.0244	16.0244		
	11-B-11	2		16.2500	16.2500		
	11-B-03	3		16.4333	16.4333		
	11-A-16	10		16.7210	16.7210		
	11-B-08	4		16.8350	16.8350		
	11-D-01	13			17.2562		
	11-B-14	2				20.4600	
	Sig.		0.055	0.079	0.053	01.000	
果基宽	11-A-06	2	10.4000				
	11-C-01	4	12.1475	12.1475			
	11-B-05	20	12.4335	12.4335			
	11-B-11	2	12.5900	12.5900			
	11-A-03	18	12.7150	12.7150			
	11-B-09	13	12.8392	12.8392			
	11-A-15	4	12.8575	12.8575			

中文表格

续表

性状	父本	N	子集				
			1	2	3	4	5
果基宽	11-A-14	5		13.1000			
	11-A-09	2		13.6000	13.6000		
	11-B-15	4		13.6150	13.6150		
	11-A-10	11		13.7555	13.7555		
	11-B-02	3		13.7800	13.7800		
	11-B-10	2		14.1700	14.1700		
	11-A-11	9		14.2567	14.2567		
	11-B-03	3		14.4100	14.4100	14.4100	
	11-B-17	2		14.4900	14.4900	14.4900	
	11-A-16	10		14.7420	14.7420	14.7420	
	11-D-01	13			15.7254	15.7254	
	11-B-08	4				16.7475	
	11-B-14	2					19.9250
	Sig.		0.053	0.055	0.107	0.057	1.000
果基高	11-B-11	2	2.0600				
	11-C-01	4	2.5225	2.5225			
	11-B-05	20	2.7215	2.7215	2.7215		
	11-B-09	13	2.7900	2.7900	2.7900		
	11-A-03	18	2.8067	2.8067	2.8067		
	11-B-10	2	2.9400	2.9400	2.9400		
	11-B-15	4	2.9825	2.9825	2.9825		
	11-A-15	4	3.0725	3.0725	3.0725		
	11-A-10	11	3.1073	3.1073	3.1073		
	11-A-09	2	3.2100	3.2100	3.2100	3.2100	
	11-B-02	3	3.2467	3.2467	3.2467	3.2467	
	11-B-17	2	3.3600	3.3600	3.3600	3.3600	
	11-B-03	3	3.6333	3.6333	3.6333	3.6333	
	11-A-16	10		4.2900	4.2900	4.2900	

性状	父本	N	子集				
			1	2	3	4	5
果基高	11-D-01	13			4.5769	4.5769	
	11-A-14	5			4.6140	4.6140	
	11-A-06	2			4.7600	4.7600	
	11-A-11	9				5.1678	
	11-B-08	4					8.0450
	11-B-14	2					8.9250
	Sig.		0.133	0.090	0.051	0.052	0.303
坚果重	11-A-06	2	0.9350				
	11-C-01	4	1.2313	1.2313			
	11-B-09	13	1.3685	1.3685			
	11-A-14	5	1.3708	1.3708			
	11-B-05	20	1.3782	1.3782			
	11-A-10	11	1.3828	1.3828			
	11-A-09	2	1.3870	1.3870			
	11-B-02	3	1.4013	1.4013			
	11-A-15	4	1.4563	1.4563			
	11-A-03	18	1.4783	1.4783			
	11-A-11	9	1.5493	1.5493	1.5493		
	11-B-11	2	1.6540	1.6540	1.6540		
	11-B-15	4	1.7618	1.7618	1.7618	1.7618	
	11-B-08	4	1.9525	1.9525	1.9525	1.9525	
	11-A-16	10	1.9768	1.9768	1.9768	1.9768	
	11-B-10	2	2.0680	2.0680	2.0680	2.0680	
	11-B-17	2		2.2890	2.2890	2.2890	
	11-B-03	3		2.3920	2.3920	2.3920	
	11-D-01	13			2.6496	2.6496	
	11-B-14	2				2.8070	
	Sig.		0.060	0.054	0.057	0.068	

四、东京城三道平榛 × 欧榛杂交组合的 F₁ 代试验结果

东京城三道平榛 × 欧榛杂交组合的试验结果见表 6-25，东京城三道平榛 × 欧榛杂交组合 F₁ 代果实的平均坚果纵径 18.128 mm、平均坚果横径 17.335 mm、平均坚果侧径 15.971 mm、平均坚果重 1.645 g，授粉坐果率为 29.79%。通过表 6-26 的方差分析可以看出，6 项指标皆差异性极显著。

表 6-25 东京城三道平榛 × 欧榛杂交组合的 F₁ 代果实指标测定表

母本 (平榛)	父本 (欧榛)	技术指标							
		坚果纵径 /mm	坚果横径 /mm	坚果侧径 /mm	果基宽 /mm	果基高 /mm	坚果重 /g	坐果序数	授粉数
三道	11-A-06	21.18	19.63	19.31	18.60	6.78	2.79	2	4
三道	11-A-11	16.50	17.00	15.85	15.17	4.48	1.81	6	11
三道	11-A-14	17.13	16.00	14.56	13.74	4.73	1.20	1	4
三道	11-A-16	18.66	17.11	16.41	15.38	4.51	0.93	1	19
三道	11-B-05	19.20	17.37	16.30	15.64	5.84	1.88	10	39
三道	11-B-06	20.28	18.24	17.09	16.14	3.96	3.00	1	7
三道	11-B-08	14.74	14.87	11.85	12.63	3.48	0.76	1	3
三道	11-B-09	20.27	18.16	17.90	17.54	4.32	1.67	2	2
三道	11-B-11	19.03	17.85	16.15	15.67	4.44	1.65	1	3
三道	11-B-12	18.36	17.47	15.86	14.49	5.38	1.42	7	31
三道	11-B-14	19.02	17.48	15.83	14.37	4.12	1.65	5	8
三道	11-B-16	16.11	16.59	14.62	14.15	4.29	1.44	2	2
三道	11-B-17	14.01	15.52	13.28	14.38	4.92	0.94	2	3
三道	11-D-01	19.30	19.40	18.58	16.98	3.62	1.89	1	5
平均		18.128	17.335	15.971	15.349	4.634	1.645	3.000	10.071

表 6-26 东京城三道平榛 × 欧榛杂交组合 F₁ 代果实主要因子的方差分析

变异来源	因变量	离差平方和	df	均方	F	Sig.
父本	坚果纵径	156.284	13	12.022	5.255	0.000
	坚果横径	52.800	13	4.062	2.824	0.005
	坚果侧径	116.841	13	8.988	3.791	0.000
	果基宽	88.722	13	6.825	3.383	0.001

变异来源	因变量	离差平方和	df	均方	F	Sig.
父本	果基高	40.935	13	3.149	3.129	0.002
	坚果重	13.080	13	1.006	3.429	0.001

东京城三道平榛 × 欧榛杂交组合的试验结果，通过表6-27的多重比较可以看出，坚果纵径方面，欧榛父本以11-B-14、11-B-11、11-B-05、11-D-01、11-B-09、11-B-06、11-A-06为优；坚果横径方面，欧榛父本以11-B-09、11-B-06、11-D-01、11-A-06为优；坚果侧径方面，欧榛父本以11-A-16、11-B-06、11-B-09、11-D-01、11-A-06为优；坚果重方面，欧榛父本以11-A-11、11-B-05、11-D-01、11-A-06、11-B-06为优。

表 6-27 东京城三道平榛 × 欧榛杂交组合 F_1 代果实主要因子的多重比较

性状	父本	N	子集				
			1	2	3	4	5
坚果纵径	11-B-17	2	14.0100				
	11-B-08	2	14.7400	14.7400			
	11-B-16	3	16.1067	16.1067	16.1067		
	11-A-11	6	16.5017	16.5017	16.5017	16.5017	
	11-A-14	2		17.1300	17.1300	17.1300	
	11-B-12	9			18.3611	18.3611	18.3611
	11-A-16	2			18.6550	18.6550	18.6550
	11-B-14	8			19.0175	19.0175	19.0175
	11-B-11	2			19.0300	19.0300	19.0300
	11-B-05	12				19.2008	19.2008
	11-D-01	2				19.3000	19.3000
	11-B-09	2					20.2650
	11-B-06	2					20.2800
	11-A-06	3					21.1800
	Sig.		0.085	0.099	0.056	0.070	0.070
坚果横径	11-B-08	2	14.8700				
	11-B-17	2	15.5150	15.5150			
	11-A-14	2	16.0000	16.0000	16.0000		

性状	父本	N	子集				
			1	2	3	4	5
坚果横径	11-B-16	3	16.5867	16.5867	16.5867		
	11-A-11	6	17.0017	17.0017	17.0017	17.0017	
	11-A-16	2	17.1050	17.1050	17.1050	17.1050	
	11-B-05	12		17.3692	17.3692	17.3692	17.3692
	11-B-12	9		17.4733	17.4733	17.4733	17.4733
	11-B-14	8		17.4750	17.4750	17.4750	17.4750
	11-B-11	2		17.8500	17.8500	17.8500	17.8500
	11-B-09	2			18.1550	18.1550	18.1550
	11-B-06	2			18.2400	18.2400	18.2400
	11-D-01	2				19.3950	19.3950
	11-A-06	3					19.6267
	Sig.		0.061	0.058	0.071	0.052	0.065
坚果侧径	11-B-08	2	11.8500				
	11-B-17	2	13.2800	13.2800			
	11-A-14	2	14.5600	14.5600	14.5600		
	11-B-16	3	14.6200	14.6200	14.6200		
	11-B-14	8		15.8300	15.8300	15.8300	
	11-A-11	6		15.8517	15.8517	15.8517	
	11-B-12	9		15.8567	15.8567	15.8567	
	11-B-11	2		16.1500	16.1500	16.1500	
	11-B-05	12		16.2975	16.2975	16.2975	
	11-A-16	2			16.4050	16.4050	16.4050
	11-B-06	2			17.0900	17.0900	17.0900
	11-B-09	2				17.9000	17.9000
	11-D-01	2				18.5750	18.5750
	11-A-06	3					19.3133
	Sig.		0.060	0.055	0.110	0.083	0.054

性状	父本	N	子集				
			1	2	3	4	5
果基宽	11–B–08	2	12.6300				
	11–A–14	2	13.7400	13.7400			
	11–B–16	3	14.1467	14.1467	14.1467		
	11–B–14	8	14.3650	14.3650	14.3650		
	11–B–17	2	14.3800	14.3800	14.3800		
	11–B–12	9	14.4933	14.4933	14.4933		
	11–A–11	6	15.1733	15.1733	15.1733	15.1733	
	11–A–16	2	15.3750	15.3750	15.3750	15.3750	
	11–B–05	12		15.6417	15.6417	15.6417	
	11–B–11	2		15.6700	15.6700	15.6700	
	11–B–06	2		16.1400	16.1400	16.1400	16.1400
	11–D–01	2			16.9800	16.9800	16.9800
	11–B–09	2				17.5400	17.5400
	11–A–06	3					18.5967
	Sig.		0.058	0.103	0.054	0.099	0.071
果基高	11–B–08	2	3.4800				
	11–D–01	2	3.6150				
	11–B–06	2	3.9600	3.9600			
	11–B–14	8	4.1188	4.1188			
	11–B–16	3	4.2933	4.2933			
	11–B–09	2	4.3150	4.3150			
	11–B–11	2	4.4400	4.4400			
	11–A–11	6	4.4817	4.4817			
	11–A–16	2	4.5100	4.5100			
	11–A–14	2	4.7300	4.7300			
	11–B–17	2	4.9150	4.9150	4.9150		
	11–B–12	9	5.3767	5.3767	5.3767		

性状	父本	N	子集				
			1	2	3	4	5
果基高	11-B-05	12		5.8417	5.8417		
	11-A-06	3			6.7833		
	Sig.		0.071	0.072	0.052		
坚果重	11-B-08	2	0.7560				
	11-A-16	2	0.9315	0.9315			
	11-B-17	2	0.9430	0.9430			
	11-A-14	2	1.1970	1.1970			
	11-B-12	9	1.4171	1.4171			
	11-B-16	3	1.4357	1.4357			
	11-B-11	2	1.6500	1.6500			
	11-B-14	8	1.6524	1.6524			
	11-B-09	2	1.6650	1.6650			
	11-A-11	6	1.8097	1.8097	1.8097		
	11-B-05	12		1.8777	1.8777		
	11-D-01	2		1.8930	1.8930		
	11-A-06	3			2.7943	2.7943	
	11-B-06	2				3.0040	
	Sig.		0.061	0.089	0.058	0.654	

五、海林三部落平榛 × 欧榛杂交组合的 F₁ 代试验结果

海林三部落平榛 × 欧榛杂交组合的试验结果从表 6-28 中可以看出，海林三部落平榛 × 欧榛杂交组合 F₁ 代果实的平均坚果纵径 15.070 mm、平均坚果横径 15.688 mm、平均坚果侧径 14.767 mm、平均坚果重 1.590 g，授粉坐果率为 43.75%。通过表 6-29 的方差分析可以看出，坚果纵径差异性显著，其他 5 项指标差异性极显著。

表 6-28 海林三部落平榛 × 欧榛杂交组合的 F₁ 代果实指标测定表

表 6-28 海林三部落平榛 × 欧榛杂交组合的 F₁ 代果实指标测定表

母本 （平榛）	父本 （欧榛）	技术指标							
		坚果 纵径 /mm	坚果 横径 /mm	坚果 侧径 /mm	果基 宽 /mm	果基 高 /mm	坚果重 /g	坐果序数	授粉数
三部落	11-A-10	14.86	15.06	14.15	13.27	3.61	1.48	2	10
三部落	11-A-14	12.62	14.05	13.52	11.79	1.66	0.93	1	2
三部落	11-A-15	16.40	18.61	16.35	16.17	4.29	2.41	8	12
三部落	11-A-16	14.54	16.47	15.04	13.87	4.55	1.50	4	6
三部落	11-A-17	15.30	16.00	14.52	14.71	5.15	1.54	1	4
三部落	11-B-07	14.69	15.27	13.74	13.37	4.76	1.19	2	15
三部落	11-B-10	15.95	11.74	15.53	15.42	4.82	1.92	11	12
三部落	11-B-11	15.51	16.10	14.40	14.10	6.20	1.37	2	5
三部落	11-B-12	14.98	16.14	14.86	13.46	3.14	1.59	3	10
三部落	11-D-01	15.85	17.44	15.56	15.02	4.34	1.97	1	4
平均		15.070	15.688	14.767	14.118	4.252	1.590	3.500	8.000

表 6-29 海林三部落平榛 × 欧榛杂交组合 F₁ 代果实主要因子的方差分析

变异来源	因变量	离差平方和	*df*	均方	*F*	Sig.
父本	坚果纵径	26.794	9	2.977	2.687	0.025
	坚果横径	89.017	9	9.891	17.087	0.000
	坚果侧径	25.473	9	2.830	3.693	0.005
	果基宽	44.607	9	4.956	7.975	0.000
	果基高	41.191	9	4.577	3.249	0.009
	坚果重	5.732	9	0.637	6.676	0.000

　　海林三部落平榛 × 欧榛杂交组合的试验结果，通过表 6-30 的多重比较可以看出，坚果纵径方面，欧榛父本以 11-B-11、11-D-01、11-B-10、11-A-15 为优；坚果横径方面，欧榛父本以 11-A-16、11-D-01、11-A-15 为优；坚果侧径方面，欧榛父本以 11-A-16、11-B-10、11-D-01、11-A-15 为优；坚果重方面，欧榛父本以 11-B-10、11-D-01、11-A-15 为优。

表 6-30 海林三部落平榛 × 欧榛杂交组合 F₁ 代果实主要因子的多重比较

性状	父本	N	子集				
			1	2	3	4	5
坚果纵径	11-A-14	2	12.6200				
	11-A-16	5		14.5400			
	11-B-07	4		14.6900			
	11-A-10	4		14.8575			
	11-B-12	4		14.9800			
	11-A-17	2		15.4150			
	11-B-11	5		15.5080			
	11-D-01	2		15.8500			
	11-B-10	2		15.9500			
	11-A-15	5		16.3980			
	Sig.		1.000	0.074			
坚果横径	11-B-10	2	11.7400				
	11-A-14	2		14.0500			
	11-A-10	4		15.0550	15.0550		
	11-B-07	4		15.2675	15.2675		
	11-A-17	2			16.0400	16.0400	
	11-B-11	5			16.1000	16.1000	
	11-B-12	4			16.1400	16.1400	
	11-A-16	5			16.4720	16.4720	
	11-D-01	2				17.4400	17.4400
	11-A-15	5					18.6080
	Sig.		1.000	0.075	0.054	0.053	0.072
坚果侧径	11-A-14	2	13.5200				
	11-B-07	4	13.7400				
	11-A-10	4	14.1500	14.1500			
	11-A-17	2	14.2100	14.2100			
	11-B-11	5	14.3960	14.3960			
	11-B-12	4	14.8600	14.8600	14.8600		

性状	父本	N	子集				
			1	2	3	4	5
坚果侧径	11-A-16	5	15.0400	15.0400	15.0400		
	11-B-10	2		15.5300	15.5300		
	11-D-01	2		15.5600	15.5600		
	11-A-15	5			16.3480		
	Sig.		0.074	0.097	0.073		
果基宽	11-A-14	2	11.7900				
	11-A-10	4		13.2675			
	11-B-07	4		13.3700			
	11-B-12	4		13.4600			
	11-A-17	2		13.5600			
	11-A-16	5		13.8680	13.8680		
	11-B-11	5		14.1020	14.1020	14.1020	
	11-D-01	2			15.0200	15.0200	15.0200
	11-B-10	2				15.4200	15.4200
	11-A-15	5					16.1680
	Sig.		1.000	0.265	0.103	0.063	0.104
果基高	11-A-14	2	1.6600				
	11-B-12	4	3.1375	3.1375			
	11-A-10	4	3.6050	3.6050			
	11-A-15	5		4.2880	4.2880		
	11-D-01	2		4.3400	4.3400		
	11-A-16	5		4.5460	4.5460		
	11-A-17	2		4.6500	4.6500		
	11-B-07	4		4.7600	4.7600		
	11-B-10	2		4.8200	4.8200		
	11-B-11	5			6.2000		
	Sig.		0.069	0.146	0.097		

性状	父本	N	子集				
			1	2	3	4	5
坚果重	11-A-14	2	.9330				
	11-B-07	4	1.1915	1.1915			
	11-B-11	5	1.3672	1.3672	1.3672		
	11-A-10	4	1.4765	1.4765	1.4765	1.4765	
	11-A-16	5	1.4986	1.4986	1.4986	1.4986	
	11-B-12	4		1.5930	1.5930	1.5930	
	11-A-17	2		1.6800	1.6800	1.6800	
	11-B-10	2			1.9170	1.9170	1.9170
	11-D-01	2				1.9730	1.9730
	11-A-15	5					2.4130
	Sig.		0.054	0.099	0.065	0.094	0.074

第四节 毛榛 × 欧榛杂交组合的试验结果

毛榛 × 欧榛杂交组合的试验结果，从表 6-31 中可以看出，毛榛 × 欧榛杂交组合 F_1 代果实的平均坚果纵径 15.140 mm、平均坚果横径 13.932 mm、平均坚果侧径 13.611 mm、平均坚果重 1.247 g，授粉坐果率为 38.98%。通过表 6-32 的方差分析可以看出，坚果纵径差异性显著，其他 5 项指标差异性极显著。

表 6-31 毛榛 × 欧榛杂交组合的 F_1 代果实指标测定表

母本（毛榛）	父本（欧榛）	技术指标							
		坚果纵径 /mm	坚果横径 /mm	坚果侧径 /mm	果基宽 /mm	果基高 /mm	坚果重 /g	坐果序数	授粉数
新青	11-A-03	15.55	14.81	13.97	11.81	1.45	1.43	3	29
新青	11-A-06	15.47	14.07	15.24	10.63	0.49	1.38	1	27
新青	11-A-09	12.08	11.41	12.16	7.33	1.17	0.45	1	3
新青	11-A-10	15.65	14.88	14.00	12.34	1.09	1.52	2	19
新青	11-A-11	15.08	14.37	13.93	11.67	1.90	1.32	60	148
新青	11-A-14	14.52	13.20	14.75	11.48	0.36	1.43	2	8

母本 (毛榛)	父本 (欧榛)	技术指标							
		坚果纵径 /mm	坚果横径 /mm	坚果侧径 /mm	果基宽 /mm	果基高 /mm	坚果重 /g	坐果序数	授粉数
新青	11-A-15	15.66	14.77	14.60	13.05	2.49	1.50	30	41
新青	11-A-16	16.03	14.73	12.88	11.84	2.39	1.37	11	35
新青	11-B-03	14.35	13.36	13.12	9.16	1.11	0.95	3	8
新青	11-B-05	14.87	14.07	13.59	11.41	1.15	1.13	10	14
新青	11-B-06	14.75	14.19	13.72	11.25	1.41	1.28	3	26
新青	11-B-10	15.73	13.81	13.25	11.11	2.22	1.22	14	44
新青	11-B-11	15.02	14.32	13.34	10.93	1.59	1.30	2	6
新青	11-B-12	16.52	14.70	14.42	12.86	2.76	1.56	27	29
新青	11-B-13	14.83	12.80	12.77	10.15	2.01	1.02	5	14
新青	11-B-14	16.44	13.06	11.83	12.24	3.45	1.04	10	22
新青	11-B-16	14.46	13.65	13.69	10.81	0.85	1.27	1	16
新青	11-B-17	15.37	14.13	14.50	11.40	0.87	1.39	4	11
新青	11-D-01	15.15	13.77	12.62	11.91	3.06	1.15	3	16
新青	毛榛	15.26	14.53	13.84	12.44	1.96	1.22	15	15
平均		15.140	13.932	13.611	11.291	1.689	1.247	10.350	26.550

表 6-32 毛榛 × 欧榛杂交组合 F_1 代果实主要因子的方差分析

变异来源	因变量	离差平方和	df	均方	F	Sig.
父本	坚果纵径	66.025	19	3.475	2.050	0.012
	坚果横径	58.024	19	3.054	3.854	0.000
	坚果侧径	87.800	19	4.621	4.025	0.000
	果基宽	127.247	19	6.697	4.477	0.000
	果基高	67.022	19	3.527	2.927	0.000
	坚果重	4.979	19	0.262	3.381	0.000

毛榛 × 欧榛杂交组合的试验结果，通过表 6-33 的多重比较可以看出，坚果纵径方面，欧榛父本以 11-A-16、11-B-14、11-B-12 为优；坚果横径方面，欧榛父本以 11-B-12、11-A-16、11-A-15、11-A-03、11-A-10 为优；坚果侧径方面，欧榛父本以 11-B-17、11-A-15、11-A-14、11-A-06 为优；坚果重方面，欧榛父本以 11-A-03、11-A-14、11-A-15、11-A-10、11-B-12 为优。

表 6-33 毛榛 × 欧榛杂交组合 F_1 代果实主要因子的多重比较

性状	父本	N	子集				
			1	2	3	4	5
坚果纵径	11-A-09	2	12.0800				
	11-B-03	3	13.9733	13.9733			
	11-B-16	2		14.4600	14.4600		
	11-A-14	2		14.5200	14.5200		
	11-B-05	10		14.8710	14.8710		
	11-B-11	2		15.0200	15.0200		
	11-A-11	16		15.0825	15.0825		
	11-D-01	3		15.1467	15.1467		
	11-B-13	5		15.2340	15.2340		
	新青毛榛	10		15.2580	15.2580		
	11-B-17	4		15.3650	15.3650		
	11-A-06	2		15.4700	15.4700		
	11-A-03	3		15.5467	15.5467		
	11-B-06	4		15.5650	15.5650		
	11-A-10	2		15.6500	15.6500		
	11-A-15	10		15.6590	15.6590		
	11-B-10	14		15.7264	15.7264		
	11-A-16	10		16.0310	16.0310		
	11-B-14	10			16.4400		
	11-B-12	10			16.5210		
	Sig.		0.051	0.085	0.086		
坚果横径	11-A-09	2	11.4100				
	11-B-13	5		12.7940			
	11-B-14	10		13.0570	13.0570		
	11-B-03	3		13.1233	13.1233		
	11-A-14	2		13.2000	13.2000	13.2000	
	11-B-16	2		13.6500	13.6500	13.6500	13.6500

性状	父本	N	子集				
			1.	2	3	4	5
坚果横径	11-D-01	3		13.7700	13.7700	13.7700	13.7700
	11-B-10	14		13.8143	13.8143	13.8143	13.8143
	11-B-06	4		13.9725	13.9725	13.9725	13.9725
	11-A-06	2		14.0700	14.0700	14.0700	14.0700
	11-B-05	10		14.0700	14.0700	14.0700	14.0700
	11-B-17	4		14.1325	14.1325	14.1325	14.1325
	11-B-11	2		14.3150	14.3150	14.3150	14.3150
	11-A-11	16			14.3688	14.3688	14.3688
	新青毛榛	10			14.5270	14.5270	14.5270
	11-B-12	10				14.6970	14.6970
	11-A-16	10				14.7260	14.7260
	11-A-15	10				14.7690	14.7690
	11-A-03	3					14.8067
	11-A-10	2					14.8800
	Sig.		1.000	0.056	0.067	0.051	0.131
坚果侧径	11-B-14	10	11.8290				
	11-A-09	2	12.1600	12.1600			
	11-B-13	5	12.4060	12.4060			
	11-B-03	3	12.4100	12.4100			
	11-D-01	3	12.6233	12.6233	12.6233		
	11-A-16	10	12.8780	12.8780	12.8780	12.8780	
	11-B-10	14	13.2507	13.2507	13.2507	13.2507	
	11-B-11	2	13.3350	13.3350	13.3350	13.3350	
	11-B-05	10	13.5880	13.5880	13.5880	13.5880	13.5880
	11-B-16	2		13.6900	13.6900	13.6900	13.6900
	新青毛榛	10		13.8370	13.8370	13.8370	13.8370
	11-A-11	16		13.9300	13.9300	13.9300	13.9300

性状	父本	N	子集				
			1	2	3	4	5
	11-B-06	4		13.9550	13.9550	13.9550	13.9550
	11-A-03	3		13.9733	13.9733	13.9733	13.9733
	11-A-10	2		14.0000	14.0000	14.0000	14.0000
坚果侧径	11-B-12	10			14.4180	14.4180	14.4180
	11-B-17	4			14.4950	14.4950	14.4950
	11-A-15	10				14.5970	14.5970
	11-A-14	2				14.7500	14.7500
	11-A-06	2					15.2400
	Sig.		0.061	0.058	0.052	0.053	0.086
	11-A-09	2	7.3300				
	11-B-03	3	8.6700	8.6700			
	11-B-13	5		10.3620	10.3620		
	11-A-06	2			10.6300		
	11-B-16	2			10.8100	10.8100	
	11-B-11	2			10.9300	10.9300	10.9300
	11-B-10	14			11.1071	11.1071	11.1071
	11-B-17	4			11.4000	11.4000	11.4000
果基宽	11-B-05	10			11.4070	11.4070	11.4070
	11-A-14	2			11.4800	11.4800	11.4800
	11-A-11	16			11.6681	11.6681	11.6681
	11-B-06	4			11.7000	11.7000	11.7000
	11-A-03	3			11.8067	11.8067	11.8067
	11-A-16	10			11.8370	11.8370	11.8370
	11-D-01	3			11.9133	11.9133	11.9133
	11-B-14	10			12.2420	12.2420	12.2420
	11-A-10	2			12.3400	12.3400	12.3400
	新青毛榛	10			12.4360	12.4360	12.4360

性状	父本	N	子集				
			1	2	3	4	5
果基宽	11-B-12	10				12.8580	12.8580
	11-A-15	10					13.0540
	Sig.		0.140	0.063	0.063	0.066	0.056
果基高	11-A-14	2	0.3600				
	11-A-06	2	0.4900	0.4900			
	11-B-16	2	0.8500	0.8500	0.8500		
	11-B-17	4	0.8725	0.8725	0.8725		
	11-A-10	2	1.0850	1.0850	1.0850		
	11-B-05	10	1.1500	1.1500	1.1500	1.1500	
	11-A-09	2	1.1700	1.1700	1.1700	1.1700	
	11-B-03	3	1.3100	1.3100	1.3100	1.3100	
	11-A-03	3	1.4467	1.4467	1.4467	1.4467	
	11-B-11	2	1.5850	1.5850	1.5850	1.5850	1.5850
	11-A-11	16	1.8994	1.8994	1.8994	1.8994	1.8994
	新青毛榛	10	1.9590	1.9590	1.9590	1.9590	1.9590
	11-B-10	14	2.2221	2.2221	2.2221	2.2221	2.2221
	11-A-16	10		2.3860	2.3860	2.3860	2.3860
	11-B-13	5		2.3920	2.3920	2.3920	2.3920
	11-A-15	10			2.4860	2.4860	2.4860
	11-B-06	4			2.6350	2.6350	2.6350
	11-B-12	10			2.7610	2.7610	2.7610
	11-D-01	3				3.0600	3.0600
	11-B-14	10					3.4460
	Sig.		0.060	0.055	0.056	0.054	0.057
坚果重	11-A-09	2	0.44500				
	11-B-03	3	0.80900	0.80900			
	11-B-14	10		1.03950	1.03950		

性状	父本	N	子集				
			1	2	3	4	5
	11-B-13	5		1.05020	1.05020		
	11-B-05	10		1.13300	1.13300	1.13300	
	11-D-01	3		1.15467	1.15467	1.15467	
	新青毛榛	10		1.22030	1.22030	1.22030	
	11-B-10	14		1.22414	1.22414	1.22414	
	11-B-16	2		1.27000	1.27000	1.27000	
	11-B-11	2			1.30200	1.30200	
	11-A-11	16			1.32369	1.32369	
坚果重	11-A-16	10			1.37380	1.37380	
	11-B-06	4			1.37600	1.37600	
	11-A-06	2			1.37800	1.37800	
	11-B-17	4			1.39000	1.39000	
	11-A-03	3			1.42533	1.42533	
	11-A-14	2			1.43200	1.43200	
	11-A-15	10			1.50030	1.50030	
	11-A-10	2			1.52100	1.52100	
	11-B-12	10				1.56390	
	Sig.		0.079	0.056	0.059	0.091	

第七章 远缘杂交 F_1 代苗木的评比与测定

远缘杂交 F_1 代苗木培育是榛属育种的一个极其重要的过程，它关系到出苗率、成苗率、苗木正常的生长发育，为下一步的远缘杂交 F_1 代评比奠定物质基础。而出苗率、成苗率是一个系统工程，它涵盖了从杂交 F_1 代种子处理、冬季埋藏越冬、春季催芽处理、容器育苗、培养基配制、苗期管理，到秋季调查、冬季前起苗与越冬以及早春的出圃等整个过程，所以远缘杂交 F_1 代苗木培育是榛属杂交育种不可或缺的一个重要中间技术环节。

第一节 远缘杂交 F_1 代苗木的培育

一、试验地点

试验地设在黑龙江省牡丹江林业科学研究所青梅试验站，年平均气温 3.7℃，年降雨量 460 mm 左右，生长期 130 d。10 月下旬进行杂交 F_1 代种子催芽处理，次年 5 月初，在牡丹江林业科学研究所青梅试验站进行杂交 F_1 代苗木培育。

二、试验材料

将上一年获得的杂交 F_1 代种子进行容器育苗，培育杂交 F_1 代容器苗。这些杂交 F_1 代种子主要包含以下八大类杂交组合。
（1）龙榛 × 欧榛组合。
（2）平榛 × 欧榛组合。
（3）毛榛 × 欧榛组合。
（4）平榛 × 龙榛组合。
（5）毛榛 × 龙榛组合。
（6）龙榛 × 平榛组合。
（7）龙榛 × 毛榛组合。
（8）平榛 × 毛榛组合。
通过对杂交 F_1 代容器苗进行苗期评价，以确定早期性状对未来新品种选育的影响。

三、杂交 F_1 代种子处理方法

10 月下旬进行杂交 F_1 代种子催芽处理。具体做法是将获得的 F_1 代种子用 0.1% 的高锰酸钾水溶液浸泡 10 min，用清水冲洗干净，与 3 倍体积细河沙混拌，细河沙的含水率为 65%。混拌后的 F_1 代种子

139

装入特制的棉布袋中，放入写好的标签，把含种子的棉布袋统一堆放在一起备用。在处理种子的相邻地方，挖尺寸规格为 2.5 m × 3.5 m × 1.5 m（长 × 宽 × 深）的立方形坑，内置 2.0 m × 3.0 m × 1.2 m（长 × 宽 × 深）的木箱，然后将备用的处理种子棉布袋运到木箱上侧上方，木箱内先铺一层厚 10 cm、含水率为 65% 的细河沙后，在其上铺上一层 8~10 cm 厚处理种子棉布袋，其后再铺一层厚 10 cm、含水率为 65% 的细河沙，后再铺上一层 8~10 cm 厚处理种子棉布袋，直到全部处理种子棉布袋铺完为止，最上面铺满含水率为 65% 的细河沙，封上木箱盖板，四周和上部用 65% 的细河沙填封，同时可加入灭鼠药用来灭鼠。上部要高于地表 10 cm，用草帘封口，上面再覆 10 cm 原地土。

四、试验方法与测定内容

1. F_1 代苗木培育技术

F_1 代苗木培育采用容器育苗技术，先装 10 cm × 16 cm（直径 × 高）的薄膜容器杯，基质为农田土 + 少量的农家肥，然后取出经过前一年处理的杂交 F_1 代种子，经加温催芽后，当有 30% 的 F_1 代种子开口后，按随机区组进行播种，定期测定各项指标，10 月中旬进行越冬管理。

2. 主要测定内容

主要测定内容包括 F_1 代苗木生长的高度、地径和叶片数。

第二节　龙榛 × 欧榛杂交组合的 F_1 代苗木生长情况

一、龙榛 1 号 × 欧榛杂交组合的 F_1 代苗木生长情况

龙榛 1 号 × 欧榛经杂交共获得了 12 个组合的杂交 F_1 代苗木，各组合生长情况见表 7-1。从表中可以看出，12 个组合的杂交 F_1 代苗木，苗高平均为 33.704 cm，较好的为龙榛 1 号 ×11-B-10、龙榛 1 号 ×11-B-15 和龙榛 1 号 ×11-B-09，分别为 50.40 cm、42.40 cm 和 38.50 cm，分别高出平均数 49.537%、25.801% 和 14.230%；苗木地径平均为 0.493 cm，较好的为龙榛 1 号 ×11-B-10、龙榛 1 号 ×11-B-09 和龙榛 1 号 ×11-B-15，分别为 0.57 cm、0.55 cm 和 0.55 cm，分别高出平均数 15.619%、11.562% 和 11.562%；苗木叶片数平均为 9.667 片，较好的为龙榛 1 号 ×11-B-10、龙榛 1 号 ×11-B-09、龙榛 1 号 ×11-A-10 和龙榛 1 号 ×11-B-15，分别为 12 片、11 片、11 片和 11 片，分别高出平均数 24.134%、13.789%、13.789% 和 13.789%。表 7-2 的方差分析证明，苗高、叶片数差异性极显著，地径差异性显著，表 7-3 的多重比较也证明了这种差异。在苗高方面，达到或超过 35.00 cm 的有 4 个组合，从大到小的排列顺序依次是龙榛 1 号 ×11-B-10、龙榛 1 号 ×11-B-15、龙榛 1 号 ×11-B-09 和龙榛 1 号 ×11-A-10；在地径方面，超过 0.50 cm 的有 5 个组合，从大到小的排列顺序依次是龙榛 1 号 ×11-B-10、龙榛 1 号 ×11-B-09、龙榛 1 号 ×11-B-15、龙榛 1 号 ×11-A-10 和龙榛 1 号 ×11-A-16；在叶片数方面，达到或超过 10 片的有 7 个组合，从大到小的排列顺序

依次是龙榛1号×11-B-10、龙榛1号×11-B-09、龙榛1号×11-A-10、龙榛1号×11-B-15、龙榛1号×11-A-16、龙榛1号×11-A-17和龙榛1号×11-B-12。这表明在苗期龙榛1号×欧榛的杂交组合分化就已经开始，性状表现各有差异，期待在评比中取得佳绩。

表7-1 龙榛1号 × 欧榛杂交组合的 F₁ 代苗木的生长指标测定表

母本 （平欧）	父本 （欧榛）	苗高		地径		叶片数	
		/cm	/%	/cm	/%	/片	/%
龙榛1号	11-A-10	35.00	103.845	0.52	105.477	11	113.789
龙榛1号	11-A-16	32.70	97.021	0.52	105.477	10	103.445
龙榛1号	11-A-17	34.50	102.362	0.45	91.278	10	103.445
龙榛1号	11-B-07	26.00	77.142	0.48	97.363	9	93.100
龙榛1号	11-B-09	38.50	114.230	0.55	111.562	11	113.789
龙榛1号	11-B-10	50.40	149.537	0.57	115.619	12	124.134
龙榛1号	11-B-11	27.60	81.889	0.46	93.306	8	82.756
龙榛1号	11-B-12	34.30	101.768	0.49	99.391	10	103.445
龙榛1号	11-B-14	30.50	90.494	0.46	93.306	9	93.100
龙榛1号	11-B-15	42.40	125.801	0.55	111.562	11	113.789
龙榛1号	11-B-16	25.17	74.680	0.46	93.306	7	72.411
龙榛1号	11-D-01	27.38	81.237	0.40	81.136	8	82.756
平均		33.704	100.000	0.493	100.000	9.667	100.000

表7-2 龙榛1号 × 欧榛杂交组合 F₁ 代苗木主要性状的方差分析

变异来源	因变量	离差平方和	df	均方	F	Sig.
父本	苗高	4580.292	11	416.390	5.327	0.000
	地径	0.209	11	0.019	2.285	0.019
	叶片数	190.762	11	17.342	3.184	0.002

表 7-3 龙榛 1 号 × 欧榛杂交组合 F₁ 代苗木主要性状的 Duncan 多重比较

性状	母本	父本	N	子集（α=0.05）		
				1	2	3
苗高	龙榛1号	11-B-16	6	25.1667		
		11-B-07	3	26.0000		
		11-D-01	8	27.3750		
		11-B-11	10	27.6000		
		11-B-14	4	30.5000	30.5000	
		11-A-16	10	32.7000	32.7000	
		11-B-12	10	34.3000	34.3000	
		11-A-17	2	34.5000	34.5000	
		11-A-10	10	35.0000	35.0000	
		11-B-09	2	38.5000	38.5000	38.5000
		11-B-15	5		42.4000	42.4000
		11-B-10	10			50.4000
		Sig.		0.055	0.079	0.055
地径	龙榛1号	11-D-01	8	0.3963		
		11-A-17	2	0.4450	0.4450	
		11-B-14	4	0.4550	0.4550	
		11-B-11	10	0.4580	0.4580	
		11-B-16	6	0.4583	0.4583	
		11-B-07	3	0.4767	0.4767	
		11-B-12	10	0.4850	0.4850	
		11-A-16	10	0.5170	0.5170	
		11-A-10	10	0.5230	0.5230	
		11-B-15	5		0.5500	
		11-B-09	2		0.5500	
		11-B-10	10		0.5740	
		Sig.		0.076	0.075	
叶片数	龙榛1号	11-B-16	6	7.1667		

性状	母本	父本	N	子集（α=0.05）		
				1	2	3
叶片数	龙榛 1 号	11-D-01	8	7.6250	7.6250	
		11-B-11	10	8.2000	8.2000	
		11-B-07	3	8.6667	8.6667	
		11-B-14	4	9.2500	9.2500	9.2500
		11-B-12	10	9.8000	9.8000	9.8000
		11-A-17	2	10.0000	10.0000	10.0000
		11-A-16	10	10.1000	10.1000	10.1000
		11-B-15	5	10.6000	10.6000	10.6000
		11-A-10	10		10.9000	10.9000
		11-B-09	2		11.0000	11.0000
		11-B-10	10			12.3000
		Sig.		0.060	0.067	0.092

二、龙榛 2 号 × 欧榛杂交组合的 F_1 代苗木生长情况

龙榛 2 号 × 欧榛杂交共获得 17 个组合杂交 F_1 代苗木，各组合生长情况见表 7-4。从表中可以看出，17 个组合的杂交 F_1 代苗木苗高平均为 34.714 cm，较好的为龙榛 2 号 ×11-A-16、龙榛 2 号 ×11-A-10 和龙榛 2 号 ×11-B-07，分别为 51.80 cm、47.00 cm 和 46.30 cm，分别高出平均数 49.219%、35.392% 和 33.376%；苗木地径平均为 0.505 cm，较好的为龙榛 2 号 ×11-A-16 和龙榛 2 号 ×11-B-07，分别为 0.59 cm 和 0.57 cm，分别高出平均数 16.832% 和 12.871%；苗木叶片数平均为 11.059 片，较好的为龙榛 2 号 ×11-A-16、龙榛 2 号 ×11-A-10、龙榛 2 号 ×11-A-06 和龙榛 2 号 ×11-B-07，分别为 15 片、15 片、14 片和 14 片，分别高出平均数 35.636%、35.636%、26.594% 和 26.594%。表 7-5 的方差分析证明，苗高、地径、叶片数差异性极显著，表 7-6 的多重比较也证明了这种差异。在苗高方面，超过 36.00 cm 的有 8 个组合，从大到小的排列顺序依次是龙榛 2 号 ×11-A-16、龙榛 2 号 ×11-A-10、龙榛 2 号 ×11-B-07、龙榛 2 号 ×11-A-06、龙榛 2 号 ×11-D-01、龙榛 2 号 ×11-B-11、龙榛 2 号 ×11-B-05 和龙榛 2 号 ×11-B-10；在地径方面，达到或超过 0.51 cm 的有 9 个组合，从大到小的排列顺序依次是龙榛 2 号 ×11-A-16、龙榛 2 号 ×11-B-07、龙榛 2 号 ×11-B-05、龙榛 2 号 ×11-B-11、龙榛 2 号 ×11-A-15、龙榛 2 号 ×11-A-10、龙榛 2 号 ×11-A-11、龙榛 2 号 ×11-B-15 和龙榛 2 号 ×11-B-09；在叶片数方面，达到或超过 11 片的有 11 个组合，从大到小的排列顺序依次是龙榛 2 号 ×11-A-16、龙榛 2 号 ×11-A-10、龙榛 2 号 ×11-A-06、龙榛 2 号 ×11-B-07、龙榛 2 号 ×11-D-01、龙榛 2 号 ×11-B-10、龙榛 2 号 ×11-A-03、龙榛 2 号 ×11-B-

11、龙榛 2 号 ×11-B-12、龙榛 2 号 ×11-A-15 和龙榛 2 号 ×11-B-05。这表明在苗期龙榛 2 号 × 欧榛的杂交组合分化就已经开始，性状表现各有差异。

表 7-4 龙榛 2 号 × 欧榛杂交组合 F₁ 代苗木的生长指标测定表

母本（平欧）	父本（欧榛）	苗高		地径		叶片数	
		/cm	/%	/cm	/%	/ 片	/%
龙榛 2 号	11-A-03	28.00	80.659	0.47	93.069	11	99.466
龙榛 2 号	11-A-06	38.00	109.466	0.49	97.030	14	126.594
龙榛 2 号	11-A-10	47.00	135.392	0.54	106.931	15	135.636
龙榛 2 号	11-A-11	34.10	98.231	0.53	104.950	9	81.382
龙榛 2 号	11-A-14	21.90	63.087	0.42	83.168	8	72.339
龙榛 2 号	11-A-15	32.70	94.198	0.55	108.911	11	99.466
龙榛 2 号	11-A-16	51.80	149.219	0.59	116.832	15	135.636
龙榛 2 号	11-A-17	20.11	57.931	0.39	77.228	7	63.297
龙榛 2 号	11-B-05	36.50	105.145	0.55	108.911	11	99.466
龙榛 2 号	11-B-07	46.30	133.376	0.57	112.871	14	126.594
龙榛 2 号	11-B-09	31.63	91.116	0.51	100.990	10	90.424
龙榛 2 号	11-B-10	36.20	104.281	0.49	97.030	11	99.466
龙榛 2 号	11-B-11	36.70	105.721	0.55	108.91	11	99.466
龙榛 2 号	11-B-12	34.20	98.519	0.49	97.030	11	99.466
龙榛 2 号	11-B-15	32.80	94.486	0.51	100.990	9	81.382
龙榛 2 号	11-B-16	25.40	73.169	0.43	86.149	9	81.382
龙榛 2 号	11-D-01	36.80	106.009	0.51	100.990	12	108.509
平均		34.714	100.000	0.505	100.000	11.059	100.000

表 7-5 龙榛 2 号 × 欧榛杂交组合 F₁ 代苗木主要性状的方差分析

变异来源	因变量	离差平方和	df	均方	F	Sig.
父本	苗高	10644.234	16	665.265	4.795	0.000
	地径	0.428	16	0.027	2.499	0.002
	叶片数	851.832	16	53.239	4.452	0.000

表 7-6 龙榛 2 号 × 欧榛杂交组合 F$_1$ 代苗木主要性状的 Duncan 多重比较

性状	父本	N	子集（α =0.05）					
			1	2	3	4	5	6
苗高	11-A-17	9	20.1111					
	11-A-14	10	21.9000	21.9000				
	11-B-16	5	25.4000	25.4000	25.4000			
	11-A-03	11	28.0000	28.0000	28.0000			
	11-B-09	8	31.6250	31.6250	31.6250			
	11-A-15	10		32.7000	32.7000			
	11-B-15	10		32.8000	32.8000			
	11-A-11	10		34.1000	34.1000	34.1000		
苗高	11-B-12	10		34.2000	34.2000	34.2000		
	11-B-10	10			36.2000	36.2000	36.2000	
	11-B-05	10			36.5000	36.5000	36.5000	
	11-B-11	10			36.7000	36.7000	36.7000	
	11-D-01	10			36.8000	36.8000	36.8000	
	11-A-06	10			38.0000	38.0000	38.0000	
	11-B-07	10				46.3000	46.3000	46.3000
	11-A-10	10					47.0000	47.0000
	11-A-16	10						51.8000
	Sig.		0.061	0.055	0.057	0.057	0.090	0.347
地径	11-A-17	9	0.3889					
	11-A-14	10	0.4170	0.4170				
	11-B-16	5	0.4300	0.4300	0.4300			
	11-A-03	11	0.4655	0.4655	0.4655	0.4655		
	11-B-12	10	0.4850	0.4850	0.4850	0.4850	0.4850	
	11-A-06	10	0.4940	0.4940	0.4940	0.4940	0.4940	
	11-B-10	10	0.4940	0.4940	0.4940	0.4940	0.4940	
	11-D-01	10		0.5050	0.5050	0.5050	0.5050	
	11-B-09	8		0.5100	0.5100	0.5100	0.5100	

性状	父本	N	子集（α=0.05）					
			1	2	3	4	5	6
地径	11-B-15	10		0.5100	0.5100	0.5100	0.5100	
	11-A-11	10		0.5270	0.5270	0.5270	0.5270	
	11-A-10	10			0.5360	0.5360	0.5360	
	11-A-15	10				0.5470	0.5470	
	11-B-11	10				0.5490	0.5490	
	11-B-05	10				0.5490	0.5490	
	11-B-07	10				0.5690	0.5690	
	11-A-16	10					0.5860	
	Sig.		0.059	0.055	0.065	0.078	0.086	
叶片数	11-A-17	9	7.4444					
	11-A-14	10	7.7000					
	11-B-16	5	8.6000	8.6000				
	11-B-15	10	9.0000	9.0000				
	11-A-11	10	9.4000	9.4000				
	11-B-09	8	9.5000	9.5000				
	11-B-05	10	10.5000	10.5000	10.5000			
	11-A-15	10	10.8000	10.8000	10.8000	10.8000		
	11-B-12	10	10.8000	10.8000	10.8000	10.8000		
	11-B-11	10	10.9000	10.9000	10.9000	10.9000		
	11-A-03	11	10.9091	10.9091	10.9091	10.9091		
	11-B-10	10	11.0000	11.0000	11.0000	11.0000		
	11-D-01	10		11.7000	11.7000	11.7000	11.7000	
	11-B-07	10			14.1000	14.1000	14.1000	
	11-A-06	10				14.3000	14.3000	
	11-A-10	10					14.8000	
	11-A-16	10					15.0000	
	Sig.		0.068	0.112	0.056	0.063	0.068	

三、龙榛3号 × 欧榛杂交组合的 F₁ 代苗木生长情况

龙榛3号 × 欧榛杂交共获得8个组合杂交 F_1 代苗木，各组合生长情况见表7-7。从表7-7中可以看出，8个组合的杂交 F_1 代苗木苗高平均为 36.844 cm，较好的为龙榛3号 ×11-A-15 和龙榛3号 ×11-B-16，分别为 75.00 cm 和 41.90 cm，分别高出平均数103.561% 和 13.723%；苗木地径平均为0.535 cm，较好的有龙榛3号 ×11-A-15 和龙榛3号 ×11-B-16，分别为 0.70 cm 和 0.61 cm，分别高出平均数30.841% 和 14.019%；苗木叶片数平均为10.125 片，较好的有龙榛3号 ×11-A-15和龙榛3号 ×11-B-16，分别为 19片 和 11片，分别高出平均数87.654% 和 8.642%。表7-8的方差分析证明苗高、地径、叶片数差异性极显著，表7-9的多重比较也证明了这种差异。在苗高方面，超过 30.00 cm 的有4个组合，从大到小的排列顺序依次是龙榛3号 ×11-A-15、龙榛3号 ×11-B-16、龙榛3号 ×11-A-16 和龙榛3号 ×11-A-03；在地径方面，达到或超过 0.52 cm 的有4个组合，从大到小的排列顺序依次是龙榛3号 ×11-A-15、龙榛3号 ×11-B-16、龙榛3号 ×11-A-10 和龙榛3号 ×11-A-03；在叶片数方面，达到或超过 10片 的有3个组合，从大到小的排列顺序依次是龙榛3号 ×11-A-15、龙榛3号 ×11-B-16 和龙榛3号 ×11-B-15。这表明在苗期龙榛3号 × 欧榛的杂交组合分化就已经开始，性状表现各有差异。

表 7-7 龙榛3号 × 欧榛杂交组合 F₁ 代苗木的生长指标测定表

母本（平欧）	父本（欧榛）	苗高		地径		叶片数	
		/cm	/%	/cm	/%	/ 片	/%
龙榛3号	11-A-03	32.70	88.753	0.52	97.196	9	88.889
龙榛3号	11-A-10	29.30	79.524	0.55	102.804	8	79.012
龙榛3号	11-A-15	75.00	203.561	0.70	130.841	19	187.654
龙榛3号	11-A-16	33.70	91.467	0.51	95.327	8	79.012
龙榛3号	11-B-12	27.25	73.960	0.50	93.458	8	79.012
龙榛3号	11-B-15	27.50	74.639	0.38	71.028	10	98.765
龙榛3号	11-B-16	41.90	113.723	0.61	114.019	11	108.642
龙榛3号	11-D-01	27.40	74.368	0.51	95.327	8	79.012
平均		36.844	100.000	0.535	100.000	10.125	100.000

表 7-8 龙榛3号 × 欧榛杂交组合 F₁ 代苗木主要性状的方差分析

变异来源	因变量	离差平方和	df	均方	F	Sig.
父本	苗高	6638.696	7	948.385	9.158	0.000
	地径	0.227	7	0.032	3.272	0.006
	叶片数	369.833	7	52.833	6.274	0.000

表 7-9 龙榛 3 号 × 欧榛杂交组合的苗木主要性状的 Duncan 多重比较

性状	父本	N	子集（α =0.05）		
			1	2	3
苗高	11-B-12	10	27.2500		
	11-D-01	10	27.4000		
	11-B-15	10	27.5000		
	11-A-10	10	29.3000	29.3000	
	11-A-03	10	32.7000	32.7000	
	11-A-16	10	33.7000	33.7000	
	11-B-16	10		41.9000	
	11-A-15	10			75.0000
	Sig.		0.360	0.061	1.000
地径	11-B-15	10	0.3767		
	11-B-12	10		0.5025	
	11-A-16	10		0.5070	
	11-D-01	10		0.5110	
	11-A-03	10		0.5220	
	11-A-10	10		0.5490	
	11-B-16	10		0.6050	0.6050
	11-A-15	10			0.7000
	Sig.		1.000	0.136	0.115
叶片数	11-A-03	10	7.5000		
	11-A-10	10	7.6000		
	11-D-01	10	8.2000		
	11-A-16	10	8.4000		
	11-B-12	10	8.9000		
	11-B-15	10	10.0000		
	11-B-16	10	10.8000		
	11-A-15	10		19.0000	
	Sig.		0.104	1.000	

四、龙榛4号 × 欧榛杂交组合的 F₁ 代苗木生长情况

龙榛4号 × 欧榛杂交共获得15个组合杂交 F₁ 代苗木，各组合生长情况见表7-10。从表7-10中可以看出，15个组合的杂交 F₁ 代苗木苗高平均为26.240 cm，较好的为龙榛4号 ×11-B-05、龙榛4号 ×11-B-12和龙榛4号 ×11-D-01等，分别为40.00 cm、37.00 cm 和33.13 cm，分别高出平均数52.439%、41.006% 和26.258%；苗木地径平均为0.485 cm，较好的为龙榛4号 ×11-A-14、龙榛4号 ×11-B-15和龙榛4号 ×11-D-01，分别为0.55 cm、0.55 cm 和0.54 cm，分别高出平均数13.402%、13.402% 和11.340%；苗木叶片数平均为9.067片，较好的为龙榛4号 ×11-B-05、龙榛4号 ×11-B-12、龙榛4号 ×11-B-15和龙榛4号 ×11-D-01，分别为15片、11片、11片和11片，分别高出平均数65.435%、21.319%、21.319% 和21.319%。通过表7-11的方差分析证明，苗高差异性极显著，叶片数差异性显著，地径差异性不显著，表7-12的多重比较也证明了这种差异。在苗高方面，达到或超过27.00 cm 的有7个组合，从大到小的排列顺序依次是龙榛4号 ×11-B-05、龙榛4号 ×11-B-12、龙榛4号 ×11-D-01、龙榛4号 ×11-A-06、龙榛4号 ×11-B-07、龙榛4号 ×11-B-15和龙榛4号 ×11-A-16；在叶片数方面，达到或超过10片的有5个组合，从大到小的排列顺序依次是龙榛4号 ×11-B-05、龙榛4号 ×11-B-12、龙榛4号 ×11-B-15、龙榛4号 ×11-D-01和龙榛4号 ×11-A-06。这表明在苗期龙榛4号 × 欧榛的杂交组合分化就已经开始，性状表现各有差异。

表7-10 龙榛4号 × 欧榛杂交组合 F₁ 代苗木的生长指标测定表

母本（平欧）	父本（欧榛）	苗高		地径		叶片数	
		/cm	/%	/cm	/%	/片	/%
龙榛4号	11-A-06	28.25	107.660	0.49	101.031	10	110.290
龙榛4号	11-A-10	12.00	45.732	0.35	72.165	5	55.145
龙榛4号	11-A-11	26.57	101.258	0.51	105.155	9	99.261
龙榛4号	11-A-14	18.00	68.598	0.55	113.402	9	99.261
龙榛4号	11-A-15	24.22	92.302	0.46	94.845	9	99.261
龙榛4号	11-A-16	27.00	102.896	0.50	103.093	8	88.232
龙榛4号	11-A-17	22.00	83.841	0.46	94.845	6	66.174
龙榛4号	11-B-05	40.00	152.439	0.47	96.907	15	165.435
龙榛4号	11-B-07	27.50	104.802	0.48	98.969	9	99.261
龙榛4号	11-B-09	25.00	95.274	0.48	98.969	8	88.232
龙榛4号	11-B-11	24.33	92.721	0.47	96.907	7	77.203
龙榛4号	11-B-12	37.00	141.006	0.51	105.155	11	121.319
龙榛4号	11-B-15	27.00	102.896	0.55	113.402	11	121.319

母本 （平欧）	父本 （欧榛）	苗高		地径		叶片数	
		/cm	/%	/cm	/%	/片	/%
龙榛 4 号	11-B-16	21.60	82.317	0.45	92.784	8	88.232
龙榛 4 号	11-D-01	33.13	126.258	0.54	111.340	11	121.319
平均		26.240	100.000	0.485	100.000	9.067	100.000

表 7-11 龙榛 4 号 × 欧榛杂交组合 F_1 代苗木主要性状的方差分析

变异来源	因变量	离差平方和	df	均方	F	Sig.
父本	苗高	1777.177	14	126.941	2.973	0.002
	地径	0.105	14	0.007	0.869	0.595
	叶片数	223.933	14	15.995	2.081	0.028

表 7-12 龙榛 4 号 × 欧榛杂交组合 F_1 代苗木主要性状的 Duncan 多重比较

性状	父本	N	子集（α =0.05）				
苗高	11-A-10	2	12.0000				
	11-A-14	2	18.0000	18.0000			
	11-B-16	5	21.6000	21.6000	21.6000		
	11-A-17	2	22.0000	22.0000	22.0000		
	11-A-15	9		24.2222	24.2222		
	11-B-11	9		24.3333	24.3333		
	11-B-09	5		25.0000	25.0000	25.0000	
	11-A-11	7		26.5714	26.5714	26.5714	
	11-A-16	9		27.0000	27.0000	27.0000	
	11-B-15	2		27.0000	27.0000	27.0000	
	11-B-07	2		27.5000	27.5000	27.5000	
	11-A-06	4		28.2500	28.2500	28.2500	
	11-D-01	8			33.1250	33.1250	33.1250
	11-B-12	2				37.0000	37.0000
	11-B-05	2					40.0000
	Sig.		0.084	0.105	0.068	0.051	0.219

性状	父本	N	子集（$\alpha=0.05$）				
			1	2	3	4	5
叶片数	11-A-10	2	5.0000				
	11-A-17	2	6.0000	6.0000			
	11-B-11	9	6.8889	6.8889			
	11-B-16	5	7.6000	7.6000			
	11-A-16	9	7.6667	7.6667			
	11-B-09	5	8.0000	8.0000			
	11-B-07	2	8.5000	8.5000			
	11-A-14	2	9.0000	9.0000			
	11-A-15	9	9.0000	9.0000			
	11-A-11	7	9.2857	9.2857			
	11-A-06	4	9.7500	9.7500			
	11-D-01	8		10.5000	10.5000		
	11-B-12	2		11.0000	11.0000		
	11-B-15	2		11.0000	11.0000		
	11-B-05	2			15.0000		
	Sig.		0.076	0.064	0.066		

五、龙榛 5 号 × 欧榛杂交组合的 F₁ 代苗木生长情况

龙榛 5 号 × 欧榛杂交共获得 16 个组合杂交 F₁ 代苗木，各组合生长情况见表 7-13。从表 7-13 中可以看出，16 个组合的杂交 F₁ 代苗木苗高平均为 25.565 cm，较好的为龙榛 5 号 ×11-A-14、龙榛 5 号 ×11-B-15 和龙榛 5 号 ×11-B-05，分别为 35.50 cm、35.07 cm 和 30.10 cm，分别高出平均数 38.862%、37.180% 和 17.739%；苗木地径平均为 0.423 cm，较好的为龙榛 5 号 ×11-A-14、龙榛 5 号 ×11-B-05 和龙榛 5 号 ×11-B-10，分别为 0.52 cm、0.49 cm 和 0.48 cm，分别高出平均数 22.931%、15.839% 和 13.475%；苗木叶片数平均为 8.750 片，较好的为龙榛 5 号 ×11-B-15、龙榛 5 号 ×11-A-14 和龙榛 5 号 ×11-A-06，均为 11 片，高出平均数 25.714%。表 7-14 的方差分析证明，苗高、叶片数差异性极显著，地径差异性不显著，表 7-15 的多重比较也证明了这种差异。在苗高方面，达到或超过 26.00 cm 的有 8 个组合，从大到小的排列顺序依次是龙榛 5 号 ×11-A-14、龙榛 5 号 ×11-B-15、龙榛 5 号 ×11-B-05、龙榛 5 号 ×11-A-06、龙榛 5 号 ×11-B-10、龙榛 5 号 ×11-D-01、龙榛 5 号 ×11-B-16 和龙榛 5 号 ×11-A-10；在叶片数方面，达到或超过 9 片的有 10 个组合，

从大到小的排列顺序依次是龙榛5号×11-B-15、龙榛5号×11-A-14、龙榛5号×11-A-06、龙榛5号×11-A-17、龙榛5号×11-B-10、龙榛5号×11-D-01、龙榛5号×11-A-15、龙榛5号×11-A-11、龙榛5号×11-A-10和龙榛5号×11-B-05。这表明在苗期龙榛5号×欧榛的杂交组合分化就已经开始，性状表现各有差异。

表 7-13　龙榛 5 号 × 欧榛杂交组合 F₁ 代苗木的生长指标测定表

母本 （平欧）	父本 （欧榛）	苗高		地径		叶片数	
		/cm	/%	/cm	/%	/片	/%
龙榛 5 号	11-A-03	17.33	67.788	0.33	78.014	6	68.571
龙榛 5 号	11-A-06	29.50	115.392	0.47	111.111	11	125.714
龙榛 5 号	11-A-10	26.00	101.702	0.47	111.111	9	102.857
龙榛 5 号	11-A-11	25.00	97.790	0.39	92.199	9	102.857
龙榛 5 号	11-A-14	35.50	138.862	0.52	122.931	11	125.714
龙榛 5 号	11-A-15	23.44	91.688	0.42	99.291	9	102.857
龙榛 5 号	11-A-16	23.00	89.967	0.41	96.927	8	91.429
龙榛 5 号	11-A-17	25.10	98.181	0.41	96.927	10	114.286
龙榛 5 号	11-B-05	30.10	117.739	0.49	115.839	9	102.857
龙榛 5 号	11-B-09	14.50	56.718	0.31	73.286	6	68.571
龙榛 5 号	11-B-10	29.40	115.001	0.48	113.475	10	114.286
龙榛 5 号	11-B-11	21.10	82.535	0.36	85.106	7	80.000
龙榛 5 号	11-B-12	18.50	72.365	0.44	104.019	6	68.571
龙榛 5 号	11-B-15	35.07	137.180	0.44	104.019	11	125.714
龙榛 5 号	11-B-16	27.40	107.178	0.44	104.019	8	91.429
龙榛 5 号	11-D-01	28.10	109.916	0.39	92.199	10	114.268
平均		25.565	100.000	0.423	100.000	8.750	100.000

表 7-14　龙榛 5 号 × 欧榛杂交组合 F₁ 代苗木主要性状的方差分析

变异来源	因变量	离差平方和	df	均方	F	Sig.
	苗高	3389.761	15	225.984	2.238	0.009
父本	地径	0.287	15	0.019	1.692	0.063
	叶片数	296.368	15	19.758	2.330	0.006

表 7-15 龙榛 5 号 × 欧榛杂交组合 F₁ 代苗木主要性状的 Duncan 多重比较

性状	父本	N	子集（α =0.05）			
			1	2	3	4
苗高	11-B-09	6	14.5000			
	11-A-03	3	17.3333	17.3333		
	11-B-12	4	18.5000	18.5000		
	11-B-11	10	21.1000	21.1000	21.1000	
	11-A-16	10	23.0000	23.0000	23.0000	23.0000
	11-A-15	9	23.4444	23.4444	23.4444	23.4444
	11-A-11	10	25.0000	25.0000	25.0000	25.0000
	11-A-17	10	25.1000	25.1000	25.1000	25.1000
	11-A-10	3	26.0000	26.0000	26.0000	26.0000
	11-B-16	5	27.4000	27.4000	27.4000	27.4000
	11-D-01	10	28.1000	28.1000	28.1000	28.1000
	11-B-10	10		29.4000	29.4000	29.4000
	11-A-06	6		29.5000	29.5000	29.5000
	11-B-05	10		30.1000	30.1000	30.1000
	11-B-15	14			35.0714	35.0714
	11-A-14	2				35.5000
	Sig.		0.060	0.081	0.054	0.087
叶片数	11-B-12	4	5.7500			
	11-A-03	3	6.0000	6.0000		
	11-B-09	6	6.0000	6.0000		
	11-B-11	10	6.6000	6.6000		
	11-B-16	5	8.2000	8.2000	8.2000	
	11-A-16	10	8.2000	8.2000	8.2000	
	11-B-05	10	8.6000	8.6000	8.6000	
	11-A-10	3	9.0000	9.0000	9.0000	
	11-A-11	10	9.2000	9.2000	9.2000	
	11-A-15	9	9.3333	9.3333	9.3333	

性状	父本	N	子集（α =0.05）			
			1	2	3	4
	11-D-01	10	9.5000	9.5000	9.5000	
	11-B-10	10	9.7000	9.7000	9.7000	
	11-A-17	10		9.9000	9.9000	
叶片数	11-A-06	6			10.8333	
	11-A-14	2			11.0000	
	11-B-15	14			11.0714	
	Sig.		0.061	0.064	0.177	

第三节 平榛 × 欧榛杂交组合的 F_1 代苗木生长情况

一、林口曙光平榛 × 欧榛杂交组合的苗木生长情况

林口曙光平榛 × 欧榛杂交共获得 12 个组合杂交 F_1 代苗木，各组合生长情况见表 7-16。从表 7-16 中可以看出 12 个组合的杂交 F_1 代苗木，其中苗高平均为 22.778 cm，较好的为林口曙光平榛 ×11-A-06、林口曙光平榛 ×11-B-15 和林口曙光平榛 ×11-A-14，分别为 30.00 cm、27.67 cm 和 26.00 cm，分别高出平均数 31.706%、21.479% 和 14.145%；苗木地径平均为 0.452 cm，较好的为林口曙光平榛 ×11-B-08、林口曙光平榛 ×11-B-05 和林口曙光平榛 ×11-A-06，分别为 0.57 cm、0.52 cm 和 0.51 cm，分别高出平均数 26.106%、15.044% 和 12.832%；苗木叶片数平均为 7.083 片，较好的为林口曙光平榛 ×11-A-11 和林口曙光平榛 ×11-A-06，均为 9 片，高出平均数 27.065%。表 7-17 的方差分析证明，苗高差异性不显著，地径、叶片数差异性极显著，表 7-18 的多重比较也证明了这种差异。在地径方面，达到或超过 0.46 cm 的有 5 个组合，从大到小的排列顺序依次是林口曙光平榛 ×11-B-08、林口曙光平榛 ×11-B-05、林口曙光平榛 ×11-A-06、林口曙光平榛 ×11-A-17 和林口曙光平榛 ×11-B-15；在叶片数方面，达到或超过 8 片的有 6 个组合，从大到小的排列顺序依次是林口曙光平榛 ×11-A-11、林口曙光平榛 ×11-A-06、林口曙光平榛 ×11-A-09、林口曙光平榛 ×11-B-17、林口曙光平榛 ×11-B-15 和林口曙光平榛 ×11-B-03。这表明在苗期林口曙光平榛 × 欧榛的杂交组合分化就已经开始，性状表现各有差异。

表 7-16 林口曙光平榛 × 欧榛杂交组合 F_1 代苗木的生长指标测定表

母本（平榛）	父本（欧榛）	苗高		地径		叶片数	
		/cm	/%	/cm	%	/ 片	/%
曙光	11-A-06	30.00	131.706	0.51	112.832	9	127.065

续表

母本 （平榛）	父本 （欧榛）	苗高		地径		叶片数	
		/cm	/%	/cm	%	/片	/%
曙光	11-A-11	21.50	94.389	0.43	95.133	9	127.065
曙光	11-A-14	26.00	114.145	0.43	95.133	7	98.828
曙光	11-A-17	21.50	94.389	0.47	103.982	8	112.946
曙光	11-B-02	24.50	107.560	0.43	95.133	5	70.592
曙光	11-B-03	23.17	101.721	0.41	90.708	8	112.946
曙光	11-B-04	22.00	96.584	0.40	88.496	7	98.828
曙光	11-B-05	21.00	92.194	0.52	115.044	6	84.710
曙光	11-B-06	15.00	65.853	0.34	75.221	4	56.473
曙光	11-B-08	23.00	100.975	0.57	126.106	6	84.710
曙光	11-B-15	27.67	121.479	0.46	101.770	8	112.946
曙光	11-B-17	18.00	79.024	0.45	99.558	8	112.946
平均		22.778	100.000	0.452	100.000	7.083	100.000

表 7-17 林口曙光平榛 × 欧榛杂交组合 F₁ 代苗木主要性状的方差分析

变异来源	因变量	离差平方和	df	均方	F	Sig.
父本	苗高	507.500	12	42.292	1.822	0.088
	地径	0.130	12	0.011	3.532	0.002
	叶片数	66.640	12	5.553	3.200	0.004

表 7-18 林口曙光平榛 × 欧榛杂交组合 F₁ 代苗木主要性状的 Duncan 多重比较

性状	父本	N	子集（α =0.05）			
			1	2	3	4
地径	11-B-06	3	0.3400			
	11-B-04	8	0.3975	0.3975		
	11-A-09	3	0.4000	0.4000		
	11-B-03	6	0.4117	0.4117	0.4117	
	11-A-11	2	0.4250	0.4250	0.4250	
	11-A-14	3	0.4300	0.4300	0.4300	

性状	父本	N	子集（α =0.05）			
			1	2	3	4
地径	11-B-02	4	0.4300	0.4300	0.4300	
	11-B-17	3		0.4500	0.4500	
	11-B-15	3		0.4567	0.4567	
	11-A-17	2		0.4650	0.4650	
	11-A-06	2			0.5100	0.5100
	11-B-05	2			0.5200	0.5200
	11-B-08	3				0.5700
	Sig.		0.100	0.222	0.052	0.230
叶片数	11-B-06	3	4.0000			
	11-B-02	4	5.2500	5.2500		
	11-B-05	2	6.0000	6.0000	6.0000	
	11-B-08	3	6.0000	6.0000	6.0000	
	11-B-04	8		6.6250	6.6250	6.6250
	11-A-14	3		7.0000	7.0000	7.0000
	11-A-17	2		7.5000	7.5000	7.5000
	11-B-03	6		7.5000	7.5000	7.5000
	11-B-15	3		7.6667	7.6667	7.6667
	11-B-17	3			8.0000	8.0000
	11-A-09	3			8.0000	8.0000
	11-A-06	2			8.5000	8.5000
	11-A-11	2				9.0000
	Sig.		0.106	0.066	0.061	0.073

二、新青林泉平榛 × 欧榛杂交组合的 F₁ 代苗木生长情况

新青林泉平榛 × 欧榛杂交共获得 9 个组合杂交 F_1 代苗木，各组合生长情况见表 7-19。从表 7-19 中可以看出，9 个组合的杂交 F_1 代苗木苗高平均为 17.333 cm，较好的为新青林泉平榛 ×11-B-07、新青林泉平榛 ×11-B-13 和新青林泉平榛 ×11-A-10，分别为 22.00 cm、20.00 cm 和 19.33 cm，分别

高出平均数 26.926%、15.389% 和 11.521%；苗木地径平均为 0.392 cm，较好的为新青林泉平榛 ×11-B-16 和新青林泉平榛 ×11-A-10，分别为 0.58 cm 和 0.49 cm，分别高出平均数 47.959% 和 25.000%；苗木叶片数平均为 6.111 片，较好的为新青林泉平榛 ×11-B-07、新青林泉平榛 ×11-B-08、新青林泉平榛 ×11-B-13 和新青林泉平榛 ×11-B-16，分别为 8 片、7 片、7 片和 7 片，分别高出平均数 30.911%、14.548%、14.548% 和 14.548%。表 7-20 的方差分析证明，苗高差异性显著，地径差异性极显著，叶片数差异性不显著，表 7-21 的多重比较也证明了这种差异。在苗高方面，达到或超过 18.00 cm 的有 4 个组合，从大到小的排列顺序依次是新青林泉平榛 ×11-B-07、新青林泉平榛 ×11-B-13、新青林泉平榛 ×11-A-10 和新青林泉平榛 ×11-B-16；在地径方面，达到或超过 0.39 cm 的有 4 个组合，从大到小的排列顺序依次是新青林泉平榛 ×11-B-16、新青林泉平榛 ×11-A-10、新青林泉平榛 ×11-B-13 和新青林泉平榛 ×11-B-03。这表明在苗期新青林泉平榛 × 欧榛的杂交组合分化就已经开始，性状表现各有差异。

表 7-19 新青林泉平榛 × 欧榛杂交组合的 F_1 代苗木生长指标测定表

母本（平榛）	父本（欧榛）	苗高		地径		叶片数	
		/cm	/%	/cm	/%	/片	/%
新青	11-A-03	15.00	86.540	0.32	81.633	6	98.184
新青	11-A-10	19.33	111.521	0.49	125.000	5	81.820
新青	11-A-11	13.00	75.001	0.31	79.082	5	81.820
新青	11-B-03	16.67	96.175	0.39	99.490	5	81.820
新青	11-B-07	22.00	126.926	0.38	96.939	8	130.911
新青	11-B-08	17.00	98.079	0.31	79.082	7	114.548
新青	11-B-12	15.00	86.540	0.36	91.837	5	81.820
新青	11-B-13	20.00	115.389	0.39	99.490	7	114.548
新青	11-B-16	18.00	103.848	0.58	147.959	7	114.548
平均		17.333	100.000	0.392	100.000	6.111	100.000

表 7-20 新青林泉平榛 × 欧榛杂交组合 F_1 代苗木主要性状的方差分析

变异来源	因变量	离差平方和	df	均方	F	Sig.
	苗高	184.667	8	23.083	3.795	0.011
父本	地径	0.151	8	0.019	6.519	0.001
	叶片数	23.960	8	2.995	1.775	0.156

表 7-21　新青林泉平榛 × 欧榛杂交组合 F₁ 代苗木主要性状的 Duncan 多重比较

性状	父本	N	子集（α=0.05）		
			1	2	3
苗高	11-A-11	3	13.0000		
	11-A-03	2	15.0000	15.0000	
	11-B-12	3	15.0000	15.0000	
	11-B-03	3	16.6667	16.6667	
	11-B-08	3	17.0000	17.0000	
	11-B-16	2	18.0000	18.0000	18.0000
	11-A-10	3		19.3333	19.3333
	11-B-13	3		20.0000	20.0000
	11-B-07	3			22.0000
	Sig.		0.051	0.053	0.101
地径	11-A-11	3	0.3100		
	11-B-08	3	0.3100		
	11-A-03	2	0.3150		
	11-B-12	3	0.3600		
	11-B-07	3	0.3767		
	11-B-03	3	0.3867		
	11-B-13	3	0.3867		
	11-A-10	3		0.4900	
	11-B-16	2		0.5750	
	Sig.		0.161	0.085	

三、牡丹江市郊丰收平榛 × 欧榛杂交组合的 F₁ 代苗木生长情况

牡丹江市郊丰收平榛 × 欧榛杂交共获得 15 个组合的杂交 F₁ 代苗木，各组合生长情况见表 7-22。从表 7-22 中可以看出，15 个组合的杂交 F₁ 代苗木苗高平均为 23.680 cm，较好的为牡丹江市郊丰收平榛 ×11-C-01、牡丹江市郊丰收平榛 ×11-A-06 和牡丹江市郊丰收平榛 ×11-B-15，分别为 39.00 cm、29.67 cm 和 28.50 cm，分别高出平均数 64.696%、25.296% 和 20.355%；苗木地径平均为 0.375 cm，较好的为牡丹江市郊丰收平榛 ×11-B-15、牡丹江市郊丰收平榛 ×11-B-08 和牡丹江市郊丰收平榛 ×11-C-01，分别为 0.48 cm、0.47 cm 和 0.45 cm，分别高出平均数 28.000%、25.333%

和 20.000%；苗木叶片数平均为 9.133 片，较好的为牡丹江市郊丰收平榛 ×11-A-03、牡丹江市郊丰收平榛 ×11-C-01、牡丹江市郊丰收平榛 ×11-B-08 和牡丹江市郊丰收平榛 ×11-B-15，分别为 15 片、12 片、11 片和 11 片，分别高出平均数 64.240%、31.392%、20.442% 和 20.442%。表 7-23 的方差分析证明，苗高差异性极显著，地径、叶片数差异性不显著，表 7-24 的多重比较也证明了这种差异。在苗高方面，超过 24.00 cm 的有 8 个组合，从大到小的排列顺序依次是牡丹江市郊丰收平榛 ×11-C-01、牡丹江市郊丰收平榛 ×11-A-06、牡丹江市郊丰收平榛 ×11-B-15、牡丹江市郊丰收平榛 ×11-B-08、牡丹江市郊丰收平榛 ×11-B-02、牡丹江市郊丰收平榛 ×11-B-14、牡丹江市郊丰收平榛 ×11-B-03 和牡丹江市郊丰收平榛 ×11-D-01。这表明在苗期牡丹江市郊丰收平榛 × 欧榛的杂交组合分化就已经开始，性状表现各有差异。

表 7-22　牡丹江市郊丰收平榛 × 欧榛杂交组合 F_1 代苗木生长指标测定表

母本（平榛）	父本（欧榛）	苗高		地径		叶片数	
		/cm	/%	/cm	/%	/片	/%
丰收	11-A-03	21.38	90.287	0.34	90.667	15	164.240
丰收	11-A-06	29.67	125.296	0.39	104.000	9	98.544
丰收	11-A-10	22.25	93.961	0.34	90.667	9	98.544
丰收	11-A-15	19.75	83.404	0.30	80.000	6	65.696
丰收	11-B-02	27.00	114.020	0.37	98.667	8	87.594
丰收	11-B-03	25.00	105.574	0.42	112.000	7	76.645
丰收	11-B-05	18.50	78.125	0.40	106.667	7	76.645
丰收	11-B-08	27.90	117.821	0.47	125.333	11	120.442
丰收	11-B-09	19.00	80.236	0.37	98.667	8	87.594
丰收	11-B-10	13.00	54.899	0.30	80.000	5	54.747
丰收	11-B-14	25.50	107.686	0.33	88.000	9	98.544
丰收	11-B-15	28.50	120.355	0.48	128.000	11	120.442
丰收	11-B-17	14.00	59.122	0.25	66.667	10	109.493
丰收	11-C-01	39.00	164.696	0.45	120.000	12	131.392
丰收	11-D-01	24.75	104.519	0.42	112.000	10	109.493
平均		23.680	100.000	0.375	100.000	9.133	100.000

表 7-23　牡丹江市郊丰收平榛 × 欧榛杂交组合 F₁ 代苗木主要性状的方差分析

变异来源	因变量	离差平方和	df	均方	F	Sig.
父本	苗高	1879.708	14	134.265	3.128	0.002
	地径	0.176	14	0.013	1.924	0.054
	叶片数	443.023	14	31.645	0.343	0.983

表 7-24　牡丹江市郊丰收平榛 × 欧榛杂交组合 F₁ 代苗木苗高的 Duncan 多重比较

父本	N	子集（α =0.05）		
		1	2	3
11–B–10	3	13.0000		
11–B–17	3	14.0000		
11–B–05	8	18.5000	18.5000	
11–B–09	4	19.0000	19.0000	
11–A–15	4	19.7500	19.7500	
11–A–03	8	21.3750	21.3750	
11–A–10	4	22.2500	22.2500	
11–D–01	4	24.7500	24.7500	
11–B–03	2	25.0000	25.0000	
11–B–14	2	25.5000	25.5000	
11–B–02	2		27.0000	27.0000
11–B–08	2		27.0000	27.0000
11–B–15	2		28.5000	28.5000
11–A–06	3		29.6667	29.6667
11–C–01	3			39.0000
Sig.		0.055	0.090	0.052

四、东京城三道平榛 × 欧榛杂交组合的 F₁ 代苗木生长情况

东京城三道平榛 × 欧榛杂交共获得 9 个组合杂交 F₁ 代苗木，各组合生长情况见表 7-25。从表 7-25 中可以看出，9 个组合的杂交 F₁ 代苗木苗高，平均为 26.733 cm，较好的为东京城三道平榛 ×11- A-11、东京城三道平榛 ×11-B-12 和东京城三道平榛 ×11-B-17，分别为 40.00 cm、31.00 cm 和 30.00 cm，分别高出平均数 49.628%、15.962% 和 12.221%；苗木地径平均为 0.478 cm，较好的为东

京城三道平榛×11-B-17、东京城三道平榛×11-B-12和东京城三道平榛×11-A-11,分别为0.65 cm、0.55 cm 和 0.54 cm,分别高出平均数 35.983%、15.063% 和 12.971%;苗木叶片平均为 8.667 片,较好的为东京城三道平榛×11-B-17、东京城三道平榛×11-A-11 和东京城三道平榛×11-A-06,均为 11 片,高出平均数 26.918%。表 7-26 的方差分析证明,苗高、地径、叶片数差异性极显著,表 7-27 的多重比较也证明了这种差异。在苗高方面,超过 27.00 cm 的有 5 个组合,从大到小的排列顺序依次是东京城三道平榛×11-A-11、东京城三道平榛×11-B-12、东京城三道平榛×11-B-17、东京城三道平榛×11-B-05 和东京城三道平榛×11-A-06;在地径方面,达到或超过 0.50 cm 的有 5 个组合,从大到小的排列顺序依次是东京城三道平榛×11-B-17、东京城三道平榛×11-B-12、东京城三道平榛×11-A-11、东京城三道平榛×11-B-05 和东京城三道平榛×11-D-01;在叶片数方面,达到或超过 9 片的有 5 个组合,从大到小的排列顺序依次是东京城三道平榛×11-B-17、东京城三道平榛×11-A-11、东京城三道平榛×11-A-06、东京城三道平榛×11-D-01 和东京城三道平榛×11-B-17。这表明在苗期东京城三道平榛×欧榛的杂交组合分化就已经开始,性状表现各有差异。

表 7-25 东京城三道平榛 × 欧榛杂交组合 F_1 代苗木生长指标测定表

母本（平榛）	父本（欧榛）	苗高		地径		叶片数	
		/cm	/%	/cm	/%	/片	/%
三道	11-A-06	28.00	104.739	0.40	83.682	11	126.918
三道	11-A-11	40.00	149.628	0.54	112.971	11	126.918
三道	11-A-14	17.00	63.592	0.40	83.682	6	69.228
三道	11-A-16	23.00	86.036	0.41	85.774	8	92.304
三道	11-B-05	29.60	110.725	0.51	106.695	8	92.304
三道	11-B-12	31.00	115.962	0.55	115.063	9	103.842
三道	11-B-14	17.00	63.592	0.34	71.130	5	57.690
三道	11-B-17	30.00	112.221	0.65	135.983	11	126.918
三道	11-D-01	25.00	93.517	0.50	104.603	9	103.842
平均		26.733	100.000	0.478	100.000	8.667	100.000

表 7-26 东京城三道平榛 × 欧榛杂交组合 F_1 代苗木主要性状的方差分析

变异来源	因变量	离差平方和	df	均方	F	Sig.
父本	苗高	1080.430	8	135.054	16.078	0.000
	地径	0.218	8	0.027	53.893	0.000
	叶片数	107.319	8	13.415	18.293	0.000

表 7-27 东京城三道平榛 × 欧榛杂交组合 F$_1$ 代苗木主要性状的 Duncan 多重比较

性状	父本	N	子集（α =0.05）				
			1	2	3	4	5
苗高	11–A–14	3	17.0000				
	11–B–14	3	17.0000				
	11–B–16	3		23.0000			
	11–D–01	3		25.0000	25.0000		
	11–A–06	3		28.0000	28.0000	28.0000	
	11–B–05	5			29.6000	29.6000	
	11–B–17	3			30.0000	30.0000	
	11–B–12	2				31.0000	
	11–A–11	2					40.0000
	Sig.		1.000	0.067	0.075	0.275	1.000
地径	11–B–14	3	0.3400				
	11–A–06	3		0.4000			
	11–A–14	3		0.4000			
	11–B–16	3		0.4100			
	11–D–01	3			0.5000		
	11–B–05	5			0.5100	0.5100	
	11–A–11	2			0.5350	0.5350	
	11–B–12	2				0.5450	
	11–B–17	3					0.6500
	Sig.		1.000	0.625	0.096	0.096	1.000
叶片数	11–B–14	3	5.0000				
	11–A–14	3	6.0000				
	11–B–16	3		8.0000			
	11–B–05	5		8.4000			
	11–B–12	2		9.0000			
	11–D–01	3		9.0000			
	11–A–06	3			11.0000		

性状	父本	N	子集（α=0.05）				
			1	2	3	4	5
	11-A-11	2			11.0000		
叶片数	11-B-17	3			11.0000		
	Sig.		0.183	0.219	1.000		

五、海林三部落平榛 × 欧榛杂交组合的 F₁ 代苗木生长情况

海林三部落平榛 × 欧榛杂交共获得 8 个组合杂交 F₁ 代苗木，各组合生长情况见表 7-28。从表 7-28 中可以看出，8 个组合的杂交 F₁ 代苗木，苗高平均为 18.234 cm，较好的为海林三部落平榛 ×11-B-12、海林三部落平榛 ×11-A-15 和海林三部落平榛 ×11-A-10，分别为 23.67 cm、23.20 cm 和 19.50 cm，分别高出平均数 29.812%、27.235% 和 6.943%；苗木地径平均为 0.393 cm，较好的为海林三部落平榛 ×11-B-12 和海林三部落平榛 ×11-B-11，分别为 0.43 cm 和 0.42 cm，分别高出平均数 9.416% 和 6.870%；苗木叶片数平均为 6.500 片，较好的为海林三部落平榛 ×11-B-12、海林三部落平榛 ×11-A-15 和海林三部落平榛 ×11-A-16，分别为 10 片、7 片和 7 片，分别高出平均数 53.846%、7.692% 和 7.692%。表 7-29 的方差分析证明，苗高差异性显著，地径、叶片数差异性不显著，表 7-30 的多重比较也证明了这种差异的较小区别。在苗高方面，超过 19.00 cm 的有 3 个组合，从大到小的排列顺序依次是海林三部落平榛 ×11-B-12、海林三部落平榛 ×11-A-15 和海林三部落平榛 ×11-A-10。这表明在苗期海林三部落平榛 × 欧榛的杂交组合分化就已经开始，性状表现各有差异。

表 7-28 海林三部落平榛 × 欧榛杂交组合 F₁ 代苗木生长指标测定表

母本（平榛）	父本（欧榛）	苗高		地径		叶片数	
		/cm	/%	/cm	/%	/ 片	/%
三部落	11-A-10	19.50	106.943	0.41	104.326	6	92.308
三部落	11-A-14	15.00	82.264	0.37	94.148	5	76.923
三部落	11-A-15	23.20	127.235	0.41	104.326	7	107.692
三部落	11-A-16	17.00	93.232	0.41	104.326	7	107.692
三部落	11-A-17	16.50	90.490	0.39	99.237	6	92.308
三部落	11-B-11	14.00	76.780	0.42	106.870	6	92.308
三部落	11-B-12	23.67	129.812	0.43	109.416	10	153.846
三部落	11-D-01	17.00	93.232	0.30	76.336	5	76.923
	平均	18.234	100.000	0.393	100.000	6.500	100.000

表 7-29 海林三部落平榛 × 欧榛杂交组合 F₁ 代苗木主要性状的方差分析

变异来源	因变量	离差平方和	df	均方	F	Sig.
父本	苗高	389.698	7	55.671	3.263	0.018
	地径	0.036	7	0.005	2.228	0.076
	叶片数	47.290	7	6.756	1.888	0.125

表 7-30 海林三部落平榛 × 欧榛杂交组合 F₁ 代苗木苗高的 Duncan 多重比较

父本	N	子集（α =0.05）		
		1	2	3
11-B-11	3	14.0000		
11-A-14	3	15.0000	15.0000	
11-A-17	2	16.5000	16.5000	16.5000
11-A-16	2	17.0000	17.0000	17.0000
11-D-01	3	17.0000	17.0000	17.0000
11-A-10	2	19.5000	19.5000	19.5000
11-A-15	10		23.2000	23.2000
11-B-12	3			23.6667
Sig.		0.183	0.052	0.086

第四节 毛榛 × 欧榛杂交组合的 F₁ 代苗木生长情况

毛榛 × 欧榛杂交共获得 9 个组合的杂交 F₁ 代苗木，各组合生长情况见表 7-31。从表 7-31 中可以看出，9 个组合的杂交 F₁ 代苗木苗高平均为 17.474 cm，较好的为毛榛 ×11-B-05、毛榛 ×11-D-01 和毛榛 ×11-A-14，分别为 30.00 cm、20.00 cm 和 20.00 cm，分别高出平均数 71.684%、14.456% 和 14.456%；苗木地径平均为 0.366 cm，较好的为毛榛 ×11-A-14、毛榛 ×11-B-12 和毛榛 ×11-D-01，分别为 0.44 cm、0.40 cm 和 0.40 cm，分别高出平均数 20.219%、9.290% 和 9.290%；苗木叶片数平均为 5.556 片，较好的为毛榛 ×11-B-10 和毛榛 ×11-B-05，均为 7 片，高出平均数 25.990%。表 7-32 的方差分析证明，苗高、叶片数差异性显著，地径差异性不显著。表 7-33 的多重比较也证明了这种差异。在苗高方面，超过 18.00 cm 的有 3 个组合，从大到小的排列顺序依次是毛榛 ×11-A-05、毛榛 ×11-D-01 和毛榛 ×11-A-14；在叶片数方面，达到或超过 6 片的有 5 个组合，从大到小的排列顺序依次是毛榛 ×11-B-05、毛榛 ×11-B-10、毛榛 ×11-D-01、毛榛 ×11-A-14 和毛榛 ×11-A-15。这表明在苗期毛榛 × 欧榛的杂交组合分化就已经开始，性状表现各有差异。

表 7-31 毛榛 × 欧榛杂交组合的 F₁ 代苗木生长指标测定表

母本（毛榛）	父本（欧榛）	苗高		地径		叶片数	
		/cm	/%	/cm	/%	/片	/%
毛榛	11-A-11	16.60	94.998	0.33	90.164	5	89.993
毛榛	11-A-14	20.00	114.456	0.44	120.219	6	107.991
毛榛	11-A-15	16.50	94.426	0.36	98.361	6	107.991
毛榛	11-A-16	12.50	71.535	0.35	95.628	5	89.993
毛榛	11-B-05	30.00	171.684	0.38	103.825	7	125.990
毛榛	11-B-10	14.00	80.119	0.32	87.432	7	125.990
毛榛	11-B-11	11.00	62.951	0.31	84.699	3	53.996
毛榛	11-B-12	16.67	95.399	0.40	109.290	5	89.993
毛榛	11-D-01	20.00	114.456	0.40	109.290	6	107.991
平均		17.474	100.000	0.366	100.000	5.556	100.000

表 7-32 毛榛 × 欧榛杂交组合 F₁ 代苗木主要性状的方差分析

变异来源	因变量	离差平方和	df	均方	F	Sig.
父本	苗高	802.176	9	89.131	4.181	0.002
	地径	0.093	9	0.010	2.171	0.061
	叶片数	41.371	9	4.597	2.336	0.045

表 7-33 毛榛 × 欧榛杂交组合 F₁ 代苗木主要性状的 Duncan 多重比较

性状	父本	N	子集（α =0.05）		
			1	2	3
苗高	11-B-11	3	11.0000		
	11-A-16	2	12.5000	12.5000	
	11-B-10	2	14.0000	14.0000	
	11-A-15	2	16.5000	16.5000	
	11-A-11	5	16.6000	16.6000	
	11-B-12	3	16.6667	16.6667	
	11-A-14	2	20.0000	20.0000	
	11-D-01	3	20.0000	20.0000	

性状	父本	N	子集（α=0.05）		
			1	2	3
苗高	11-B-05	3			30.0000
	Sig.		0.057	0.063	1.000
叶片数	11-B-11	3	3.0000		
	11-A-16	2	4.5000	4.5000	
	11-A-11	5	4.8000	4.8000	
	11-B-12	3	5.0000	5.0000	
	11-A-15	2	5.5000	5.5000	
	11-A-14	2	5.5000	5.5000	
	11-D-01	3		6.0000	
	11-B-10	2		6.5000	
	11-B-05	3		7.0000	
	Sig.		0.075	0.083	

第五节 平榛 × 龙榛杂交组合的 F_1 代苗木生长情况

从表 7-34 可以看出，获得的 23 个组合的 F_1 代种子，共获得了 F_1 代苗木组合 19 个，获得具杂交组合的 F_1 代苗木为 82.61%。在没有培育出 F_1 代苗木的 4 个杂交组合中，平榛 × 龙榛 4 号就占了 3 个，这表明龙榛 4 号的 F_1 代苗木培育率极低，在获得的平榛 × 龙榛 4 号的 4 个组合 F_1 代种子中，只培育出 1 个组合的 F_1 代苗木，其原因有可能是胚不育或胚发育没有完成。平均苗高为 24.093 cm、平均地径为 0.427 cm、平均叶片数为 7.680 片。表 7-35 的方差分析表明，19 个杂交组合的 F_1 代苗木在这 3 个性状上均表现为差异性极显著。

表 7-34 平榛 × 龙榛杂交组合的 F_1 代苗木生长指标测定表

母本 （平榛）	父本 （龙榛）	苗高		地径		叶片数	
		/cm	/%	/cm	/%	/ 片	/%
三部落	龙榛 2 号	19.33	106.41	0.43	104.88	6	109.09
三部落	龙榛 5 号	17.00	93.59	0.39	95.12	5	90.91
平均		18.165	75.40	0.410	96.02	5.500	71.61

母本 （平榛）	父本 （龙榛）	苗高		地径		叶片数	
		/cm	/%	/cm	/%	/片	/%
三道	龙榛 1 号	32.00	120.24	0.52	119.54	10	121.21
三道	龙榛 2 号	22.40	84.17	0.37	85.06	6	72.73
三道	龙榛 3 号	25.25	94.88	0.41	94.25	8	96.97
三道	龙榛 5 号	26.80	100.70	0.44	101.15	9	109.09
	平均	26.613	110.46	0.435	101.87	8.250	113.79
丰收	龙榛 1 号	41.33	130.78	0.49	108.17	13	133.33
丰收	龙榛 2 号	35.40	112.01	0.52	114.79	10	102.56
丰收	龙榛 3 号	18.88	59.74	0.34	75.06	7	71.79
丰收	龙榛 5 号	30.80	97.46	0.46	101.55	9	92.31
	平均	31.603	131.17	0.453	106.09	9.750	126.95
新青	龙榛 1 号	17.25	91.62	0.39	96.06	6	88.24
新青	龙榛 2 号	21.89	116.26	0.47	115.76	6	88.24
新青	龙榛 3 号	7.00	37.18	0.30	73.89	5	73.53
新青	龙榛 4 号	24.43	129.75	0.45	110.84	8	117.65
新青	龙榛 5 号	23.57	125.19	0.42	103.45	9	132.35
	平均	18.828	78.15	0.406	95.08	6.800	88.54
曙光	龙榛 1 号	28.50	123.55	0.51	118.60	9	124.14
曙光	龙榛 2 号	22.75	98.62	0.40	93.02	6	82.76
曙光	龙榛 3 号	20.30	88.00	0.35	81.40	7	96.55
曙光	龙榛 5 号	22.88	99.19	0.46	106.98	7	96.55
	平均	23.068	95.75	0.430	100.70	7.250	100.00
总平均		24.093	100.000	0.427	100.000	7.680	100.000

表 7-35 平榛 × 龙榛杂交组合 F₁ 代苗木主要性状的方差分析

变异来源	因变量	离差平方和	df	均方	F	Sig.
杂交组合	苗高	4919.738	18	273.319	4.635	0.000
	地径	0.432	18	0.024	3.294	0.000
	叶片数	308.338	18	17.130	2.715	0.001

通过表 7-36 所示的多重比较可以看出，苗高方面，以丰收平榛 × 龙榛 2 号、三道平榛 × 龙榛 1 号、丰收平榛 × 龙榛 1 号为优，以新青平榛 × 龙榛 3 号、三部落平榛 × 龙榛 5 号较差；地径方面，以曙光平榛 × 龙榛 1 号、丰收平榛 × 龙榛 2 号、三道平榛 × 龙榛 1 号为优，以新青平榛 × 龙榛 3 号、丰收平榛 × 龙榛 3 号、曙光平榛 × 龙榛 3 号较差；在叶片数方面，以三道平榛 × 龙榛 1 号、丰收平榛 × 龙榛 2 号、丰收平榛 × 龙榛 1 号为优，以三部落平榛 × 龙榛 5 号、新青平榛 × 龙榛 3 号、三部落平榛 × 龙榛 2 号较差。

表 7-36 平榛 × 龙榛杂交组合 F₁ 代苗木主要性状的 Duncan 多重比较

性状	杂交组合	N	子集（α =0.05）1	2	3	4	5	6	7
苗高	新青平榛 × 龙榛 3 号	3	7.0000						
	三部落平榛 × 龙榛 5 号	2		17.0000					
	新青平榛 × 龙榛 1 号	4		17.2500					
	丰收平榛 × 龙榛 3 号	8		18.8750	18.8750				
	三部落平榛 × 龙榛 2 号	6		19.3333	19.3333				
	曙光平榛 × 龙榛 3 号	10		20.3000	20.3000	20.3000			
	新青平榛 × 龙榛 2 号	9		21.8889	21.8889	21.8889	21.8889		
	三道平榛 × 龙榛 2 号	10		22.4000	22.4000	22.4000	22.4000		
	曙光平榛 × 龙榛 2 号	4		22.7500	22.7500	22.7500	22.7500		
	曙光平榛 × 龙榛 5 号	8		22.8750	22.8750	22.8750	22.8750		
	新青平榛 × 龙榛 5 号	7		23.5714	23.5714	23.5714	23.5714		
	新青平榛 × 龙榛 4 号	7		24.4286	24.4286	24.4286	24.4286		
	三道平榛 × 龙榛 3 号	4		25.2500	25.2500	25.2500	25.2500	25.2500	
	三道平榛 × 龙榛 5 号	10		26.8000	26.8000	26.8000	26.8000	26.8000	
	曙光平榛 × 龙榛 1 号	8			28.5000	28.5000	28.5000	28.5000	
	丰收平榛 × 龙榛 5 号	10				30.8000	30.8000	30.8000	
	三道平榛 × 龙榛 1 号	6					32.0000	32.0000	32.0000
	丰收平榛 × 龙榛 2 号	10						35.4000	35.4000

性状	杂交组合	N	子集（α =0.05）						
			1	2	3	4	5	6	7
苗高	丰收平榛 × 龙榛 1 号	3							41.3333
	Sig.		1.000	0.087	0.092	0.063	0.074	0.058	0.061
地径	新青平榛 × 龙榛 3 号	3	0.3000						
	丰收平榛 × 龙榛 3 号	8	0.3375	0.3375					
	曙光平榛 × 龙榛 3 号	10	0.3530	0.3530	0.3530				
	三道平榛 × 龙榛 2 号	10	0.3740	0.3740	0.3740	0.3740			
	三部落平榛 × 龙榛 5 号	2	0.3900	0.3900	0.3900	0.3900	0.3900		
	新青平榛 × 龙榛 1 号	4	0.3925	0.3925	0.3925	0.3925	0.3925		
	曙光平榛 × 龙榛 2 号	4	0.3975	0.3975	0.3975	0.3975	0.3975	0.3975	
	三道平榛 × 龙榛 3 号	4	0.4075	0.4075	0.4075	0.4075	0.4075	0.4075	
	新青平榛 × 龙榛 5 号	7		0.4214	0.4214	0.4214	0.4214	0.4214	
	三部落平榛 × 龙榛 2 号	6		0.4250	0.4250	0.4250	0.4250	0.4250	
	三道平榛 × 龙榛 5 号	10		0.4420	0.4420	0.4420	0.4420	0.4420	
	新青平榛 × 龙榛 4 号	7		0.4457	0.4457	0.4457	0.4457	0.4457	
	曙光平榛 × 龙榛 5 号	8		0.4550	0.4550	0.4550	0.4550	0.4550	
	丰收平榛 × 龙榛 5 号	10		0.4560	0.4560	0.4560	0.4560	0.4560	
	新青平榛 × 龙榛 2 号	9			0.4667	0.4667	0.4667	0.4667	
	丰收平榛 × 龙榛 1 号	3				0.4900	0.4900	0.4900	
	曙光平榛 × 龙榛 1 号	8					0.5050	0.5050	
	丰收平榛 × 龙榛 2 号	10						0.5180	
	三道平榛 × 龙榛 1 号	6						0.5183	
	Sig.		0.080	0.062	0.074	0.068	0.071	0.057	
叶片数	三部落平榛 × 龙榛 5 号	2	5.0000						
	新青平榛 × 龙榛 3 号	3	5.0000						
	三部落平榛 × 龙榛 2 号	6	6.0000	6.0000					
	曙光平榛 × 龙榛 2 号	4	6.2500	6.2500					
	新青平榛 × 龙榛 1 号	4	6.2500	6.2500					

性状	杂交组合	N	子集（α=0.05）						
			1	2	3	4	5	6	7
	三道平榛 × 龙榛2号	10	6.4000	6.4000					
	新青平榛 × 龙榛2号	9	6.4444	6.4444					
	丰收平榛 × 龙榛3号	8	7.0000	7.0000					
	曙光平榛 × 龙榛5号	8	7.0000	7.0000					
	曙光平榛 × 龙榛3号	10	7.1000	7.1000					
	三道平榛 × 龙榛3号	4	7.7500	7.7500					
	新青平榛 × 龙榛4号	7	7.8571	7.8571					
叶片数	新青平榛 × 龙榛5号	7	8.5714	8.5714					
	三道平榛 × 龙榛5号	10		9.1000					
	丰收平榛 × 龙榛5号	10		9.1000					
	曙光平榛 × 龙榛1号	8		9.2500					
	三道平榛 × 龙榛1号	6		9.5000	9.5000				
	丰收平榛 × 龙榛2号	10		9.7000	9.7000				
	丰收平榛 × 龙榛1号	3			12.6667				
	Sig.		0.056	0.050	0.052				

第六节 毛榛 × 龙榛杂交组合的 F_1 代苗木生长情况

获得的5个组合的 F_1 代种子，共获得 F_1 代苗木组合3个，获得具杂交组合的 F_1 代苗木为60%。在没有培育出的2个杂交组合的 F_1 代苗木中，包括毛榛 × 龙榛4号和毛榛 × 龙榛5号，这再次表明龙榛4号的 F_1 代苗木培育率极低，又一次验证了其胚不育或胚发育没有完成。从表7-37中可以看出，毛榛 × 龙榛杂交组合的苗木平均苗高为21.433 cm、平均地径为0.397 cm、平均叶片数为6片。表7-38的方差分析表明，3个杂交组合的 F_1 代苗木只在地径上表现为差异性显著，其余2项则差异性不显著。表7-39的多重比较表明，毛榛 × 龙榛2号、毛榛 × 毛榛优于毛榛 × 龙榛1号。

表 7-37 毛榛 × 龙榛杂交组合的 F₁ 代苗木生长指标测定表

母本 （毛榛）	父本 （龙榛）	苗高		地径		叶片数	
		/cm	/%	/cm	/%	/片	/%
毛榛	龙榛 1 号	19.00	88.65	0.34	85.64	7	116.67
毛榛	龙榛 2 号	24.00	111.98	0.40	100.76	5	83.33
毛榛	毛榛	21.30	99.38	0.45	113.35	6	100.000
平均		21.433	100.000	0.397	100.000	6	100.000

表 7-38 毛榛 × 龙榛杂交组合 F₁ 代苗木主要性状的方差分析

变异来源	因变量	离差平方和	df	均方	F	Sig.
父本	苗高	37.650	2	18.825	0.986	0.399
	地径	0.029	2	0.015	6.370	0.012
	叶片数	6.600	2	3.300	2.979	0.086

表 7-39 毛榛 × 龙榛杂交组合 F₁ 代苗木地径的 Duncan 多重比较

杂交组合	N	子集（α =0.05）	
		1	2
毛榛 × 龙榛 1 号	3	0.3400	
毛榛 × 龙榛 2 号	3	0.4000	0.4000
毛榛 × 毛榛	10		0.4500
Sig.		0.104	0.169

第七节 龙榛 × 平榛杂交组合的 F₁ 代苗木生长情况

在培育龙榛 × 平榛杂交组合的 F₁ 代苗木过程中，通过表 7-40 的结果可以看出，所获得的 13 个组合的 F₁ 代种子，共获得 F₁ 代苗木组合 13 个，获得具杂交组合的 F₁ 代苗木为 100%。这表明龙榛 × 平榛的 F₁ 代苗木培育率极高，也就是胚发育完成，并且极具活力。平均苗高为 34.431 cm、平均地径为 0.505 cm、平均叶片数为 10.231 片。表 7-41 的方差分析表明，13 个杂交组合的 F₁ 代苗木在苗高上表现为差异性极显著，地径、叶片数上表现为差异性显著。

表 7-40　龙榛 × 平榛杂交组合的 F₁ 代苗木生长指标测定表

母本	父本	苗高		地径		叶片数	
		/cm	/%	/cm	/%	/片	/%
龙榛 1 号	夹皮沟	41.40	120.24	0.50	99.01	11	107.83
龙榛 1 号	三道	41.00	119.08	0.54	106.93	12	117.30
平均		41.200	119.66	0.520	102.97	11.50	112.41
龙榛 2 号	三部落	46.20	134.18	0.56	110.89	12	117.30
龙榛 2 号	夹皮沟	35.60	103.40	0.57	112.87	11	107.83
龙榛 2 号	三道	35.70	103.39	0.48	95.05	13	127.08
平均		39.167	113.76	0.537	106.37	12.00	117.30
龙榛 3 号	三部落	32.50	94.39	0.56	110.89	10	97.75
龙榛 3 号	夹皮沟	33.20	96.42	0.51	100.99	11	107.83
龙榛 3 号	三道	23.50	68.25	0.44	87.13	8	78.20
平均		29.733	86.36	0.503	99.60	9.67	94.53
龙榛 4 号	三部落	24.60	71.45	0.40	79.21	8	78.20
龙榛 4 号	夹皮沟	25.70	74.649	0.44	87.13	9	87.98
龙榛 4 号	三道	31.60	1.78	0.505	93.07	9	87.98
平均		27.300	79.30	0.437	86.53	8.67	84.75
龙榛 5 号	三部落	39.30	114.14	0.55	108.91	9	87.98
龙榛 5 号	夹皮沟	37.30	108.33	0.54	106.93	10	97.75
平均		38.300	111.24	0.545	107.92	9.50	92.86
总平均		34.431	100.000	0.505	100.000	10.231	100.000

表 7-41　龙榛 × 平榛杂交组合 F₁ 代苗木主要性状的方差分析

变异来源	因变量	离差平方和	df	均方	F	Sig.
杂交组合	苗高	3136.219	7	448.031	3.977	0.001
	地径	0.137	7	0.020	2.614	0.019
	叶片数	150.286	7	21.469	2.841	0.012

第八节 龙榛 × 毛榛杂交组合的 F_1 代苗木生长情况

在培育龙榛 × 毛榛杂交组合 F_1 代苗木的过程中，从表 7-42 中的结果可以看出，获得的 10 个组合的 F_1 代种子中，获得 F_1 代苗木的组合有 9 个，获得具杂交组合的 F_1 代苗木为 90%，只有龙榛 5 号 × 三部落毛榛没有培育出 F_1 代苗木。这表明龙榛 × 毛榛的 F_1 代苗木培育率较高，也就是胚发育比较完整，并且极具活力。平均苗高为 34.039 cm、平均地径为 0.479 cm、平均叶片数为 10.11 片。通过表 7-43 的方差分析表明，9 个杂交组合的 F_1 代苗木在 3 个性状上表现均为差异性极显著。

表 7-42 龙榛 × 毛榛杂交组合 F_1 代苗木生长指标测定表

母本 （龙榛）	父本 （毛榛）	苗高		地径		叶片数	
		/cm	/%	/cm	/%	/片	/%
龙榛 1 号	夹皮沟	34.20	100.47	0.42	87.68	9	89.02
龙榛 2 号	三部落	47.30	138.96	0.50	104.38	13	128.59
龙榛 2 号	夹皮沟	51.00	149.83	0.56	116.91	14	138.48
平均		49.15	144.39	0.53	110.65	13.5	133.53
龙榛 3 号	三部落	33.45	98.27	0.52	108.56	10	98.91
龙榛 3 号	夹皮沟	31.40	92.25	0.47	98.12	11	108.80
平均		32.425	95.26	0.495	103.34	10.5	103.86
龙榛 4 号	三部落	23.00	67.57	0.44	91.86	8	79.13
龙榛 4 号	夹皮沟	33.20	97.54	0.51	106.47	9	89.02
平均		28.1	82.55	0.475	99.16	8.5	84.08
龙榛 5 号	夹皮沟	25.20	74.03	0.41	85.59	9	89.02
龙榛 6 号	夹皮沟	27.60	81.08	0.48	100.21	8	79.13
总平均		34.039	100.000	0.479	100.000	10.11	100.000

表 7-43 龙榛 × 毛榛杂交组合 F_1 代苗木主要性状的方差分析

变异来源	因变量	离差平方和	df	均方	F	Sig.
	苗高	7133.310	8	891.664	10.381	0.000
杂交组合	地径	0.208	8	0.026	3.366	0.002
	叶片数	386.750	8	48.344	7.059	0.000

表 7-44 的多重比较表明，苗高方面以龙榛 2 号 × 三部落毛榛、龙榛 2 号 × 夹皮沟毛榛为优，以龙榛 4 号 × 三部落毛榛、龙榛 5 号 × 夹皮沟毛榛较差；地径方面以龙榛 4 号 × 夹皮沟毛榛、龙榛 3 号 × 三部落毛榛、龙榛 2 号 × 夹皮沟毛榛为优，以龙榛 5 号 × 夹皮沟毛榛、龙榛 1 号 × 夹皮沟毛榛较差；

叶片数方面以龙榛 2 号 × 三部落毛榛、龙榛 2 号 × 夹皮沟毛榛为优，以龙榛 4 号 × 三部落毛榛、龙榛 6 号 × 夹皮沟毛榛较差。

表 7-44 龙榛 × 毛榛杂交组合 F$_1$ 代苗木主要性状的 Duncan 多重比较

性状	杂交组合	N	子集（α =0.05）			
			1	2	3	4
苗高	龙榛 4 号 × 三部落毛榛	10	23.0000			
	龙榛 5 号 × 夹皮沟毛榛	10	25.2000	25.2000		
	龙榛 6 号 × 夹皮沟毛榛	10	27.6000	27.6000		
	龙榛 3 号 × 夹皮沟毛榛	10	31.4000	31.4000		
	龙榛 4 号 × 夹皮沟毛榛	10		33.2000		
	龙榛 3 号 × 三部落毛榛	20		33.4500		
	龙榛 1 号 × 夹皮沟毛榛	10		34.2000		
	龙榛 2 号 × 三部落毛榛	10			47.3000	
	龙榛 2 号 × 夹皮沟毛榛	10			51.0000	
	Sig.		0.059	0.052	0.361	
地径	龙榛 5 号 × 夹皮沟毛榛	10	0.4090			
	龙榛 1 号 × 夹皮沟毛榛	10	0.4210	0.4210		
	龙榛 4 号 × 三部落毛榛	10	0.4390	0.4390	0.4390	
	龙榛 3 号 × 夹皮沟毛榛	10	0.4730	0.4730	0.4730	0.4730
	龙榛 6 号 × 夹皮沟毛榛	10	0.4750	0.4750	0.4750	0.4750
	龙榛 2 号 × 三部落毛榛	10		0.4990	0.4990	0.4990
	龙榛 4 号 × 夹皮沟毛榛	10		0.5060	0.5060	0.5060
	龙榛 3 号 × 三部落毛榛	20			0.5225	0.5225
	龙榛 2 号 × 夹皮沟毛榛	10				0.5570
	Sig.		0.128	0.053	0.057	0.055
叶片数	龙榛 4 号 × 三部落毛榛	10	7.6000			
	龙榛 6 号 × 夹皮沟毛榛	10	7.8000			
	龙榛 4 号 × 夹皮沟毛榛	10	8.7000	8.7000		
	龙榛 5 号 × 夹皮沟毛榛	10	9.0000	9.0000		
	龙榛 1 号 × 夹皮沟毛榛	10	9.1000	9.1000		
	龙榛 3 号 × 三部落毛榛	20	10.1500	10.1500	10.1500	
	龙榛 3 号 × 夹皮沟毛榛	10		10.8000	10.8000	

性状	杂交组合	N	子集（α=0.05）			
			1	2	3	4
	龙榛2号 × 三部落毛榛	10			12.5000	12.5000
叶片数	龙榛2号 × 夹皮沟毛榛	10				14.2000
	Sig.		0.051	0.103	0.053	0.138

第九节 平榛 × 毛榛杂交组合的 F_1 代苗木生长情况

在培育平榛 × 毛榛杂交组合的 F_1 代苗木过程中，从表 7-45 中的结果可以看出，获得的 8 个组合的 F_1 代种子中，获得 F_1 代苗木组合有 7 个，获得具杂交组合的 F_1 代苗木为 87.5%。这表明平榛 × 毛榛的 F_1 代苗木培育率较高，即胚发育比较完整，并且极具活力。平均苗高为 22.769 cm、平均地径为 0.43 cm、平均叶片数为 7.286 片。表 7-46 的方差分析表明，7 个杂交组合的 F_1 代苗木在苗高和地径上表现为差异性极显著，叶片数上表现为差异性显著。

表 7-45 平榛 × 毛榛杂交组合的 F_1 代苗木生长指标测定表

母本（平榛）	父本（毛榛）	苗高		地径		叶片数	
		/cm	/%	/cm	/%	/ 片	/%
三部落	三部落	19.00	83.45	0.41	95.35	6	82.30
三道	夹皮沟	27.50	120.78	0.50	116.28	9	123.46
三道	三部落	24.40	107.16	0.44	102.35	7	96.02
丰收	夹皮沟	18.83	82.70	0.35	81.40	8	109.74
新青	夹皮沟	16.75	73.56	0.36	83.72	5	68.59
曙光	夹皮沟	30.60	134.39	0.54	125.58	9	123.46
曙光	三部落	22.30	97.94	0.41	95.35	7	96.02
平均		22.769	100.000	0.43	100.000	7.286	100.000

表 7-46 平榛 × 毛榛杂交组合 F_1 代苗木主要性状的方差分析

变异来源	因变量	离差平方和	df	均方	F	Sig.
	苗高	1044.800	6	174.133	3.840	0.004
杂交组合	地径	0.191	6	0.032	3.566	0.006
	叶片数	99.993	6	16.665	3.192	0.011

通过表 7-47 的多重比较表明，苗高方面以三道平榛 × 夹皮沟毛榛、曙光平榛 × 夹皮沟毛榛表现为优，以新青平榛 × 夹皮沟毛榛、三部落平榛 × 三部落毛榛表现较差；地径方面以三道平榛 × 夹皮沟毛榛、曙光平榛 × 夹皮沟毛榛表现为优，以新青平榛 × 夹皮沟毛榛、丰收平榛 × 夹皮沟毛榛表现较差；叶片数方面，以三道平榛 × 夹皮沟毛榛、曙光平榛 × 夹皮沟毛榛表现为优，以新青平榛 × 夹皮沟毛榛、三部落平榛 × 三部落毛榛表现较差。

表 7-47 平榛 × 毛榛杂交组合 F_1 代苗木主要性状的 Duncan 多重比较

性状	杂交组合	N	子集（α =0.05）		
			1	2	3
苗高	新青平榛 × 夹皮沟毛榛	4	16.7500		
	三部落平榛 × 三部落毛榛	7	19.0000	19.0000	
	丰收平榛 × 夹皮沟毛榛	4	19.7500	19.7500	
	曙光平榛 × 三部落毛榛	10	22.3000	22.3000	22.3000
	三道平榛 × 三部落毛榛	5	24.4000	24.4000	24.4000
	三道平榛 × 夹皮沟毛榛	10		27.5000	27.5000
	曙光平榛 × 夹皮沟毛榛	10			30.6000
	Sig.		0.082	0.053	0.053
地径	新青平榛 × 夹皮沟毛榛	4	0.3600		
	丰收平榛 × 夹皮沟毛榛	4	0.3600		
	曙光平榛 × 三部落毛榛	10	0.4050	0.4050	
	三部落平榛 × 三部落毛榛	7	0.4057	0.4057	
	三道平榛 × 三部落毛榛	5	0.4400	0.4400	0.4400
	三道平榛 × 夹皮沟毛榛	10		0.4950	0.4950
	曙光平榛 × 夹皮沟毛榛	10			0.5350
	Sig.		0.194	0.135	0.103
叶片数	新青平榛 × 夹皮沟毛榛	4	5.2500		
	三部落平榛 × 三部落毛榛	7	5.8571		
	曙光平榛 × 三部落毛榛	10	6.6000	6.6000	
	三道平榛 × 三部落毛榛	5	6.8000	6.8000	
	丰收平榛 × 夹皮沟毛榛	4	8.0000	8.0000	
	三道平榛 × 夹皮沟毛榛	10		8.8000	
	曙光平榛 × 夹皮沟毛榛	10		9.3000	
	Sig.		0.065	0.070	

第八章 杂交 F_1 代良种的评比研究

试验地设在黑龙江省牡丹峰国家级自然保护区。该自然保护区位于黑龙江省东南部地区，地理位置为东经 129°4′30″~129°53′50″，北纬 44°20′0″~44°30′30″；年平均气温 2.5℃，无霜期 120 d，年最低气温 -35.5℃。

在今后的第三年 5 月初，在牡丹峰国家级自然保护区内建立评比园，将培育的杂交 F_1 代容器苗按照随机区组进行去杯定植，株行距为 2 m×3 m，密度为 110 株/亩。

每年生长期内做好各项日常技术管理工作，以后定期测定各项选育指标。测定指标包括树高、当年高、干径、冠幅、萌生条数和成活率等，测定时间为 9 月中旬。

第一节 龙榛 × 欧榛杂交组合 F_1 代幼树的生长评比

一、龙榛 1 号 × 欧榛杂交组合 F_1 代幼树的生长评比

在龙榛 1 号 × 欧榛的组合中，共获得 10 个杂交组合的 F_1 代幼树（表 8-1）。树高方面，平均为 31.382 cm，较好的为龙榛 1 号 ×11-B-10、龙榛 1 号 ×11-B-07，分别为 45.80 cm 和 41.50 cm，分别高出平均数 45.94% 和 32.24%；干径方面，平均为 0.555 cm，较好的为龙榛 1 号 ×11-B-12、龙榛 1 号 ×11-B-15、龙榛 1 号 ×11-B-10，分别为 0.73 cm、0.73 cm 和 0.71 cm，分别高出平均数 31.53%、31.53% 和 27.93%；成活率方面，平均成活率达到 92.333%，其中 3 个组合龙榛 1 号 ×11-B-12、龙榛 1 号 ×11-B-11 和龙榛 1 号 ×11-B-15 成活率分布在 60%~85% 之间，其余的 7 个组合均达到 100%。对树高与干径的方差分析（表 8-2）证明了树高差异性显著，干径差异性极显著。经过多重比较（表 8-3）证明了这种差异的存在。树高超过 28.00 cm 的有 7 个组合，按从大到小顺序排列为龙榛 1 号 ×11-B-10、龙榛 1 号 ×11-B-07、龙榛 1 号 ×11-B-12、龙榛 1 号 ×11-B-14、龙榛 1 号 ×11-A-17、龙榛 1 号 ×11-A-16 和龙榛 1 号 ×11-B-11；干径超过 0.55 cm 的组合有 5 个，按从大到小顺序排列为龙榛 1 号 ×11-B-12、龙榛 1 号 ×11-B-15、龙榛 1 号 ×11-B-10、龙榛 1 号 ×11-B-07、龙榛 1 号 ×11-B-14。由此可见龙榛 1 号与欧榛杂交的后代遗传变异性很高。证明了在幼树期的高生长、干径生长、成活率等方面的差异。

表 8-1 龙榛 1 号 × 欧榛杂交组合的 F_1 代幼树生长指标测定表

母本（龙榛）	父本（欧榛）	主要指标						
		树高/cm	当年高/cm	干径/cm	冠幅/cm		萌生条数	成活率/%
					东西	南北		
龙榛 1 号	11-A-16	25.29	13.86	0.50	14.14	13.43	1.5	100.00
龙榛 1 号	11-A-17	31.50	20.00	0.40	16.00	13.00	2.0	100.00
龙榛 1 号	11-B-07	41.50	25.00	0.60	15.50	12.50	1.0	100.00

母本 （龙榛1号）	父本 （欧榛）	主要指标						
		树高 /cm	当年 高 /cm	干径 /cm	冠幅 /cm		萌生 条数	成活 率 /%
					东西	南北		
龙榛1号	11-B-09	25.50	3.00	0.45	13.00	9.00	0.0	100.00
龙榛1号	11-B-10	45.80	13.33	0.71	29.00	12.11	1.5	100.00
龙榛1号	11-B-11	28.10	17.17	0.45	15.67	11.50	3.0	83.33
龙榛1号	11-B-12	32.50	17.67	0.73	20.33	13.67	2.0	60.00
龙榛1号	11-B-14	31.50	8.50	0.58	15.00	14.75	1.3	100.00
龙榛1号	11-B-15	26.25	12.50	0.73	20.00	18.50	2.0	80.00
龙榛1号	11-D-01	25.88	14.80	0.40	12.80	10.60	2.3	100.00
平均		31.382	14.583	0.555	17.144	12.906	1.66	92.333

表 8-2 龙榛1号 × 欧榛杂交组合 F_1 代幼树主要性状的方差分析

性状	变异来源	偏差平方和	df	均方	F	Sig.
树高	组间	2923.651	9	324.850	2.213	0.034
	组内	8366.125	57	146.774		
干径	组间	0.963	9	0.107	4.528	0.000
	组内	1.347	57	0.024		

表 8-3 龙榛1号 × 欧榛杂交组合 F_1 代幼树主要性状的 Duncan 多重比较

性状	杂交组合	N	子集（α =0.05）	
			1	2
树高	龙榛1号 ×11-B-09	3	25.5000	
	龙榛1号 ×11-D-01	8	25.8750	
	龙榛1号 ×11-B-15	4	26.2500	
	龙榛1号 ×11-B-11	10	28.1000	28.1000
	龙榛1号 ×11-A-16	16	30.5000	30.5000
	龙榛1号 ×11-A-17	3	31.5000	31.5000
	龙榛1号 ×11-B-14	4	31.5000	31.5000
	龙榛1号 ×11-B-12	6	32.5000	32.5000

续表

性状	杂交组合	N	子集（$\alpha=0.05$）	
			1	2
树高	龙榛1号×11-B-07	3	41.5000	41.5000
	龙榛1号×11-B-10	10		45.8000
	Sig.		0.085	0.051
干径	龙榛1号×11-D-01	8	0.4000	
	龙榛1号×11-A-17	3	0.4000	
	龙榛1号×11-B-09	3	0.4500	
	龙榛1号×11-B-11	10	0.4500	
	龙榛1号×11-A-16	16	0.5438	0.5438
	龙榛1号×11-B-14	4	0.5750	0.5750
	龙榛1号×11-B-07	3	0.6000	0.6000
	龙榛1号×11-B-10	10		0.7100
	龙榛1号×11-B-15	4		0.7250
	龙榛1号×11-B-12	6		0.7333
	Sig.		0.084	0.097

二、龙榛2号 × 欧榛杂交组合 F_1 代幼树的生长评比

龙榛2号 × 欧榛的组合中，共获得17个杂交组合 F_1 代的幼树，见表8-4。树高方面，平均为39.604 cm，较好的为龙榛2号×11-D-01、龙榛2号×11-B-07、龙榛2号×11-A-11，分别为50.43 cm、48.27 cm和45.21 cm，分别高出平均数27.34%、21.89%和14.16%；干径方面，平均为0.561 cm，较好的为龙榛2号×11-A-03、龙榛2号×11-B-07和龙榛2号×11-A-11，分别为0.80 cm、0.66 cm和0.65 cm，分别高出平均数42.6%、17.6%和15.9%；成活率方面，平均成活率达到87.812%，其中12个组合成活率都分布在龙榛2号×11-A-03的61.54%和龙榛2号×11-B-07的96.30%之间，其余的5个组合龙榛2号×11-A-10、龙榛2号×11-A-15、龙榛2号×11-A-17、龙榛2号×11-B-10和龙榛2号×11-B-16等，均达到100%。对树高与干径的方差分析（表8-5）证明了树高与干径差异性极显著，经过多重比较（表8-6）也证明了这种差异的存在。树高超过39.60 cm有11个组合，按从大到小顺序排列为龙榛2号×11-D-01、龙榛2号×11-B-07、龙榛2号×11-A-11、龙榛2号×11-B-16、龙榛2号×11-B-10、龙榛2号×11-A-16、龙榛2号×11-A-10、龙榛2号×11-A-03、龙榛2号×11-B-05、龙榛2号×11-B-11和龙榛2号×11-A-06等；干径达到或超过0.56 cm的有8个组合，按从大到小顺序排列为龙榛2号×11-A-03、龙榛2号×11-B-07、龙榛2号×11-A-11、龙榛2号×11-D-01、龙榛2号×11-B-11、龙榛2号×11-B-05和龙榛2号×11-B-10、龙

榛 2 号 ×11-A-14。由此可见龙榛 2 号与欧榛杂交的后代遗传变异性很高。

表 8-4 龙榛 2 号 × 欧榛杂交组合的 F₁ 代幼树生长指标测定表

| 母本（龙榛） | 父本（欧榛） | 树高 /cm | 当年高 /cm | 干径 /cm | 冠幅 /cm | | 萌生条数 | 成活率 /% |
					东西	南北		
龙榛 2 号	11-A-03	43.25	18.88	0.80	27.25	16.75	1.0	61.54
龙榛 2 号	11-A-06	39.88	14.25	0.49	18.33	18.92	1.4	94.12
龙榛 2 号	11-A-10	43.32	20.45	0.49	19.00	16.82	1.7	100.00
龙榛 2 号	11-A-11	45.21	16.65	0.65	24.00	15.65	1.0	87.88
龙榛 2 号	11-A-14	31.12	16.00	0.56	20.78	19.78	2.0	85.00
龙榛 2 号	11-A-15	39.50	15.83	0.53	19.33	16.58	2.7	100.00
龙榛 2 号	11-A-16	43.84	18.95	0.54	18.62	20.48	1.8	88.89
龙榛 2 号	11-A-17	32.56	14.29	0.47	19.43	16.14	1.7	100.00
龙榛 2 号	11-B-05	43.00	22.50	0.61	22.25	14.75	0.0	69.23
龙榛 2 号	11-B-07	48.27	16.56	0.66	21.33	15.44	2.0	96.30
龙榛 2 号	11-B-09	26.67	13.25	0.50	18.67	13.67	0.0	75.00
龙榛 2 号	11-B-10	44.09	14.57	0.57	16.14	20.86	1.5	100.00
龙榛 2 号	11-B-11	40.67	18.67	0.62	24.56	19.11	2.0	85.71
龙榛 2 号	11-B-12	32.92	13.64	0.52	21.27	16.36	1.6	92.86
龙榛 2 号	11-B-15	36.93	16.32	0.46	16.92	15.45	1.7	86.27
龙榛 2 号	11-B-16	44.22	12.52	0.44	12.32	10.46	0.0	100.00
龙榛 2 号	11-D-01	50.43	21.67	0.63	29.00	18.67	0.0	70.00
平均		39.604	16.030	0.561	20.570	16.839	1.309	87.812

表 8-5 龙榛 2 号 × 欧榛杂交组合 F₁ 代幼树主要性状的方差分析

性状	变异来源	偏差平方和	df	均方	F	Sig.
树高	组间	6372.733	16	398.296	2.111	0.008
	组内	51328.533	272	188.708		
干径	组间	1.778	16	0.111	4.469	0.000
	组内	6.765	272	0.025		

表 8-6 龙榛 2 号 × 欧榛杂交组合 F_1 代幼树主要性状的 Duncan 多重比较

性状	杂交组合	N	子集（$\alpha=0.05$）		
			1	2	3
树高	龙榛 2 号 ×11-A-14	17	31.1176		
	龙榛 2 号 ×11-B-09	5	31.2000		
	龙榛 2 号 ×11-A-17	9	32.5556		
	龙榛 2 号 ×11-B-12	3	33.0000		
	龙榛 2 号 ×11-B-15	41	38.7561	38.7561	
	龙榛 2 号 ×11-A-15	12	39.5000	39.5000	
	龙榛 2 号 ×11-A-06	16	39.8750	39.8750	
	龙榛 2 号 ×11-B-11	12	40.6667	40.6667	
	龙榛 2 号 ×11-B-05	9	43.0000	43.0000	
	龙榛 2 号 ×11-A-03	8	43.2500	43.2500	
	龙榛 2 号 ×11-A-10	34	43.3235	43.3235	
	龙榛 2 号 ×11-A-16	32	43.8438	43.8438	
	龙榛 2 号 ×11-B-10	11	44.0909	44.0909	
	龙榛 2 号 ×11-B-16	18	44.2222	44.2222	
	龙榛 2 号 ×11-A-11	29	45.2069	45.2069	
	龙榛 2 号 ×11-B-07	26		48.2692	
	龙榛 2 号 ×11-D-01	7		50.4286	
	Sig.		0.056	0.114	
干径	龙榛 2 号 ×11-A-17	9	0.4667		
	龙榛 2 号 ×11-B-15	41	0.4829		
	龙榛 2 号 ×11-A-10	34	0.4853		
	龙榛 2 号 ×11-A-06	16	0.4875		
	龙榛 2 号 ×11-B-12	3	0.5000	0.5000	
	龙榛 2 号 ×11-A-15	12	0.5333	0.5333	
	龙榛 2 号 ×11-A-16	32	0.5375	0.5375	
	龙榛 2 号 ×11-A-14	17	0.5588	0.5588	
	龙榛 2 号 ×11-B-09	5	0.5600	0.5600	
	龙榛 2 号 ×11-B-10	11	0.5727	0.5727	

性状	杂交组合	N	子集（α =0.05）		
			1	2	3
干径	龙榛 2 号 ×11-B-05	9	0.6111	0.6111	
	龙榛 2 号 ×11-B-11	12	0.6167	0.6167	
	龙榛 2 号 ×11-B-16	18	0.6278	0.6278	
	龙榛 2 号 ×11-D-01	7	0.6286	0.6286	
	龙榛 2 号 ×11-A-11	29		0.6517	
	龙榛 2 号 ×11-B-07	26		0.6615	
	龙榛 2 号 ×11-A-03	8			0.8000
	Sig.		0.054	0.052	1.000

三、龙榛 3 号 × 欧榛杂交组合 F_1 代幼树的生长评比

在龙榛 3 号 × 欧榛的组合中，共获得 7 个杂交组合的 F_1 代幼树（表 8-7）。树高方面，平均为 40.013 cm，较好的为龙榛 3 号 ×11-B-12、龙榛 3 号 ×11-B-16 和龙榛 3 号 ×11-D-01，分别为 50.00 cm、44.22 cm 和 43.42 cm，分别高出平均数 25.0%、10.5% 和 8.5%；干径方面，平均为 0.559 cm，较好的为龙榛 3 号 ×11-B-12 和龙榛 3 号 ×11-B-16，分别为 0.70 cm 和 0.63 cm，分别高出平均数 25.2% 和 12.7%；成活率方面，平均成活率达到 80.737%，其中 3 个组合龙榛 3 号 ×11-B-12、龙榛 3 号 ×11-D-01 和龙榛 3 号 ×11-A-03 的成活率在 50.00%~60.61%，其余的 4 个组合龙榛 3 号 ×11-A-10、龙榛 3 号 ×11-A-16、龙榛 3 号 ×11-B-15 和龙榛 3 号 ×11-B-16，成活率均为 100%。对树高与干径的方差分析（表 8-8）证明了树高与干径差异性不显著。由此可见龙榛 3 号与欧榛杂交的后代遗传变异性变化不大。

表 8-7 龙榛 3 号 × 欧榛杂交组合的 F_1 代幼树生长指标测定表

母本（平欧）	父本（欧榛）	主要指标						
		树高 /cm	当年高 /cm	干径 /cm	冠幅 /cm		萌生条数	成活率 /%
					东西	南北		
龙榛 3 号	11-A-03	32.40	19.00	0.48	21.50	13.63	2.0	60.61
龙榛 3 号	11-A-10	37.40	17.71	0.53	20.33	16.50	0.0	100.00
龙榛 3 号	11-A-16	35.15	14.13	0.47	20.38	16.00	0.0	100.00
龙榛 3 号	11-B-12	50.00	10.00	0.70	20.00	18.00	0.0	50.00
龙榛 3 号	11-B-15	37.50	14.00	0.55	22.50	17.00	0.0	100.00
龙榛 3 号	11-B-16	44.22	14.58	0.63	21.83	13.42	0.0	100.00

母本 （平欧）	父本 （欧榛）	主要指标						
		树高 /cm	当年高 / cm	干径 /cm	冠幅 /cm		萌生 条数	成活率 /%
					东西	南北		
龙榛 3 号	11-D-01	43.42	16.67	0.55	24.83	19.33	1.0	54.55
平均		40.013	15.156	0.559	21.624	16.269	0.429	80.737

表 8-8 龙榛 3 号 × 欧榛杂交组合 F_1 代幼树主要性状的方差分析

性状	变异来源	偏差平方和	df	均方	F	Sig.
树高	组间	1203.670	6	200.612	2.004	0.078
	组内	6305.405	63	100.086		
干径	组间	0.255	6	0.043	2.051	0.072
	组内	1.307	63	0.021		

四、龙榛 4 号 × 欧榛杂交组合 F_1 代幼树的生长评比

龙榛 4 号 × 欧榛的组合中，共获得 15 个杂交组合的 F_1 代幼树，见表 8-9。

树高方面，平均为 36.147 cm，较好的为龙榛 4 号 ×11-A-16、龙榛 4 号 ×11-B-16 和龙榛 4 号 ×11-B-05，分别为 53.50 cm、53.50 cm 和 45.00 cm，分别高出平均数 48.01%、48.01% 和 24.49%；干径方面，平均为 0.591 cm，较好的为龙榛 4 号 ×11-A-15、龙榛 4 号 ×11-B-15、龙榛 4 号 ×11-A-16、龙榛 4 号 ×11-A-11、龙榛 4 号 ×11-B-16，分别为 0.70 cm、0.70 cm 和 0.65 cm、0.65 cm、0.65 cm，分别高出平均数 18.44% 和 9.98%；成活率方面，平均成活率达到 89.259%，其中 6 个组合，包括龙榛 4 号 ×11-A-10、龙榛 4 号 ×11-A-17、龙榛 4 号 ×11-A-16、龙榛 4 号 ×11-B-09、龙榛 4 号 ×11-B-11 和龙榛 4 号 ×11-A-15 等，成活率均分布在 50.00%~90.00% 之间，其余的 9 个组合，即龙榛 4 号 ×11-A-06、龙榛 4 号 ×11-A-11、龙榛 4 号 ×11-A-14、龙榛 4 号 ×11-B-05、龙榛 4 号 ×11-B-07、龙榛 4 号 ×11-B-12、龙榛 4 号 ×11-B-15、龙榛 4 号 ×11-B-16 和龙榛 4 号 ×11-D-01 等，成活率均达到 100%。对树高与干径的方差分析（表 8-10）证明了树高与干径差异性极显著，经过多重比较（表 8-11）也证明了这种差异的存在。树高在 39.00~53.50 cm 之间的有 7 个组合，按从大到小顺序排列为龙榛 4 号 ×11-B-16、龙榛 4 号 ×11-A-16、龙榛 4 号 ×11-B-05、龙榛 4 号 ×11-A-11、龙榛 4 号 ×11-A-06、龙榛 4 号 ×11-B-07、龙榛 4 号 ×11-D-01；干径在 0.65~0.70 之间的有 5 个组合，按大小顺序为龙榛 4 号 ×11-D-01、龙榛 4 号 ×11-B-15、龙榛 4 号 ×11-A-06、龙榛 4 号 ×11-B-16 和龙榛 4 号 ×11-A-11。由此可见龙榛 4 号与欧榛杂交的后代遗传变异性很高。

表 8-9 龙榛 4 号 × 欧榛杂交组合的 F₁ 代幼树生长指标测定表

母本 （平欧）	父本 （欧榛）	主要指标						
		树高 /cm	当年 高 /cm	干径 /cm	冠幅 /cm		萌生 条数	成活率 /%
					东西	南北		
龙榛 4 号	11-A-06	40.75	32.33	0.55	27.33	22.33	1.5	100.00
龙榛 4 号	11-A-10	19.00	8.20	0.40	15.13	12.38	0.0	50.00
龙榛 4 号	11-A-11	42.83	20.83	0.65	19.67	23.83	2.3	100.00
龙榛 4 号	11-A-14	24.00	6.00	0.60	12.00	10.00	2.0	100.00
龙榛 4 号	11-A-15	33.00	5.00	0.70	26.00	16.00	1.3	90.00
龙榛 4 号	11-A-16	53.50	33.67	0.65	22.75	20.75	1.7	80.00
龙榛 4 号	11-A-17	32.00	12.00	0.60	22.00	25.00	2.0	50.00
龙榛 4 号	11-B-05	45.00	4.50	0.60	12.62	18.96	1.0	100.00
龙榛 4 号	11-B-07	39.00	26.50	0.55	19.00	18.00	0.0	100.00
龙榛 4 号	11-B-09	25.75	8.00	0.55	30.00	14.00	0.0	80.00
龙榛 4 号	11-B-11	33.38	4.30	0.43	15.62	18.42	0.0	88.89
龙榛 4 号	11-B-12	32.00	11.50	0.60	13.25	19.28	3.0	100.00
龙榛 4 号	11-B-15	33.00	3.20	0.70	15.12	12.64	0.0	100.00
龙榛 4 号	11-B-16	53.50	2.00	0.65	18.56	28.28	0.0	100.00
龙榛 4 号	11-D-01	35.50	15.57	0.63	23.14	21.43	2.2	100.00
平均		36.147	12.907	0.591	19.479	18.753	1.133	89.259

表 8-10 龙榛 4 号 × 欧榛杂交组合 F₁ 代幼树主要性状的方差分析

性状	变异来源	偏差平方和	df	均方	F	Sig.
树高	组间	4799.713	14	342.837	3.863	0.000
	组内	4349.021	49	88.756		
干径	组间	0.594	14	0.042	4.908	0.000
	组内	0.424	49	0.009		

表 8-11 龙榛 4 号 × 欧榛杂交组合 F$_1$ 代幼树主要性状的 Duncan 多重比较

性状	杂交组合	N	子集（α=0.05）				
			1	2	3	4	5
树高	龙榛 4 号 ×11-A-10	3	19.0000				
	龙榛 4 号 ×11-A-14	3	24.0000	24.0000			
	龙榛 4 号 ×11-B-09	4	25.7500	25.7500			
	龙榛 4 号 ×11-A-15	5	30.6000	30.6000	30.6000		
	龙榛 4 号 ×11-A-17	3	32.0000	32.0000	32.0000		
	龙榛 4 号 ×11-B-12	3	32.0000	32.0000	32.0000		
	龙榛 4 号 ×11-B-11	3	33.0000	33.0000	33.0000		
	龙榛 4 号 ×11-B-15	7		36.7143	36.7143	36.7143	
	龙榛 4 号 ×11-D-01	3		39.0000	39.0000	39.0000	39.0000
	龙榛 4 号 ×11-B-07	7		39.5714	39.5714	39.5714	39.5714
	龙榛 4 号 ×11-A-06	6			42.8333	42.8333	42.8333
	龙榛 4 号 ×11-A-11	7			43.7143	43.7143	43.7143
	龙榛 4 号 ×11-B-05	3			45.0000	45.0000	45.0000
	龙榛 4 号 ×11-A-16	3				50.6667	50.6667
	龙榛 4 号 ×11-B-16	4					53.5000
	Sig.		0.082	0.057	0.081	0.083	0.071
干径	龙榛 4 号 ×11-A-15	5	0.4000				
	龙榛 4 号 ×11-A-10	3	0.4000				
	龙榛 4 号 ×11-B-11	7	0.4571	0.4571			
	龙榛 4 号 ×11-B-07	3	0.5500	0.5500	0.5500		
	龙榛 4 号 ×11-B-09	4	0.5500	0.5500	0.5500		
	龙榛 4 号 ×11-A-14	3		0.6000	0.6000		
	龙榛 4 号 ×11-A-16	7		0.6000	0.6000		
	龙榛 4 号 ×11-A-17	3		0.6000	0.6000		
	龙榛 4 号 ×11-B-05	3		0.6000	0.6000		
	龙榛 4 号 ×11-B-12	3		0.6000	0.6000		
	龙榛 4 号 ×11-A-11	6			0.6500		

性状	杂交组合	N	子集（α =0.05）				
			1	2	3	4	5
干径	龙榛 4 号 × 11-B-16	4			0.6500		
	龙榛 4 号 × 11-A-06	3			0.6667		
	龙榛 4 号 × 11-B-15	3			0.7000		
	龙榛 4 号 × 11-D-01	7			0.7000		
	Sig.		0.051	0.075	0.069		

五、龙榛 5 号 × 欧榛杂交组合 F_1 代幼树的生长评比

龙榛 5 号 × 欧榛的组合中，共获得 12 个杂交组合的 F_1 代幼树（表 8-12）。在树高方面，平均为 31.318 cm，较好的为龙榛 5 号 ×11-A-03、龙榛 5 号 ×11-B-12、龙榛 5 号 ×11-B-10 和龙榛 5 号 ×11-B-11，分别为 46.33 cm、41.00 cm、38.40 cm 和 37.83 cm，分别高出平均数 47.93%、30.92%、22.61% 和 20.79%；干径方面，平均为 0.456 cm，较好的为龙榛 5 号 ×11-B-10、龙榛 5 号 ×11-D-01 和龙榛 5 号 ×11-B-12，分别为 0.55 cm、0.53 cm 和 0.50 cm，分别高出平均数 20.61%、16.23% 和 9.65%；成活率方面，平均成活率达到 91.377%，其中 7 个组合，包括龙榛 5 号 ×11-B-09、龙榛 5 号 ×11-B-12、龙榛 5 号 ×11-B-10、龙榛 5 号 ×11-A-16、龙榛 5 号 ×11-A-15、龙榛 5 号 ×11-B-11 和龙榛 5 号 ×11-D-01，成活率分布在 71.43%~96.77%，其余的 5 个组合即龙榛 5 号 ×11-A-03、龙榛 5 号 ×11-A-06、龙榛 5 号 ×11-A-11、龙榛 5 号 ×11-A-17 和龙榛 5 号 ×11-B-16 等，成活率均达到 100%。对树高与干径的方差分析（表 8-13）证明了树高差异性极显著，干径差异性不显著，经过多重比较（表 8-14）证明了树高差异的存在。树高超过 36.00 cm 的有 5 个组合，按从大到小顺序排列为龙榛 5 号 ×11-A-03、龙榛 5 号 ×11-B-12、龙榛 5 号 ×11-B-10、龙榛 5 号 ×11-B-11 和龙榛 5 号 ×11-D-01。由此可见龙榛 5 号与欧榛杂交的后代遗传变异性较高。

表 8-12 龙榛 5 号 × 欧榛杂交组合的 F_1 代幼树生长指标测定表

母本（平欧）	父本（欧榛）	主要指标						
		树高 /cm	当年高 /cm	干径 /cm	冠幅 /cm		萌生条数	成活率 /%
					东西	南北		
龙榛 5 号	11-A-03	46.33	21.50	0.43	20.00	15.50	0.0	100.00
龙榛 5 号	11-A-06	22.14	16.00	0.43	17.00	9.00	1.5	100.00
龙榛 5 号	11-A-11	30.91	15.57	0.49	22.29	12.57	2.0	100.00
龙榛 5 号	11-A-15	27.75	12.00	0.43	17.40	14.60	1.7	88.89
龙榛 5 号	11-A-16	20.93	14.50	0.37	22.25	11.50	2.1	87.50

母本 （平欧）	父本 （欧榛）	主要指标						
		树高 / cm	当年 高 /cm	干径 /cm	冠幅 /cm		萌生 条数	成活率 /%
					东西	南北		
龙榛 5 号	11-A-17	24.39	15.00	0.42	14.50	13.17	1.8	100.00
龙榛 5 号	11-B-09	24.60	7.00	0.46	11.00	16.00	1.2	71.43
龙榛 5 号	11-B-10	38.40	17.82	0.55	19.00	14.91	1.2	84.62
龙榛 5 号	11-B-11	37.83	16.43	0.41	18.57	14.00	1.8	92.31
龙榛 5 号	11-B-12	41.00	8.56	0.50	12.56	18.32	0.0	75.00
龙榛 5 号	11-B-16	24.80	9.50	0.44	21.50	12.00	1.7	100.00
龙榛 5 号	11-D-01	36.73	20.13	0.53	19.00	15.00	1.9	96.77
平均		31.318	14.501	0.456	17.923	13.881	1.408	91.377

表 8-13 龙榛 5 号 × 欧榛杂交组合 F$_1$ 代幼树主要性状的方差分析

性状	变异来源	偏差平方和	df	均方	F	Sig.
树高	组间	3367.282	11	306.117	2.621	0.006
	组内	11563.530	99	116.803		
干径	组间	0.499	11	0.045	1.524	0.135
	组内	2.944	99	0.030		

表 8-14 龙榛 5 号 × 欧榛杂交组合 F$_1$ 代幼树树高的 Duncan 多重比较

杂交组合	N	子集（α =0.05）		
		1	2	3
龙榛 5 号 ×11-B-09	5	24.6000		
龙榛 5 号 ×11-A-16	9	25.8889		
龙榛 5 号 ×11-B-16	4	27.0000	27.0000	
龙榛 5 号 ×11-A-17	14	27.5714	27.5714	
龙榛 5 号 ×11-A-15	8	27.7500	27.7500	
龙榛 5 号 ×11-A-06	5	28.4000	28.4000	
龙榛 5 号 ×11-A-11	9	34.7778	34.7778	34.7778
龙榛 5 号 ×11-D-01	30	36.7333	36.7333	36.7333

杂交组合	N	子集（α=0.05）		
		1	2	3
龙榛 5 号 ×11-B-11	12	37.5000	37.5000	37.5000
龙榛 5 号 ×11-B-10	9	38.4444	38.4444	38.4444
龙榛 5 号 ×11-B-12	3		41.0000	41.0000
龙榛 5 号 ×11-A-03	3			46.3333
Sig.		0.062	0.057	0.105

第二节 平榛 × 欧榛杂交组合 F_1 代幼树的生长评比

平榛与欧榛杂交组合是榛子改良的重要技术措施，对于其杂交后代的评比是育种步骤之一。

一、林口曙光平榛 × 欧榛杂交组合 F_1 代幼树的生长评比

林口曙光平榛 × 欧榛的杂交 F_1 代共获得 11 个组合的幼树，结果见表 8-15。在树高方面，平均为 34.845 cm，较好的为曙光平榛 ×11-B-03、曙光平榛 ×11-A-06 和曙光平榛 ×11-B-05，分别为 44.50 cm、44.00 cm 和 40.00 cm，分别高出平均数 27.68%、26.24% 和 14.76%；干径方面，平均为 0.441 cm，较好的为曙光平榛 ×11-B-05、曙光平榛 ×11-A-06、曙光平榛 ×11-B-17 和曙光平榛 ×11-B-02，分别为 0.60 cm、0.50 cm、0.50 cm 和 0.48 cm，分别高出平均数 36.05%、13.38%、13.38% 和 8.84%；成活率方面，平均达到 93.940%，其中 2 个组合曙光平榛 ×11-B-03 与曙光平榛 ×11-B-15 的成活率均为 66.67%，其余的 9 个组合即曙光平榛 ×11-A-06、曙光平榛 ×11-A-11、曙光平榛 ×11-A-17、曙光平榛 ×11-B-02、曙光平榛 ×11-B-04、曙光平榛 ×11-B-05、曙光平榛 ×11-B-06、曙光平榛 ×11-B-08 和曙光平榛 ×11-B-17，成活率均达到 100%。对树高与干径的方差分析（表 8-16）证明了树高差异性显著，干径差异性不显著，经过多重比较（表 8-17）证明了树高差异的存在。树高达到或超过 40.00 cm 的有 3 个组合，按从大到小顺序排列为曙光平榛 ×11-B-03、曙光平榛 ×11-A-06 和曙光平榛 ×11-B-05。由此可见曙光平榛与欧榛杂交的后代遗传变异性较高。

表 8-15 林口曙光平榛 × 欧榛杂交组合的 F_1 代幼树生长指标测定表

母本（平榛）	父本（欧榛）	主要指标						
		树高 /cm	当年高 /cm	干径 /cm	冠幅 /cm		萌生条数	成活率 /%
					东西	南北		
曙光	11-A-06	44.00	17.00	0.50	20.00	13.00	2.0	100.00

母本（平榛）	父本（欧榛）	主要指标						
		树高 /cm	当年高 /cm	干径 /cm	冠幅 /cm		萌生条数	成活率 /%
					东西	南北		
曙光	11-A-11	34.50	17.50	0.45	17.00	16.50	2.0	100.00
曙光	11-A-17	38.00	22.00	0.30	30.00	20.00	1.0	100.00
曙光	11-B-02	33.00	14.67	0.48	15.00	19.33	1.5	100.00
曙光	11-B-03	44.50	32.00	0.40	22.00	16.00	1.0	66.67
曙光	11-B-04	39.89	15.80	0.47	18.20	18.00	1.6	100.00
曙光	11-B-05	40.00	8.00	0.60	19.00	14.00	1.0	100.00
曙光	11-B-06	28.00	12.00	0.40	15.00	18.00	1.0	100.00
曙光	11-B-08	14.00	8.02	0.30	12.50	16.32	0.0	100.00
曙光	11-B-15	31.50	13.50	0.45	21.00	15.50	1.5	66.67
曙光	11-B-17	36.00	18.00	0.50	20.00	26.00	1.0	100.00
平均		34.854	16.226	0.441	19.064	17.514	1.236	93.940

表 8-16 林口曙光平榛 × 欧榛杂交组合 F_1 代幼树主要性状的方差分析

性状	变异来源	偏差平方和	df	均方	F	Sig.
树高	组间	2500.809	10	250.081	2.508	0.024
	组内	3190.889	32	99.715		
干径	组间	0.185	10	0.018	1.101	0.391
	组内	0.537	32	0.017		

表 8-17 林口曙光平榛 × 欧榛杂交组合 F_1 代幼树树高的 Duncan 多重比较

杂交组合	N	子集（α =0.05）	
		1	2
曙光平榛 ×11-B-08	3	14.0000	
曙光平榛 ×11-B-06	3	28.0000	28.0000
曙光平榛 ×11-B-15	3		31.5000
曙光平榛 ×11-B-02	4		33.0000
曙光平榛 ×11-A-11	3		34.5000

杂交组合	N	子集（α=0.05）	
		1	2
曙光平榛 ×11-B-17	3		36.0000
曙光平榛 ×11-A-17	4		38.0000
曙光平榛 ×11-B-04	9		39.8889
曙光平榛 ×11-B-05	3		40.0000
曙光平榛 ×11-A-06	3		44.0000
曙光平榛 ×11-B-03	5		44.5000
Sig.		0.073	0.071

二、新青平榛 × 欧榛杂交组合 F₁ 代幼树的生长评比

新青平榛 × 欧榛的杂交 F_1 代评比共获得 10 个组合的幼树，结果见表 8-18。在树高方面，平均为 30.633 cm，较好的是新青平榛 ×11-B-05、新青平榛 ×11-B-16 和新青平榛 ×11-A-03，分别为 51.50 cm、34.50 cm 和 33.00 cm，分别高出平均数 68.12%、12.62% 和 7.73%；干径方面，平均为 0.415 cm，较好的是新青平榛 ×11-A-03、新青平榛 ×11-B-05、新青平榛 ×11-B-16 和新青平榛 ×11-A-10，分别为 0.55 cm、0.50 cm、0.50 cm 和 0.47 cm，分别高出平均数 32.53%、20.48%、20.48% 和 13.25%；成活率方面，平均达到 96.667%，其中新青平榛 ×11-B-07 组合成活率为 66.67%，其余的 9 个组合，即新青平榛 ×11-A-03、新青平榛 ×11-B-16、新青平榛 ×11-B-05、新青平榛 ×11-A-10、新青平榛 ×11-B-03、新青平榛 ×11-B-12、新青平榛 ×11-B-08、新青平榛 ×11-A-11 和新青平榛 ×11-A-09，成活率均达到 100%。对树高与干径的方差分析（表 8-19）证明了树高与干径的差异性极显著，经过多重比较（表 8-20）证明了树高、干径差异的存在。树高超过 31.00 cm 的有 4 个组合，按从大到小顺序排列为新青平榛 ×11-B-05、新青平榛 ×11-B-16、新青平榛 ×11-A-03 和新青平榛 ×11-A-10；干径超过 0.46 cm 的有 4 个组合，按从大到小顺序排列为新青平榛 ×11-A-03、新青平榛 ×11-B-16、新青平榛 ×11-B-05 和新青平榛 ×11-A-10。由此可见新青平榛与欧榛杂交的后代遗传变异性较高。

表 8-18 新青平榛 × 欧榛杂交组合的 F₁ 代幼树生长指标测定表

母本（平榛）	父本（欧榛）	主要指标						
		树高 /cm	当年高 /cm	干径 /cm	冠幅 /cm		萌生条数	成活率 /%
					东西	南北		
新青	11-A-03	33.00	27.00	0.55	20.00	16.00	0.0	100.00
新青	11-A-09	23.00	5.30	0.20	12.42	8.06	0.0	100.00
新青	11-A-10	31.67	8.00	0.47	27.00	16.00	0.0	100.00

母本（平榛）	父本（欧榛）	主要指标						
		树高 /cm	当年高 /cm	干径 /cm	冠幅 /cm		萌生条数	成活率 /%
					东西	南北		
新青	11-A-11	29.00	12.45	0.30	8.56	10.20	0.0	100.00
新青	11-B-03	24.33	9.50	0.43	14.50	16.50	1.5	100.00
新青	11-B-05	51.50	20.00	0.50	22.00	18.00	2.0	100.00
新青	11-B-07	30.00	10.00	0.40	13.00	16.00	2.0	66.67
新青	11-B-08	26.00	8.00	0.40	20.00	14.00	0.0	100.00
新青	11-B-12	23.33	12.00	0.40	16.00	17.50	1.5	100.00
新青	11-B-16	34.50	15.00	0.50	19.00	16.00	2.0	100.00
平均		30.633	12.725	0.415	17.248	14.826	0.9	96.667

表 8-19 新青平榛 × 欧榛杂交组合 F_1 代幼树主要性状的方差分析

性状	变异来源	偏差平方和	df	均方	F	Sig.
树高	组间	1775.473	9	197.275	8.356	0.000
	组内	495.766	21	23.608		
干径	组间	0.300	9	0.033	5.920	0.000
	组内	0.118	21	0.006		

表 8-20 新青平榛 × 欧榛杂交组合 F_1 代幼树主要性状的 Duncan 多重比较

性状	杂交组合	N	子集（α =0.05）			
			1	2	3	4
树高	新青平榛 ×11-A-09	3	23.0000			
	新青平榛 ×11-B-03	3	24.3333	24.3333		
	新青平榛 ×11-B-08	3	26.0000	26.0000	26.0000	
	新青平榛 ×11-B-12	3	27.1100	27.1100	27.1100	
	新青平榛 ×11-A-11	4	29.0000	29.0000	29.0000	
	新青平榛 ×11-B-07	3	30.0000	30.0000	30.0000	
	新青平榛 ×11-A-10	3	31.6667	31.6667	31.6667	
	新青平榛 ×11-A-03	3		33.0000	33.0000	

性状	杂交组合	N	子集（α=0.05）			
			1	2	3	4
树高	新青平榛×11-B-16	3			34.5000	
	新青平榛×11-B-05	3				51.5000
	Sig.		0.065	0.065	0.070	1.000
干径	新青平榛×11-A-09	3	0.2000			
	新青平榛×11-A-11	4	0.3000	0.3000		
	新青平榛×11-B-07	3		0.4000	0.4000	
	新青平榛×11-B-08	3		0.4000	0.4000	
	新青平榛×11-B-12	3		0.4000	0.4000	
	新青平榛×11-B-03	3		0.4333	0.4333	0.4333
	新青平榛×11-A-10	3			0.4667	0.4667
	新青平榛×11-B-05	3			0.5000	0.5000
	新青平榛×11-B-16	3			0.5000	0.5000
	新青平榛×11-A-03	3				0.5500
	Sig.		0.113	0.059	0.161	0.097

三、牡丹江市郊丰收平榛 × 欧榛杂交组合 F₁ 代幼树的生长评比

牡丹江市郊丰收平榛与欧榛的杂交 F_1 代评比共获得 3 个组合的幼树，结果见表 8-21。在树高方面，最好的是牡丹江市郊丰收平榛 ×11-A-16，达到 48.00 cm，高出平均数 35.63%；干径最好的是牡丹江市郊丰收平榛 ×11-A-16，为 0.70 cm，高出平均数 32.83%；成活率方面，3 个组合成活率，牡丹江市郊丰收平榛 ×11-A-16 为 33.33%、牡丹江市郊丰收平榛 ×11-A-15 为 75.00%、牡丹江市郊丰收平榛 ×11-A-10 为 100.00%，总体的平均成活率达到 69.443%。对树高与干径的方差分析（表 8-22）证明了树高的差异性极显著，干径的差异性显著，经过多重比较（表 8-23）证明了树高、干径差异的存在。由此可见牡丹江市郊丰收平榛与欧榛杂交的后代遗传变异性较高。

表 8-21 牡丹江市郊丰收平榛 × 欧榛杂交组合的 F₁ 代幼树生长指标测定表

母本（平榛）	父本（欧榛）	主要指标						
		树高 /cm	当年高 /cm	干径 / cm	冠幅 /cm		萌生条数	成活率 /%
					东西	南北		
丰收	11-A-10	25.50	14.00	0.45	19.00	18.50	0.0	100.00
丰收	11-A-15	32.67	14.00	0.43	20.00	13.00	2.0	75.00
丰收	11-A-16	48.00	30.00	0.70	20.00	16.00	1.0	33.33
	平均	35.390	19.333	0.527	19.667	15.833	1.000	69.443

表 8-22 牡丹江市效丰收平榛 × 欧榛杂交组合 F₁ 代幼树主要性状的方差分析

性状	变异来源	偏差平方和	df	均方	F	Sig.
树高	组间	880.733	2	440.367	32.222	0.000
	组内	95.667	7	13.667		
干径	组间	0.139	2	0.070	8.606	0.013
	组内	0.057	7	0.008		

表 8-23 牡丹江市郊丰收平榛 × 欧榛杂交组合 F₁ 代幼树主要性状的 Duncan 多重比较

性状	杂交组合	N	子集（α =0.05）		
			1	2	3
树高	丰收平榛 ×11-A-10	4	25.5000		
	丰收平榛 ×11-A-15	3		32.6667	
	丰收平榛 ×11-A-16	3			48.0000
	Sig.		1.000	1.000	1.000
干径	丰收平榛 ×11-A-15	3	0.4333		
	丰收平榛 ×11-A-10	4	0.4500		
	丰收平榛 ×11-A-16	3		0.7000	
	Sig.		0.819	1.000	

四、东京城三道平榛 × 欧榛杂交组合 F₁ 代幼树的生长评比

东京城三道平榛与欧榛的杂交 F₁ 代评比共获得 8 个组合的幼树，结果见表 8-24。在树高方面，较好的为东京城三道平榛 ×11-B-05、东京城三道平榛 ×11-A-14 和东京城三道平榛 ×11-A-06，分别

为 51.00 cm、46.00 cm 和 43.00 cm，分别高出平均数 32.47%、19.48% 和 11.69%；干径较好的为东京城三道平榛×11-A-14、东京城三道平榛×11-B-05 和东京城三道平榛×11-B-12，分别为 0.80 cm、0.70 cm 和 0.70 cm，分别高出平均数 39.13%、21.74% 和 21.74%；成活率方面，东京城三道平榛×11-A-11 组合成活率为 50.00%，其余的 7 个组合即东京城三道平榛×11-A-06、东京城三道平榛×11-A-14、东京城三道平榛×11-B-05、东京城三道平榛×11-B-12、东京城三道平榛×11-B-14、东京城三道平榛×11-B-16 和东京城三道平榛×11-D-01，成活率均达到 100%，总体的平均成活率达到 93.750%。对树高与干径的方差分析（表 8-25）证明了树高与干径的差异性极显著，经过多重比较（表 8-26）也证明了树高、干径差异的存在。树高达到或超过 40.00 cm 的有 4 个组合，按从大到小的顺序排列为东京城三道平榛×11-B-05、东京城三道平榛×11-A-14、三道平榛×11-A-06 和东京城三道平榛×11-B-14；干径达到或超过 0.60 cm 的有 5 个组合，按从大到小的顺序排列为东京城三道平榛×11-A-14、东京城三道平榛×11-B-05、东京城三道平榛×11-B-12、东京城三道平榛×11-D-01、东京城三道平榛×11-A-11。由此可见东京城三道平榛与欧榛杂交的后代遗传变异性较高。

表 8-24 东京城三道平榛 × 欧榛杂交组合的 F$_1$ 代幼树生长指标测定表

母本 （平榛）	父本 （欧榛）	主要指标						
		树高 / cm	当年高 / cm	干径 / cm	冠幅 /cm		萌生 条数	成活率 /%
					东西	南北		
三道	11-A-06	43.00	30.00	0.40	16.00	10.00	1.0	100.00
三道	11-A-11	36.00	7.00	0.60	20.00	18.00	2.0	50.00
三道	11-A-14	46.00	10.00	0.80	23.00	22.00	1.0	100.00
三道	11-B-05	51.00	27.67	0.70	34.00	33.00	2.0	100.00
三道	11-B-12	37.00	18.00	0.70	22.00	30.00	0.0	100.00
三道	11-B-14	40.00	22.00	0.40	20.00	16.00	1.0	100.00
三道	11-B-16	23.00	15.00	0.40	12.00	10.00	1.0	100.00
三道	11-D-01	32.00	6.00	0.60	11.00	16.00	0.0	100.00
平均		38.500	16.959	0.575	19.750	19.375	1.000	93.750

表 8-25 东京城三道平榛 × 欧榛杂交组合 F$_1$ 代幼树主要性状的方差分析

项目	变异来源	偏差平方和	df	均方	F	Sig.
树高	组间	1866.462	7	266.637	6.629	0.001
	组内	724.000	18	40.222		
干径	组间	0.554	7	0.079	23.736	0.000
	组内	0.060	18	0.003		

表 8-26 东京城三道平榛 × 欧榛杂交组合 F₁ 代幼树主要性状的 Duncan 多重比较

性状	杂交组合	N	子集（α=0.05）			
			1	2	3	4
树高	三道平榛 ×11-B-16	3	23.0000			
	三道平榛 ×11-D-01	3	32.0000	32.0000		
	三道平榛 ×11-A-11	3		36.0000	36.0000	
	三道平榛 ×11-B-12	3		37.0000	37.0000	
	三道平榛 ×11-B-14	3		40.0000	40.0000	40.0000
	三道平榛 ×11-A-06	3		43.0000	43.0000	43.0000
	三道平榛 ×11-A-14	3			46.0000	46.0000
	三道平榛 ×11-B-05	5				51.0000
	Sig.		0.091	0.064	0.090	0.059
干径	三道平榛 ×11-A-06	3	0.4000			
	三道平榛 ×11-B-14	3	0.4000			
	三道平榛 ×11-B-16	3	0.4000			
	三道平榛 ×11-A-11	3		0.6000		
	三道平榛 ×11-D-01	3		0.6000		
	三道平榛 ×11-B-12	3		0.7000	0.7000	
	三道平榛 ×11-B-05	5		0.7000	0.7000	
	三道平榛 ×11-A-14	3			0.8000	
	Sig.		1.000	0.059	0.053	

五、海林三部落平榛 × 欧榛杂交组合 F₁ 代幼树的生长评比

海林三部落平榛与欧榛的杂交 F₁ 代评比共获得 8 个组合的幼树，结果见表 8-27。在树高方面，平均为 29.938 cm，较好的是海林三部落平榛 ×11-A-17、海林三部落平榛 ×11-A-10 和海林三部落平榛 ×11-B-12，分别为 37.00 cm、37.00 cm 和 36.00 cm，分别高出平均数 23.59%、23.59% 和 20.25%；干径方面，平均为 0.504 cm，较好的是海林三部落平榛 ×11-A-10、海林三部落平榛 ×11-B-12 和海林三部落平榛 ×11-B-11，分别为 0.70 cm、0.60 cm 和 0.60 cm，分别高出平均数 38.89%、19.05% 和 19.05%；成活率方面，平均为 97.500%，其中海林三部落平榛 ×11-A-15 组合成活率为 80.00%，其余的 7 个组合，即海林三部落平榛 ×11-A-16、海林三部落平榛 ×11-D-01、海林三部落平榛 ×11-B-11、海林三部落平榛 ×11-A-14、海林三部落平榛 ×11-B-12、海林三部落平榛 ×11-A-10 和海林三部落平榛 ×11-A-17，均达到 100%。对树高与干径的方差分析（表

8-28）证明了树高与干径的差异性极显著，经过多重比较（表 8-29）证明了树高、干径差异显著的存在。树高达到或超过 30.00 cm 的有 4 个组合，按从大到小的顺序排列为海林三部落平榛 ×11-A-17、海林三部落平榛 ×11-A-10、海林三部落平榛 ×11-B-12 和海林三部落平榛 ×11-A-14；干径达到或超过 0.50 cm 的有 5 个组合，按从大到小的顺序排列为海林三部落平榛 ×11-A-10、海林三部落平榛 ×11-B-12、海林三部落平榛 ×11-B-11、海林三部落平榛 ×11-D-01 和海林三部落平榛 ×11-A-17。由此可见海林三部落平榛与欧榛杂交的后代遗传变异性较高。

表 8-27 海林三部落平榛 × 欧榛杂交组合 的 F₁ 代幼树生长指标测定表

母本（平榛）	父本（欧榛）	主要指标						
		树高 /cm	当年高 /cm	干径 /cm	冠幅 /cm		萌生条数	成活率 /%
					东西	南北		
三部落	11-A-10	37.00	22.00	0.70	26.50	16.00	2.0	100.00
三部落	11-A-14	30.00	12.62	0.30	14.52	18.65	0.0	100.00
三部落	11-A-15	27.00	11.60	0.38	20.80	17.20	1.3	80.00
三部落	11-A-16	21.50	6.00	0.45	15.00	12.00	0.0	100.00
三部落	11-A-17	37.00	20.00	0.50	22.00	17.00	0.0	100.00
三部落	11-B-11	26.00	8.25	0.60	11.75	10.64	0.0	100.00
三部落	11-B-12	36.00	16.50	0.60	25.00	17.50	0.0	100.00
三部落	11-D-01	25.00	12.30	0.50	15.65	11.45	1.0	100.00
平均		29.938	13.659	0.504	18.903	15.055	0.538	97.500

表 8-28 海林三部落平榛 × 欧榛杂交组合 F₁ 代幼树主要性状的方差分析

性状	变异来源	偏差平方和	*df*	均方	*F*	Sig.
树高	组间	939.387	7	134.198	4.526	0.005
	组内	533.700	18	29.650		
干径	组间	0.305	7	0.044	4.530	0.005
	组内	0.173	18	0.010		

表 8-29 海林三部落平榛 × 欧榛杂交组合 F₁ 代幼树主要性状的 Duncan 多重比较

| 项目 | 杂交组合 | *N* | 子集（ *α* =0.05 ） | | |
			1	2	3
树高	三部落平榛 ×11-A-16	3	21.5000		
	三部落平榛 ×11-D-01	3	25.0000		

项目	杂交组合	N	子集（α =0.05）		
			1	2	3
树高	三部落平榛 × 11-B-11	3	26.0000		
	三部落平榛 × 11-A-15	5	27.4000		
	三部落平榛 × 11-A-14	3	30.0000	30.0000	
	三部落平榛 × 11-B-12	3		36.0000	
	三部落平榛 × 11-A-10	3		37.0000	
	三部落平榛 × 11-A-17	3		37.0000	
	Sig.		0.087	0.140	
干径	三部落平榛 × 11-A-14	3	0.3000		
	三部落平榛 × 11-A-16	3	0.4500	0.4500	
	三部落平榛 × 11-A-15	5		0.4800	
	三部落平榛 × 11-A-17	3		0.5000	
	三部落平榛 × 11-D-01	3		0.5000	
	三部落平榛 × 11-B-11	3		0.6000	0.6000
	三部落平榛 × 11-B-12	3		0.6000	0.6000
	三部落平榛 × 11-A-10	3			0.7000
	Sig.		0.071	0.103	0.240

第三节 毛榛 × 欧榛杂交组合 F_1 代幼树的生长评比

毛榛 × 欧榛杂交组合 F_1 代的幼树是来源于种间的远缘杂交，其杂交 F_1 代共获得 8 个组合的 F_1 代幼树，见表 8-30。在树高方面，平均为 35.822 cm，较好的是毛榛 × 11-D-01 和毛榛 × 11-B-05，均为 50.00 cm，均高出平均数 39.58%，但是，比对照（CK）的 47.57 cm 仅高出 2.43 cm；干径方面，平均为 0.536 cm，较好的是毛榛 × 11-D-01 和毛榛 × 11-B-12，分别为 0.80 cm 和 0.57 cm，分别高出平均数 49.25% 和 6.34%；成活率方面，平均为 83.148%，其中毛榛 × 11-A-11、毛榛 11-A-15 和对照（CK）3 个组合成活率从 40.00% 到 58.33% 不等，其余的 6 个组合即毛榛 × 11-D-01、毛榛 × 11-B-14、毛榛 × 11-B-12、毛榛 × 11-B-11、毛榛 × 11-B-05 和毛榛 × 11-A-16，均达到 100%。对树高与干径的方差分析（表 8-31）证明了树高与干径的差异性极显著，经过多重比较（表 8-32）也证明了树高、干径差异显著的存在。树高达到或超过 35.00 cm 的有 4 个组合，按从大到小的顺序排列为毛榛 × 11-D-01、毛榛 × 11-B-05、毛榛 × 11-B-11 和毛榛 × 11-A-15；干径达到或超过 0.50 cm 的有

6 个组合，按从大到小的顺序排列为毛榛 ×11–D–01、毛榛 ×11–B–12、毛榛 ×11–B–11、毛榛 ×11–B–05、毛榛 ×11–A–16 和毛榛 ×11–A–15。由此可见毛榛与欧榛杂交的后代遗传变异性较高。

表 8-30 毛榛 × 欧榛杂交组合的 F₁ 代幼树生长指标测定表

母本 （毛榛）	父本 （欧榛）	主要指标					
		树高 /cm	当年 高 /cm	干径 /cm	冠幅 / cm		成活率 /%
					东西	南北	
毛榛	11–A–11	28.00	5.00	0.45	16.50	13.00	40.00
毛榛	11–A–15	35.00	18.00	0.50	20.00	16.00	50.00
毛榛	11–A–16	34.00	15.60	0.50	12.80	14.50	100.00
毛榛	11–B–05	50.00	22.00	0.50	19.00	15.00	100.00
毛榛	11–B–11	35.00	14.80	0.50	14.20	15.50	100.00
毛榛	11–B–12	28.33	10.00	0.57	22.00	16.00	100.00
毛榛	11–B–14	14.50	2.50	0.40	4.50	4.30	100.00
毛榛	11–D–01	50.00	17.00	0.80	28.00	18.00	100.00
新青毛榛	CK	47.57	13.00	0.60	25.00	18.50	58.33
平均		35.822	13.100	0.536	18.000	14.533	83.148

表 8-31 毛榛 × 欧榛杂交组合 F₁ 代幼树主要性状的方差分析

性状	变异来源	偏差平方和	df	均方	F	Sig.
树高	组间	3739.901	8	467.488	4.064	0.005
	组内	2415.599	21	115.029		
干径	组间	0.299	8	0.037	3.830	0.006
	组内	0.205	21	0.010		

表 8-32 毛榛 × 欧榛杂交组合 F₁ 代幼树主要性状的 Duncan 多重比较

性状	杂交组合	N	子集（α =0.05）		
			1	2	3
树高	毛榛 ×11–B–14	3	20.8333		
	毛榛 ×11–A–11	3	28.0000		
	毛榛 ×11–B–12	3	32.1100	32.1100	
	毛榛 ×11–A–16	3	34.0000	34.0000	

性状	杂交组合	N	子集（α=0.05）		
			1	2	3
树高	毛榛×11-A-15	3	35.0000	35.0000	35.0000
	毛榛×11-B-11	3	35.0000	35.0000	35.0000
	毛榛×11-B-05	3		50.0000	50.0000
	毛榛×11-D-01	3		50.0000	50.0000
	新青毛榛	6			54.0000
	Sig.		0.155	0.075	0.056
干径	毛榛×11-B-14	3	0.4000		
	毛榛×11-A-11	3	0.4500		
	毛榛×11-A-15	3	0.5000	0.5000	
	毛榛×11-A-16	3	0.5000	0.5000	
	毛榛×11-B-05	3	0.5000	0.5000	
	毛榛×11-B-11	3	0.5000	0.5000	
	毛榛×11-B-12	6	0.5700	0.5700	
	新青毛榛	3	0.6167	0.6167	
	毛榛×11-D-01	3			0.8000
	Sig.		0.075	0.093	0.081

第四节 平榛 × 龙榛杂交组合 F_1 代幼树的生长评比

在定植评比的平榛 × 龙榛杂交组合 F_1 代幼树过程中，通过表 8-33 中的结果可以看出，获得的 F_1 代苗木组合有 19 个，定植后共获得 17 个组合的 F_1 代幼树，获得具杂交组合的 F_1 代幼树为 89.47%，这表明平榛 × 龙榛的 F_1 代苗木定植成活率较高，也就是苗木根系的活力较高。平榛 × 龙榛的 F_1 代幼树平均树高为 30.020 cm，平均当年高为 15.518 cm，平均干径为 0.504 cm，平均冠幅为 19.632 cm，平均萌生条数为 1.212 个，成活率为 88.271%。表 8-34 的方差分析表明，17 个杂交组合的 F_1 代幼树在树高性状上表现为差异性显著，干径性状上表现为差异性极显著。

表 8-33 平榛 × 龙榛杂交组合 F₁ 代幼树生长指标测定表

母本 （平榛）	父本 （龙榛）	主要指标						
		树高 /cm	当年 高 /cm	干径 /cm	冠幅 /cm		萌生条数	成活率 /%
					东西	南北		
三部落	龙榛 2 号	29.60	13.25	0.48	27.25	16.50	3.0	71.43
三部落	龙榛 5 号	19.00	14.00	0.40	23.00	18.00	0	100.00
平均		24.300	13.625	0.440	25.125	17.250	1.500	85.715
三道	龙榛 1 号	38.40	14.50	0.42	24.75	18.25	2.3	83.33
三道	龙榛 2 号	41.58	20.46	0.48	20.54	18.23	2.0	90.48
三道	龙榛 3 号	35.00	0	0.45	0	0	2.0	66.67
三道	龙榛 5 号	45.58	20.94	0.58	30.17	18.67	1.7	77.27
平均		40.140	13.975	0.483	18.865	13.788	2.000	79.438
丰收	龙榛号	35.77	15.67	0.63	21.11	15.28	1.6	100.00
丰收	龙榛 5 号	32.00	15.60	0.54	18.40	12.40	1.8	70.00
平均		33.885	15.635	0.585	19.775	13.840	1.700	85.000
新青	龙榛 1 号	26.25	15.00	0.50	20.00	16.00	1.0	100.00
新青	龙榛 2 号	40.89	22.88	0.53	21.78	23.78	2.4	100.00
新青	龙榛 3 号	37.00	24.00	0.47	30.00	16.50	0	100.00
新青	龙榛 4 号	31.80	9.00	0.48	20.50	15.00	0	71.43
新青	龙榛 5 号	32.40	14.00	0.50	24.75	23.00	0	83.33
平均		33.668	16.976	0.496	23.406	18.856	0.680	90.952
曙光	龙榛 1 号	45.38	18.88	0.56	22.25	20.75	1.8	100.00
曙光	龙榛 2 号	28.00	11.00	0.48	17.00	14.00	1.0	100.00
曙光	龙榛 3 号	31.77	16.63	0.36	19.13	14.50	0	86.67
曙光	龙榛 5 号	45.00	18.00	0.70	32.00	34.00	0	100.00
平均		37.538	16.128	0.525	22.595	20.813	0.700	96.668
总平均		30.020	15.518	0.504	21.919	17.345	1.212	88.271

表 8-34 平榛 × 龙榛杂交组合 F₁ 代幼树主要性状的方差分析

性状	变异来源	偏差平方和	df	均方	F	Sig.
树高	组间	4537.215	16	283.576	1.841	0.035

性状	变异来源	偏差平方和	df	均方	F	Sig.
树高	组内	16480.132	107	154.020		
干径	组间	1.098	16	0.069	4.597	0.000
	组内	1.598	107	0.015		

表 8-35 的多重比较表明，树高方面，以曙光平榛 × 龙榛 5 号、三道平榛 × 龙榛 2 号、曙光平榛 × 龙榛 1 号、三道平榛 × 龙榛 5 号表现为优，以三部落平榛 × 龙榛 5 号、新青平榛 × 龙榛 1 号表现为较差；干径方面，以三道平榛 × 龙榛 5 号、曙光平榛 × 龙榛 5 号、丰收平榛 × 龙榛 2 号表现为优，以曙光平榛 × 龙榛 3 号、三部落平榛 × 龙榛 5 号、三道平榛 × 龙榛 3 号表现为较差。

表 8-35 平榛 × 龙榛杂交组合 F_1 代幼树主要性状的 Duncan 多重比较

性状	杂交组合	N	子集（α =0.05）			
			1	2	3	4
树高	三部落平榛 × 龙榛 5 号	3	22.3333			
	新青平榛 × 龙榛 1 号	5	26.2500	26.2500		
	曙光平榛 × 龙榛 2 号	4	31.7500	31.7500	31.7500	
	新青平榛 × 龙榛 4 号	6	31.8000	31.8000	31.8000	
	三部落平榛 × 龙榛 2 号	5	32.3200	32.3200	32.3200	
	丰收平榛 × 龙榛 5 号	7	34.2857	34.2857	34.2857	
	三道平榛 × 龙榛 3 号	3	35.0000	35.0000	35.0000	
	新青平榛 × 龙榛 5 号	5	35.4800	35.4800	35.4800	
	曙光平榛 × 龙榛 3 号	11	36.0000	36.0000	36.0000	
	新青平榛 × 龙榛 3 号	3	37.0000	37.0000	37.0000	
	新青平榛 × 龙榛 2 号	9		40.8889	40.8889	
	丰收平榛 × 龙榛 2 号	18		41.2778	41.2778	
	三道平榛 × 龙榛 1 号	5		42.6800	42.6800	
	曙光平榛 × 龙榛 5 号	3			45.0000	
	三道平榛 × 龙榛 2 号	17			45.0588	
	曙光平榛 × 龙榛 1 号	8			45.3750	
	三道平榛 × 龙榛 5 号	12			45.5833	
	Sig.		0.112	0.077	0.145	

性状	杂交组合	N	子集（α=0.05）			
			1	2	3	4
干径	曙光平榛 × 龙榛 3 号	11	0.4000			
	三部落平榛 × 龙榛 5 号	3	0.4000			
	三道平榛 × 龙榛 3 号	3	0.4500			
	新青平榛 × 龙榛 3 号	3	0.4667	0.4667		
	新青平榛 × 龙榛 4 号	6	0.4800	0.4800		
	三道平榛 × 龙榛 1 号	5	0.4840	0.4840		
	新青平榛 × 龙榛 1 号	5	0.5000	0.5000		
	三道平榛 × 龙榛 2 号	17	0.5176	0.5176		
	新青平榛 × 龙榛 5 号	5	0.5200	0.5200		
	新青平榛 × 龙榛 2 号	9	0.5333	0.5333	0.5333	
	三部落平榛 × 龙榛 2 号	5	0.5360	0.5360	0.5360	
	曙光平榛 × 龙榛 1 号	8	0.5625	0.5625	0.5625	0.5625
	曙光平榛 × 龙榛 2 号	4	0.5700	0.5700	0.5700	0.5700
	丰收平榛 × 龙榛 5 号	7	0.5771	0.5771	0.5771	0.5771
	三道平榛 × 龙榛 5 号	12		0.6417	0.6417	0.6417
	曙光平榛 × 龙榛 5 号	3			0.7000	0.7000
	丰收平榛 × 龙榛 2 号	18				0.7111
	Sig.		0.055	0.055	0.057	0.086

第五节 毛榛 × 龙榛杂交组合 F_1 代幼树的生长评比

在定植评比的毛榛 × 龙榛杂交组合 F_1 代幼树的过程中，通过表 8-36 中的结果可以看出，获得的 3 个 F_1 代苗木组合，定植后都获得了 F_1 代幼树，这表明毛榛 × 龙榛的 F_1 代苗木定植成活率较高，也就是苗木根系的活力较高。幼树平均树高为 43.190 cm，平均当年高为 18.667 cm，平均干径为 0.567 cm，平均冠幅为 19.583 cm，平均萌生条数为 0，平均成活率为 86.110%。表 8-37 的方差分析表明，在树高性状上表现为差异性不显著，干径性状上表现为差异性显著。表 8-38 的多重比较表明，在干径方面，毛榛 × 龙榛 1 号表现为优，毛榛 × 龙榛 2 号表现为较差。

表 8-36　毛榛 × 龙榛杂交组合 F_1 代幼树生长指标测定表

母本（毛榛）	父本	主要指标						
		树高 /cm	当年高 /cm	干径 /cm	冠幅 /cm		萌生条数	成活率 %
					东西	南北		
毛榛	龙榛 1 号	56.00	36.00	0.70	28.00	21.00	0	100.00
毛榛	龙榛 2 号	26.00	7.00	0.40	17.00	8.00	0	100.00
毛榛	毛榛	47.57	13.00	0.60	25.00	18.50	0	58.33
平均		43.190	18.667	0.567	23.333	15.833	0	86.110

表 8-37　毛榛 × 龙榛杂交组合 F_1 代幼树主要性状的方差分析

性状	变异来源	偏差平方和	df	均方	F	Sig.
树高	组间	1857.000	2	928.500	3.643	0.069
	组内	2294.000	9	254.889		
干径	组间	0.148	2	0.074	6.162	0.021
	组内	0.108	9	0.012		

表 8-38　毛榛 × 龙榛杂交组合 F_1 代幼树干径的 Duncan 多重比较

杂交组合	N	子集（ α =0.05）	
		1	2
毛榛 × 龙榛 2 号	3	0.4000	
毛榛	6		0.6167
毛榛 × 龙榛 1 号	3		0.7000
Sig.		1.000	0.335

第六节　龙榛 × 平榛杂交组合 F_1 代幼树的生长评比

在定植评比的龙榛 × 平榛杂交组合的 F_1 代幼树过程中，通过表 8-39 中的结果可以看出，获得的 F_1 代苗木组合有 13 个，定植后共获得 11 个组合的 F_1 代幼树，获得具杂交组合的 F_1 代幼树为 84.62%。这表明龙榛 × 平榛的 F_1 代苗木定植成活率较高，也就是苗木根系的活力较高。幼树平均树高为 35.867 cm，平均当年高为 16.877 cm，平均干径为 0.542 cm，平均冠幅为 18.629 cm，平均萌生条数为 0.917 个，平均成活率为 88.659%。表 8-40 的方差分析表明，11 个杂交组合的 F_1 代幼树在树高和干径性状上表现为差异性极显著。

表 8-39 龙榛 × 平榛杂交组合的 F₁ 代幼树生长指标测定表

母本（平欧）	父本（平榛）	主要指标						
		树高 /cm	当年高 /cm	干径 /cm	冠幅 /cm		萌生条数	成活率 /%
					东西	南北		
龙榛 1 号	夹皮沟	27.48	12.76	0.48	15.32	12.41	2.2	77.14
龙榛 1 号	三道	25.00	17.00	0.55	15.00	10.00	2.0	100.00
平均		26.24	14.88	0.515	15.16	11.205	2.100	88.57
龙榛 2 号	三部落	38.36	17.45	0.52	21.26	16.61	0	96.10
龙榛 2 号	夹皮沟	39.37	16.10	0.57	22.24	15.00	0	90.48
龙榛 2 号	三道	36.29	17.67	0.57	21.17	15.25	0	89.47
平均		38.007	17.073	0.553	21.557	15.62	0	92.017
龙榛 3 号	三部落	45.25	17.50	0.54	24.67	17.50	0	66.67
龙榛 3 号	夹皮沟	40.15	15.94	0.59	23.33	16.33	1.3	95.38
龙榛 3 号	三道	35.00	18.33	0.53	21.11	16.22	2.3	100.00
平均		40.133	17.257	0.553	23.037	16.683	1.2	87.350
龙榛 4 号	三部落	39.00	21.86	0.57	27.00	26.50	1	87.50
龙榛 4 号	夹皮沟	32.22	14.11	0.54	21.78	16.56	0	85.19
龙榛 4 号	三道	36.42	16.93	0.50	18.93	15.63	2.2	87.32
平均		35.88	17.633	0.537	22.570	19.563	1.067	86.670
总平均		35.867	16.877	0.542	21.074	16.183	0.917	88.659

表 8-40 龙榛 × 平榛杂交组合 F₁ 代幼树主要性状的方差分析

性状	变异来源	偏差平方和	df	均方	F	Sig.
树高	组间	4888.680	10	488.868	3.583	0.000
	组内	46520.180	341	136.423		
干径	组间	0.818	10	0.082	3.744	0.000
	组内	7.455	341	0.022		

表 8-41 的多重比较表明，树高方面，以龙榛 2 号 × 夹皮沟平榛、龙榛 2 号 × 三道平榛、龙榛 2 号 × 三部落平榛表现为优，以龙榛 1 号 × 三道平榛、龙榛 4 号 × 三部落平榛、龙榛 1 号 × 夹皮沟平榛表现为较差；干径方面，以龙榛 2 号 × 夹皮沟平榛、龙榛 2 号 × 三道平榛、龙榛 3 号 × 三部落平榛表现为优，以龙榛 4 号 × 三部落平榛、龙榛 4 号 × 三道平榛、龙榛 1 号 × 夹皮沟平榛表现为较差。

表 8-41 龙榛 × 平榛杂交组合 F₁ 代幼树主要性状的 Duncan 多重比较

性状	杂交组合	N	子集（α=0.05）		
			1	2	3
树高	龙榛 1 号 × 三道平榛	3	25.0000		
	龙榛 4 号 × 三部落平榛	37	30.1081	30.1081	
	龙榛 1 号 × 夹皮沟平榛	22	31.7727	31.7727	31.7727
	龙榛 4 号 × 夹皮沟平榛	22	33.2273	33.2273	33.2273
	龙榛 3 号 × 三部落平榛	17		34.2353	34.2353
	龙榛 3 号 × 夹皮沟平榛	45		35.6000	35.6000
	龙榛 3 号 × 三道平榛	19		36.1579	36.1579
	龙榛 4 号 × 三道平榛	57		38.2632	38.2632
	龙榛 2 号 × 夹皮沟平榛	37			40.1892
	龙榛 2 号 × 三道平榛	26			40.2692
	龙榛 2 号 × 三部落平榛	67			40.5373
	Sig.		0.068	0.089	0.073
干径	龙榛 4 号 × 三部落平榛	37	0.4316		
	龙榛 4 号 × 三道平榛	57	0.5123	0.5123	
	龙榛 1 号 × 夹皮沟平榛	22	0.5364	0.5364	
	龙榛 3 号 × 三道平榛	19	0.5368	0.5368	
	龙榛 3 号 × 夹皮沟平榛	45		0.5489	
	龙榛 1 号 × 三道平榛	3		0.5500	
	龙榛 2 号 × 三部落平榛	67		0.5522	
	龙榛 4 号 × 夹皮沟平榛	22		0.5545	
	龙榛 2 号 × 夹皮沟平榛	37		0.5838	
	龙榛 2 号 × 三道平榛	26		0.6115	
	龙榛 3 号 × 三部落平榛	17		0.6235	
	Sig.		0.065	0.075	

第七节 龙榛 × 毛榛杂交组合 F_1 代幼树的生长评比

在定植评比的龙榛 × 毛榛杂交组合的 F_1 代幼树过程中，通过表 8-42 中的结果可以看出，获得的 F_1 代苗木组合有 9 个，定植后共获得 8 个组合的 F_1 代幼树，获得具杂交组合的 F_1 代幼树为88.89%，这表明龙榛 × 毛榛的 F_1 代苗木定植成活率较高，也就是苗木根系的活力较高。

从表 8-42 的幼树生长情况可以看出，幼树平均树高为 38.505 cm，平均当年高为 13.464 cm，平均干径为 0.574 cm，平均冠幅为 20.187 cm，平均萌生条数为 1.288 个，平均成活率为 87.443%。表8-43 的方差分析表明，8 个杂交组合的 F_1 代幼树在树高和干径性状上表现为差异性极显著。

表 8-42 龙榛 × 毛榛杂交组合的 F_1 代幼树生长指标测定表

母本（龙榛）	父本（毛榛）	主要指标						
		树高 / cm	当年高 /cm	干径 / cm	冠幅 /cm		萌生条数	成活率 /%
					东西	南北		
龙榛 1 号	夹皮沟	38.23	14.83	0.58	20.08	14.46	1.7	74.29
龙榛 2 号	三部落	44.59	15.31	0.62	24.00	15.67	0	96.67
龙榛 2 号	夹皮沟	49.89	19.20	0.64	24.89	18.49	1.4	84.38
平均		47.240	17.255	0.63	24.445	17.080	0.70	90.525
龙榛 3 号	三部落	39.60	17.08	0.59	26.42	19.08	1.3	93.22
龙榛 3 号	夹皮沟	42.61	22.25	0.59	28.37	17.95	1.2	89.47
平均		41.105	19.665	0.59	27.395	18.515	1.25	91.345
龙榛 4 号	三部落	26.24	11.08	0.47	19.15	15.00	1.8	86.36
龙榛 4 号	夹皮沟	38.05	21.46	0.61	26.56	19.44	1.4	81.82
平均		32.145	16.270	0.54	22.855	17.220	1.60	84.090
龙榛 5 号	夹皮沟	28.83	18.50	0.49	18.81	14.62	1.5	93.33
总平均		38.505	13.464	0.574	23.535	16.839	1.288	87.443

表 8-43 龙榛 × 毛榛杂交组合 F_1 代幼树主要性状的方差分析

性状	变异来源	偏差平方和	df	均方	F	Sig.
树高	组间	15112.999	7	2159.000	10.646	0.000
	组内	67327.413	332	202.793		
干径	组间	1.143	7	0.163	2.972	0.005
	组内	18.243	332	0.055		

表8-44 的多重比较表明,树高方面,以龙榛 2 号 × 三部落毛榛、龙榛 2 号 × 夹皮沟毛榛表现为优,

以龙榛 4 号 × 三部落毛榛、龙榛 5 号 × 夹皮沟毛榛表现为较差；干径方面，以龙榛 2 号 × 三部落毛榛、龙榛 2 号 × 夹皮沟毛榛、龙榛 4 号 × 夹皮沟毛榛表现为优，以龙榛 4 号 × 三部落毛榛、龙榛 5 号 × 夹皮沟毛榛表现为较差。

表 8-44 龙榛 × 毛榛杂交组合 F_1 代幼树主要性状的 Duncan 多重比较

性状	杂交组合	N	子集（α =0.05）		
			1	2	3
	龙榛 4 号 × 三部落毛榛	33	28.4545		
	龙榛 5 号 × 夹皮沟毛榛	40	29.7000		
	龙榛 3 号 × 三部落毛榛	55		39.6000	
	龙榛 1 号 × 夹皮沟毛榛	24		40.2917	
树高	龙榛 4 号 × 夹皮沟毛榛	54		42.1852	
	龙榛 3 号 × 夹皮沟毛榛	51		42.6078	
	龙榛 2 号 × 三部落毛榛	29		44.5862	44.5862
	龙榛 2 号 × 夹皮沟毛榛	54			49.8889
	Sig.		0.700	0.175	0.102
	龙榛 4 号 × 三部落毛榛	33	0.4970		
	龙榛 5 号 × 夹皮沟毛榛	40	0.4975		
	龙榛 3 号 × 三部落毛榛	55	0.5873	0.5873	
	龙榛 3 号 × 夹皮沟毛榛	51	0.5902	0.5902	
干径	龙榛 1 号 × 夹皮沟毛榛	24	0.5958	0.5958	
	龙榛 2 号 × 三部落毛榛	29		0.6241	
	龙榛 2 号 × 夹皮沟毛榛	54		0.6370	
	龙榛 4 号 × 夹皮沟毛榛	54		0.6722	
	Sig.		0.100	0.168	

第八节 平榛 × 毛榛杂交组合 F_1 代幼树的生长评比

在定植评比的平榛 × 毛榛杂交组合的 F_1 代幼树过程中，通过表 8-45 中的结果可以看出，获得的 F_1 代苗木组合有 7 个，定植后共获得 6 个组合的 F_1 代幼树，获得具杂交组合的 F_1 代幼树为 85.71%，这表明平榛 × 毛榛的 F_1 代苗木定植成活率较高，也就是苗木根系的活力较高。从表 8-45 的幼树生长状况可以看出，幼树平均树高为 34.602 cm，平均当年高为 15.710 cm，平均干径为 0.547 cm，平均冠幅为 16.689 cm，平均萌生条数为 1.033 个，平均成活率为 80.788%。表 8-46 的方差分析表明，6 个杂交组合的 F_1 代幼树在树高性状上表现为差异性极显著，干径性状上表现为差异性不显著。

表 8-45 平榛 × 毛榛杂交组合的 F_1 代幼树生长指标测定表

母本（平榛）	父本（毛榛）	主要指标						
		树高 /cm	当年高 /cm	干径 /cm	冠幅 / cm		萌生条数	成活率 /%
					东西	南北		
三部落	三部落	25.86	15.00	0.47	20.50	17.00	0	100.00
三道	夹皮沟	50.67	34.82	0.64	32.44	21.11	1.7	85.00
三道	三部落	47.00	0	0.60	0	0	1.0	60.00
新青	夹皮沟	18.33	10.00	0.30	20.00	10.00	0	75.00
曙光	夹皮沟	37.42	19.51	0.91	22.20	21.59	2.1	81.97
曙光	三部落	28.33	14.93	0.36	18.71	16.71	1.4	82.76
平均		34.602	15.710	0.547	18.975	14.402	1.033	80.788

表 8-46 平榛 × 毛榛杂交组合 F_1 代幼树主要性状的方差分析

性状	变异来源	偏差平方和	df	均方	F	Sig.
树高	组间	5285.205	5	1057.041	7.271	0.000
	组内	13229.824	91	145.383		
干径	组间	6.216	5	1.243	0.304	0.909
	组内	372.330	91	4.092		

表 8-47 的多重比较表明，树高方面，以三道平榛 × 三部落毛榛、三道平榛 × 夹皮沟毛榛表现为优，以新青平榛 × 夹皮沟毛榛、三部落平榛 × 三部落毛榛表现为较差。

表 8-47 平榛 × 毛榛杂交组合 F_1 代幼树树高的 Duncan 多重比较

杂交组合	N	子集（α =0.05）		
		1	2	3
新青平榛 × 夹皮沟毛榛	4	18.3325		
三部落平榛 × 三部落毛榛	7	28.2657	28.2657	
曙光平榛 × 三部落毛榛	20		32.3000	
曙光平榛 × 夹皮沟毛榛	46		39.8478	39.8478
三道平榛 × 三部落毛榛	4			47.0000

杂交组合	N	子集（α =0.05）		
		1	2	3
三道平榛 × 夹皮沟毛榛	16			49.0625
Sig.		0.109	0.077	0.160

第九节 毛榛 × 平榛杂交组合 F_1 代幼树的生长评比

从表8-48中看出毛榛 × 平榛的树高、当年高、平均冠幅均低于毛榛 × 毛榛的组合，而干径、成活率则高于毛榛 × 毛榛的组合。幼树平均树高为39.035 cm，平均当年高为12.500 cm，平均干径为0.625 cm，平均冠幅为19.375 cm，平均成活率为62.500%。通过表8-49的 t 检验，表明毛榛 × 平榛在树高与干径上均表现为差异性极显著。

表 8-48 毛榛 × 平榛杂交组合的 F_1 代幼树生长指标测定表

母本（毛榛）	父本（平榛）	主要指标						
		树高 /cm	当年高 /cm	干径 /cm	冠幅 /cm			成活率 /%
					东西	南北	平均	
毛榛	三道平榛	30.50	12.00	0.65	14.00	20.00	17.00	66.67
毛榛	毛榛	47.57	13.00	0.60	25.00	18.50	21.75	58.33
	平均	39.035	12.500	0.625	19.500	19.250	19.375	62.500

表 8-49 毛榛 × 平榛杂交组合 F_1 代幼树生长 t 检验

性状	t	df	Sig.	均值差值	95% 置信区间	
					下限	上限
树高	7.489	9	0.000	46.3070	32.3198	60.2942
干径	15.000	9	0.000	0.6250	0.5307	0.7193

第九章 γ 射线辐射育种

榛属植物利用电离辐射，可使个体植株遗传物质发生突变，从中选择培育榛属新品种。用电离辐射所引发产生的后代突变频率要比自然突变大得多。电离辐射育种可提高突变率、扩大突变谱，诱变后的突变率可以比自然界的突变率提高 100 倍以上；能够改变品种单一不良性状，而其他优良性状不变；增强抗逆性，改变品质；辐射后代分离少，稳定快，育种年限短；能够克服远缘杂交的不结实性。辐射花粉的最大优点是很少产生嵌合体，经辐射的花粉一旦产生突变，与卵细胞结合所产生的植株即是异质结合体。

第一节 γ 射线辐射育种

一、γ 射线辐射育种原理

利用 γ 射线辐射育种技术以提高育种的突变率是比较有效的方法，是培育新品种的技术措施之一。不同的榛子在诱发突变体上有不同的适宜辐射源和辐射强度，选择适宜的辐射源及辐射强度对提高突变率尤为重要。我们利用 ^{60}Co 为照射源，用产生的 γ 射线照射平榛花粉，然后与龙榛进行杂交，以获得杂交 F_1 代种子。γ 射线也是一种不带电荷的中性射线，它的波长为 $10^{-11} \sim 10^{-8}$ cm，比 X 射线更短，穿透力很强。用 ^{60}Co 产生的 γ 射线照射平榛花粉的最大优点是很少产生嵌合体，经辐射的花粉一旦发生突变，与卵细胞结合所产生的植株即是异质结合体。

二、花粉的选择与 γ 射线辐射处理方法

1. 花粉的选择与杂交组合

在 3 月下旬的优良林分，开花前采集平榛花枝。4 月上旬，当育种园龙榛母本将要开花前培育花枝，收取花粉，将收取的花粉装瓶，放入冰箱中低温存放。

杂交组合选择母本为龙榛系列，花粉（父本）为平榛，即龙榛（平欧杂交榛）× 平榛。

2. γ 射线辐射花粉的处理方法

采用 ^{60}Co 的 γ 射线为照射源，对收取的平榛花粉进行照射。照射源来源于黑龙江省农业科学院农业原子能利用所，照射剂量分为：γ_0（CK）=0 R、γ_1=500 R、γ_2=1000 R、γ_3=2000 R、γ_4=4000 R、γ_5=8000 R 等 6 个处理水平。

3. γ 射线辐射花粉的育种方法

当育种园龙榛雌花即将萌动开花时，全株去除雄花序，一年生枝条上套育种袋备用。等待雌花开花盛期时进行花粉照射，照射后的平榛雄花花粉随机对雌花的粉红色柱头进行授粉，授粉时间选择下午无风或微风时进行，雄花期过后解除套袋。

第二节 γ 射线辐射育种杂交 F_1 代的结实情况

一、γ 射线辐射育种杂交 F_1 代结实的测定

秋季果实成熟后及时采收，并进行各项指标的测定。各杂交组合的果实测定指标包括结实数、单果重。

用 SPSS10 进行方差分析。

二、γ 射线辐射育种杂交 F_1 代种子的结实情况

γ 射线辐射育种共进行 60 个杂交组合试验，全部获得了杂交 F_1 代种子，共获得杂交 F_1 代种子 2921 粒。两年的结果相似，以 2006 年为例，通过表 9-1 以及表 9-2 可以看出，来自父本、母本与双亲间均差异性极显著，与 2005 年的研究结果是一致的。这表明 γ 射线辐射引起的个体变异较大，为未来的选择育种提供了有利的条件。平均单果重方面，母本以龙榛 5 号为优，达到 4.91 g；其次是龙榛 3 号和龙榛 4 号，均为 4.15 g；而龙榛 1 号和龙榛 2 号分别只有 3.99 g 和 3.70 g。父本（辐射强度）方面，平均单果重低于对照 4.56 g 的：γ_3 为 4.28 g、γ_1 为 4.14 g、γ_5 为 4.11 g、γ_4 为 4.10 g 和 γ_2 为 3.98 g。

表 9-1 γ 射线辐射育种杂交 F_1 代种子的结实情况

父本（平榛辐射处理）	γ_0（CK）		γ_1		γ_2		γ_3		γ_4		γ_5	
	结实数	单果重/g	结实数	单果重/g	结实数	单果重/g	结实数	单果重/g	结实数	单果重/g	结实数	单果重/g
龙榛 1 号	136	4.40	28	3.48	33	3.55	53	4.33	83	3.84	82	4.35
龙榛 2 号	12	4.07	185	3.06	157	3.21	77	4.72	55	4.17	31	2.95
龙榛 3 号	23	4.74	43	4.91	58	4.12	30	3.34	5	3.86	63	3.92
龙榛 4 号	23	4.05	32	4.11	10	4.06	25	4.24	32	4.14	34	4.28
龙榛 5 号	77	5.03	88	5.13	105	4.98	81	4.78	23	4.51	107	5.05
平均	54.2	4.56	75.2	4.14	72.6	3.98	53.2	4.28	39.6	4.10	63.4	4.11

母本在结实数量方面以龙榛 2 号和龙榛 5 号为优，分别为 86.17 粒和 80.17 粒，其次是龙榛 1 号，为 69.17 粒；而龙榛 3 号和龙榛 4 号只有 37.00 和 26.00 粒。父本（辐射强度）结实数量方面，

高于对照的 54.2 粒的有 γ_1 为 75.2 粒、γ_2 为 72.6 粒、γ_5 为 63.4 粒、低于对照的有 γ_3 为 53.2 粒和 γ_4 为 39.6 粒。

表 9-2 γ 射线辐射育种杂交 F_1 代单果重的方差分析

变异来源	平方和	自由度	均方	F	P 值
γ 射线（♂）	9.951	5	1.990	6.037	0.000**
母本	93.209	4	23.302	70.687	0.000**
区组	1.684	2	0.842	2.554	0.079
母本 × γ 射线（♂）	95.308	19	5.016	15.216	0.000**

第三节 γ 射线辐射育种杂交 F_1 代苗木的培育

一、γ 射线辐射育种杂交 F_1 代苗木的培育方法

1. γ 射线辐射育种杂交 F_1 代种子处理方法

10 月下旬进行杂交 F_1 代种子催芽处理。具体做法是将获得的 F_1 代种子用 0.1% 的高锰酸钾水溶液浸泡 10 min，用清水冲洗干净，与 3 倍体积含水率为 65% 的细河沙混拌，装入特制的棉布袋中，放入写好的标签，把含种子的棉布袋统一放在一起备用。在处理种子袋的地方，挖 2.5 m × 3.5 m × 1.5 m 的坑，内置 2.0 m × 3.0 m × 1.2 m 的木箱，然后将备用的处理种子的棉布袋运到木箱上侧方。木箱内先铺一层厚度约 10 cm 含水率为 65% 的细河沙后，再铺上一层 8~10 cm 厚处理种子的棉布袋；其后再铺一层厚度约 10 cm 含水率为 65% 的细河沙，后再铺上一层 8~10 cm 厚处理种子的棉布袋；……；最上面铺满含水率为 65% 的细河沙，封上木箱盖板。四周和上部用 65% 的细河沙填封，同时可加入灭鼠药用来灭鼠。上部要高于地表 10 cm，用草帘封口，上面再覆盖 10 cm 原地土。

2. γ 射线辐射育种杂交 F_1 代种子播种方法

次年 5 月初进行杂交 F_1 代苗木培育。苗木培育采用容器育苗技术，先装 10 cm × 16 cm（直径 × 高）的薄膜容器杯，基质为农田土，然后取出已经处理的 F_1 代种子，按照随机区组进行播种，定期测定各项指标，10 月下旬进行越冬管理。

二、γ 射线辐射育种杂交 F_1 代苗木的培育情况

2006—2007 年将获得的 60 个组合的杂交 F_1 代种子播种，并进行苗木培育，获得了 53 个组合的杂交 F_1 代苗木。其中 2006 年播种 30 个组合的杂交 F_1 代种子，获得了 23 个组合的 F_1 代苗木，播种 1033 粒，出苗 599 株，出苗率 58.0%，成苗 251 株；2007 年播种 30 个组合的杂交 F_1 代种子，全部获得 F_1 代苗木，播种 1558 粒，出苗 1022 株，出苗率 65.6%，成苗 951 株。2007 年成苗数量的提

高是由于种子催芽处理水平的改进和有效控制鼠害的结果。以 2007 年试验结果为例（表 9-3），通过表 9-4 的方差分析，来自父本（辐射强度）、母本的苗高差异性极显著，父本（辐射强度）的地径、母本的叶片数与双亲间苗高差异性显著，其余均不显著。苗高平均为 36.2 cm，其中以 γ_1 最好，为 41.5 cm，γ_5 次之，为 37.9 cm，γ_3 为 36.0 cm，γ_2 为 35.9 cm，只有 γ_4 为 31.7 cm，低于对照的 32.8 cm。

表 9-3 γ 射线辐射育种杂交 F_1 代育苗情况

杂交组合		育苗效果				生长情况		
母本	父本（辐射处理）	播种粒数	出苗株数	出苗率 /%	成苗株数	苗高 /cm	地径 /mm	叶片数
龙榛 1 号		126	59	46.8	52	31.4	5.24	9.0
龙榛 2 号		10	3	30.0	2	30.5	5.22	9.8
龙榛 3 号		22	6	27.3	6	32.3	5.33	11.3
龙榛 4 号	γ_0	22	15	68.2	15	39.3	4.93	8.8
龙榛 5 号		67	60	89.6	57	30.4	4.82	9.5
合计 / 平均		247	143	57.9	132	32.8	5.11	9.7
龙榛 1 号		27	21	77.8	21	47.3	6.16	11.5
龙榛 2 号		142	113	79.6	99	46.0	5.55	11.0
龙榛 3 号		44	20	45.5	20	34.3	5.62	10.7
龙榛 4 号	γ_1	32	24	75.0	24	37.1	5.92	10.2
龙榛 5 号		59	43	72.9	42	42.8	5.90	15.0
合计 / 平均		304	221	72.7	206	41.5	5.80	11.7
龙榛 1 号		32	17	53.1	17	36.8	5.87	9.7
龙榛 2 号		156	96	61.5	94	38.6	6.07	11.8
龙榛 3 号		49	34	69.4	33	33.2	5.34	9.9
龙榛 4 号	γ_2	10	8	80.0	5	37.0	4.90	9.7
龙榛 5 号		105	67	63.8	61	33.9	5.72	11.1
合计 / 平均		352	222	63.1	210	35.9	5.60	10.6
龙榛 1 号		54	22	40.7	22	34.5	5.93	11.0
龙榛 2 号		74	60	81.1	54	53.0	6.15	11.3
龙榛 3 号	γ_3	38	10	26.3	9	29.8	5.74	11.1
龙榛 4 号		17	16	94.1	16	29.8	6.14	8.7

杂交组合		育苗效果				生长情况		
母本	父本 （辐射处理）	播种粒数	出苗株数	出苗率/%	成苗株数	苗高/cm	地径/mm	叶片数
龙榛5号	Y₃	70	51	72.9	46	32.7	5.10	9.5
合计/平均		253	159	62.8	147	36.0	5.81	10.3
龙榛1号	Y₄	82	34	41.5	33	35.0	5.14	10.0
龙榛2号		56	46	82.1	46	37.5	5.68	11.7
龙榛3号		5	4	80.0	4	25.0	5.40	8.3
龙榛4号		11	5	45.5	5	21.8	4.38	6.8
龙榛5号		22	18	81.8	18	39.3	5.81	10.8
合计/平均		176	107	60.8	106	31.7	5.28	9.5
龙榛1号	Y₅	65	44	67.7	33	34.9	5.34	9.5
龙榛2号		31	24	77.4	17	46.3	6.04	11.5
龙榛3号		38	27	71.1	27	29.1	5.48	9.8
龙榛4号		20	13	65.0	13	35.5	5.07	10.0
龙榛5号		82	65	79.3	64	43.8	5.39	11.5
合计/平均		236	173	73.3	154	37.9	5.46	10.5

表 9-4　γ 射线辐射育种 F_1 代苗高的方差分析

变异来源	因变量	平方和	自由度	均方	F	P 值
γ 射线（♂）	苗高	2167.129	5	433.426	4.282	0.001**
	地径	12.493	5	2.499	2.750	0.020*
	叶片数	106.854	5	21.371	2.113	0.065
母本	苗高	4430.343	4	1107.586	10.943	0.000**
	地径	7.868	4	1.967	2.165	0.074
	叶片数	135.939	4	33.985	3.360	0.011*
区组	苗高	20.277	2	10.139	0.100	0.905
	地径	1.028	2	0.514	0.565	0.569
	叶片数	2.511	2	1.256	0.124	0.883

续表

变异来源	因变量	平方和	自由度	均方	F	P 值
母本 × γ 射线（δ）	苗高	3595.621	19	189.243	1.870	0.018*
	地径	22.196	19	1.168	1.286	0.195
	叶片数	215.522	19	11.343	1.121	0.331

第四节　γ 射线辐射育种杂交 F_1 代良种的评比与选育

一、γ 射线辐射育种杂交 F_1 代良种的评比与选育

第三年 5 月将 F_1 代容器苗按照随机区组原则建造评比园。按照 2 m × 3 m 的密度定植，并定期测定各项良种选育指标。

二、γ 射线辐射育种杂交 F_1 代良种的评比与选育情况

γ 射线辐射育种杂交 F_1 代良种的评比结果见表 9-5。通过表 9-6 的方差分析可以看出，父本（辐射强度）和双亲本间在差异性检验中是一致的，其中对叶片数的影响差异性极显著，地径的影响差异性显著。平均叶片数 21.89，γ_4 为 39.25，γ_1 为 25.22，γ_2 为 23.06，γ_3 为 22.92，γ_0 为 17.58，γ_5 为 11.98；平均地径为 0.68 cm，γ_3 为 0.78 cm，γ_4 为 0.73 cm，γ_2 为 0.68 cm，γ_0 为 0.65 cm，γ_1 为 0.64 cm，γ_5 为 0.60 cm。

表 9-5　γ 射线辐射育种杂交 F_1 代各组合评比结果

组合 母本	父本	株数	树高 /cm	地径 /cm	分枝数	叶片数	当年高 /cm	萌生条数
龙榛 1 号		57	47.33	0.65	2.91	19.1	9.73	0.5
龙榛 2 号		13	41.40	0.58	2.20	12.6	9.00	1.4
龙榛 3 号	γ_0	14	50.88	0.71	3.83	18.0	10.29	0.3
龙榛 5 号		114	49.67	0.64	2.57	20.6	11.17	0.4
合计 / 平均		198	47.32	0.65	2.88	17.58	10.05	0.7
龙榛 2 号		29	54.35	0.73	4.35	29.7	12.94	0.5
龙榛 3 号	γ_1	14	50.65	0.58	4.54	30.2	7.69	1.3
龙榛 4 号		28	44.64	0.67	4.17	15.5	11.72	0.5

组合		株数	树高 /cm	地径 /cm	分枝数	叶片数	当年高 /cm	萌生条数
母本	父本							
龙榛 5 号	γ₁	11	41.00	0.59	0	25.5	9.00	0.5
合计 / 平均		82	47.66	0.64	3.27	25.22	10.34	0.7
龙榛 2 号		26	42.69	0.63	3.40	23.6	8.55	0.5
龙榛 3 号		18	36.31	0.56	2.46	17.2	14.12	0.7
龙榛 4 号	γ₂	9	54.60	0.85	2.80	22.6	15.40	0.8
龙榛 5 号		20	52.14	0.70	3.59	28.9	10.82	1.5
合计 / 平均		73	46.44	0.68	3.06	23.06	12.22	0.9
龙榛 1 号		6	49.00	1.00	3.00	23.0	13.00	0
龙榛 2 号		6	46.00	0.60	1.00	21.8	9.80	0.4
龙榛 4 号	γ₃	9	56.75	0.78	3.00	21.8	10.00	0.5
龙榛 5 号		10	50.33	0.74	4.00	25.1	9.56	0.6
合计 / 平均		31	50.52	0.78	2.75	22.92	10.59	0.4
龙榛 2 号		9	67.50	0.77	4.50	25.5	11.00	0.5
龙榛 5 号	γ₄	3	51.00	0.68	3.00	53.0	12.00	0
合计 / 平均		12	59.25	0.73	3.75	39.25	11.50	0.3
龙榛 1 号		6	21.83	0.53	2.00	6.2	5.00	0.5
龙榛 2 号		18	40.33	0.68	25.13	11.7	11.73	0.8
龙榛 4 号	γ₅	5	49.50	0.57	4.80	14.8	8.10	1.0
龙榛 5 号		12	45.72	0.61	3.89	15.2	18.78	1.5
合计 / 平均		41	39.35	0.60	8.96	11.98	10.90	1.0
总合计 / 平均		437	47.44	0.68	4.14	21.89	10.88	0.7

表 9-6　γ 射线辐射育种杂交 F₁ 代各组合评比方差分析

变异来源	因变量	平方和	自由度	均方	F	P 值
γ 射线（♂）	树高	1652.157	5	330.431	1.172	0.323
	地径	0.386	5	0.077	2.741	0.020*
	分枝数	12.883	5	2.577	0.600	0.700
	叶片数	2061.798	5	412.360	4.055	0.001**

变异来源	因变量	平方和	自由度	均方	F	P 值
γ 射线（♂）	当年高	118.784	5	23.757	0.411	0.841
	萌生条数	4.276	5	0.855	0.872	0.500
母本	树高	677.344	4	169.336	0.601	0.662
	地径	0.118	4	0.030	1.049	0.382
	分枝数	10.834	4	2.708	0.630	0.641
	叶片数	724.158	4	181.039	1.780	0.133
	当年高	50.490	4	12.622	0.218	0.928
	萌生条数	4.560	4	1.140	1.162	0.328
区组	树高	5550.474	13	426.960	1.515	0.111
	地径	0.573	13	0.044	1.565	0.095
	分枝数	109.203	13	8.400	1.955	0.025*
	叶片数	3999.673	13	307.667	3.025	0.000**
	当年高	1281.332	13	98.564	1.705	0.060
	萌生条数	23.426	13	1.802	1.837	0.038*
母本 × γ 射线（♂）	树高	1652.157	5	330.431	1.172	0.323
	地径	0.386	5	0.077	2.741	0.020*
	分枝数	12.883	5	2.577	0.600	0.700
	叶片数	2061.798	5	412.360	4.055	0.001**
	当年高	118.784	5	23.757	0.411	0.841
	萌生条数	4.276	5	0.855	0.872	0.500

　　这表明幼树期个体之间的差异，是由 γ 射线辐射后产生了变异所引起的，但它只能表明树体的生长情况，还无法表达结实特性、抗寒性以及其他良种应具备的优良性状，所以 γ 射线辐射育种的良种选育工作仍有很长的路要走。

第十章 X 射线辐射育种

采用 X 射线辐射育种可以丰富榛属原有基因资源，创造新的基因型。人工诱发的突变有些是自然界中已经存在的，有些是罕见的，也有些是原本不存在的全新变异，从而可产生自然界和杂交方法不易获得的稀有变异类型，使人们可以不完全依靠原有的基因库。X 射线辐射育种也可以大幅度提高突变频率，同时适用于进行"品种修缮"。现有的龙榛品种的抗寒性能还是不理想的重要性状，通过 X 射线辐射育种品种修缮，改善与提高抗寒性状，可以达到龙榛品种修缮的目的，X 射线辐射育种还可以缩短育种年限等。

第一节 X 射线辐射育种原理与方法

一、X 射线辐射育种原理

X 射线是一种高能量的电磁辐射放射出的 X 光子，是一种波长为 $10^{-10}\sim10^{-5}$ cm 的电离辐射线，穿透力较强。处理时要根据不同照射量率，把样品放在靶位等距离的截面上，进行不同次数照射。其有效能量或射线性质可用半值层表示（HvL），照射量单位为伦琴。自从 1925 年伦琴发现 X 射线，两年后人们用它对生物体进行诱变的实验，W.Gottschalk 等对到 1980 年前诱变育成并经正式登记或公布的 485 个品种进行分类统计，X 射线辐射育种成功的 212 个，占育成品种的 43.7%，所以 X 射线辐射育种是一项可行的育种技术。我们采用 X 光机为辐射源，用所产生的 X 射线辐射优良林分的平榛花粉，与龙榛进行杂交来获得杂交 F_1 代种子。

二、花粉的选择与 X 射线辐射处理方法

1. 花粉的选择与杂交组合

在 3 月下旬的优良林分，开花前采集平榛花枝。4 月上旬，当育种园龙榛母本将要开花前培育花枝，收取花粉，将收取的花粉装瓶，放入冰箱中低温存放。

杂交组合选择龙榛系列为母本，平榛花粉为父本，即龙榛（平欧杂交榛）× 平榛。

2. X 射线辐射处理方法

采用 X 射线为照射源，对收取的平榛花粉进行照射。照射源来自黑龙江省牡丹江市第一人民医院，照射源 X 光机参数为：值电压 80 kV、管电流 300 mA、照射时间 0.4 s、距靶距离 50 cm。照射次数分别为 X_0（CK）=0 次、X_1=1 次、X_2=2 次、X_3=3 次、X_4=4 次、X_5=5 次等 6 个处理水平。

3. X 射线辐射花粉的育种方法

当育种园龙榛雌花即将萌动开花时，全株去除雄花序，一年生枝条上套育种袋备用。等待平榛雄花开花盛期时进行花粉照射，照射后的平榛雄花花粉随即对龙榛雌花的粉红色柱头进行授粉，授粉时选择下午无风或微风时进行，雄花期过后解除套袋。

第二节　X 射线辐射育种杂交 F_1 代的结实情况

一、X 射线辐射育种杂交 F_1 代结实的测定

秋季果实成熟后及时采收，并进行各项指标的测定。各杂交组合的果实测定指标包括结实数、单果重。

用 SPSS10 进行方差分析。

二、X 射线辐射育种杂交 F_1 代结实情况

X 射线辐射育种在 2005—2006 年间，共进行 60 个杂交组合试验，获得 56 个组合的杂交 F_1 代种子，共获得杂交 F_1 代种子 3981 粒。两年的结果相似，以 2006 年为例，试验结果见表 10-1，单果重在 2.27~4.90 g，比 2005 年变化幅度大。通过表 10-2 的方差分析，可以看出来自父本（照射次数）、母本与双亲间单果重均差异性极显著，F_1 代差异较大，个体分化明显，说明 X 射线照射的效果明显。结实数按父本（照射次数）排序分别为 CK > 5 次 > 3 次 > 4 次 > 1 次 > 2 次（CK 组为 96.4 粒，X_5 组为 95.8 粒，表中为表达统一取整数），按照母本排序为龙榛 1 号 > 龙榛 5 号 > 龙榛 2 号 > 龙榛 4 号 > 龙榛 3 号。单果重按照射次数排序为 1 次 > CK = 5 次 > 3 次 = 4 次 > 2 次，按照母本排序为龙榛 5 号 > 龙榛 1 号 > 龙榛 3 号 > 龙榛 4 号 > 龙榛 2 号。

表 10-1　X 射线辐射育种杂交 F_1 代种子结实情况

父本（平榛辐射处理）	X_0（CK）		X_1		X_2		X_3		X_4		X_5	
母本	结实数	单果重 /g	结实数	单果重 /g	结实数	单果重 /g	结实数	单果重 /g	结实数	单果重 /g	结实数	单果重 /g
龙榛 1 号	261	4.56	95	4.25	115	4.38	132	4.28	165	4.47	284	4.74
龙榛 2 号	51	2.67	103	3.10	59	3.03	58	2.27	75	3.01	112	3.06
龙榛 3 号	33	3.76	27	3.97	24	3.67	58	4.15	6	3.82	7	3.83
龙榛 4 号	70	4.17	71	4.05	16	3.39	18	4.05	23	3.52	23	3.66

父本(平榛辐射处理)	X₀（CK）		X₁		X₂		X₃		X₄		X₅	
母本	结实数	单果重/g	结实数	单果重/g	结实数	单果重/g	结实数	单果重/g	结实数	单果重/g	结实数	单果重/g
龙榛5号	67	4.82	61	4.71	136	4.45	201	4.90	138	4.84	53	4.70
平均	96.4	4.00	71.4	4.02	70.0	3.78	93.4	3.93	81.4	3.93	95.8	4.00

表 10-2 X 射线辐射育种杂交 F_1 单果重的方差分析

变异来源	平方和	自由度	均方	F	P 值
母本	229.852	4	57.463	328.483	0.000**
X 射线（♂）	3.784	5	0.757	4.326	0.001**
区组	2.322	2	1.161	6.636	0.001**
母本 ×X 射线（♂）	17.990	20	0.900	5.142	0.000**

第三节 X 射线辐射育种杂交 F_1 代苗木的培育情况

一、X 射线辐射育种杂交 F_1 代苗木的培育方法

当年 10 月对杂交 F_1 代种子进行催芽处理，次年 5 月初装 10 cm×6 cm（直径 × 高）的容器杯，然后取出已经处理的杂交 F_1 代种子，按照随机区组进行播种，定期测定各项指标，10 月下旬进行越冬处理。

二、X 射线辐射育种杂交 F_1 代苗木的培育情况

2006—2007 年播种 56 个组合的杂交 F_1 代种子，每个组合都获得了杂交 F_1 代苗木。2006 年播种 1385 粒，出苗 594 株，成苗 389 株，出苗率 42.9%；2007 年比 2006 年有较大提高，播种 2359 粒，出苗 1681 株，成苗 1564 株，出苗率 71.3%，累计杂交 F_1 代成苗 1953 株。以 2007 年育苗为例，试验结果见表 10-3 以及表 10-4 的方差分析，来自父本（平榛辐射）、双亲间的地径和叶片数差异性极显著，来自母本的叶片数和父本（平榛辐射）、双亲间苗高差异性显著，其余均不显著。这种现象可能是由于父本（平榛辐射）的花粉经 X 射线辐射后影响了 DNA 重组，产生变异引起的。平均地径 5.41 mm，父本方面 X₀ 为 5.80 mm，X₁ 为 5.63 mm，X₃ 为 5.52 mm，X₂ 为 5.41 mm，X₅ 为 5.29 mm，X₄ 为 4.80 mm；平均叶片数 10.6，X₀ 为 12.6，X₁ 为 10.7，X₃ 和 X₅ 均为 10.4，X₂ 为 10.1，X₄ 只有 9.2；平均苗高

36.9 cm，X_0 为 43.7 cm，X_2 和 X_5 为 37.0 cm，X_1 为 36.8 cm，X_3 为 36.5 cm，X_4 只有 30.7 cm。

表 10-3 X 射线辐射育种杂交 F_1 代育苗情况

杂交组合		育苗效果				生长情况		
母本	父本	播种粒数	出苗株数	出苗率 /%	成苗株数	苗高 /cm	地径 /mm	叶片数
龙榛 1 号		246	132	53.7	132	43.3	5.91	13.0
龙榛 2 号		47	23	48.9	23	38.3	5.08	12.6
龙榛 3 号		30	23	76.7	23	48.4	6.18	11.4
龙榛 4 号	X_0	65	55	84.6	55	48.0	6.03	13.4
龙榛 5 号		64	53	82.8	46	40.4	5.79	12.6
合计 / 平均		452	286	63.3	279	43.7	5.80	12.6
龙榛 1 号		93	48	51.6	46	34.7	5.67	10.9
龙榛 2 号		98	76	77.6	67	45.0	6.15	11.1
龙榛 3 号		26	15	57.7	12	33.3	5.63	9.9
龙榛 4 号	X_1	70	68	97.1	68	41.0	5.80	12.4
龙榛 5 号		56	49	87.5	44	29.9	4.91	9.4
合计 / 平均		343	256	74.6	237	36.8	5.63	10.7
龙榛 1 号		105	54	51.4	54	38.2	5.41	10.5
龙榛 2 号		59	45	76.3	40	37.1	5.75	11.2
龙榛 3 号		25	15	60.0	10	34.0	5.11	9.8
龙榛 4 号	X_2	15	12	80.0	11	35.4	4.28	7.8
龙榛 5 号		130	104	80.0	95	40.2	6.49	11.3
合计 / 平均		334	230	68.9	210	37.0	5.41	10.1
龙榛 1 号		119	85	71.4	85	31.3	5.64	9.2
龙榛 2 号		52	47	90.4	36.0	36.7	5.48	11.3
龙榛 3 号		56	48	85.7	43	36.0	6.02	10.8
龙榛 4 号	X_3	18	15	83.3	5	37.2	4.88	9.7
龙榛 5 号		189	167	88.4	167	41.4	5.59	11.0
合计 / 平均		434	362	83.4	336	36.5	5.52	10.4
龙榛 1 号		154	94	61.0	94	33.0	5.36	9.6
龙榛 2 号	X_4	66	50	75.8	46	36.9	5.36	10.8

杂交组合		育苗效果				生长情况		
母本	父本	播种粒数	出苗株数	出苗率 /%	成苗株数	苗高 /cm	地径 /mm	叶片数
龙榛 3 号		6	5	83.3	3	6.8	2.50	4.3
龙榛 4 号	X_4	24	18	75.0	18	36.3	5.38	10.1
龙榛 5 号		117	84	71.8	82	40.3	5.38	11.3
合计 / 平均		367	251	68.4	243	30.7	4.80	9.2
龙榛 1 号		258	170	65.9	140	37.7	5.45	10.9
龙榛 2 号		90	65	72.2	65	38.7	5.39	11.2
龙榛 3 号	X_5	7	7	100.0	7	31.7	4.70	7.3
龙榛 4 号		22	20	90.9	20	42.0	5.68	12.5
龙榛 5 号		52	34	16.0	27	34.9	5.23	10.1
合计 / 平均		429	296	69.0	259	37.0	5.29	10.4
总合计 / 平均		2359	1681	71.3	1564	36.9	5.41	10.6

表 10-4 X 射线辐射育种杂交 F_1 代苗木主要性状的方差分析

变异来源	因变量	平方和	自由度	均方	F	P 值
	苗高	884.790	4	221.198	1.872	0.116
母本	地径	6.652	4	1.663	1.931	0.106
	叶片数	68.104	4	17.026	2.510	0.042*
	苗高	1633.910	5	326.782	2.766	0.019*
X 射线（♂）	地径	17.095	5	3.419	3.970	0.002**
	叶片数	246.635	5	49.327	7.271	0.000**
	苗高	703.982	2	351.991	2.979	0.053
区组	地径	3.087	2	1.543	1.792	0.169
	叶片数	23.460	2	11.730	1.729	0.180
	苗高	4211.439	20	210.572	1.782	0.023*
母本 ×X 射线（♂）	地径	42.725	20	2.136	2.481	0.001**
	叶片数	273.761	20	13.688	2.018	0.007**

第四节 X 射线辐射育种杂交 F_1 代良种的评比与选育

一、X 射线辐射育种杂交 F_1 代良种的评比与选育方法

第三年 5 月把杂交 F_1 代容器苗按照随机区组进行栽植评比。杂交 F_1 代苗按照株行距 $2\,m \times 3\,m$ 密度定植，以后定期测定各项良种选育指标。

二、X 射线辐射育种杂交 F_1 代良种的评比与选育情况

2007 年对 2005 年 X 射线辐射育种杂交 F_1 代容器苗木进行定植评比，结果见表 10-5。通过表 10-6 的方差分析，可以看出父本（平榛辐射）和双亲本之间的地径、分枝数、叶片数和萌生条数差异性极显著，树高差异性显著；母本的树高、叶片数和当年高差异性极显著，分枝数差异性显著。因此可以判断，这几项性状指标会给未来的良种选育提供基础。父本（平榛辐射）方面，地径平均为 $6.4\,mm$，X_5 为 $7.1\,mm$，X_1 为 $6.9\,mm$，X_0 为 $6.7\,mm$，X_2 为 $6.3\,mm$，X_4 为 $5.9\,mm$，X_3 为 $5.6\,mm$；分枝数平均为 3.29，X_1 为 4.08，X_5 为 3.91，X_2 为 3.05，X_0 为 3.02，X_3 为 2.93，X_4 为 2.75；平均叶片数 21.75，X_1 为 27.19，X_5 为 25.77，X_0 为 24.04，X_2 为 20.75，X_4 为 17.80，X_3 为 16.69；萌生条数平均为 1.20，X_4 为 1.75，X_5 为 1.46，X_0 为 1.40，X_1 为 1.05，X_2 为 0.79，X_3 为 0.55；平均树高为 $42.15\,cm$，X_5 为 $50.59\,cm$，X_0 为 $44.13\,cm$，X_1 为 $42.20\,cm$，X_4 为 $40.73\,cm$，X_2 为 $40.71\,cm$，X_3 为 $36.67\,cm$。

这表明幼树期个体之间的差异是由 X 射线辐射后产生了变异所引起的，但它只能表明树体的生长情况，还无法表达结实特性、抗寒性以及其他良种应具备的优良性状，所以 X 射线辐射育种的良种选育工作仍有很长的路要走。

表 10-5 X 射线辐射育种杂交 F_1 代各组合评比结果表

| 组合 | | 株数 | 树高 /cm | 地径 /mm | 分枝数 | 叶片数 | 当年高 /cm | 萌生条数 |
母本	父本							
02-1		49	46.15	6.7	3.55	27.33	9.50	0.95
02-2		23	42.00	6.7	1.86	25.48	15.79	2.43
02-3	X_0	31	51.77	6.9	3.15	21.19	10.88	0.46
04-5		25	36.59	6.6	3.50	22.15	11.63	1.75
合计 / 平均		128	44.13	6.7	3.02	24.04	11.95	1.40
02-1		15	44.46	7.3	4.00	29.29	9.07	1.71
02-2		13	43.67	7.3	5.20	34.33	14.20	1.20
04-4	X_1	29	44.38	7.0	3.53	20.75	11.32	1.00
04-5		5	36.30	6.1	3.60	24.40	7.90	0.30

续表

组合		株数	树高 /cm	地径 /mm	分枝数	叶片数	当年高 /cm	萌生条数
母本	父本							
合计 / 平均	X_1	62	42.20	6.9	4.08	27.19	10.62	1.05
02-1		27	44.76	6.1	1.96	12.48	16.46	0.96
04-4	X_2	9	32.11	6.1	2.78	19.44	10.00	0.67
04-5		17	45.25	6.7	4.42	30.33	15.67	0.75
合计 / 平均		53	40.71	6.3	3.05	20.75	14.04	0.79
02-1		5	25.00	5.0	0.40	11.00	6.80	0.40
02-2		24	42.54	6.5	2.62	25.23	22.54	0.46
04-4	X_3	17	45.11	5.7	6.14	15.57	7.32	0.07
04-5		20	34.05	5.2	2.58	14.95	15.29	1.26
合计 / 平均		66	36.67	5.6	2.93	16.69	12.99	0.55
02-1		2	18.00	4.6	1.50	5.00	8.10	2.50
02-2		11	43.00	5.7	0.67	20.78	8.33	0.67
02-3		2	69.00	7.5	6.00	31.00	8.50	3.00
04-4	X_4	16	43.95	6.1	3.30	22.00	9.58	1.30
04-5		14	29.71	5.4	2.29	10.21	13.71	1.29
合计 / 平均		45	40.73	5.9	2.75	17.80	9.65	1.75
02-1		5	62.80	7.4	5.60	42.20	10.40	1.80
02-1		5	62.80	7.4	5.60	42.20	10.40	1.80
04-4	X_5	15	44.71	7.5	3.14	12.86	10.75	1.07
04-5		4	44.25	6.3	3.00	22.25	16.50	1.50
合计 / 平均		24	50.59	7.1	3.91	25.77	12.55	1.46
总合计 / 总平均		378	42.15	6.4	3.29	21.75	11.75	1.20

表 10-6 X 射线辐射育种杂交 F₁ 代各组合评比方差分析表

变异来源	因变量	平方和	自由度	均方	F	P 值
X 射线（♂）	树高	3561.308	5	712.262	2.854	0.016[*]
	地径	0.579	5	0.116	4.654	0.000[**]

变异来源	因变量	平方和	自由度	均方	F	P 值
X 射线（♂）	分枝数	86.831	5	17.366	4.151	0.001**
	叶片数	3710.722	5	742.144	6.829	0.000**
	当年高	648.568	5	129.714	1.672	0.141
	萌生条数	27.266	5	5.453	3.962	0.002**
母本	树高	3685.214	4	921.304	3.692	0.006**
	地径	0.223	4	0.056	2.236	0.065
	分枝数	52.488	4	13.122	3.137	0.015*
	叶片数	2821.222	4	705.305	6.490	0.000**
	当年高	1316.092	4	329.023	4.241	0.002**
	萌生条数	6.347	4	1.587	1.153	0.332
区组	树高	6935.515	13	533.501	2.138	0.012*
	地径	0.311	13	0.024	0.962	0.489
	分枝数	315.004	13	24.231	5.792	0.000**
	叶片数	8634.588	13	664.199	6.112	0.000**
	当年高	1748.257	13	134.481	1.734	0.054
	萌生条数	64.286	13	4.945	3.593	0.000**
母本 ×X 射线（♂）	树高	3561.308	5	712.262	2.854	0.016
	地径	0.579	5	0.116	4.654	0.000**
	分枝数	86.831	5	17.366	4.151	0.001**
	叶片数	3710.722	5	742.144	6.829	0.000**
	当年高	648.568	5	129.714	1.672	0.141
	萌生条数	27.266	5	5.453	3.962	0.002**

第十一章 优良无性系选育技术

在牡丹峰国家级自然保护区施业区的半截沟地区，定植的杂交组合有八大类：

龙榛 × 欧榛组合；

平榛 × 欧榛组合；

毛榛 × 欧榛组合；

平榛 × 龙榛组合；

毛榛 × 龙榛组合；

龙榛 × 平榛组合；

龙榛 × 毛榛组合；

平榛 × 毛榛组合。

其中龙榛 × 平榛组合中包括父本为平榛 γ 射线辐射、平榛 X 射线辐射的杂交 F_1 代组合。2008年开始对每株杂交 F_1 代测定各项选育指标。

第一节 杂交榛新品系的主要生长特性评比

在生长期做好各项管理工作，从 2008 年开始进行逐年定期测定各项选育指标。测定时间为每年的 4 月下旬到 9 月下旬。

测定指标包括树高、当年枝高、干径、冠幅、开张角度、枝条、萌生条、叶以及花等。2011 年入选 30 株优株，经过 2012 年初选 16 株优株，2013 年初选 8 株优株，2014 年决选 4 株优系。

一、2011 年入选 30 株优株

入选以生物学特性指标为主，主要包括树高、当年枝高、干径、冠幅、萌生条数、雄花数和结果数。主要指标以树高大于 1.5 m、冠幅大于 1.5 m 为主，兼参考干径、当年枝高、萌生条、雄花发育和结果情况。2011 年对于黑龙江省东南部地区来说是一个不多见的干旱年份，故在初选时也参考了单株的抗旱性问题。2011 年入选时，由 3000 株 F_1 代中选出 30 株优株，测定结果见表 11-1。入选的 30 株优株中，其杂交组合分别有母本为龙榛 1 号的 13 株、龙榛 2 号的 6 株、龙榛 3 号的 2 株、龙榛 4 号的 6 株、龙榛 5 号的 3 株；父本为平榛 γ 射线辐射的 14 株、平榛 X 射线辐射的 5 株、三道平榛 5 株、三部落平榛 3 株、林口平榛 3 株。

表 11-1 2011 年入选的 30 株生长指标测定情况

株号	试验编号	杂交组合	测定年份	树高/cm	当年枝高/cm	干径/cm	冠幅/cm		萌生条数	雄花数	结果数
							东西	南北			
1	3-7-7	龙榛 1 号 × 平榛 γ₁（7）	2008	53.0	23.0	0.82	33.0	42.0	3	—	—

株号	试验编号	杂交组合	测定年份	树高/cm	当年枝高/cm	干径/cm	冠幅/cm		萌生条数	雄花数	结果数
							东西	南北			
1	3-7-7	龙榛1号×平榛γ₁（7）	2009	97.0	50.0	1.17	80.0	70.0	6	—	—
			2010	130.0	20.0	1.30	100.0	110.0	9	80	—
			2011	135.0	45.0	2.20	170.0	140.0	8	120	30
2	5-3-3	龙榛2号×三道平榛（3）	2008	103.0	85.0	0.93	30.0	28.0	1	—	—
			2009	135.0	25.0	1.57	78.0	70.0	6	—	—
			2010	145.0	25.0	2.00	130.0	115.0	15	60	—
			2011	165.0	70.0	3.00	150.0	170.0	52	10	39
3	5-3-13	龙榛2号×三道平榛（13）	2008	71.5	33.0	0.97	67.0	50.0	1	—	—
			2009	95.0	22.0	1.36	61.0	70.0	5	—	—
			2010	135.0	35.0	1.70	80.0	90.0	20	24	4
			2011	150.0	30.0	2.40	90.0	80.0	35	10	20
4	6-1-24	龙榛2号×平榛γ₃（24）	2008	113.0	54.0	1.13	66.0	50.0	5	—	—
			2009	127.0	22.0	1.55	85.0	73.0	14	21	—
			2010	152.0	45.0	2.20	100.0	120.0	30	128	47
			2011	170.0	30.0	3.20	160.0	135.0	38	112	111
5	7-1-8	龙榛3号×平榛γ₁（8）	2008	44.0	22.0	0.57	32.0	24.0	5	—	—
			2009	52.0	17.0	0.93	43.0	46.0	8	—	—
			2010	75.0	20.0	1.10	60.0	52.0	12	12	3
			2011	90.0	28.0	1.60	108.0	86.0	26	0	77
6	8-3-18	龙榛2号×平榛X₁（18）	2008	97.0	62.0	1.09	69.0	82.0	1	—	—
			2009	106.0	22.0	1.61	112.0	94.0	8	36	—
			2010	120.0	20.0	1.80	100.0	110.0	25	132	6
			2011	160.0	63.0	2.90	110.0	100.0	53	220	50
7	9-4-4	龙榛1号×平榛γ₂（4）	2008	100.0	55.0	0.98	52.0	81.0	3	—	—
			2009	103.0	19.0	1.56	102.0	53.0	21	4	—
			2010	110.0	14.0	1.90	110.0	86.0	35	156	2

续表

株号	试验编号	杂交组合	测定年份	树高/cm	当年枝高/cm	干径/cm	冠幅/cm 东西	冠幅/cm 南北	萌生条数	雄花数	结果数
7	9-4-4	龙榛1号×平榛γ₂(4)	2011	150.0	57.0	2.40	145.0	170.0	68	116	49
8	10-1-2	龙榛1号×三道平榛(2)	2008	108.0	62.0	1.22	90.0	70.0	2	—	—
			2009	119.0	15.0	1.74	89.0	120.0	8	144	—
			2010	104.0	25.0	2.30	143.0	89.0	22	104	3
			2011	190.0	100.0	3.40	180.0	140.0	35	276	17
9	10-3-13	龙榛1号×三部落平榛(13)	2008	96.0	55.0	1.20	48.0	43.0	2	—	—
			2009	104.0	14.0	1.49	65.0	73.0	6	—	—
			2010	118.0	16.0	2.00	76.0	74.0	13	80	3
			2011	120.0	30.0	2.40	110.0	100.0	32	35	79
10	11-1-7	龙榛3号×平榛X₂(7)	2008	93.0	15.0	0.85	50.0	60.0	2	—	—
			2009	80.0	20.0	1.00	66.0	64.0	5	12	—
			2010	100.0	18.0	1.20	80.0	82.0	7	53	—
			2011	150.0	84.0	2.60	130.0	70.0	40	105	43
11	11-1-12	龙榛1号×平榛X₄(12)	2008	—	—	—	—	—	—	—	—
			2009	70.0	23.0	0.73	30.0	25.0	2	—	—
			2010	80.0	15.0	0.90	52.0	41.0	9	6	—
			2011	130.0	60.0	2.10	85.0	92.0	17	26	47
12	12-1-40	龙榛1号×三道平榛(40)	2008	90.0	46.0	1.03	62.0	57.0	4	—	—
			2009	126.0	34.0	1.62	85.0	109.0	9	20	—
			2010	130.0	24.0	2.30	90.0	104.0	14	54	4
			2011	160.0	50.0	3.50	200.0	145.0	8	235	122
13	15-1-14	龙榛1号×林口平榛(14)	2008	81.0	22.0	1.02	31.0	34.0	8	—	—
			2009	115.0	20.0	1.32	56.0	62.0	8	—	—
			2010	125.0	13.0	1.80	62.0	71.0	9	80	2
			2011	160.0	50.0	2.60	140.0	110.0	31	117	28
14	15-1-29	龙榛1号×林口平榛(29)	2008	107.0	43.5	1.11	46.0	40.0	4	—	—

株号	试验编号	杂交组合	测定年份	树高/cm	当年枝高/cm	干径/cm	冠幅/cm 东西	冠幅/cm 南北	萌生条数	雄花数	结果数
14	15-1-29	龙榛1号×林口平榛(29)	2009	121.0	21.0	1.48	74.0	90.0	8	24	—
			2010	127.0	18.0	1.60	74.0	73.0	10	36	—
			2011	168.0	75.0	2.60	155.0	138.0	10	92	13
15	16-1-34	龙榛1号×林口平榛(34)	2008	38.0	22.0	0.48	26.0	14.0	1	—	—
			2009	97.0	33.0	1.65	45.0	62.0	3	—	—
			2010	95.0	23.0	1.90	63.0	65.0	12	180	—
			2011	135.0	70.0	3.30	130.0	90.0	2	126	56
16	19-6-32	龙榛1号×三部落平榛(32)	2008	90.0	19.0	1.30	47.0	47.0	6	—	—
			2009	132.0	33.0	2.19	91.0	69.0	8	38	—
			2010	185.0	18.0	2.40	87.0	64.0	17	80	—
			2011	217.0	90.0	3.30	80.0	120.0	25	80	80
17	22-4-9	龙榛1号×平榛 X_3(9)	2008	65.0	16.0	1.00	45.0	30.0	2	—	—
			2009	107.0	20.0	1.28	70.0	75.0	12	48	—
			2010	114.0	15.0	1.50	83.0	85.0	17	105	3
			2011	110.0	12.0	2.30	94.0	94.0	40	70	14
18	24-3-7	龙榛4号×三部落平榛(7)	2008	—	—	—	—	—	—	—	—
			2009	130.0	55.0	1.71	70.0	75.0	3	13	—
			2010	100.0	12.0	1.40	53.0	55.0	15	—	—
			2011	142.0	70.0	2.20	95.0	74.0	25	12	5
19	27-1-6	龙榛4号×平榛 γ_2(6)	2008	—	—	—	—	—	—	—	—
			2009	主干死	25.0	0.23	—	—	4	—	—
			2010	47.0	20.0	0.60	27.0	25.0	3	—	—
			2011	85.0	35.0	1.20	60.0	66.0	3	0	0
20	27-2-11	龙榛2号×平榛 γ_5(11)	2008	68.0	36.0	0.83	42.0	35.0	2	—	—
			2009	85.0	38.0	1.03	34.0	27.0	5	—	—
			2010	100.0	15.0	1.50	50.0	61.0	19	60	—
			2011	145.0	50.0	2.10	90.0	80.0	2	60	45

株号	试验编号	杂交组合	测定年份	树高/cm	当年枝高/cm	干径/cm	冠幅/cm 东西	冠幅/cm 南北	萌生条数	雄花数	结果数
21	27-4-11	龙榛2号×三道平榛(11)	2008	88.0	52.0	0.80	50.0	42.0	5	—	—
			2009	100.0	20.0	1.20	55.0	43.0	4	—	—
			2010	120.0	15.0	1.50	43.0	65.0	10	89	—
			2011	120.0	46.0	2.60	80.0	75.0	30	48	39
22	28-4-1	龙榛4号×平榛 γ_3(1)	2008	118.0	70.0	1.22	80.0	60.0	8	—	—
			2009	142.0	50.0	1.86	95.0	90.0	7	5	—
			2010	170.0	30.0	2.50	140.0	145.0	48	168	—
			2011	190.0	30.0	3.80	220.0	170.0	31	280	138
23	28-4-4	龙榛4号×平榛 γ_3(4)	2008	102.0	46.0	1.30	60.0	71.0	6	—	—
			2009	120.0	33.0	1.74	92.0	80.0	12	—	—
			2010	143.0	32.0	2.10	134.0	123.0	45	180	—
			2011	172.0	53.0	3.10	120.0	180.0	40	252	100
24	26-4-10	龙榛5号×平榛 γ_5(10)	2008	85.0	38.0	1.00	52.0	74.0	3	—	—
			2009	100.0	25.0	1.71	81.0	82.0	9	—	—
			2010	115.0	22.0	2.10	90.0	102.0	21	130	—
			2011	182.0	50.0	3.10	180.0	150.0	38	80	58
25	32-3-14	龙榛5号×平榛 γ_4(14)	2008	57.0	10.0	0.72	25.0	23.0	2	—	—
			2009	120.0	63.0	1.41	65.0	62.0	11	—	—
			2010	135.0	27.0	1.60	74.0	92.0	23	—	—
			2011	180.0	57.0	2.90	145.0	130.0	14	10	58
26	32-3-23	龙榛5号×平榛 γ_4(23)	2008	98.0	90.0	0.98	20.0	20.0	4	—	—
			2009	100.0	32.0	1.13	60.0	42.0	3	—	—
			2010	140.0	30.0	1.60	75.0	77.0	24	80	—
			2011	170.0	90.0	2.50	110.0	120.0	12	45	41
27	35-1-18	龙榛4号×平榛 γ_3(18)	2008	80.0	55.0	1.08	53.0	50.0	3	—	—
			2009	94.0	35.0	1.72	100.0	61.0	9	52	—
			2010	140.0	18.0	2.10	92.0	78.0	11	80	6
			2011	182.0	70.0	3.00	120.0	103.0	75	60	24

株号	试验编号	杂交组合	测定年份	树高/cm	当年枝高/cm	干径/cm	冠幅/cm 东西	冠幅/cm 南北	萌生条数	雄花数	结果数
28	35-1-19	龙榛4号×平榛 γ_3（19）	2008	44.5	18.0	0.57	30.0	27.0	2	—	—
			2009	78.0	48.0	0.80	52.0	61.0	5	—	—
			2010	80.0	13.0	1.00	53.0	60.0	8	45	—
			2011	120.0	32.0	1.70	102.0	84.0	22	7	4
29	35-2-7	龙榛1号×平榛 γ_2（7）	2008	—	—	—	—	—	—	—	—
			2009	85.0	37.0	1.70	62.0	70.0	8	—	—
			2010	108.0	13.0	1.10	46.0	50.0	21	132	—
			2011	140.0	50.0	2.60	90.0	90.0	7	35	42
30	9-3-12	龙榛1号×平榛 X_1（12）	2008	57.0	7.0	0.60	16.0	21.0	0	—	—
			2009	27.0	19.0	1.04	33.0	27.0	5	—	—
			2010	90.0	12.0	1.20	45.0	38.0	17	32	—
			2011	130.0	55.0	2.00	80.0	60.0	9	40	13

二、2012 年初选 16 株优株

通过 2012 年的测定，在 2011 年的 30 株优株的基础上，再次初选出 16 株，这与 2011 年的初选相比已经发生较大的变化。从表 11-2 中看出，入选的 16 株中，其杂交组合分别有母本为龙榛 1 号的 7 株、龙榛 2 号的 3 株、龙榛 3 号的 1 株、龙榛 4 号的 3 株、龙榛 5 号的 2 株；父本为平榛 γ 射线辐射的 10 株、平榛 X 射线辐射的 1 株、三道平榛 3 株、林口平榛 2 株。其中以三部落为父本的全部落选，而辐射育种的占了 68.75%。

表 11-2 2012 年初选 16 株的基本情况

株号	山上编号	杂交组合	年份	树高/cm	当年枝高/cm	干径/cm	冠幅/cm 东西	冠幅/cm 南北	萌生条数	雄花数	结果数
2	5-3-3	龙榛2号×三道平榛（3）	2010	145.0	25.0	2.00	130.0	115.0	15	60	—
			2011	165.0	70.0	3.00	150.0	170.0	52	10	39
			2012	157.0	33.0	3.80	150.0	120.0	25	70	22
4	6-1-24	龙榛2号×平榛 γ_3（24）	2010	152.0	45.0	2.20	100.0	120.0	30	128	47
			2011	170.0	30.0	3.20	160.0	135.0	38	112	111

续表

株号	山上编号	杂交组合	年份	树高/cm	当年枝高/cm	干径/cm	冠幅/cm 东西	冠幅/cm 南北	萌生条数	雄花数	结果数
4	6-1-24	龙榛2号×平榛γ₃(24)	2012	171.0	16.0	3.50	178.0	182.0	27	280	150
7	9-4-4	龙榛1号×平榛γ₂(4)	2010	110.0	14.0	1.90	110.0	86.0	35	156	2
			2011	150.0	57.0	2.40	145.0	170.0	68	116	49
			2012	165.0	18.0	2.70	190.0	180.0	5	200	90
8	10-1-2	龙榛1号×三道平榛(2)	2010	104.0	25.0	2.30	143.0	89.0	22	104	3
			2011	190.0	100.0	3.40	180.0	140.0	35	276	17
10	11-1-7	龙榛3号×平榛X₂(7)	2010	100.0	18.0	1.20	80.0	82.0	7	53	—
			2011	150.0	84.0	2.60	130.0	70.0	40	105	43
			2012	150.0	37.0	3.10	175.0	140.0	25	200	90
12	12-1-40	龙榛1号×三道平榛（40）	2010	130.0	24.0	2.30	90.0	104.0	14	54	4
			2011	160.0	50.0	3.50	200.0	145.0	8	235	122
			2012	140.0	18.0	4.30	190.0	150.0	13	90	180
13	15-1-14	龙榛1号×林口平榛（14）	2010	125.0	13.0	1.80	62.0	71.0	9	80	2
			2011	160.0	50.0	2.60	140.0	110.0	31	117	28
			2012	162.0	35.0	3.20	127.0	153.0	20	230	15
14	15-1-29	龙榛1号×林口平榛（29）	2010	127.0	18.0	1.60	74.0	73.0	10	36	—
			2011	168.0	75.0	2.60	155.0	138.0	10	92	13
			2012	192.0	54.0	3.40	156.0	190.0	17	275	50
20	27-2-11	龙榛2号×平榛γ₅（11）	2010	100.0	15.0	1.50	50.0	61.0	19	60	—
			2011	145.0	50.0	2.10	90.0	80.0	2	60	45
			2012	168.0	17.0	2.90	120.0	10.0	5	55	36
22	28-4-1	龙榛4号×平榛γ₃（1）	2010	170.0	30.0	2.50	140.0	145.0	48	168	—
			2011	190.0	30.0	3.80	220.0	170.0	31	280	138
			2012	190.0	11.0	4.50	170.0	225.0	16	360	160
23	28-4-4	龙榛4号×平榛γ₃（4）	2010	143.0	32.0	2.10	134.0	123.0	45	180	—
			2011	172.0	53.0	3.10	120.0	180.0	40	252	100

株号	山上编号	杂交组合	年份	树高/cm	当年枝高/cm	干径/cm	冠幅/cm		萌生条数	雄花数	结果数
							东西	南北			
23	28-4-4	龙榛4号×平榛γ₃（4）	2012	165.0	10.0	3.40	234.0	110.0	34	360	45
24	26-4-10	龙榛5号×平榛γ₅（10）	2010	115.0	22.0	2.10	90.0	102.0	21	130	—
			2011	182.0	50.0	3.10	180.0	150.0	38	80	58
			2012	184.0	9.0	3.80	163.0	133.0	12	310	5
25	32-3-14	龙榛5号×平榛γ₄（14）	2010	135.0	27.0	1.60	74.0	92.0	23	—	—
			2011	180.0	57.0	2.90	145.0	130.0	14	10	58
			2012	210.0	16.0	3.60	178.0	155.0	12	270	13
26	32-3-23	龙榛5号×平榛γ₄（23）	2010	140.0	30.0	1.60	75.0	77.0	24	80	—
			2011	170.0	90.0	2.50	110.0	120.0	12	45	41
			2012	178.0	33.0	3.30	150.0	164.0	27	115	28
27	35-1-18	龙榛4号×平榛γ₃（18）	2010	140.0	18.0	2.10	92.0	78.0	11	80	6
			2011	182.0	70.0	3.00	120.0	103.0	75	60	24
			2012	224.0	5.0	3.50	135.0	110.0	24	130	0
29	35-2-7	龙榛1号×平榛γ₂（7）	2010	108.0	13.0	1.10	46.0	50.0	21	132	—
			2011	140.0	50.0	2.60	90.0	90.0	7	35	42
			2012	160.0	16.0	3.30	132.0	148.0	20	360	3

三、2013年复选8株优株

通过2013年的测定，在2012年的16株优株的基础上，再次复选出8株，这与2012年的初选相比已经发生较大的变化。从表11-3中看出，入选的8株中，其杂交组合分别有母本为龙榛1号的5株、龙榛2号的1株、龙榛4号的1株、龙榛5号的1株，龙榛3号没有入选；父本为平榛γ射线辐射的4株、三道平榛2株、林口平榛2株。

表11-3 2013年复选8株的基本情况

株号	山上编号	杂交组合	年份	树高/cm	当年枝高/cm	干径/cm	冠幅/cm		萌生条数	雄花数	结果数
							东西	南北			
4	6-1-24	龙榛2号×平榛γ₃（24）	2010	152.0	45.0	2.20	100.0	120.0	30	128	47

株号	山上编号	杂交组合	年份	树高/cm	当年枝高/cm	干径/cm	冠幅/cm 东西	冠幅/cm 南北	萌生条数	雄花数	结果数
4	6-1-24	龙榛2号×平榛γ₃(24)	2011	170.0	30.0	3.20	160.0	135.0	38	112	111
			2012	171.0	16.0	3.50	178.0	182.0	27	280	150
			2013	180.0	20.0	4.40	180.0	190.0	38	310	35
7	9-4-4	龙榛1号×平榛γ₂(4)	2010	110.0	14.0	1.90	110.0	86.0	35	156	2
			2011	150.0	57.0	2.40	145.0	170.0	68	116	49
29	35-2-7	龙榛1号×平榛γ₂(7)	2012	165.0	18.0	2.70	190.0	180.0	5	200	90
			2013	187.0	28.0	3.70	220.0	176.0	60	405	35
8	10-1-2	龙榛1号×三道平榛(2)	2010	104.0	25.0	2.30	143.0	89.0	22	104	3
			2011	190.0	100.0	3.40	180.0	140.0	35	276	17
			2012	230.0	62.0	4.30	240.0	200.0	25	300	10
			2013	240.0	55.0	5.10	265.0	240.0	70	1100	0
12	12-1-40	龙榛1号×三道平榛(40)	2010	130.0	24.0	2.30	90.0	104.0	14	54	4
			2011	160.0	50.0	3.50	200.0	145.0	8	235	122
			2012	140.0	18.0	4.30	190.0	150.0	13	90	180
			2013	180.0	52.0	4.90	210.0	230.0	16	1200	14
13	15-1-14	龙榛1号×林口平榛(14)	2010	125.0	13.0	1.80	62.0	71.0	9	80	2
			2011	160.0	50.0	2.60	140.0	110.0	31	117	28
			2012	162.0	35.0	3.20	127.0	153.0	20	230	15
			2013	184.0	40.0	3.30	180.0	160.0	48	350	20
14	15-1-29	龙榛1号×林口平榛(29)	2010	127.0	18.0	1.60	74.0	73.0	10	36	—
			2011	168.0	75.0	2.60	155.0	138.0	10	92	13
			2012	192.0	54.0	3.40	156.0	190.0	17	275	50
			2013	220.0	33.0	4.40	244.0	175.0	47	730	5
24	26-4-10	龙榛5号×平榛γ₅(10)	2010	115.0	22.0	2.10	90.0	102.0	21	130	—
			2011	182.0	50.0	3.10	180.0	150.0	38	80	58
			2012	184.0	9.0	3.80	163.0	133.0	12	310	5
			2013	167.0	73.0	4.60	203.0	162.0	45	267	12

株号	山上编号	杂交组合	年份	树高/cm	当年枝高/cm	干径/cm	冠幅/cm		萌生条数	雄花数	结果数
							东西	南北			
27	35-1-18	龙榛4号×平榛γ₃(18)	2010	140.0	18.0	2.10	92.0	78.0	11	80	6
			2011	182.0	70.0	3.00	120.0	103.0	75	60	24
			2012	224.0	5.0	3.50	135.0	110.0	24	130	0
			2013	215.0	44.0	4.10	190.0	160.0	30	215	0

四、2014年决选4株优系

通过2014年的测定，在2013年复选出8株的基础上，决选出4株优系（表11-4），其杂交组合分别为：8号[（10-1-2）龙榛1号×三道平榛（2）]、14号[（15-1-29）龙榛1号×林口平榛（29）]、24号[（26-4-10）龙榛5号×平榛γ₅（10）]、27号[（35-1-18）龙榛4号×平榛γ₃（18）]。经过8年的测定，这4株性状表现优异，确定为黑龙江省牡丹江林业科学研究所第2批优系，本年度的无性系苗木均培养成功，可以在2015年进行区域性试验。

表 11-4 2014 年决选 4 株的基本情况

株号	山上编号	杂交组合	年份	树高/cm	当年枝高/cm	干径/cm	冠幅/cm		萌生条数	雄花数	结果数
							东西	南北			
8	10-1-2	龙榛1号×三道平榛(2)	2010	104.0	25.0	2.30	143.0	89.0	22	104	3
			2011	190.0	100.0	3.40	180.0	140.0	35	276	17
			2012	230.0	62.0	4.30	240.0	200.0	25	300	10
			2013	240.0	55.0	5.10	265.0	240.0	70	1100	0
			2014	265.0	27.7	6.19	280.0	273.0	89	244.8	—
14	15-1-29	龙榛1号×林口平榛（29）	2010	127.0	18.0	1.60	74.0	73.0	10	36	—
			2011	168.0	75.0	2.60	155.0	138.0	10	92	13
			2012	192.0	54.0	3.40	156.0	190.0	17	275	50
			2013	220.0	33.0	4.40	244.0	175.0	47	730	5
			2014	252.0	14.1	4.81	254.0	233.0	48	275.5	—
24	26-4-10	龙榛5号×平榛γ₅(10)	2010	115.0	22.0	2.10	90.0	102.0	21	130	—
			2011	182.0	50.0	3.10	180.0	150.0	38	80	58
			2012	184.0	9.0	3.80	163.0	133.0	12	310	5

株号	山上编号	杂交组合	年份	树高/cm	当年枝高/cm	干径/cm	冠幅/cm 东西	冠幅/cm 南北	萌生条数	雄花数	结果数
24	26-4-10	龙榛5号×平榛 γ_5(10)	2013	167.0	73.0	4.60	203.0	162.0	45	267	12
			2014	225.0	18.6	5.00	225.0	248.0	57	204.4	—
27	35-1-18	龙榛4号×平榛 γ_3(18)	2010	140.0	18.0	2.10	92.0	78.0	11	80	6
			2011	182.0	70.0	3.00	120.0	103.0	75	60	24
			2012	224.0	5.0	3.50	135.0	110.0	24	130	0
			2013	215.0	44.0	4.10	190.0	160.0	30	215	0
			2014	255.0	21.3	4.59	264.0	273.0	53	66.7	—

第二节 杂交榛优系的结实特性评比

对杂交榛优系结实特性的评比主要测定以下丰产性指标：

果型、坚果纵径、坚果横径、坚果侧径、果基宽、果基高、坚果重、结果数、单株结果重等。

由于 F_1 代是杂种实生苗，其本身的结实情况只能代表其自身结实能力，还不能完全代表其无性系结实水平。表11-5中主要反映的是果实特性和性状，对于优良无性系还需要区域性试验和生产性试验来证明它的结实特性。单果重的大小，不仅可以体现优系的果实优质、丰产，同时又可反映出优系的抗寒性问题。我们一般认为，果实小的，则其具有的平榛基因占重要地位，而欧榛基因作用则相对弱一些，这就表明其抗寒能力强一些。

表 11-5 2014 年决选优系果实测量结果

株号	山上编号	杂交组合	年份	坚果纵径/mm	坚果横径/mm	坚果侧径/mm	果基宽/mm	果基高/mm	坚果重/g	结果数	单株结果重/g
4	6-1-24	龙榛2号×平榛 γ_3(24)	2010	16.96	15.23	15.05	13.12	6.81	1.789	47	84.1
			2011	20.11	17.95	16.55	16.27	6.49	2.249	111	249.6
			2012	15.82	14.86	13.82	13.24	3.71	1.490	150	223.5
			2013	—	—	—	—	—	—	—	—
			2014	16.06	15.22	14.45	12.20	4.53	1.106	18	19.9
7	9-4-4	龙榛1号×平榛 γ_2(4)	2010	16.73	13.84	13.29	12.55	4.91	1.370	2	2.7
			2011	18.65	16.91	15.31	15.48	7.64	2.764	49	135.5
			2012	17.19	15.82	14.23	14.13	4.18	1.787	90	160.8

续表

株号	山上编号	杂交组合	年份	坚果纵径/mm	坚果横径/mm	坚果侧径/mm	果基宽/mm	果基高/mm	坚果重/g	结果数	单株结果重/g
7	9-4-4	龙榛1号×平榛γ₂(4)	2013	—	—	—	—	—	—	—	—
			2014	16.02	14.20	13.45	11.76	5.04	0.930	27	25.3
8	10-1-2	龙榛1号×三道平榛(2)	2010	—	—	—	—	—	—	3	0
			2011	21.39	18.24	16.90	16.36	6.43	1.859	32	59.5
			2012	23.02	19.08	17.86	18.46	5.69	2.658	10	26.6
			2013	—	—	—	—	—	—	—	—
			2014	22.90	20.87	20.13	17.17	5.89	2.100	196	410.6
12	12-1-40	龙榛1号×三道平榛(40)	2010	—	—	—	—	—	—	4	0
			2011	18.87	20.95	19.44	20.16	6.34	2.529	122	308.5
			2012	—	—	—	—	—	—	180	0
			2013	—	—	—	—	—	—	—	—
			2014	17.76	19.78	17.17	15.91	3.69	1.60	114	182.4
13	15-1-14	龙榛1号×林口平榛(14)	2010	16.97	18.43	17.53	14.87	6.97	1.430	2	2.860
			2011	17.94	21.72	20.58	19.36	3.26	4.448	28	124.5
			2012	18.03	20.11	17.43	16.81	4.00	2.711	15	40.70
			2013	—	—	—	—	—	—	—	—
			2014	17.07	18.97	17.31	15.27	4.58	1.880	26	49.63
14	15-1-29	龙榛1号×林口平榛(29)	2010	19.67	17.65	17.60	15.49	5.35	2.405	0	0
			2011	20.23	18.90	17.40	16.99	4.36	2.913	16	46.6
			2012	21.34	20.19	18.30	17.97	3.65	3.235	50	161.8
			2013	—	—	—	—	—	—	—	—
			2014	19.31	17.01	16.56	15.24	3.76	2.070	42	86.9
24	26-4-10	龙榛4号×平榛γ₃(10)	2010	23.02	19.06	18.73	16.59	6.84	—	—	—
			2011	22.15	19.95	17.85	17.21	9.60	4.172	100	417.2
			2012	20.69	17.53	16.42	15.62	4.56	2.126	45	95.7
			2013	—	—	—	—	—	—	—	—
			2014	21.89	19.02	16.56	14.29	6.24	2.510	28	70.3

続表

株号	山上编号	杂交组合	年份	坚果纵径/mm	坚果横径/mm	坚果侧径/mm	果基宽/mm	果基高/mm	坚果重/g	结果数	单株结果重/g
27	35-1-18	龙榛4号×平榛γ₃(18)	2010	21.59	18.36	17.14	15.75	6.03	2.730	6	16.4
			2011	24.04	21.19	17.88	18.38	9.02	3.460	24	83.0
			2012	—	—	—	—	—	—	—	—
			2013	—	—	—	—	—	—	—	—
			2014	24.11	19.48	17.73	16.47	8.17	2.620	72	188.6

注："—"为果实丢失。

第三节 杂交榛新品系的抗寒性评比

一、抗寒性指标测定

抗寒性指标主要包括芽是否正常开放，当年生枝、多年生枝、主干是否有冻害，雄花序开放情况，以及越冬性级别评定。

冻害指标级别为：Ⅰ级——花有冻害、Ⅱ级——芽有冻害、Ⅲ级——一年生枝条有冻害、Ⅳ级——二年生枝条有冻害、Ⅴ级——多年生树干有冻害。

二、主要测定项目评测

通过4年的初选、复选和决选，在30个优株中，2012年淘汰了14株（表11-6），包括1号[龙榛1号×平榛γ₁(7)]、3号[龙榛2号×三道平榛(13)]、5号[龙榛3号×平榛γ₁(8)]、6号[龙榛2号×平榛X₁(18)]、9号[龙榛1号×三部落平榛(13)]、11号[龙榛1号×平榛X₄(12)]、15号[龙榛1号×林口平榛(34)]、16号[龙榛1号×三部落平榛(32)]、17号[龙榛1号×平榛X₃(9)]、18号[龙榛4号×三部落平榛(7)]、19号[龙榛4号×平榛γ₂(6)]、21号[龙榛2号×三道平榛(11)]、28号[龙榛4号×平榛γ₃(19)]、30号[龙榛1号×平榛X₁(12)]。

2013年复选淘汰8株，包括2号[龙榛2号×三道平榛(3)]、10号[龙榛3号×平榛X₂(7)]、20号[龙榛2号×平榛γ₅(11)]、22号[龙榛4号×平榛γ₃(1)]、23号[龙榛4号×平榛γ₃(4)]、25号[龙榛5号×平榛γ₄(14)]、26号[龙榛5号×平榛γ₄(23)]、29号[龙榛1号×平榛γ₂(7)]。

2014年决选淘汰4株，仅有4株进入正选的优系。淘汰的4株是4号[龙榛2号×平榛γ₃(24)]、7号[龙榛1号×平榛γ₂(4)]、12号[龙榛1号×三道平榛(40)]、13号[龙榛1号×林口平榛(14)]。决选入选的4株是8号[龙榛1号×三道平榛(2)]、14号[龙榛1号×林口平榛(29)]、24号[龙榛5号×平榛γ₅(10)]、27号[龙榛4号×平榛γ₃(18)]。

表 11-6 杂交榛新品系的抗寒性比较

株号	山上编号	杂交组合	年份	抗寒性评定					综合评定与落选年度
				I	II	III	IV	V	
1	3-7-7	龙榛1号×平榛γ_1（7）	2010		1				II-2012
			2011		1				
			2012	0					
			2013		1				
2	5-3-3	龙榛2号×三道平榛（3）	2010	0					II-2013
			2011		1				
			2012		1				
			2013		1				
3	5-3-13	龙榛2号×三道平榛（13）	2010	0					I-2012
			2011	0					
			2012		1				
			2013		1				
4	6-1-24	龙榛2号×平榛γ_3（24）	2010	0					I-2014
			2011	0					
			2012	0					
			2013	0					
5	7-1-8	龙榛3号×平榛γ_1（8）	2010	0					I-2012
			2011	0					
			2012		1				
			2013		1				
6	8-3-18	龙榛2号×平榛X_1（18）	2010		1				II-2012
			2011		1				
			2012		1				
			2013		1				
7	9-4-4	龙榛1号×平榛γ_2（4）	2010	0					I-2014
			2011	0					
			2012	0					
			2013	0					

株号	山上编号	杂交组合	年份	抗寒性评定					综合评定与落选年度
				I	II	III	IV	V	
8	10-1-2	龙榛1号×三道平榛（2）	2010	0					I－龙榛6号优系
			2011	0					
			2012	0					
			2013						
9	10-3-13	龙榛1号×三部落平榛（13）	2010	0					I－2012
			2011	0					
			2012	0					
			2013	0					
10	11-1-7	龙榛3号×平榛 X_2（7）	2010	0					II－2013
			2011		1				
			2012		1				
			2013		1				
11	11-1-12	龙榛1号×平榛 X_4（12）	2010		1				II－2012
			2011		1				
			2012	0					
			2013	0					
12	12-1-40	龙榛1号×三道平榛（40）	2010	0					I－2014
			2011	0					
			2012	0					
			2013	0					
13	15-1-14	龙榛1号×林口平榛（14）	2010	0					I－2014
			2011	0					
			2012	0					
			2013	0					
14	15-1-29	龙榛1号×林口平榛（29）	2010	0					I－龙榛7号优系
			2011	0					
			2012	0					

株号	山上编号	杂交组合	年份	抗寒性评定					综合评定与落选年度
				I	II	III	IV	V	
14	15-1-29	龙榛 1 号 × 林口平榛（29）	2013	0					
15	16-1-34	龙榛 1 号 × 林口平榛（34）	2010		1				III-2012
			2011			2			
			2012		1				
			2013						
16	19-6-32	龙榛 1 号 × 三部落平榛 （32）	2010	0					II-2012
			2011	0					
			2012		1				
			2013		1				
17	22-4-9	龙榛 1 号 × 平榛 X_3（9）	2010	0					I-2012
			2011	0					
			2012	0					
			2013	0					
18	24-3-7	龙榛 4 号 × 三部落平榛 （7）	2010	0					I-2012
			2011	0					
			2012	0					
			2013	0					
19	26-4-10	龙榛 4 号 × 平榛 γ_2（6）	2010	0					I-2012
			2011	0					
			2012	0					
			2013		1				
20	27-1-6	龙榛 2 号 × 平榛 γ_5（11）	2010	0					I-2013
			2011	0					
			2012	0					
			2013		1				
21	27-2-11	龙榛 2 号 × 三道平榛（11）	2010	0					II-2012

株号	山上编号	杂交组合	年份	抗寒性评定					综合评定与落选年度
				I	II	III	IV	V	
21	27-2-11	龙榛 2 号 ×三道平榛（11）	2011	0					
			2012		1				
			2013		1				
22	27-4-11	龙榛 4 号 ×平榛 γ_3（1）	2010	0					I -2013
			2011	0					
			2012	0					
			2013	0					
23	28-4-1	龙榛 4 号 ×平榛 γ_3（4）	2010	0					I -2013
			2011	0					
			2012	0					
			2013	0					
24	28-4-4	龙榛 5 号 ×平榛 γ_5（10）	2010	0					I - 龙榛 8 号优系
			2011	0					
			2012	0					
			2013	0					
25	32-3-14	龙榛 5 号 ×平榛 γ_4（14）	2010	0					II -2013
			2011	0					
			2012		1				
			2013		1				
26	32-3-23	龙榛 5 号 ×平榛 γ_4（23）	2010	0					I -2013
			2011	0					
			2012	0					
			2013		1				
27	35-1-18	龙榛 4 号 ×平榛 γ_3（18）	2010	0					I - 龙榛 9 号优系
			2011	0					
			2012	0					
			2013	0					

株号	山上编号	杂交组合	年份	抗寒性评定					综合评定与落选年度
				I	II	III	IV	V	
28	35-1-19	龙榛4号×平榛γ_3(19)	2010	0					I-2012
			2011	0					
			2012	0					
			2013		1				
29	35-2-7	龙榛1号×平榛γ_2(7)	2010	0					I-2013
			2011	0					
			2012	0					
			2013	0					
30	9-3-12	龙榛1号×平榛X_1(12)	2010	0					I-2012
			2011	0					
			2012	0					
			2013		1				

第四节 育成的新品系光合效率特征

一、生化指标测定

采用 GXH-3051C 植物光合测定仪，测定光合速率[μmol/(m^2·s)]、水分蒸发[mg/(dm^2·h)]、水分利用效率（mg/g）和气孔阻抗（s/cm）。

二、育成的新品系光合效率特征

从测定结果可以看出（表 11-7、图 11-1~11-6），4 个优系在光合速率、水分蒸发、水分利用效率和气孔阻抗上相差较大，还反映了其在晴天和阴天的差别。

表 11-7 龙榛新品系主要光合效率特征的性状测定表

测定指标	龙榛6号优系		龙榛7号优系		龙榛8号优系		龙榛9号优系		平均	
	晴天	阴天	晴天	阴天	晴天	阴天	晴天	阴天	晴天	阴天
光合速率 / $[\mu mol/(m^2 \cdot s)]$	7.555	3.100	6.458	1.729	9.830	2.522	5.190	2.034	7.258	2.3463
水分蒸发 / $[mg/(dm^2 \cdot h)]$	292.85	300.50	204.08	247.12	366.75	353.47	294.79	242.19	289.62	285.82
水分利用效率 / （mg/g）	45.100	11.129	32.200	6.912	39.625	6.800	17.775	11.460	33.675	9.0753
气孔阻抗 / (s/cm)	0.0075	0.0057	0.0025	0.0414	0.0050	0.0060	0.0000	0.0100	0.0038	0.0158

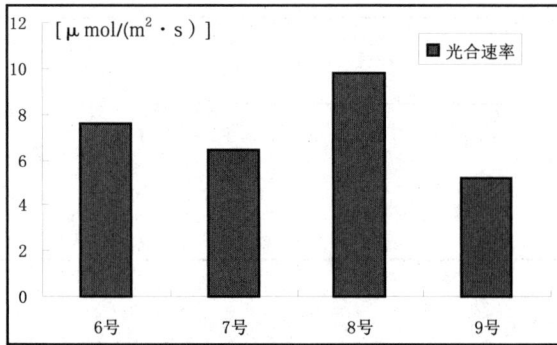

图 11-1 龙榛4个优系晴天光合速率变化

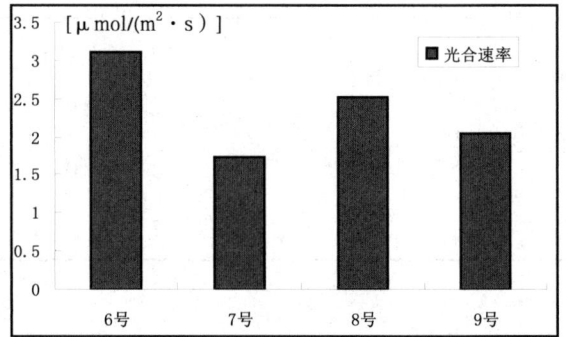

图 11-2 龙榛4个优系阴天光合速率变化

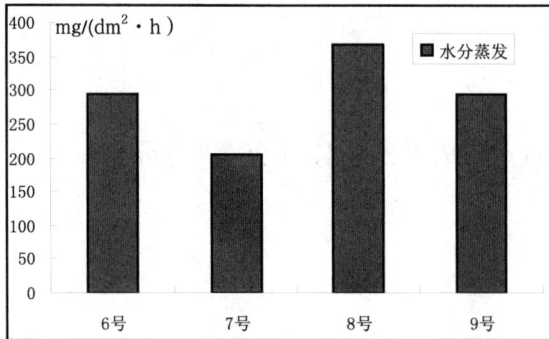

图 11-3 龙榛4个优系晴天叶片水分蒸发变化

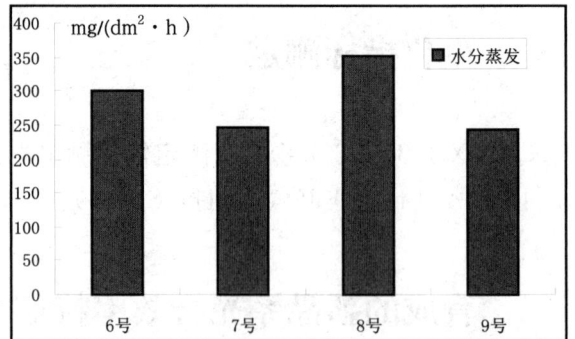

图 11-4 龙榛4个优系阴天叶片水分蒸发变化

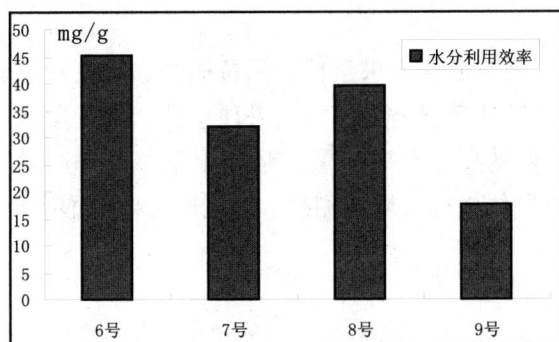

图 11-5 龙榛 4 个优系晴天水分利用效率变化

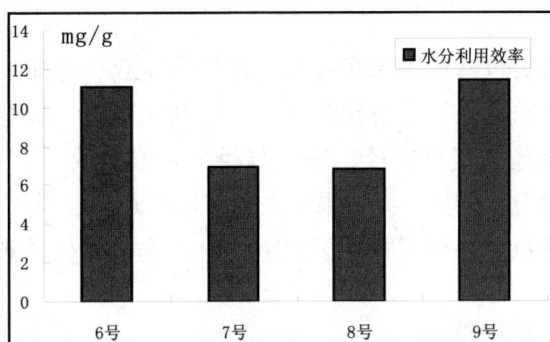

图 11-6 龙榛 4 个优系阴天水分利用效率变化

通过试验可以看出，4 个优系的光合生理变化差别较大，可直接影响其栽培性状、丰产性状、抗性性状和其他性状，这将为下一步的试验奠定理论基础。

第五节 育成新品系的主要性状特征

一、主要性状特征指标

1. 一般情况

一般情况包括双亲、起源、用途、风味、评比园位置。

树体 8 年生物学概况：性别、树高、冠幅、干径、树体开张角度、生育期、生长势、自然坐果率、丰产性、繁殖方式、根蘖萌生力、树体形态、树皮颜色。

2. 一年生枝条

一年生枝条包括当年枝颜色、当年枝尖削度、当年枝长、基径、当年枝茸毛、节间距、皮孔密度、皮孔长、皮孔宽、皮孔颜色。

3. 叶片

叶片包括叶芽长、叶芽宽、叶长、叶宽、叶厚、叶形指数、叶宽基距、叶尖形状、叶基形状、锯齿方式、平均锯齿高度、平均锯齿宽度、锯齿数量、叶柄面积、叶面积、叶片面积、叶片形状参数、叶片周长、叶周长、锯齿密度（大）、大缺刻数、大缺刻宽、大缺刻深、侧脉对数、叶表茸毛、叶柄长、叶柄粗。

4. 花

花包括雄花序、雌花序、雄花序长、雄花序直径、总序雄花序数、每枝雄花总序数、每株雄花总序数。

5.果实

果实包括每序果实粒数、每枝果序数、每株果序数、果苞形状、果苞长、果苞横径、果苞片数、果苞大缺刻数、果苞缺刻深、果苞刺或腺毛、带苞重、坚果外露、坚果形状、果顶形状、果基形状、坚果纵径、坚果横径、坚果侧径、果形指数、果基宽、果基高、坚果鲜重、坚果干重、单株产量、坚果颜色、果面光泽、果面条纹、果面茸毛、果仁纵径、果仁横径、果仁侧径、果皮厚、果仁饱满度、果仁颜色、果仁形状、果仁重、出仁率、果仁外观。

6.物候特征

物候特征包括雄花开放期、雌花开放期、萌芽期、坚果成熟期、树体休眠期。

7.适用范围

适用范围包括预计适生范围、无霜期、≥10℃有效积温、年均温、极限低温、相对湿度、光照时数、土壤。

8.抗性

抗性包括抗病性、抗虫性、抗寒性、抗旱性。

二、育成新品系的主要性状特征

通过杂交育种选育出了4个优系,即龙榛6号优系[8号龙榛1号 × 三道平榛(2)]、龙榛7号优系[14号龙榛1号 × 林口平榛(29)]、龙榛8号优系[24号龙榛5号 × 平榛 γ_5(10)]、龙榛9号优系[27号龙榛4号 × 平榛 γ_3(18)]。

其117个主要数量性状和非数量性状的测定结果见表11-8。从表中可以看出这4个优系有明显差别。今后的工作是对4个优系进行扩繁和区域性试验,以证明其抗寒性状、栽培性状、丰产性状和其他性状,为确定其适生范围和丰产栽培提供理论基础。

表 11-8 育成的 4 个优系主要性状特征(鉴定卡)

主要性状		性状序号	龙榛6号优系	龙榛7号优系	龙榛8号优系	龙榛9号优系
一般情况	双亲	01	龙榛1号 × 三道平榛(2)	龙榛1号 × 林口平榛(29)	龙榛5号 × 平榛 γ_5(10)	龙榛4号 × 平榛 γ_3(18)
	起源	02	杂交育种	杂交育种	杂交育种	杂交育种
	用途	03	食用	食用	食用	食用
	风味	04	优	优	优	优
	评比园位置	05	10-1-2	15-1-29	26-4-10	35-1-18

主要性状		性状序号	龙榛6号优系	龙榛7号优系	龙榛8号优系	龙榛9号优系
树体8年生物学概况	性别	06	雌雄同株	雌雄同株	雌雄同株	雌雄同株
	树高 /m	07	2.65	2.52	2.25	2.55
	冠幅 /m	08	2.77	2.44	2.37	2.69
	干径 /cm	09	6.19	4.81	5.00	4.59
	树体开张角度 / (°)	10	70	120	80	60
	生育期	11	4 中—9 下	4 中—9 下	4 中—9 下	4 中—9 下
	生长势	12	强	强	强	强
	自然坐果率	13	高	高	高	高
	丰产性	14	丰产	丰产	丰产	丰产
	繁殖方式	15	无性繁殖	无性繁殖	无性繁殖	无性繁殖
	根蘖萌生力	16	强	强	强	强
	树体形态	17	直立	直立	直立	直立
	树皮颜色	18	灰白色	红灰褐色	灰白褐色	灰褐色
一年生枝条	当年枝颜色	19	红棕褐色	红棕褐色	红棕褐色	红棕褐色
	当年枝尖削度	20	6.91	5.62	6.04	5.91
	当年枝长 /cm	21	27.7	14.1	18.6	21.3
	基径 /mm	22	4.17	2.62	3.08	3.60
	当年枝茸毛	23	有、密	有、稀	有、密	有、较密
	节间距 /mm	24	27.02	28.03	33.82	35.40
	皮孔密度（个 /cm^2）	25	4.6	5.4	3.7	5.6
	皮孔长 /mm	26	1.10	0.75	0.89	1.25
	皮孔宽 /mm	27	0.90	0.58	0.61	0.87
	皮孔颜色	28	浅红色	浅红色	微红色	红褐色
叶片	叶芽长 /mm	29	5.40	4.19	4.59	3.63
	叶芽宽 /mm	30	2.57	2.33	2.89	2.23
	叶长 /cm	31	12.21	9.71	10.20	10.76
	叶宽 /cm	32	8.70	8.63	9.06	8.75

主要性状		性状序号	龙榛6号优系	龙榛7号优系	龙榛8号优系	龙榛9号优系
	叶厚 /mm	33	0.31	0.28	0.29	0.35
	叶形指数	34	1.40	1.13	1.13	1.23
	叶宽基距 /mm	35	18.90	20.60	20.04	17.95
	叶尖形状	36	急尖	急尖	急尖	急尖
	叶基形状	37	楔形	楔形	楔形	楔形
	锯齿方式	38	复锯齿	复锯齿	复锯齿	复锯齿
	平均锯齿高度 /mm	39	8.4	8.6	7.9	8.0
	平均锯齿宽度 /mm	40	2.67	2.78	2.72	2.66
	锯齿数量	41	133.09	118.00	123.00	130.09
	叶柄面积 /mm^2	42	34.98	25.42	25.39	30.29
叶片	叶面积 / mm^2	43	7893.60	7123.09	6974.72	7651.42
	叶片面积 /mm^2	44	7858.62	7097.66	6949.33	7621.13
	叶片形状参数	45	2.98	2.52	2.78	2.83
	叶片周长 /mm	46	563.14	492.38	512.37	533.39
	叶周长 /mm	47	621.15	548.57	558.57	578.52
	锯齿密度（大）	48	29.8	37.4	35.8	35.9
	大缺刻数	49	5.3	4.7	4.4	5.0
	大缺刻宽 /mm	50	15.13	2.16	13.91	8.50
	大缺刻深 /mm	51	16.24	10.30	18.02	11.22
	侧脉对数	52	6.6	7.7	8.0	7.5
	叶表茸毛	53	有	有	有	有
	叶柄长 /mm	54	25.7	18.4	18.1	19.6
	叶柄粗 /mm	55	2.03	1.83	1.81	2.13
花	雄花序	56	柔荑花序，1~5枚呈总状排列	柔荑花序，1~5枚呈总状排列	柔荑花序，1~5枚呈总状排列	柔荑花序，1~5枚呈总状排列
	雌花序	57	球状，包于鳞芽内，雌蕊红色	球状，包于鳞芽内，雌蕊红色	球状，包于鳞芽内，雌蕊红色	球状，包于鳞芽内，雌蕊红色
	雄花序长 /mm	58	15.66	11.63	22.71	13.27
	雄花序直径 /mm	59	3.15	2.43	3.55	3.23

主要性状		性状序号	龙榛6号优系	龙榛7号优系	龙榛8号优系	龙榛9号优系
花	总序雄花序数/序	60	3.4	2.9	2.8	2.9
	每枝雄花总序数/序	61	11.4	5.9	7.5	5.7
	每株雄花总序数/序	62	72	95	73	23
果实	每序果实粒数	63	2.3	1.5	2.0	3.0
	每枝果序数	64	2.0	2.6	2.9	4.0
	每株果序数	65	85	28	14	24
	果苞形状	66	钟形	钟形	钟形	钟形
	果苞长/mm	67	—	—	33.53	41.66
	果苞横径/mm	68	—	—	21.63	21.08
	果苞片数	69	—	—	2.0	1.4
	果苞大缺刻数	70	—	—	17.08	11.13
	果苞缺刻深/mm	71	—	—	6.58	7.79
	果苞刺或腺毛	72	有	有	有	有
	带苞重/g	73	—	—	2.59	5.64
	坚果外露	74	是	是	是	是
	坚果形状	75	椭圆形	倒卵形	卵圆形	长卵形
	果顶形状	76	半圆形	半圆形	近半圆形	近半圆形
	果基形状	77	较尖	近平圆	近半圆	较尖
	坚果纵径/mm	78	22.90	19.31	21.89	24.11
	坚果横径/mm	79	20.87	17.01	19.02	19.48
	坚果侧径/mm	80	20.13	16.56	17.56	17.73
	果形指数	81	1.097	1.135	1.151	1.099
	果基宽/mm	82	17.17	15.24	14.19	29.13
	果基高/mm	83	5.89	3.76	6.24	8.17
	坚果鲜重/g	84	3.00	2.95	3.58	3.74
	坚果干重/g	85	2.10	2.07	2.51	2.62
	单株产量/g	86	410.6	86.9	70.3	188.6
	坚果颜色	87	淡黄色	淡黄色	淡黄色	淡黄色

主要性状		性状序号	龙榛6号优系	龙榛7号优系	龙榛8号优系	龙榛9号优系
果实	果面光泽	88	有	有	有	有
	果面条纹	89	有	有	有	有
	果面茸毛	90	有	有	有	有
	果仁纵径 /mm	91	16.96	16.23	16.46	15.83
	果仁横径 /mm	92	12.59	11.64	13.59	12.57
	果仁侧径 /mm	93	11.96	10.65	11.68	9.60
	果皮厚 /mm	94	1.57	1.64	1.82	1.90
	果仁饱满度	95	饱满	饱满	饱满	饱满
	果仁颜色	96	乳白色	乳白色	乳白色	乳白色
	果仁形状	97	圆锥形	圆锥形	圆锥形	圆锥形
	果仁重 /g	98	1.21	1.02	1.10	0.91
	出仁率 /%	99	40.3	34.5	30.7	34.7
	果仁外观	100	带种皮	带种皮	带种皮	带种皮
物候特征	雄花开放期	101	4 中—5 初	4 中—5 初	4 中—5 初	4 中—5 初
	雌花开放期	102	4 中—5 初	4 中—5 初	4 中—5 初	4 中—5 初
	萌芽期	103	4 中—5 初	4 中—5 初	4 中—5 初	4 中—5 初
	坚果成熟期	104	9 中	9 中	9 中	9 中
	树体休眠期	105	10 上—次年 4 中	10 上—次年 4 中	10 上—次年 4 中	10 上—次年 4 中
适用范围	预计适生范围	106	北纬 46° 以南地区	北纬 46° 以南地区	北纬 46° 以南地区	北纬 46° 以南地区
	无霜期 /d	107	115~120	115~120	115~120	115~120
	≥10℃有效积温 /℃	108	≥ 2300	≥ 2300	≥ 2300	≥ 2300
	年均温 /℃	109	3	3	3	3
	极限低温 /℃	110	− 35	− 35	− 35	− 35
	相对湿度 /%	111	50	50	50	50
	光照时数 /h	112	2000	2000	2000	2000
	土壤	113	沙壤土、壤土、黏壤土	沙壤土、壤土、黏壤土	沙壤土、壤土、黏壤土	沙壤土、壤土、黏壤土

续表

主要性状		性状序号	龙榛6号优系	龙榛7号优系	龙榛8号优系	龙榛9号优系
抗性	抗病性	114	较强	较强	较强	较强
	抗虫性	115	较强	较强	较强	较强
	抗寒性	116	较强	较强	较强	较强
	抗旱性	117	强	强	强	强

第十二章 龙榛新品系的区域性与生产性研究

对于新选育出的龙榛优系必须经过区域性与生产性试验，通过区域性与生产性试验验证与评估龙榛优系的适栽范围、生长规律、管理措施、榛果产量、耐极限低温的程度、抗病虫能力等。这些区域性与生产性试验是为了良种审定与推广做充分的准备。

第一节 龙榛新品系的区域性试验地点与方法

一、区域性试验地点

在全省选择 6 个区域性试验地点，分别是东京城林业局（宁安市境内）的三道林场、林口林业局的湖水林场、方正林业局的小龙山林场、双鸭山市的矿物局林场、带岭林业局苗圃和绥棱林业局的西北河林场。各区试地点的气象条件状况见表 12-1。

表 12-1 区试各地气象条件

地点	地理位置		年平均气温 /℃	≥ 10℃年积温 /℃	年最低气温 /℃	无霜期 /d	日照时数 /h	降水量 /mm	蒸发量 /mm	相对湿度 /%
	东经	北纬								
宁安	129° 28′	44° 20′	4.6	2831.4	-41.2	144	2489.8	489.9	1223.5	65
林口	130° 14′	45° 16′	3.9	2685.6	-37.4	131	2484.8	523.6	1209.6	66
方正	129° 15′	45° 58′	3.8	2736.1	-37.3	135	2123.6	578.6	1112.5	74
双鸭山	131° 09′	46° 38′	4.8	2856.2	-30.4	165	2567.5	502.9	—	62
带岭	129° 00′	47° 02′	1.1	2021.5	-42.2	122	2207.8	579.1	961.2	72
绥棱	127° 00′	47° 45′	-0.8	2448.1	-48.0	101	2033.2	725.7	914.6	75

根据榛子育种研究的目标，确定为新品种平均单果重 ≥ 2.3 g，出仁率达 42%~45%，品质和风味优于欧榛；抗寒适应性强，耐极限低温 -35~-32℃，无霜期在 110~115 d，栽培地区达到北纬 47° 线等标准，进行选育抗寒品种。

二、区域性试验方法

1. 平欧杂交榛新品系的主要形态学与生物学特性比较

试验在牡丹江林业科学研究所东京城林业局三道苗圃基地进行。试材是龙榛的 5 个品系，分别为龙榛1号、龙榛2号、龙榛3号、龙榛4号和龙榛5号，每个品系30株，共计150株，对照为平榛。

2. 平欧杂交榛新品系的主要生长特性比较

主要测定项目包括干径、树高、冠幅、当年枝长、开张角度、萌生条、叶片数等指标。

3. 平欧杂交榛新品系的结实特性比较

主要测定雄花序数、雌花序数、每序结果数、结果数、果重、单株产量等指标。

4. 平欧杂交榛新品系的抗寒性比较

主要测定项目包括芽是否正常开放，当年生枝、多年生枝、主干是否有冻害，雄花序开放情况，以及越冬性级别评定。

冻害指标级别为：Ⅰ级——花有冻害、Ⅱ级——芽有冻害、Ⅲ级——一年生枝条有冻害、Ⅳ级——二年生枝条有冻害、Ⅴ级——多年生树干有冻害。

5. 抗寒平欧杂交榛新品系的综合评定

对确定的抗寒龙榛新品系进行分类学特点描述，然后建立鉴定卡，为新品系的区别、苗木培育、丰产栽培提供基础性材料。

第二节 龙榛新品系的主要形态学和生物学特性

一、龙榛主要品系的非数量性状比较

对初选的5个龙榛品系与平榛的主要形态学和生物学性状进行综合测试，描述各品系与平榛之间的差异性，为综合评定提供理论上的支持。描述它们有关形态学和生物学中的非数量性状比较结果见表12-2，非数量性状中繁殖方式、生长习性、生育期、丰产性、抗寒性、叶表茸毛、坚果露果苞、坚果形状、果顶形状、果基形状等有明显的区别，可以进行直观评价。

表 12-2 龙榛主要品系的非数量性状比较

项目	指标	龙榛品系					平榛
		1号	2号	3号	4号	5号	
一般情况	品种来源	辽宁	辽宁	辽宁	辽宁	辽宁	东京城
	原产地	沈阳	沈阳	沈阳	沈阳	沈阳	三道
	引入时间/年	2002	2002	2002	2004	2004	2000
	育成地点	东京城	东京城	东京城	东京城	东京城	东京城

项目	指标	龙榛品系					平榛
		1号	2号	3号	4号	5号	
一般情况	繁殖方式	无性	无性	无性	无性	无性	种子根蘖
	果实用途	食用	食用	食用	食用	食用	食用
	根蘖萌生力	强	强	强	强	强	强
	生长习性	直立	直立	直立	直立	直立	灌丛
	萌芽期	4下—5初	4下—5初	4下—5初	4下—5初	4下—5初	4下—5初
	生育期	4下—9下	4下—9下	4下—9下	4下—9下	4下—9下	4下—9中
	花粉质量	优	优	优	良	良	良
	自然坐果率	高	高	中上	高	中上	低
	坚果生育期	4下—9中	4下—9中	4下—9中	4下—9中	4下—9中	4下—9初
	坚果成熟期	9中	9中	9中	9中	9中	9初
	丰产性	优	良	优	优	优	差
	树体休眠期	10上—4中	10上—4中	10上—4中	10上—4中	10上—4中	9下—4中
	抗寒性	较强	较强	较强	中	较强	强
	病虫害敏感性	中	中	强	中	中	强
枝条和叶片	当年枝颜色	棕褐色	棕绿色	棕褐色	棕褐色	棕褐色	棕褐色
	当年枝茸毛	有	多	有	有	有	有
	皮孔颜色	褐色	黄褐	褐色	黄褐	褐色	褐色
	叶尖形状	急尖	急尖	急尖	急尖	急尖	急尖
	叶基形状	心形	心形	心形	心形	心形	心形
	锯齿方式	重锯齿	重锯齿	重锯齿	重锯齿	重锯齿	重锯齿
	叶表茸毛	极少	中等	极少	少量	少量	少量或无
花	雄花开放期	4下—5初	4下—5初	4下—5初	4下—5初	4下—5初	4下—5初
	雌花开放期	4下—5初	4下—5初	4下—5初	4下—5初	4下—5初	4下—5初
果实	果苞形状	钟形	钟形	钟形	钟形	钟形	钟形
	果苞刺或腺毛	有	有	有	有	有	有
	坚果露果苞	露	露	微露	露	露	露
	坚果形状	圆锥形	长圆形	椭圆	椭圆	长圆形	圆锥形

项目	指标	龙榛品系					平榛
		1号	2号	3号	4号	5号	
果实	果顶形状	尖	半椭圆	半圆	半圆	半椭圆	尖
	果基形状	较平	较尖	较尖	较尖	较平	平
	果面光泽	否	否	否	否	否	否
	果面条纹	有	有	有	有	有	有
	果面茸毛	有	有	有	有	有	有
	果仁饱满度	饱满	饱满	饱满	饱满	饱满	饱满
	果仁颜色	乳白	乳白	乳白	乳白	乳白	乳白
	果仁外观	有果皮	有果皮	有果皮	有果皮	有果皮	有果皮

二、主要品种生物学特性比较方差分析

龙榛在形态学和生物学数量性状之间差异性关系见表 12-3。从数量性状来看，一般情况中干径、树高、冠幅、当年生枝基径、当年生枝长度、开张角度、萌生条数及新枝数均差异性极显著；枝条和叶片中一年生枝尖削度、一年生枝长、皮孔密度、皮孔长、皮孔宽、叶长、叶形指数、叶宽基距、锯齿密度、大缺刻数、大缺刻宽、大缺刻深、侧脉对数、叶柄长、叶柄粗、叶芽长和叶芽宽差异性极显著，叶片厚、叶面积和鲜重差异性显著；花中雄花序数、雄花长、雄花直径、雄花序柄长差异性极显著；果实中每序结果数、结果数、果苞长、果苞横径、果苞片数、大缺刻数、果苞锯齿深、果顶宽、果顶高、果基宽、果基高、带苞重、坚果纵径、坚果横径、坚果侧径、果形指数、坚果重、坚果干重、果仁纵径、果仁横径、果腔系数、果仁重、果皮厚差异性极显著，只有果仁侧径差异性不显著。由此可知品系间的数量性状之间差异明显，表明各品系的生长发育有较大的区别。这些差别为建立评价系统提供了依据。依据数量性状和非数量性状的主要差异，可以建立各品种的鉴定卡。

表 12-3 主要品种生物学特性比较方差分析

变异来源	因变量	平方和	自由度	均方	F	P 值
一般情况	干径	65.794	5	13.159	31.080	0.000**
	树高	6.789	5	1.358	15.815	0.000**
	冠幅	1.707	5	0.341	5.983	0.000**
	当年生枝基径	0.802	5	0.160	8.089	0.000**
	当年生枝长度	18129.851	5	3625.970	13.359	0.000**
	开张角度	4878.286	5	975.657	11.131	0.000**

变异来源	因变量	平方和	自由度	均方	F	P 值
一般 情况	萌生条数	3141.265	5	628.253	8.266	0.000**
	新枝数	12798.882	5	2559.776	30.836	0.000**
枝 条 和 叶 片	一年生枝尖削度	0.324	5	0.065	12.489	0.000**
	一年生枝长	2390.094	5	478.019	3.933	0.002**
	皮孔密度	438.986	5	87.797	4.809	0.000**
	皮孔长	7.055	5	1.411	5.252	0.000**
	皮孔宽	3.160	5	0.632	31.910	0.000**
	叶长	114.295	5	22.859	12.829	0.000**
	叶宽	6.094	5	1.219	0.930	0.463
	叶形指数	1.341	5	0.268	19.692	0.000**
	叶宽基距	16.035	5	3.207	8.611	0.000**
	锯齿密度	229.505	5	45.901	18.534	0.000**
	大缺刻数	229.505	5	45.901	18.534	0.000**
	大缺刻宽	27.551	5	5.510	8.578	0.000**
	大缺刻深	2.221	5	0.444	11.786	0.000**
	侧脉对数	13.979	5	2.796	5.589	0.000**
	叶柄长	3.341	5	0.668	8.548	0.000**
	叶柄粗	5.153	5	1.031	14.866	0.000**
	叶片厚	0.287	5	0.057	2.608	0.027*
	叶片数	45.474	5	9.095	1.073	0.378
	叶面积	3815.434	5	763.087	2.426	0.038*
	鲜重	2.225	5	0.445	2.741	0.021*
	干重	0.131	5	0.026	0.601	0.699
	含水率	0.222	5	0.044	1.646	0.151
	叶芽长	0.177	5	0.035	4.404	0.001**
	叶芽宽	0.195	5	0.039	8.410	0.000**
	叶比重	0.074	5	0.015	1.475	0.201
花	雄花序数	2060420.987	5	412084.197	16.689	0.000**

变异来源	因变量	平方和	自由度	均方	F	P值
花	雄花长	3.713	5	0.743	8.510	0.000**
	雄花直径	0.084	5	0.017	17.190	0.000**
	雄花序柄长	1.630	5	0.326	6.944	0.000**
果实	每序结果数	9391.408	5	1878.282	3.530	0.004**
	结果数	153606.183	5	30721.237	10.913	0.000**
	果苞长	17.297	4	4.324	37.805	0.000**
	果苞横径	1.757	4	0.439	16.557	0.000**
	果苞片数	5.850	4	1.462	6.497	0.000**
	大缺刻数	665.634	4	166.409	28.100	0.000**
	果苞锯齿深	335.076	4	83.769	7.230	0.000**
	果顶宽	18.460	4	4.615	110.582	0.004**
	果顶高	3535.973	4	883.993	314.442	0.000**
	果基宽	12.721	4	3.180	190.874	0.000**
	果基高	704.521	4	176.130	57.867	0.000**
	带苞重	46.862	4	11.715	10.670	0.000**
	坚果纵径	34.596	5	6.919	292.273	0.000**
	坚果横径	10.325	5	2.065	174.988	0.000**
	坚果侧径	14.009	5	2.802	226.638	0.000**
	果形指数	6.145	5	1.229	106.312	0.000**
	坚果重	223.042	5	44.608	158.551	0.000**
	坚果干重	16.992	5	3.398	18.483	0.000**
	果仁纵径	3.064	5	0.613	20.756	0.000**
	果仁横径	0.825	5	0.165	10.023	0.000**
	果仁侧径	0.123	5	0.025	1.350	0.245
	果腔系数	4.020	5	0.804	45.886	0.000**
	果仁重	4.373	5	0.875	21.126	0.000**
	果皮厚	0.020	5	0.004	11.570	0.000**

第三节 龙榛新品系的主要生长特性

在不同区试地点中，龙榛不同品系表现的结果也不相同（表12-4），通过方差检验（表12-5），表明在不同地点以及地点×品系中干径、树高、冠幅、一年生枝基径、一年生枝长度、萌生条数、开张角度和雄花数均差异性极显著；品系间树高、冠幅和萌生条数差异性极显著，一年生枝基径和开张角度差异性显著。以地点方面来看，东京城5个品系生长良好；林口地区龙榛1号、龙榛2号和龙榛3号生长良好，龙榛4号、龙榛5号生长一般；方正地区5个品系生长良好；双鸭山地区龙榛1号、龙榛2号和龙榛5号生长良好，龙榛3号、龙榛4号生长一般；带岭地区龙榛1号、龙榛2号和龙榛3号、龙榛5号生长良好，龙榛4号生长一般；绥棱地区5个品系均生长不良。以龙榛品系来看，龙榛1号在东京城、林口、方正、带岭和双鸭山地区生长良好，在绥棱地区生长不良；龙榛2号在东京城、林口、方正、带岭和双鸭山地区生长良好，在绥棱地区生长不良；龙榛3号在东京城、林口、方正、带岭地区生长良好，在双鸭山和绥棱地区生长不良；龙榛4号在东京城、方正地区生长良好，在林口、双鸭山、带岭和绥棱地区生长不良；龙榛5号在东京城、方正地区生长良好，在林口、双鸭山、带岭和绥棱地区生长不良。

表 12-4 不同区试地点龙榛新品系生长情况

地点	品系	干径 /cm	树高 /m	冠幅 /m	当年枝长 /m	开张角度 / (°)	萌生条数
东京城	龙榛 1 号	3.76	2.39	1.49	0.46	39.6	17.7
	龙榛 2 号	3.60	2.26	1.32	0.67	52.0	10.8
	龙榛 3 号	2.93	2.00	1.22	0.55	44.8	15.8
	龙榛 4 号	4.31	2.25	1.30	0.42	38.1	16.5
	龙榛 5 号	4.34	2.52	1.34	0.59	41.0	18.6
	平均	3.79	2.28	1.33	0.54	43.1	15.9
林口	龙榛 1 号	3.75	2.15	1.54	0.34	34.5	23.0
	龙榛 2 号	4.00	2.25	1.65	0.27	35.5	17.0
	龙榛 3 号	4.39	2.43	1.40	0.30	36.7	15.0
	龙榛 4 号	2.06	1.56	0.65	0.38	22.2	3.2
	龙榛 5 号	1.97	1.63	0.77	0.36	31.1	5.1
	平均	3.23	2.00	1.20	0.33	32.0	12.7
方正	龙榛 1 号	2.94	1.89	1.11	0.47	31.8	11.5
	龙榛 2 号	2.00	1.58	0.75	0.45	34.0	5.8
	龙榛 3 号	2.00	1.50	1.04	0.40	34.5	17.6
	龙榛 4 号	3.50	1.95	0.90	0.39	36.0	5.9

地点	品系	干径 /cm	树高 /m	冠幅 /m	当年枝长 /m	开张角度 / (°)	萌生条数
方正	龙榛 5 号	3.09	2.01	0.99	0.50	34.0	16.1
	平均	2.71	1.79	0.96	0.44	34.1	11.4
双鸭山	龙榛 1 号	1.98	1.76	1.23	0.65	35.6	10.7
	龙榛 2 号	3.78	2.14	1.37	0.54	39.5	12.1
	龙榛 3 号	1.16	1.43	0.99	0.41	33.1	17.0
	龙榛 4 号	1.45	1.54	0.77	0.68	32.1	15.7
	龙榛 5 号	2.30	2.09	1.17	0.61	38.9	14.4
	平均	2.13	1.79	1.11	0.58	35.8	14.0
带岭	龙榛 1 号	2.70	2.06	1.09	0.49	39.2	6.1
	龙榛 2 号	2.60	1.85	1.00	0.44	37.5	5.8
	龙榛 3 号	2.13	1.65	1.03	0.40	34.2	15.3
	龙榛 4 号	3.28	1.84	0.85	0.50	34.5	1.9
	龙榛 5 号	2.91	2.49	1.24	0.65	29.4	5.9
	平均	2.72	1.98	1.04	0.50	35.0	7.0
绥棱	龙榛 1 号	1.08	1.15	0.68	0.33	17.5	11.1
	龙榛 2 号	1.84	1.29	0.74	0.29	26.6	12.2
	龙榛 3 号	1.60	1.06	0.84	0.23	25.3	14.1
	龙榛 4 号	1.07	1.10	0.52	0.30	—	9.0
	龙榛 5 号	1.43	1.42	0.74	0.41	33.8	13.7
	平均	1.40	1.20	0.70	0.31	25.8	12.0
总平均		2.67	1.84	1.06	0.45	34.59	12.15

表 12-5 不同区试地点龙榛苗木生长指标方差分析表

变异来源	因变量	平方和	自由度	均方	F	P 值
地点	干径	134.048	5	26.810	65.328	0.000**
	树高	22.740	5	4.548	63.870	0.000**
	冠幅	9.476	5	1.895	38.744	0.000**

变异来源	因变量	平方和	自由度	均方	F	P 值
地点	一年生枝基径	4.878	5	0.976	42.199	0.000**
	一年生枝长度	270668.616	5	54133.723	385.773	0.000**
	萌生条数	3842.650	5	768.530	14.042	0.000**
	开张角度	10072.088	5	2014.418	29.220	0.000**
	雄花数	2091507.627	5	418301.525	29.529	0.000**
品系	干径	4.139	4	1.035	2.521	0.041
	树高	2.942	4	0.735	10.329	0.000**
	冠幅	3.709	4	0.927	18.956	0.000**
	一年生枝基径	0.387	4	0.097	4.189	0.002*
	一年生枝长度	708.732	4	177.183	1.263	0.284
	萌生条数	1401.410	4	350.353	6.401	0.000**
	开张角度	946.679	4	236.670	3.433	0.009*
	雄花数	196787.856	4	49196.964	3.473	0.008
区组	干径	0.753	2	0377	0.918	0.400**
	苗高	1.472	2	0.736	10.334	0.000**
	冠幅	1.256	2	0.628	12.843	0.000**
	一年生枝基径	0.003	2	0.002	0.072	0.930
	一年生枝长度	898.936	2	449.468	3.203	0.042*
	萌生条数	10.601	2	5.301	0.097	0.908
	开张角度	634.302	2	317.151	4.600	0.011*
	雄花数	86492.011	2	43246.006	3.053	0.048
地点 × 品系	干径	86.772	19	4.567	11.128	0.000**
	苗高	9.643	19	0.508	7.127	0.000**
	冠幅	9.187	19	0.484	9.886	0.000**
	一年生枝基径	1.001	19	0.053	2.278	0.002**
	一年生枝长度	8662.700	19	455.932	3.249	0.000**
	萌生条数	4873.432	19	256.496	4.686	0.000**
	开张角度	3335.968	19	175.577	2.547	0.000**
	雄花数	1455604.137	19	76610.744	5.408	0.000**

第四节 龙榛新品系的结实特性

结实特性决定新品系在未来应用中的质量、产量和经济效益，以及推广范围。不同地点栽培龙榛新品系的结实测定结果见表12-6。从地点方面来看，在东京城、林口、方正地区，龙榛1号、龙榛2号、龙榛3号、龙榛4号、龙榛5号基本能够正常结实；双鸭山与带岭地区，龙榛1号、龙榛2号、龙榛3号能够正常结实；绥棱地区所有的品系均不能正常结实。这从各地的气象条件上可以看出，绥棱地区年均气温低、有效积温低、极限低温低以及无霜期短等。从龙榛品系来看，龙榛1号在东京城、林口、方正和双鸭山地区能够正常结实，带岭地区已经见果，在绥棱地区则不能结果；龙榛2号在东京城、林口、方正和双鸭山地区能够正常结实，在带岭和绥棱地区则不能结果；龙榛3号在东京城、林口、方正地区能够正常结实，在其他地区则不能结果；龙榛4号在东京城和方正能够正常结实，在其他地区则不能结果；龙榛5号在东京城、方正、双鸭山地区能够正常结实，在其他地区则不能结果。由此可以推断，龙榛1号、龙榛2号、龙榛3号在带岭地区以南，只要选择适宜的栽培环境，符合其栽培的主要气候条件就可正常结实。

表 12-6 不同区试地点的龙榛不同品系结实比较

地点	品系	雄花序数	结果序数	株结果数	单果重 /g	单株产量 /g
东京城	龙榛1号	251.2	2.19	80.1	3.69	295.57
	龙榛2号	309.4	2.56	113.7	2.95	335.42
	龙榛3号	207.1	2.13	87.4	2.61	228.11
	龙榛4号	192.3	2.19	88.3	3.61	318.76
	龙榛5号	479.9	2.83	158.3	3.51	555.63
	平均	287.98	2.38	105.56	3.18	346.84
林口	龙榛1号	174.2	3.00	38.5	3.41	131.29
	龙榛2号	147.6	2.60	55.9	3.37	188.38
	龙榛3号	279.0	2.00	19.0	3.53	67.07
	龙榛4号	24.4	—	—	—	—
	龙榛5号	28.1	—	—	—	—
	平均	130.66	2.53	37.80	3.44	128.91
方正	龙榛1号	233.6	3.00	42.1	4.30	181.03
	龙榛2号	180.9	2.00	6.0	2.51	15.06
	龙榛3号	195.4	2.40	13.0	3.87	50.31
	龙榛4号	254.3	2.78	36.8	3.71	136.53
	龙榛5号	196.0	2.83	18.9	4.53	85.62
	平均	212.04	2.60	23.36	3.78	93.71

地点	品系	雄花序数	结果序数	株结果数	单果重/g	单株产量/g
双鸭山	龙榛1号	165.7	2.00	30.0	4.11	123.30
	龙榛2号	205.9	1.50	7.0	3.08	21.56
	龙榛3号	65.8	1.33	1.5	—	—
	龙榛4号	127.1	—	—	—	—
	龙榛5号	180.9	2.00	16.0	3.20	51.20
	平均	149.08	1.71	13.63	3.46	65.35
带岭	龙榛1号	158.8	1.00	1.0	1.88	1.88
	龙榛2号	184.8	—	—	—	—
	龙榛3号	150.2	—	—	—	—
	龙榛4号	114.9	—	—	—	—
	龙榛5号	142.0	—	—	—	—
	平均	150.14	1.00	1.00	1.88	1.88
绥棱	龙榛1号	44.5	—	—	—	—
	龙榛2号	39.3	—	—	—	—
	龙榛3号	33.8	—	—	—	—
	龙榛4号	—	—	—	—	—
	龙榛5号	108.6	—	—	—	—
	平均	56.55	—	—	—	—

第五节 龙榛新品系的抗寒性

对不同栽培地点的龙榛新品系进行测试，结果见表12-7。从地点方面来看，龙榛新品系在不同的栽植地点所表现出的抗寒特点是不同的。主栽品种龙榛1号在东京城、林口、双鸭山、方正和带岭等地表现优良，能够正常生长发育、开花结实；在绥棱等地有些冻害，开花结实少。龙榛2号在东京城、林口、双鸭山、方正等地表现优良，能够正常生长发育、开花结实；在绥棱等地有些冻害。龙榛3号在东京城、林口、双鸭山、方正等地表现优良，能够正常生长发育、开花结实；在带岭有些冻害，能少量开花结实，在绥棱不能正常生长发育、开花结实。龙榛4号在东京城、林口、方正等地表现优良，能够正常生长发育、开花结实；在带岭、双鸭山等地有些冻害，开花结实少；在绥棱不能正常生长发育、开花结实。龙榛5号在东京城、林口、方正等地表现优良，能够正常生长发育、开花结实；在带岭、双鸭山等地有些冻害，开花结实少；在绥棱不能正常生长发育、开花结实。

各品系抗寒能力排序为龙榛 1 号 > 龙榛 2 号 > 龙榛 5 号 > 龙榛 3 号 > 龙榛 4 号，其中以龙榛 1 号、龙榛 2 号、龙榛 3 号表现优良，证明其在黑龙江省北纬 47° 以南栽培是可行的。

表 12-7 龙榛新品系不同地点越冬性

地点	品系	树龄 / 年	芽未开放率 /%	一年生枝抽干率 /%	多年生枝抽干率 /%	主枝（干）抽干率 /%	越冬性级别
东京城	龙榛 1 号	6	—	—	2.3	—	0
	龙榛 2 号	6	—	—	—	—	0
	龙榛 3 号	6	—	—	2.8	7.3	1
	龙榛 4 号	4	—	—	2.0	1.0	0
	龙榛 5 号	4	—	—	1.5	0.5	0
林口	龙榛 1 号	6	—	—	—	—	0
	龙榛 2 号	6	—	—	—	—	0
	龙榛 3 号	6	—	—	—	—	0
	龙榛 4 号	4					0
	龙榛 5 号	4					0
方正	龙榛 1 号	4	0.5	—	—	—	0
	龙榛 2 号	4	0.5	—	—	—	0
	龙榛 3 号	4	3.7	—	2.0	1.0	0
	龙榛 4 号	4	3.1	—	5.0	7.0	1
	龙榛 5 号	4	0.3	—	—	—	0
双鸭山	龙榛 1 号	4	2.4	—	—	10.0	1
	龙榛 2 号	4	1.1	—	—	0	0
	龙榛 3 号	4	0.2	—	—	30.0	3
	龙榛 4 号	4	15.3	—	—	80.0	4
	龙榛 5 号	4	0	—	—	10.0	1
带岭	龙榛 1 号	4	5.0	—	1.6	1.2	0
	龙榛 2 号	4	7.5	—	6.5	5.9	1
	龙榛 3 号	4	6.8	—	2.9	1.7	1
	龙榛 4 号	4	10.6	—	8.1	9.9	2
	龙榛 5 号	4	1.6	—	1.7	1.5	0

地点	品系	树龄/年	芽未开放率/%	一年生枝抽干率/%	多年生枝抽干率/%	主枝（干）抽干率/%	越冬性级别
绥棱	龙榛 1 号	4	3.3	1.3	2.0	82.0	4
	龙榛 2 号	4	15.7	8.1	11.7	65.0	4
	龙榛 3 号	4	28.7	18.3	28.0	70.0	4
	龙榛 4 号	4	4.7	1.3	2.0	64.0	4
	龙榛 5 号	4	5.7	5.0	5.3	83.3	4

第十三章 龙榛新品种选育技术

龙榛通过育种所获得的优良性状，诸如单果重、树高和冠幅等，都属于数量性状，可以通过数学估算了解它的遗传力与遗传增益，评估改良后的效果，通过鉴定卡确定每个新品种的特点。

第一节 龙榛遗传力的评定

一、计算遗传力的意义

遗传力或称遗传传递力，是育种中的一个重要参数。遗传力对于龙榛个体数量性状的表现型值是其基因型值和环境共同作用的结果。遗传力常分为广义遗传力和狭义遗传力。

龙榛的遗传力，是根据选择差和得到的实际改良效果估算的遗传力，叫现实遗传力（h^2），是选择响应与选择差之比。估算出来的龙榛遗传力只适用于在寒地的时间和空间下的龙榛群体。

从龙榛不同性状的遗传力估算来看，不易受混交影响性状的遗传力较易受混交影响性状的遗传力要高；性状变异系数小的遗传力较性状变异系数大的遗传力要高；质量性状（经数量化处理）的遗传力较数量性状的遗传力要高。遗传力直接影响龙榛选择改良效果，如龙榛树高的遗传力较平榛树高的遗传力高，改良这一性状的效果也较改良数量性状的效果为好。对遗传力的了解、遗传力的估算是因群体以及群体所处环境条件不同而异，也因估算方法不同而有些出入。

二、计算公式

广义遗传力计算公式：

$$h^2 = \sigma_A^2 / (\sigma_e^2 + \sigma_A^2) \tag{13-1}$$

$$\sigma_e^2 = S_e^2, \quad \sigma_A^2 = (S_A^2 - S_e^2)/n \tag{13-2}$$

$$h^2 = (S_A^2 - S_e^2)/[S_A^2 + (n-1)S_e^2] \tag{13-3}$$

式中：σ_A^2——遗传方差；$\sigma^2 + \sigma_A^2$——表型方差；n——区组数；S^2——均方。

三、龙榛遗传力的评定

龙榛主要性状测定结果见表13-1。表13-2为龙榛单果重、树高与冠幅方差分析表。
按照遗传力计算公式计算单果重的遗传力如下：

$$h^2 = \sigma_A^2 / (\sigma^2 + \sigma_A^2) = (S_A^2 - S_e^2)/[S_A^2 + (n-1)S_e^2]$$

$$= (4.46 - 0.04)/[4.46 + (5-1) \times 0.04]$$

$$= 0.96$$

单果重的广义遗传力估计值$h^2=0.96$，当遗传力接近1.0，说明单果重具有较高的遗传水平。同理进行计算，树高的广义遗传力为$h^2=0.65$，冠幅的广义遗传力为$h^2=0.88$，当遗传力$h^2 > 0.5$，说明树高和冠幅的遗传力具有较高的水平。从遗传力的强弱上排列为单果重>冠幅>树高。

表 13-1 龙榛主要性状测定结果

品种		龙榛1号	龙榛2号	龙榛3号	龙榛4号	龙榛5号	平榛	区组平均
单果重 /g	区组 I	3.557	2.747	2.409	3.587	3.485	1.215	2.833
	区组 II	3.713	2.793	2.689	3.598	3.306	1.200	2.883
	区组III	3.647	2.353	2.837	3.784	3.467	1.290	2.896
	区组IV	3.816	2.254	2.839	3.546	3.427	1.285	2.861
	区组 V	3.700	2.133	2.251	3.535	3.870	1.305	2.799
	品种平均	3.687	2.456	2.605	3.610	3.511	1.259	2.855
树高 /m	区组 I	2.476	2.295	1.980	2.421	2.377	1.810	2.227
	区组 II	2.420	2.455	2.090	2.363	2.657	1.875	2.310
	区组III	2.342	2.430	2.054	2.297	2.515	1.990	2.271
	区组IV	2.330	1.871	1.863	1.932	2.513	1.890	2.067
	品种平均	2.392	2.263	1.997	2.253	2.516	1.891	2.219
冠幅 /m	区组 I	1.358	1.515	1.253	1.495	1.415	0.632	1.278
	区组 II	1.325	1.465	1.260	1.297	1.335	0.629	1.218
	区组III	1.446	1.283	1.293	1.243	1.311	0.525	1.183
	区组IV	1.299	1.112	1.085	1.165	1.305	0.594	1.093
	品种平均	1.357	1.344	1.223	1.300	1.341	0.595	1.193

表 13-2 龙榛单果重、树高与冠幅方差分析表

变异来源		平方和	自由度	均方	F 值	方差组成
单果重	种间	22.30	5	4.46	118.99	$n\sigma_A^2+\sigma^2$
	种内	0.900	24	0.04		σ^2
	总计	23.20	29			
树高	种间	1.111	5	0.222	8.603	$n\sigma_A^2+\sigma^2$
	种内	0.465	18	0.026		σ^2
	总计	1.576	23			
冠幅	种间	1.766	5	0.353	29.616	$n\sigma_A^2+\sigma^2$
	种内	0.215	18	0.012		σ^2
	总计	1.980	23			

第二节 龙榛遗传增益的评定

一、计算遗传增益的意义

龙榛经过人工选择取得的改良效果，常用响应和遗传增益表示。入选亲本的后代平均表现值距被选择亲本群体平均型值的离差，叫作响应。响应是绝对值，常用符号 R 表示。响应除以亲本群体的平均表现型值（x_p），所得百分率叫遗传增益，常用符号 ΔG 表示。

龙榛遗传增益的大小与遗传力平方根、选择强度和选择性状的变异系数的乘积有关。这三个因素的值越大，龙榛改良效果越好。遗传力的大小取决于试验条件，更受选择性状所决定；选择强度可通过增大选择差，或减小入选率来提高；性状的变异幅度可通过扩大选择面、创造遗传变异等方法来。

二、龙榛的遗传增益计算公式

$$\Delta G = R/x_p \tag{13-4}$$
$$R = Sh^2 \tag{13-5}$$

式中：ΔG——遗传增益；R——选择响应；S——选择差（$S=x_0-x_p$）；h^2——遗传力；x_p——选择前亲本世代的群体平均值；x_0——中选亲本后代平均值。

三、龙榛遗传增益的评定

根据遗传增益公式对龙榛的单果重进行遗传增益计算如下：

龙榛1号的平均遗传增益：$\Delta G=Sh^2/x_p=$（3.687-2.855）×0.96/2.855×100=27.98

龙榛1号的对照遗传增益：$\Delta G=Sh^2/x_p=$（3.687-1.259）×0.96/1.259×100=185.14

同理，其他性状的遗传增益计算结果见表13-3。计算结果表明单果重的平均遗传增益和对照遗传增益以龙榛1号为最好，龙榛4号和龙榛5号次之，龙榛2号最低；树高的平均遗传增益和对照遗传增益以龙榛5号为最好，龙榛1号次之，龙榛3号最低；冠幅的平均遗传增益和对照遗传增益以龙榛1号为最好，龙榛2号和龙榛5号次之，龙榛3号最低。

表 13-3 5个品种单果重的遗传增益

	品种	龙榛1号	龙榛2号	龙榛3号	龙榛4号	龙榛5号	平榛
单果重 /g	平均遗传增益 /%	27.98	−13.40	−8.39	25.40	22.07	−53.66
	对照遗传增益 /%	185.14	91.27	102.63	179.27	171.72	0
树高 /m	平均遗传增益 /%	5.08	1.29	−6.50	1.02	8.70	−9.59
	对照遗传增益 /%	17.18	12.77	3.63	12.44	21.45	0
冠幅 /m	平均遗传增益 /%	12.058	11.099	2.165	7.863	10.933	−44.118
	对照遗传增益 /%	112.652	110.729	92.814	104.240	110.397	0

第三节 龙榛1号鉴定卡与图版

龙榛1号形态特征鉴定卡见表13-4，龙榛1号图版见彩插图版1。

表 13-4 龙榛1号形态特征鉴定卡

总体情况		1	鉴定平欧杂交榛品种名称：牡林榛1号
		2	双亲：*Corylus heterophylla × C.avellana*
		3	起源：引种选择
		4	用途：食用
		5	风味：优
树体发育4年生		6	性别：雌雄同株
		7	树高：2.39 m
		8	冠幅：1.49 m
		9	干径：3.76 cm
		10	树体开张角度：39º
		11	生育期：4月中旬—9月下旬
		12	自然坐果率：高
		13	丰产性：丰产
		14	繁殖方式：无性繁殖
		15	根蘖萌生力：强
		16	树体形态：直立
		17	树皮颜色：灰褐色
生物学特性4年生	枝条	18	当年枝颜色：棕褐色
		19	当年枝尖削度：0.46
		20	当年枝长：35.98 cm
		21	当年枝茸毛：有
		22	皮孔密度：14.3 个 /cm^2
		23	皮孔长：1.29 mm
		24	皮孔宽：0.51 mm
		25	皮孔颜色：褐色

		26	叶芽长：0.55 cm
生物学特性4年生	叶片	27	叶芽宽：0.35 cm
		28	叶长：11.4 cm
		29	叶宽：9.02 cm
		30	叶形指数：1.28
		31	叶宽基距：1.67 cm
		32	叶尖形状：急尖
		33	叶基形状：心形
		34	锯齿方式：重锯齿
		35	锯齿密度：7.83
		36	大缺刻数：6.83
		37	大缺刻宽：1.59 cm
		38	大缺刻深：0.39 cm
		39	侧脉对数：5.83
		40	叶表茸毛：少
		41	叶柄长：2.06 cm
		42	叶柄粗：0.19 cm
	花	43	雄花序：柔荑花序，1~5 枚呈总状排列
		44	雌花序：球状，包于鳞芽内，雌蕊红色
		45	雄花序长：1.98 cm
		46	雄花序直径：0.43 cm
		47	雄花序柄长：0.53 cm
		48	雄花序数／序：3.03
		49	雄花数／株：251
	果实	50	果苞形状：钟形
		51	果苞长：3.75 cm
		52	果苞横径：2.22 cm
		53	果苞片数：1.66
		54	果苞大缺刻数：11.74

		55	果苞缺刻深：0.77 cm
生物学特性4年生	果实	56	果苞刺或腺毛：有
		57	带苞重：6.11 g
		58	坚果外露：是
		59	坚果形状：圆锥形
		60	果顶形状：尖
		61	果基形状：较平
		62	坚果纵径：2.17 cm
		63	坚果横径：1.98 cm
		64	坚果侧径：1.95 cm
		65	果形指数：1.12
		66	果顶宽：2.00 mm
		67	果顶高：14.84 mm
		68	果基宽：1.84 cm
		69	果基高：6.88 mm
		70	坚果鲜重：3.69 g
		71	坚果干重：2.33 g
		72	单株产量：235 g
		73	坚果颜色：淡黄褐色
		74	果面光泽：有
		75	果面条纹：有
		76	果面茸毛：有
		77	果仁纵径：1.52 cm
		78	果仁横径：0.98 cm
		79	果仁侧径：0.93 cm
		80	果皮厚：0.14 cm
		81	果腔系数：1.13
		82	果仁饱满度：饱满
		83	果仁颜色：乳白色

生物学特性 4 年生	果实	84	果仁形状：圆锥形
		85	果仁重：0.63 g
		86	果仁外观：带种皮
	物候特征	87	雄花开放期：4月下旬—5月初
		88	雌花开放期：4月下旬—5月初
		89	萌芽期：4月下旬—5月初
		90	坚果成熟期：9月中旬
		91	树体休眠期：10月上旬—次年4月中旬
	适应范围	92	适生范围：北纬47°以南地区
		93	无霜期：115~120 d
		94	温度：≥10℃有效积温2400℃以上
		95	年均温：≥3℃
		96	极限低温：-35℃
		97	相对湿度：60%
		98	光照时数：2000 h
		99	土壤：沙壤土、壤土、黏壤土
	抗性	100	抗病性：较强
		101	抗虫性：较强
		102	抗寒性：较强
		103	抗旱性：强

第四节 龙榛2号鉴定卡与图版

龙榛2号形态特征鉴定卡见表13-5，龙榛2号图版见彩插图版2。

表13-5 龙榛2号形态特征鉴定卡

总体情况	1	鉴定平欧杂交榛品种名称：牡林榛2号
	2	双亲：*Corylus heterophylla* × *C.avellana*
	3	起源：引种选择

	4	用途：食用
总体情况	5	风味：优
树体发育4年生	6	性别：雌雄同株
	7	树高：2.26 m
	8	冠幅：1.32 m
	9	干径：3.6 cm
	10	树体开张角度：51.95°
	11	生育期：4月中旬—9月下旬
	12	自然坐果率：中上
	13	丰产性：良
	14	繁殖方式：无性繁殖
	15	根蘗萌生力：强
	16	树体形态：直立
	17	树皮颜色：灰褐色
生物学特性4年生	枝条	18	当年枝颜色：棕绿褐色
		19	当年枝尖削度：0.37
		20	当年枝长：45.97 cm
		21	当年枝茸毛：多
		22	皮孔密度：15.93 个 /cm²
		23	皮孔长：0.75 mm
		24	皮孔宽：0.58 mm
		25	皮孔颜色：米黄色
	叶片	26	叶芽长：0.47 cm
		27	叶芽宽：0.26 cm
		28	叶长：9.36 cm
		29	叶宽：8.59 cm
		30	叶形指数：1.09
		31	叶宽基距：2.33 cm
		32	叶尖形状：急尖
		33	叶基形状：心形

		34	锯齿方式：重锯齿
生物学特性4年生	叶片	35	锯齿密度：11.0
		36	大缺刻数：10.0
		37	大缺刻宽：2.47 cm
		38	大缺刻深：0.39 cm
		39	侧脉对数：5.91
		40	叶表茸毛：中等
		41	叶柄长：1.77 cm
	花	42	叶柄粗：0.18 cm
		43	雄花序：柔荑花序，1~5 枚呈总状排列
		44	雌花序：球状，包于鳞芽内
		45	雄花序长：2.16 cm
		46	雄花序直径：0.38 cm
		47	雄花序柄长：0.65 cm
		48	雄花序数 / 序：3.9
		49	雄花数 / 株：312
	果实	50	果苞形状：钟形
		51	果苞长：3.19 cm
		52	果苞横径：2.22 cm
		53	果苞片数：1.78
		54	果苞大缺刻数：7.66
		55	果苞缺刻深：0.59 cm
		56	果苞刺或腺毛：有
		57	带苞重：5.30 g
		58	坚果外露：是
		59	坚果形状：长圆形
		60	果顶形状：半椭圆
		61	果基形状：较尖
		62	坚果纵径：2.09 cm

		63	坚果横径：1.65 cm
生物学特性4年生	果实	64	坚果侧径：1.51 cm
		65	果形指数：1.41
		66	果顶宽：1.51 cm
		67	果顶高：4.22 mm
		68	果基宽：1.41 cm
		69	果基高：5.94 mm
		70	坚果鲜重：2.46 g
		71	坚果干重：1.63 g
		72	单株产量：335 g
		73	坚果颜色：褐色
		74	果面光泽：有
		75	果面条纹：有
		76	果面茸毛：有
		77	果仁纵径：1.61 cm
		78	果仁横径：1.06 cm
		79	果仁侧径：0.87 cm
		80	果皮厚：0.11 cm
		81	果腔系数：1.34
		82	果仁饱满度：饱满
		83	果仁颜色：乳白色
		84	果仁形状：圆锥形
		85	果仁重：0.79 g
		86	果仁外观：带种皮
	物候特征	87	雄花开放期：4月下旬—5月初
		88	雌花开放期：4月下旬—5月初
		89	萌芽期：4月下旬—5月初
		90	坚果成熟期：9月中旬
		91	树体休眠期：10月上旬—次年4月中旬

	92	适生范围：北纬 47° 以南地区
适应范围	93	无霜期：115~120 d
	94	温度：≥ 10℃有效积温 2400℃以上
	95	年均温：≥ 3℃
	96	极限低温：— 35℃
	97	相对湿度：60％
	98	光照时数：2000 h
	99	土壤：沙壤土、壤土、黏壤土
抗性	100	抗病性：较强
	101	抗虫性：较强
	102	抗寒性：较强
	103	抗旱性：强

第五节 龙榛 3 号鉴定卡与图版

龙榛 3 号形态特征鉴定卡见表 13-6，龙榛 3 号图版见彩插图版 3。

表 13-6 龙榛 3 号形态特征鉴定卡

	1	鉴定平欧杂交榛品种名称：龙榛 3 号
总体情况	2	双亲：*Corylus heterophylla* × *C.avellana*
	3	起源：引种选择
	4	用途：食用
	5	风味：优
树体发育 4 年生	6	性别：雌雄同株
	7	树高：2.00 m
	8	冠幅：1.22 m
	9	干径：2.93 cm
	10	树体开张角度：44.82°
	11	生育期：4 月中旬—9 月下旬
	12	自然坐果率：高

		13	丰产性：丰产
树体发育4年生		14	繁殖方式：无性繁殖
		15	根蘖萌生力：强
		16	树体形态：直立
		17	树皮颜色：灰褐色
生物学特性4年生	枝条	18	当年枝颜色：棕褐色
		19	当年枝尖削度：0.42
		20	当年枝长：39.46 cm
		21	当年枝茸毛：有
		22	皮孔密度：10.7 个 /cm²
		23	皮孔长：0.74 mm
		24	皮孔宽：0.43 mm
		25	皮孔颜色：褐色
	叶片	26	叶芽长：0.53 cm
		27	叶芽宽：0.34 cm
		28	叶长：11.93 cm
		29	叶宽：8.92 cm
		30	叶形指数：1.35
		31	叶宽基距：2.06 cm
		32	叶尖形状：急尖
		33	叶基形状：心形
		34	锯齿方式：重锯齿
		35	锯齿密度：9.00
		36	大缺刻数：8.00
		37	大缺刻宽：2.08 cm
		38	大缺刻深：0.65 cm
		39	侧脉对数：5.6
		40	叶表茸毛：少
		41	叶柄长：1.88 cm

续表

生物学特性4年生	叶片	42	叶柄粗：0.15 cm
	花	43	雄花序：柔荑花序，1~5 枚呈总状排列
		44	雌花序：球状，包于鳞芽内
		45	雄花序长：2.03 cm
		46	雄花序直径：0.38 cm
		47	雄花序柄长：0.63 cm
		48	雄花序数 / 序：2.70
		49	雄花数 / 株：207
	果实	50	果苞形状：钟形
		51	果苞长：3.22 cm
		52	果苞横径：2.18 cm
		53	果苞片数：1.54
		54	果苞大缺刻数：9.50
		55	果苞缺刻深：0.58 cm
		56	果苞刺或腺毛：有
		57	带苞重：5.52 g
		58	坚果外露：是
		59	坚果形状：椭圆
		60	果顶形状：半圆
		61	果基形状：较尖
		62	坚果纵径：2.12 cm
		63	坚果横径：1.67 cm
		64	坚果侧径：1.55 cm
		65	果形指数：1.32
		66	果顶宽：1.60 cm
		67	果顶高：7.73 mm
		68	果基宽：1.43 cm
		69	果基高：6.81 mm
		70	坚果鲜重：2.61 g

		71	坚果干重：1.98 g
生物学特性4年生	果实	72	单株产量：228 g
		73	坚果颜色：淡黄色
		74	果面光泽：有
		75	果面条纹：有
		76	果面茸毛：有
		77	果仁纵径：1.69 cm
		78	果仁横径：1.10 cm
		79	果仁侧径：0.90 cm
		80	果皮厚：0.12 cm
		81	果腔系数：1.34
		82	果仁饱满度：饱满
		83	果仁颜色：乳白色
		84	果仁形状：圆锥形
		85	果仁重：0.87 g
		86	果仁外观：带种皮
	物候特征	87	雄花开放期：4月下旬—5月初
		88	雌花开放期：4月下旬—5月初
		89	萌芽期：4月下旬—5月初
		90	坚果成熟期：9月中旬
		91	树体休眠期：10月上旬—次年4月中旬
	适应范围	92	适生范围：北纬47°以南地区
		93	无霜期：115~120 d
		94	温度：≥10℃有效积温2400℃
		95	年均温：3℃
		96	极限低温：－35℃
		97	相对湿度：60%
		98	光照时数：2000 h
		99	土壤：沙壤土、壤土、黏壤土

	100	抗病性：较强
抗 性	101	抗虫性：较强
	102	抗寒性：较强
	103	抗旱性：强

第六节 龙榛 4 号鉴定卡与图版

龙榛 4 号形态特征鉴定卡见表 13-7，龙榛 4 号图版见彩插图版 4。

表 13-7 龙榛 4 号形态特征鉴定卡

		1	鉴定平欧杂交榛品种名称：龙榛 4 号
总 体 情 况		2	双亲：*Corylus heterophylla × C.avellana*
		3	起源：引种选择
		4	用途：食用
		5	风味：优
树 体 发 育 4 年 生		6	性别：雌雄同株
		7	树高：2.87 m
		8	冠幅：1.91 m
		9	干径：5.14 cm
		10	树体开张角度：38°
		11	生育期：4 月中旬—9 月下旬
		12	自然坐果率：高
		13	丰产性：丰产
		14	繁殖方式：无性繁殖
		15	根蘖萌生力：强
		16	树体形态：直立
		17	树皮颜色：灰褐色
生物 学特 性 4 年生	枝 条	18	当年枝颜色：棕褐色
		19	当年枝尖削度：0.44
		20	当年枝长：37.19 cm

		21	当年枝茸毛：有
生物学特性 4 年生	枝条	22	皮孔密度：12.9 个 /cm²
		23	皮孔长：0.80 mm
		24	皮孔宽：0.41 mm
		25	皮孔颜色：米黄色
	叶片	26	叶芽长：0.55 cm
		27	叶芽宽：0.35 cm
		28	叶长：10.84 cm
		29	叶宽：9.28 cm
		30	叶形指数：1.17
		31	叶宽基距：1.87 cm
		32	叶尖形状：急尖
		33	叶基形状：心形
		34	锯齿方式：重锯齿
		35	锯齿密度：8.03
		36	大缺刻数：6.28
		37	大缺刻宽：1.69 cm
		38	大缺刻深：0.34 cm
		39	侧脉对数：5.67
		40	叶表茸毛：少量
		41	叶柄长：1.64 cm
		42	叶柄粗：0.20 cm
	花	43	雄花序：柔荑花序，1~5 枚呈总状排列
		44	雌花序：球状，包于鳞芽内，雌蕊红色
		45	雄花序长：2.41 cm
		46	雄花序直径：0.42 cm
		47	雄花序柄长：0.66 cm
		48	雄花序数 / 序：3.03
		49	雄花数 / 株：192

		50	果苞形状：钟形
生物学特性4年生	果实	51	果苞长：3.81 cm
		52	果苞横径：2.38 cm
		53	果苞片数：1.56
		54	果苞大缺刻数：12.02
		55	果苞缺刻深：0.68 cm
		56	果苞刺或腺毛：有
		57	带苞重：6.47 g
		58	坚果外露：是
		59	坚果形状：椭圆形
		60	果顶形状：半圆形
		61	果基形状：较尖
		62	坚果纵径：2.20 cm
		63	坚果横径：2.02 cm
		64	坚果侧径：1.94 cm
		65	果形指数：1.11
		66	果顶宽：1.23 mm
		67	果顶高：5.11 mm
		68	果基宽：1.96 cm
		69	果基高：7.66 mm
		70	坚果鲜重：3.61 g
		71	坚果干重：2.21 g
		72	单株产量：265 g
		73	坚果颜色：淡黄色
		74	果面光泽：有
		75	果面条纹：有
		76	果面茸毛：有
		77	果仁纵径：1.47 cm
		78	果仁横径：0.98 cm

		79	果仁侧径：0.87 cm
生物学特性 4 年生	果实	80	果皮厚：0.14 cm
		81	果腔系数：1.10
		82	果仁饱满度：饱满
		83	果仁颜色：乳白色
		84	果仁形状：圆锥形
		85	果仁重：0.59 g
		86	果仁外观：带种皮
物候特征		87	雄花开放期：4 月中旬—5 月初
		88	雌花开放期：4 月中旬—5 月初
		89	萌芽期：4 月中旬—5 月初
		90	坚果成熟期：9 月中旬
		91	树体休眠期：10 月上旬—次年 4 月中旬
适应范围		92	适生范围：北纬 46° 以南地区
		93	无霜期：115~120 d
		94	温度：≥10℃有效积温 2400℃以上
		95	年均温：≥3℃
		96	极限低温：−35℃
		97	相对湿度：60%
		98	光照时数：2000 h
		99	土壤：沙壤土、壤土、黏壤土
抗逆性		100	抗病性：较强
		101	抗虫性：较强
		102	抗寒性：较强
		103	抗旱性：强

第七节 龙榛 5 号鉴定卡与图版

龙榛 5 号形态特征鉴定卡见表 13-8，龙榛 5 号图版见彩插图版 5。

表 13-8 龙榛 5 号形态特征鉴定卡

		1	鉴定平欧杂交榛品种名称：龙榛 5 号
总体情况		2	双亲：*Corylus heterophylla* × *C.avellana*
		3	起源：引种选择
		4	用途：食用
		5	风味：优
树体发育 4 年生		6	性别：雌雄同株
		7	树高：2.69 m
		8	冠幅：1.55 m
		9	干径：5.4 cm
		10	树体开张角度：41°
		11	生育期：4 月中旬—9 月下旬
		12	自然坐果率：高
		13	丰产性：丰产
		14	繁殖方式：无性繁殖
		15	根蘖萌生力：强
		16	树体形态：直立
		17	树皮颜色：灰褐色
生物学特性 4 年生	枝条	18	当年枝颜色：棕褐色
		19	当年枝尖削度：0.37
		20	当年枝长：44.97 cm
		21	当年枝茸毛：有
		22	皮孔密度：12.9 个 /cm^2
		23	皮孔长：1.06 mm
		24	皮孔宽：0.81 mm
		25	皮孔颜色：褐色
	叶片	26	叶芽长：0.40 cm
		27	叶芽宽：0.29 cm
		28	叶长：10.12 cm
		29	叶宽：9.09 cm

283

续表

生物学特性4年生	叶片	30	叶形指数：1.12
		31	叶宽基距：2.24 cm
		32	叶尖形状：急尖
		33	叶基形状：心形
		34	锯齿方式：重锯齿
		35	锯齿密度：8.27
		36	大缺刻数：7.27
		37	大缺刻宽：2.68 cm
		38	大缺刻深：0.53 cm
		39	脉对数：5.05
		40	叶表茸毛：少量
		41	叶柄长：2.00 cm
		42	叶柄粗：0.16 cm
	花	43	雄花序：柔荑花序，1~5 枚呈总状排列
		44	雌花序：球状，包于鳞芽内，雌蕊红色
		45	雄花序长：2.03 cm
		46	雄花序直径：0.42 cm
		47	雄花序柄长：0.85 cm
		48	雄花序数 / 序：4.49
		49	雄花数 / 株：480
	果实	50	果苞形状：钟形
		51	果苞长：3.62 cm
		52	果苞横径：2.37 cm
		53	果苞片数：1.33
		54	果苞大缺刻数：9.36
		55	果苞缺刻深：0.43 cm
		56	果苞刺或腺毛：有
		57	带苞重：6.18 g
		58	坚果外露：是

		59	坚果形状：长圆形
生物学特性4年生	果实	60	果顶形状：半椭圆形
		61	果基形状：较平
		62	坚果纵径：2.62 cm
		63	坚果横径：1.91 cm
		64	坚果侧径：1.85 cm
		65	果形指数：1.40
		66	果顶宽：1.32 mm
		67	果顶高：6.59 mm
		68	果基宽：1.80 cm
		69	果基高：10.85 mm
		70	坚果鲜重：3.51 g
		71	坚果干重：2.28 g
		72	单株产量：513 g
		73	坚果颜色：淡黄色
		74	果面光泽：有
		75	果面条纹：有
		76	果面茸毛：有
		77	果仁纵径：1.64 cm
		78	果仁横径：1.03 cm
		79	果仁侧径：0.81 cm
		80	果皮厚：0.12 cm
		81	果腔系数：1.43
		82	果仁饱满度：饱满
		83	果仁颜色：乳白色
		84	果仁形状：圆锥形
		85	果仁重：0.94 g
		86	果仁外观：带种皮

	87	雄花开放期：4月中旬—5月初
物候特征	88	雌花开放期：4月中旬—5月初
	89	萌芽期：4月中旬—5月初
	90	坚果成熟期：9月中旬
	91	树体休眠期：10月上旬—次年4月中旬
适应范围	92	适生范围：北纬46°以南地区
	93	无霜期：115~120 d
	94	温度：≥10℃有效积温2400℃以上
	95	年均温：≥3℃
	96	极限低温：－35℃
	97	相对湿度：60%
	98	光照时数：2000 h
	99	土壤：沙壤土、壤土、黏壤土
抗逆性	100	抗病性：较强
	101	抗虫性：较强
	102	抗寒性：较强
	103	抗旱性：强

第十四章　龙榛的生物学特性及
对环境条件的要求

　　龙榛是由平榛与欧榛通过远缘杂交育成的新品种，它遗传于平榛与欧榛的特性，又形成了自己独特的发育形态及生物学特性。作为育成品种，其具有树干高大，树冠宽广，枝条密集、耐修剪、萌条多等树体结构的特点；同时具有榛果产量高、品质优、抗病虫以及抗寒性较强等优点。它的生长有其固有的环境要求，特别是对抗极限低温的要求严格。

第一节　龙榛的树体结构及其生长习性

　　龙榛是落叶大灌木，以根蘖育苗为主，经整形修剪培育成为理想的经济林树体，栽培树高为4~5 m。经清除根蘖后，形成单干或多干式形状，若自然生长则成为丛状。龙榛根蘖苗2~3年生开始结果，5~6年生进入结果初期，9年生之后进入盛果期，盛果期可达20~30年。龙榛的树体是由树冠与地下两部分构成，其中树冠包括枝干、叶、芽、花、果实等，而地下则主要是根。

一、树冠的生长发育

　　龙榛的树冠呈尖圆形、椭圆形到卵圆形，由于品种的不同有些差异，有时树高可达到5~6 m。单干式树冠有利于栽培、修剪整形、日常管理以及合理的空间布局。树冠的生长要考虑树形和大小、树体的修剪整形和喷涂、果实受光以及对果实收获的影响，因此适合培养拥有小而紧凑而且易采摘的冠形品种。调节树冠的形状，有利于枝干的空间布局，最大可能吸收光照，同时减少枝条之间的摩擦和互相刮挂果实现象的发生。

二、茎枝干的生长发育

　　龙榛茎的主要功能是支撑树冠，储存水分、糖类和矿物质营养，从根部向上运输水和无机盐，将有机物和激素从合成部位生长利用或向储藏部位转运。

1.龙榛的主茎

　　从基部到定干部位是单干的，定干部位常保留3~5个分枝，其到顶部渐细的程度会因品种、树龄、树高以及单位面积林地上株数等不同而有所变化。

2.龙榛枝干的生长

　　从定干处看，龙榛枝干包括主枝、侧枝、副侧枝、延长枝。按其枝条的性质又可分为营养枝、基生枝、结果母枝和结果枝。

（1）营养枝。

枝条上只着生叶芽或兼有雄花序的枝称为营养枝。营养枝是龙榛树体生长发育的核心部分，当营养、光照、水分条件适宜时，营养枝则可分化为有雌花混合芽的结果母枝。

（2）基生枝。

根颈部的不定芽萌发生长而形成的枝为基生枝。基生枝生长健壮，与根蘖形成的枝条一起构成了灌丛树体主要骨架。

（3）结果母枝。

结果母枝是由营养枝发育而来的，枝条上着生雌花混合芽与叶芽，既能产生结果枝，又能产生营养枝。

（4）结果枝。

结果母枝上含有雌花的混合芽经开花授粉后，混合芽萌发生长成短枝，其顶部具有果序，这种具有果序的短枝称为结果枝。

3. 龙榛枝干的特性

龙榛的分枝习性属于单轴分枝或称总状分枝，从根蘖苗开始，主茎的顶芽活动始终占优势形成一个直立的主轴，而侧枝则不发达。顶芽下的芽，可形成3~4个枝条；生长粗壮的枝成枝数量更多，这是合理定干的机制。同时需要整形修剪来调节树形，从而扩大营养空间，可以达到较大的收益。

三、叶的生长发育

叶是植物光合作用与蒸腾作用的主要器官，因此对龙榛的生长发育、稳产高产至关重要。

1. 叶的发生

（1）叶的发生方式。

叶源自叶尖周围的叶原基，发育成熟的龙榛叶片具有叶片、叶柄和托叶，属于完全叶。

（2）叶的生长。

龙榛叶的生长包含着顶端生长、边缘生长和居间生长。首先是顶端生长，幼叶顶端分化组织的细胞分裂和体积增大，促进叶片增加长度，其后幼叶边缘分生组织的细胞分裂分化，不断增加体积、扩大叶面积和增加厚度，最终形成边缘，具不规则重锯齿，中部以上具浅裂或缺刻的叶片。

（3）叶幕。

叶幕是指在树冠内集中分布并形成一定形状和体积的叶群体，是树冠叶面积总量的反映。龙榛是落叶树木，叶幕在年周期中有明显的季节性变化。叶幕形成的速度和强度变化，受龙榛品种、环境条件以及栽培技术的影响。

（4）叶面积指数。

叶面积指数是指树体的总面积与其所占有土地面积的比值，即单位土地面积上的叶面积。龙榛的叶面积指数大小、增长的动态与品种、栽植密度、栽培技术等直接相关。

2.叶片的衰老和脱落

龙榛的叶片较大，当叶层较厚时，下部叶片常因光照不足而变黄，过早脱落。而且下层枝也生长得细弱，结实能力差。当秋季植株停止生长时大部分叶片开始枯黄，并逐渐伴随进入休眠而落叶，大部分的品种是在第二年春季前脱落完成。龙榛落叶可以改善榛园的热量状况，此时，光合作用停止，蒸腾作用也大为减少，有利于植物进入休眠状态，从而保护植株在严寒和少雪覆盖的冬季安全越冬。

四、芽的生长发育

芽是未发育的叶、枝、雄花序或雌花序的原始体，萌发后可形成地上部分的叶、枝条、雄花序、混合芽、树干、树冠，甚至一棵新植株。地下部分可以形成根状茎或新植株。

1. 龙榛芽的生长

龙榛芽主要包括叶芽、雄花芽、混合芽、基生芽和不定芽。混合芽与叶芽从外部形态上不易区分。
（1）叶芽。
叶芽着生在营养枝和结果母枝上，萌发形成营养枝和结果母枝。
（2）雄花芽。
雄花芽是着生雄花序的芽。
（3）混合芽。
雌花芽为混合花芽，一般着生在结果母枝上，直至顶端，既有腋花芽也有顶花芽。雌花先叶开放，然后萌芽生成结果枝并结果。
（4）基生芽。
基生芽着生在枝干和根蘖枝的基部，即在枝（茎）与根的交界处形成，其数量不定，在地面以上芽为绿色，在表土内基生芽呈淡白粉色或粉红色。
（5）不定芽。
不定芽着生在根状茎上，它萌发出土形成地上茎，生长后成为根蘖。

2.龙榛芽的特性

（1）异质性。
枝条或茎上不同部位生长的芽，由于形成时期、营养状况和环境条件等不同，特别是光照条件的变化，使芽在生长势及其他特性上存在差异，造成了芽的异质性。通常枝条中在春季和秋季形成的芽较弱，而在上部于夏季形成的芽的饱满程度和萌发势的强弱，是影响果实产量的主要因素。
（2）晚熟性。
龙榛当年形成的芽，到了第二年才萌发抽梢，这种芽成为晚熟性芽。
（3）萌芽力。
龙榛的萌芽力较高。萌芽力因品种、栽培技术等不同而异。
（4）成枝力。
龙榛的成枝力较高，栽培中要及时平茬和除萌条，以免形成灌丛。

五、花的生长发育

龙榛生长到一定阶段，营养物质积累到一定水平，叶芽在成花激素和外界环境条件的作用下，顶端分生组织就朝着成花的方向发展，逐步出现花原基，形成花。龙榛的花为雌雄同株异花，即单性花。

1. 雄花

龙榛的雄花为柔荑花序，常由2~5个排成总状，着生于新梢中上部的节位上，每个花序为圆柱形，其上着生数百枚小花。花药黄色，椭圆形，2室纵裂，成熟的花粉为黄色。

2. 雌花

龙榛的雌花为头状花序或单生，着生于一年生枝的中上部和顶端的混合芽中。雌花开花时，在花的顶端伸出一束柱头，呈鲜红色或粉红色，向外四周展开，柱头长3~5 mm，每一花序的柱头数量不等，8~30枚，每朵花有2枚柱头，授粉后柱头变黑色并枯萎。

3. 花的分化类型

（1）雄花。

龙榛的雄花芽为长日照型，属于纯花芽，纯花芽内无枝叶等器官原基，而仅有花器官原基。在每年的6月中旬—7月上旬分化，然后陆续发育到9月，经冬眠期后，终止于次年的春季。此时正是北半球日照时间最长的日期，如果日照充足，有利于雄花芽以及雄花序的产生。

（2）雌花。

龙榛的雌花芽为夏秋间断分化型，属于混合芽。混合芽内除有花器官外，还存在枝、叶原基。雌花主要集中在6—8月进行分化，然后陆续发育到9月，经冬眠期后，到春季再进一步分化与发育，完成性细胞的成熟，终止于春季开花前。

4. 花芽分化的影响因素及调控技术

（1）内部因素。

遗传因素是影响龙榛自身花芽分化的关键因素，因品种的不同，花芽分化早晚、花芽数量和质量有较大的差别。矿物质元素、营养状态、植物激素水平有利或限制花芽分化早晚、花芽数量和质量。

（2）外部因素。

环境条件是影响龙榛自身花芽分化的次要因素，诸如温度、光照、水分等，花芽适宜的分化温度比枝叶最适温度高。光照对花芽的分化的影响主要是通过光周期的作用，龙榛的雄花属于长日照型，而雌花芽则属于夏秋间断分化型。土壤水分状况较好，植物营养丰富，其生长旺盛，则不利于花芽分化的诱导；而土壤适度干旱，营养生长较缓慢，有利于花芽分化。

六、果实的生长发育

龙榛属于异花授粉植物。龙榛从雌花谢后到果实生理成熟为止，需要经过细胞分裂、组织分化、种胚发育、细胞膨大和细胞内营养物质的积累转化等过程。一个或若干个果实包含在一个果序内，果序包含两个部分：一个果柄、1~15 粒果实，每个果实包含着 1~3 片果苞、1 个坚果。

（一）果实的发育

1. 龙榛的受精过程

在雄花产生的花粉粒与雌花的柱头相交处，当条件适宜时萌发形成花粉管进入柱头，并继续伸长进入花柱，到子房和心室，然后释放精细胞，与雌配子卵细胞、助细胞结合，即为龙榛的受精过程。

2. 龙榛果实的发育

龙榛从每年的 4 月中旬受精，到 9 月中旬成熟，经历大约 5 个月的时间，这其中经历了春季的倒春寒、降雪、酷夏和冷秋。这 150 d 发生发育的过程，除受遗传因素影响外，主要还受外部因素的影响。

（1）有机营养。

需要氮、磷和糖类的供应，氮和磷除树体供应外还可以通过施肥加以补充，但幼果细胞分裂期合成蛋白质所需的糖类只能由贮藏的营养供应。果实发育的中、后期，是果实质量增加的主要时期，这时要有适宜的叶果比和较高的光合作用，才能有利于糖类的合成和积累。

（2）矿物质元素。

有机营养向果实内运输和转化有赖于酶的活动，酶的活性与矿物质元素有关。矿物质元素在果实体内很少，除一部分构成果实外，主要影响有机物的运转和代谢。

（3）水分。

果实内的水分，随着果实增大而增大，是果实增大的必要条件，特别是细胞增大阶段，如果水分不足，榛果体积会减小，即使以后供水也不能弥补。水分也影响矿物质元素进入果实。

（4）温度。

龙榛的榛果成熟需要一定的积温，一般需要积温 2300℃以上。日温度过低或过高都能促进榛果呼吸强度上升而影响榛果生长。由于榛果生长主要是在夜间进行，所以夜间温度对榛果生长影响更大。

（5）光照。

光照对榛果生长的作用是非常重要的，并且是间接的。光照主要影响叶片的光合效率，保证光合产物的供应，促进榛果的生长发育。

（二）龙榛的果实

龙榛的果实为坚果，由果苞、果壳、果仁构成。果苞有单片、双片苞叶，罕见三片；果壳由外、中、内三层果皮形成坚硬的壳；果仁即种子，由种皮和两片子叶、胚组成，即为可食部分。果实从外部形态可分为果顶、果基、脐线、缝合线。

1. 果苞

附在坚果外部，由绿色的果苞皮包裹，呈钟状，顶端常有开裂，其苞片开张或闭合，常为1~3片。

2. 坚果纵径

由果顶部到果基部的纵轴长度。

3. 坚果横径

果的基部最大直径（横轴）。通常为圆形、椭圆形、近三角形等。

4. 坚果侧径

果的基部最小直径（距离）。

5. 果顶

果实的顶部称果顶。其形状因品种不同而差异很大，大体分为4个类型：尖顶、圆顶、平顶和多棱顶。

6. 果基

果的基部，其形状分为平、尖形、圆形。果基高度的大小、形状是区别不同品种的重要指标。

7. 脐线

果实胴部与果基交界处的圆环线称脐线。

8. 果实的形状

果实的形状有以下几种类型：圆形、椭圆形、纺锤形、扁圆形（纵径小于横径）、长圆形、圆锥形。

9. 果壳的厚度

果壳厚度在1.19 mm以下为薄壳，1.20~1.39 mm为中厚壳，大于1.40 mm为厚壳。

10. 果面的颜色

果面颜色基本分为黄色、金黄色、黄褐色3种类型，有的还具有彩色条纹或浅沟纹。

11. 果仁皮（种皮）

果仁皮（种皮）呈棕黄褐色或淡黄褐色，其光洁度也因品种不同而异，可分为光洁、较光洁2类。

七、根的生长发育

根是龙榛植株固定、水和无机盐的吸收、营养物质的储藏，以及植物生长激素的合成等的重要器官。

1. 根系的发生

龙榛是无性繁殖的根蘖苗，属于茎源根系，在苗茎下部的位置上产生的不定根芽，萌发后逐渐产生根系，而且主根不明显。

2. 根系的生长

龙榛须根发达，主要沿水平方向加长与加粗生长，根系生长初期以加长生长为主；根形成的中后期，产生木栓形成层和木栓层，木栓形成层活动形成周皮，周皮积累就形成了根外部的皮部；形成层的活动则形成根的次生木质部和次生韧皮部，这就是根的加粗生长。龙榛根系分布浅，集中分布在地表以下5~50 cm的土层中，主要包括侧根、须根及根状茎，主根不明显。龙榛的根系具有一定数量的根状茎，它是茎的变态，其上有节，节上有不定芽和退化的叶片以及须根和侧根。

3. 根系的特性

龙榛具有茎与根两重性的根状茎，根状茎上着生的不定芽萌发，伸出地面形成枝条叫作根蘖，从而形成新的植株。新植株上的须根和侧根可以起到吸收矿物质、有机质和水分的作用。根状茎在产生根蘖的同时，也能够不断产生新根状茎，新根状茎连续产生不定芽形成根蘖，进而根蘖可以发展成丛状植株。4年生龙榛树高为126.8 cm，基径为2.58 cm，局部地下根系干重为46.08 g，地下根系分布见表14-1。

表 14-1 龙榛的地下根系分布

地下部分 /cm	鲜重 /g	干重 /g
0~10.0	52.32	29.64
10.1~20.0	15.48	10.32
20.1~30.0	8.86	4.62
30.1~40.0	2.12	1.36
40.1~50.0	0.22	0.14
总重	79.00	46.08

注：根系生物量测定方法，距离测定植株0.5 m，沿垂直方向挖0.5 m×0.2 m的样方剖面，按照每10 cm高度为一个计算单位进行逐一取样，测量鲜重，分别标记待用，然后把样品带到实验室，烘干后进行干物质质量测定。

地下根系干重分布情况中，0~10.0 cm 为 29.64 g，占总根系干物质的 64.32%；10.1~20.0 cm 为 10.32 g，占总根系干物质的 22.40%；20.1~30.0 cm 为 4.62 g，占总根系干物质的 10.03%；30.1~40.0 cm 为 1.36 g，占总根系干物质的 2.95%；40.1~50.0 cm 为 0.14 g，占总根系干物质的 0.30%。龙榛的根系主要分布在 0~40 cm 的土层中，为总根系干物质重量 58.39 g 中的 45.86 g，约占 99.52%。

4. 根尖与根毛

（1）根尖。

龙榛根的顶端被一个套管样的生活细胞团覆盖着，称为根冠。根冠细胞的形成是位于根冠和顶端分生组织连接部位的根冠原始细胞不断分裂的结果。它保护着根顶端分生组织并使根的生长更容易通过土壤，根冠也调节着对重力的向地性反应。由于根的生长伸长，根冠周围的细胞会脱落，这些丢弃的细胞和生长着的根尖被一黏胶套覆盖着。黏胶层是根表面的一种胶质物质，由天然的和经修饰的植物黏胶、细菌和它们的代谢产物，以及胶态矿物质和无机盐等共同组成。黏胶层是"根 - 土壤 - 微生物"综合体的产物，它可以润滑生长着的根并保持根与土壤的接触，特别是在白天，根常常会发生收缩的情况下（Rovira 等，1979）。当根冠细胞被丢弃时，根顶端分生组织又会产生新的根冠细胞。

（2）根毛。

龙榛在根的伸长区之上产生根毛。这些管状的外生长物有着重要的生理意义。因为它们可以通过根表面积的增加而增进对水和矿物质的吸收（Caillous，1972；Itoh and Barber，1983）。根毛也可以增加土壤与根毛周边之间的黏着力（Hofer，1991）。除了吸收功能之外，根毛可以分泌液体。

根毛作为突起，通常是从表皮细胞外侧的壁上发生的。根毛起源于表层，那里没有永久性根冠（Bogar and Smith，1965），当表皮细胞伸长被抑制时根毛接着出现。当根在坚实致密的土壤中伸长生长受到抑制时，长根毛就会在紧靠根尖的部位出现。根毛的数量和大小因龙榛品种、环境因素，特别是土壤水分、土壤结构和土壤盐浓度而变化。

5. 根的主要作用

（1）吸收水分和营养成分。

龙榛的根系由相对大的多年生根和许多小的短命的分枝根共同搭建起的构架组成，其中细根（通常认为是直径 < 2 mm 的根）占根的大部分，但它们的生物总量很少。这些细根吸收了大部分水分和营养成分。

（2）产生不定根。

通过对龙榛茎的解剖观察，未发现有潜伏根原始体存在，根原始体细胞在根蘖育苗后才出现，因此龙榛属诱导生根类型。龙榛不定根发生的部位属于皮部生根型，根原基由次生木质部的活细胞分化形成。在次生木质部部位产生了明显的较为紧凑、稍大的细胞，并与薄壁细胞产生了明显的界限，这些细胞先形成根原基，根原基逐渐发育，向外伸展，将其外层的韧皮部、皮层及周皮细胞挤向外端，随着不定根原基的不断伸长，迫使皮部开裂，最后不定根从裂口处或皮孔处伸出。

第二节 龙榛的结实特性

一、花芽分化

龙榛属于落叶大灌木，且雌雄同株异花，雌雄花是分别完成分化的。花的发端确切时间可随着天气、所处的环境及果园管理状况而改变，因此，花的发端可以因年份不同及榛园所处的区域不同而有所变化。

1. 雄花花芽的分化

雄花为柔荑花序。雄花序分化的形态出现在 6 月中旬，主要出现在树冠中外缘的枝条上，先在叶腋间出现红色细长尖状物，这时果实开始膨大。细长尖状物逐渐长成幼小的雄花序，呈白色或淡绿色，此后逐渐纵向加长生长、横向加粗生长，一直到 9 月中下旬体积不再增大，雄花序逐渐变成淡棕黄色或棕黄色，花序形态分化已经完成，这个过程需要 70~80 d 的时间。这时雄花序进入冬眠期，也是容易产生冻害的时期，特别是早春发生的倒春寒带来的影响。在北纬 42°~47° 之间生长的龙榛，抗寒性就是最重要的。

2. 雌花花芽的分化

雌花花芽分化是在新梢停止生长之后，新枝上的芽已有一定的营养积累时开始分化的。一般在叶芽内，从 6 月底—7 月上旬开始分化。花序分化初期，芽内生长点变平，然后出现小突起，即为柱头原始体。柱头明显可见在 7 月中旬—8 月上旬。8 月上旬—9 月上旬，在柱头下出现环状物，即是果苞原始体。柱头形态分化完成期最早在 9 月上中旬，这过程需要 65~75 d 的时间。在同一株龙榛树上，果实增长的同时，与下一年结实坐果相关的变化也在悄然发生和发展着。

3. 成花年龄

龙榛的成花年龄，根蘗苗一般在第三年时分化雌花、雄花，第四年开始开花结实。但有个别的植株第二年也可以分化形成雌花、雄花，第三年开花结实。龙榛进入丰产期前，同时进行着营养生长和生殖生长；丰产期间主要是生殖生长，其次是营养生长。

二、开花特性

1. 开花特性

3 月下旬进入春季，天气回暖，气温回升加快，在几拨升温后，一般在 4 月中旬，龙榛的雌花与雄花先叶开放。花的寿命受环境条件的影响，但受传粉因素的影响更显著。特别是传粉后，通过花组织产生乙烯的能力增强，促进了花的衰老和脱落（Stead，1992）。随着纬度的北移，开花会向后推迟，开花期的天气状况，对授粉、坐果率的高低及当年产量有很大影响，晴朗微风天气有利于授粉，而大风、阴雨或降雪天气则不利于传粉和授粉。

2. 雄花开放散粉

雄花序伸长，变得松软，花苞片变绿、开裂，黄色花药散粉。雄花开放盛期，龙榛园中有花药散发时特殊的花粉味，体质弱的对该花粉容易产生过敏。雄花早于雌花开放 2~3 d。雄花单株开放持续 6~10 d。

3. 雌花开放受精

开花始期，雌花开放时，混合芽膨大，芽苞略松散，芽顶端微露出环形的红色或粉红色柱头。当盛花期时，雌花柱头全部伸出，柱头高度为 2~3 mm，柱头向外四周展开，此时的柱头鲜艳、湿润而亮泽，龙榛达到最佳的授粉时期。当柱头色泽变暗、枯萎并变成黑褐色时，是雌花开放末期。雌花开放持续 8~10 d。

三、结实特性

1. 结实特性

龙榛的栽植采用的是根蘖育苗，它的结实特性与开花特性紧密相连。定植后的龙榛在第二年可零星分化形成雌、雄花序，第三、第四年生开始结实，第四、第五年生开始形成产量，第六、第七年生进入盛果初期，八年生以上进入盛果期，可维持 30 年以上。每个果序常有 2~5 个榛果不等，也有 1 个或者少见 6~13 个。

龙榛在土壤条件肥沃、管理条件良好的情况下，七年生可以丰产而开始稳定。由于品种的不同，进入成熟期不同。一般在 9 月中旬成熟，相差 5~8 d。有的品种成熟后果实容易脱落，有些则相反。

2. 结实与环境条件的关系

龙榛的结果母枝是生长健壮且营养积累充足的枝条，但是在盛果期的大树上，树冠内膛正常发育的短枝能形成雌花芽而成为结果母枝的数量不多，其发育不如树冠外缘的枝生果实。结果母枝是由树冠中的长枝、中枝、短枝上能够形成雌花的枝条组成的。雌花芽量的多少主要是由枝条营养积累的程度、环境条件的适宜情况决定的。枝条营养充实、光照充足、气温合适、雨水充沛，所形成的雄、雌花芽就多，反之则少。一般中长枝从基部第四、第五节开始直到顶端均可形成雌花芽，有的节位形成雄花序就不能形成雌花芽，有的节位是叶芽。因此，常常是叶芽、雌花芽、雄花序生长在同一结果母枝上。

3. 坐果率

龙榛开花后形成的果实远比花少，而且果序中大多只有 2~5 粒果实，大多是由于胚珠未能有效完成受精作用，这与其花粉的亲和性有关，与风媒植物的受精作用是一致的。坐果的初始发生是在开花后很短的时间内，与子房开始膨大密切相关。最后坐果的情况是由果实和种子（果仁）成熟时整株树上的果实数量决定的（Sedgley and Ggiffin，1989），结果母枝上的雌花序（混合芽）授粉后，萌发形成一个短枝，即为结果枝，一般 5~7 节，果序生长在顶端。果序坐果的多寡，与龙榛的品种、授粉受精的过程、营养状况、温度和光照有关，单株每个果序平均坐果2.5个以上，则该品种丰产性强。

　　硼对花粉的萌发和受精有良好的促进作用，体现在对糖的吸收、运转和代谢方面，可增加对氧的吸收，有利于花粉管的生长，硼不足可影响花粉的萌芽以及花粉管的生长。花期喷施硼肥也能提高坐果率。

4. 丰产性

　　龙榛产量的多寡主要取决于品种，包括龙榛品种雄花雌花多少、越冬的能力、开花时的天气情况、品种坐果率的高低、榛果的大小及果仁饱满程度等因素。越冬后保持雄花序与雌花数量大的品种，是较理想的栽培品种。如果作为授粉树的品种，则选择雄花序较多且能产生大量花粉的品种。龙榛中有的结果枝因当年结实过多，虽然消耗了大量营养成分，但仍能连续形成雌花芽，因此不会出现大小年现象，且榛果的连年产量稳定。

四、落花落果

　　龙榛的坐果需要胚和胚乳的正常发育，由于某些原因使胚和胚乳发育受阻，花、果实常发育不完全，易脱落，所以龙榛常有落花落果现象。

1. 落花

　　龙榛落花分为雄花脱落和雌花脱落两种。胚受低温逆境影响会落花，比较明显的是雄花脱落，而雌花是在结果枝的混合芽中，不易观察。结果枝由雌花芽长出后，其顶端露出的小苞叶脱落而落花。此外，雌花序也会由于没有授粉或只授粉而没有受精，导致子房不能膨大而脱落。

2. 落果

　　龙榛的落果，是已经开始膨大发育的果实脱落。落果集中在两个时期，第一次在6月中旬，正值新梢旺盛生长期和榛果迅速膨大期，此期需要大量的水分和营养物质，此时如遇干旱或营养不足势必引起落果。同时，由于卷叶虫钻入木质化的果实基部危害幼果，也会引起幼果枯萎而脱落。第二次是在8月下旬到9月上中旬落果，此时落果的原因主要有以下几个方面：一是枝条过密，大风天时，果序挂在枝条上，由于枝条晃动扯下果序引起的落果；二是生理落果，即此时为果仁迅速发育期，因胚及胚乳没有发育，容易引起落果；三是榛实象甲的危害而造成的落果；四是龙榛品种成熟时自然落果。

第三节 龙榛的年循环物候期与生命周期

一、龙榛的生长发育周期

1.年循环物候期

榛树的年生长发育周期，始于早春的树液流动，终止于10月上中旬开始落叶，进入休眠期。这个过程需经历雌雄花开放、芽萌动和膨大、展叶、新梢生长、果实发育及成熟、落叶、休眠等不同阶段，这种年度的有规律变化，叫年循环物候期，也叫年生长发育季节周期。

龙榛全年分为两个主要时期，即营养、生殖生长期和休眠期。从开花、萌芽到落叶全年生长期为150~170 d。龙榛的休眠期是从开始落叶到次年树液流动期，见表14-2。

表 14-2 龙榛主要生长发育周期

地区	树液流动	开花期		芽萌动期	子房开始膨大期	坚果成熟期	落叶期
		雄花	雌花				
牡丹江	4月上旬	4月中旬	4月中旬	4月下旬—5月上旬	6月中旬	9月中旬	10月上中旬

2.昼夜周期

龙榛除年循环物候期外，还表现出昼夜周期。龙榛昼夜生长发育表现为白天生长较慢，而夜晚生长发育较快，这说明夜间生长与空气的相对湿度关系较大，而与温度关系相对较小，这可能是由于白昼蒸腾大，对生长有不利的影响，夜间相对湿度增加，蒸腾降低使龙榛水分亏缺得到恢复，加快生长。

二、龙榛的生命周期

龙榛一生经历了苗期、生长、开花结实、衰老和死亡的全过程，这个过程称为年生长周期，也称生命周期。龙榛整个生命周期的过程，有发生发展的规律性，对于规律性的把握和利用，可以达到控制树体的生长发育，实现稳产、高产和长寿的目的，具有重要意义。龙榛按照其生长与结实的规律性变化，常划分为五个时期（阶段）：苗木期、幼树期、结果初期、盛果期和衰老期。

1.苗木期

龙榛苗木期，是根蘖压条育苗开始到起苗越冬为止，一般为一年，少有两年。这一时期，是利用根蘖产生的萌条进行压条育苗，称为根蘖压条育苗，简称根蘖育苗。在每年的6月末至7月初，对根蘖枝条进行压条育苗，即在枝条基部环束，环束基部至15 cm范围之内，涂抹可以促进生根的生物性植物激素，用耐腐材料围芡，内填充锯末与浇水，待10月中旬发育成完整龙榛植株后，起苗越冬备用。

2. 幼树期

幼树期，为龙榛定植后1~3年生。其特点是地上部分与地下部分生长发育较快，地上部分的树冠是定型的重要节点，此时期是调整树冠姿态的重要时期，通过整形修剪把树冠姿态控制在理想的范围内。地下部分的树根生长速度快，这期间已经产生不定根。随着龙榛的光合面积和吸收面积迅速扩大，同化的营养物质积累逐渐增多，为花芽的分化、开花及结实创造有利条件。树体上能够看见少量的雄花序、雌花序和果实。

3. 结果初期

龙榛树龄为4~8年生。从开花结实后，形成产量到盛果期。此时，营养生长与生殖生长并存，由于树冠与果实的不断加大，非常容易分化形成花芽，导致产量逐年上升，从有经济产量到产量逐年稳步上升。其特点是树冠和树根生长发育加速，是生长发育速度最快的时期。随着整形修剪变弱，榛果产量也逐年增高，并开始丰产且趋于稳定，营养物质消耗量加大，枝条和根系生长虽受到一定抑制，但树冠继续扩大并达到合理和基本稳定。

4. 盛果期

盛果期为9~30年生。从高产稳产到产量逐年下降的初期为止。其特点是，由于坚果产量高，消耗大量营养物质，枝条和根系生长受限，树冠达到最大限度。此期末由于末端小枝衰亡（或回缩修剪），树冠又趋向缩小。

5. 衰老期

衰老期为30年生以后。从稳产高产状态下开始出现产量降低，并逐渐下滑，开始出现大小年，并且产量明显下降，直到几乎无经济收益，大部分植株不能正常开花结果导致死亡。其特点是，地上、地下分枝级数太多，输导组织相应衰老，贮藏物质越来越少。末端枝条和根系大量死亡，向心更新强烈发生，最终导致骨干枝、骨干根大量衰亡。

第四节 龙榛对环境条件的要求

环境因子对龙榛的生长起着至关重要的作用。只有在适宜的环境条件下，龙榛才能正常生长发育，形成榛果。龙榛生长发育中起主导作用的环境因子（生态因子）主要包括温度、水分（湿度）、光照、土壤、地形地势与排水。

一、温度

1. 龙榛生长发育对温度的基本要求

龙榛有其生长的最适温度、最高温度和最低温度，即温度的三基点。龙榛的最适合温度、最高温度都比较有利于其生长，而影响最为重要的是最低温度。长期的试验表明，龙榛抗寒性强，它的栽植北界已到北纬47°30′，年平均气温3.5℃，冬季最低气温 − 35℃可以正常越冬。

2. 不同生育期的温度要求

龙榛萌芽后对温度的要求逐渐升高，进入旺盛生长期要求温度较高。而龙榛的开花期主要受到温度的影响，而非日照长短的影响。

3. 温周期现象

温周期现象是植物正常生长发育对昼夜温度周期性变化的反应，夜间适宜的低温有利于龙榛的生长发育。

4. 低温障碍

低温造成的伤害，其外部表现主要取决于温度降低的程度、持续的时间、低温来临的时间和解冻的速度，内因主要取决于龙榛的品种及其抗寒能力。龙榛的抗寒性（耐寒性）是指植物能抵抗或忍受 − 35℃低温的能力。此外，其还与各地的生态条件以及龙榛的营养状态有关。

低温对龙榛植物造成的伤害主要表现如下：

（1）冻害。

冻害即0℃以下低温对植物造成的伤害。

（2）冷害。

冷害即0℃以上低温对植物组织造成的伤害。

（3）冻旱。

冻旱又称冷旱，是低温与生理干旱的综合表现。冻旱是冬春期间由于土壤水分冻结或地温过低，根系不能或极少吸收水分，而地下部枝条的蒸腾强烈，造成植株严重失水的现象。冻旱是生理干旱，是植物吸水和蒸腾不平衡的结果。

（4）霜害。

霜害即早晚霜危害。

二、水分（湿度）

龙榛的所有生命活动都必须在水分的参与下完成。水是组成植物细胞的主要成分，植物的光合作用、呼吸作用等生理活动都必须有水参与。龙榛对于水分的需求是中等的，要求在休眠期（冬、春季节）的空气湿度较高，一般在休眠期要求空气相对湿度达到60%以上即可。龙榛生长地域年降水量达到 500~800 mm 可满足生长发育的要求。

土壤湿润的条件有利于龙榛的生长发育，干旱的土壤条件下龙榛生长发育不良，土壤过多积水，使龙榛根系呼吸受阻，树势衰弱，严重积水可使龙榛死亡。

三、光照

光是植物生长发育过程中最重要的环境因子之一，它不仅为植物的光合作用提供辐射能量，而且还为植物提供信号调节及其发育过程的调控。龙榛的生长发育与榛果产量的形成都需要光合作用形成的有机物。

光影响龙榛的雌雄花的分化和形成，通常龙榛树冠内受光不良，对雌雄花的分化、形成均有不利的影响，体现在树冠外围透光好部位的花芽数量比树冠内受光不良部位的花芽数量多，也就是花芽的数量随着光照强度的降低而减少。龙榛是喜光植物，充足的光照能促进其生长发育和结实，一般年日照时数在 2000 h 以上可满足其对光照的要求。

四、土壤

1. 土壤质地

龙榛对土壤的适应性较强，在不同质地中均能生长，如壤质土、轻黏质土。壤质土因质地均匀、松黏适中、透气性好、保水保肥能力强，特别适合龙榛的生长。

2. 土壤肥力

作为龙榛栽培榛园，通常用土壤中有机质及矿物质元素含量的多寡等表示土壤肥力。龙榛对土壤肥力的要求，以生长在肥沃、湿润的沙壤土中最好，特别是腐殖质含量高的土壤，其肥力水平也高，更适合龙榛的生长和结实。采用有机生态农业改善矿物质营养水平，提高土壤中有机质含量，是实现龙榛丰产稳产的重要措施。

3. 土壤酸碱度（pH 值）

土壤的酸碱度可直接影响龙榛吸收营养成分的有效性及影响植株生理的新陈代谢水平。龙榛对土壤 pH 值的需求为 6.0~7.5。

五、地形地势与排水

龙榛对地形地势要求不十分严格，但是海拔高度较低的地势有利于其生长结实。一般在海拔750 m 以下栽培龙榛，且山地缓坡地、平地更为适合。坡度过大不利于榛园管理，龙榛需要排水良好的地段，积水不利于龙榛的生长。

第三篇　龙榛良种苗木培育技术

第十五章 龙榛根蘖育苗的理论基础

第一节 龙榛根蘖育苗中生根机制与生理学的研究

一、生化研究的准备

1. 生根机制研究的试验材料

根蘖育苗母树为多年生龙榛树木，育苗试验于6月中下旬进行，选取龙榛萌生条，用1000 mg/L IBA（吲哚丁酸）溶液均匀涂抹环束处上部10 cm范围，然后用锯末填埋，同时设清水对照。每个处理100个萌生条，重复4次。每10 d观察一次形态特征。以龙榛为材料，育苗之前采样一次，以观察茎的解剖构造，自育苗之后第5天开始，根据生根情况每隔10 d取材一次，一共取样12次，每次取处理及对照各3~4根。截取距环束处向上的茎段用FAA（70%乙醇90 mL + 水醋酸5 mL + 福尔马林5 mL）固定液固定。

2. 生根生理学研究的试验材料

选取龙榛萌生条，用1000 mg/L IBA溶液均匀涂抹环束处上部10 cm范围，然后用锯末填埋，同时设清水对照。每个处理100个萌生条，重复4次。每10 d观察一次形态特征。分别在各个压条繁殖时期取萌生条环束部位10 cm范围内皮层用于各种生理生化指标测定，压条繁殖当日采样一次，之后根据生根情况每隔10 d取样一次。

3. 生根生理学研究的测定方法

（1）可溶性糖含量的测定。

采用蒽酮比色法（李合生，1999）测定。具体方法：取烘干样品0.2 g（精确到0.001 g）于试管中，加入20 mL蒸馏水，在沸水浴中浸提20 min（提取两次），过滤，定容至25 mL，待用。绘制标准曲线。取提取液1.0 mL，加入蒽酮试剂5.0 mL，迅速摇匀，然后放入水浴中煮沸10 min，取出冷却，在620 nm波长下，用空白调零测定OD值，每个处理重复3次，得到的OD值代入标准曲线中查找相应的葡萄糖含量，按式（15-1）计算样品中可溶性糖含量。

可溶性糖含量$\% = (C \times V/a \times n)/(W \times 10^3) \times 100$ （15-1）

式中：C为标准曲线换算出的糖含量，μg；V为提取液总体积，mL；a为吸取样品液体积，mL；n为稀释倍数；W为样品干重，g。

（2）可溶性蛋白质含量的测定。

采用考马斯亮蓝法（邹琦，2003）测定可溶性蛋白质含量。首先根据该方法绘制标准曲线，取样品 0.1 g（精确到 0.001 g），加入蒸馏水 25 mL，研磨后静置 1 h，以 4000 r/min 离心 15 min，上清液即为样液。吸取样液 1.0 mL，以蒸馏水为对照，加入 5.0 mL 考马斯亮蓝 G-250 溶液，充分混合，放置 2 min 后在 595 nm 波长下比色，记录吸光值，通过标准曲线查得蛋白质含量，计算公式见式（15-2）。

$$可溶性蛋白质含量(mg/g)=C \times V_T/(V_1 \times W \times 1000) \tag{15-2}$$

式中：W 为样品重，g；C 为查标准曲线值，μg；V_T 为提取液总体积，mL；V_1 为测定时加样量，mL。

（3）全氮含量的测定。

采用凯式定氮法（邹琦，2003）测定样品中全氮含量。称取干样 0.1 g，加入催化剂（$CuSO_4$ 和 K_2SO_4）1.85 g、浓 H_2SO_4 5 mL 进行高温消煮，待澄清后，自然冷却，过滤到 50 mL 容量瓶，定容，采用全自动凯式定氮仪测全氮含量。

$$全氮含量(g/kg)=C \times (V - V_0) \times 0.014 \times K \times 1000/m \tag{15-3}$$

式中：C 为标准酸浓度（0.0108 mol/L）；V 为滴定样品所用标准酸体积，mL；V_0 为滴定空白所用标准酸体积，mL；0.014 为氮原子的毫摩尔质量，g/mmol；m 为称样量，g；K 为分取倍数；1000 为换算成每千克含量。

C/N= 可溶性糖含量 / 全氮含量

（4）过氧化物酶（POD）活性的测定。

称取鲜样 0.5~1.0 g 于预冷的研钵中，加入 2 mL 磷酸缓冲液（pH 值 7.8），于冰浴中研磨成匀浆，将匀浆液全部转入离心管中，再用 6 mL 磷酸缓冲液冲洗研钵，一并转入离心管中。于 4℃下以 4000 r/min 离心 15 min，所得上清液即为酶液。POD 活性以每克鲜重材料每分钟内 $\Delta A470$ 变化 0.01 为 1 个酶活性单位，测定方法采用愈创木酚显色法（郑炳松，2006）。

$$酶活性 IU/(g \cdot min)=(\Delta A470 \times V_T)/(W \times V_s \times 0.01 \times t) \tag{15-4}$$

式中：Δ 为反应时间内吸光度的变化；V_T 为提取酶液总体积，mL；W 为样品鲜重，g；V_s 为测定时取用酶液体积，mL；t 为反应时间，min。

（5）多酚氧化酶（PPO）活性的测定。

准确称取样品 0.2 g，加磷酸缓冲液 8 mL，置冰浴中研磨成匀浆，倒入离心管中，于 4℃下以 4000 r/min 离心 10 min，所得上清液即为酶液。取 0.5 mL 酶液，加入 pH 值 6.0 缓冲液 3.5 mL、0.1 mol/L 邻苯二酚 1 mL，混匀后在 37℃下保温 10 min。以 0.5 mL 失活的酶液为反应管的对照，在 420 nm 下测定 OD 值。PPO 活性以每克鲜重材料每分钟 OD420 值变化 0.01 为一个酶活力单位。

$$PPO 活力（IU/g）=(\Delta A \times D)/(0.01 \times W \times t) \tag{15-5}$$

式中：ΔA 为吸光度的变化；W 为样品鲜重，g；t 为反应时间，min；D 为稀释倍数。

（6）数据分析。

主要应用 Microsoft Excel 进行数据的处理，分析并绘制各指标变化图；用 DPS8.5、SPSS13.0 软件进行方差分析、Duncan 多重比较以及相关分析；图像用 Photoshop CS 处理。

二、龙榛根蘖育苗中的生根机制研究

1. 制作解剖镜片的方法

用肉眼观察根蘖苗生根状况并照相记录，以石蜡切片法制作永久切片进行解剖学观察。根据切片观察不定根诱导过程，具体方法如下：

（1）取材。

将材料切成长度 5~10 mm 的小段，注意位置和方向。

（2）固定与软化。

经水洗后，用 FAA 固定液固定，材料固定一段时间后用酒精–甘油软化剂软化 30 d。

（3）脱水、透明、浸蜡。

85% 乙醇→95% 乙醇→无水乙醇Ⅰ→无水乙醇Ⅱ→1/2 无水乙醇 +1/2 二甲苯→二甲苯Ⅰ→二甲苯Ⅱ→1/2 二甲苯 +1/2 石蜡（60℃过夜）→石蜡。

（4）包埋、修块、切片、粘片、展片。

待蜡块凝固后，用石蜡切片机切成厚度为 10~12 μm 的蜡带，用明胶甘油配置液将蜡带粘在载玻片上，展平，风干。

（5）染色。

二甲苯Ⅰ→二甲苯Ⅱ→1/2 无水乙醇 +1/2 二甲苯→无水乙醇Ⅰ→无水乙醇Ⅱ→95% 乙醇→85% 乙醇→70% 乙醇→50% 乙醇→30% 乙醇→蒸馏水→番红（6~24 h，1% 的 50% 酒精溶液）→蒸馏水→30% 乙醇→50% 乙醇→70% 乙醇→85% 乙醇→固绿（1% 的 95% 酒精溶液，1 min）→95% 乙醇→无水乙醇Ⅰ→无水乙醇Ⅱ→1/2 无水乙醇 +1/2 二甲苯→二甲苯Ⅰ→二甲苯Ⅱ→中性树胶封片，制成永久切片。

（6）照相。

用显微镜观察构造及不定根发生情况并拍照记录。

2. 生根过程的外部形态观察

从外部形态上观察，龙榛根蘖枝条表皮呈黄棕色，皮孔灰色，随着枝条生长增粗，表皮破裂，周皮显露出来，有浅细的纵向条纹。

经环束、激素处理后，用基质包埋，从根蘖条表面观察（表 15-1），试验中根蘖条在环束 10 d 后（2014 年 7 月 1 日）埋在基质中的部分出现皮孔增大、开裂，环束位置往上部分膨大增粗，20 d 后（7 月 10 日）观察到皮部有不定根生长出来，随后不定根逐渐伸长增多，生长旺盛。

表 15-1 龙榛根蘖苗不同时期的形态特征

日期	形态变化
6 月 20 日	开始试验
7 月 1 日	基部变粗，皮孔增大
7 月 10 日	有幼嫩不定根长出
7 月 20 日	不定根继续伸长增多，平均根长 2.46 cm
8 月 1 日	不定根继续伸长增多，平均根长 4.98 cm
8 月 10 日	不定根继续伸长增多，平均根长 7.88 cm

在根蘖育苗试验中，大部分不定根是从环束部位的上端包埋在基质中的部分，即在茎皮层处长出，有少数根蘖苗在环束部位产生了愈伤组织。从根蘖苗表面观察，根蘖苗在环束 10 d 后还未出现

变化，在 30 d 左右环束处外侧韧皮部出现小瘤状突起，呈黄褐色，间断分布，40 d 后瘤状突起加高、扩展并形成一个连续的瘤状环，即为明显的愈伤组织。试验中观察发现，少数根蘖苗环束处整个被团状的愈伤组织包围，这类根蘖苗生根数较少，或不生根。有研究表明（杨青珍等，2006；李大威，2008），龙榛根蘖中不定根的形成与愈伤组织的形成没有直接关系，此时愈伤组织的主要功能是防止病菌侵入和插穗中的有效物质流失，并作为营养和水分等物质运输的桥梁，使插穗免受真菌、细菌的侵袭，起到自我保护的作用，并可能影响其不定根的产生，我们的试验结果也证实了这一点。

3. 龙榛根蘖育苗生根过程的解剖学观察

（1）龙榛茎的解剖构造。

从龙榛茎的横切面观察，从外至内由周皮、皮层、维管柱三部分组成。周皮外有残存的表皮细胞，细胞近圆形。周皮很明显，由木栓层、木栓形成层和栓内层组成，主要行使保护功能，最外层为木栓层，细胞长形，排列紧密，木栓层向内为一层细胞排列整齐的木栓形成层，与维管形成层一样，有活跃期和不活跃期，向外形成木栓层，向内形成栓内层。周皮以内是皮层，皮层薄壁细胞呈球形，细胞核较大，排列较为疏松，具有明显的细胞间隙。皮层往内为维管柱，龙榛的维管束类型为外韧维管束，排列呈环状，维管柱最外层为韧皮部，韧皮部中可以看到大量的韧皮薄壁组织细胞，韧皮射线明显。韧皮部内为维管形成层，由排列紧密的一层分生细胞组成。维管形成层内为木质部，在横切面中占了绝大部分，主要是次生木质部，是植物组织中比较显著的组织，由导管、管胞、木薄壁细胞和木纤维组成，导管横切面呈圆形或近圆形，木射线明显。髓位于中心部位，近圆形，由薄壁细胞组成，细胞卵圆形，大小不一，排列紧密。

可以看出，龙榛属典型双子叶植物茎的构造类型，在观察中未见根原基存在，所以认为龙榛在母株正常生长过程中没有潜伏不定根原基。所以，在基质中经环束处理的龙榛育苗试验中，其不定根为诱生根原基发育而成。

（2）龙榛育苗之后茎结构的变化。

从切片观察，龙榛根蘖苗经环束、激素处理后，内部的结构变化主要是维管形成层及木栓形成层的活动。

植物在离体、因环境（如日照长度和温度）或机械损伤后，木栓形成层开始活跃，木栓形成层细胞不断分裂，表现为木栓层的增厚。从切片中可以看到，木栓层中细胞呈长方形至不规则圆形，因所在位置的不同而形状大小不同，紧密排列成径向行列，细胞壁较厚，并且强烈栓化，随着木栓层补充细胞不断增多，把先形成的补充细胞推向外面，使得皮孔变大、开裂。皮孔是一类具有很多胞间隙的结构，因而具有气体交换的功能。此时维管形成层也开始活跃，向内向外分裂大量的薄壁细胞，因此从外观上观察到根蘖条基部膨大。

（3）不定根的产生。

通过对龙榛茎的解剖观察，未发现有潜伏根原始体存在，根原始体细胞在扦插后才出现，因此龙榛属诱导生根类型，其不定根发生的部位属于皮部生根型，根原基由次生木质部的活细胞分化形成。在次生木质部部位产生了明显的较为紧凑、稍大的细胞，并与薄壁细胞产生了明显的界限，这些细胞先形成根原基，根原基逐渐发育，向外伸展，将其外层的韧皮部、皮层及周皮细胞挤向外端，随着不定根原基的不断伸长，迫使皮部开裂，最后，不定根从裂口处或皮孔处伸出。

三、龙榛根蘖育苗中生根生理学研究

1. 营养物质含量的动态变化对生根的影响

营养物质是插条或压条生根的基本条件之一（郭素娟等，2004）。插条不定根原基的形成及整个生根过程都要求消耗大量的营养物质，因此插条内部的营养物质是扦插或压条后形成新器官及生长初期所需营养的主要来源，体内的养分水平将影响生根过程的发生和正常进行（梁玉堂，龙庄如，1993）。可溶性糖含量、可溶性蛋白质含量和全氮含量在整个过程中都发生各自的变化，或被代谢消耗，或被组织器官合成积累，为下一时期细胞分裂和分化提供物质储备。下面对压条生根过程中可溶性糖、可溶性蛋白质、全氮和C/N值进行研究分析，进一步分析营养物质含量动态变化对生根的影响。

2. 可溶性糖含量的动态变化

当应用 1000 mg/L 的 IBA 溶液涂抹龙榛萌生条环剥部位后，在生根过程中，可溶性糖含量随生根进程而发生变化。由图 15-1 所示，处理枝条基部的可溶性糖含量基本上呈"下降—上升—下降"的趋势。压条后 20 d 左右为不定根的诱导阶段，诱导根原基形成，可溶性糖含量逐渐下降，这可能是因为枝条环剥后细胞代谢旺盛，进行细胞分裂，呼吸强度增大，根原始体形成，消耗大量的营养物质，导致可溶性糖含量下降。从 20~40 d 为不定根形成初期，可溶性糖含量有所增加，主要是因为一方面根原基形成后，对基质水分和矿物质营养的吸收不断增强，使叶片等组织细胞光合作用增强，不断合成光合产物，导致糖类物质积累；另一方面淀粉经过一段时间的降解形成可溶性糖，使可溶性糖含量呈上升趋势。压条 40 d 以后，进入不定根的伸长阶段，根原基突破皮层，伸长生长，细胞对糖的转化和利用加快，使可溶性糖含量急剧下降，到 70 d 左右，根系初步木质化，叶片光合作用产物不断积累，可溶性糖含量下降平缓，后期随着完整根系的形成，糖含量将呈上升趋势，为后期植株生长积累养分。经激素处理的萌生条的可溶性糖含量均高于对照，对照的可溶性糖含量变化趋势为先下降后上升，变化幅度较缓和，说明外源激素对压条生根有一定的促进作用，加速了枝条内部营养物质的合成与积累。

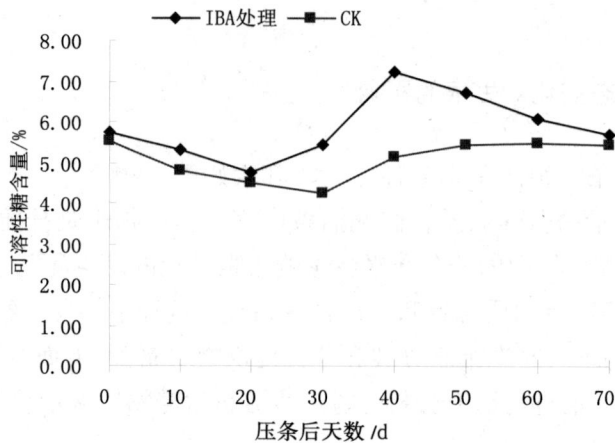

图 15-1 龙榛根蘖生根过程中可溶性糖含量的动态变化

3.可溶性蛋白质含量的动态变化

从图 15-2 中可以看出，经 IBA 处理后，萌生条基部可溶性蛋白质含量的变化趋势与可溶性糖含量基本相似。压条后 10 d，可溶性蛋白质含量降低到谷值，此时正值根原始体形成初期，需要消耗营养物质。随后可溶性蛋白质含量呈上升趋势，不断积累到第 40 天时达到峰值。压条 40 d 后为不定根形成和发育阶段，可溶性蛋白质转变为根原基细胞生长时所需的物质，其含量的下降为进一步生根奠定了物质基础。之后不定根的伸长和大量新叶发育消耗可溶性蛋白质，致使其含量下降。在整个压条生根过程中，对照可溶性蛋白质含量低于 IBA 处理，且变化幅度较缓，说明 IBA 处理萌生条环剥部位在很大程度上刺激细胞活性增强，诱发基因表达作用明显。

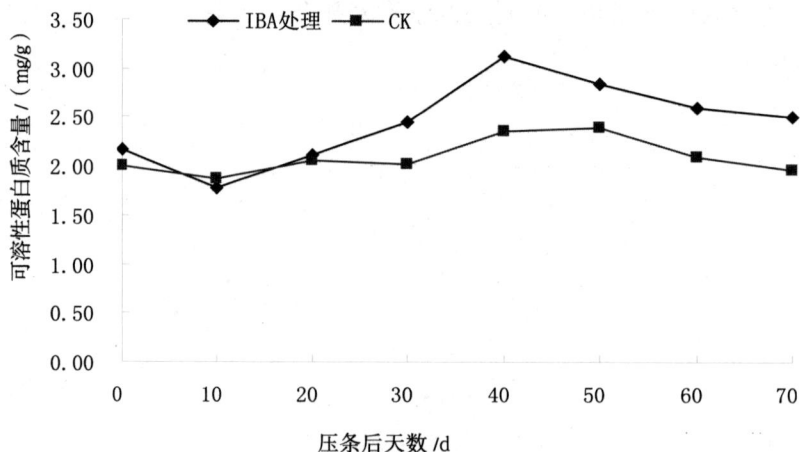

图 15-2 龙榛根蘖生根过程中可溶性蛋白质含量的动态变化

4.全氮含量的动态变化

龙榛根蘖繁殖过程中萌生条环剥基部全氮含量的变化如图 15-3 所示。在整个生根过程中，全氮

310

含量的变化趋势为先上升后下降，且变化幅度较大，说明生根不仅需要糖类，还消耗一定量的氮素，氮素化合物也是压条生根所不可或缺的营养物质。在压条初期，全氮含量有所升高，峰值出现在压条后 10 d，此时为根原基形成初期，可能是为了根原基的形成，全氮含量积累。第 10 天后枝条基部全氮含量逐渐下降，其原因可能是根原基发端和生长需要，合成核酸和蛋白质，说明根原基的发生和发育与氮素营养有着密切的关系。对照的全氮含量整体高于外源激素处理，且在整个生根过程中变化幅度较小，主要是由于外源激素处理促进了萌生条基部氮元素的积累与消耗。

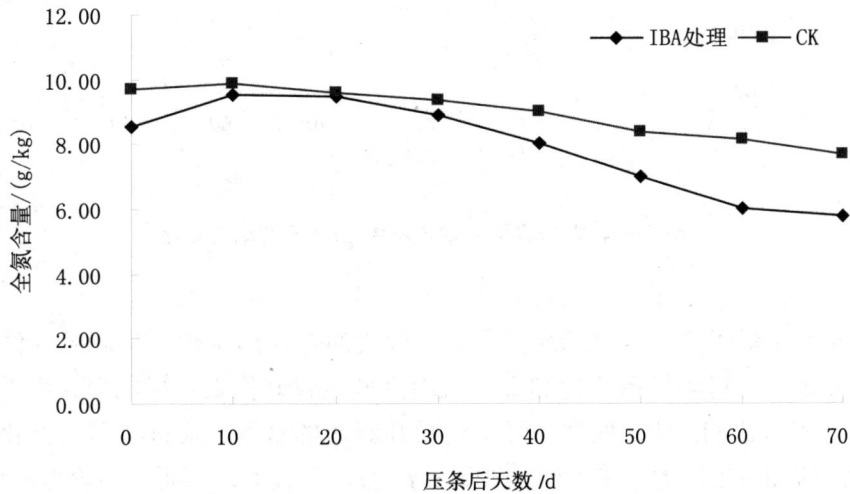

图 15-3 龙榛根蘖生根过程中全氮含量的动态变化

5.C/N 值的动态变化

如图 15-4 所示，龙榛萌生条环剥部位 C/N 值的变化趋势为先下降后上升，最后趋于平缓。谷值出现在压条后 20 d 左右，与根原基形成时期相对应。第 20~60 天为不定根的形成和伸长时期，C/N 值不断上升至峰值 10.10，这期间 C/N 值变化大，有利于不定根的诱导、萌发和伸长生长。压条 60 d 以后，C/N 值略微下降，趋于平缓。对照的变化与处理相比较，变化不明显，最低 4.56，最高 7.09，可能是因为对照的糖、氮代谢不活跃。

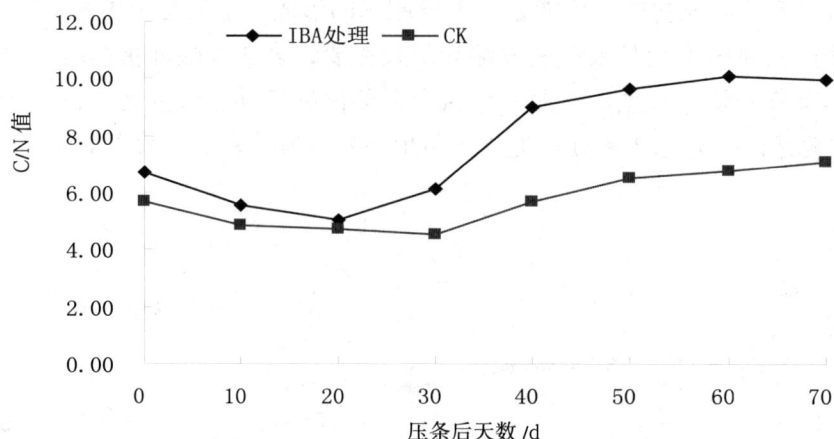

图 15-4 龙榛根蘖生根过程中 C/N 值的动态变化

IBA 处理萌生条环剥部位后体内 C/N 值升高，说明通过使用生长素提高 C/N 值是生根率提高的原因之一。有研究表明，可溶性糖含量和 C/N 值的高低能较好代表生根能力，生根能力取决于糖、含氮物质水平及其相对比例。IBA 处理加强了淀粉和脂肪的水解，促进了可溶性化合物向枝条基部运输，提高了 C/N 值和生根能力（宋丽红，2005；汪杰，2001），本研究结论与之相符。

6. 营养物质与生根的相关性分析

从表 15-2 中可以看出，龙榛压条繁殖的生根率与枝条基部营养物质的含量有着密切的相关关系。生根率与可溶性糖、可溶性蛋白质和 C/N 值呈正相关，相关系数分别为 0.607、0.746 和 0.953，与 C/N 值的相关系数最大，说明可溶性糖含量、可溶性蛋白质含量及 C/N 值是影响生根的主要营养因子，数值越大，生根率越高。全氮含量与生根率呈负相关，说明在一定范围内，全氮含量高对生根有抑制作用，氮含量过高，枝条基部容易腐烂。在压条繁殖过程中，用激素处理枝条可以促进可溶性糖的积累，降低全氮含量，提高 C/N 值，有利于诱导根原基和不定根的形成。

表 15-2 压条繁殖生根率与营养物质的相关性分析

指标	生根率 Y	可溶性糖 X_1	可溶性蛋白质 X_2	全氮 X_3	碳氮比 X_4
Y	1				
X_1	0.607	1			
X_2	0.746[*]	0.867[**]	1		
X_3	-0.927[**]	-0.458	-0.562	1	
X_4	0.953[**]	0.723[*]	0.751[*]	-0.943[**]	1

四、保护酶活性的变化对生根的影响

根蘖的生根是一个较为剧烈的新陈代谢过程，需要各种内源物质协调作用，其中一些酶的活性直接关系到插穗根原基的形成和不定根的萌发与生长。过氧化物酶（POD）和多酚氧化酶（PPO）普遍存在于高等植物体内，在植物体的生长、发育以及组织器官分化发育中起重要的作用。近年来研究发现，这两种酶与植物不定根的发生和发展有着密切的关系。

POD是一类含铁卟啉辅基的酶，它参与植物体内的多种生理生化过程，在细胞分化发育中有重要作用。许多研究表明，POD与插条不定根的诱导及表达密切相关（Gaspar，1992；Calderon，1994）。也有研究表明，在根原基发育期间，过氧化物酶活性显著增加，其活性与插穗生根能力呈正相关（李明等，2000；汪杰等，2001）。在扦插生根过程中，POD活性在不定根形成期最大，出现峰值（于亚军，2005）。

植物体内PPO活性与植物不定根的形成有着非常密切的关系，它也是与插穗生根有关的重要酶之一。PPO是一种含铜的酶，催化各种酚类氧化，其重要生理功能就是催化酚类物质与IAA缩合形成一种"IAA-酚酸复合物"，这种复合物是一种生根辅助因子，可以有效地促进不定根的形成（Bassuk等，1981）。有研究表明，在插条不定根发生和发展过程中，PPO活性急剧上升，根的伸长速度与PPO活性呈正相关（黄卓烈等，2002；Devi，1996）。

1. 生根过程中过氧化物酶（POD）活性的变化

由图15-5可知，压条生根过程中POD的活性总体上呈先上升后下降趋势，经过外援激素处理的萌生条基部POD活性上升的幅度大于对照，这可能是外源激素作用的结果，引起POD活性的变化，有利于根的生成。

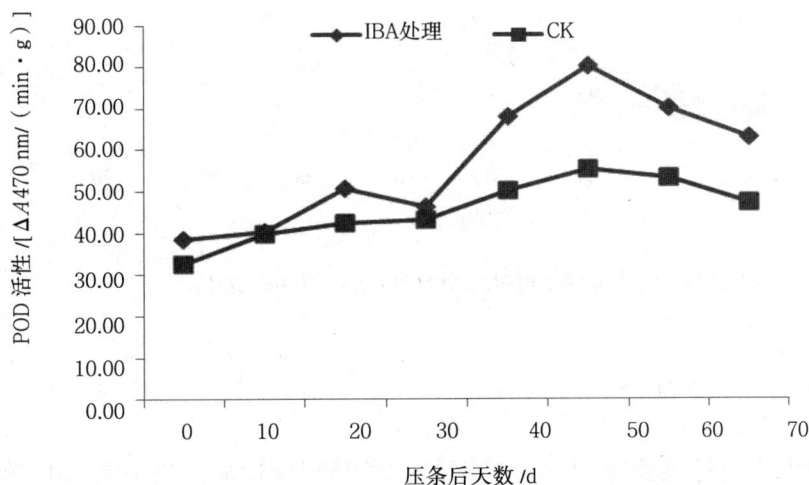

图15-5 龙榛根蘖生根过程中POD活性的动态变化

IBA处理的萌生条基部POD活性呈双峰曲线，在压条后第20天出现第一次高峰，此时为根原基的诱导期，POD活性上升氧化IAA，消除体内过多的内源IAA，有利于诱导根原基发育，对照和处理都使POD活性呈上升趋势，这与李明等（2001）的研究结论一致，POD在根的起源和生长过程中主要通过氧化 IAA 而起作用。POD 活性低，降解 IAA 能力就弱，对诱导根原基的形成有利，反之则不利于根原基的诱导。在压条后 20~30 d，POD 活性呈下降趋势，这段时间正是不定根的形成时期，POD 活性的下降有利于 IAA 含量的积累，对不定根的形成有利。POD 活性在第 30~50 天不断上升，50 d 时达到峰值，促进不定根的伸长。IBA 处理显著提高了压条生根率，可能是因为提高了 POD 活性，从而促进了萌生条压条处理生根。

2. 生根过程中多酚氧化酶（PPO）活性的变化

从图 15-6 中可以看出，处理萌生条基部 PPO 活性呈先上升后下降的单峰趋势。IBA 处理的萌生条基部，在 0~20 d 内 PPO 活性呈缓慢上升趋势，随着根原基的分化和生长，PPO 活性在 20~40 d 内快速升高，在 40 d 时出现高峰，此时 PPO 活性参与合成了大量的生根辅助因子，有利于根原基的诱导和不定根的发育，促进不定根的形成。在 40 d 以后 PPO 活性呈下降趋势，此时为不定根伸长阶段，表达期和伸长期 PPO 活性下降，促进不定根的表达和伸长。对照在压条初期 PPO 活性较低，合成的生根辅助因子少，不利于根的诱导。IBA 处理的 PPO 活性明显高于对照，说明 IBA 的使用增加了 PPO 活性，高的 PPO 活性增加了"IAA- 酚酸复合物"的生成，对压条生根有利。

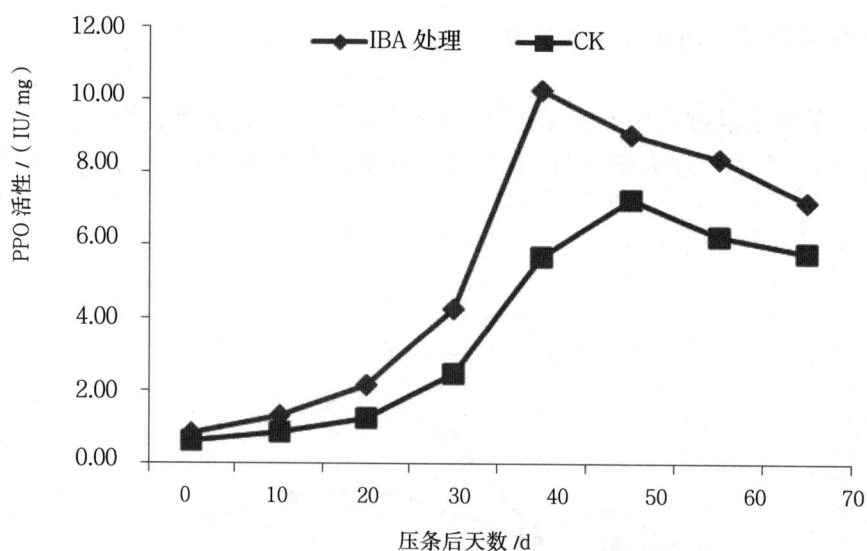

图 15-6 龙榛根蘖生根过程中 PPO 活性的动态变化

3. 保护酶活性与生根的相关性分析

从表 15-3 中可以看出，龙榛根蘖繁殖的生根率与枝条基部保护酶活性有着密切的相关关系。生根率与 POD 活性、PPO 活性呈极显著的正相关，相关系数分别为 0.920 和 0.904，说明 POD 活性和 PPO 活性的变化影响着根的诱导、表达和伸长。在压条繁殖过程中，用激素处理枝条可以促进 POD、PPO 活性的升高，有利于诱导根原基和不定根的形成。

表 15-3　龙榛根蘖繁殖生根率与保护酶活性的相关性分析

指标	生根率 Y	POD 活性 X_1	PPO 活性 X_2
Y	1		
X_1	0.920**	1	
X_2	0.904**	0.929**	1

第二节　龙榛根蘖育苗的生长规律

育苗地点为东京城林业局的三道林场苗圃。三道林场苗圃位于黑龙江省东南部地区，地理位置为东经 129°28′、北纬 44°20′；年平均气温 4.6℃，无霜期 144 d，年降水量 489.9 mm，蒸发量 1223.5 mm，≥10℃有效积温 2831.1℃，年最低气温 −41.2℃，日照时数 2489.8 h，相对湿度 65%。

根据我们固定观测的结果，从表 15-4 中和图 15-7 中可以看出，高生长从 4 月末开始萌生出土，到了 5 月中旬生长缓慢，到了 7 月生长加速，9 月初放慢生长速度，到了 9 月中旬基本停止生长；径生长与高生长相类似；根生长与高生长、径生长则表现不同，这是由于根蘖育苗一般从 6 月 20 日左右开始，通过固定样地观察测定后可以看到，有愈伤组织在 6 月 25 日开始出现，6 月末有根芽出现，到了 7 月初开始加速生长，到了 9 月 16 日开始减缓，10 月 1 日还略有生长。根据我们的试验，育苗的最佳时间应在 6 月 15 日到 6 月末，这主要是因为这段时期根蘖苗易进行培育，育苗后进入根系发育期，育苗期长是针对北方高寒地区的生长季短，没有足够的有效积温满足其根系发育的需要，就会形成大量的水根，这些水根越冬后就会失去活力，成为无用根。所以，掌握根蘖苗的生长规律，以及把握住合理的育苗时间，不仅可以提高根蘖苗生根率，也可提高根蘖苗成苗率，这是根蘖育苗的关键所在。

表 15-4　龙榛根蘖育苗生长规律

发育期	萌芽期	生长初期		育苗期	速生期				生长后期		休眠期
	5 月 1 日	5 月 16 日	6 月 1 日	6 月 16 日	7 月 1 日	7 月 16 日	8 月 1 日	8 月 16 日	9 月 1 日	9 月 16 日	10 月 1 日
高生长 / cm	0.2	5.3	10.2	16.3	26.8	35.0	49.6	72.8	102.3	112.4	112.8
径生长 / mm	—	0.2	0.7	1.2	1.7	2.3	2.9	3.4	4.2	4.8	4.9
根生长 / cm	—	—	—	—	0.2	0.8	2.8	5.6	7.9	9.6	10.2

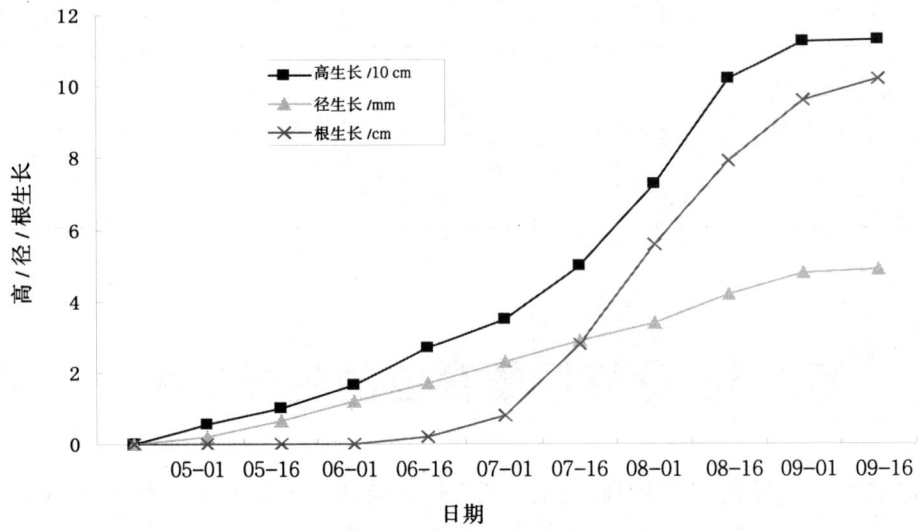

图 15-7 龙榛根蘖育苗高生长、径生长与根生长规律图

第十六章 龙榛根蘖育苗技术

为了保持品种的一致性，龙榛是采用根蘖育苗的形式进行繁殖。龙榛苗木是龙榛园的建园基础，龙榛根蘖苗质量的优劣是建园成败的关键。为了保证建园所用龙榛根蘖苗的数量与质量，我们对龙榛根蘖育苗技术进行了充分的研究，确定了关键技术。

第一节 育苗圃内龙榛植株的管理

育苗圃内龙榛植株的管理，主要包括高位定干、整形修剪、除草、松土、浇水、施肥、病害防治等。

一、高位定干

在确定的龙榛育苗圃内，为了方便根蘖育苗及管理，对龙榛植株采用高位定干技术。高位定干技术是指定干高度大于 70 cm。其目的是育苗方便、容易，而对榛果的生产要求则放在次要地位。

二、整形修剪

整形修剪即建立紧凑型树冠，特别是修剪掉影响育苗工作的枝条以及不必要的枝条。除修剪影响育苗工作的下部枝条外，还要修剪供运输车辆过往的道路两旁枝条。这些工作都应是在定干高度大于 70 cm 时进行的。

三、除草松土

育苗圃内的除草工作，是保持清洁的保证。一般是锄草或割草，也可以结合土壤耕作进行除草。

松土可提高土壤的理化性质，有利于地力的发挥。常见的有松土铲地、深翻等。铲地或深翻应尽量减少对根系的损伤，根系大量的损伤不利于萌生条的产生，会影响次年龙榛根蘖苗的出苗率。

四、浇水

在缺雨少水的年份，春季要及时补充水分。根据自身龙榛园内的供水设备进行若干次的补水。根蘖育苗前 5~7 d，全龙榛园应该灌一遍底水，以便满足育苗时根蘖苗对水分的需要。

五、施肥

每年育苗之前，一般在 5 月末或 6 月上旬，施一次尿素或磷酸氢二铵，以补充营养物质。

六、病害防治

每年 7 月中旬至 8 月上旬，由于气候干旱少雨，白粉病进入平缓期，8 月中旬至 9 月下旬，由于气温高、雨量多、湿度大，白粉病进入高峰期。

在龙榛园内修剪防病措施中，重剪效果最佳，去除内膛枝效果次之，但重剪对树势影响很大，所以最适方案为去除内膛枝。由于龙榛育苗是在育苗圃中进行的，苗木密度较大，容易受到病菌的侵害，合理的修剪措施对发病初期的病害防治有一定效果。

龙榛育苗圃内根蘖苗的主要病害是白粉病，龙榛白粉病有效药剂不同稀释倍数防治效果最好的为 15% 三唑 400~800 倍水溶液、45% 石硫合剂 200~400 倍水溶液。

第二节 龙榛根蘖育苗关键技术

龙榛根蘖育苗一般采用定植后 3~4 年生的植株。植株要求生长健壮，根部萌生条多，定干比较高，有利于作业等。

一、育苗前准备工作

龙榛根蘖育苗前的准备工作主要有育苗场地清理、育苗材料准备、树体萌条处理、植株基部处理等，这些工作为育苗工作的开展奠定了基础。

1. 育苗场地清理

清理育苗场地主要是清理道路和植株周围的育苗环境。所谓育苗道路的清理，就是把妨碍育苗材料进入龙榛园小区内的道路进行清理；植株周围育苗环境的清理，主要是割草或修剪妨碍车辆、人员作业的枝条。

2. 育苗材料准备

这些育苗材料包括：
（1）填充物材料：如锯末、珍珠岩、原床土、煤灰渣、蛭石等。
（2）做围筐子材料：如油毡纸、塑料布、塑料绳等。
（3）生根类化学试剂：萘乙酸、吲哚乙酸、生根粉等。
（4）萌生条根部处理材料：小刀（手术刀）、极细铁丝等。
（5）农药化肥类材料：磷酸二氢铵、硫酸钾、乐斯本等。

（6）其他辅助工具及试剂：运输车（浇水）、冰箱、电子秤、酒精、乙醚、平板刷、铁锹、水桶、肥料桶、量杯、铁钳、油锯、铁丝桶、生根药物桶、根系生长观察窗、农用筐、手套、标牌等。

3. 树体萌条处理

在6月上中旬，对龙榛育苗的树体进行萌条处理。首先，清理茎干基部干生萌条，防止其影响母树和萌生条的生长以及妨碍育苗工作；其次，清理根系上萌条生长较弱或不良的植株；最后，对影响育苗的底部枝条进行修剪，以利于育苗工作的进行。

4. 植株基部处理

采用的填充基质有时容易带来病害，因此在育苗前需要涂抹一定的农药来防治病害的发生。最常见的是烂皮病，由于防治烂皮病的农药很多，可以挑选某种药剂，按照说明书的要求配制水溶剂，配制后的水溶剂应均匀地涂抹在龙榛植株的基部，涂抹高度是在地表到地表以上35~40 cm范围内。

二、育苗技术

龙榛根蘖育苗技术是一个系统工程，主要包括育苗时间、萌生条基部环束处理、萌生条基部皮层切割处理、植物生长调节剂在萌生条基部皮层上的应用、做围筢子、围筢子内填充物质及填充高度与施肥、围筢子内浇灌水等。

1. 育苗时间

由于东北寒地所处的环境条件，通常情况下，育苗时间是从6月中旬到7月上旬，这时的温度、湿度、光照等都有利于根蘖苗的生根与生长。龙榛根蘖苗的培育，最适育苗时间为6月下旬，这时温度、湿度、光照及有效积温有利于根蘖苗木的生根、生长与木质化。

6月下旬育苗，这时选择龙榛根蘖幼苗高度应在35~40 cm，低于20 cm的不宜育苗。

2. 萌生条基部环束处理

对萌生条的基部进行环束处理是保证植株基部生根的决定性因素，环束是保证生根的前提条件。萌生条基部环束处理，是将萌生条的韧皮部切断，使得植株光合作用产物不能向根系输送，汇集于基部，有利于形成愈伤组织并形成根系。同时可保证木质部继续向上输送矿物质、水分等维持萌生条生长所需的营养物质，直到萌生条根系形成，能够自身提供矿物质、水分等。

通常对萌生条基部进行环束处理的做法，是用5~6 cm长的细铁丝缠绕萌生条靠近土壤的基部，固定住。白铁丝缠绕松紧的程度，以细铁丝略牢固、上下不能移动，且又不破坏皮层结构为准。

3. 萌生条基部皮层切割处理

萌生条基部皮层切割的损伤有利于根的形成，有利于产生不定根。切割处理之后形成的创伤面，可以促进涂抹药物的吸收，有利于刺激木质部产生不定根，形成大量新的细根，从而形成完整的根系统。根系统生长发育后植株就形成了完整的根蘖苗根系。

萌生条基部皮层切割处理的做法：距环束面 0~12 cm 范围内，利用刀片纵向划开 2~3 列小口，口深达到木质部为止，要伤及木质部与韧皮部之间的形成层；或者距环束面 0~12 cm 范围内，横向划开 4~5 个环形小口，口深达到木质部为止；或者纵向与横向同时进行，纵向划开 2~3 列与横向划开 4~5 个环形小口，口深达到木质部为止。

4. 植物生长调节剂在萌生条基部皮层上的应用

自 1934 年生长素问世以来，激素在农林业得到了广泛运用，进而发展出植物生长调节剂等一大类活性物质，它能够应用的范围包括生根、发芽（诱导、分化）、生长、矮壮、防倒、促蘖、开花、坐果、催熟、保鲜、着色、干燥、脱叶、调节性别、抗逆等。我们主要选用 GGR（绿色植物生长调节剂）、生根粉（ABT）、赤霉素（GA）、细胞分裂素（6-BA）、萘乙酸（NAA）、吲哚丁酸（IBA）、吲哚乙酸（IAA）、IBA+ABT、IBA+GGR 等，取得了良好效果。

植物生长调节剂在萌生条基部皮层上的用法，是指按照不同的植物生长调节剂进行分别处理。它具有以下特点：一是产生于植物体内的特定部位，是植物在正常发育过程中或特殊环境下的代谢产物；二是能从合成部位运输到作用部位；三是不是营养物质，仅以很低的浓度产生各种特殊的调控作用。植物生长调节剂在龙榛根蘖育苗中的应用，对龙榛根蘖苗根系的形成至关重要。

（1）配制植物生长调节剂溶剂。

具体做法：根据配制所需植物生长调节剂溶剂的数量与浓度，称取植物生长调节剂，放入可溶解的化学试剂中溶解，然后倒入水中，配成百万分之一级浓度的水溶液备用。由于植物生长调节剂是活性物质，所以需要放在低温冰箱中，随配随用，间隔时间不能过长。

（2）植物生长调节剂溶剂的涂抹。

把配制后的植物生长调节剂水溶液倒入生根药物桶后，用平板刷均匀涂抹在已经环束、皮层切割后的部位。涂抹的位置从环束部位向上到 15 cm 处即可。

5. 做围筘子

围筘子主要的作用是固定填充物，并保持填充物的填充高度，以及提供龙榛苗木生长所需的营养与水分。

具体做法：根据植株萌蘖育苗的范围，按外部边界向外侧扩大 5 cm，用油毡纸或厚塑料布围成筘子。围成的筘子呈直立状，接着用 1~2 道塑料绳固定，在其内就可以填充育苗材料。

6. 围筘子内填充物质及填充高度与施肥

填充物主要是为苗木提供支撑、养分和水分。常见的填充物主要是锯末、原床土，其次是煤灰渣、珍珠岩以及蛭石等。

填充高度一般是从地面到上方 20~25 cm。具体做法是先填充到 15~18 cm 处，然后压实，均匀撒上肥料，再填充到 20~25 cm。

7.围笣子内浇灌水

保证填充物的水分充足，促进根系的形成，为植株提供充足的水分，有利于龙榛根蘖苗形成完整的植株。

具体做法：利用车运水罐、喷灌管道或微喷等，在填充物填充完毕后进行灌水。灌水的标准是使填充物的含水率达到 60%~70%，这样的含水率符合苗木生长对水分的需要以及有利于肥料的分解。当围笣子内含水率达到 50% 时需要补水。

三、育苗质量要求

1.环束

环束缠绕松紧的程度，是影响生根的关键因素，细铁丝应该略牢固，控制好它的松紧度，以环束细铁丝上下不能移动为准。

2.植物生长调节剂的应用

选用适当的植物生长调节剂，并放在低温冰箱中。植物生长调节剂水溶剂应随配随用，放置时间不能过长，涂抹时一定要均匀。

3.围笣子内浇灌水

围笣子内浇灌水要均匀、浇透，使填充物内的含水率达到 60%~70% 的标准。

第三节　龙榛根蘖育苗管理技术

龙榛根蘖育苗完成后，从 7 月初到起苗的 10 月中旬之间，主要是做好龙榛根蘖苗的管理工作。这些工作包括浇水、施追肥、病虫害防治、除萌蘖等。

一、浇水

育苗完成后进入雨季，原则上育苗笣子里应水分充足。如果遇到干旱的年份，应当定期观察填充基质的湿度，若低于 50% 的含水率，应该进行补水，以达到育苗的要求。

二、施追肥

龙榛经环束后，其根部提供的营养物质呈逐渐减少的趋势。为了保证龙榛根蘖苗生长发育的需要，应及时施追肥来补充营养物质。施用的追肥主要是磷酸氢二铵、磷酸二氢钾或硫酸钾，以满足龙藁根藁苗生长发育的需要，具体的施用量要根据根藁苗的生长状态来确定。7月份，一般每株的筐子里施用磷酸氢二铵12~15 g，8月中旬施用磷酸二氢钾或硫酸钾5~8 g。

三、病虫害防治

（一）虫害防治

1. 蒙古灰象甲

蒙古灰象甲（*Xylinophorus mongolicus* Faust）为鞘翅目、象甲科，又称蒙古土象，主要分布在东北、华北。对于蒙古灰象甲的研究报道多见于20世纪90年代，当时主要使用种衣剂拌种的方法进行防治，能有效控制该虫的大规模发生。蒙古灰象甲主要在苗期为害，成虫取食植物幼苗的嫩叶和嫩茎。

（1）发生规律及习性。

蒙古灰象甲两年一代，以成虫或幼虫做土室越冬。4月下旬越冬成虫出土活动，地表温度较高和土壤湿度较低时有利于其出土，5月上中旬于表土中产卵、孵化，随后在土中取食植物根部或腐殖质，9月中下旬幼虫做土室休眠，越冬后继续取食。第二年6月下旬于土室内化蛹，7月上旬出现成虫，成虫不出土仍在土室内越冬，直到第三年早春出土。成虫具假死性和趋光性。

（2）防治措施。

防治措施以种衣剂拌种为主，将5%啶虫脒乳油与种子按比例拌种，可有效防治苗期害虫和地下害虫。在苗根处土缝中喷施5%甲氨基阿维菌素苯甲酸盐500倍水溶液，或用糖醋液诱杀。

2. 铜绿丽金龟

铜绿丽金龟（*Anomala corpulenta* Motschulsky）属鞘翅目丽金龟科，又称铜绿金龟子。铜绿丽金龟成虫主要取食树木叶片，把叶片蛀成不规则孔洞，严重时叶片会被吃光而只剩叶柄。铜绿丽金龟幼虫是主要的地下害虫，为害树木的根系和嫩茎。由此可见，防治该虫的成虫和幼虫同等重要，应结合进行。

（1）发生规律及习性。

铜绿丽金龟一年一代，以成虫或三龄幼虫在地下土室中越冬。在北方成虫做土室越冬，4月下旬成虫开始出土，较高温度和降雨有利于其出土。5~6月中旬为交尾盛期，成虫交尾后在10~20 cm深土层内产卵。7月下旬老熟幼虫于深土层做土室化蛹，8月中旬新成虫在土室开始越冬。在南方以幼虫做土室越冬，幼虫在4月中下旬化蛹，5月上旬羽化，6~7月成虫产卵，孵化出的幼虫于10月钻入土中越冬。成虫具有较强趋光性和假死性，对黑光灯敏感。

（2）防治措施。

对铜绿丽金龟幼虫具有较好防治效果的化学农药有48%乐斯本乳油和40%辛硫磷乳油，防治地下害虫主要以高毒高残留的化学农药为主，但近些年新开发出来一些低毒高效的药物，如5%甲氨基阿维菌素苯甲酸盐等新型生物农药，对鳞翅目和双翅目害虫防治效果尤为明显。利用成虫较强的趋光性，使用黑光灯进行诱杀，效果明显且不污染环境，也可利用性诱剂、白僵菌制剂或核型多角病毒等生物防治措施作为辅助。

（二）病害防治

龙榛根蘖苗的主要病害是白粉病，具体的防治见第二十二章第二节。

四、除萌蘖

育苗后，在其四周会产生新的萌蘖苗，这时要及时除去萌蘖。具体做法就是用剪枝剪在靠近地表处剪断。

第四节 龙榛根蘖苗木起苗、分级与包装越冬

一、龙榛根蘖苗木调查

起苗前为了解当年的育苗情况和产苗量，需要对圃地的龙榛根蘖苗木的数量进行调查统计。调查时间是每年 10 月 1 日前后，主要调查龙榛根蘖育苗的数量。具体是在育苗区内随机抽查 50~100 株育苗成熟的植株，推算出单株下的龙榛苗木产量，再结合总株数，计算出育苗区的总产量。随机抽查的 50~100 株，应该有一定的间隔，如隔几行、隔几株等进行统计，尽量缩小苗木产量的误差。成熟植株应发育良好，且植株根系已经发育完好，其中弱小的应剔除。

苗木产量计算公式：

苗木总产量(M_{zc})=[调查株数累计产量(D_{zc}) / 调查株数(D_{zs})]× 圃地总株数(Z_{zs})　　　（16-1）

二、龙榛根蘖苗木的起苗技术

1. 起苗原则

（1）按龙榛品种起苗。

按龙榛品种起苗可保证品种不混乱，便于保管与生产，也有利于今后的生产等。

（2）龙榛植株生长发育完好。

选择植株生长健康、发育良好、芽饱满、根系发达的龙榛植株，有利于次年的生产管理。

2. 起苗时间

龙榛根蘖苗的生长期是从 6 月下旬至 10 月初。起苗时间是在龙榛根蘖苗停止生长到下雪与土壤上冻前。一般情况下，起苗是在 10 月中旬完成，不提倡当年苗在圃地内留存。

3. 起苗方法

（1）解开围笒子。

首先解开龙榛根蘖苗木的围笒子，把围笒子材料码放在一起，运到材料存放处，通过分拣，将完好的围笒子材料保存起来，以备次年利用，已经作废的围笒子材料可处理掉。

（2）除去填充材料。

解开围笒子后，将没有龙榛根蘖苗木的填充材料部分轻放在育苗围笒子外的一侧，以后与余下的填充物放在一起。接着，把龙榛根蘖苗轻轻地摁倒，这样就可以在根蘖苗的环束部位折断。若有没有折断的根蘖苗，可用剪枝剪剪断。

用手扒开上面的填充物，就可以得到一株完整的龙榛根蘖苗。如此反复，就可以将笒子里的龙榛根蘖苗全部起出。把起出的根蘖苗木放在一起，进行挂牌，标明龙榛品种，最后把填充物都放在一起即可，育苗圃的起苗这一步大部分完成了。

（3）收拢苗木与运输。

将挂牌的龙榛根蘖苗分品种运回苗木分级室或贮藏室，可以方便龙榛根蘖苗的分级与数量统计。

（4）清理育苗场。

首先，树体根部没有生根或极少生根的根蘖条，尤其是6月末压完苗后新生长出的萌蘖条，用剪枝剪清除掉；其次，清理树体下部的填充基质，把保持良好的填充基质放在树体的外围，如果填充基质已经腐败，将填充基质平铺在行间空地上即可；再次，清理围笒子用的塑料绳、围笒子材料、废弃的没有生根的根蘖苗或者弱小根蘖苗；最后，收回龙榛根蘖苗的根系生长观察窗，并妥善保存。

三、质量等级

对已经运回苗木分级室或贮藏室的龙榛根蘖苗，应该严格按照龙榛质量等级标准进行分级以及后续工作。表16-1是龙榛根蘖苗木质量等级，分级达到一包（组）时应及时包装，准确记录每个龙榛品种成苗的质量等级、数量，为生产提供依据。

表 16-1 龙榛根蘖苗木质量等级

质量等级	饱满芽 / 个	苗高 /cm	基径 /cm	数量 / 株	侧根长 /cm
一级	≥ 10	≥ 80	≥ 0.70	≥ 8	≥ 20
二级	7~9	61~79	0.41~0.69	5~7	15~20
等外	≤ 6	≤ 60	≤ 0.40	≤ 4	≤ 15

四、包装与运输

将起出的龙榛苗按品种进行分级、记数，每50株一捆，用塑料绳捆绑。捆绑绳需要捆两道，第一道捆在根蘖苗的基部，以减少新生根所占的体积，第二道捆在根蘖苗的中部。将5~6捆根蘖苗归为一包（组），放在塑料袋（塑料布筒）内，根部填充足够的锯末，锯末内浇水，使锯末的含水率保持在90%以上。将塑料袋（塑料布筒）密封好，外边套入编织袋并封口。编织袋上挂牌，标明龙榛品种、年龄、株数、等级、产地等。

已经包装完成的龙榛根蘖苗，可以放心地自由运输。运输时间在当年秋季或次年春季，这两个时节都能保证龙榛根蘖苗的生命力。运输后存放在低温处，不受太阳直接照射，不要轻易搬动，以免造成对芽的伤害。

五、龙榛根蘖苗的越冬技术与春季出库

1. 龙榛根蘖苗的越冬技术

龙榛根蘖苗的越冬技术是东北寒地龙榛的主要生产技术之一，需要选择苗木窖或者空闲的房屋进行存放。选择空闲房屋时，需要把四周门窗遮挡上，防止阳光对房间内的照射，阻挡温度的升高，进而影响房屋的贮藏温度。选择苗木窖或者空闲的房屋进行存放时，应当按照龙榛品种进行堆放，以防龙榛品种间的混乱。

2. 龙榛根蘖苗的春季出库

出库前，抽样检查龙榛根蘖苗的越冬情况，若根系水分不足，需要及时在锯末中补充水分，以恢复苗木的生活力。龙榛根蘖苗出圃时，应该详细地核对龙榛品种、等级、数量等。

第十七章 龙榛高效根蘖育苗中的物理技术

龙榛高效根蘖育苗常用的技术中，育苗起止时间、环束高度、根蘖基部皮部切割的处理、填充基质种类、基质的填充高度等，关乎育苗的成败。准确把握这些关键技术是龙榛新品种能否顺利推广的物质基础，而龙榛壮苗的优劣是栽培中的重要环节。

第一节 不同育苗时间对龙榛育苗的影响

时间设为6月10日、6月15日、6月20日、6月25日、6月30日、7月5日、7月10日7个水平。观测其生根效果。

一、不同育苗时间对不同龙榛品种苗木生根的影响

1. 不同龙榛品种在不同育苗时间苗木生根的表现

育苗时间直接影响根蘖苗的大小、作业的难易、根系发育的早晚与优劣、苗木能否生长良好，也关系到生产成本和后期管理。从表17-1中可以看出：不同龙榛品种的生根率在91.07%~94.63%之间，两者相差3.56%，差别不明显。其中以龙榛2号苗木生根率最高，达到94.63%；然后是龙榛1号，为92.79%；而龙榛5号、龙榛4号和龙榛3号较差，分别是91.90%、91.86%和91.07%。苗木合格率在48.02%~54.55%之间，两者相差6.53%，差别率为11.97%。以龙榛2号最好，为54.55%；其余依次是龙榛5号53.24%、龙榛4号51.36%、龙榛1号50.49%、龙榛3号48.02%。这表明龙榛不同品种之间，在苗木的生根率和合格率方面并没有显著差异。

表 17-1 不同龙榛品种在不同育苗时间苗木生根的表现

品种	育苗时间	育苗株数	生根情况					未生根情况	
			生根株数	生根率/%	不合格苗株数	合格苗株数	合格率/%	未生根株数	未生根率/%
龙榛1号	6月10日	92	75	81.52	45	30	32.61	17	18.48
	6月15日	112	110	98.21	33	77	68.75	2	1.79
	6月20日	39	39	100.00	22	17	43.59	0	0
	6月25日	46	46	100.00	19	27	58.70	0	0
	6月30日	66	66	100.00	24	42	63.64	0	0
	7月5日	78	78	100.00	30	48	61.54	0	0

品种	育苗时间	育苗株数	生根情况					未生根情况	
			生根株数	生根率/%	不合格苗株数	合格苗株数	合格率/%	未生根株数	未生根率/%
龙榛1号	7月10日	80	62	77.50	44	18	22.50	18	22.50
	合计/平均	513	476	92.79	217	259	50.49	37	7.21
龙榛2号	6月10日	108	101	93.52	58	43	39.81	7	6.48
	6月15日	70	68	97.14	8	60	85.71	2	2.86
	6月20日	40	40	100.00	19	21	52.50	0	0
	6月25日	49	49	100.00	23	26	53.06	0	0
	6月30日	83	83	100.00	32	51	61.45	0	0
	7月5日	73	73	100.00	27	46	63.01	0	0
	7月10日	61	44	72.13	27	17	27.87	17	27.87
	合计/平均	484	458	94.63	194	264	54.55	26	5.37
龙榛3号	6月10日	94	76	80.85	47	29	30.85	18	19.15
	6月15日	83	77	92.77	26	51	61.45	6	7.23
	6月20日	32	32	100.00	8	24	75.00	0	0
	6月25日	48	47	97.92	30	17	35.42	1	2.08
	6月30日	86	86	100.00	30	56	65.12	0	0
	7月5日	106	104	98.11	58	46	43.40	2	1.89
	7月10日	55	37	67.27	18	19	34.55	18	32.73
	合计/平均	504	459	91.07	217	242	48.02	45	8.93
龙榛4号	6月10日	92	70	76.09	50	20	21.74	22	23.91
	6月15日	100	99	99.00	35	64	64.00	1	1.00
	6月20日	65	64	98.46	32	32	49.23	1	1.54
	6月25日	67	61	91.04	23	38	56.72	6	8.96
	6月30日	68	68	100.00	24	44	64.71	0	0
	7月5日	67	67	100.00	20	47	70.15	0	0
	7月10日	57	45	78.95	25	20	35.09	12	21.05
	合计/平均	516	474	91.86	209	265	51.36	42	8.14

品种	育苗时间	育苗株数	生根情况					未生根情况	
			生根株数	生根率/%	不合格苗株数	合格苗株数	合格率/%	未生根株数	未生根率/%
龙榛5号	6月10日	86	68	79.07	36	32	37.21	18	20.93
	6月15日	120	115	95.83	52	63	52.50	5	4.17
	6月20日	46	46	100.00	27	19	41.30	0	0
	6月25日	35	35	100.00	3	32	91.43	0	0
	6月30日	87	87	100.00	32	55	63.22	0	0
	7月5日	52	52	100.00	16	36	69.23	0	0
	7月10日	68	51	75.00	25	26	38.24	17	25.00
	合计/平均	494	454	91.90	191	263	53.24	40	8.10

2. 不同育苗时间对不同龙榛品种苗木生根的影响

从表17-2中可以看出：在不同育苗时间上，不同龙榛品种的苗木生根率表现不同，苗木生根率在74.455%~100.000%之间，两者相差25.545%，其中苗木生根率以6月30日最好，为100.00%；其次是6月20日为99.550%、7月5日为99.468%、6月25日为97.143%、6月15日为96.701%；较差的是6月10日为82.627%，7月10日为74.455%。苗木合格率在31.153%~64.948%之间，两者相差33.795%，差别率为52.03%。其中合格率以6月15日最好，为64.948%；其次是6月30日为63.590%、7月5日为59.309%、6月25日为57.143%、6月20日为50.901%；较差的是6月10日为32.627%、7月10日为31.153%。上述分析表明，最佳育苗期应该在6月15日到6月末之间。

表17-2 不同育苗时间对不同龙榛品种苗木生根的影响

育苗时间	品种	育苗株数	生根情况					未生根情况	
			生根株数	生根率/%	不合格苗株数	合格苗株数	合格率/%	未生根株数	未生根率/%
6月10日	龙榛1号	92	75	81.52	45	30	32.61	17	18.48
	龙榛2号	108	101	93.52	58	43	39.81	7	6.48
	龙榛3号	94	76	80.85	47	29	30.85	18	19.15
	龙榛4号	92	70	76.09	50	20	21.74	22	23.91
	龙榛5号	86	68	79.07	36	32	37.21	18	20.93
	合计/平均	472	390	82.627	236	154	32.627	82	17.373
6月15日	龙榛1号	112	110	98.21	33	77	68.75	2	1.79

育苗时间	品种	育苗株数	生根情况					未生根情况	
			生根株数	生根率/%	不合格苗株数	合格苗株数	合格率/%	未生根株数	未生根率/%
6月15日	龙榛2号	70	68	97.14	8	60	85.71	2	2.86
	龙榛3号	83	77	92.77	26	51	61.45	6	7.23
	龙榛4号	100	99	99.00	35	64	64.00	1	1.00
	龙榛5号	120	115	95.83	52	63	52.50	5	4.17
	合计/平均	485	469	96.701	154	315	64.948	16	3.299
6月20日	龙榛1号	39	39	100.00	22	17	43.59	0	0
	龙榛2号	40	40	100.00	19	21	52.50	0	0
	龙榛3号	32	32	100.00	8	24	75.00	0	0
	龙榛4号	65	64	98.46	32	32	49.23	1	1.54
	龙榛5号	46	46	100.00	27	19	41.30	0	0
	合计/平均	222	221	99.550	108	113	50.901	1	0.450
6月25日	龙榛1号	46	46	100.00	19	27	58.70	0	0
	龙榛2号	49	49	100.00	23	26	53.06	0	0
	龙榛3号	48	47	97.92	30	17	35.42	1	2.08
	龙榛4号	67	61	91.04	23	38	56.72	6	8.96
	龙榛5号	35	35	100.00	3	32	91.43	0	0
	合计/平均	245	238	97.143	98	140	57.143	7	2.857
6月30日	龙榛1号	66	66	100.00	24	42	63.64	0	0
	龙榛2号	83	83	100.00	32	51	61.45	0	0
	龙榛3号	86	86	100.00	30	56	65.12	0	0
	龙榛4号	68	68	100.00	24	44	64.71	0	0
	龙榛5号	87	87	100.00	32	55	63.22	0	0
	合计/平均	390	390	100.000	142	248	63.590	0	0
7月5日	龙榛1号	78	78	100.00	30	48	61.54	0	0
	龙榛2号	73	73	100.00	27	46	63.01	0	0
	龙榛3号	106	104	98.11	58	46	43.40	2	1.89
	龙榛4号	67	67	100.00	20	47	70.15	0	0

育苗时间	品种	育苗株数	生根情况					未生根情况	
			生根株数	生根率/%	不合格苗株数	合格苗株数	合格率/%	未生根株数	未生根率/%
7月5日	龙榛5号	52	52	100.00	16	36	69.23	0	0
	合计/平均	376	374	99.468	151	223	59.309	2	0.532
7月10日	龙榛1号	80	62	77.50	44	18	22.50	18	22.50
	龙榛2号	61	44	72.13	27	17	27.87	17	27.87
	龙榛3号	55	37	67.27	18	19	34.55	18	32.73
	龙榛4号	57	45	78.95	25	20	35.09	12	21.05
	龙榛5号	68	51	75.00	25	26	38.24	17	25.00
	合计/平均	321	239	74.455	139	100	31.153	82	25.545

二、不同育苗时间对不同龙榛品种苗木生长的影响

1. 不同龙榛品种在不同育苗时间苗木生长的表现

在龙榛5个品种的不同育苗时间试验中，从表17-3中可以看出：苗高在93.20~104.54 cm之间，两者相差11.34 cm，差别率为10.85%。其中较好的是龙榛2号为104.54 cm；其次是龙榛5号为103.86 cm、龙榛1号为101.77 cm、龙榛4号为100.34 cm；较差的是龙榛3号为93.20 cm。地径在0.99~1.11 cm之间，两者相差0.12 cm，差别率为10.81%。其中较好的是龙榛2号为1.11 cm、龙榛1号为1.08 cm；其次是龙榛3号和龙榛5号，均为1.01 cm；较差的是龙榛4号，为0.99 cm。根长在23.43~27.57 cm之间，两者相差4.14 cm，差别率为15.02%。其中较好的是龙榛4号为27.57 cm、龙榛3号为26.77 cm；其次是龙榛5号为26.46 cm；较差的是龙榛1号为23.94 cm、龙榛2号为23.43 cm。根数在7.86~12.00个之间，两者相差4.14个，差别率为34.50%。其中较好的是龙榛5号为12.00个；其次是龙榛1号为11.01个、龙榛4号为9.83个；较差的是龙榛2号为9.21个、龙榛3号为7.86个。上述结果表明，龙榛5个品种在不同育苗时间生长试验中的表现基本一致，仅龙榛3号略差一些。

表17-3 不同龙榛品种在不同育苗时间苗木生长的表现

品种	育苗时间	苗高		地径		根长		根数	
		/cm	/%	/cm	/%	/cm	/%	/个	/%
龙榛1号	6月10日	112.60	110.64	1.13	104.63	28.80	120.30	18.50	168.03
	6月15日	115.80	113.79	1.29	119.44	30.70	128.24	18.70	169.85

品种	育苗时间	苗高		地径		根长		根数	
		/cm	/%	/cm	/%	/cm	/%	/个	/%
龙榛1号	6月20日	108.30	106.42	1.14	105.56	23.00	96.07	10.10	91.73
	6月25日	103.20	101.41	1.06	98.15	19.90	83.12	7.80	70.84
	6月30日	97.00	95.31	1.09	100.93	18.90	78.95	7.20	65.40
	7月5日	89.00	87.45	0.89	82.41	23.10	96.49	10.60	96.28
	7月10日	86.50	85.00	0.97	89.81	23.20	96.91	4.20	38.15
	平均	101.77	100.00	1.08	100.00	23.94	100	11.01	100.00
龙榛2号	6月10日	94.30	90.20	1.04	93.69	19.80	84.51	5.20	56.46
	6月15日	95.80	91.64	0.94	84.68	25.80	110.12	13.50	146.58
	6月20日	97.20	92.98	1.08	97.30	30.00	128.04	5.90	64.06
	6月25日	100.30	95.94	1.20	108.11	18.40	78.53	8.00	86.86
	6月30日	114.50	109.53	1.10	99.10	27.10	115.66	12.20	132.46
	7月5日	115.70	110.68	1.29	116.22	20.40	87.07	9.40	102.06
	7月10日	114.00	109.05	1.10	99.10	22.50	96.03	10.30	111.83
	平均	104.54	100.00	1.11	100.00	23.43	100.00	9.21	100.00
龙榛3号	6月10日	88.80	95.28	1.46	144.55	29.60	110.57	7.50	95.42
	6月15日	94.60	101.50	0.97	96.04	23.00	85.92	7.70	97.96
	6月20日	91.50	98.18	0.95	94.06	28.10	104.97	10.60	134.86
	6月25日	82.20	88.20	0.82	81.19	31.80	118.79	7.50	95.42
	6月30日	101.20	108.58	0.99	98.02	23.60	88.16	7.10	90.33
	7月5日	94.30	101.18	0.96	95.05	24.60	91.89	5.50	69.97
	7月10日	99.80	107.08	0.89	88.12	26.70	99.74	9.10	115.78
	平均	93.20	100.00	1.01	100.00	26.77	100.00	7.86	100.00
龙榛4号	6月10日	95.40	95.08	1.05	106.06	31.50	114.25	7.90	80.37
	6月15日	91.20	90.89	0.97	97.98	36.50	132.39	8.10	82.40
	6月20日	89.10	88.80	0.89	89.90	30.30	109.90	12.50	127.16
	6月25日	89.10	88.80	0.86	86.87	20.20	73.27	8.60	87.49
	6月30日	96.50	96.17	1.05	106.06	24.50	88.86	7.70	78.33

品种	育苗时间	苗高		地径		根长		根数	
		/cm	/%	/cm	/%	/cm	/%	/个	/%
龙榛 4 号	7 月 5 日	133.70	133.25	1.04	105.05	30.80	111.72	15.30	155.65
	7 月 10 日	107.40	107.04	1.05	106.06	19.20	69.64	8.70	88.50
	平均	100.34	100.00	0.99	100.00	27.57	100.00	9.83	100.00
龙榛 5 号	6 月 10 日	111.90	107.74	1.14	112.87	31.30	118.29	12.50	104.17
	6 月 15 日	101.90	98.11	1.00	99.01	25.40	95.99	10.60	88.33
	6 月 20 日	109.60	105.53	1.11	109.90	32.00	120.94	16.00	133.33
	6 月 25 日	111.70	107.55	1.01	100.00	19.20	72.56	8.20	68.33
	6 月 30 日	106.70	102.73	1.06	104.95	31.10	117.54	12.90	107.50
	7 月 5 日	109.80	105.72	1.01	100.00	32.60	123.20	14.90	124.17
	7 月 10 日	75.40	72.60	0.75	74.26	13.60	51.40	8.90	74.17
	平均	103.86	100.00	1.01	100.00	26.46	100.00	12.00	100.00

2. 不同育苗时间对不同龙榛品种苗木生长的影响

在 7 个不同育苗时间试验中，从表 17-4 中可以看出：苗高在 96.62~108.50 cm 之间，两者相差 11.88 cm，差别率为 10.95%。其中较好的是 7 月 5 日为 108.50 cm、6 月 30 日为 103.18 cm；其次是 6 月 10 日为 100.60 cm、6 月 15 日为 99.86 cm、6 月 20 日为 99.14 cm、6 月 25 日为 97.30 cm；较差的是 7 月 10 日为 96.62 cm。地径在 0.952~1.164 cm 之间，两者相差 0.212 cm，差别率为 18.21%。其中较好的是 6 月 10 日为 1.164 cm、6 月 30 日为 1.058 cm；其次是 7 月 5 日为 1.038 cm，6 月 15 日和 6 月 20 日均为 1.034 cm，较差的是 6 月 25 日为 0.990 cm，7 月 10 日为 0.952 cm。根长在 21.04~28.68 cm 之间，两者相差 7.64 cm，差别率为 26.64%。其中较好的是 6 月 20 日为 28.68 cm；其次是 6 月 15 日为 28.28 cm、6 月 10 日为 28.20 cm、7 月 5 日为 26.30 cm、6 月 30 日为 25.04 cm；较差的是 6 月 25 日为 21.90 cm、7 月 10 日为 21.04 cm。根数在 8.02~11.72 个之间，两者相差 3.7 个，差别率为 31.57%。其中较好的是 6 月 15 日为 11.72 个、7 月 5 日为 11.14 个；其次是 6 月 20 日为 11.02 个、6 月 10 日为 10.32 个、6 月 30 日为 9.42 个、7 月 10 日为 8.24 个；较差的是 6 月 25 日为 8.02 个。上述试验结果符合我们多年的生产实践经验，由此证明了最佳育苗期应该在 6 月 15 日到 6 月末之间，如果早于 6 月 10 日或晚于 7 月 10 日，均影响苗木的根系发育和生长。

表 17-4 不同育苗时间对不同龙榛品种苗木生长的影响

育苗时间	品种	苗高		地径		根长		根数	
		/cm	/%	/cm	/%	/cm	/%	/个	/%
6月10日	龙榛1号	112.60	111.93	1.13	97.08	28.80	102.13	18.50	179.26
	龙榛2号	94.30	93.74	1.04	89.35	19.80	70.01	5.20	50.39
	龙榛3号	88.80	88.27	1.46	125.53	29.60	104.96	7.50	72.67
	龙榛4号	95.40	94.83	1.05	90.21	31.50	111.70	7.90	76.55
	龙榛5号	111.90	111.23	1.14	97.94	31.30	110.99	12.50	121.12
	平均	100.60	100.00	1.164	100.00	28.20	100.00	10.32	100.00
6月15日	龙榛1号	115.80	115.96	1.29	124.76	30.70	108.56	18.70	159.56
	龙榛2号	95.80	95.93	0.94	90.91	25.80	91.23	13.50	115.19
	龙榛3号	94.60	94.73	0.97	93.81	23.00	81.33	7.70	65.70
	龙榛4号	91.20	91.33	0.97	93.81	36.50	129.07	8.10	69.11
	龙榛5号	101.90	102.04	1.00	96.71	25.40	88.40	10.60	90.44
	平均	99.86	100.00	1.034	100.00	28.28	100.00	11.72	100.00
6月20日	龙榛1号	108.30	109.24	1.14	110.25	23.00	80.20	10.10	91.65
	龙榛2号	97.20	98.04	1.08	104.45	30.00	104.60	5.90	53.54
	龙榛3号	91.50	91.19	0.95	91.88	28.10	97.98	10.60	96.19
	龙榛4号	89.10	89.87	0.89	86.07	30.30	105.65	12.50	113.43
	龙榛5号	109.60	110.55	1.11	107.35	32.00	111.58	16.00	145.19
	平均	99.14	100.00	1.034	100.00	28.68	100.00	11.02	100.00
6月25日	龙榛1号	103.20	106.06	1.06	107.07	19.90	90.87	7.80	97.26
	龙榛2号	100.30	103.08	1.20	121.21	18.40	84.02	8.00	99.75
	龙榛3号	82.20	84.48	0.82	82.83	31.80	145.21	7.50	93.52
	龙榛4号	89.10	81.57	0.86	86.87	20.20	92.24	8.60	107.23
	龙榛5号	111.70	114.80	1.01	102.02	19.20	87.67	8.20	102.24
	平均	97.30	100.00	0.990	100.00	21.90	100.00	8.02	100.00
6月30日	龙榛1号	97.00	94.01	1.09	103.02	18.90	75.48	7.20	76.43
	龙榛2号	114.50	110.97	1.10	103.97	27.10	108.23	12.20	129.51
	龙榛3号	101.20	98.08	0.99	95.38	23.60	94.25	7.10	75.37

育苗时间	品种	苗高		地径		根长		根数	
		/cm	/%	/cm	/%	/cm	/%	/个	/%
6月30日	龙榛4号	96.50	93.53	1.05	99.24	24.50	97.84	7.70	81.74
	龙榛5号	106.70	103.41	1.06	100.19	31.10	124.20	12.90	136.94
	平均	103.18	100.00	1.058	100.00	25.04	100.00	9.42	100.00
7月5日	龙榛1号	89.00	82.03	0.89	85.74	23.10	87.83	10.60	95.15
	龙榛2号	115.70	106.64	1.29	124.28	20.40	77.57	9.40	84.38
	龙榛3号	94.30	86.91	0.96	92.49	24.60	93.54	5.50	49.37
	龙榛4号	133.70	1233.23	1.04	100.19	30.80	117.11	15.30	137.34
	龙榛5号	109.80	101.20	1.01	97.30	32.60	123.95	14.90	133.75
	平均	108.50	100.00	1.038	100.00	26.30	100.00	11.14	100.00
7月10日	龙榛1号	86.50	89.53	0.97	101.89	23.20	110.27	4.20	50.97
	龙榛2号	114.00	117.99	1.10	115.55	22.50	106.94	10.30	125.00
	龙榛3号	99.80	103.29	0.89	93.49	26.70	126.90	9.10	110.44
	龙榛4号	107.40	111.16	1.05	110.29	19.20	91.25	8.70	105.58
	龙榛5号	75.40	78.04	0.75	78.78	13.60	64.64	8.90	108.01
	平均	96.62	100.00	0.952	100.00	21.04	100.00	8.24	100.00

第二节 不同环束高度对龙榛育苗的影响

采用枝条为当年萌生枝条，所用基质为针叶锯末，对环束不同高度分别设定为地面0cm、地面以上2cm、地面以上4cm 3个水平，观测其生根效果。

一、不同环束高度对不同龙榛品种生根的影响

1. 不同龙榛品种在不同环束高度苗木生根的表现

环束高度直接影响根系的发育部位、数量、质量的优劣、苗木能否生长良好，甚至关系到后期管理的生产成本。从表17-5中可以看出：不同品种的苗木生根率以龙榛4号最高，达到60.21%，然后是龙榛5号、龙榛3号和龙榛1号，分别为59.05%、58.44%和55.53%，而龙榛2号较差，只有33.01%。在苗木合格率方面则以龙榛4号最好，为11.97%；其余依次是龙榛3号为6.49%、龙榛

5号为5.57%、龙榛1号为5.03%、龙榛2号为4.41%。这主要表现在品种之间的差别上，尤以龙榛2号表现不佳，其余4个龙榛品种基本一致。

表 17-5 不同龙榛品种在不同环束高度苗木生根的表现

| 品种 | 环束高度 /cm | 育苗株数 | 生根情况 | | | | | 未生根情况 | |
			生根株数	生根率 /%	不合格苗株数	合格苗株数	合格率 /%	未生根株数	未生根率 /%
龙榛1号	0	120	61	50.83	51	10	8.33	59	49.17
	2	151	79	52.32	69	10	6.62	72	47.68
	4	127	81	63.78	81	0	0	46	36.22
	合计/平均	398	221	55.53	201	20	5.03	177	44.47
龙榛2号	0	196	89	45.41	89	0	0	107	54.59
	2	186	38	20.43	25	13	6.99	148	79.57
	4	139	45	32.37	35	10	7.19	94	67.63
	合计/平均	521	172	33.01	149	23	4.41	349	66.99
龙榛3号	0	180	114	63.33	104	10	5.56	66	36.67
	2	147	78	53.06	68	10	6.80	69	46.94
	4	135	78	57.78	68	10	7.41	57	42.22
	合计/平均	462	270	58.44	240	30	6.49	192	41.56
龙榛4号	0	134	80	59.70	67	13	9.70	54	40.30
	2	84	52	61.90	41	11	13.10	32	38.10
	4	66	39	59.09	29	10	15.15	27	40.91
	合计/平均	284	171	60.21	137	34	11.97	113	39.79
龙榛5号	0	137	95	62.04	85	10	7.30	42	30.66
	2	96	55	57.29	55	0	0	41	42.71
	4	126	62	41.27	52	10	7.94	64	50.79
	合计/平均	359	212	59.05	192	20	5.57	147	40.95

2. 不同环束高度对不同龙榛品种苗木生根的影响

可以从表17-6中看出，不同环束高度的苗木生根率相差较大，苗木生根率在45.482%~57.236%之间，两者相差11.754%，差别率为20.54%，尤以环束高度在2 cm最好；苗木合格率则在5.606%~6.745%之间。这表明苗木生根率和苗木合格率与不同环束高度之间有一定的关系，主要表现在品种之间的差别上。

表 17-6　不同环束高度对不同龙榛品种苗木生根的影响

环束高度 /cm	品种	育苗株数	生根情况					未生根情况	
			生根株数	生根率 /%	不合格苗株数	合格苗株数	合格率 /%	未生根株数	未生根率 /%
0	龙榛 1 号	120	61	50.83	51	10	8.33	59	49.17
	龙榛 2 号	196	89	45.41	89	0	0	107	54.59
	龙榛 3 号	180	114	63.33	104	10	5.56	66	36.67
	龙榛 4 号	134	80	59.70	67	13	9.70	54	40.30
	龙榛 5 号	137	95	69.34	85	10	7.30	42	30.66
	合计 / 平均	767	439	57.236	396	43	5.606	328	42.764
2	龙榛 1 号	151	79	52.32	69	10	6.62	72	47.68
	龙榛 2 号	186	38	20.43	25	13	6.99	148	79.57
	龙榛 3 号	147	78	53.06	68	10	6.80	69	46.94
	龙榛 4 号	84	52	61.90	41	11	13.10	32	38.10
	龙榛 5 号	96	55	57.29	55	0	0	41	42.71
	合计 / 平均	664	302	45.482	258	44	6.627	362	54.518
4	龙榛 1 号	127	81	63.78	81	0	0	46	36.22
	龙榛 2 号	139	45	32.37	35	10	7.19	94	67.63
	龙榛 3 号	135	78	57.78	68	10	7.41	57	42.22
	龙榛 4 号	66	39	59.09	29	10	15.15	27	40.91
	龙榛 5 号	126	62	41.27	52	10	7.94	64	50.79
	合计 / 平均	593	305	51.433	265	40	6.745	288	48.567

二、不同环束高度对不同龙榛品种苗木生长的影响

1. 不同龙榛品种在不同环束高度苗木生长的表现

在龙榛 5 个品种的不同环束高度试验中，从表 17-7 中可以看出：苗高在 83.44~110.10 cm 之间，两者相差 26.66 cm，差别率为 24.21%。其中较好的是龙榛 4 号，为 110.10 cm；其次是龙榛 1 号为 98.80 cm、龙榛 3 号为 98.33 cm；较差的是龙榛 5 号为 86.97 cm、龙榛 2 号为 83.44 cm。地径在 0.73~0.96 cm 之间，两者相差 0.23 cm，差别率为 23.96%。其中较好的是龙榛 4 号为 0.96 cm、龙榛 3 号为 0.94 cm；其次是龙榛 1 号为 0.88 cm、龙榛 5 号为 0.82 cm；较差的是龙榛 2 号为 0.73 cm。根长在 11.07~18.03 cm 之间，两者相差 6.96 cm，差别率为 40.10%。其中较好的是龙榛 1 号为

18.03 cm、龙榛 4 号为 16.83 cm；其次是龙榛 5 号为 16.20 cm、龙榛 3 号为 14.70 cm；较差的是龙榛 2 号为 11.07 cm。根数在 7.50~11.43 个之间，两者相差 3.93 个，差别率为 34.38%。其中较好的是龙榛 5 号为 11.43 个；其次是龙榛 1 号为 9.63 个、龙榛 4 号为 8.67 个；较差的是龙榛 2 号为 7.70 个、龙榛 3 号为 7.50 个。在苗木生长量上的表现与苗木的生根率和合格率的表现是一致的，只有龙榛 2 号表现较差，其他 4 个品种的表现基本一致。

表 17-7 不同龙榛品种在不同环束高度苗木生长的表现

品种	环束高度 /cm	苗高		地径		根长		根数	
		/cm	/%	/cm	/%	/cm	/%	/个	/%
龙榛 1 号	0	89.70	90.79	0.81	92.05	17.20	95.40	11.50	119.42
	2	107.40	108.70	0.89	101.14	21.40	118.69	11.40	118.38
	4	99.30	100.51	0.95	107.95	15.50	85.97	6.00	62.31
	平均	98.80	100.00	0.88	100.00	18.03	100.00	9.63	100.00
龙榛 2 号	0	79.60	95.40	0.78	106.85	11.50	103.88	3.50	45.28
	2	93.80	112.42	0.77	105.48	11.80	106.59	10.70	138.42
	4	76.91	92.17	0.65	89.04	9.91	89.52	9.00	116.43
	平均	83.44	100.00	0.73	100.00	11.07	100.00	7.70	100.00
龙榛 3 号	0	104.00	105.77	1.08	114.89	18.00	122.45	4.90	65.33
	2	78.10	79.43	0.75	79.79	11.70	79.59	8.60	14.67
	4	112.90	114.82	0.98	104.26	14.40	97.96	9.00	120.00
	平均	98.33	100.00	0.94	100.00	14.70	100.00	7.50	100.00
龙榛 4 号	0	112.30	102.00	0.88	91.67	16.40	97.45	5.30	61.13
	2	88.00	79.93	0.89	92.71	15.80	93.88	12.30	141.87
	4	130.00	118.07	1.10	114.58	18.30	108.73	8.40	96.89
	平均	110.10	100.00	0.96	100.00	16.83	100.00	8.67	100.00
龙榛 5 号	0	65.20	74.97	0.79	96.34	15.80	97.53	7.40	64.74
	2	105.30	121.08	0.90	109.76	17.40	107.41	7.90	69.12
	4	90.40	103.94	0.78	95.12	15.40	95.06	19.00	166.23
	平均	86.97	100.00	0.82	100.00	16.20	100.00	11.43	100.00

2. 不同环束高度对不同龙榛品种苗木生长的影响

在不同环束高度对龙榛5个品种苗木生长影响的试验中,通过表17-8中可以看出:苗高在90.160~101.902 cm 之间,两者相差11.742 cm,差别率为7.24%,差别不是很大。地径在0.840~0.892之间,两者相差0.052 cm,差别率为5.83%,差别不明显。根长在14.702~15.780 cm 之间,两者相差1.078 cm,差别率为6.83%,差别不明显。根数在6.52~10.28个之间,两者相差3.76个,差别率为36.58%。其中较好的是环束高度0 cm,根数为10.28个;其次是环束高度2 cm,根数为10.18个;环束高度4 cm 的较差,根数仅为6.52个。试验表明,环束高度越低,越有利于不定根的产生和发育,所以在育苗中应该尽量降低环束高度,以利于根系的发育。

表 17-8 不同环束高度对不同龙榛品种苗木生长的影响

环束高度 /cm	品种	苗高		地径		根长		根数	
		/cm	/%	/cm	/%	/cm	/%	/个	/%
0	龙榛1号	99.30	97.45	0.95	106.50	15.50	105.43	6.00	58.37
	龙榛2号	76.91	75.48	0.65	72.87	9.91	67.41	9.00	87.55
	龙榛3号	112.90	110.79	0.98	109.87	14.40	97.95	9.00	87.55
	龙榛4号	130.00	127.57	1.10	123.32	18.30	124.47	8.40	81.71
	龙榛5号	90.40	88.71	0.78	87.44	15.40	104.75	19.00	184.82
	平均	101.902	100.00	0.892	100.00	14.702	100.00	10.28	100.00
2	龙榛1号	107.40	113.61	0.89	105.95	21.40	137.00	11.40	111.98
	龙榛2号	93.80	99.24	0.77	91.67	11.80	75.54	10.70	105.11
	龙榛3号	78.10	82.63	0.75	89.29	11.70	74.90	8.60	84.48
	龙榛4号	88.00	93.10	0.89	105.95	15.80	101.15	12.30	120.83
	龙榛5号	105.30	111.40	0.90	107.14	17.40	111.40	7.90	77.60
	平均	94.52	100.00	0.840	100.00	15.620	100.00	10.180	100.00
4	龙榛1号	89.70	99.49	0.81	93.32	17.2	109.00	11.5	176.38
	龙榛2号	79.60	88.29	0.78	89.86	11.50	72.88	3.50	53.68
	龙榛3号	104.00	115.35	1.08	124.42	18.00	114.07	4.90	75.15
	龙榛4号	112.30	124.56	0.88	101.38	16.40	103.93	5.30	81.29
	龙榛5号	65.20	72.32	0.79	91.01	15.80	100.13	7.40	113.5
	平均	90.160	100.00	0.868	100.00	15.780	100.00	6.52	100.00

第三节 不同皮部切割处理对龙榛育苗的影响

在对枝条韧皮部进行不同切割处理的试验中，分别进行了纵切（2~3刀）、横切（2~3刀）、环剥（5刀）、环剥＋纵切（2~3刀）等处理，加速了对生根素的吸收，及早地促进了生根。

一、不同皮部切割处理对不同龙榛品种苗木生根的影响

1. 对不同龙榛品种进行不同皮部切割处理苗木生根的表现

从表17-9中可以看出：不同龙榛品种的苗木生根率在36.94%~84.80%之间，两者相差47.86%，差别率为56.44%。其中以龙榛1号生根率最高，达到84.80%；其次是龙榛4号，达到76.06%，龙榛5号为72.14%；较差的是龙榛3号为65.01%、龙榛2号为36.94%。苗木合格率则在3.93%~21.83%之间，两者相差17.90%，差别率为82.00%。其中以龙榛1号最好，达到21.83%；其次龙榛4号为16.22%、龙榛3号为10.77%；较差的是龙榛5号为4.32%、龙榛2号为3.93%。上述分析表明，皮部不同处理方法对龙榛5个品种苗木影响较大，尤以龙榛2号最为明显，其次是龙榛3号和5号，苗木生根率和合格率相对较低，而龙榛1号和龙榛4号的苗木生根率和合格率相对较高。

表 17-9 对不同龙榛品种进行不同皮部切割处理苗木生根的表现

品种	处理方法	育苗株数	生根情况					未生根情况	
			生根株数	生根率/%	不合格苗株数	合格苗株数	合格率/%	未生根株数	未生根率/%
龙榛1号	纵切	89	74	83.15	54	20	22.47	15	16.85
	横切	152	132	86.84	96	36	23.68	20	13.16
	环剥	114	101	88.60	70	31	27.19	13	11.40
	纵切＋环剥	158	128	81.01	103	25	15.82	30	18.99
	合计/平均	513	435	84.80	323	112	21.83	78	15.20
龙榛2号	纵切	141	47	33.33	44	3	2.13	94	66.67
	横切	185	74	40.00	64	10	5.41	111	60.00
	环剥	189	68	35.98	58	10	5.29	121	64.02
	纵切＋环剥	197	74	37.56	69	5	2.54	123	62.44
	合计/平均	712	263	36.94	235	28	3.93	449	63.06
龙榛3号	纵切	99	68	68.69	55	13	13.13	31	31.31
	横切	113	84	74.34	69	15	13.27	29	25.66

品种	处理方法	育苗株数	生根情况					未生根情况	
			生根株数	生根率/%	不合格苗株数	合格苗株数	合格率/%	未生根株数	未生根率/%
龙榛3号	环剥	103	74	71.84	62	12	11.65	29	28.16
	纵切+环剥	168	88	52.38	76	12	7.14	80	47.62
	合计/平均	483	314	65.01	262	52	10.77	169	34.99
龙榛4号	纵切	60	51	85.00	37	14	23.33	9	15.00
	横切	89	77	86.52	63	14	15.73	12	13.48
	环剥	89	67	75.28	47	20	22.47	22	24.72
	纵切+环剥	138	91	65.94	78	13	9.42	47	34.06
	合计/平均	376	286	76.06	225	61	16.22	90	23.94
龙榛5号	纵切	95	63	66.32	58	5	5.26	32	33.68
	横切	145	117	80.69	104	13	8.97	28	19.31
	环剥	117	92	78.63	90	2	1.71	25	21.37
	纵切+环剥	106	62	58.49	62	0	0	44	41.51
	合计/平均	463	334	72.14	314	20	4.32	129	27.86

2. 不同皮部切割处理对不同龙榛品种苗木生根的影响

从表 17-10 中可以看出，不同皮部处理方法的苗木生根率在 57.757%~70.760% 之间，两者相差 13.003%，差别率为 21.20%。其中以横切的生根率最高，达到 70.760%；其次是环剥为 65.686%、纵切为 62.603%；较差的是纵切+环剥仅为 57.757%。苗木合格率则在 7.171%~12.865% 之间，两者相差 5.694%，差别率为 44.30%。其中以横切的合格率最高，达到 12.865%；其次是环剥为 12.255%、纵切为 11.364%；较差的是纵切+环剥仅为 7.171%。试验结果表明，环剥最好，其次是横切。因此在生产中要在环束的上部采用横切或者环剥制造创伤面，以利于形成愈伤组织和产生根原基，生长出新的根系。

表 17-10 不同皮部切割处理对不同龙榛品种苗木生根的影响

处理方法	品种	育苗株数	生根情况					未生根情况	
			生根株数	生根率/%	不合格苗株数	合格苗株数	合格率/%	未生根株数	未生根率/%
纵切	龙榛1号	89	74	83.15	54	20	22.47	15	16.85
	龙榛2号	141	47	33.33	44	3	2.13	94	66.67

续表

处理方法	品种	育苗株数	生根情况					未生根情况	
			生根株数	生根率/%	不合格苗株数	合格苗株数	合格率/%	未生根株数	未生根率/%
纵切	龙榛3号	99	68	68.69	55	13	13.13	31	31.31
	龙榛4号	60	51	85.00	37	14	23.33	9	15.00
	龙榛5号	95	63	66.32	58	5	5.26	32	33.68
	合计/平均	484	303	62.603	248	55	11.364	181	37.397
横切	龙榛1号	152	132	86.84	96	36	23.68	20	13.16
	龙榛2号	185	74	40.00	64	10	5.41	111	60.00
	龙榛3号	113	84	74.34	69	15	13.27	29	25.66
	龙榛4号	89	77	86.52	63	14	15.73	12	13.48
	龙榛5号	145	117	80.69	104	13	8.97	28	19.31
	合计/平均	684	484	70.760	396	88	12.865	200	29.240
环剥	龙榛1号	114	101	88.60	70	31	27.19	13	11.40
	龙榛2号	189	68	35.98	58	10	5.29	121	64.02
	龙榛3号	103	74	71.84	62	12	11.65	29	28.16
	龙榛4号	89	67	75.28	47	20	22.47	22	24.72
	龙榛5号	117	92	78.63	90	2	1.71	25	21.37
	合计/平均	612	402	65.686	327	75	12.255	210	34.314
纵切+环剥	龙榛1号	158	128	81.01	103	25	15.82	30	18.99
	龙榛2号	197	74	37.56	69	5	2.54	123	62.44
	龙榛3号	168	88	52.38	76	12	7.14	80	47.62
	龙榛4号	138	91	65.94	78	13	9.42	47	34.06
	龙榛5号	106	62	58.49	62	0	0	44	41.51
	合计/平均	767	443	57.757	388	55	7.171	324	42.243

二、不同皮部切割处理对不同龙榛品种苗木生长的影响

1. 对不同龙榛品种进行不同皮部切割处理苗木生长的表现

在龙榛 5 个品种的不同皮部处理试验中，可以从表 17-11 中看出：苗高在 86.92~109.08 cm，两者相差 22.16 cm，差别率为 20.32%。其中较好的是龙榛 4 号，为 109.08 cm，其次是龙榛 3 号，为 95.75 cm，龙榛 1 号为 89.30 cm；较差的是龙榛 5 号为 87.50 cm、龙榛 2 号为 86.92 cm。地径在 0.77~1.09 cm 之间，两者相差 0.32 cm，差别率为 29.36%。其中较好的是龙榛 3 号和龙榛 4 号，均为 1.09 cm；其次是龙榛 1 号为 0.96 cm、龙榛 5 号为 0.88 cm；较差的是龙榛 2 号为 0.77 cm。根长在 21.34~24.18 cm 之间，两者相差 2.84 cm。其中较好的是龙榛 1 号和 3 号，分别为 24.18 cm 和 23.41 cm；其次是龙榛 4 号为 22.45 cm、龙榛 5 号为 22.30 cm；较差的是龙榛 2 号为 21.34 cm。根数在 6.80~10.78 个之间，两者相差 3.98 个，差别率为 36.92%。其中较好的是龙榛 1 号为 10.78 个；其次是龙榛 2 号为 7.53 个、龙榛 4 号为 7.03 个，较差的是龙榛 5 号为 6.88 个、龙榛 3 号为 6.80 个。试验表明，不同处理方法对 5 个品种的影响较大，以龙榛 3 号、龙榛 4 号、龙榛 5 号为好，其 4 个主要性状指标的生长量明显优于龙榛 1 号和龙榛 2 号。

表 17-11 对不同龙榛品种进行不同皮部切割处理苗木生长的表现

品种	处理方法	苗高		地径		根长		根数	
		/cm	/%	/cm	/%	/cm	/%	/个	/%
龙榛 1 号	纵切	83.10	93.06	0.90	93.75	25.10	103.80	10.30	95.55
	横切	86.40	96.75	0.97	101.04	20.10	83.13	7.60	70.50
	环剥	86.40	96.75	0.97	101.04	28.40	117.45	12.10	112.24
	纵切＋环剥	101.30	113.44	1.01	105.21	23.10	95.53	13.10	121.52
	平均	89.30	100.00	0.96	100.00	24.18	100.00	10.78	100.00
龙榛 2 号	纵切	93.30	107.34	0.92	119.48	18.50	86.69	4.20	55.78
	横切	86.50	99.52	1.01	131.17	23.20	108.72	5.10	67.73
	环剥	80.88	93.05	0.20	25.97	19.75	92.55	9.00	119.52
	纵切＋环剥	87.00	100.09	0.96	124.68	23.90	112.00	11.80	156.71
	平均	86.92	100.00	0.77	100.00	21.34	100.00	7.53	100.00
龙榛 3 号	纵切	82.60	86.27	1.08	99.08	26.80	114.48	7.20	105.88
	横切	75.09	78.42	0.96	88.07	21.64	92.44	7.18	105.59
	环剥	126.00	131.59	1.19	109.17	25.70	109.78	8.50	125.00
	纵切＋环剥	99.30	103.71	1.12	102.75	19.50	83.30	4.30	63.24
	平均	95.75	100.00	1.09	100.00	23.41	100.00	6.80	100.00

品种	处理方法	苗高		地径		根长		根数	
		/cm	/%	/cm	/%	/cm	/%	/个	/%
龙榛4号	纵切	93.30	85.53	1.06	97.25	25.50	113.59	6.50	92.46
	横切	90.60	83.06	1.03	94.50	21.50	95.77	8.10	115.22
	环剥	127.00	116.43	1.22	111.93	25.00	111.36	8.00	113.80
	纵切+环剥	125.40	114.96	1.05	96.33	17.80	79.29	5.50	78.24
	平均	109.08	100.00	1.09	100.00	22.45	100.00	7.03	100.00
龙榛5号	纵切	85.80	98.06	0.88	100.00	22.40	100.45	5.30	77.03
	横切	101.00	115.43	0.97	110.23	31.10	139.46	10.90	158.43
	环剥	82.10	93.83	0.88	100.00	17.70	79.37	5.90	85.76
	纵切+环剥	81.10	92.69	0.79	89.77	18.00	80.72	5.40	78.49
	平均	87.50	100.00	0.88	100.00	22.30	100.00	6.88	100.00

2. 不同皮部切割处理对不同龙榛品种苗木生长的影响

在4种不同皮部处理试验中，从表17-12中可以看出：苗高在87.620~100.476 cm之间，两者相差12.856 cm，差别率为12.80%。其中较好的是环剥，为100.476 cm；其次是纵切+环剥，为98.820 cm；较差的是横切为87.918 cm、纵切为87.620 cm。地径在0.892~0.988 cm之间，两者相差0.096 cm，差别率为9.72%。其中较好的是横切为0.988 cm；其次是纵切+环剥为0.986 cm、纵切为0.968 cm；较差的是环剥为0.892 cm。根长在20.46~23.66 cm之间，两者相差3.20 cm，差别率为13.52%。其中较好的是纵切为23.66 cm；其次是横切为23.51 cm、环剥为23.31 cm；较差的是纵切+环剥为20.46 cm。根数在6.70~8.70个之间，两者相差2.0个，差别率为22.99%。其中较好的是环剥为8.70个；其次是纵切+环剥为8.02个、横切为7.77个；较差的是纵切为6.70个。试验结果表明，除纵切以外，其他方法均可以进行皮部处理，有助于苗木的生长。

表 17-12 不同皮部切割处理对不同龙榛品种苗木生长的影响

处理方法	品种	苗高		地径		根长		根数	
		/cm	/%	/cm	/%	/cm	/%	/个	/%
纵切	龙榛1号	83.10	94.84	0.90	92.98	25.10	106.09	10.30	153.73
	龙榛2号	93.30	106.48	0.92	95.04	18.50	78.19	4.20	62.69
	龙榛3号	82.60	94.27	1.08	111.57	26.80	113.27	7.20	107.46
	龙榛4号	93.30	106.48	1.06	109.50	25.50	107.78	6.50	97.01
	龙榛5号	85.80	97.92	0.88	90.91	22.40	94.67	5.30	79.10
	合计/平均	87.620	100.00	0.968	100.00	23.66	100.00	6.70	100.00

处理方法	品种	苗高		地径		根长		根数	
		/cm	/%	/cm	/%	/cm	/%	/个	/%
横切	龙榛 1 号	86.40	98.27	0.97	98.18	20.10	85.50	7.60	97.86
	龙榛 2 号	86.50	98.39	1.01	102.23	23.20	98.69	5.10	65.67
	龙榛 3 号	75.09	85.41	0.96	97.17	21.64	92.05	7.18	92.45
	龙榛 4 号	90.60	103.05	1.03	104.25	21.50	91.46	8.10	104.30
	龙榛 5 号	101.00	114.88	0.97	98.18	31.10	132.30	10.90	140.36
	合计 / 平均	87.918	100.00	0.988	100.00	23.51	100.00	7.77	100.00
环剥	龙榛 1 号	86.40	85.99	0.97	108.74	28.40	121.84	12.10	139.08
	龙榛 2 号	80.88	80.50	0.20	22.42	19.75	84.73	9.00	103.45
	龙榛 3 号	126.00	125.10	1.19	133.41	25.70	110.25	8.50	97.70
	龙榛 4 号	127.00	126.40	1.22	136.77	25.00	107.25	8.00	91.95
	龙榛 5 号	82.10	81.71	0.88	98.65	17.70	75.93	5.90	67.82
	合计 / 平均	100.476	100.00	0.892	100.00	23.31	100.00	8.70	100.00
纵切 + 环剥	龙榛 1 号	101.30	102.51	1.01	102.43	23.10	112.90	13.10	163.34
	龙榛 2 号	87.00	88.04	0.96	97.36	23.90	116.81	11.80	147.13
	龙榛 3 号	99.30	100.49	1.12	113.59	19.50	95.31	4.30	53.62
	龙榛 4 号	125.40	126.90	1.05	106.49	17.80	87.00	5.50	68.58
	龙榛 5 号	81.10	82.07	0.79	80.12	18.00	87.98	5.40	67.33
	合计 / 平均	98.820	100.00	0.986	100.00	20.46	100.00	8.02	100.00

第四节 不同填充基质对龙榛育苗的影响

一、不同填充基质对不同龙榛品种生根的影响

基质涉及苗木的生根率、成苗率以及生产成本，好的基质应该是生根率高、成苗率高、基质价格低的，因此，选择适宜的基质是榛子育苗技术的基础之一。龙榛根蘖育苗采用的枝条是当年萌生枝条，所用基质分别以针叶锯末、珍珠岩、原床土作为填充物，观测其生根效果。

1. 不同龙榛品种在不同填充基质中的苗木生根情况

在龙榛5个品种的不同基质试验中，采用珍珠岩、针叶锯末和原床土等3种基质，试验结果见表17-13。龙榛3号苗木的生根率最高，达到78.30%；然后是龙榛5号和龙榛1号，分别为77.36%和74.58%；而龙榛2号和4号较差，分别只有68.05%和67.27%。苗木合格率则以龙榛1号最好，为48.33%；其余依次是龙榛2号29.09%、龙榛3号为28.51%、龙榛4号为26.67%、龙榛5号为19.81%。

表 17-13 不同龙榛品种在不同填充基质中的苗木生根情况

品种	基质	育苗株数	生根情况					未生根情况	
			株数	生根率/%	不合格苗株数	合格苗株数	合格率/%	未生根株数	未生根率/%
龙榛1号	珍珠岩	76	60	78.95	26	34	44.74	16	21.05
	针叶锯末	89	89	100.00	37	52	58.43	0	0
	原床土	75	30	40.00	0	30	40.00	45	60.00
	合计/平均	240	179	74.58	63	116	48.33	61	25.42
龙榛2号	珍珠岩	121	107	88.43	49	58	47.93	14	11.57
	针叶锯末	106	99	93.40	45	54	50.94	7	6.60
	原床土	158	56	35.44	56	0	0	102	64.56
	合计/平均	385	262	68.05	150	112	29.09	123	31.95
龙榛3号	珍珠岩	62	57	91.94	33	24	38.71	5	8.06
	针叶锯末	64	55	85.94	32	23	35.94	9	14.06
	原床土	109	72	66.06	52	20	18.35	37	33.94
	合计/平均	235	184	78.30	117	67	28.51	51	21.70
龙榛4号	珍珠岩	50	36	72.00	16	20	40.00	14	28.00
	针叶锯末	57	49	85.96	35	14	24.56	8	14.04
	原床土	58	26	44.80	16	10	17.24	32	55.17
	合计/平均	165	111	67.27	67	44	26.67	54	32.73
龙榛5号	珍珠岩	57	53	92.98	41	12	21.05	4	7.02
	针叶锯末	41	39	95.12	19	20	48.78	2	4.88
	原床土	114	72	63.16	62	10	8.77	42	36.84
	合计/平均	212	164	77.36	122	42	19.81	48	22.64

2. 不同填充基质对不同龙榛品种苗木生根的影响

从表 17-14 可以看出，采用珍珠岩、针叶锯末和原床土 3 种基质的苗木生根率结果显示：针叶锯末的苗木生根率最高，达到 92.72%；其次是珍珠岩，达到 85.52%；而原床土较差，仅有49.81%。合格苗率则以针叶锯末最好，为 45.66%；其次是珍珠岩，为 40.44%；最后为原床土，仅有 13.62%。以上的试验结果表明，在龙榛根蘖育苗中应该选用针叶锯末作为培养基质，不仅价格低廉，而且其生根率和成苗率均高于珍珠岩和原床土，所以在生产中针叶锯末是首选的培养基质。

表 17-14 不同填充基质对不同龙榛品种苗木生根的影响

基质	品种	育苗株数	生根情况					未生根情况	
			株数	生根率 /%	不合格苗株数	合格苗株数	合格率 /%	未生根株数	未生根率 /%
珍珠岩	龙榛 1 号	76	60	78.95	26	34	44.74	16	21.05
	龙榛 2 号	121	107	88.43	49	58	47.93	14	11.57
	龙榛 3 号	62	57	91.94	33	24	38.71	5	8.06
	龙榛 4 号	50	36	72.00	16	20	40.00	14	28.00
	龙榛 5 号	57	53	92.98	41	12	21.05	4	7.02
	合计 / 平均	366	313	85.52	165	148	40.44	53	14.48
针叶锯末	龙榛 1 号	89	89	100.00	37	52	58.43	0	0
	龙榛 2 号	106	99	93.40	45	54	50.94	7	6.60
	龙榛 3 号	64	55	85.94	32	23	35.94	9	14.06
	龙榛 4 号	57	49	85.96	35	14	24.56	8	14.04
	龙榛 5 号	41	39	95.12	19	20	48.78	2	4.88
	合计 / 平均	357	331	92.72	168	163	45.66	26	7.28
原床土	龙榛 1 号	75	30	40.00	0	30	40.00	45	60.00
	龙榛 2 号	158	56	35.44	56	0	0	102	64.56
	龙榛 3 号	109	72	66.06	52	20	18.35	37	33.94
	龙榛 4 号	58	26	44.83	16	10	17.24	32	55.17
	龙榛 5 号	114	72	63.16	62	10	18.77	42	36.84
	合计 / 平均	514	256	49.81	186	70	13.62	258	50.19

二、不同填充基质对不同龙榛品种苗木生长的影响

1. 不同龙榛品种在不同填充基质中的苗木生长情况

在龙榛 5 个品种的不同基质试验中，从表 17-15 中可以看出：苗高在 82.67~89.63 cm 之间，两者相差 6.96 cm，差别率为 7.77%。其中较好的是龙榛 1 号为 89.63 cm、龙榛 5 号为 87.97 cm；其次是龙榛 2 号为 86.35 cm、龙榛 3 号为 85.20 cm；较差的是龙榛 4 号为 82.67 cm。地径在 0.770~0.877 cm 之间，两者相差 0.107 cm，差别率为 12.20%。其中较好的是龙榛 1 号为 0.877 cm、龙榛 4 号为 0.853 cm；其次是龙榛 3 号为 0.820 cm；较差的是龙榛 2 号为 0.793 cm、龙榛 5 号为 0.770 cm。根长在 16.08~17.47 cm 之间，两者相差 1.39 cm，差别率为 8.00%。其中较好的是龙榛 1 号为 17.47 cm，龙榛 4 号为 17.40 cm；其次是龙榛 5 号为 16.37 cm；较差的是龙榛 3 号为 16.13 cm、龙榛 2 号为 16.08 cm。根数在 7.47~13.05 个之间，两者相差 5.58 个，差别率为 42.76%。其中较好的是龙榛 3 号为 13.05 个、龙榛 5 号为 10.87 个；其次是龙榛 1 号为 10.47 个、龙榛 2 号为 10.02 个；较差的是龙榛 4 号为 7.47 个。上述试验结果表明，龙榛 1 号在 3 种培养基质中均能良好地生长，其他 4 个品种也能正常地生长。

表 17-15　不同龙榛品种在不同填充基质中的苗木生长情况

品种	基质	苗高		地径		根长		根数	
		/cm	/%	/cm	/%	/cm	/%	/个	/%
龙榛 1 号	珍珠岩	85.10	94.95	0.75	85.52	14.50	83.00	10.00	95.51
	针叶锯末	79.10	88.25	0.85	96.92	17.00	97.31	15.60	149.00
	原床土	104.70	116.81	1.03	117.45	20.90	119.63	5.80	55.40
	平均	89.63	100.00	0.877	100.00	17.47	100.00	10.47	100.00
龙榛 2 号	珍珠岩	85.30	98.78	0.77	97.10	17.60	107.76	9.80	97.80
	针叶锯末	90.25	104.52	0.84	105.93	17.45	108.16	13.15	130.24
	原床土	83.50	96.70	0.77	97.10	13.20	81.82	7.10	70.86
	平均	86.35	100.00	0.793	100.00	16.08	100.00	10.02	100.00
龙榛 3 号	珍珠岩	79.45	93.25	0.79	96.34	19.60	121.49	12.75	97.70
	针叶锯末	63.85	74.94	0.83	101.22	16.30	101.04	19.70	150.96
	原床土	112.30	131.81	0.84	102.44	12.50	77.48	6.70	51.34
	平均	85.20	100.00	0.820	100.00	16.13	100.00	13.05	100.00
龙榛 4 号	珍珠岩	73.70	89.15	0.78	91.44	18.80	108.05	10.60	141.90
	针叶锯末	73.10	88.42	0.83	97.30	16.90	97.13	6.70	89.69
	原床土	101.20	122.41	0.95	111.37	16.50	94.83	5.10	68.27
	平均	82.67	100.00	0.853	100.00	17.40	100.00	7.47	100.00

品种	基质	苗高		地径		根长		根数	
		/cm	/%	/cm	/%	/cm	/%	/个	/%
龙榛5号	珍珠岩	81.60	92.76	0.73	94.81	19.00	116.09	11.40	104.88
	针叶锯末	88.00	100.03	0.82	106.49	20.60	125.86	14.00	128.79
	原床土	94.30	107.20	0.76	98.70	9.50	58.04	7.20	66.24
	平均	87.97	100.00	0.770	100.00	16.37	100.00	10.87	100.00

2. 不同填充基质对不同龙榛品种苗木生长的影响

采用珍珠岩、针叶锯末和原床土3种基质，从表17-16中可以看出：苗高以原床土最好，为99.20 cm；其次是珍珠岩，为81.03 cm；较差的是针叶锯末，为78.86 cm。地径以原床土最好，为0.870 cm；其次是针叶锯末，为0.834 cm；较差的是珍珠岩，为0.764 cm。根长以珍珠岩最好，为17.90 cm；其次是针叶锯末，为17.65 cm；较差的是原床土，为14.52 cm。根数以针叶锯末最好，为13.83个；其次是珍珠岩，为10.91个；较差的是原床土，为6.38个。试验结果表明，在根系发育上以针叶锯末为好，根长和根数总体上优于原床土和珍珠岩上的发育情况。

表 17-16 不同填充基质对不同龙榛品种苗木生长的影响

基质	品种	苗高		地径		根长		根数	
		/cm	/%	/cm	/%	/cm	/%	/个	/%
珍珠岩	龙榛1号	85.10	105.02	0.75	98.17	14.50	80.01	10.00	91.66
	龙榛2号	85.30	105.27	0.77	100.79	17.60	98.32	9.80	89.83
	龙榛3号	79.45	98.36	0.79	103.40	19.60	109.50	12.75	116.87
	龙榛4号	73.70	90.95	0.78	102.09	18.80	105.03	10.60	97.16
	龙榛5号	81.60	100.70	0.73	95.55	19.00	106.15	11.40	104.49
	平均	81.03	100.00	0.764	100.00	17.90	100.00	10.91	100.00
针叶锯末	龙榛1号	79.10	100.30	0.85	101.92	17.00	96.32	15.60	112.80
	龙榛2号	90.25	114.44	0.84	100.72	17.45	98.87	13.15	95.08
	龙榛3号	63.85	80.97	0.83	99.52	16.30	92.35	19.70	142.44
	龙榛4号	73.10	90.41	0.83	99.52	16.90	95.75	6.70	48.45
	龙榛5号	88.00	111.59	0.82	98.32	20.60	116.71	14.00	101.23
	平均	78.86	100.00	0.834	100.00	17.65	100.00	13.83	100.00

基质	品种	苗高		地径		根长		根数	
		/cm	/%	/cm	/%	/cm	/%	/个	/%
原床土	龙榛 1 号	104.70	105.54	1.03	118.39	20.90	143.94	5.80	90.91
	龙榛 2 号	83.50	84.17	0.77	88.51	13.20	90.91	7.10	111.29
	龙榛 3 号	112.30	113.21	0.84	96.55	12.50	86.09	6.70	105.02
	龙榛 4 号	101.20	102.02	0.95	109.20	16.50	113.64	5.10	79.94
	龙榛 5 号	94.30	95.06	0.76	87.36	9.50	65.43	7.20	112.85
	平均	99.20	100.00	0.870	100.00	14.52	100.00	6.38	100.00

第五节 不同填充基质高度对龙榛育苗的影响

采用枝条为当年萌生枝条，所用基质为针叶锯末，采用 10 cm、15 cm、20 cm、25 cm 等 4 个水平对不同基质填充高度进行育苗试验，观测其生根效果。

一、不同填充基质高度对不同龙榛品种苗木生根的影响

1. 不同龙榛品种在不同填充基质高度苗木生根的表现

在确定基质后，填充基质的高度将直接影响到根系发育的优劣、苗木能否生长良好，甚至关系到生产成本和后期管理。从表 17-17 中可以看出：不同品种的苗木生根率以龙榛 3 号最高，达到 61.43%；然后是龙榛 5 号和龙榛 4 号，分别为 60.15% 和 56.04%；较差的是龙榛 1 号和 2 号，分别只有 49.77% 和 44.66%。苗木合格率则以龙榛 4 号最好，为 11.62%；其余依次是龙榛 5 号为10.54%、龙榛 3 号为 7.50%、龙榛 1 号为 4.93%、龙榛 2 号为 3.05%。试验结果表明，除龙榛 2 号苗木表现得略差外，龙榛 1 号、龙榛 3 号、龙榛 4 号、龙榛 5 号苗木均能够很好地生长。

表 17-17 不同龙榛品种在不同填充基质高度下的苗木生根情况

品种	填充基质高度 /cm	育苗株数	生根情况					未生根情况	
			株数	生根率 /%	不合格苗株数	合格苗株数	合格率 /%	未生根株数	未生根率 /%
龙榛 1 号	10	166	79	47.59	73	6	3.61	87	52.41
	15	146	66	45.21	54	12	8.22	80	54.79
	20	189	99	52.38	95	4	2.12	90	47.62

品种	填充基质 高度 /cm	育苗 株数	生根情况					未生根情况	
			株数	生根 率 /%	不合格 苗株数	合格苗 株数	合格 率 /%	未生根 株数	未生根 率 /%
龙榛 1 号	25	148	79	53.38	69	10	6.76	69	46.62
	合计 / 平均	649	323	49.77	291	32	4.93	326	50.23
龙榛 2 号	10	234	92	39.32	82	10	4.27	142	60.68
	15	122	52	42.62	52	0	0	70	57.38
	20	148	75	50.68	65	10	6.76	73	49.32
	25	152	74	48.68	74	0	0	78	51.32
	合计 / 平均	656	293	44.66	273	20	3.05	363	55.34
龙榛 3 号	10	132	75	56.82	65	10	7.58	57	43.18
	15	154	94	61.04	83	11	7.14	60	38.96
	20	152	99	65.13	88	11	7.24	53	34.87
	25	122	76	62.30	66	10	8.20	46	37.70
	合计 / 平均	560	344	61.43	302	42	7.50	216	38.57
龙榛 4 号	10	109	71	65.14	58	13	11.93	38	34.86
	15	117	65	55.56	52	13	11.11	52	44.44
	20	137	63	45.99	51	12	8.76	74	54.01
	25	76	47	61.84	34	13	17.11	29	38.16
	合计 / 平均	439	246	56.04	195	51	11.62	193	43.96
龙榛 5 号	10	124	78	62.90	68	10	8.06	46	37.10
	15	80	53	66.25	43	10	12.50	27	33.75
	20	110	56	50.91	46	10	9.09	54	49.09
	25	75	47	62.67	36	11	14.67	28	37.33
	合计 / 平均	389	234	60.15	193	41	10.54	155	39.85

2. 不同填充基质高度对不同龙榛品种苗木生根的影响

从表 17-18 中可以看出：不同填充基质高度的苗木生根率相差不大，在 51.63%~56.37% 之间；苗木合格率则在 6.39%~7.68% 之间。这表明苗木生根率和合格率与不同填充基质高度之间的关系紧密，而且不仅表现在品种之间的差别上。这表明了随着填充高度的增加，其苗木的生根率和合格率均在提高。

表 17-18 不同填充基质高度对不同龙榛品种苗木生根的影响

填充基质高度 / cm	品种	育苗株数	生根情况					未生根情况	
			株数	生根率 /%	不合格苗株数	合格苗株数	合格率 /%	未生根株数	未生根率 /%
10	龙榛 1 号	166	79	47.59	73	6	3.61	87	52.41
	龙榛 2 号	234	92	39.32	82	10	4.27	142	60.68
	龙榛 3 号	132	75	56.82	65	10	7.58	57	43.18
	龙榛 4 号	109	71	65.14	58	13	11.93	38	34.86
	龙榛 5 号	124	78	62.90	68	10	8.06	46	37.10
	合计 / 平均	765	395	51.63	346	49	6.41	370	48.37
15	龙榛 1 号	146	66	45.21	54	12	8.22	80	54.79
	龙榛 2 号	122	52	42.62	52	0	0	70	57.38
	龙榛 3 号	154	94	61.04	83	11	7.14	60	38.96
	龙榛 4 号	117	65	55.56	52	13	11.11	52	44.44
	龙榛 5 号	80	53	66.25	43	10	12.50	27	33.75
	合计 / 平均	619	330	53.31	284	46	7.43	289	46.69
20	龙榛 1 号	189	99	52.38	95	4	2.12	90	47.62
	龙榛 2 号	148	75	50.68	65	10	6.76	73	49.32
	龙榛 3 号	152	99	65.13	88	11	7.24	53	34.87
	龙榛 4 号	137	63	45.99	51	12	8.76	74	54.01
	龙榛 5 号	110	56	50.91	46	10	9.09	54	49.09
	合计 / 平均	736	392	53.26	345	47	6.39	344	46.74
25	龙榛 1 号	148	79	53.38	69	10	6.76	69	46.62
	龙榛 2 号	152	74	48.68	74	0	0	78	51.32
	龙榛 3 号	122	76	62.30	66	10	8.20	46	37.70
	龙榛 4 号	76	47	61.84	34	13	17.11	29	38.16
	龙榛 5 号	75	47	62.67	36	11	14.67	28	37.33
	合计 / 平均	573	323	56.37	279	44	7.68	250	43.63

二、不同填充基质高度对不同龙榛品种苗木生长的影响

1. 不同龙榛品种在不同填充基质高度下苗木生长的表现

在龙榛5个品种的不同填充基质高度试验中，从不同龙榛品种苗木生长情况（表17-19）可以看出：苗高在89.10~107.05 cm之间，两者相差17.95 cm，差别率为16.77%。其中较好的是龙榛4号为107.05 cm、龙榛3号为99.65 cm；其次是龙榛5号为97.53 cm、龙榛1号为95.37 cm；较差的是龙榛2号为89.10 cm。地径在0.80~1.12 cm之间，两者相差0.32 cm，差别率为28.58%。其中较好的是龙榛4号为1.12 cm、龙榛1号为0.98 cm；其次是龙榛3号为0.86 cm；较差的是龙榛2号为0.81 cm、龙榛5号为0.80 cm。主根长在9.80~21.30 cm之间，两者相差11.5 cm，差别率为53.99%。其中较好的是龙榛4号为21.30 cm、龙榛1号为18.10 cm；其次是龙榛5号为15.85 cm、龙榛3号为14.78 cm；较差的是龙榛2号为9.80 cm。侧根数在7.05~13.75个之间，两者相差6.7个，差别率为48.73%。其中较好的是龙榛5号为13.75个；其次是龙榛1号为9.10个、龙榛4号为8.48个；较差的是龙榛2号为7.88个、龙榛3号为7.05个。这表明本试验中龙榛不同品种的苗木生长，除了龙榛2号略差一些外，其他品种均能良好生长。

表 17-19 不同龙榛品种在不同填充基质高度下苗木生长的表现

品种	填充基质高度 /cm	苗高		地径		主根长		侧根数	
		/cm	/%	/cm	/%	/cm	/%	/个	/%
龙榛1号	10	86.67	90.88	0.82	83.67	19.00	104.97	8.50	93.41
	15	98.50	103.28	1.10	112.24	18.30	101.10	10.50	115.38
	20	98.10	102.86	0.96	97.96	20.50	113.26	6.10	67.03
	25	98.20	102.97	1.04	106.12	14.60	80.66	11.30	124.18
	平均	95.37	100.00	0.98	100.00	18.10	100.00	9.10	100.00
龙榛2号	10	91.20	102.36	0.78	96.30	10.00	102.04	11.40	144.67
	15	91.80	103.03	0.91	112.35	11.30	115.31	6.90	87.56
	20	95.50	107.18	0.87	107.41	8.80	89.80	7.00	88.83
	25	77.90	87.43	0.66	81.48	9.10	92.86	6.20	78.68
	平均	89.10	100.00	0.81	100.00	9.80	100.00	7.88	100.00
龙榛3号	10	118.40	118.82	0.93	108.14	17.60	119.08	7.20	102.13
	15	81.10	81.38	0.69	80.23	14.00	94.72	6.20	87.94
	20	97.00	97.34	0.94	109.30	15.50	104.87	8.20	116.31
	25	102.10	102.46	0.89	103.49	12.00	81.19	6.60	93.62
	平均	99.65	100.00	0.86	100.00	14.78	100.00	7.05	100.00

品种	填充基质 高度 /cm	苗高		地径		主根长		侧根数	
		/cm	/%	/cm	/%	/cm	/%	/个	/%
龙榛 4 号	10	95.80	89.49	1.11	99.11	20.20	94.84	11.50	135.61
	15	118.50	110.70	1.22	108.93	28.90	135.68	6.70	79.01
	20	115.00	107.43	1.13	100.89	15.80	74.18	7.80	91.98
	25	98.90	92.39	1.03	91.96	20.30	95.31	7.90	93.16
	平均	107.05	100.00	1.12	100.00	21.30	100.00	8.48	100.00
龙榛 5 号	10	99.50	102.02	0.84	105.00	12.60	79.50	13.50	98.18
	15	97.60	100.07	0.73	91.25	16.20	102.21	14.90	108.36
	20	94.30	96.69	0.78	97.50	18.80	118.61	10.80	78.55
	25	98.70	101.20	0.83	103.75	15.80	99.68	15.80	114.91
	平均	97.53	100.00	0.80	100.00	15.85	100.00	13.75	100.00

2. 不同填充基质高度对不同龙榛品种苗木生长的影响

在不同填充基质高度对龙榛 5 个品种影响的试验中，通过表 17-20 可以看出：苗高在 95.16~99.98 cm 之间，两者相差 4.82 cm，差别率为 4.82%，几乎无差别。地径在 0.89~0.94 cm 之间，两者相差 0.05 cm，差别率为 5.32%，其差别不明显。主根长在 14.36~17.74 cm 之间，两者相差 3.38 cm，差别率为 19.05%。其中较好的是填充高度 15 cm 的，为 17.74 cm；其次是填充高度 10 cm、20 cm 的，均为 15.88 cm；填充高度 25 cm 的较差，为 14.36 cm。侧根数在 7.98~10.42 个之间，两者相差 2.44 个，差别率为 23.42%。其中较好的是填充高度 10 cm 的，为 10.42 个；其次是填充高度 25 cm、15 cm 的，分别为 9.56 个和 9.04 个；填充高度 20 cm 的较差，为 7.98 个。通过上述分析，可以看到不同填充基质高度对不同龙榛品种苗木生长的影响在各项指标上差别不大。

表 17-20 不同填充基质高度对不同龙榛品种苗木生长的影响

填充基质 高度 /cm	品种	苗高		地径		主根长		侧根数	
		/cm	/%	/cm	/%	/cm	/%	/个	/%
10	龙榛 1 号	86.67	88.16	0.82	91.11	19.00	119.65	8.50	81.57
	龙榛 2 号	91.20	92.77	0.78	86.67	10.00	62.97	11.40	109.40
	龙榛 3 号	118.40	120.44	0.93	103.33	17.60	110.83	7.20	69.10
	龙榛 4 号	95.80	97.45	1.11	123.33	20.20	127.20	11.50	110.36
	龙榛 5 号	99.50	101.21	0.84	93.33	12.60	79.35	13.50	129.56
	平均	98.31	100.00	0.90	100.00	15.88	100.00	10.42	100.00

填充基质高度 /cm	品种	苗高		地径		主根长		侧根数	
		/cm	/%	/cm	/%	/cm	/%	/个	/%
15	龙榛 1 号	98.50	101.03	1.10	118.28	18.30	103.16	10.50	116.15
	龙榛 2 号	91.80	94.15	0.91	95.75	11.30	63.70	6.90	76.33
	龙榛 3 号	81.10	83.18	0.69	74.19	14.00	78.92	6.20	68.58
	龙榛 4 号	118.50	121.54	1.22	131.18	28.90	162.91	6.70	74.12
	龙榛 5 号	97.60	100.10	0.73	78.49	16.20	91.32	14.90	164.82
	平均	97.50	100.00	0.93	100.00	17.74	100.00	9.04	100.00
20	龙榛 1 号	98.10	98.12	0.96	102.13	20.50	129.09	6.10	76.44
	龙榛 2 号	95.50	95.52	0.87	92.55	8.80	55.42	7.00	87.72
	龙榛 3 号	97.00	97.02	0.94	100	15.50	97.61	8.20	102.76
	龙榛 4 号	115.00	115.02	1.13	120.21	15.80	99.50	7.80	97.74
	龙榛 5 号	94.30	94.32	0.78	82.98	18.80	118.39	10.80	135.34
	平均	99.98	100.00	0.94	100.00	15.88	100.00	7.98	100.00
25	龙榛 1 号	98.20	103.19	1.04	116.85	14.60	101.67	11.30	118.20
	龙榛 2 号	77.90	81.86	0.66	74.16	9.10	63.37	6.20	64.85
	龙榛 3 号	102.10	107.29	0.89	100	12.00	83.57	6.60	69.04
	龙榛 4 号	98.90	103.93	1.03	115.73	20.30	141.36	7.90	82.64
	龙榛 5 号	98.70	103.72	0.83	93.26	15.80	110.03	15.80	165.27
	平均	95.16	100.00	0.89	100.00	14.36	100.00	9.56	100.00

第十八章 龙榛高效根蘖育苗中的生物生化技术

龙榛高效根蘖育苗中采用生化方法促进生根,通过对GGR(绿色植物生长调节剂)、ABT(生根粉)、GA(赤霉素)、6-BA(细胞分裂素)、NAA(萘乙酸)、IBA(吲哚丁酸)、IAA(吲哚乙酸)、IBA+ABT、IBA+GGR 等进行筛选,试验设计见表18-1。

表 18-1 不同生长素试验对生根影响的试验设计

生长素	试验浓度水平 / (g/1000 mL)				
	1	2	3	4	5
GGR	0(CK)	0.50(A)	0.75(B)	1.00(C)	1.25(D)
ABT	0(CK)	0.50(A)	0.75(B)	1.00(C)	1.25(D)
GA	0(CK)	0.50(A)	0.75(B)	1.00(C)	1.25(D)
6-BA	0(CK)	0.50(A)	0.75(B)	1.00(C)	1.25(D)
NAA	0(CK)	0.50(A)	0.75(B)	1.00(C)	1.25(D)
IBA	0(CK)	0.50(A)	0.75(B)	1.00(C)	1.25(D)
IAA	0(CK)	0.50(A)	0.75(B)	1.00(C)	1.25(D)
IBA+ABT	0(CK)	0.25+0.25(A)	0.35+0.35(B)	0.50+0.50(C)	0.75+0.75(D)
IBA+GGR	0(CK)	0.25+0.25(A)	0.35+0.35(B)	0.50+0.50(C)	0.75+0.75(D)

第一节 ABT 对不同龙榛品种育苗的影响

ABT 是中国林业科学研究院研制的第一代植物生根粉,主要用于木本植物扦插育苗。

一、不同浓度 ABT 对不同龙榛品种育苗生根的影响

1. 不同龙榛品种在不同浓度 ABT 中苗木生根的表现

通过表18-2可以看出:不同的龙榛品种苗木生根率在29.967%~73.129%之间,两者相差43.162%,差别率为59.02%。其中以龙榛1号生根率最高,达到73.129%;其次是龙榛4号为64.286%、龙榛3号为59.796%、龙榛5号为48.921%;较差的是龙榛2号为29.967%。苗木合格率则在2.649%~18.810%之间,两者相差16.161%,差别率为85.92%,以龙榛1号最高,达到18.810%;其次是龙榛4号为13.547%、龙榛3号为12.449%;较差的是龙榛5号为3.118%、龙榛2号为2.649%。试验结果表明,ABT对不同龙榛品种的影响是不一致的,对龙榛2号、龙榛3号的促

进生根作用小，没有对龙榛 1 号、龙榛 4 号、龙榛 5 号的作用明显。

表 18-2 不同龙榛品种在不同浓度 ABT 中苗木生根的表现

品种	浓度	育苗株数	生根情况					未生根情况	
			生根株数	生根率 /%	不合格苗株数	合格苗株数	合格率 /%	未生根株数	未生根率 /%
龙榛 1 号	A	95	89	93.68	37	52	54.74	6	6.32
	B	98	84	85.71	69	15	15.31	14	14.29
	C	75	68	90.67	57	11	14.67	7	9.33
	D	102	61	59.80	51	10	9.80	41	40.20
	CK	151	79	52.32	69	10	6.62	72	47.68
	合计 / 平均	521	381	73.129	283	98	18.810	140	26.871
龙榛 2 号	A	99	30	30.30	29	1	1.01	69	69.70
	B	95	28	29.47	28	0	0	67	70.53
	C	94	24	25.53	22	2	2.13	70	74.47
	D	130	61	46.92	61	0	0	69	53.08
	CK	186	38	20.43	25	13	6.99	148	79.57
	合计 / 平均	604	181	29.967	165	16	2.649	423	70.003
龙榛 3 号	A	90	78	86.67	55	23	25.56	12	13.33
	B	89	45	50.56	40	5	5.62	44	49.44
	C	70	39	55.71	26	13	18.57	31	44.29
	D	94	53	56.38	43	10	10.64	41	43.62
	CK	147	78	53.06	68	10	6.80	69	46.94
	合计 / 平均	490	293	59.796	232	61	12.449	197	40.204
龙榛 4 号	A	67	42	62.69	30	12	17.91	25	37.31
	B	54	30	55.56	30	0	0	24	44.44
	C	102	71	69.61	54	17	16.67	31	30.39
	D	49	38	77.55	25	13	26.53	11	22.45
	CK	134	80	59.70	67	13	9.70	54	40.30
	合计 / 平均	406	261	64.286	206	55	13.547	145	35.714

品种	浓度	育苗株数	生根情况					未生根情况	
			生根株数	生根率/%	不合格苗株数	合格苗株数	合格率/%	未生根株数	未生根率/%
龙榛5号	A	77	37	48.05	35	2	2.60	40	51.95
	B	72	35	48.61	35	0	0	37	51.39
	C	83	40	48.19	39	1	1.20	43	51.81
	D	59	30	50.85	30	0	0	29	49.15
	CK	126	62	41.27	52	10	7.94	64	50.79
	合计/平均	417	204	48.921	191	13	3.118	213	51.079

2. 不同浓度 ABT 对不同龙榛品种苗木生根的影响

从表 18-3 可以看出：不同浓度 ABT 处理的苗木生根率在 45.296%~64.486% 之间，两者相差 19.19%，差别率为 29.76%。其中以 A 处理（0.50 g/1000 mL）生根率最高，达到 64.486%；其次是 C 处理（1.00 g/1000 mL）为 57.075%、D 处理（1.25 g/1000 mL）为 55.991%、B 处理（0.75 g/1000 mL）达到 54.412%，而对照（CK）只有 45.296%。苗木合格率则在 4.902%~21.028% 之间，两者相差 16.126%，差别率为 76.69%。其中以 A 处理（0.50 g/1000 mL）合格率最高，达到 21.028%；其次是 C 处理（0.75 g/1000 mL），达到 10.377%，最后是 D 处理（1.25 g/1000 mL），达到 7.604%，而对照（CK）只有 7.527%，B 处理（1.00 g/1000 mL）只有 4.902%。试验结果表明，随着 ABT 浓度的增加，其促进生根的作用也具有明显的下降趋势。这与 GGR 的作用基本上是一致的。

表 18-3 不同浓度 ABT 对不同龙榛品种苗木生根的影响

浓度	品种	育苗株数	生根情况					未生根情况	
			生根株数	生根率/%	不合格苗株数	合格苗株数	合格率/%	未生根株数	未生根率/%
A	龙榛1号	95	89	93.68	37	52	54.74	6	6.32
	龙榛2号	99	30	30.30	29	1	1.01	69	69.70
	龙榛3号	90	78	86.67	55	23	25.56	12	13.33
	龙榛4号	67	42	62.69	30	12	17.91	25	37.31
	龙榛5号	77	37	48.05	35	2	2.60	40	51.95
	合计/平均	428	276	64.486	186	90	21.028	152	35.514
B	龙榛1号	98	84	85.71	69	15	15.31	14	14.29
	龙榛2号	95	28	29.47	28	0	0	67	70.53

浓度	品种	育苗株数	生根情况					未生根情况	
			生根株数	生根率 /%	不合格苗株数	合格苗株数	合格率 /%	未生根株数	未生根率 /%
B	龙榛 3 号	89	45	50.56	40	5	5.62	44	49.44
	龙榛 4 号	54	30	55.56	30	0	0	24	44.44
	龙榛 5 号	72	35	48.61	35	0	0	37	51.39
	合计 / 平均	408	222	54.412	202	20	4.902	186	45.588
C	龙榛 1 号	75	68	90.67	57	11	14.67	7	9.33
	龙榛 2 号	94	24	25.53	22	2	2.13	70	74.47
	龙榛 3 号	70	39	55.71	26	13	18.57	31	44.29
	龙榛 4 号	102	71	69.61	54	17	16.67	31	30.39
	龙榛 5 号	83	40	48.19	39	1	1.20	43	51.81
	合计 / 平均	424	242	57.075	198	44	10.377	182	42.925
D	龙榛 1 号	102	61	59.80	51	10	9.80	41	40.20
	龙榛 2 号	130	61	46.92	61	0	0	69	53.08
	龙榛 3 号	94	53	56.38	43	10	10.64	41	43.62
	龙榛 4 号	49	38	77.55	25	13	26.53	11	22.45
	龙榛 5 号	59	30	50.85	30	0	0	29	49.15
	合计 / 平均	434	243	55.991	210	33	7.604	191	44.009
CK	龙榛 1 号	151	79	52.32	69	10	6.62	72	47.68
	龙榛 2 号	186	38	20.43	25	13	6.99	148	79.57
	龙榛 3 号	147	78	53.06	68	10	6.80	69	46.94
	龙榛 4 号	134	80	59.70	67	13	9.70	54	40.30
	龙榛 5 号	126	62	41.27	52	10	7.94	64	50.79
	合计 / 平均	744	337	45.296	281	56	7.527	407	54.704

二、不同浓度 ABT 对不同龙榛品种苗木生长的影响

1. 不同龙榛品种在不同浓度 ABT 中苗木生长的表现

在龙榛 5 个品种的不同浓度 ABT 处理试验中，从表 18-4 中可以看出：苗高在 76.352~99.130 cm

之间，两者相差 22.778 cm，差别率为 22.98%。其中较好的是龙榛 3 号，为 99.130 cm；其次是龙榛 5 号为 92.522 cm、龙榛 1 号为 87.588 cm、龙榛 4 号为 84.836 cm；较差的是龙榛 2 号为 76.352 cm。地径在 0.814~0.870 cm 之间，两者相差 0.056 cm，差别率为 6.44%。其中较好的是龙榛 4 号，为 0.870 cm；其次是龙榛 5 号为 0.866 cm、龙榛 3 号为 0.844 cm；较差的是龙榛 2 号为 0.816 cm、龙榛 1 号为 0.814 cm。根长在 15.310~19.650 cm 之间，两者相差 4.34 cm，差别率为 22.099%。其中较好的是龙榛 4 号为 19.650 cm；其次是龙榛 5 号为 16.696 cm、龙榛 3 号为 16.652 cm；较差的是龙榛 1 号为 15.348 cm、龙榛 2 号为 15.310 cm。根数在 4.980~10.864 个之间，两者相差 5.884 个，差别率为 26.55%。较好的是龙榛 1 号为 10.864 个、龙榛 4 号为 10.106 个；其次是龙榛 3 号为 7.220 个、龙榛 2 号为 5.172 个；较差的是龙榛 5 号为 4.980 个。试验结果表明，不同龙榛品种在不同 ABT 浓度中的苗高、地径和根长上的变化较大，从 A 处理（0.50 g/1000 mL）开始有差异，到达 C 处理（1.00 g/1000 mL）开始下降很明显，而在根数上都低于对照。

表 18-4　不同龙榛品种在不同浓度 ABT 中苗木生长的表现

品种	浓度	苗高		地径		根长		根数	
		/cm	/%	/cm	/%	/cm	/%	/个	/%
龙榛 1 号	A	73.20	83.57	0.68	83.54	16.40	106.85	9.60	88.37
	B	90.70	103.53	0.86	105.65	15.70	102.29	12.55	115.52
	C	96.42	110.08	0.87	106.88	13.75	89.59	11.67	107.42
	D	87.92	100.38	0.85	104.42	13.69	89.20	9.00	82.84
	CK	89.70	102.41	0.81	99.51	17.20	112.07	11.50	105.85
	平均	87.588	100.000	0.814	100.000	15.348	100.000	10.864	100.000
龙榛 2 号	A	72.60	95.09	0.89	109.07	17.80	117.57	5.60	108.28
	B	78.93	103.38	0.79	96.81	17.07	111.50	3.86	74.63
	C	84.92	11.22	0.93	113.97	15.67	102.35	3.00	58.00
	D	68.40	89.59	0.82	100.49	16.10	105.16	4.40	85.07
	CK	76.91	100.73	0.65	79.66	9.91	64.73	9.00	174.01
	平均	76.352	100.000	0.816	100.000	15.310	100.000	5.172	100.000
龙榛 3 号	A	94.67	95.50	0.79	93.60	19.39	92.42	8.33	115.37
	B	119.78	120.83	0.86	101.90	19.70	118.30	7.20	99.72
	C	98.00	98.86	0.84	99.53	15.77	94.70	4.77	66.07
	D	105.10	106.02	0.98	116.11	16.70	100.29	7.20	99.72
	CK	78.10	78.79	0.75	88.86	11.70	70.26	8.60	115.96
	平均	99.130	100.000	0.844	100.000	16.652	100.000	7.220	100.000

品种	浓度	苗高		地径		根长		根数	
		/cm	/%	/cm	/%	/cm	/%	/个	/%
龙榛4号	A	90.00	106.09	1.09	125.29	28.00	142.49	16.00	158.32
	B	58.20	68.60	0.62	71.26	10.80	54.96	5.40	53.43
	C	96.65	113.93	0.82	84.25	19.65	100.00	6.06	59.96
	D	89.08	105.00	0.93	106.90	24.00	122.14	10.77	106.57
	CK	88.00	103.73	0.89	102.30	15.80	80.41	12.30	121.71
	平均	84.836	100.000	0.870	100.000	19.650	100.000	10.106	100.000
龙榛5号	A	95.10	102.79	0.91	105.08	21.50	128.77	5.80	116.47
	B	103.77	112.16	0.89	102.77	16.08	96.31	4.00	80.32
	C	121.14	130.93	0.92	106.24	16.00	95.83	3.50	70.28
	D	77.40	83.66	0.82	94.69	14.10	84.45	4.20	84.34
	CK	65.20	70.47	0.79	91.22	15.80	94.63	7.40	148.59
	平均	92.522	100.000	0.866	100.000	16.696	100.000	4.980	100.000

2. 不同浓度 ABT 对不同龙榛品种苗木生长的影响

在 5 种不同浓度 ABT 处理试验中，从表 18-5 中可以看出：苗高在 79.582~99.426 cm 之间，两者相差 19.844 cm，差别率为 19.96%。其中较好的是 C 处理（1.00 g/1000 mL）为 99.426 cm；其次是 B 处理（0.75 g/1000mL）为 90.276 cm、D 处理（1.25 g/1000 mL）为 85.580 cm、A 处理（0.50 g/1000 mL）为 85.113 cm；对照（CK）较差为 79.582 cm。地径在 0.778~0.880 cm 之间，两者相差 0.102 cm，差别率为 11.59%。其中较好的是 D 处理（1.25 g/1000 mL）为 0.880 cm；其次是 C 处理（1.00 g/1000 mL）为 0.876 cm、A 处理（0.50 g/1000 mL）为 0.872 cm、B 处理（0.75 g/1000 mL）为 0.804 cm；对照（CK）较差为 0.778 cm。根长在 14.082~20.618 cm 之间，两者相差 6.536 cm，差别率为 31.70%。其中较好的是 A 处理（0.50 g/1000 mL）为 20.618 cm；其次是 D 处理（1.25 g/1000 mL）为 16.918 cm、C 处理（1.00 g/1000 mL）为 16.168 cm、B 处理（0.75g/1000 mL）为 15.870 cm；对照（CK）较差为 14.082 cm。根数在 5.800~9.760 个之间，两者相差 3.960 个，差别率为 40.57%。其中较好的是对照（CK）为 9.760 个，其余 4 个处理依次是 A 处理（0.50 g/1000 mL）为 9.066 个、D 处理（1.25 g/1000 mL）为 7.114 个、B 处理（0.75 g/1000 mL）为 6.602 个、C 处理（1.00 g/1000 mL）为 5.800 个。试验表明，过高浓度的 ABT 溶液不利于苗木的生长，同时不能促进根系产生，这与苗木的生根率和合格率结论是一致的。

表 18-5 不同浓度 ABT 对不同龙榛品种苗木生长的影响

浓度	品种	苗高		地径		根长		根数	
		/cm	/%	/cm	/%	/cm	/%	/个	/%
A	龙榛 1 号	73.20	83.00	0.68	77.98	16.40	79.54	9.60	105.89
	龙榛 2 号	72.60	85.30	0.89	102.06	17.80	86.33	5.60	61.77
	龙榛 3 号	94.67	112.23	0.79	90.60	19.39	94.04	8.33	86.23
	龙榛 4 号	90.00	105.74	1.09	125.00	28.00	135.80	16.00	176.48
	龙榛 5 号	95.10	111.73	0.91	104.36	21.50	104.28	5.80	63.98
	平均	85.113	100.000	0.872	100.000	20.618	100.000	9.066	100.000
B	龙榛 1 号	90.70	100.47	0.86	106.97	15.70	98.93	12.55	190.09
	龙榛 2 号	78.93	87.45	0.79	98.26	17.07	107.56	3.86	58.47
	龙榛 3 号	119.78	132.68	0.86	106.97	19.70	124.16	7.20	109.06
	龙榛 4 号	58.20	64.47	0.62	77.11	10.80	68.05	5.40	81.79
	龙榛 5 号	103.77	114.95	0.89	110.70	16.08	101.13	4.00	60.59
	平均	90.276	100.000	0.804	100.000	15.870	100.000	6.602	100.000
C	龙榛 1 号	96.42	96.98	0.87	99.32	13.75	85.04	11.67	201.21
	龙榛 2 号	84.92	85.41	0.93	103.16	15.67	96.92	3.00	51.72
	龙榛 3 号	98.00	98.57	0.84	95.89	15.77	97.54	4.77	82.24
	龙榛 4 号	96.65	97.21	0.82	93.61	19.65	121.54	6.06	104.48
	龙榛 5 号	121.14	121.84	0.92	105.02	16.00	98.96	3.50	60.34
	合计	99.426	100.000	0.876	100.000	16.168	100.000	5.800	100.000
D	龙榛 1 号	87.92	102.73	0.85	96.59	13.69	80.92	9.00	126.51
	龙榛 2 号	68.40	79.93	0.82	93.18	16.10	95.16	4.40	61.85
	龙榛 3 号	105.10	122.81	0.98	111.36	16.70	98.71	7.20	101.21
	龙榛 4 号	89.08	104.09	0.93	105.68	24.00	141.86	10.77	151.39
	龙榛 5 号	77.40	90.44	0.82	93.18	14.10	83.34	4.20	59.04
	平均	85.580	100.000	0.880	100	16.918	100.000	7.114	100.000
CK	龙榛 1 号	89.70	112.71	0.81	104.11	17.20	122.14	11.50	117.83
	龙榛 2 号	76.91	96.64	0.65	83.55	9.91	70.37	9.00	92.21
	龙榛 3 号	78.10	98.14	0.75	96.10	11.70	83.08	8.60	88.11

浓度	品种	苗高		地径		根长		根数	
		/cm	/%	/cm	/%	/cm	/%	/个	/%
CK	龙榛 4 号	88.00	110.58	0.89	114.40	15.80	112.20	12.30	126.02
	龙榛 5 号	65.20	81.93	0.79	101.54	15.80	112.20	7.40	75.82
	平均	79.582	100.000	0.778	100.000	14.082	100.000	9.760	100.000

第二节 GGR 对不同龙榛品种育苗的影响

GGR 是中国林业科学研究院继 ABT 后研制的下一代植物生根素，主要用于木本植物的扦插育苗。

一、不同浓度 GGR 对不同龙榛品种苗木生根的影响

1. 不同龙榛品种在不同浓度 GGR 中苗木生根的表现

通过表 18-6 可以看出：不同龙榛品种的苗木生根率在 51.807%~77.143% 之间，两者相差 25.336%，差别率为 32.844%。其中以龙榛 5 号生根率最高，达到 77.143%；其次是龙榛 3 号为 76.939%、龙榛 4 号为 65.000%；较差的是龙榛 1 号为 61.965%、龙榛 2 号为 51.807%。苗木合格率在 12.565%~28.352% 之间，两者相差 15.787%，差别率为 55.68%。以龙榛 5 号最高，达到 28.352%；其次是龙榛 3 号为 26.834%、龙榛 4 号为 18.684%；较差的是龙榛 1 号为 17.129%、龙榛 2 号为 12.565%。试验结果表明，GGR 对不同龙榛品种的影响是不一致的，对龙榛 1 号、龙榛 2 号促进生根的作用没有对龙榛 3 号、龙榛 4 号、龙榛 5 号明显。

表 18-6 不同龙榛品种在不同浓度 GGR 中苗木生根的表现

品种	浓度	育苗株数	生根情况					未生根情况	
			生根株数	生根率/%	不合格苗株数	合格苗株数	合格率/%	未生根株数	未生根率/%
龙榛 1 号	A	39	34	87.18	18	16	41.03	5	12.82
	B	81	56	69.14	44	12	14.81	25	30.86
	C	72	47	65.28	27	20	27.78	25	34.72
	D	54	30	55.56	20	10	18.52	24	44.44
	CK	151	79	52.32	69	10	6.62	72	47.68
	合计 / 平均	397	246	61.965	178	68	17.129	151	38.035

品种	浓度	育苗株数	生根情况					未生根情况	
			生根株数	生根率/%	不合格苗株数	合格苗株数	合格率/%	未生根株数	未生根率/%
龙榛2号	A	89	65	73.03	46	19	21.35	24	26.97
	B	108	84	77.78	65	19	17.59	24	22.22
	C	97	64	65.98	42	22	22.68	33	34.02
	D	101	50	49.50	50	0	0	51	50.50
	CK	186	38	20.43	25	13	6.99	148	79.57
	合计/平均	581	301	51.807	228	73	12.565	280	48.193
龙榛3号	A	67	60	89.55	28	32	47.76	7	10.45
	B	94	87	92.55	38	49	52.13	7	7.45
	C	57	53	92.98	31	22	38.60	4	7.02
	D	112	89	79.46	74	15	13.39	23	20.54
	CK	147	78	53.06	68	10	6.80	69	46.94
	合计/平均	477	367	76.939	239	128	26.834	110	23.061
龙榛4号	A	39	34	87.18	18	16	41.03	5	12.82
	B	81	56	69.14	44	12	14.81	25	30.86
	C	72	47	65.28	27	20	27.78	25	34.72
	D	54	30	55.56	20	10	18.52	24	44.44
	CK	134	80	59.70	67	13	9.70	54	40.30
	合计/平均	380	247	65.000	176	71	18.684	133	35.000
龙榛5号	A	105	93	88.57	51	42	40.00	12	11.43
	B	66	59	89.39	46	13	19.70	7	10.61
	C	61	53	86.89	23	30	49.18	8	13.11
	D	97	84	86.60	50	34	35.05	13	13.40
	CK	126	62	41.27	52	10	7.94	64	50.79
	合计/平均	455	351	77.143	222	129	28.352	104	22.857

2. 不同浓度 GGR 对不同龙榛品种苗木生根的影响

通过表 18-7 可以看出：不同浓度 GGR 处理的苗木生根率在 45.296%~84.366% 之间，两者相差 39.07%，差别率为 46.29%。其中以 A 处理（0.50 g/1000 mL）生根率最高，达到 84.366%；其次是 B 处理（0.75 g/1000 mL）为 79.535%、C 处理（1.00 g/1000 mL）为 73.538%、D 处理（1.25 g/1000 mL）为 67.703%；而对照（CK）只有 45.296%。苗木合格率则在 7.527%~36.873% 之间，两者相差 29.346%，差别率为 79.59%。其中以 A 处理（0.50 g/1000 mL）合格率最高，达到 36.873%；其次是 C 处理（0.75 g/1000 mL）为 31.755%、B 处理（1.00 g/1000mL）为 24.419%、D 处理（1.25 g/1000mL）为 16.507%；而对照（CK）只有 7.527%。试验结果表明，随着浓度的增加，GGR 促进生根的作用具有明显的下降趋势。

表 18-7 不同浓度 GGR 对不同龙榛品种苗木生根的影响

浓度	品种	育苗株数	生根情况					未生根情况	
			生根株数	生根率/%	不合格苗株数	合格苗株数	合格率/%	未生根株数	未生根率/%
A	龙榛 1 号	39	34	87.18	18	16	41.03	5	12.82
	龙榛 2 号	89	65	73.03	46	19	21.35	24	26.97
	龙榛 3 号	67	60	89.55	28	32	47.76	7	10.45
	龙榛 4 号	39	34	87.18	18	16	41.03	5	12.82
	龙榛 5 号	105	93	88.57	51	42	40.00	12	11.43
	合计 / 平均	339	286	84.366	161	125	36.873	53	15.634
B	龙榛 1 号	81	56	69.14	44	12	14.81	25	30.86
	龙榛 2 号	108	84	77.78	65	19	17.59	24	22.22
	龙榛 3 号	94	87	92.55	38	49	52.13	7	7.45
	龙榛 4 号	81	56	69.14	44	12	14.81	25	30.86
	龙榛 5 号	66	59	89.39	46	13	19.70	7	10.61
	合计 / 平均	430	342	79.535	237	105	24.419	88	20.465
C	龙榛 1 号	72	47	65.28	27	20	27.78	25	34.72
	龙榛 2 号	97	64	65.98	42	22	22.68	33	34.02
	龙榛 3 号	57	53	92.98	31	22	38.60	4	7.02
	龙榛 4 号	72	47	65.28	27	20	27.78	25	34.72
	龙榛 5 号	61	53	86.89	23	30	49.18	8	13.11
	合计 / 平均	359	264	73.538	150	114	31.755	95	26.462
D	龙榛 1 号	54	30	55.56	20	10	18.52	24	44.44

浓度	品种	育苗株数	生根情况					未生根情况	
			生根株数	生根率/%	不合格苗株数	合格苗株数	合格率/%	未生根株数	未生根率/%
D	龙榛2号	101	50	49.50	50	0	0	51	50.50
	龙榛3号	112	89	79.46	74	15	13.39	23	20.54
	龙榛4号	54	30	55.56	20	10	18.52	24	44.44
	龙榛5号	97	84	86.60	50	34	35.05	13	13.40
	合计／平均	418	283	67.703	214	69	16.507	135	32.297
CK	龙榛1号	151	79	52.32	69	10	6.62	72	47.68
	龙榛2号	186	38	20.43	25	13	6.99	148	79.57
	龙榛3号	147	78	53.06	68	10	6.80	69	46.94
	龙榛4号	134	80	59.70	67	13	9.70	54	40.30
	龙榛5号	126	62	41.27	52	10	7.94	64	50.79
	合计／平均	744	337	45.296	281	56	7.527	407	54.704

二、不同浓度 GGR 对不同龙榛品种苗木生长的影响

1. 不同龙榛品种在不同浓度 GGR 中苗木生长的表现

在龙榛5个品种的不同浓度 GGR 处理试验中，从表18-8中可以看出：苗高在83.650~91.526 cm之间，两者相差 7.876 cm，差别率为8.61%。其中较好的是龙榛2号为91.526 cm；其次是龙榛3号为88.164 cm；较差的是龙榛1号为83.990 cm、龙榛5号为83.860 cm、龙榛4号为83.650 cm。地径在0.808~0.870 cm 之间，两者相差 0.062 cm，差别率为7.13%。其中较好的是龙榛4号为0.870 cm；其次是龙榛1号为0.854 cm、龙榛2号为0.840 cm、龙榛3号为0.834 cm；较差的是龙榛5号为0.808 cm。根长在18.504~26.814 cm 之间，两者相差 8.310 cm，差别率为30.99%。其中较好的是龙榛5号为26.814 cm；其次是龙榛1号为20.088 cm、龙榛4号为19.808 cm、龙榛2号为19.674 cm；较差的是龙榛3号为18.504 cm。根数在 6.004~8.516 个之间，两者相差 2.512 个，差别率为29.50%。其中较好的是龙榛3号为8.516个；其次是龙榛4号为7.004个、龙榛1号为6.884个、龙榛5号为6.864个；较差的是龙榛2号为6.004个。试验表明，不同龙榛品种在不同浓度 GGR 中的苗高和地径变化并不大，差异并不明显，而在根长和根数上有一些差别，但并不明显。

表 18-8 不同龙榛品种在不同浓度 GGR 中苗木生长的表现

品种	浓度	苗高		地径		根长		根数	
		/cm	/%	/cm	/%	/cm	/%	/个	/%
龙榛 1 号	A	76.85	91.60	0.76	88.99	16.46	81.94	7.46	108.37
	B	85.65	101.98	0.98	114.75	19.53	97.22	4.06	58.98
	C	83.75	99.82	0.90	105.39	30.45	150.58	5.40	78.44
	D	84.00	100.01	0.82	96.02	16.80	83.63	5.80	84.25
	CK	89.70	106.80	0.81	94.85	17.20	85.62	11.50	167.05
	平均	83.990	100.000	0.854	100.000	20.088	100.000	6.884	100.000
龙榛 2 号	A	87.32	95.40	0.85	101.19	29.16	148.22	4.37	72.78
	B	95.45	104.29	0.84	100.00	23.50	119.45	4.45	74.12
	C	100.45	109.75	0.98	116.67	18.55	94.43	6.00	99.93
	D	97.50	106.53	0.88	104.76	17.25	87.68	6.20	68.86
	CK	76.91	84.03	0.65	77.38	9.91	50.37	9.00	149.90
	平均	91.526	100.000	0.840	100.000	19.674	100.000	6.004	100.000
龙榛 3 号	A	79.40	90.06	0.84	100.72	22.85	123.49	7.80	91.59
	B	81.40	92.33	0.70	83.93	17.05	92.14	12.85	150.89
	C	96.25	109.17	0.82	98.32	17.00	91.87	8.00	93.94
	D	105.67	119.86	1.06	127.10	23.92	129.27	5.33	62.59
	CK	78.10	88.58	0.75	89.93	11.70	63.23	8.60	100.98
	平均	88.164	100.000	0.834	100.000	18.504	100.000	8.516	100.000
龙榛 4 号	A	76.85	91.87	0.76	87.36	16.46	83.10	7.46	106.51
	B	85.65	101.39	0.98	112.64	19.53	98.60	4.06	57.97
	C	83.75	100.12	0.90	103.45	30.45	153.73	5.40	77.10
	D	84.00	100.42	0.82	94.25	16.80	84.81	5.80	82.81
	CK	88.00	105.20	0.89	102.30	15.80	79.77	12.30	175.61
	平均	83.650	100.000	0.870	100.000	19.808	100.000	7.004	100.000
龙榛 5 号	A	91.15	108.69	0.80	99.01	33.95	126.61	6.20	90.33
	B	96.25	114.77	0.84	103.96	26.92	100.40	4.67	68.04
	C	83.85	99.99	0.79	97.77	34.00	126.80	6.35	92.51
	D	82.85	98.80	0.82	101.49	23.40	87.27	9.70	141.32

品种	浓度	苗高		地径		根长		根数	
		/cm	/%	/cm	/%	/cm	/%	/个	/%
龙榛5号	CK	65.20	77.75	0.79	97.77	15.80	58.92	7.40	107.81
	平均	83.860	100.000	0.808	100.000	26.814	100.000	6.864	100.000

2. 不同浓度 GGR 对不同龙榛品种苗木生长的影响

在 5 种浓度 GGR 处理试验中，从表 18-9 中可以看出：苗高在 79.582~90.804 cm 之间，两者相差 11.222 cm，差别率为 12.36%。其中较好的是 D 处理（1.25 g/1000 mL）为 90.804 cm；其次是 C 处理（1.00 g/1000 mL）为 89.610 cm、B 处理（0.75g/1000 mL）为 88.880 cm、A 处理（0.50 g/1000 mL）为 82.314 cm；对照（CK）较差为 79.582cm。地径在 0.778~0.880 cm 之间，两者相差 0.102 cm，差别率为 11.59%。其中较好的是 D 处理（1.25 g/1000 mL）为 0.880 cm；其次是 C 处理（1.00 g/1000 mL）为 0.878 cm、B 处理（0.75 g/1000 mL）为 0.868 cm、A 处理（0.50 g/1000 mL）为 0.802 cm；对照（CK）较差为 0.778 cm。根长在 14.082~26.090 cm 之间，两者相差 12.008 cm，差别率为 46.03%。其中较好的是 C 处理（1.00 g/1000 mL）为 26.090 cm；其次是 A 处理（0.50 g/1000 mL）为 23.766 cm、B 处理（0.75 g/1000 mL）为 21.306 cm、D 处理（1.25 g/1000 mL）为 19.634 cm；对照（CK）较差为 14.082 cm。根数在 6.018~9.760 个之间，两者相差 3.742 个，差别率为 38.34%。其中较好的是对照（CK）为 9.760 个，其余 4 个处理依次是 A 处理（0.50 g/1000 mL）为 6.658 个、D 处理（1.25 g/1000 mL）为 6.566 个、C 处理（1.00 g/1000 mL）为 6.230 个、B 处理（0.75 g/1000 mL）为 6.018 个。试验结果表明，随着 GGR 浓度的增加，苗高、地径、根数等性状指标也在上升，而根数在下降。也就是说，高浓度的 GGR 溶液有利于促进苗木的生长，但是不能促进根系产生，这与苗木的生根率和合格率结论是一致的。

表 18-9 不同浓度 GGR 对不同龙榛品种苗木生长的影响

浓度	品种	苗高		地径		根长		根数	
		/cm	/%	/cm	/%	/cm	/%	/个	/%
A	龙榛1号	76.85	93.36	0.76	94.76	16.46	69.26	7.46	112.05
	龙榛2号	87.32	106.08	0.85	105.99	29.16	122.70	4.37	65.64
	龙榛3号	79.40	96.46	0.84	104.74	22.85	96.15	7.80	117.15
	龙榛4号	76.85	93.36	0.76	94.76	16.46	69.26	7.46	112.05
	龙榛5号	91.15	110.73	0.80	99.75	33.95	142.85	6.20	93.12
	平均	82.314	100.000	0.802	100.000	23.766	100.000	6.658	100.000
B	龙榛1号	85.65	96.37	0.98	112.90	19.53	91.66	4.06	67.46
	龙榛2号	95.45	107.39	0.84	96.77	23.50	110.30	4.45	73.94
	龙榛3号	81.40	91.58	0.70	80.65	17.05	82.14	12.85	213.53

浓度	品种	苗高 /cm	苗高 /%	地径 /cm	地径 /%	根长 /cm	根长 /%	根数 /个	根数 /%
B	龙榛4号	85.65	96.37	0.98	112.90	19.53	91.66	4.06	67.46
	龙榛5号	96.25	108.29	0.84	96.77	26.92	126.35	4.67	76.43
	平均	88.880	100.000	0.868	100.000	21.306	100.000	6.018	100.000
C	龙榛1号	83.75	93.46	0.90	102.51	30.45	116.71	5.40	86.68
	龙榛2号	100.45	112.10	0.98	111.62	18.55	71.10	6.00	96.31
	龙榛3号	96.25	107.41	0.82	93.39	17.00	65.16	8.00	128.41
	龙榛4号	83.75	93.46	0.90	102.51	30.45	116.71	5.40	86.68
	龙榛5号	83.85	93.57	0.79	89.98	34.00	130.32	6.35	101.93
	平均	89.610	100.000	0.878	100.000	26.090	100.000	6.230	100.000
D	龙榛1号	84.00	92.51	0.82	93.18	16.80	85.57	5.80	88.33
	龙榛2号	97.50	107.37	0.88	100.00	17.25	87.86	6.20	94.43
	龙榛3号	105.67	116.38	1.06	120.45	23.92	121.83	5.33	81.18
	龙榛4号	84.00	92.51	0.82	93.18	16.80	85.57	5.80	88.33
	龙榛5号	82.85	91.24	0.82	93.18	23.40	119.18	9.70	147.73
	平均	90.804	100.000	0.880	100.000	19.634	100.000	6.566	100.000
CK	龙榛1号	89.70	112.71	0.81	104.11	17.20	122.14	11.50	117.83
	龙榛2号	76.91	96.64	0.65	83.55	9.91	70.37	9.00	92.21
	龙榛3号	78.10	98.14	0.75	96.10	11.70	83.08	8.60	88.11
	龙榛4号	88.00	110.58	0.89	114.40	15.80	112.20	12.30	126.02
	龙榛5号	65.20	81.93	0.79	101.54	15.80	112.20	7.40	75.82
	平均	79.582	100.000	0.778	100.000	14.082	100.000	9.760	100.000

第三节　GA 对不同龙榛品种育苗的影响

一、不同浓度 GA 对不同龙榛品种生根的影响

GA（赤霉素）是重要的植物激素之一，在林木育苗中主要用于开花诱导、扦插育苗、组织培养

等方面。

1. 不同龙榛品种在不同浓度 GA 中苗木生根的表现

从表 18-10 中可以看出：不同龙榛品种苗木的生根率在 7.731%~53.644% 之间，两者相差 45.913%，差别率为 85.58%。其中以龙榛 4 号生根率最高，为 53.644%；其次是龙榛 1 号为 34.677%、龙榛 3 号为 34.467%、龙榛 5 号为 22.738%；较差的是龙榛 2 号为 7.731%。苗木合格率在 2.185%~5.248% 之间，两者相差 3.063%，差别率为 56.46%。以龙榛 4 号最高，为 5.248%；其次是龙榛 1 号为 4.234%、龙榛 5 号为 2.320%、龙榛 3 号为 2.268%；较差的是龙榛 2 号为 2.185%。试验结果表明，赤霉素（GA）对不同龙榛品种育苗的影响差别非常明显，对龙榛 4 号、龙榛 1 号以及龙榛 3 号促进生根作用显著，而对龙榛 2 号、龙榛 5 号促进生根作用较小。

表 18-10 不同龙榛品种在不同浓度 GA 中苗木生根的表现

品种	浓度	育苗株数	生根情况					未生根情况	
			生根株数	生根率/%	不合格苗株数	合格苗株数	合格率/%	未生根株数	未生根率/%
龙榛1号	A	59	18	30.51	18	0	0	41	69.49
	B	59	44	74.58	33	11	18.64	15	25.42
	C	120	16	13.33	16	0	0	104	86.67
	D	107	15	14.02	15	0	0	92	85.98
	CK	151	79	52.32	69	10	6.62	72	47.68
	合计/平均	496	172	34.677	151	21	4.234	324	65.323
龙榛2号	A	126	6	4.76	6	0	0	120	95.24
	B	94	1	1.06	1	0	0	93	98.94
	C	115	0	0	0	0	0	115	100.00
	D	74	1	1.35	1	0	0	73	98.65
	CK	186	38	20.43	25	13	6.99	148	79.57
	合计/平均	595	46	7.731	33	13	2.185	549	92.269
龙榛3号	A	57	33	57.89	33	0	0	24	42.11
	B	86	10	11.63	10	0	0	76	88.37
	C	69	11	15.94	11	0	0	58	84.06
	D	82	20	24.39	20	0	0	62	75.61
	CK	147	78	53.06	68	10	6.80	69	46.94

品种	浓度	育苗株数	生根情况					未生根情况	
			生根株数	生根率/%	不合格苗株数	合格苗株数	合格率/%	未生根株数	未生根率/%
龙榛3号	合计/平均	441	152	34.467	142	10	2.268	289	65.533
龙榛4号	A	62	19	30.65	16	3	4.84	43	69.35
	B	67	37	55.22	35	2	2.99	30	44.78
	C	44	25	56.82	25	0	0	19	43.18
	D	36	23	63.89	23	0	0	13	63.89
	CK	134	80	59.70	67	13	9.70	54	40.30
	合计/平均	343	184	53.644	166	18	5.248	159	46.354
龙榛5号	A	108	19	17.59	19	0	0	89	82.41
	B	97	7	7.22	7	0	0	90	92.78
	C	33	2	6.06	2	0	0	31	93.94
	D	67	8	11.94	8	0	0	59	88.06
	CK	126	62	41.27	52	10	7.94	64	50.79
	合计/平均	431	98	22.738	88	10	2.320	333	77.262

2. 不同浓度 GA 对不同龙榛品种苗木生根的影响

通过表 18-11 可以看出：不同浓度 GA 处理的苗木生根率在 14.173%~45.296% 之间，两者相差 31.123%，差别率为 68.716%。其中以对照（CK）生根率最高，达到 45.296%；其次为 B 处理（0.75 g/1000 mL），达到 24.566%，A 处理（0.50 g/1000 mL）为 23.058%，D 处理（1.25 g/1000 mL）为 18.306%；较差的是 C 处理（1.00 g/1000 mL）为 14.173%。苗木合格率则在 0~7.527% 之间，两者相差 7.527%，差别率为 100%。其中以对照（CK）合格率最高，为 7.527%；其次是 B 处理（1.00 g/1000 mL）为 3.225%，A 处理（0.50 g/1000 mL）为 0.728%；而 C 处理（0.75 g/1000 mL）和 D 处理（1.25 g/1000 mL）均为 0。试验结果表明，随着 GA 浓度的增加，其促进生根的作用呈明显下降趋势，也就是 GA 不利于生根。

表 18-11 不同浓度 GA 对不同龙榛品种苗木生根的影响

浓度	品种	育苗株数	生根情况					未生根情况	
			生根株数	生根率/%	不合格苗株数	合格苗株数	合格率/%	未生根株数	未生根率/%
A	龙榛1号	59	18	30.51	18	0	0	41	69.49
	龙榛2号	126	6	4.76	6	0	0	120	95.24
	龙榛3号	57	33	57.89	33	0	0	24	42.11
	龙榛4号	62	19	30.65	16	3	4.84	43	69.35
	龙榛5号	108	19	17.59	19	0	0	89	82.41
	合计/平均	412	95	23.058	92	3	0.728	317	76.942
B	龙榛1号	59	44	74.58	33	11	18.64	15	25.42
	龙榛2号	94	1	1.06	1	0	0	93	98.94
	龙榛3号	86	10	11.63	10	0	0	76	88.37
	龙榛4号	67	37	55.22	35	2	2.99	30	44.78
	龙榛5号	97	7	7.22	7	0	0	90	92.78
	合计/平均	403	99	24.566	86	13	3.225	304	75.434
C	龙榛1号	120	16	13.33	16	0	0	104	86.67
	龙榛2号	115	0	0	0	0	0	115	100.00
	龙榛3号	69	11	15.94	11	0	0	58	84.06
	龙榛4号	44	25	56.82	25	0	0	19	43.18
	龙榛5号	33	2	6.06	2	0	0	31	93.94
	合计/平均	381	54	14.173	54	0	0	327	85.827
D	龙榛1号	107	15	14.02	15	0	0	92	85.98
	龙榛2号	74	1	1.35	1	0	0	73	98.65
	龙榛3号	82	20	24.39	20	0	0	62	75.61
	龙榛4号	36	23	63.89	23	0	0	13	63.89
	龙榛5号	67	8	11.94	8	0	0	59	88.06
	合计/平均	366	67	18.306	67	0	0	299	81.694
CK	龙榛1号	151	79	52.32	69	10	6.62	72	47.68
	龙榛2号	186	38	20.43	25	13	6.99	148	79.57
	龙榛3号	147	78	53.06	68	10	6.80	69	46.94

浓度	品种	育苗株数	生根情况					未生根情况	
			生根株数	生根率/%	不合格苗株数	合格苗株数	合格率/%	未生根株数	未生根率/%
CK	龙榛4号	134	80	59.70	67	13	9.70	54	40.30
	龙榛5号	126	62	41.27	52	10	7.94	64	50.79
	合计/平均	744	337	45.296	281	56	7.527	407	54.704

二、不同浓度 GA 对不同龙榛品种苗木生长的影响

1. 不同龙榛品种在不同浓度 GA 中苗木生长的表现

在龙榛 5 个品种的不同浓度 GA 处理试验中，从表 18-12 中可以看出：苗高在 78.504~92.275 cm 之间，两者相差 13.771 cm，差别率为 14.92%。其中较好的是龙榛 4 号，为 92.275 cm；其次是龙榛 1 号为 85.656 cm、龙榛 3 号为 82.530 cm、龙榛 2 号为 81.790 cm；较差的是龙榛 5 号，为 78.504 cm。地径在 0.694~0.888 cm 之间，两者相差 0.194 cm，差别率为 21.85%。其中较好的是龙榛 4 号为 0.888 cm；其次是龙榛 1 号为 0.776 cm、龙榛 2 号为 0.770 cm、龙榛 5 号为 0.762 cm；较差的是龙榛 3 号为 0.694 cm。根长在 10.165~13.583 cm 之间，两者相差 3.418 cm，差别率为 25.16%。其中较好的是龙榛 4 号为 13.583 cm；其次是龙榛 1 号为 12.292 cm、龙榛 5 号为 12.078 cm；较差的是龙榛 3 号为 10.896 cm、龙榛 2 号为 10.165 cm。根数在 4.094~8.632 个之间，两者相差 4.538 个，差别率为 52.57%。其中较好的是龙榛 1 号为 8.632 个；其次是龙榛 4 号为 7.463 个、龙榛 3 号为 5.358 个；较差的是龙榛 2 号为 4.188 个、龙榛 5 号为 4.094 个。试验结果表明，不同浓度 GA 对不同龙榛品种苗木在主要指标上影响不一致，其中苗高、地径以龙榛 4 号为好，其余 4 个品种差别不大，根长各品种间差别不大，而根数则以龙榛 1 号为好，其余 4 个品种差别不大。

表 18-12 不同龙榛品种在不同浓度 GA 中苗木生长的表现

品种	浓度	苗高		地径		根长		根数	
		/cm	/%	/cm	/%	/cm	/%	/个	/%
龙榛1号	A	103.07	120.33	0.83	108.03	11.47	93.31	7.87	91.17
	B	80.63	92.13	0.81	104.38	18.69	152.05	16.81	194.74
	C	69.38	81.00	0.63	81.19	7.00	56.95	2.38	27.57
	D	85.50	99.82	0.80	103.09	7.10	57.76	4.60	53.29
	CK	89.70	104.72	0.81	104.38	17.20	139.93	11.50	133.22
	平均	85.656	100.000	0.776	100.000	12.292	100.000	8.632	100.000
龙榛2号	A	66.25	81.00	0.87	112.99	6.75	66.40	1.75	41.79

品种	浓度	苗高		地径		根长		根数	
		/cm	/%	/cm	/%	/cm	/%	/个	/%
龙榛2号	B	102.00	124.71	0.86	111.69	17.00	167.24	4.00	95.51
	D	82.00	100.26	0.70	90.91	7.00	68.86	2.00	47.76
	CK	76.91	94.03	0.65	84.42	9.91	97.49	9.00	214.90
	平均	81.790	100.000	0.770	100.000	10.165	100.000	4.188	100.000
龙榛3号	A	100.00	121.17	0.85	122.48	15.90	145.93	6.30	117.58
	B	70.00	84.82	0.71	102.31	13.80	126.65	5.70	106.38
	C	68.33	82.79	0.59	85.01	6.75	61.95	2.75	51.33
	D	96.22	116.59	0.57	82.13	6.33	58.09	3.44	64.20
	CK	78.10	94.63	0.75	108.07	11.70	107.38	8.60	160.51
	平均	82.530	100.000	0.694	100.000	10.896	100.000	5.358	100.000
龙榛4号	A	80.60	87.35	0.84	94.59	9.70	71.41	3.30	44.22
	B	96.42	104.49	0.88	99.10	19.50	143.56	4.83	64.72
	D	104.08	126.50	0.94	105.86	9.33	59.87	9.42	126.22
	CK	88.00	95.37	0.89	100.23	15.80	116.32	12.30	164.81
	平均	92.275	100.000	0.888	100.000	13.583	100.000	7.463	100.000
龙榛5号	A	80.25	102.22	0.69	90.55	8.00	66.24	4.44	108.45
	B	87.50	111.46	0.76	99.74	10.88	131.41	3.13	76.45
	C	80.00	101.91	0.82	107.61	12.00	99.35	2.50	61.06
	D	79.57	101.36	0.75	98.25	13.71	113.51	3.00	73.28
	CK	65.20	803.05	0.79	103.67	15.80	130.81	7.40	180.75
	平均	78.504	100.000	0.762	100.000	12.078	100.000	4.094	100.000

2. 不同浓度 GA 对不同龙榛品种苗木生长的影响

在 5 种浓度 GA 处理试验中，从表 18–13 中可以看出：苗高在 72.570~89.474 cm 之间，两者相差 16.904 cm，差别率为 18.89%。其中较好的是 D 处理（1.25 g/1000 mL）为 89.474 cm；其次是 B 处理（0.75 g/1000 mL）为 87.310 cm、A 处理（0.50 g/1000 mL）为 86.304 cm；较差的是对照（CK）为 79.582 cm、C 处理（1.00 g/1000 mL）为 72.570 cm。地径在 0.680~0.815 cm 之间，两者相差 0.135 cm，差别率为 16.56%。其中较好的是 A 处理（0.50 g/1000 mL）为 0.815 cm、B 处理（0.75 g/1000 mL）为

0.804 cm；其次是对照（CK）为 0.778 cm、D 处理（1.25 g/1000 mL）为 0.752 cm；较差的是 C 处理（1.00 g/1000 mL）为 0.680 cm。根长在 8.583~15.974 cm 之间，两者相差 7.391 cm，差别率为 46.27%。其中较好的是 B 处理（0.75 g/1000 mL）为 15.974 cm；其次是对照（CK）为 14.082 cm、A 处理（0.50 g/1000 mL）为 10.364 cm；较差的是 D 处理（1.25 g/1000 mL）为 8.694 cm、C 处理（1.00 g/1000 mL）为 8.583 cm。根数在 2.543~9.760 个之间，两者相差 7.217 个，差别率为 73.94%。其中较好的是对照（CK）为 9.760 个，其余 4 个处理依次是 B 处理（0.75 g/1000 mL）为 6.894 个、A 处理（0.50 g/1000 mL）为 4.762 个、D 处理（1.25 g/1000 mL）为 4.492 个、C 处理（1.00 g/1000 mL）为 2.543 个。试验结果表明，GA 处理除在苗高和地径上平均略高于对照外，在根长（B 处理除外）和根数上都低于对照，也就是说，其促进生根和根系生长的作用不明显。

表 18-13 不同浓度 GA 对不同龙榛品种苗木生长的影响

浓度	品种	苗高		地径		根长		根数	
		/cm	/%	/cm	/%	/cm	/%	/个	/%
A	龙榛 1 号	103.07	119.80	0.83	101.84	11.47	110.67	7.87	165.27
	龙榛 2 号	66.25	77.00	0.87	106.75	6.75	65.13	1.75	36.75
	龙榛 3 号	100.00	116.23	0.85	104.29	15.90	153.42	6.30	132.30
	龙榛 4 号	80.60	93.68	0.84	103.07	9.70	93.59	3.30	69.30
	龙榛 5 号	80.25	93.28	0.69	84.66	8.00	77.19	4.44	93.24
	平均	86.034	100.000	0.815	100.000	10.364	100.000	4.762	100.000
B	龙榛 1 号	80.63	92.35	0.81	100.75	18.69	117.00	16.81	243.54
	龙榛 2 号	102.00	116.83	0.86	106.97	17.00	106.42	4.00	58.02
	龙榛 3 号	70.00	80.17	0.71	88.31	13.80	86.39	5.70	82.68
	龙榛 4 号	96.42	110.43	0.88	109.45	19.50	122.07	4.83	70.06
	龙榛 5 号	87.50	100.21	0.76	94.53	10.88	68.11	3.13	45.40
	平均	87.310	100.000	0.804	100.000	15.974	100.000	6.894	100.000
C	龙榛 1 号	69.38	95.60	0.63	92.65	7.00	81.56	2.38	93.59
	龙榛 3 号	68.33	94.16	0.59	86.76	6.75	78.64	2.75	108.14
	龙榛 5 号	80.00	110.24	0.82	120.59	12.00	139.81	2.50	98.31
	合计	72.570	100.000	0.680	100.000	8.583	100.000	2.543	100.000
D	龙榛 1 号	85.50	95.56	0.80	106.38	7.10	81.67	4.60	102.40
	龙榛 2 号	82.00	91.65	0.70	93.09	7.00	80.52	2.00	44.52
	龙榛 3 号	96.22	107.54	0.57	75.80	6.33	72.81	3.44	76.58
	龙榛 4 号	104.08	116.32	0.94	125.00	9.33	107.32	9.42	209.71

浓度	品种	苗高		地径		根长		根数	
		/cm	/%	/cm	/%	/cm	/%	/个	/%
D	龙榛 5 号	79.57	88.93	0.75	99.73	13.71	157.69	3.00	66.79
	平均	89.474	100.000	0.752	100.000	8.694	100.000	4.492	100.000
CK	龙榛 1 号	89.70	112.71	0.81	104.11	17.20	122.14	11.50	117.83
	龙榛 2 号	76.91	96.64	0.65	83.55	9.91	70.37	9.00	92.21
	龙榛 3 号	78.10	98.14	0.75	96.10	11.70	83.08	8.60	88.11
	龙榛 4 号	88.00	110.58	0.89	114.40	15.80	112.20	12.30	126.02
	龙榛 5 号	65.20	81.93	0.79	101.54	15.80	112.20	7.40	75.82
	平均	79.582	100.000	0.778	100.000	14.082	100.000	9.760	100.000

第四节 6-BA 对不同龙榛品种育苗的影响

6-BA 是重要的植物激素之一，在林木育苗中主要用于扦插育苗、组织培养等方面。

一、不同浓度 6-BA 对不同龙榛品种苗木生根的影响

1. 不同龙榛品种在不同浓度 6-BA 中苗木生根的表现

从表 18-14 中可以看出：不同龙榛品种的苗木生根率在 21.325%~67.188% 之间，两者相差 45.863%，差别率为 68.26%。其中以龙榛 4 号生根率最高，为 67.188%；其次是龙榛 1 号为 63.004%、龙榛 3 号为 58.503%、龙榛 5 号为 38.588%；较差的龙榛 2 号为 21.325%。苗木合格率在 2.692%~12.946% 之间，两者相差 10.254%，差别率为 79.21%。以龙榛 4 号最好，为 12.946%；其次是龙榛 3 号为 8.163%、龙榛 5 号为 5.412%；较差的是龙榛 1 号为 3.663%、龙榛 2 号为 2.692%。试验结果表明，6-BA 对于不同龙榛品种生根的影响是不一致的，对龙榛 2 号几乎无促进生根作用，对龙榛 5 号的促进生根作用没有对龙榛 1 号、龙榛 3 号、龙榛 4 号作用明显。

表 18-14 不同龙榛品种在不同浓度 6-BA 中苗木生根的表现

品种	浓度	育苗株数	生根情况					未生根情况	
			生根株数	生根率 /%	不合格苗株数	合格苗株数	合格率 /%	未生根株数	未生根率 /%
龙榛 1 号	A	119	33	27.73	33	0	0	86	72.27

品种	浓度	育苗株数	生根情况					未生根情况	
			生根株数	生根率/%	不合格苗株数	合格苗株数	合格率/%	未生根株数	未生根率/%
龙榛1号	B	89	66	74.16	66	0	0	23	25.84
	C	88	75	85.23	75	0	0	13	14.77
	D	99	91	91.92	81	10	10.10	8	8.08
	CK	151	79	52.32	69	10	6.62	72	47.68
	合计/平均	546	344	63.004	324	20	3.663	202	36.996
龙榛2号	A	89	7	7.87	7	0	0	82	92.13
	B	66	21	31.82	21	0	0	45	68.18
	C	73	15	20.55	15	0	0	58	79.45
	D	69	22	31.88	22	0	0	47	68.12
	CK	186	38	20.43	25	13	6.99	148	79.57
	合计/平均	483	103	21.325	90	13	2.692	380	78.675
龙榛3号	A	78	32	41.03	31	1	1.28	46	58.97
	B	43	32	74.42	27	5	11.63	11	25.58
	C	86	51	59.30	41	10	11.63	35	40.70
	D	87	65	74.71	55	10	11.49	22	25.29
	CK	147	78	53.06	68	10	6.80	69	46.94
	合计/平均	441	258	58.503	222	36	8.163	183	41.497
龙榛4号	A	62	47	75.81	37	10	16.13	15	24.19
	B	86	64	74.42	54	10	11.63	22	25.58
	C	81	51	62.96	41	10	12.35	30	37.04
	D	85	59	69.41	44	15	17.65	26	30.59
	CK	134	80	59.70	67	13	9.70	54	40.30
	合计/平均	448	301	67.188	243	58	12.946	147	32.813
龙榛5号	A	83	12	14.46	12	0	0	71	85.54
	B	63	18	28.57	18	0	0	45	71.43
	C	69	31	44.93	21	10	14.49	38	55.07

品种	浓度	育苗株数	生根情况					未生根情况	
			生根株数	生根率/%	不合格苗株数	合格苗株数	合格率/%	未生根株数	未生根率/%
	D	84	41	48.81	38	3	3.57	43	51.19
龙榛5号	CK	126	62	41.27	52	10	7.94	64	50.79
	合计/平均	425	164	38.588	141	23	5.412	261	61.412

2. 不同浓度 6-BA 对不同龙榛品种生根的影响

通过表 18-15 可以看出：不同浓度 6-BA 处理的龙榛苗木生根率在 30.394%~65.566% 之间，两者相差 35.172%，差别率为 53.65%。其中以 D 处理（1.25 g/1000 mL）生根率最高，为 65.566%；其次是 B 处理（0.75 g/1000 mL）达到 57.925%，C 处理（1.00 g/1000 mL）为 56.171%；较差的是对照（CK），只达到 45.296%，A 处理（0.50 g/1000 mL）为 30.394%。苗木合格率在 2.552%~8.962% 之间，两者相差 6.41%，差别率为 71.52%。其中以 D 处理（1.25 g/1000 mL）合格率最高，为 8.962%；其次是 C 处理（0.75 g/1000 mL）为 7.557%、对照（CK）为 7.527%；而 B 处理（1.00 g/1000 mL）只有 4.323%，A 处理（0.50 g/1000 mL）仅达到 2.552%。试验结果表明，随着 6-BA 浓度的增加，其促进苗木生根的作用也具有明显的上升趋势。

表 18-15 不同浓度 6-BA 对不同龙榛品种生根的影响

浓度	品种	育苗株数	生根情况					未生根情况	
			生根株数	生根率/%	不合格苗株数	合格苗株数	合格率/%	未生根株数	未生根率/%
A	龙榛1号	119	33	27.73	33	0	0	86	72.27
	龙榛2号	89	7	7.87	7	0	0	82	92.13
	龙榛3号	78	32	41.03	31	1	1.28	46	58.97
	龙榛4号	62	47	75.81	37	10	16.13	15	24.19
	龙榛5号	83	12	14.46	12	0	0	71	85.54
	合计/平均	431	131	30.394	120	11	2.552	300	69.606
B	龙榛1号	89	66	74.16	66	0	0	23	25.84
	龙榛2号	66	21	31.82	21	0	0	45	68.18
	龙榛3号	43	32	74.42	27	5	11.63	11	25.58
	龙榛4号	86	64	74.42	54	10	11.63	22	25.58
	龙榛5号	63	18	28.57	18	0	0	45	71.43

浓度	品种	育苗株数	生根情况					未生根情况	
			生根株数	生根率/%	不合格苗株数	合格苗株数	合格率/%	未生根株数	未生根率/%
B	合计/平均	347	201	57.925	186	15	4.323	146	42.075
C	龙榛1号	88	75	85.23	75	0	0	13	14.77
	龙榛2号	73	15	20.55	15	0	0	58	79.45
	龙榛3号	86	51	59.30	41	10	11.63	35	40.70
	龙榛4号	81	51	62.96	41	10	12.35	30	37.04
	龙榛5号	69	31	44.93	21	10	14.49	38	55.07
	合计/平均	397	223	56.171	193	30	7.557	174	43.829
D	龙榛1号	99	91	91.92	81	10	10.10	8	8.08
	龙榛2号	69	22	31.88	22	0	0	47	68.12
	龙榛3号	87	65	74.71	55	10	11.49	22	25.29
	龙榛4号	85	59	69.41	44	15	17.65	26	30.59
	龙榛5号	84	41	48.81	38	3	3.57	43	51.19
	合计/平均	424	278	65.566	240	38	8.962	146	34.434
CK	龙榛1号	151	79	52.32	69	10	6.62	72	47.68
	龙榛2号	186	38	20.43	25	13	6.99	148	79.57
	龙榛3号	147	78	53.06	68	10	6.80	69	46.94
	龙榛4号	134	80	59.70	67	13	9.70	54	40.30
	龙榛5号	126	62	41.27	52	10	7.94	64	50.79
	合计/平均	744	337	45.296	281	56	7.527	407	54.704

二、不同浓度 6-BA 对不同龙榛品种苗木生长的影响

1. 不同龙榛品种在不同浓度 6-BA 中苗木生长的表现

在龙榛 5 个品种的不同浓度 6-BA 处理试验中，从表 18-16 中可以看出：苗高在 69.454~104.042 cm 之间，两者相差 34.588 cm，差别率为 33.24%。其中较好的是龙榛 4 号为 104.042 cm；其次是龙榛 1 号为 91.100 cm、龙榛 3 号为 84.040 cm、龙榛 5 号为 78.514 cm；较差的是龙榛 2 号为 69.454 cm。地径在 0.724~1.046 cm 之间，两者相差 0.322 cm，差别率为 30.78%。其中较好的是龙榛 4 号为 1.046 cm；其次是龙榛 1 号为 0.862 cm、龙榛 3 号为 0.826 cm、龙榛 5 号为 0.794 cm；较差的是龙榛 2 号为 0.724 cm。

根长在 12.098~24.488 cm 之间，两者相差 12.39 cm，差别率为 50.56%。其中较好的是龙榛 4 号为 24.488 cm；其次是龙榛 3 号为 19.520 cm、龙榛 1 号为 19.400 cm、龙榛 5 号为 18.716 cm；较差的是龙榛 2 号为 12.098 cm。根数在 4.586~10.428 个之间，两者相差 5.842 个，差别率为 56.02%，其中较好的是龙榛 4 号为 10.428 个；其次是龙榛 1 号为 7.260 个、龙榛 3 号为 6.560 个、龙榛 5 号为 6.052 个；较差的是龙榛 2 号为 4.586 个。试验结果表明，不同浓度 6-BA 对不同龙榛品种苗木生长的影响是不一致的，对龙榛 2 号近无促进生长作用，对龙榛 5 号的促进生长作用没有对龙榛 1 号、龙榛 3 号、龙榛 4 号作用明显，这与促进生根作用是一致的。苗木的 4 个指标以龙榛 4 号为最好，然后是龙榛 1号、龙榛 3 号。

表 18-16　不同龙榛品种在不同浓度 6-BA 中苗木生长的表现

品种	浓度	苗高		地径		根长		根数	
		/cm	/%	/cm	/%	/cm	/%	/个	/%
龙榛 1 号	A	96.40	105.82	0.77	80.04	10.70	55.15	4.50	61.98
	B	65.40	71.79	0.78	90.49	18.70	96.39	5.10	70.25
	C	96.40	105.82	0.87	100.93	24.50	126.29	8.60	118.46
	D	107.60	118.11	1.08	125.29	25.90	133.51	6.60	90.91
	CK	89.70	98.46	0.81	93.97	17.20	88.66	11.50	158.40
	平均	91.100	100.00	0.862	100.00	19.400	100.00	7.260	100.00
龙榛 2 号	A	74.75	107.63	0.78	107.73	7.63	63.07	2.75	59.97
	B	67.91	97.78	0.76	104.97	12.55	103.74	2.18	47.54
	C	68.50	98.63	0.77	106.35	14.70	121.51	3.70	80.68
	D	59.20	85.24	0.66	91.16	15.70	129.77	5.30	115.57
	CK	76.91	110.74	0.65	89.78	9.91	81.91	9.00	196.25
	平均	69.454	100.00	0.724	100.00	12.098	100.00	4.586	100.00
龙榛 3 号	A	91.80	109.23	0.68	82.32	17.50	89.65	6.70	102.13
	B	73.20	87.10	0.89	107.75	17.10	87.60	6.00	91.46
	C	109.10	129.82	1.02	123.49	26.20	134.22	5.00	76.22
	D	68.20	81.15	0.79	95.64	25.10	128.59	6.50	99.09
	CK	78.10	92.93	0.75	90.80	11.70	59.94	8.60	131.10
	平均	84.040	100.00	0.826	100.00	19.520	100.00	6.560	100.00
龙榛 4 号	A	106.53	102.39	1.04	99.43	16.59	67.75	10.00	95.90
	B	133.40	128.22	1.21	115.68	25.30	103.32	11.00	105.49

品种	浓度	苗高		地径		根长		根数	
		/cm	/%	/cm	/%	/cm	/%	/个	/%
龙榛4号	C	95.20	91.50	1.06	101.34	33.90	138.44	10.30	98.77
	D	97.08	93.31	1.03	98.47	30.85	125.98	8.54	81.89
	CK	88.00	84.58	0.89	85.09	15.80	64.52	12.30	117.95
	平均	104.042	100.00	1.046	100.00	24.488	100.00	10.428	100.00
龙榛5号	A	107.40	136.79	0.90	112.35	15.90	84.95	3.90	64.44
	B	57.30	72.98	0.74	93.20	13.00	69.50	3.60	59.48
	C	82.75	105.40	0.77	96.98	27.13	144.96	7.19	118.80
	D	79.92	101.79	0.77	96.98	21.75	115.94	8.17	135.00
	CK	65.20	83.04	0.79	99.50	15.80	84.42	7.40	122.27
	平均	78.514	100.00	0.794	100.00	18.716	100.00	6.052	100.00

2. 不同浓度6-BA对不同龙榛品种苗木生长的影响

在5种6-BA浓度处理试验中，从表18-17中可以看出：苗高在79.442~95.376 cm之间，两者相差15.934 cm，差别率为16.71%。其中较好的是A处理（0.50 g/1000 mL）为95.376 cm；其次是C处理（1.00 g/1000 mL）为90.390 cm、D处理（1.25 g/1000 mL）为82.400 cm；较差的是对照（CK）为79.582 cm、B处理（0.75 g/1000 mL）为79.442 cm。地径在0.778~0.898 cm之间，两者相差0.12 cm，差别率为13.17%。其中较好的是C处理（1.00 g/1000 mL）为0.898 cm；其次是B处理（0.75 g/1000 mL）为0.876 cm、D处理（1.25 g/1000 mL）为0.866 cm、A处理（0.50 g/1000 mL）为0.834 cm；较差的是对照（CK）为0.778 cm。根长在13.664~25.286 cm之间，两者相差11.622 cm，差别率为45.96%。其中较好的是C处理（1.00 g/1000 mL）为25.286 cm、D处理（1.25 g/1000 mL）为23.860 cm；其次是B处理（0.75 g/1000 mL）为17.330 cm；较差的是对照（CK）为14.082 cm、A处理（0.50 g/1000 mL）为13.664 cm。根数在5.570~9.760个之间，两者相差4.190个，差别率为42.93%。其中较好的是对照（CK）为9.760个，其余4个处理依次是D处理（1.25 g/1000 mL）为7.022个、C处理（1.00 g/1000 mL）为6.958个、B处理（0.75 g/1000 mL）为5.576个、A处理（0.50 g/1000 mL）为5.570个。试验结果表明，随着6-BA浓度的增加，其促进生长的作用呈下降的趋势。这与随着6-BA浓度的增加，促进生根的作用有些差别。

表 18-17 不同浓度 6-BA 对不同龙榛品种苗木生长的影响

浓度	品种	苗高		地径		根长		根数	
		/cm	/%	/cm	/%	/cm	/%	/个	/%
A	龙榛 1 号	96.40	101.07	0.77	92.33	10.70	78.31	4.50	80.79
	龙榛 2 号	74.75	78.37	0.78	93.53	7.63	55.84	2.75	49.37
	龙榛 3 号	91.80	96.25	0.68	81.53	17.50	128.07	6.70	120.29
	龙榛 4 号	106.53	111.69	1.04	124.70	16.59	121.41	10.00	179.53
	龙榛 5 号	107.40	112.61	0.90	107.91	15.90	116.36	3.90	70.02
	平均	95.376	100.000	0.834	100.000	13.664	100.000	5.570	100.000
B	龙榛 1 号	65.40	82.32	0.78	89.04	18.70	107.91	5.10	91.46
	龙榛 2 号	67.91	85.48	0.76	86.76	12.55	72.42	2.18	39.10
	龙榛 3 号	73.20	92.14	0.89	101.60	17.10	98.67	6.00	107.60
	龙榛 4 号	133.40	167.92	1.21	138.13	25.30	145.99	11.00	197.27
	龙榛 5 号	57.30	72.13	0.74	84.47	13.00	75.01	3.60	64.56
	平均	79.442	100.000	0.876	100.000	17.330	100.000	5.576	100.000
C	龙榛 1 号	96.40	116.50	0.87	96.88	24.50	96.89	8.60	123.60
	龙榛 2 号	68.50	75.78	0.77	85.75	14.70	58.13	3.70	53.18
	龙榛 3 号	109.10	120.70	1.02	113.59	26.20	103.61	5.00	71.86
	龙榛 4 号	95.20	105.32	1.06	118.04	33.90	134.07	10.30	148.03
	龙榛 5 号	82.75	91.55	0.77	85.75	27.13	107.29	7.19	103.33
	平均	90.390	100.000	0.898	100.000	25.286	100.000	6.958	100.000
D	龙榛 1 号	107.60	130.58	1.08	124.71	25.90	108.55	6.60	93.99
	龙榛 2 号	59.20	71.84	0.66	76.21	15.70	65.80	5.30	75.48
	龙榛 3 号	68.20	82.77	0.79	91.22	25.10	105.20	6.50	92.57
	龙榛 4 号	97.08	117.82	1.03	118.94	30.85	129.30	8.54	121.62
	龙榛 5 号	79.92	96.99	0.77	88.91	21.75	91.16	8.17	116.35
	平均	82.400	100.000	0.866	100.000	23.860	100.000	7.022	100.000
CK	龙榛 1 号	89.70	112.71	0.81	104.11	17.20	122.14	11.50	117.83
	龙榛 2 号	76.91	96.64	0.65	83.55	9.91	70.37	9.00	92.21
	龙榛 3 号	78.10	98.14	0.75	96.10	11.70	83.08	8.60	88.11

浓度	品种	苗高 /cm	苗高 /%	地径 /cm	地径 /%	根长 /cm	根长 /%	根数 /个	根数 /%
	龙榛 4 号	88.00	110.58	0.89	114.40	15.80	112.20	12.30	126.02
CK	龙榛 5 号	65.20	81.93	0.79	101.54	15.80	112.20	7.40	75.82
	平均	79.582	100.000	0.778	100.000	14.082	100.000	9.760	100.000

第五节 NAA 对不同龙榛品种育苗的影响

一、不同浓度 NAA 对不同龙榛品种苗木生根的影响

NAA 是常见的重要植物激素之一，在林木育苗中主要用于扦插育苗、组织培养等方面。

1. 不同龙榛品种在不同浓度 NAA 中苗木生根的表现

通过表 18-18 可以看出：不同龙榛品种苗木的生根率在 11.641%~55.344% 之间，两者相差 43.703%，差别率为 78.97%。其中以龙榛 4 号苗木生根率最高，为 55.344%；其次是龙榛 3 号为 52.706%、龙榛 1 号为 43.269%、龙榛 5 号为 35.566%；较差的是龙榛 2 号为 11.641%。苗木合格率在 2.481%~8.000% 之间，两者相差 5.519%，差别率为 68.99%。以龙榛 3 号最好，为 8.000%；其次是龙榛 5 号为 5.081%、龙榛 1 号为 3.846%；较差的是龙榛 4 号为 3.088%、龙榛 2 号为 2.481%。试验结果表明，不同浓度 NAA 对不同龙榛品种苗木生根的影响很大，对龙榛 2 号近无促进生根作用，对龙榛 5 号的促进生根作用没有对龙榛 1 号、龙榛 3 号、龙榛 4 号作用明显。

表 18-18 不同龙榛品种在不同浓度 NAA 中苗木生根的表现

品种	浓度	育苗株数	生根情况 生根株数	生根情况 生根率 /%	生根情况 不合格苗株数	生根情况 合格苗株数	生根情况 合格率 /%	未生根情况 未生根株数	未生根情况 未生根率 /%
	A	102	65	63.73	55	10	9.80	37	36.27
	B	72	38	52.78	38	0	0	34	47.22
	C	94	18	19.15	18	0	0	76	80.85
龙榛 1 号	D	101	25	24.75	25	0	0	76	75.25
	CK	151	79	52.32	69	10	6.62	72	47.68
	合计 / 平均	520	225	43.269	205	20	3.846	295	56.731

品种	浓度	育苗株数	生根情况					未生根情况	
			生根株数	生根率/%	不合格苗株数	合格苗株数	合格率/%	未生根株数	未生根率/%
龙榛2号	A	78	17	21.79	17	0	0	61	78.21
	B	86	4	4.65	4	0	0	82	95.35
	C	55	0	0	0	0	0	55	100
	D	119	2	1.68	2	0	0	117	98.32
	CK	186	38	20.43	25	13	6.99	148	79.57
	合计/平均	524	61	11.641	48	13	2.481	463	88.359
龙榛3号	A	46	27	58.70	23	4	8.70	19	41.30
	B	80	36	45.00	26	10	12.50	44	55.00
	C	59	20	33.90	10	10	16.95	39	66.10
	D	93	63	67.74	63	0	0	30	32.26
	CK	147	78	53.06	68	10	6.80	69	46.94
	合计/平均	425	224	52.706	190	34	8.000	201	47.294
龙榛4号	A	49	33	67.35	33	0	0	16	32.65
	B	57	32	56.14	32	0	0	25	43.86
	C	88	41	46.59	41	0	0	47	53.41
	D	93	47	50.54	47	0	0	46	49.46
	CK	134	80	59.70	67	13	9.70	54	40.30
	合计/平均	421	233	55.344	220	13	3.088	188	44.656
龙榛5号	A	97	36	37.11	35	1	1.03	61	62.89
	B	80	11	13.75	11	0	0	69	86.25
	C	42	14	33.33	14	0	0	28	66.67
	D	88	31	35.23	20	11	12.50	57	64.77
	CK	126	62	41.27	52	10	7.94	64	50.79
	合计/平均	433	154	35.566	132	22	5.081	279	64.434

2. 不同浓度 NAA 对不同龙榛品种苗木生根的影响

通过表 18-19 可以看出：不同浓度 NAA 处理的龙榛苗木生根率在 27.715%~47.849% 之间，两者相差 20.136%，差别率为 42.08%。其中以 A 处理（0.50 g/1000 mL）生根率最高，为 47.849%；其次是对照（CK）为 45.296%、D 处理（1.25 g/1000 mL）为 34.008%、B 处理（0.75 g/1000 mL）为 32.267%，较差的是 C 处理（1.00 g/1000 mL）为 27.715%。苗木合格率在 2.227%~7.527% 之间，两者相差 5.300%，差别率为 70.41%。其中以对照（CK）苗木合格率最高，为 7.527%，其余依次是 A 处理（0.50 g/1000 mL）为 4.032%、C 处理（0.75 g/1000 mL）为 2.959%，较差的是 B 处理（1.00 g/1000 mL）为 2.667%，而 D 处理（1.25 g/1000 mL）最小为 2.227%。试验结果表明，随着浓度的增加，NAA 促进生根的作用也有明显的下降趋势，在苗木生根率和合格率上都不及对照的结果。

表 18-19 不同浓度 NAA 对不同龙榛品种苗木生根的影响

浓度	品种	育苗株数	生根情况					未生根情况	
			生根株数	生根率/%	不合格苗株数	合格苗株数	合格率/%	未生根株数	未生根率/%
A	龙榛 1 号	102	65	63.73	55	10	9.80	37	36.27
	龙榛 2 号	78	17	21.79	17	0	0	61	78.21
	龙榛 3 号	46	27	58.70	23	4	8.70	19	41.30
	龙榛 4 号	49	33	67.35	33	0	0	16	32.65
	龙榛 5 号	97	36	37.11	35	1	1.03	61	62.89
	合计／平均	372	178	47.849	163	15	4.032	194	52.151
B	龙榛 1 号	72	38	52.78	38	0	0	34	47.22
	龙榛 2 号	86	4	4.65	4	0	0	82	95.35
	龙榛 3 号	80	36	45.00	26	10	12.50	44	55.00
	龙榛 4 号	57	32	56.14	32	0	0	25	43.86
	龙榛 5 号	80	11	13.75	11	0	0	69	86.25
	合计／平均	375	121	32.267	111	10	2.667	254	67.733
C	龙榛 1 号	94	18	19.15	18	0	0	76	80.85
	龙榛 2 号	55	0	0	0	0	0	55	100.00
	龙榛 3 号	59	20	33.90	10	10	16.95	39	66.10
	龙榛 4 号	88	41	46.59	41	0	0	47	53.41
	龙榛 5 号	42	14	33.33	14	0	0	28	66.67
	合计／平均	338	93	27.715	83	10	2.959	245	72.485
D	龙榛 1 号	101	25	24.75	25	0	0	76	75.25
	龙榛 2 号	119	2	1.68	2	0	0	117	98.32
	龙榛 3 号	93	63	67.74	63	0	0	30	32.26

浓度	品种	育苗株数	生根情况					未生根情况	
			生根株数	生根率/%	不合格苗株数	合格苗株数	合格率/%	未生根株数	未生根率/%
D	龙榛4号	93	47	50.54	47	0	0	46	49.46
	龙榛5号	88	31	35.23	20	11	12.50	57	64.77
	合计/平均	494	168	34.008	157	11	2.227	326	65.992
CK	龙榛1号	151	79	52.32	69	10	6.62	72	47.68
	龙榛2号	186	38	20.43	25	13	6.99	148	79.57
	龙榛3号	147	78	53.06	68	10	6.80	69	46.94
	龙榛4号	134	80	59.70	67	13	9.70	54	40.30
	龙榛5号	126	62	41.27	52	10	7.94	64	50.79
	合计/平均	744	337	45.296	281	56	7.527	407	54.704

二、不同浓度 NAA 对不同龙榛品种苗木生长的影响

1. 不同龙榛品种在不同浓度 NAA 中苗木生长的表现

在龙榛5个品种的不同浓度 NAA 处理试验中，从表18-20中可以看出：苗高在75.440~90.678 cm 之间，两者相差 15.238 cm，差别率为16.80%。其中较好的是龙榛1号为90.678 cm、龙榛2号为89.628 cm；其次是龙榛3号为84.900 cm、龙榛4号为83.260 cm；较差的是龙榛5号为75.440 cm。地径在0.722~0.823 cm 之间，两者相差 0.101 cm，差别率为12.27%。其中较好的是龙榛2号为0.823 cm、龙榛4号为0.816 cm；其次是龙榛1号为0.758 cm、龙榛3号为0.744 cm；较差的是龙榛5号为0.722 cm。根长在10.165~18.480 cm 之间，两者相差 8.315 cm，差别率为44.99%。其中较好的是龙榛4号为18.480 cm；其次是龙榛5号为18.116 cm、龙榛3号为14.220 cm、龙榛1号为13.180 m；较差的是龙榛2号为10.165 cm。根数在5.263~7.100 个之间，两者相差 1.837 个，差别率为25.87%。其中较好的是龙榛4号为7.100 个；其次是龙榛1号为6.972 个、龙榛5号为5.940 个、龙榛3号为5.380 个；较差的是龙榛2号为5.263 个。试验表明，不同龙榛品种在 NAA 中的苗高和地径变化并不大，差异并不明显，而在根长和根数上是有一些差别的，尤以龙榛4号表现较好，其他4个品种差异不明显。

表 18-20 不同龙榛品种在不同浓度 NAA 中苗木生长的表现

品种	浓度	苗高 /cm	苗高 /%	地径 /cm	地径 /%	根长 /cm	根长 /%	根数 /个	根数 /%
龙榛 1 号	A	105.09	115.89	0.91	120.05	21.00	159.33	10.36	148.59
	B	98.20	108.30	0.92	121.37	13.50	102.43	4.80	68.85
	C	74.90	82.60	0.53	69.92	8.10	61.46	3.70	53.07
	D	85.50	94.29	0.62	81.79	6.10	46.28	4.50	64.54
	CK	89.70	98.92	0.81	106.86	17.20	130.50	11.50	164.95
	平均	90.678	100.000	0.758	100.000	13.180	100.000	6.972	100.000
龙榛 2 号	A	90.60	101.08	0.92	111.79	11.00	108.21	3.80	72.20
	B	99.00	110.46	0.85	130.28	15.25	150.02	3.25	61.75
	D	92.00	102.65	0.87	105.71	4.50	44.27	5.00	95.00
	CK	76.91	85.81	0.65	78.98	9.91	97.49	9.00	171.01
	平均	89.628	100.000	0.823	100.000	10.165	100.000	5.263	100.000
龙榛 3 号	A	86.70	102.12	0.74	99.46	19.20	135.02	5.30	98.51
	B	85.50	100.71	0.67	90.05	14.60	102.67	7.20	133.83
	C	74.70	87.99	0.54	72.58	8.80	61.88	2.20	40.89
	D	99.50	117.20	1.02	137.10	16.80	118.14	3.60	66.91
	CK	78.10	91.99	0.75	100.81	11.70	82.28	8.60	159.85
	平均	84.900	100.000	0.744	100.000	14.220	100.000	5.380	100.000
龙榛 4 号	A	82.40	98.96	0.88	107.84	19.50	105.52	3.90	54.93
	B	88.40	106.17	0.88	107.84	14.30	77.38	5.20	73.24
	C	63.20	75.91	0.59	72.30	19.20	103.89	7.40	104.23
	D	94.30	113.26	0.84	102.94	23.60	127.71	6.70	94.327
	CK	88.00	105.69	0.89	109.07	15.80	85.50	12.30	173.24
	平均	83.260	100.000	0.816	100.000	18.480	100.000	7.100	100.000
龙榛 5 号	A	68.08	90.24	0.68	94.18	22.92	126.52	5.54	93.27
	B	80.63	106.88	0.66	91.41	10.50	57.96	3.25	54.71
	C	80.38	106.55	0.73	101.11	12.54	69.22	4.69	78.96
	D	82.91	109.90	0.75	103.88	28.82	159.09	8.82	148.48

品种	浓度	苗高		地径		根长		根数	
		/cm	/%	/cm	/%	/cm	/%	/个	/%
龙榛 5 号	CK	65.20	86.43	0.79	109.42	15.80	87.22	7.40	124.58
	平均	75.440	100.000	0.722	100.000	18.116	100.000	5.940	100.000

2. 不同浓度 NAA 对不同龙榛品种苗木生长的影响

在 5 种 NAA 浓度处理试验中，我们可以从表 18-21 中看出：苗高在 73.295~90.842 cm 之间，两者相差 17.547 cm，差别率为 19.30%。其中较好的是 D 处理（1.25 g/1000 mL）为 90.842 cm、B 处理（0.75 g/1000 mL）为 90.346 cm；其次是 A 处理（0.50 g/1000 mL）为 86.574 cm；较差的是对照（CK）为 79.582 cm、C 处理（1.00 g/1000 mL）为 73.295 cm。地径在 0.598~0.826 cm 之间，两者相差 0.228 cm，差别率为 27.60%。其中较好的是 A 处理（0.50 g/1000 mL）为 0.826 cm；其次是 D 处理（1.25 g/1000 mL）为 0.820 cm、B 处理（0.75 g/1000 mL）为 0.796 cm、对照（CK）为 0.778 cm；较差的是 C 处理（1.00 g/1000 mL）为 0.598 cm。根长在 12.160~18.724 cm 之间，两者相差 6.564 cm，差别率为 35.06%。其中较好的是 A 处理（0.50 g/1000 mL）为 18.724 cm、D 处理（1.25 g/1000 mL）为 15.964 cm；其次是对照（CK）为 14.082 cm；较差的是 B 处理（0.75 g/1000 mL）为 13.630 cm、C 处理（1.00 g/1000 mL）为 12.160 cm。根数在 4.498~9.760 个之间，两者相差 5.262 个，差别率为 53.91%。其中较好的是对照（CK）为 9.760 个，其余 4 个处理依次是 A 处理（0.50 g/1000 mL）为 5.780 个、D 处理（1.25 g/1000 mL）为 5.724 个、B 处理（0.75 g/1000 mL）为 4.740 个、C 处理（1.00 g/1000 mL）为 4.498 个。试验结果表明，随着 NAA 浓度的增加，苗高、地径等性状指标近似上升，根长互有高低，而根数则在下降。这表明高浓度的 NAA 溶液有利于促进苗木的生长，但是不能促进根系产生，这与苗木的生根率和合格率结论是一致的。

表 18-21 不同浓度 NAA 对不同龙榛品种苗木生长的影响

浓度	品种	苗高		地径		根长		根数	
		/cm	/%	/cm	/%	/cm	/%	/个	/%
A	龙榛 1 号	105.09	121.39	0.91	110.17	21.00	112.16	10.36	179.24
	龙榛 2 号	90.60	104.65	0.92	111.38	11.00	64.74	3.80	65.74
	龙榛 3 号	86.70	100.15	0.74	89.59	19.20	102.54	5.30	91.70
	龙榛 4 号	82.40	95.18	0.88	106.54	19.50	104.14	3.90	67.47
	龙榛 5 号	68.08	78.64	0.68	82.24	22.92	122.41	5.54	95.85
	平均	86.574	100.000	0.826	100.000	18.724	100.000	5.780	100.000
B	龙榛 1 号	98.20	108.69	0.92	115.58	13.50	99.05	4.80	101.27
	龙榛 2 号	99.00	109.58	0.85	106.78	15.25	118.86	3.25	68.57

浓度	品种	苗高		地径		根长		根数	
		/cm	/%	/cm	/%	/cm	/%	/个	/%
B	龙榛 3 号	85.50	94.63	0.67	84.17	14.60	107.12	7.20	151.90
	龙榛 4 号	88.40	97.85	0.88	110.55	14.30	104.92	5.20	109.70
	龙榛 5 号	80.63	89.25	0.66	82.91	10.50	77.04	3.25	68.57
	平均	90.346	100.000	0.796	100.000	13.630	100.000	4.740	100.000
C	龙榛 1 号	74.90	102.90	0.53	88.63	8.10	66.61	3.70	82.26
	龙榛 3 号	74.70	101.92	0.54	90.30	8.80	72.37	2.20	48.91
	龙榛 4 号	63.20	86.23	0.59	98.66	19.20	157.89	7.40	164.52
	龙榛 5 号	80.38	109.67	0.73	122.07	12.54	103.13	4.69	104.27
	平均	73.295	100.000	0.598	100.000	12.160	100.000	4.498	100.000
D	龙榛 1 号	85.50	94.12	0.62	75.61	6.10	38.21	4.50	78.62
	龙榛 2 号	92.00	101.27	0.87	106.10	4.50	28.19	5.00	87.35
	龙榛 3 号	99.50	109.53	1.02	121.43	16.80	105.24	3.60	62.89
	龙榛 4 号	94.30	103.81	0.84	102.44	23.60	147.83	6.70	117.05
	龙榛 5 号	82.91	91.27	0.75	91.46	28.82	108.53	8.82	154.09
	平均	90.842	100.000	0.820	100.000	15.964	100.000	5.724	100.000
CK	龙榛 1 号	89.70	112.71	0.81	104.11	17.20	122.14	11.50	117.83
	龙榛 2 号	76.91	96.64	0.65	83.55	9.91	70.37	9.00	92.21
	龙榛 3 号	78.10	98.14	0.75	96.10	11.70	83.08	8.60	88.11
	龙榛 4 号	88.00	110.58	0.89	114.40	15.80	112.20	12.30	126.02
	龙榛 5 号	65.20	81.93	0.79	101.54	15.80	112.20	7.40	75.82
	平均	79.582	100.000	0.778	100.000	14.082	100.000	9.760	100.000

第六节 IBA 对不同龙榛品种育苗的影响

IBA 是重要的植物激素之一，在林木育苗中主要用于扦插育苗、组织培养等方面。

一、 不同浓度 IBA 对不同龙榛品种苗木生根的影响

1. 不同龙榛品种在不同浓度 IBA 中苗木生根的表现

从表 18-22 中可以看出：不同龙榛品种的苗木生根率在 28.689%~52.128% 之间，两者相差 23.439%，差别率为 45.08%。其中以龙榛 3 号生根率最高，为 52.128%；其次是龙榛 1 号为 47.059%、龙榛 4 为号 43.728%、龙榛 5 号为 33.738%；较差的是龙榛 2 号为 28.689%。苗木合格率在 3.883%~8.961% 之间，两者相差 5.078%，差别率为 56.678%。以龙榛 4 号合格率最高，为 8.961%；其次是龙榛 1 号为 7.407%、龙榛 2 号为 6.230%、龙榛 3 号为 4.255%；较差的是龙榛 5 号为 3.883%。试验结果表明，IBA 对不同龙榛品种生根的影响很大，对龙榛 2 号促进生根作用较小，对龙榛 5 号的促进生根作用也有限，没有对龙榛 1 号、龙榛 3 号、龙榛 4 号促进得明显，尤其以龙榛 3 号最为显著。

表 18-22 不同龙榛品种在不同浓度 IBA 中苗木生根的表现

品种	浓度	育苗株数	生根情况					未生根情况	
			生根株数	生根率 /%	不合格苗株数	合格苗株数	合格率 /%	未生根株数	未生根率 /%
龙榛 1 号	A	62	15	24.19	15	0	0	47	75.81
	B	124	41	33.06	41	0	0	83	66.94
	C	40	29	72.50	19	10	25.00	11	27.50
	D	82	52	63.41	38	14	17.07	30	36.59
	CK	151	79	52.32	69	10	6.62	72	47.68
	合计 / 平均	459	216	47.059	182	34	7.407	243	52.941
龙榛 2 号	A	102	13	12.75	13	0	0	89	87.25
	B	124	32	25.81	27	5	4.03	92	74.19
	C	93	48	51.61	38	10	10.75	45	48.39
	D	105	44	41.90	34	10	9.52	61	58.10
	CK	186	38	20.43	25	13	6.99	148	79.57
	合计 / 平均	610	175	28.689	137	38	6.230	435	71.311
龙榛 3 号	A	80	31	38.75	31	0	0	49	61.25
	B	84	27	32.14	27	0	0	57	67.86
	C	84	65	77.38	65	0	0	19	22.62
	D	75	44	58.67	34	10	13.33	31	41.33
	CK	147	78	53.06	68	10	6.80	69	46.94
	合计 / 平均	470	245	52.128	225	20	4.255	225	47.872

品种	浓度	育苗株数	生根情况					未生根情况	
			生根株数	生根率/%	不合格苗株数	合格苗株数	合格率/%	未生根株数	未生根率/%
龙榛4号	A	55	28	50.91	21	7	12.73	27	49.09
	B	97	39	40.21	29	10	10.31	58	59.79
	C	140	49	35.00	39	10	7.14	91	65.00
	D	132	48	36.36	38	10	7.58	84	63.64
	CK	134	80	59.70	67	13	9.70	54	40.30
	合计/平均	558	244	43.728	194	50	8.961	314	56.272
龙榛5号	A	68	23	33.82	20	3	4.41	45	66.18
	B	48	12	25.00	12	0	0	36	75.00
	C	112	27	24.11	26	1	0.89	85	75.89
	D	58	15	25.86	13	2	3.45	43	74.14
	CK	126	62	41.27	52	10	7.94	64	50.79
	合计/平均	412	139	33.738	123	16	3.883	273	66.262

2. 不同浓度 IBA 对不同龙榛品种苗木生根的影响

通过表 18-23 可以看出：不同浓度 IBA 处理的龙榛苗木生根率在 29.972%~46.482% 之间，两者相差 16.510%，差别率为 35.52%。其中以 C 处理（1.00 g/1000 mL）生根率最高，为 46.482%；其次是对照（CK）为 45.296%、D 处理（1.25 g/1000 mL）为 44.912%；较差的是 B 处理（0.75 g/1000 mL）为 31.656%、A 处理（0.50 g/1000 mL）为 29.972%。苗木合格率在 2.725%~9.808% 之间，两者相差 7.083%，差别率为 73.26%。其中以 D 处理（1.25 g/1000 mL）合格率最高，为 9.808%；其次是对照（CK）为 7.527%、C 处理（0.75 g/1000 mL）为 6.610%；较差的是 B 处理（1.00 g/1000 mL）为 3.145%、A 处理（0.50 g/1000 mL）为 2.725%。随着浓度的增加，IBA 促进生根的作用也有明显的上升趋势，但在低浓度下的苗木生根率和合格率都不及对照的结果。

表 18-23 不同浓度 IBA 对不同龙榛品种苗木生根的影响

浓度	品种	育苗株数	生根情况					未生根情况	
			生根株数	生根率/%	不合格苗株数	合格苗株数	合格率/%	未生根株数	未生根率/%
A	龙榛1号	62	15	24.19	15	0	0	47	75.81
	龙榛2号	102	13	12.75	13	0	0	89	87.25

浓度	品种	育苗株数	生根情况					未生根情况	
			生根株数	生根率/%	不合格苗株数	合格苗株数	合格率/%	未生根株数	未生根率/%
A	龙榛3号	80	31	38.75	31	0	0	49	61.25
	龙榛4号	55	28	50.91	21	7	12.73	27	49.09
	龙榛5号	68	23	33.82	20	3	4.41	45	66.18
	合计／平均	367	110	29.972	100	10	2.725	257	70.027
B	龙榛1号	124	41	33.06	41	0	0	83	66.94
	龙榛2号	124	32	25.81	27	5	4.03	92	74.19
	龙榛3号	84	27	32.14	27	0	0	57	67.86
	龙榛4号	97	39	40.21	29	10	10.31	58	59.79
	龙榛5号	48	12	25.00	12	0	0	36	75.00
	合计／平均	477	151	31.656	136	15	3.145	326	68.344
C	龙榛1号	40	29	72.50	19	10	25.00	11	27.50
	龙榛2号	93	48	51.61	38	10	10.75	45	48.39
	龙榛3号	84	65	77.38	65	0	0	19	22.62
	龙榛4号	140	49	35.00	39	10	7.14	91	65.00
	龙榛5号	112	27	24.11	26	1	0.89	85	75.89
	合计／平均	469	218	46.482	187	31	6.610	251	53.518
D	龙榛1号	82	52	63.41	38	14	17.07	30	36.59
	龙榛2号	105	44	41.90	34	10	9.52	61	58.10
	龙榛3号	75	44	58.67	34	10	13.33	31	41.33
	龙榛4号	132	48	36.36	38	10	7.58	84	63.64
	龙榛5号	58	15	25.86	13	2	3.45	43	74.14
	合计／平均	452	203	44.912	157	46	9.808	249	55.088
CK	龙榛1号	151	79	52.32	69	10	6.62	72	47.68
	龙榛2号	186	38	20.43	25	13	6.99	148	79.57
	龙榛3号	147	78	53.06	68	10	6.80	69	46.94
	龙榛4号	134	80	59.70	67	13	9.70	54	40.30

浓度	品种	育苗株数	生根情况					未生根情况	
			生根株数	生根率/%	不合格苗株数	合格苗株数	合格率/%	未生根株数	未生根率/%
CK	龙榛5号	126	62	41.27	52	10	7.94	64	50.79
	合计／平均	744	337	45.296	281	56	7.527	407	54.704

二、不同浓度 IBA 对不同龙榛品种苗木生长的影响

1. 不同龙榛品种在不同浓度 IBA 中苗木生长的表现

在龙榛 5 个品种的不同差别浓度 IBA 处理试验中，从表 18-24 中可以看出：苗高在 92.302~100.114 cm 之间，两者相差 7.812 cm，差别率为 7.80%。其中较好的是龙榛 4 号，为 100.114 cm；其次是龙榛 5 号为 98.174 cm、龙榛 3 号为 98.020 cm；较差的是龙榛 1 号为 93.054 cm、龙榛 2 号为 92.302 cm。地径在 0.780~1.044 cm 之间，两者相差 0.264 cm，差别率为 24.52%。其中较好的是龙榛 4 号，为 1.044 cm；其次是龙榛 5 号为 0.860 cm、龙榛 2 号为 0.830 cm、龙榛 3 号为 0.822 cm；较差的是龙榛 1 号为 0.780 cm。根长在 14.552~26.384 cm 之间，两者相差 11.832 cm，差别率为 44.85%。其中较好的是龙榛 4 号，为 26.384 cm；其次是龙榛 3 号为 20.800 cm、龙榛 2 号为 20.342 m、龙榛 5 号为 17.712 cm；较差的是龙榛 1 号为 14.552 m。根数在 5.332~7.738 个之间，两者相差 2.406 个，差别率为 31.09%。其中较好的是龙榛 4 号，为 7.738 个；其次是龙榛 2 号为 6.390 个、龙榛 5 号为 5.980 个、龙榛 3 号为 5.960 个；较差的是龙榛 1 号为 5.322 个。不同龙榛品种在 IBA 试验中的苗高变化不大，差异并不明显，而在地径、根长和根数上是有一些差别的，尤以龙榛 4 号表现较好，其他 4 个品种差异不明显。

表 18-24 不同龙榛品种在不同浓度 IBA 中苗木生长的表现

品种	浓度	苗高		地径		根长		根数	
		/cm	/%	/cm	/%	/cm	/%	/个	/%
龙榛1号	A	99.00	106.39	0.86	110.26	11.60	79.71	2.40	45.10
	B	95.30	102.41	0.76	97.44	11.30	77.65	3.30	62.01
	C	95.00	102.09	0.70	89.74	14.30	98.27	2.50	46.97
	D	86.27	92.71	0.77	98.72	18.36	126.17	6.91	129.84
	CK	89.70	96.40	0.81	103.85	17.20	118.20	11.50	216.08
	平均	93.054	100.000	0.780	100.000	14.552	100.000	5.322	100.000
龙榛2号	A	71.00	76.92	0.66	79.52	13.00	63.91	4.75	74.33
	B	103.20	111.81	0.74	89.16	20.60	101.27	4.20	65.73

品种	浓度	苗高		地径		根长		根数	
		/cm	/%	/cm	/%	/cm	/%	/个	/%
龙榛2号	C	112.70	122.10	0.98	118.07	26.30	129.29	7.60	118.64
	D	97.70	105.85	1.12	134.94	31.90	156.82	6.40	100.12
	CK	76.91	83.32	0.65	78.31	9.91	48.72	9.00	140.85
	平均	92.302	100.000	0.830	100.000	20.342	100.000	6.390	100.000
龙榛3号	A	101.10	103.14	0.83	100.97	19.50	93.75	3.00	50.34
	B	103.50	105.59	0.79	96.11	18.50	88.94	3.40	57.05
	C	106.70	108.86	0.81	98.54	24.40	117.31	4.50	75.50
	D	100.70	102.73	0.93	113.14	29.90	145.38	10.30	172.82
	CK	78.10	79.68	0.75	91.24	11.70	56.25	8.60	144.30
	平均	98.020	100.000	0.822	100.000	20.800	100.000	5.960	100.000
龙榛4号	A	106.00	105.88	1.03	98.66	25.29	95.74	7.57	97.83
	B	98.50	98.39	0.94	90.04	25.30	95.89	5.20	67.20
	C	95.67	95.56	1.13	108.24	30.33	114.96	6.92	89.43
	D	112.40	112.27	1.23	117.82	35.20	133.41	6.70	86.59
	CK	88.00	89.02	0.89	85.25	15.80	59.88	12.30	158.96
	平均	100.114	100.000	1.044	100.000	26.384	100.000	7.738	100.000
龙榛5号	A	106.82	108.81	0.81	94.19	16.64	93.95	6.91	115.55
	B	105.00	106.95	0.90	104.65	20.90	115.12	4.30	71.91
	C	111.55	113.62	0.95	110.47	15.52	87.62	6.09	101.84
	D	102.30	104.20	0.85	98.84	19.70	111.22	5.20	86.96
	CK	65.20	66.41	0.79	91.86	15.80	89.21	7.40	123.75
	平均	98.174	100.000	0.860	100.000	17.712	100.000	5.980	100.000

2. 不同浓度 IBA 对不同龙榛品种苗木生长的影响

在 5 种 IBA 浓度处理试验中，从表 18-25 中可以看出：苗高在 79.582~104.324 cm 之间，两者相差 24.742 cm，差别率为 23.72%。其中较好的是 C 处理（1.00 g/1000 mL）为 104.324 cm、B 处理（0.75 g/1000 mL）为 101.100 cm；其次是 D 处理（1.25 g/1000 mL）为 99.784 cm、A 处理（0.50 g/1000 mL）为 96.784 cm；较差的是对照（CK）为 79.582 cm。地径在 0.778~0.980 cm 之间，两者相差 0.202 cm，差别率为

20.61%。其中较好的是 D 处理（1.25 g/1000 mL）为 0.980 cm、C 处理（1.00 g/1000 mL）为 0.914 cm；其次是 A 处理（0.50 g/1000 mL）为 0.838 cm、B 处理（0.75 g/1000 mL）为 0.826 cm；较差的是对照（CK）为 0.778 cm。根长在 14.082~27.012 cm 之间，两者相差 12.93 cm，差别率为 47.87%。其中较好的是 D 处理（1.25 g/1000 mL），为 27.012 cm；其次是 C 处理（1.00 g/1000 mL）为 22.170 cm、B 处理（0.75 g/1000 mL）为 19.320 cm、A 处理（0.50 g/1000 mL）为 17.206 cm；较差的是对照（CK）为 14.082 cm。根数在 4.926~9.760 个之间，两者相差 4.834 个，差别率为 49.53%。其中较好的是对照（CK）为 9.760 个，其余 4 个处理依次为 D 处理（1.25 g/1000 mL）为 7.102 个、C 处理（1.00 g/1000 mL）为 5.522 个、A 处理（0.75 g/1000 mL）为 4.926 个；较差的是 B 处理（0.75 g/1000 mL），为 4.080 个。这表明 IBA 溶液的浓度增高，有利于促进苗木的生长，即在苗高、地径、根长和根数上都逐渐提高，但是根数上却低于对照，这表明其能够促进苗木生长，但却不能促进根原基的产生和分化，也就是根系数量不增加，这与苗木的生根率和合格率结论是一致的。

表 18-25 不同浓度 IBA 对不同龙榛品种苗木生长的影响

浓度	品种	苗高		地径		根长		根数	
		/cm	/%	/cm	/%	/cm	/%	/个	/%
A	龙榛 1 号	99.00	102.29	0.86	102.63	11.60	67.42	2.40	48.72
	龙榛 2 号	71.00	73.36	0.66	78.76	13.00	75.56	4.75	96.43
	龙榛 3 号	101.10	104.46	0.83	99.05	19.50	113.33	3.00	60.90
	龙榛 4 号	106.00	109.52	1.03	122.91	25.29	146.98	7.57	153.67
	龙榛 5 号	106.82	110.37	0.81	96.66	16.64	96.71	6.91	140.28
	平均	96.784	100.000	0.838	100.000	17.206	100.000	4.926	100.000
B	龙榛 1 号	95.30	94.26	0.76	92.01	11.30	58.76	3.30	80.88
	龙榛 2 号	103.20	102.08	0.74	89.59	20.60	106.63	4.20	102.94
	龙榛 3 号	103.50	102.37	0.79	95.64	18.50	95.76	3.40	83.33
	龙榛 4 号	98.50	97.43	0.94	113.80	25.30	130.95	5.20	127.45
	龙榛 5 号	105.00	103.86	0.90	108.96	20.90	108.18	4.30	105.39
	平均	101.100	100.000	0.826	100.000	19.320	100.000	4.080	100.000
C	龙榛 1 号	95.00	91.06	0.70	76.59	14.30	64.50	2.50	45.27
	龙榛 2 号	112.70	108.03	0.98	107.22	26.30	118.63	7.60	137.63
	龙榛 3 号	106.70	102.28	0.81	88.62	24.40	110.06	4.50	81.49
	龙榛 4 号	95.67	91.70	1.13	123.63	30.33	136.81	6.92	125.32
	龙榛 5 号	111.55	106.93	0.95	103.94	15.52	70.00	6.09	110.29
	平均	104.324	100.000	0.914	100.000	22.170	100.000	5.522	100.000
D	龙榛 1 号	86.27	86.46	0.77	78.57	18.36	67.97	6.91	97.30

浓度	品种	苗高 /cm	苗高 /%	地径 /cm	地径 /%	根长 /cm	根长 /%	根数 /个	根数 /%
D	龙榛 2 号	97.70	97.91	1.12	114.29	31.90	118.10	6.40	90.12
	龙榛 3 号	100.70	100.92	0.93	94.90	29.90	110.69	10.30	145.03
	龙榛 4 号	112.40	112.64	1.23	125.51	35.20	130.31	6.70	94.34
	龙榛 5 号	102.30	102.52	0.85	86.73	19.70	72.93	5.20	73.22
	平均	99.784	100.000	0.980	100.000	27.012	100.000	7.102	100.000
CK	龙榛 1 号	89.70	112.71	0.81	104.11	17.20	122.14	11.50	117.83
	龙榛 2 号	76.91	96.64	0.65	83.55	9.91	70.37	9.00	92.21
	龙榛 3 号	78.10	98.14	0.75	96.10	11.70	83.08	8.60	88.11
	龙榛 4 号	88.00	110.58	0.89	114.40	15.80	112.20	12.30	126.02
	龙榛 5 号	65.20	81.93	0.79	101.54	15.80	112.20	7.40	75.82
	平均	79.582	100.000	0.778	100.000	14.082	100.000	9.760	100.000

第七节 IAA 对不同龙榛品种育苗的影响

IAA 是重要的植物激素之一，在林木育苗中主要用于扦插育苗、组织培养等方面。

一、不同浓度 IAA 对不同龙榛品种苗木生根的影响

1. 不同龙榛品种在不同浓度 IAA 中苗木生根的表现

通过表 18-26 可以看出：不同龙榛品种的苗木生根率在 38.502%~66.102% 之间，两者相差 27.60%，差别率为 41.75%。苗木生根率以龙榛 4 号最高，为 66.102%；其次是龙榛 1 号为 65.442%、龙榛 3 号为 63.125%、龙榛 5 号为 56.757%；较差的是龙榛 2 号为 38.502%。苗木合格率在 6.969%~24.708% 之间，两者相差 17.739%，差别率为 71.80%。以龙榛 1 号合格率最高，为 24.708%；其次是龙榛 4 号为 17.702%、龙榛 3 号为 15.625%；较差的是龙榛 5 号为 7.601%、龙榛 2 号为 6.969%。试验结果表明，IAA 对不同龙榛品种生根的影响是不一致的，对龙榛 2 号近无促进生根作用，对龙榛 5 号的促进生根作用不及对龙榛 1 号、龙榛 3 号、龙榛 4 号作用明显。

表 18-26 不同龙榛品种在不同浓度 IAA 中苗木生根的表现

品种	浓度	育苗株数	生根情况					未生根情况	
			生根株数	生根率/%	不合格苗株数	合格苗株数	合格率/%	未生根株数	未生根率/%
龙榛1号	A	162	108	66.67	52	56	34.57	54	33.33
	B	121	102	84.30	61	41	33.88	19	15.70
	C	96	58	60.42	32	26	27.08	38	39.58
	D	69	45	65.22	30	15	21.74	24	34.78
	CK	151	79	52.32	69	10	6.62	72	47.68
	合计/平均	599	392	65.442	244	148	24.708	207	34.558
龙榛2号	A	186	59	31.72	55	4	2.15	127	68.28
	B	68	35	51.47	31	4	5.88	33	48.53
	C	55	43	78.18	34	9	16.36	12	21.82
	D	79	46	58.23	36	10	12.66	33	41.77
	CK	186	38	20.43	25	13	6.99	148	79.57
	合计/平均	574	221	38.502	181	40	6.969	353	61.498
龙榛3号	A	116	60	51.72	50	10	8.62	56	48.28
	B	69	55	79.71	38	17	24.64	14	20.29
	C	60	52	86.67	27	25	41.67	8	13.33
	D	88	58	65.91	45	13	14.77	30	34.09
	CK	147	78	53.06	68	10	6.80	69	46.94
	合计/平均	480	303	63.125	228	75	15.625	177	36.875
龙榛4号	A	149	91	61.07	67	24	16.11	58	38.93
	B	104	79	75.96	52	27	25.96	25	24.04
	C	82	50	60.98	31	19	23.17	32	39.02
	D	62	51	82.26	40	11	17.74	11	17.74
	CK	134	80	59.70	67	13	9.70	54	40.30
	合计/平均	531	351	66.102	257	94	17.702	180	33.898
龙榛5号	A	131	40	30.53	40	0	0	91	69.47
	B	117	98	83.76	81	17	14.53	19	16.24
	C	89	58	65.17	50	8	8.99	31	34.83

品种	浓度	育苗株数	生根情况					未生根情况	
			生根株数	生根率/%	不合格苗株数	合格苗株数	合格率/%	未生根株数	未生根率/%
龙榛5号	D	129	78	60.47	68	10	7.75	51	39.53
	CK	126	62	41.27	52	10	7.94	64	50.79
	合计/平均	592	336	56.757	291	45	7.601	256	43.243

2. 不同浓度 IAA 对不同龙榛品种苗木生根的影响

通过表 18-27 可以看出：不同 IAA 浓度处理的龙榛苗木生根率在 45.296%~77.035% 之间，两者相差 31.739%，差别率为 41.20%。其中 B 处理（0.75 g/1000 mL）生根率最高，达到 77.035%；其次是 C 处理（1.25 g/1000 mL）为 68.325%、D 处理（1.00 g/1000 mL）为 65.105%、A 处理（0.50 g/1000 mL）为 48.118%；较差的是对照（CK），为 45.296%。苗木合格率在 7.527%~22.775% 之间，两者相差 15.248%，差别率为 66.95%。其中 C 处理（0.75 g/1000 mL）合格率最高，为 22.775%；其次是 B 处理（1.00 g/1000 mL）为 22.129%、D 处理（1.25 g/1000 mL）为 13.817%、A 处理（0.50 g/1000 mL）为 12.634%；较差的是对照（CK）为 7.527%。试验结果表明，不同龙榛品种在不同 IAA 浓度中苗木的生根率和合格率的变化较大，从 A 处理（0.50 g/1000 mL）开始，到 C 处理（1.00 g/1000 mL）开始下降明显，而在根数上都低于对照。

表 18-27 不同浓度 IAA 对不同龙榛品种苗木生根的影响

浓度	品种	育苗株数	生根情况					未生根情况	
			生根株数	生根率/%	不合格苗株数	合格苗株数	合格率/%	未生根株数	未生根率/%
A	龙榛1号	162	108	66.67	52	56	34.57	54	33.33
	龙榛2号	186	59	31.72	55	4	2.15	127	68.28
	龙榛3号	116	60	51.72	50	10	8.62	56	48.28
	龙榛4号	149	91	61.07	67	24	16.11	58	38.93
	龙榛5号	131	40	30.53	40	0	0	91	69.47
	合计/平均	744	358	48.118	264	94	12.634	386	51.882
B	龙榛1号	121	102	84.30	61	41	33.88	19	15.70
	龙榛2号	68	35	51.47	31	4	5.88	33	48.53
	龙榛3号	69	55	79.71	38	17	24.64	14	20.29
	龙榛4号	104	79	75.96	52	27	25.96	25	24.04
	龙榛5号	117	98	83.76	81	17	14.53	19	16.24

浓度	品种	育苗株数	生根情况					未生根情况	
			生根株数	生根率/%	不合格苗株数	合格苗株数	合格率/%	未生根株数	未生根率/%
B	合计／平均	479	369	77.035	263	106	22.129	110	22.965
C	龙榛1号	96	58	60.42	32	26	27.08	38	39.58
	龙榛2号	55	43	78.18	34	9	16.36	12	21.82
	龙榛3号	60	52	86.67	27	25	41.67	8	13.33
	龙榛4号	82	50	60.98	31	19	23.17	32	39.02
	龙榛5号	89	58	65.17	50	8	8.99	31	34.83
	合计／平均	382	261	68.325	174	87	22.775	121	31.675
D	龙榛1号	69	45	65.22	30	15	21.74	24	34.78
	龙榛2号	79	46	58.23	36	10	12.66	33	41.77
	龙榛3号	88	58	65.91	45	13	14.77	30	34.09
	龙榛4号	62	51	82.26	40	11	17.74	11	17.74
	龙榛5号	129	78	60.47	68	10	7.75	51	39.53
	合计／平均	427	278	65.105	219	59	13.817	149	34.895
CK	龙榛1号	151	79	52.32	69	10	6.62	72	47.68
	龙榛2号	186	38	20.43	25	13	6.99	148	79.57
	龙榛3号	147	78	53.06	68	10	6.80	69	46.94
	龙榛4号	134	80	59.70	67	13	9.70	54	40.30
	龙榛5号	126	62	41.27	52	10	7.94	64	50.79
	合计／平均	744	337	45.296	281	56	7.527	407	54.704

二、不同浓度 IAA 对不同龙榛品种苗木生长的影响

1. 不同龙榛品种在不同浓度 IAA 中苗木生长的表现

在 5 个龙榛品种苗木的不同浓度 IAA 处理试验中，从表 18-28 中可以看出：苗高在 93.594~102.380 cm 之间，两者相差 8.786 cm，差别率为 8.58%。其中较好的是龙榛 1 号，为 102.380 cm；其次是龙榛 3 号为 98.100 cm、龙榛 4 号为 97.260 cm；较差的是龙榛 2 号为 94.184 cm、龙榛 5 号为 93.594 cm。地径在 0.926~1.012 cm 之间，两者相差 0.086 cm，差别率为 8.50%。其中较好的是龙榛 1 号为 1.012 cm、龙榛 4 号为 1.004 cm；其次是龙榛 5 号为 1.002 cm；较差的是

龙榛 3 号为 0.932 cm、龙榛 2 号为 0.926 cm。根长在 19.588~28.180 cm 之间，两者相差 8.592 cm，差别率为 30.49%。其中较好的是龙榛 3 号为 28.180 cm；其次是龙榛 5 号为 25.674 cm、龙榛 1 号为 23.992 cm、龙榛 4 号为 22.040 cm；较差的是龙榛 2 号为 19.588 cm。根数在 6.362~10.052 个之间，两者相差 3.69 个，差别率为 11.87%。其中较好的是龙榛 1 号为 10.052 个；其次是龙榛 3 号为 8.600 个、龙榛 4 号为 8.080 个；较差的是龙榛 5 号为 6.688 个、龙榛 2 号为 6.362 个。不同龙榛品种在不同浓度 IAA 中的苗高、地径和根数上变化不大，差异并不明显，而在根长上是有一些差别的，除龙榛 2 号表现较差外，其他 4 个品种差异不明显。

表 18-28 不同龙榛品种在不同浓度 IAA 中苗木生长的表现

品种	浓度	苗高		地径		根长		根数	
		/cm	/%	/cm	/%	/cm	/%	/个	/%
龙榛 1 号	A	104.00	101.58	0.98	96.84	18.86	78.61	8.86	88.14
	B	105.00	102.56	1.05	103.75	28.60	119.21	9.80	97.49
	C	109.80	107.25	1.15	113.64	30.00	125.04	8.40	83.57
	D	103.40	101.00	1.07	105.73	25.30	105.45	11.70	116.39
	CK	89.70	87.61	0.81	80.04	17.20	71.69	11.50	114.41
	平均	102.380	100.000	1.012	100.000	23.992	100.000	10.052	100.000
龙榛 2 号	A	95.83	101.75	0.98	105.83	22.67	115.73	3.67	57.69
	B	95.18	101.06	0.91	98.27	16.27	83.06	5.00	78.59
	C	102.00	108.30	1.01	109.07	27.09	138.30	8.36	131.41
	D	101.00	107.24	1.08	116.63	22.00	112.31	5.78	90.85
	CK	76.91	81.66	0.65	70.19	9.91	50.59	9.00	141.46
	平均	94.184	100.000	0.926	100.000	19.588	100.000	6.362	100.000
龙榛 3 号	A	110.70	112.84	0.98	105.15	25.80	91.55	9.50	110.47
	B	110.50	112.64	1.06	113.73	29.50	104.68	9.00	104.65
	C	99.60	101.53	0.92	98.71	39.90	141.59	9.00	104.65
	D	91.60	93.37	0.95	101.93	34.00	120.65	6.90	80.23
	CK	78.10	79.61	0.75	80.47	11.70	41.52	8.60	100.00
	平均	98.100	100.000	0.932	100.000	28.180	100.000	8.600	100.000
龙榛 4 号	A	99.00	101.79	0.97	96.61	24.20	109.80	7.50	92.82
	B	106.10	109.09	1.13	112.55	22.80	103.45	6.20	76.73
	C	95.70	98.40	1.01	100.60	27.20	123.41	5.40	66.83

品种	浓度	苗高		地径		根长		根数	
		/cm	/%	/cm	/%	/cm	/%	/个	/%
龙榛4号	D	97.50	100.25	1.02	101.90	20.20	91.65	9.00	111.39
	CK	88.00	90.48	0.89	88.65	15.80	71.69	12.30	152.23
	平均	97.260	100.000	1.004	100.000	22.040	100.000	8.080	100.000
龙榛5号	A	104.00	111.12	1.00	99.80	25.75	100.30	5.08	75.96
	B	101.67	108.63	0.92	91.82	29.17	113.62	6.83	102.12
	C	84.50	90.28	1.09	108.78	32.25	125.62	8.13	121.56
	D	112.60	120.31	1.21	120.76	25.40	98.93	6.00	89.71
	CK	65.20	69.66	0.79	78.85	15.80	61.54	7.40	110.65
	平均	93.594	100.000	1.002	100.000	25.674	100.000	6.688	100.000

2. 不同浓度 IAA 对不同龙榛品种苗木生长的影响

在龙榛 5 个品种苗木的不同浓度 IAA 处理试验中，从表 18-29 中可以看出：苗高在 79.582~103.690 cm 之间，两者相差 24.108 cm，差别率为 23.25%。其中较好的是 B 处理（0.75 g/1000 mL），为 103.690 cm；其次是 A 处理（0.50 g/1000 mL）为 102.706 cm、D 处理（1.25 g/1000 mL）为 101.220 m、C 处理（1.00 g/1000 mL）为 100.540 cm；较差的是对照（CK）为 79.582 cm。地径在 0.778~1.066 cm 之间，两者相差 0.288 cm，差别率为 27.02%。其中较好的是 D 处理（1.25 g/1000 mL），为 1.066 cm；其次是 C 处理（1.00 g/1000 mL）为 1.048 cm、B 处理（0.75 g/1000 mL）为 1.014 cm、A 处理（0.50 g/1000 mL）为 0.982 cm；较差的是对照（CK）为 0.778 cm。根长在 14.082~28.468 cm 之间，两者相差 14.386 cm，差别率为 50.53%。其中较好的是 C 处理（1.00 g/1000 mL），为 28.468 cm；其次是 D 处理（1.25 g/1000 mL）为 25.380 cm、B 处理（0.75 g/1000 mL）为 25.268 cm、A 处理（0.50 g/1000 mL）为 23.456 cm；较差的是对照（CK）为 14.082 cm。根数在 6.922~9.760 个之间，两者相差 2.838 个，差别率为 28.36%。其中较好的是对照（CK），为 9.760 个；其余 4 个处理依次为 C 处理（1.00 g/1000 mL）为 7.958 个、D 处理（1.25 g/1000 mL）为 7.876 个、B 处理（0.75 g/1000 mL）为 7.366 个、A 处理（0.50 g/1000 mL）为 6.922 个。随着 IAA 浓度的增加，苗高、地径和根长等性状指标表现相近似，远高于对照，而根数均低于对照，这表明 IAA 溶液有利于促进苗木的生长，但是不能促进根系产生，这与苗木的生根率和合格率结论是一致的。

表 18-29 不同浓度 IAA 对不同龙榛品种苗木生长的影响

浓度	品种	苗高		地径		根长		根数	
		/cm	/%	/cm	/%	/cm	/%	/个	/%
A	龙榛1号	104.00	101.26	0.98	99.80	18.86	80.41	8.86	126.72

浓度	品种	苗高		地径		根长		根数	
		/cm	/%	/cm	/%	/cm	/%	/个	/%
A	龙榛2号	95.83	93.31	0.98	99.80	22.67	96.65	3.67	52.49
	龙榛3号	110.70	107.78	0.98	99.80	25.80	109.99	9.50	135.87
	龙榛4号	99.00	96.39	0.97	98.78	24.20	103.17	7.50	107.27
	龙榛5号	104.00	101.26	1.00	101.83	25.75	109.78	5.08	72.65
	平均	102.706	100.000	0.982	100.000	23.456	100.000	6.922	100.000
B	龙榛1号	105.00	101.26	1.05	103.55	28.60	113.19	9.80	133.04
	龙榛2号	95.18	91.70	0.91	89.74	16.27	64.39	5.00	67.88
	龙榛3号	110.50	106.57	1.06	104.54	29.50	116.75	9.00	122.18
	龙榛4号	106.10	102.32	1.13	111.44	22.80	90.23	6.20	84.17
	龙榛5号	101.67	98.05	0.92	90.73	29.17	115.44	6.83	92.72
	平均	103.690	100.000	1.014	100.000	25.268	100.000	7.366	100.000
C	龙榛1号	109.80	109.21	1.15	109.73	30.00	105.38	8.40	105.55
	龙榛2号	102.00	101.45	1.01	96.37	27.09	95.16	8.36	105.05
	龙榛3号	110.70	110.11	0.98	93.51	25.80	90.63	9.50	119.38
	龙榛4号	95.70	95.19	1.01	96.37	27.20	95.55	5.40	67.86
	龙榛5号	84.50	84.05	1.09	104.01	32.25	113.29	8.13	102.16
	平均	100.540	100.000	1.048	100.000	28.468	100.000	7.958	100.000
D	龙榛1号	103.40	102.15	1.07	100.38	25.30	99.68	11.70	148.55
	龙榛2号	101.00	99.78	1.08	101.31	22.00	86.69	5.78	73.39
	龙榛3号	91.60	90.50	0.95	89.12	34.00	133.96	6.90	87.61
	龙榛4号	97.50	96.32	1.02	95.68	20.20	79.59	9.00	114.27
	龙榛5号	112.60	111.24	1.21	113.51	25.40	100.08	6.00	76.18
	平均	101.220	100.000	1.066	100.000	25.380	100.000	7.876	100.000
CK	龙榛1号	89.70	112.71	0.81	104.11	17.20	122.14	11.50	117.83
	龙榛2号	76.91	96.64	0.65	83.55	9.91	70.37	9.00	92.21
	龙榛3号	78.10	98.14	0.75	96.10	11.70	83.08	8.60	88.11
	龙榛4号	88.00	110.58	0.89	114.40	15.80	112.20	12.30	126.02

浓度	品种	苗高		地径		根长		根数	
		/cm	/%	/cm	/%	/cm	/%	/ 个	/%
CK	龙榛 5 号	65.20	81.93	0.79	101.54	15.80	112.20	7.40	75.82
	平均	79.582	100.000	0.778	100.000	14.082	100.000	9.760	100.000

第八节 IBA+ABT 对不同龙榛品种育苗的影响

IBA+ABT 的组合在林木育苗中主要用于扦插育苗、组织培养等方面。

一、不同浓度 IBA+ABT 对不同龙榛品种苗木生根的影响

1. 不同龙榛品种在不同浓度 IBA+ABT 中苗木生根的表现

通过表 18-30 可以看出：不同龙榛品种苗木的生根率在 47.210%~74.208% 之间，两者相差 26.998%，差别率为 36.38%。其中苗木生根率以龙榛 4 号最高，为 74.208%；其次是龙榛 3 号为 71.158%、龙榛 5 号为 70.229%、龙榛 1 号为 51.852%；较差的是龙榛 2 号为 47.210%。苗木合格率在 8.951%~18.105% 之间，两者相差 9.154%，差别率为 50.56%。以龙榛 3 号苗木合格率最高，为 18.105%；其次是龙榛 5 号为 17.099%、龙榛 4 号为 16.516%、龙榛 2 号为 11.614%；较差的是龙榛 1 号，为 8.951%。试验结果表明，IBA+ABT 对不同龙榛品种生根的影响很大，对龙榛 2 号的促进生根作用较小，对龙榛 1 号的促进生根作用有限，没有其对龙榛 3 号、龙榛 4 号、龙榛 5 号促进作用明显，尤其以对龙榛 4 号的促进作用最为显著。

表 18-30 不同龙榛品种在不同浓度 IBA+ABT 中苗木生根的表现

品种	浓度	育苗株数	生根情况					未生根情况	
			生根株数	生根率 /%	不合格苗株数	合格苗株数	合格率 /%	未生根株数	未生根率 /%
龙榛 1 号	A	100	41	41.00	31	10	10.00	59	59.00
	B	141	52	36.88	42	10	7.09	89	63.12
	C	147	71	48.30	61	10	6.80	76	51.70
	D	109	93	85.32	75	18	16.51	16	14.68
	CK	151	79	52.32	69	10	6.62	72	47.68
	合计 / 平均	648	336	51.852	278	58	8.951	312	48.148

品种	浓度	育苗株数	生根情况					未生根情况	
			生根株数	生根率/%	不合格苗株数	合格苗株数	合格率/%	未生根株数	未生根率/%
龙榛2号	A	91	58	63.74	47	11	12.09	33	36.26
	B	107	61	57.01	44	17	15.89	46	42.99
	C	137	70	51.09	46	24	17.52	67	48.91
	D	142	86	60.56	74	12	8.45	56	39.44
	CK	186	38	20.43	25	13	6.99	148	79.57
	合计/平均	663	313	47.210	236	77	11.614	350	52.790
龙榛3号	A	73	58	79.45	48	10	13.70	15	20.55
	B	103	62	60.19	52	10	9.71	41	39.81
	C	58	54	93.10	39	15	25.86	4	6.90
	D	94	86	91.49	45	41	43.62	8	8.51
	CK	147	78	53.06	68	10	6.80	69	46.94
	合计/平均	475	338	71.158	255	86	18.105	137	28.842
龙榛4号	A	49	38	77.55	28	10	20.41	11	22.45
	B	96	73	76.04	62	11	11.46	23	23.96
	C	103	94	91.26	66	28	27.18	9	8.74
	D	60	43	71.67	32	11	18.33	17	28.33
	CK	134	80	59.70	67	13	9.70	54	40.30
	合计/平均	442	328	74.208	255	73	16.516	114	25.792
龙榛5号	A	112	59	52.68	56	3	2.68	53	47.32
	B	84	74	88.10	44	30	35.71	10	11.90
	C	133	106	79.70	73	33	24.81	27	20.30
	D	200	159	79.50	123	36	18.00	41	20.50
	CK	126	62	41.27	52	10	7.94	64	50.79
	合计/平均	655	460	70.229	348	112	17.099	195	29.771

2. 不同浓度 IBA+ABT 对不同龙榛品种苗木生根的影响

通过表18-31可以看出：不同IBA+ABT浓度处理的试验中，龙榛苗木生根率在45.296%~77.090%，两者相差 31.794%，差别率为 41.24%。其中以 D 处理（1.25 g/1000 mL）苗木生根率最高，为 77.090%；其次是 C 处理（1.00 g/1000 mL）为 68.339%、B 处理（0.75 g/1000 mL）达到 60.640%、A 处理（0.50 g/1000 mL）为 59.765%；较差的是对照（CK），为 45.296%。苗木合格率在 7.527%~19.504% 之间，两者相差 11.977%，差别率为 61.41%。其中以 D 处理（1.25 g/1000 mL）苗木合格率最高，为 19.504%；其次是 C 处理（0.75 g/1000 mL）为 19.031%、B 处理（1.00 g/1000 mL）为 14.690%、A 处理（0.50 g/1000 mL）为 10.353%；较差的是对照（CK），为 7.527%。随着 IBA+ABT 浓度的增加，其促进生根的作用也有明显的上升趋势，在苗木生根率和合格率上都比对照要高得多，这与我们多年的实际生产结论相符合。因此利用 IBA+ABT 在促进根蘖育苗的生根率和合格率方面具有重要的意义。

表 18-31 不同浓度 IBA+ABT 对不同龙榛品种苗木生根的影响

浓度	品种	育苗株数	生根情况					未生根情况	
			生根株数	生根率/%	不合格苗株数	合格苗株数	合格率/%	未生根株数	未生根率/%
A	龙榛 1 号	100	41	41.00	31	10	10.00	59	59.00
	龙榛 2 号	91	58	63.74	47	11	12.09	33	36.26
	龙榛 3 号	73	58	79.45	48	10	13.70	15	20.55
	龙榛 4 号	49	38	77.55	28	10	20.41	11	22.45
	龙榛 5 号	112	59	52.68	56	3	2.68	53	47.32
	合计/平均	425	254	59.765	210	44	10.353	171	40.235
B	龙榛 1 号	141	52	36.88	42	10	7.09	89	63.12
	龙榛 2 号	107	61	57.01	44	17	15.89	46	42.99
	龙榛 3 号	103	62	60.19	52	10	9.71	41	39.81
	龙榛 4 号	96	73	76.04	62	11	11.46	23	23.96
	龙榛 5 号	84	74	88.10	44	30	35.71	10	11.90
	合计/平均	531	322	60.640	244	78	14.690	209	39.360
C	龙榛 1 号	147	71	48.30	61	10	6.80	76	51.70
	龙榛 2 号	137	70	51.09	46	24	17.52	67	48.91
	龙榛 3 号	58	54	93.10	39	15	25.86	4	6.90
	龙榛 4 号	103	94	91.26	66	28	27.18	9	8.74
	龙榛 5 号	133	106	79.70	73	33	24.81	27	20.30
	合计/平均	578	395	68.339	285	110	19.031	183	31.661
D	龙榛 1 号	109	93	85.32	75	18	16.51	16	14.68

浓度	品种	育苗株数	生根情况					未生根情况	
			生根株数	生根率/%	不合格苗株数	合格苗株数	合格率/%	未生根株数	未生根率/%
D	龙榛2号	142	86	60.56	74	12	8.45	56	39.44
	龙榛3号	94	86	91.49	45	41	43.62	8	8.51
	龙榛4号	60	43	71.67	32	11	18.33	17	28.33
	龙榛5号	200	159	79.50	123	36	18.00	41	20.50
	合计/平均	605	467	77.090	349	118	19.504	138	22.810
CK	龙榛1号	151	79	52.32	69	10	6.62	72	47.68
	龙榛2号	186	38	20.43	25	13	6.99	148	79.57
	龙榛3号	147	78	53.06	68	10	6.80	69	46.94
	龙榛4号	134	80	59.70	67	13	9.70	54	40.30
	龙榛5号	126	62	41.27	52	10	7.94	64	50.79
	合计/平均	744	337	45.296	281	56	7.527	407	54.704

二、不同浓度 IBA+ABT 对不同龙榛品种苗木生长的影响

1. 不同龙榛品种在不同浓度 IBA+ABT 中苗木生长的表现

龙榛 5 个品种苗木在不同的 IBA+ABT 浓度处理试验中，从表 18-32 中可以看出：苗高在 89.040~98.050 cm 之间，两者相差 9.010 cm，差别率为 9.19%。其中较好的是龙榛 5 号为 98.050 cm、龙榛 1 号为 97.280 cm；其次是龙榛 4 号为 97.040 cm、龙榛 2 号为 94.906 cm；较差的是龙榛 3 号为 89.040 cm。地径在 0.800~0.942 cm 之间，两者相差 0.142 cm，差别率为 15.07%。其中较好的是龙榛 5 号为 0.942 cm、龙榛 2 号为 0.940 cm；其次是龙榛 4 号为 0.902 cm、龙榛 1 号为 0.878 cm；较差的是龙榛 3 号为 0.800 cm。根长在 15.620~25.000 cm 之间，两者相差 9.380 cm，差别率为 37.50%。其中较好的是龙榛 5 号为 25.000 cm、龙榛 2 号为 22.588 cm；其次是龙榛 4 号为 16.760 cm、龙榛 1 号为 16.160 cm；较差的是龙榛 3 号为 15.620 cm。根数在 6.596~11.520 个之间，两者相差 4.924 个，差别率为 42.73%。其中较好的是龙榛 1 号为 11.520 个、龙榛 4 号为 11.360 个；其次是龙榛 3 号，为 10.160 个；较差的是龙榛 5 号为 6.640 个、龙榛 2 号为 6.596 个。不同龙榛品种在不同浓度 IBA+ABT 中的苗高和地径变化不大，差异并不明显，而在根长和根数上是有一些差别的，其在 5 个品种中的反应均有所不同。

表 18-32 不同龙榛品种在不同浓度 IBA+ABT 中苗木生长的表现

品种	浓度	苗高		地径		根长		根数	
		/cm	/%	/cm	/%	/cm	/%	/个	/%
龙榛1号	A	101.50	104.34	1.03	45.90	23.40	144.80	10.20	88.54
	B	104.50	107.42	0.82	93.39	13.60	84.16	12.70	110.24
	C	100.30	103.10	0.85	96.81	12.20	75.50	10.20	88.54
	D	90.40	92.93	0.88	100.23	14.40	89.11	13.00	112.84
	CK	89.70	92.21	0.81	92.26	17.20	106.44	11.50	99.83
	平均	97.280	100.000	0.878	100.000	16.160	100.000	11.520	100.000
龙榛2号	A	92.85	97.83	0.93	98.94	26.92	119.18	6.46	97.94
	B	87.82	92.53	0.90	95.74	26.91	119.13	6.18	93.69
	C	123.88	130.53	1.13	120.21	23.63	104.61	4.13	62.61
	D	93.07	98.07	1.09	115.96	25.57	113.20	7.21	109.31
	CK	76.91	81.04	0.65	69.15	9.91	3.87	9.00	136.45
	平均	94.906	100.000	0.940	100.000	22.588	100.000	6.596	100.000
龙榛3号	A	93.60	105.12	0.75	93.75	21.60	138.28	13.50	132.87
	B	94.20	105.60	0.74	92.50	13.30	85.15	4.70	46.30
	C	82.70	92.88	0.80	100.00	15.00	96.03	13.30	130.91
	D	96.60	108.49	0.96	120.00	16.50	105.63	10.70	105.31
	CK	78.10	87.71	0.75	93.75	11.70	74.90	8.60	84.65
	平均	89.040	100.000	0.800	100.000	15.620	100.000	10.160	100.000
龙榛4号	A	96.20	99.13	0.87	96.45	12.60	75.18	13.20	116.20
	B	98.30	101.30	0.95	105.32	16.30	97.26	10.70	94.19
	C	103.70	106.86	0.91	100.55	19.30	115.16	5.70	50.18
	D	99.00	102.02	0.89	98.34	19.80	118.14	14.90	131.16
	CK	88.00	90.68	0.89	98.34	15.80	84.27	12.30	108.27
	平均	97.040	100.000	0.902	100.000	16.760	100.000	11.360	100.000
龙榛5号	A	101.30	102.84	0.88	93.42	24.80	99.20	5.50	82.83
	B	109.45	111.12	0.95	100.85	29.15	116.60	7.65	115.21
	C	106.70	108.32	1.08	114.65	28.45	113.80	6.85	103.16
	D	107.60	109.73	1.01	107.22	26.80	107.20	5.80	87.35

品种	浓度	苗高		地径		根长		根数	
		/cm	/%	/cm	/%	/cm	/%	/个	/%
龙榛 5 号	CK	65.20	66.50	0.79	83.86	15.80	63.20	7.40	111.45
	平均	98.050	100.000	0.942	100.000	25.000	100.000	6.640	100.000

2. 不同浓度 IBA+ABT 对不同龙榛品种苗木生长的影响

在 5 种 IBA+ABT 浓度的处理试验中，我们可以从表 18-33 中看出：苗高在 79.582~103.456 cm 之间，两者相差 23.874 cm，差别率为 23.08%。其中较好的是 C 处理（1.00 g/1000 mL），为 103.456 cm；其次是 B 处理（0.75 g/1000 mL）为 98.854 cm、D 处理（1.25 g/1000 mL）为 97.334 cm、A 处理（0.50 g/1000 mL）为 97.090 cm；较差的是对照（CK）为 79.582 cm。地径在 0.778~0.966 cm 之间，两者相差 0.188 cm，差别率为 19.46%。其中较好的是 D 处理（1.25 g/1000 mL），为 0.966 cm；其次是 C 处理（1.00 g/1000 mL）为 0.954 cm、A 处理（0.50 g/1000 mL）为 0.892 cm、B 处理（0.75 g/1000 mL）为 0.872 cm；较差的是对照（CK）为 0.778 cm。根长在 14.082~21.864 cm 之间，两者相差 7.782 cm，差别率为 50.53%。其中较好的是 A 处理（0.50 g/1000 mL）为 21.864 cm；其次是 D 处理（1.25 g/1000 mL）为 20.614 cm、B 处理（0.75 g/1000 mL）为 19.852 cm、C 处理（1.00 g/1000 mL）为 19.716 cm；较差的是对照（CK）为 14.082 cm。根数在 8.036~10.322 个之间，两者相差 2.286 个，差别率为 22.15%。其中较好的是 D 处理（1.25 g/1000 mL），为 10.322 个；其次是 A 处理（0.50 g/1000 mL）为 9.772 个、对照（CK）为 9.760 个；较差的是 B 处理（0.75 g/1000 mL）为 8.386 个、C 处理（1.00 g/1000 mL）为 8.036 个。试验表明，随着 IBA+ABT 浓度的增加，苗高、地径和根长等性状指标相近似，趋于增加，远高于对照，达到 C 处理（1.00 g/1000 mL）开始下降，而根数除 A 处理（0.50 g/1000 mL）和 D 处理（1.25 g/1000 mL）略高于对照外，其余均低于对照。这表明 IBA+ABT 溶液有利于促进苗木的生长，也能够促进根系产生，这与苗木的生根率和合格率结论是一致的。

表 18-33 不同浓度 IBA+ABT 对不同龙榛品种苗木生长的影响

浓度	品种	苗高		地径		根长		根数	
		/cm	/%	/cm	/%	/cm	/%	/个	/%
A	龙榛 1 号	101.50	104.54	1.03	115.47	23.40	107.03	10.20	104.38
	龙榛 2 号	92.85	95.63	0.93	104.26	26.92	123.12	6.46	66.11
	龙榛 3 号	93.60	96.41	0.75	84.08	21.60	98.79	13.50	138.15
	龙榛 4 号	96.20	99.08	0.87	97.53	12.60	57.63	13.20	135.08
	龙榛 5 号	101.30	104.34	0.88	98.65	24.80	113.43	5.50	56.28
	平均	97.090	100.000	0.892	100.000	21.864	100.000	9.772	100.000
B	龙榛 1 号	104.50	105.71	0.82	94.04	13.60	68.51	12.70	151.44

浓度	品种	苗高		地径		根长		根数	
		/cm	/%	/cm	/%	/cm	/%	/个	/%
B	龙榛2号	87.82	88.84	0.90	103.21	26.91	135.55	6.18	73.69
	龙榛3号	94.20	95.29	0.74	84.86	13.30	67.00	4.70	56.05
	龙榛4号	98.30	99.44	0.95	108.94	16.30	82.11	10.70	127.59
	龙榛5号	109.45	110.72	0.95	108.94	29.15	146.84	7.65	91.22
	平均	98.854	100.000	0.872	100.000	19.852	100.000	8.386	100.000
C	龙榛1号	100.30	96.95	0.85	89.10	12.20	61.88	10.20	126.93
	龙榛2号	123.88	119.74	1.13	118.45	23.63	119.85	4.13	51.39
	龙榛3号	82.70	79.94	0.80	83.86	15.00	76.08	13.30	165.51
	龙榛4号	103.70	100.24	0.91	95.39	19.30	97.89	5.70	70.93
	龙榛5号	106.70	103.14	1.08	113.21	28.45	144.43	6.85	85.24
	平均	103.456	100.000	0.954	100.000	19.716	100.000	8.036	100.000
D	龙榛1号	90.40	92.88	0.88	91.10	14.40	69.86	13.00	125.94
	龙榛2号	93.07	95.62	1.09	112.84	25.57	124.04	7.21	69.85
	龙榛3号	96.60	99.25	0.96	99.38	16.50	80.04	10.70	103.66
	龙榛4号	99.00	101.71	0.89	92.13	19.80	96.05	14.90	144.35
	龙榛5号	107.60	110.55	1.01	104.55	26.80	130.01	5.80	56.19
	平均	97.334	100.000	0.966	100.000	20.614	100.000	10.322	100.000
CK	龙榛1号	89.70	112.71	0.81	104.11	17.20	122.14	11.50	117.83
	龙榛2号	76.91	96.64	0.65	83.55	9.91	70.37	9.00	92.21
	龙榛3号	78.10	98.14	0.75	96.10	11.70	83.08	8.60	88.11
	龙榛4号	88.00	110.58	0.89	114.40	15.80	112.20	12.30	126.02
	龙榛5号	65.20	81.93	0.79	101.54	15.80	112.20	7.40	75.82
	平均	79.582	100.000	0.778	100.000	14.082	100.000	9.760	100.000

第九节 IBA+GGR 对不同龙榛品种育苗的影响

IBA+GGR 的组合在林木育苗中主要用于扦插育苗、组织培养等方面。

一、不同浓度 IBA+GGR 对不同龙榛品种苗木生根的影响

1. 不同龙榛品种在不同浓度 IBA+GGR 中苗木生根的表现

通过表 18-34 可以看出：不同龙榛品种的苗木生根率在 35.476%~77.005% 之间，两者相差 41.529%，差别率为 53.93%。其中苗木生根率以龙榛 3 号最高，为 77.005%；其次是龙榛 4 号为 72.603%、龙榛 5 号为 70.000%、龙榛 1 号为 68.794%；较差的是龙榛 2 号为 35.476%。苗木合格率在 5.398%~23.288% 之间，两者相差 17.89%，差别率为 76.76%。其中以龙榛 4 号合格率最好，为 23.288%；其次是龙榛 3 号为 22.727%、龙榛 5 号为 14.737%、龙榛 1 号为 13.239%；较差的是龙榛 2 号，为 5.398%。试验结果表明，IBA+GGR 对不同龙榛品种生根的影响很大，对龙榛 3 号、龙榛 4 号促进生根作用明显，对龙榛 1 号、龙榛 5 号则略差一些，而对龙榛 2 号促进生根作用较小。

表 18-34 不同龙榛品种在不同浓度 IBA+GGR 中苗木生根的表现

品种	浓度	育苗株数	生根情况					未生根情况	
			生根株数	生根率/%	不合格苗株数	合格苗株数	合格率/%	未生根株数	未生根率/%
龙榛 1 号	A	89	60	67.42	48	12	13.48	29	32.58
	B	96	77	80.21	63	14	14.58	19	19.79
	C	44	34	77.27	34	0	0	10	22.73
	D	43	41	95.35	21	20	46.51	2	4.65
	CK	151	79	52.32	69	10	6.62	72	47.68
	合计/平均	423	291	68.794	235	56	13.239	132	31.206
龙榛 2 号	A	44	28	63.64	28	0	0	16	36.36
	B	74	24	32.43	24	0	0	50	67.57
	C	31	22	70.97	22	0	0	9	29.03
	D	54	26	48.15	18	8	14.81	28	51.85
	CK	186	38	20.43	25	13	6.99	148	79.57
	合计/平均	389	138	35.476	117	21	5.398	251	64.524
龙榛 3 号	A	73	67	91.78	45	22	30.14	6	8.22

品种	浓度	育苗株数	生根情况					未生根情况	
			生根株数	生根率/%	不合格苗株数	合格苗株数	合格率/%	未生根株数	未生根率/%
龙榛3号	B	62	58	93.55	48	10	16.13	4	6.45
	C	44	41	93.18	31	10	22.73	3	6.82
	D	48	44	91.67	11	33	68.75	4	8.33
	CK	147	78	53.06	68	10	6.80	69	46.94
	合计/平均	374	288	77.005	203	85	22.727	86	22.995
龙榛4号	A	35	23	65.71	12	11	31.43	12	34.29
	B	27	25	92.59	10	15	55.56	2	7.41
	C	52	43	82.69	32	11	21.15	9	17.31
	D	44	41	93.18	23	18	40.91	3	6.82
	CK	134	80	59.70	67	13	9.70	54	40.30
	合计/平均	292	212	72.603	144	68	23.288	80	27.397
龙榛5号	A	26	25	96.15	19	6	23.08	1	3.85
	B	91	71	78.02	63	8	8.79	20	21.98
	C	85	67	78.82	55	12	14.12	18	21.18
	D	52	41	78.85	21	20	38.46	11	21.15
	CK	126	62	41.27	52	10	7.94	64	50.79
	合计/平均	380	266	70.000	210	56	14.737	114	30.000

2. 不同浓度 IBA+GGR 对不同龙榛品种苗木生根的影响

通过表 18-35 可以看出：不同浓度 IBA+GGR 处理的龙榛苗木生根率在 45.296%~80.859% 之间，两者相差 35.563%，差别率为 43.98%。其中以 C 处理（1.00 g/1000 mL）生根率最高，为 80.859%；其次是 D 处理（1.00 g/1000 mL）为 80.083%、A 处理（0.50 g/1000 mL）为 76.030%、B 处理（0.75 g/1000 mL）为 72.857%；较差的是对照（CK）为 45.296%。苗木合格率在 7.527%~41.079% 之间，两者相差 33.552%，差别率为 81.67%。其中以 D 处理（1.25 g/1000 mL）合格率最高，为 41.079%；其次是 A 处理（0.50 g/1000 mL）为 19.101%、B 处理（1.00 g/1000 mL）为 13.429%、C 处理（0.75 g/1000 mL）为 12.891%；较差的是对照（CK）为 7.527%。试验结果表明，随着 IBA+GGR 浓度的增加，其促进生根的作用也有明显的上升趋势，但对合格率却影响不一。从结果上看，不论是在苗木生根率还是合格率上，都比对照要高得多。

表 18-35 不同浓度 IBA+GGR 对不同龙榛品种苗木生根的影响

浓度	品种	育苗株数	生根情况					未生根情况	
			生根株数	生根率/%	不合格苗株数	合格苗株数	合格率/%	未生根株数	未生根率/%
A	龙榛1号	89	60	67.42	48	12	13.48	29	32.58
	龙榛2号	44	28	63.64	28	0	0	16	36.36
	龙榛3号	73	67	91.78	45	22	30.14	6	8.22
	龙榛4号	35	23	65.71	12	11	31.43	12	34.29
	龙榛5号	26	25	96.15	19	6	23.08	1	3.85
	合计/平均	267	203	76.030	152	51	19.101	64	23.970
B	龙榛1号	96	77	80.21	63	14	14.58	19	19.79
	龙榛2号	74	24	32.43	24	0	0	50	67.57
	龙榛3号	62	58	93.55	48	10	16.13	4	6.45
	龙榛4号	27	25	92.59	10	15	55.56	2	7.41
	龙榛5号	91	71	78.02	63	8	8.79	20	21.98
	合计/平均	350	255	72.857	208	47	13.429	95	27.143
C	龙榛1号	44	34	77.27	34	0	0	10	22.73
	龙榛2号	31	22	70.97	22	0	0	9	29.03
	龙榛3号	44	41	93.18	31	10	22.73	3	6.82
	龙榛4号	52	43	82.69	32	11	21.15	9	17.31
	龙榛5号	85	67	78.82	55	12	14.12	18	21.18
	合计/平均	256	207	80.859	174	33	12.891	49	19.141
D	龙榛1号	43	41	95.35	21	20	46.51	2	4.65
	龙榛2号	54	26	48.15	18	8	14.81	28	51.85
	龙榛3号	48	44	91.67	11	33	68.75	4	8.33
	龙榛4号	44	41	93.18	23	18	40.91	3	6.82
	龙榛5号	52	41	78.85	21	20	38.46	11	21.15
	合计/平均	241	193	80.083	94	99	41.079	48	19.917
CK	龙榛1号	151	79	52.32	69	10	6.62	72	47.68
	龙榛2号	186	38	20.43	25	13	6.99	148	79.57

浓度	品种	育苗株数	生根情况					未生根情况	
			生根株数	生根率 /%	不合格苗株数	合格苗株数	合格率 /%	未生根株数	未生根率 /%
CK	龙榛 3 号	147	78	53.06	68	10	6.80	69	46.94
	龙榛 4 号	134	80	59.70	67	13	9.70	54	40.30
	龙榛 5 号	126	62	41.27	52	10	7.94	64	50.79
	合计 / 平均	744	337	45.296	281	56	7.527	407	54.704

二、不同浓度 IBA+GGR 对不同龙榛品种苗木生长的影响

1. 不同龙榛品种在不同浓度 IBA+GGR 中苗木生长的表现

龙榛 5 个品种苗木在不同浓度 IBA+GGR 处理试验中的表现，从表 18-36 中可以看出：苗高在 78.714~91.830 cm 之间，两者相差 13.116 cm，差别率为 14.28%。其中较好的是龙榛 1 号为 91.830 cm；其次是龙榛 3 号为 87.938 cm、龙榛 4 号为 85.348 cm、龙榛 2 号为 84.214 cm；较差的是龙榛 5 号，为 78.714 cm。地径在 0.776~0.900 cm 之间，两者相差 0.124 cm，差别率为 13.78%。其中较好的是龙榛 3 号，为 0.900 cm；其次是龙榛 1 号为 0.890 cm、龙榛 2 号为 0.880 cm、龙榛 5 号为 0.878 cm；较差的是龙榛 4 号，为 0.776 cm。根长在 13.900~21.140 cm 之间，两者相差 7.240 cm，差别率为 34.25%。其中较好的是龙榛 5 号，为 21.140 cm；其次是龙榛 2 号为 19.222 cm、龙榛 3 号为 18.058 cm、龙榛 1 号为 17.160 cm；较差的是龙榛 4 号为 13.900 cm。根数在 4.982~14.100 个之间，两者相差 9.118 个，差别率为 64.67%。其中较好的是龙榛 1 号，为 14.100 个；其次是龙榛 3 号为 9.226 个、龙榛 4 号为 6.872 个、龙榛 5 号为 5.698 个；较差的是龙榛 2 号，为 4.982 个。试验结果表明，不同龙榛品种在不同浓度 IBA+ABT 中的苗高和地径变化不大，差异并不明显，而在根长和根数上有很大差别，其在 5 个品种中的反应各不一致。

表 18-36 不同龙榛品种在不同浓度 IBA+GGR 中苗木生长的表现

品种	浓度	苗高		地径		根长		根数	
		/cm	/%	/cm	/%	/cm	/%	/个	/%
龙榛 1 号	A	95.70	104.21	0.84	94.38	15.10	88.00	19.00	134.75
	B	95.30	103.78	0.95	106.74	21.00	122.38	20.90	148.23
	C	88.50	96.37	0.91	102.25	15.90	92.66	10.90	77.30
	D	89.95	97.95	0.94	105.62	16.60	96.74	8.20	58.16
	CK	89.70	97.68	0.81	102.25	17.20	100.23	11.50	81.56
	平均	91.830	100.000	0.890	100.000	17.160	100.000	14.100	100.000

品种	浓度	苗高		地径		根长		根数	
		/cm	/%	/cm	/%	/cm	/%	/个	/%
龙榛 2号	A	91.73	108.92	0.84	95.45	17.27	89.84	3.36	67.44
	B	78.10	92.74	1.02	115.91	26.30	136.82	4.10	82.30
	C	84.70	100.58	0.98	112.68	22.00	114.45	4.70	94.34
	D	89.63	106.43	0.91	103.41	20.63	107.32	3.75	75.27
	CK	76.91	91.33	0.65	73.86	9.91	51.55	9.00	180.65
	平均	84.214	100.000	0.880	100.000	19.222	100.000	4.982	100.000
龙榛 3号	A	86.00	97.80	0.88	97.78	18.90	104.66	12.80	138.74
	B	92.30	70.85	0.85	94.44	19.80	109.65	7.80	84.54
	C	85.29	96.99	0.90	100.00	17.79	98.52	11.43	123.89
	D	98.00	111.44	1.12	124.44	22.10	122.38	5.50	59.61
	CK	78.10	88.81	0.75	83.33	11.70	64.79	8.60	93.21
	平均	87.938	100.000	0.900	100.000	18.058	100.000	9.226	100.000
龙榛 4号	A	93.90	110.02	0.91	117.27	22.60	162.59	5.20	75.67
	B	78.39	91.85	0.69	88.92	13.78	99.14	9.28	135.04
	C	76.45	89.57	0.62	79.90	7.65	55.04	4.00	58.21
	D	90.00	105.45	0.77	99.23	9.67	69.57	3.58	52.10
	CK	88.00	103.11	0.89	114.69	15.80	113.67	12.30	178.99
	平均	85.348	100.000	0.776	100.000	13.900	100.000	6.872	100.000
龙榛 5号	A	66.17	84.06	0.73	83.14	22.33	105.63	5.67	99.51
	B	83.88	106.56	0.93	105.92	21.88	103.50	3.50	61.43
	C	89.06	113.14	1.00	113.90	20.58	97.35	6.50	114.08
	D	89.26	113.40	0.94	107.06	25.11	118.78	5.42	95.12
	CK	65.20	82.83	0.79	89.98	15.80	74.74	7.40	129.87
	平均	78.714	100.00	0.878	100.000	21.140	100.000	5.698	100.000

2. 不同浓度 IBA+GGR 对不同龙榛品种苗木生长的影响

在 5 个浓度差别 IBA+GGR 的处理试验中，从表 18-37 中可以看出：苗高在 79.582~91.368 cm 之间，两者相差 11.786 cm，差别率为 12.90%。其中较好的是 D 处理（1.25 g/1000 mL）为 91.368 cm；其次是 A 处理（0.50 g/1000 mL）为 86.700 cm、B 处理（0.75 g/1000 mL）为 85.594 cm、C 处理（1.00 g/1000 mL）为 84.800 cm；较差的是对照（CK）为 79.582 cm。地径在 0.778~0.936 cm 之间，两者相差 0.158 cm，差别率为 16.88%。其中较好的是 D 处理（1.25 g/1000 mL），为 0.936 cm；其次是 B 处理（0.75 g/1000 mL）为 0.888 cm、C 处理（1.00 g/1000 mL）为 0.882 cm、A 处理（0.50 g/1000 mL）为 0.840 cm；较差的是对照（CK），为 0.778 cm。根长在 14.082~20.552 cm 之间，两者相差 6.470 cm，差别率为 31.48%。其中较好的是 B 处理（0.75 g/1000 mL）为 20.552 cm、A 处理（0.50 g/1000 mL）为 19.240 cm；其次是 D 处理（1.25 g/1000 mL）为 18.822 cm、C 处理（1.00 g/1000 mL）为 16.784 cm；较差的是对照（CK），为 14.082 cm。根数在 5.290~9.760 个之间，两者相差 4.470 个，差别率为 45.80%。其中较好的是对照（CK），为 9.760 个；其次是 A 处理（0.50 g/1000 mL）为 9.206 个、B 处理（0.75 g/1000 mL）为 9.116 个、C 处理（1.00g/1000mL）为 7.506 个；较差的是 D 处理（1.00 g/1000 mL），为 5.290 个。试验结果表明，IBA+GGR 溶液浓度的增高，有利于促进苗木的生长，即在苗高、地径、根长和根数上基本保持一致，但是根数上却低于对照，其他 3 个指标均高于对照，这说明其能够促进苗木生长，但不能促进根原基的产生和分化，也就是根系数量不增加，这与苗木的生根率和合格率结论是一致的。

表 18-37 不同浓度 IBA+GGR 对不同龙榛品种苗木生长的影响

浓度	品种	苗高		地径		根长		根数	
		/cm	/%	/cm	/%	/cm	/%	/个	/%
A	龙榛 1 号	95.70	110.38	0.84	100.00	15.10	78.48	19.00	206.39
	龙榛 2 号	91.73	105.80	0.84	100.00	17.27	89.76	3.36	36.50
	龙榛 3 号	86.00	99.19	0.88	104.76	18.90	98.23	12.80	139.04
	龙榛 4 号	93.90	108.30	0.91	108.33	22.60	117.46	5.20	56.48
	龙榛 5 号	66.17	76.32	0.73	79.55	22.33	116.06	5.67	61.59
	平均	86.700	100.000	0.840	100.000	19.240	100.000	9.206	100.000
B	龙榛 1 号	95.30	111.34	0.95	106.98	21.00	102.18	20.90	229.27
	龙榛 2 号	78.10	91.24	1.02	114.86	26.30	127.97	4.10	44.98
	龙榛 3 号	92.30	107.83	0.85	95.72	19.80	96.34	7.80	85.56
	龙榛 4 号	78.39	91.58	0.69	77.70	13.78	67.05	9.28	101.80
	龙榛 5 号	83.88	98.00	0.93	104.73	21.88	106.46	3.50	38.39
	平均	85.594	100.000	0.888	100.000	20.552	100.000	9.116	100.000
C	龙榛 1 号	88.50	104.36	0.91	103.17	15.90	94.73	10.90	145.22
	龙榛 2 号	84.70	98.88	0.98	111.11	22.00	131.08	4.70	62.62
	龙榛 3 号	85.29	100.58	0.90	102.04	17.79	105.99	11.43	152.28

浓度	品种	苗高		地径		根长		根数	
		/cm	/%	/cm	/%	/cm	/%	/个	/%
C	龙榛4号	76.45	90.15	0.62	70.29	7.65	45.58	4.00	53.29
	龙榛5号	89.06	105.12	1.00	113.38	20.58	122.62	6.50	86.60
	平均	84.800	100.000	0.882	100.000	16.784	100.000	7.506	100.000
D	龙榛1号	89.95	98.45	0.94	100.43	16.60	88.19	8.20	155.01
	龙榛2号	89.63	98.10	0.91	97.22	20.63	109.61	3.75	70.89
	龙榛3号	98.00	108.45	1.12	119.66	22.10	117.42	5.50	103.97
	龙榛4号	90.00	98.50	0.77	82.26	9.67	51.38	3.58	67.67
	龙榛5号	89.26	97.69	0.94	100.43	25.11	133.41	5.42	102.46
	平均	91.368	100.000	0.936	100.000	18.822	100.000	5.290	100.000
CK	龙榛1号	89.70	112.71	0.81	104.11	17.20	122.14	11.50	117.83
	龙榛2号	76.91	96.64	0.65	83.55	9.91	70.37	9.00	92.21
	龙榛3号	78.10	98.14	0.75	96.10	11.70	83.08	8.60	88.11
	龙榛4号	88.00	110.58	0.89	114.40	15.80	112.20	12.30	126.02
	龙榛5号	65.20	81.93	0.79	101.54	15.80	112.20	7.40	75.82
	平均	79.582	100.000	0.778	100.000	14.082	100.000	9.760	100.000

第四篇　龙榛栽培技术

第十九章 寒地龙榛适栽区的自然环境特点

第一节 寒地龙榛适栽区的土壤

本区的土壤类型主要是长白山、老爷岭、张广才岭、完达山以及小兴安岭暗棕壤。暗棕壤的面积大（约占东北林区总面积的42%）、生产力高，而且生长着多种针阔叶树种。目前大部分尚保持着天然林覆被，以针阔叶混交林为主，红松、云杉、冷杉、柞、榆、椴等是优势树种，水曲柳、黄波椤、胡桃楸等为重要的伴生树种。

暗棕壤上的林型不同，生产能力也不等。小兴安岭地区近山脊的暗棕壤上，生长着丝叶苔草、杜鹃、红松林或胡枝子林，生产能力很低，为V地位级红松。山坡中上部的暗棕壤上生长着胡枝子、榛子、红松林或混有枫、桦的灌木红松林，生产能力中等，地位级为II~III。山坡中下部的暗棕壤上生长着蕨类、榛子、红松林或榛子红松林、河岸红松林或缓坡藓蕨类红松林，生产能力很高，常为I~II地位级。潜育暗棕壤一般位于接近河谷的坡麓，植被变为苔藓、红松林、混有水曲柳的珍珠梅红松或混有云杉的藓类及蕨类红松林，生产力又复降低，地位级为III左右。

一、暗棕壤的形成

暗棕壤是我国土壤资源中最丰富的种类之一，森林土壤面积最大的是温带暗棕壤。暗棕壤成土过程的特点是呈弱酸性淋溶，是腐殖质累积过程。森林土壤腐殖质累积过程的共同特点是，每年有大量森林凋落物在地表积聚，形成枯枝落叶层，通过微生物的分解，使由深层吸收的各种元素积聚于土壤表层。但由于植被、林型、林分疏密度的不同，其凋落物的数量和组成有明显的差异。气候方面的差异亦是有机质累积和分解不同的原因之一。暗棕壤发生于以红松为主的针阔混交林地带，枯枝落叶含灰分元素多，有机质分解后产生以胡敏酸为主（或胡敏酸和富里酸约相等）的腐殖质，凋落物的分解速度快，形成软腐殖质，成为主要特征。森林土壤在形成过程中由于小地形、水热条件、母质等的差异，因而附加一些成土过程，如草甸化过程、潜化过程、白浆化过程、灰化过程等。

二、暗棕壤的分布及其特征

暗棕壤在黑龙江的主要地理分布为，北起黑龙江，南到镜泊湖，东到乌苏里江，西到大兴安岭中部。垂直分布方面，其在大兴安岭东坡600 m以下有分布，小兴安岭分布在800 m以下，东部山地（主要是张广才岭）多分布在1200 m以下。

暗棕壤地区夏季温暖多雨，在土壤中进行淋溶过程。加上红松林下枯枝落叶层疏松、多孔，保水、透水性较强，可容纳大量的雨水和融化的雪水，加速了淋溶过程。这一过程反应在游离于土壤中的钙镁元素和部分铁铝的转移上，使土壤呈弱酸性。造成弱酸性的另一种原因是针阔混交林灰分元素含铁量高，尤其是阔叶树，如椴树含灰分可达 8.17%，榛子可达 8.10%，且以钙、镁为主，可以中和由分解物产生的有机酸。由针阔混交林的枯枝落叶转化成的腐殖质中，以胡敏酸含量较高，这是稳定暗棕壤呈现弱酸性淋溶过程的另一原因。这种弱酸性淋溶过程，由于受季节性冻层和永冻层的阻留，不能强烈地进行。暗棕壤一般在夏季还进行轻度黏化过程，在高温多雨季节，有利于土体内生物和化学风化过程的进行，在 AB 层或 B 层中，水分比较稳定，经常保持湿润状态，生物和化学风化过程较其他层强烈，这可以从黏粒的增多体现出来（或称残积黏化）。矿物质分析产生的 SiO_2 以 SiO_3^{2-} 的形态存在于土壤溶液中，由于冻结及回流脱水而淀附于全剖面中，使整个土体呈灰棕色。

三、暗棕壤分布区的剖面特征

典型的暗棕壤全剖面由暗灰（暗灰棕）过渡到灰棕、棕（暗棕）至黄棕，近于母质的颜色。面构型有 A_{00}、A_0、A_1、B、C 5 种，其中 A（软腐殖质）为诊断层。现将各层描述如下：

（1）A_{00}、A_0 层厚 5 cm 左右，黄棕至褐色，由针叶及草本残体组成。上层未分解，下层分解得好，且细、软，为软腐殖质，可见白色菌丝体。

（2）A_1 层厚约 20 cm，暗灰（暗棕灰）团粒至团块结构，壤质，疏松至较紧密，多植物根系，有蚯蚓、虫穴。

（3）B 层厚 30~40 cm，灰棕（棕），中至重壤，核状至团块状，结构面上或石砾面上见不明显的胶膜，较紧实。

（4）C 层呈棕色或近于母岩的颜色。以母岩的残积风化沙或坡积物为主，无明显结构，石砾表面可见铁锰胶膜，紧实。

（5）全剖面多 SiO_2 粉末。

腐殖质的成分以胡敏酸为主，A_1 层的腐殖质含量可达 5%~10%，自 A_1 层向下明显降低，养分以有机态为主。全剖面呈微酸性，A_1 层 pH 值为 5.0~6.0，向下酸性增强，代换性阳离子以钙镁为主，盐基饱和度可达 60%~80%，向下盐基饱和度降低。各层都有活性铁、铝，尤以活性铝为多。黏粒在 B 层有所增加。土壤水分比较稳定，含量亦较高。

四、暗棕壤的亚类

根据暗棕壤的附加成土过程，可分为以下亚类：

1. 典型暗棕壤（暗棕壤）

典型暗棕壤的形态特征及理化性质如前所述。其剖面构型为 A_{00}、A_0、A_1、B、C，诊断层为 A_0（软腐殖质）。

2. 草甸暗棕壤

附加草甸化过程，多分布在老采伐迹地、疏林地带。其特点为具草根盘结层（A_h 或 A_m）。腐殖质层厚，腐殖质含量高，各层 pH 值均在 6.0~6.6，盐基饱和度各层高于其他各亚类。土层中偶见铁锈斑，

其剖面构型为 A_h（A_m）、A_1、AB、B、C，诊断层为 A_h（A_m）。

3. 潜育暗棕壤

附加潜育化过程。多分布在山区的低地或沟、河附近。受地下水、地表水的影响，乔木中鱼鳞云杉、红皮云杉、冷杉为优势树种。在土层一定深处由于产生季节性滞水，形成铁锈斑或呈蓝灰色。剖面构型为 A_{00}、A_0、A_1、B_g、C_g，诊断层为潜育化层（C_g）。

4. 白浆化暗棕壤

附加白浆化过程。分布在大兴安岭东坡、小兴安岭外缘平缓的坡地、平顶山与漫岗顶部排水较差处，以及张广才岭丘陵地带。植被为兴安落叶松林、白桦林或杂木林。局部地区可形成森林草甸景观，是暗棕壤和白浆土过渡类型的亚类。其主要特点是在 A_1 层下具有白浆化层，呈黄白或乳白色，质地为重壤土，B 层呈浅棕、浅黄棕色，C 层为砾质壤土，黄棕色。理化性质突出表现在 B_w 层，黏粒高，活性铁、锰、铝、硅等均有较明显的减少。剖面构型有 A_{00}、A_0、A_1、B_w、B、BC、C，诊断层为 B。

5. 原始型暗棕壤（粗骨质暗棕壤，原始灰棕壤）

分布于丘陵及低山脊部，土层瘠薄，深 20~30 cm 处即见大块石砾，根系层石砾含量占 60%，表层腐殖质层在 10 cm 以下，质地较轻。剖面构型为 A_0、A_1、D。

五、暗棕壤分布区的植物

本区气候属温带湿润季风气候。区内原始植被为天然林，以红松为主的温性针阔混交林占优势。暗棕壤分布区是红松的故乡，原始林中红松生长良好，木材蓄积量高，生产力强，是我国最重要的木材生产基地之一。

红松林针阔混交林林分组成复杂，地被物生长繁茂，每年有 4~5 t/hm² 的凋落物归还土壤，这些物质经微生物分解与合成，可释放大量的营养元素并形成腐殖质。此外林下草本植物有庞大的根系，死亡后增加土壤有机质的数量也相当可观。据测定，阔叶红松林下 15 cm 土层内的根系总量平均在 10~11 t/hm²，其中细根占 20%~30%。因此，暗棕壤具有明显的腐殖层。

六、暗棕壤的特点与龙榛栽培的关系

暗棕壤的疏松层具有较高的肥力，是龙榛栽培的基础。土壤厚度与岩石风化、立地条件和耕作管理等有关。龙榛根系分布和生长情况，除与自身的生长特性有关外，主要由土壤厚度、土壤质地、土壤结构和土壤理化性质所决定。

1. 土壤厚度与龙榛生长发育的关系

土壤深厚，龙榛的根系生长分布深，吸收营养成分和水分的有效容积大，吸收的量也多，树体生长健壮，有利于抵抗水分胁迫、营养胁迫、高温或低温胁迫等环境胁迫，为榛果的优质丰产提供了有力的保证。

2. 土壤质地与龙榛生长发育的关系

土壤质地是指土壤中矿物质颗粒的大小及其组合比例，一般分为沙质土、壤质土、黏质土等，而大部分的暗棕壤是壤质土。壤质土由大致等量的沙粒、粉粒和黏粒组成，或黏粒稍低于30%。壤质土质地较均匀，松黏适度，通透性好，土壤温暖，是栽植龙榛较为理想的土壤。

3. 土壤结构与龙榛生长发育的关系

土壤结构是指土壤颗粒排列的状况，如团粒状、片状、柱状、核状等。团粒状结构最适合龙榛的生长发育。团粒结构能协调土壤中矿物质、水分、空气和有机质之间的关系，保持土壤中水、肥、气、热等土壤肥力各因子的综合平衡。适宜的土壤管理制度和耕作制度有利于增加土壤腐殖质含量，促进团粒结构的形成，为龙榛栽培创造有利的土壤条件。

4. 土壤理化性质与龙榛生长发育的关系

（1）土壤水分。

土壤水分是土壤肥力的重要组成部分，土壤养分的转化、溶解以及龙榛树体的吸收利用，都是在有水条件下进行，而水本身是龙榛树体吸收的一部分，参与光合作用产生有机物。

（2）土壤温度。

土壤温度决定龙榛根系的生长活动，同时与土壤水分、土壤空气的运动、土壤微生物的活动以及各种无机盐和有机质的分解转化机制有关。土壤温度对龙榛根系生长起主导作用，根系开始生长活动的温度一般为5℃，最适宜的生长温度为18~25℃。

（3）土壤通气性。

龙榛的土壤通气性是指土壤空气以及其中氧气与二氧化碳的含量。土壤空气中氧气的含量对龙榛根系正常生长发育、呼吸作用，以及矿物质、有机质和水分的吸收具有重要作用。如果栽植龙榛的土壤通气性不良，土壤中的含氧量由于根系和土壤微生物的呼吸而下降，二氧化碳含量增高，直接影响龙榛根系的正常生长和生理代谢，进而影响龙榛的生长和结实，严重时造成根系伤害，直至死亡。在龙榛栽培园内，土壤深耕熟化、山地修筑梯田等技术措施，有利于改善土壤层的通气性，对龙榛的生长发育及结实都有良好效果。

（4）土壤酸碱度。

土壤pH值直接影响龙榛的生长发育，甚至影响土壤养分的有效性。适合龙榛的土壤pH值为6.5，此时土壤养分的有效性良好。土壤偏酸、偏碱都不利于龙榛的生长。

第二节 寒地龙榛适栽区的温度

一、龙榛生长与温度的关系

温度对龙榛的影响，首先是通过对龙榛各种生理活动的影响表现出来的。开春时，龙榛树液在一定的温度条件下才能流动，加速龙榛内部的生理生化活动，从而开花、发芽、放叶生长。光合作用也有它的温度三基点，低于最低点和超过最高点时，光合作用都难以进行。温度也影响呼吸作用，呼吸作用的温度范围远比光合作用幅度大，一般呼吸作用的最适温度要比光合作用的最适温度高。温度对龙榛蒸腾作用的影响有两个方面。一方面，温度会改变空气的湿度，从而影响蒸腾过程；另一方面，温度的变化又直接影响叶面温度和气孔的开闭，并使角质层蒸腾与气孔蒸腾的比例发生变化，温度越高，角质层蒸腾的比例越大，蒸腾作用也越强烈。如果蒸腾作用消耗的水分超过从根部吸收的水分，则树木幼嫩部分可能发生萎蔫甚至枯死。

温度与龙榛生长发育的关系主要体现在如下方面：

1. 温度与开花、萌芽、落叶

在四季分明的寒温带地区，龙榛早春萌芽、开花的早晚，主要与早春气温高低相关，同时还受"自然休眠"的制约。龙榛通过自然休眠，遇到适宜的温度就能萌芽、开花，而温度越高，萌芽期越早、越迅速，茎干生长就越迅速，这也是龙榛栽培的特点。

龙榛开花期的早晚与开花期前一段时间的气温有密切关系。开花期早晚取决于盛花期前30 d左右的平均气温或最高平均气温，气温越高，开花期越早。萌芽与开花的早晚除与温度有关外，还与水分、树体贮存养分等有关，但温度起主要作用。当达到一定低温时，龙榛的叶片逐渐停止生理活动，发黄，直至停止生长和逐渐落叶。

2. 温度与茎干、根系生长

龙榛的茎干和根系生长也与气温、土温有密切关系。空气温度逐渐增高，茎干生长加速；温度降低，生长减缓。高寒地区近地表的上层根系，在寒冷的冬季由于地上部休眠和低温而停止生长。最低土温也是根系开始生长的温度，最适土温时龙榛根系生长最旺盛，最高土温是根系停止生长的温度。当气温、土温降至5℃时，龙榛的茎干、根系近乎停止生长。

3. 温度与花芽分化

花芽分化是一个受多因素影响的综合生物学过程，其中与温度关系密切。根据花芽分化的时期和对温度的要求，龙榛的花芽分化属于夏秋型。夏秋型花芽分化常需要较高的温度。同时，花芽分化主要取决于植株的营养生长和积累程度，达到一定大小或叶片数，在较高气温和长日照时进行花芽分化。

4.温度与龙榛果实生长和品质

一般认为，昼夜温度在适宜的范围内，温度日差较大（≥10℃），有利于白天增加光合作用的生产和减少夜间呼吸作用的消耗，有利于提高产量和品质。据吕忠恕（1982）报道，在昼温30℃，夜温23℃时酸橙生长良好，咖啡也比常温下好。据Tukey（1952）实验，酸樱桃的品质与夜温有关，一般夜温越高，果实直径越小，果实色泽越差，可溶性固形物含量越低。适当的昼夜变温，夜温偏低，可提高樱桃的品质和缩短果实成熟期。

二、龙榛的需冷量

自20世纪20年代以来，各国学者经过不少的研究认为，冬季冷凉的气候对解除落叶树种的自然休眠是必要的，从而确定了"冷冻需要"的概念。根据这一概念，龙榛在冬季需要经过一定时期的低温作用，如得不到满足，休眠就不能解除，翌春就会出现发芽延迟或不整齐，甚至落花落芽现象。

一般认为，龙榛进入休眠主要是对低温的一种适应表现，而打破休眠也需要一定的低温量。但是对于休眠需要一定低温的生理原因和实质情况，尚有许多不明之处和不同表现。目前已知在低温作用下，可使龙榛芽等器官组织内的pH值增加，脂肪分解酶、淀粉酶、蛋白酶等活性增强，从而使有机物分解。因此，提高细胞液浓度和渗透压，可提高其越冬的抗寒力，加大根压，促进萌芽。同时，在低温情况下，芽内生长促进物质赤霉素（GA）增加，生长抑制物质（ABA）减少或消失。并认为，由于生长抑制和促进物质对诱导或解除休眠有拮抗作用，因而不同树种正是由不同的促进与抑制物质的平衡关系来抑制休眠过程的。

三、龙榛的需热量

龙榛各品种具有不同的遗传特性，其生长发育和各种生理生化作用都要求不同的温度条件。龙榛在生长期内，从萌芽到开花直至果实成熟，都需要一定的积温。龙榛的生长期与开花期显著相关，即最长日照条件下，春季中的温度相对升高，往往开花在4月中旬。不同龙榛品种在不同地区，对热量积温要求也有差异，这与生长期长短和昼夜温差有关。夜间温度低，呼吸消耗少，而白天温度高则合成多，需要的积温日数也相对减少。植物生长需要生物学有效的起点温度，并达到一定温度总量才能完成其生命活动。

1.生物学零度

在外界综合条件影响下，能使龙榛萌芽的日平均气温称为生物学零度，即生物学有效温度的起点。生长季是指龙榛在不同地区能保证生物学有效温度的时期，其长短取决于所在地全年内有效温度的日数。龙榛的生长起点温度较低，在寒地，春天萌芽活动的生物学起点温度约为日平均气温5℃。

2.生物学有效积温

龙榛生长季中生物学有效温度的累积值为生物学有效积温，简称"有效积温"或"积温"。龙榛在生长期中对温度热量的要求较高且严格，这与其开花、发根、发芽要求的温度低，并适应较短的温暖期和较凉爽的夏季有关，而其结实与有效积温直接相关。

四、极端温度对龙榛的影响

龙榛对温度有一定要求，这是该树种父母本在系统发育过程中对温度长期适应的结果。树木生长发育对温度的适应性也有一定的范围，过高、过低都会对龙榛产生不良影响，甚至引起树木死亡。

1. 低温对龙榛的危害

低温对龙榛的危害，可从龙榛树体和温度变化两个方面来看。从树体方面来说，不同龙榛品种间，其耐寒力是基本相同的。龙榛体内含有水分的多少，以及树体中内含物的性质和数量，都可影响树木耐寒能力。龙榛是平榛与欧榛的杂交种，其中欧榛为原产地中海的树种，向北推移栽植时，年平均气温、生物学有效积温都不可能满足正常的生长发育需要，常受冬季最低温的限制而不能正常生长。龙榛的抗低温能力只能达到 -35℃，低于 -35℃时就会受到冻害。从气温变化看，如果是逐渐降温，树木不易受害，因为在逐渐降温过程中，树木体内细胞的淀粉逐步转化成糖，促使幼嫩部分木质化，减少水分含量，提高了耐寒力。如果是突然降温（如霜冻）或交错降温（气温冷热变化频繁）和持久降温等，会使树木新陈代谢失常、生理失调或机械损伤，造成树木受害或死亡，特别是早春的倒春寒现象。低温对龙榛的危害主要是冻害、冻裂、冻拔、寒害和生理干旱等。

2. 高温对龙榛的危害

高温对龙榛有一定程度的危害。高温可以破坏树木新陈代谢的平衡，因为呼吸作用最适温度高于光合作用最适温度很多，呼吸作用越强，消耗的营养物质越多，光合作用积累的营养物质就越来越少，造成龙榛缺少营养物质而受害。

由于高温使生理活动加快，从而引起龙榛蒸腾作用加速，可使根部的吸收能力供应不上，造成失水，破坏水分平衡，促使龙榛枯萎、蛋白质凝固（50% 左右），并可使树木体内代谢的有害物质积累，造成树木中毒。同时，高温还会使龙榛树皮灼伤和开裂，引起病虫害感染。

第三节 寒地龙榛适栽区的水分

水是生物生存的重要因子，是组成生物体的重要成分，只有在水的参与下，龙榛体内生理活动才能正常进行，水分不足，会加速树体的衰老。水主要来源于大气降水和地下水，在个别情况下，植物还可以利用数量极微的凝结水。龙榛体内含水 50% 左右，水是通过不同质态、数量、持续时间这三个方面的变化对龙榛起作用的。水可呈多种质态：固态水（雪、雹）、液态水（降水、灌水）和气态水（水蒸气、雾），不同质态水对龙榛产生的作用不同；数量是指降水的多少、空气相对湿度的大小；持续时间是指干旱、降水、水淹等持续的日数。水的这三方面对龙榛的生命活动影响较大，直接或间接影响龙榛的姿形、开花和结实。

一、水分对龙榛生长发育的影响

水是龙榛进行光合作用的物质基础和必要条件。它不仅使酶具有需要的活性，同时通过生理生化反应分解出氧，以供光合作用合成有机质的需要。龙榛树体用水来维持细胞的膨胀压，使细胞能够很好地生长和分裂，并通过蒸腾作用来调节体内温度。

龙榛主要是通过根系来吸收水分，不断供应叶子的蒸腾。当吸收与蒸腾之间的动态达到平衡时，树体生长发育良好；破坏了这种平衡，就会影响树体新陈代谢的进行。所以，水分的动态平衡是树木生长发育的基础。

土壤水分过多时，影响龙榛根系的吸收功能。因为水分过多，氧气就缺少，二氧化碳相对增加，从而引起厌氧细菌的活动，促使一些有毒物质积累，如硫化氢、甲烷、氧化亚铁等，使龙榛根系中毒。所以，在水分多的地方，龙榛垂直根系往往腐烂，只有少数根活着。龙榛园不能积水，降雨后应及时进行排水，才能有效地提高龙榛生长量和榛果产量。

二、龙榛对水分的需求和适应

1. 龙榛对水分的需要和要求

龙榛对水分的需要是指树木在维持正常生理活动的过程中所吸收和消耗的水分。与其他经济树种相比，龙榛吸收消耗的水分量相对是很大的。龙榛所吸收的水分绝大部分消耗于蒸腾作用，因此，需水量常常可用蒸腾强度来表示，蒸腾强度因生育时期和环境条件而不同。龙榛的蒸腾强度是多变的，因此很难正确反映对水分的真实需求，也不能反映对水分利用的有效性，这取决于各种树的光合作用和蒸腾作用的水平。

2. 龙榛对干旱的适应

水分亏缺使龙榛生长发育受到威胁，即使在湿润气候区，也经常有干旱的季节和年份。大气和土壤干旱，会降低龙榛的各种生理功能，影响其生长、产量和果实品质。龙榛具有较强的抗旱性，其原生质具有忍受严重失水的能力，在面临大气和土壤干旱时，或保持从土中吸收水分的能力，或及时关闭气孔，减少蒸腾面积以减少水分的损耗，或体内贮存水分和提高输水能力以渡过逆境。

（1）龙榛根系发达。

龙榛较耐旱，它的根系一般很发达，有的甚至把根扎入土壤深层以利用地下水。龙榛扎根并不深，但其分生侧根很多，形成浅而伸展、很宽且密集的根系。

（2）高渗透压。

龙榛的根系具有较强的吸收水分能力，同时，细胞内有亲水胶体和多种糖类，其抗脱水的能力强。

（3）具有控制蒸腾作用的结构或功能。

龙榛的叶面有厚的角质层、蜡层或茸毛，有利于降低蒸腾作用，以适应干旱。但是低蒸腾作用并不一定是耐旱的标志，许多耐旱树种蒸腾强度是相当高的，尤其是在水分供应充足的时候。

三、龙榛的年生长周期与需水

龙榛在年生长周期中需水是很多的，但在各物候期需水量不同。掌握龙榛不同物候期的需水特点是正确、合理供水的重要依据。

1. 开花前、萌芽期

龙榛需有一定水分才能萌芽，此期水分不足，常发生推迟萌芽或不整齐，并影响新梢生长。如果冬春水分不足，初春应灌水。

2. 新梢生长期

随春季温度升高，龙榛新梢进入旺盛生长期，需水量最多，如供水不足，会削弱生长或早期停长。此期对缺水敏感，因此又称此期为需水临界期。

3. 花芽分化期

进入 6 月中下旬，即龙榛花芽分化期，如水分缺乏，花芽分化困难，形成花芽少；如水分过多，长期阴雨，光照变弱，花芽分化也难以进行。对于龙榛来说，水分常是决定花芽分化迟早和难易的主要因素。

4. 果实发育期

龙榛此期需要一定水分，但过多的水分会促使梢果生长发生矛盾，引起后期落果或发生裂果和病害。

5. 秋季根系生长高峰期

龙榛此期同样需要一定水分。如果秋旱，可影响根系生长，进而影响吸收和有机营养物质的制造、积累及转化，并削弱越冬的抗寒性，还持续影响到翌年。

6. 相对休眠期

此期需水相对较少，但冬季缺水常使龙榛枝条干枯或受冻；春旱多风地区，龙榛水分不足，易发生"干条"现象，在沙地尤其明显。故在干旱少雨地区，应在封冻前灌水，并充分利用冬季积雪。

第四节　寒地龙榛适栽区的光照

光是龙榛最重要的生态因子，通过光合作用，光能转化为化学能，为龙榛的生命活动提供了能源动力。由于所处的地理位置不同，光照分布、年辐射总量、光照强度、光质和日照长短等会发生变化。

一、寒地的光照分布与年辐射总量

高寒地区是我国纬度最高的地方，太阳高度和太阳辐射强度随着纬度增大而减少，可是随着纬度的增加，日照时数会增多。因此辐射能量的可利用潜力很大，特别是集中表现在夏季，所以对于龙榛来说，地力的发挥使榛果单位面积产量并不低。

寒地的日照时数在泰来、大庆、三肇等以南地区较多，可达 2900 h 以上，小兴安岭、张广才岭山区雨量多，在 2500 h 以下。各地日照时数相差不多，但时间分布及辐射强度不同，所以南部积温高于北部积温。

寒地北部的年辐射总量为 405.99 kJ/cm²，中部地区与东北地区年辐射总量为 460.41 kJ/cm²，西南部地区年辐射总量为 502.26 kJ/cm²。随着气候变暖，上述年辐射总量也会逐渐增高。

二、光质与龙榛之间的关系

光是太阳的辐射能以电磁波的形式投射到地球表面上的辐射线。太阳辐射的波长变化在 150~3000 nm 的范围内。叶绿素的吸收光谱在可见光区域有两个吸收高峰，一个是在蓝光波长区域，一个是在红光波长区域。其最大吸收波长为 450 nm 和 660 nm，而叶绿素 b 吸收峰较叶绿素 a 吸收峰稍微向中间偏移 20 nm 左右。

龙榛感受光能的器官主要是叶片，在叶片中由叶绿素吸收光能使有机质进行正常的生理过程，并完成重要的光化学反应。据试验及理论推导，叶片吸收的光以可见光和紫外线为主，即能同化太阳光谱 380~710 nm 的能量（生理辐射）。生理辐射中可见光占 30%~40%，叶面吸收以上光量的 60%~80%，喜光树种吸收的比耐阴树种多。生理辐射的光是由叶质体色素——叶绿素和类胡萝卜素所吸收，其他类黄体酮和花青素以及酶也能吸收。这部分橙—红光对所有的生理过程，如光合作用、形态建成、发育和色素合成等具有决定意义。作用于龙榛的光有两种，即直射光和漫射光。在一定的限度内，直射光的强弱与光合作用呈正相关，如超过光饱和点，则光的效能反而降低。漫射光强度低，但在光谱中短波部分的漫射光比长波部分强得多，所以漫射光有较多的红、黄光（可达 50%~60%），可被树木完全吸收利用，而直射光仅有 37% 的红、黄光能被吸收利用。光的质量随纬度、海拔高度和地形变化而不同。通常漫射光随着纬度增高，对树木作用越来越大。直射光随着海拔增高而增强，垂直距离每升高 100 m，光照强度平均增加 4.5%，紫外线强度增加 3%~4%。紫外线的波长有抑制植物生长的作用，所以山地树木表现矮化即与此有关。漫射光随海拔升高而减少，山坡地边缘的树木漫射光最少，南坡和北坡的漫射光不同，如在温度 20℃时，南坡受光量超过平地面积的 13%，而北坡则减少 34%。

三、光照强度与龙榛的关系

龙榛正常的生长发育需要光照条件，光照强度与龙榛生长发育的关系，应从它的受光情况及对光的利用和叶片进行碳素同化作用两方面去考虑。

1. 光照强度与龙榛的营养生长

光照强度对龙榛营养生长的影响可反映在地上部枝叶生长和根系生长两个方面。强光削弱了顶芽向上生长而增强了侧芽生长，使树姿开张或易形成密集短枝；而光照不足，枝长且直立，生长势强，表现为徒长和黄化。实验表明，一般龙榛在光照减弱时（人工遮光或阴雨天），枝条表现加长、增粗生长明显，但质量并不增加，干物质均表现降低，即表现为徒长。光对龙榛生长和形态结构的建成有明显作用。光能促进龙榛细胞的增大和分化、控制细胞的分裂和伸长，因此要使龙榛正常生长，促使个体体积增大，而且使质量增加，则必须有适合的光照强度。

光照强度对龙榛根系也表现出了容易被忽视的间接影响，当光照不足时，对根系生长有明显的抑制作用，根的伸长量减少，新根发生数少，甚至停止生长。尽管根系在土壤中无光条件下生长，但它的营养物质大部分来源于地上部分的同化物质。在叶片同化量降低、同化物减少时，必然首先供给地上部使用，然后才输送到根系，所以阴雨季节对根系的生长影响很大，而耐阴的树种形成了低的光补偿点以适应其环境条件。龙榛由于缺光照，表现出徒长或黄化、根系生长不良，必然导致树体抗性差。缺光照，地上部分枝条生长不好，则不能顺利越冬休眠，也会造成根系浅，则抗旱、抗寒能力低。此外，光在某种程度上能抑制病菌活动，如在光照条件较好的立地中龙榛病害明显减少。光照过强会引起日灼，尤在沙地和昼夜温差剧变情况下容易发生。龙榛叶和枝经强光照射后，叶片可提高 5~10℃，枝条提高 10~15℃。日灼与光强、树势、树冠部位及枝条粗细等均密切相关。

2. 光照强度与龙榛的生殖生长

光照强弱与龙榛花芽形成关系密切。光照不足不利于花芽分化，使坐果率降低，果实发育中途停止，造成落果。此外，光照强度对榛果的品质影响也较为明显，如各种果树在通风透光条件下，果实着色较佳，可提高含糖量和维生素 C 含量，降低酸度，增强耐贮性。果实中花青素含量与光照强度有密切关系，在光照强和低温条件下，花青素形成得多。

四、龙榛的光能利用

龙榛产量、品质的形成，主要是由叶片等光合器官吸收来自太阳辐射的光能，同化 CO_2 和 H_2O，合成有机物质作为物质的基础。因此，采取栽培技术措施，调节光合作用的过程和光合产物的分配、利用，提高光合利用率，就成为增产、增质的重要途径。

1. 提高龙榛单位面积截光率

栽植龙榛优质壮苗、合理密植、灌草相结合。减少作业道及合理整形修剪等都可明显提高早期单位面积截光率和叶面积指数，增加光能利用率。在年周期中，前期促进叶幕形成，后期适当延迟落叶，地面覆盖反光膜等，也有利于提高光能利用率，从而提高产量和品质。

2. 选用高光合效率的丰产品种

龙榛品种不同，其光合强度、光饱和点、光补偿点、呼吸消耗等不同，龙榛光呼吸消耗占光合总生产量的 25%~30%。因而，通过育种或培育出高光效、低光呼吸消耗的品种，可提高光能利用率，从而大幅度提高产量。

3.选择和改善龙榛对光合作用的有利条件

首先，要适地适树，即选择适合龙榛生长的小气候和土壤条件。其次，土壤要肥沃，合理施肥、灌水、排水，合理防治病虫害，改善通风和 CO_2 供应，抗御灾害（冻害、日灼、干旱、涝害等）。最后，通过改善其生存环境和生理状态来提高光合效率。

4.减少无效消耗，提高经济产量

龙榛需要合理矮化栽植和整形修剪，减少树冠无效体积和器官，协调叶果矛盾，增加对果实同化养分的供应，提高经济产量。

第五节 地形地貌对龙榛的影响

一、海拔高度

海拔高度对气候有很大的影响，海拔由低至高则温度渐低、相对湿度渐高、光照渐强，紫外线含量增加，这些现象以山地更为明显，因而会影响植物的生长与分布。山地的土壤随海拔的增高，温度渐低，湿度增加，有机质分解渐缓，淋溶和灰化作用加强，因此 pH 值渐低。由于各方面因子的变化，对于龙榛个体而言，这种现象时常发生。

二、地形

地形指丘陵、盆地、坡地和山顶等。地形对太阳辐射、温度、降水等产生较复杂影响。山地的有效辐射和散射辐射都随周围地形遮蔽程度的增强而减小。地形对温度的影响更为错综复杂，常因不同的地形形态、季节、天气和纬度等条件而异。大地形对降水的影响有一定的规律，寒地的山地低，向风面降水多，背风面降水少，向风面的降水开始随海拔升高而增加，到一定高度后达最大值，以后又随海拔升高而递减；小地形对降水的影响亦有一定规律，在高地顶部，当风速较大时，向风面的小雨滴、雪花降落速度减慢，并有大量被吹到背风面，加速降落，使背风坡比向风坡和顶部降水增多，这恰与大地形降水相反。在山地和丘陵地发展龙榛，栽植地的地形对其生长发育有直接影响。龙榛属于春季开花植物，在选择林地时要避开谷地、低洼和通气不良的地方。冷空气自山丘顶部进入谷地，如冷空气不能及时从林中排出，易发生霜冻。山地的迎风坡、风口地带、易发生山洪的谷口，也不适宜栽植龙榛，以防发生风害和水涝。

三、坡向方位

不同方位山坡的气候因子有很大差异，例如，南坡光照强，土温、气温高，土壤较干；而北坡正好相反。在寒地，由于降水量少，所以土壤的水分状况对龙榛生长影响极大。此外，不同的坡向对龙榛冻害、干旱等也有很大影响。

四、坡度

坡度的缓急、地势的陡峭起伏等，不但会形成小气候的变化，而且对水土的流失与积聚都有影响，因此可直接或间接地影响龙榛的生长。坡度通常分为六级，即平坦度小于5°，缓坡为6°~15°，中坡为16°~25°，陡坡为26°~35°，急坡为36°~45°，险坡为45°以上。在坡面上，水流的速度与坡度及坡长成正比，流速越大、径流量越大时，冲刷掉的土壤量也越大。山谷的宽狭与深浅以及走向变化也会影响植物的生长状况。龙榛通常以3°~15°的坡度栽培最为适宜，尤以3°~5°最好，龙榛也可以栽在坡度略大的山坡上。

第六节 生物因子对龙榛的影响

在龙榛生存的环境中，尚存在许多其他生物，如各种低等、高等动物，它们与龙榛有着各种或多或少的、直接或间接的相互影响，而在植物与植物间也存在着相互影响。

土壤中有依赖有机残屑为生，种类繁多、数量庞大的微生物群落。它们不仅是整个土壤有机质复合体的一部分，也是影响龙榛的重要生态因子之一。多种土壤微生物能分解矿化和提高难溶性无机物的溶解性，增加土壤有效养分，供树木吸收利用。土壤微生物不但能进行有机质分解，也可以进行有机质合成，形成特殊的有机质——腐殖质，它是营养的贮藏库，能不断地供应和调节龙榛所需的养分。

动物方面，为大家所熟知的如蚯蚓活动的影响，蚯蚓活动能显著改善土壤的肥力，增加钙质，从而影响植物的生长。土壤中的脊椎动物以及地面上的昆虫等均对植物的生长有一定的影响。

植物之间的互相影响更是密切。植物总群落的形成与演替发展等也是植物本身及植物间的直接、间接的互相影响，以及外界的综合作用所致。这是龙榛与其他木本经济植物进行混交的理论基础之一。

第二十章 龙榛园的建立

第一节 龙榛园的规划设计

一、龙榛园建立的要求

1. 龙榛园对环境质量的要求

龙榛园的规划设计要符合环境质量的要求。环境质量主要包括空气环境质量、灌溉水质以及土壤环境的要求。环境质量标准是龙榛园建设的首要条件，要求自然环境未受到污染，其洁净程度最低应达到国家规定的标准。同时，土壤肥力要达到土壤的 I~II 级指标。

（1）地势平坦，排水良好，地下水位 ≥ 1.5 m。灌溉水质的质量应符合《农田灌溉水质标准》（GB 5084—2005）二类标准或《农产品安全质量无公害蔬菜产地环境要求》（GB/T 18407.1—2001）中的规定。

（2）栽培环境质量应符合《环境空气质量标准》（GB 3095—2012）二级标准或《农产品安全质量无公害蔬菜产地环境要求》（GB/T 18407.1—2001）中的规定。

（3）土层厚度 ≥ 50 cm，pH 值达到 5.0~7.0，质地为沙壤土或壤土。土壤环境质量应符合《土壤环境质量农用地土壤污染风险管控标准（试行）》中的二级标准或《农产品安全质量无公害蔬菜产地环境要求》（GB/T 18407.1—2001）中的规定。

2. 龙榛园的地理位置

地理位置就在龙榛的适生区范围内，充分考虑土壤、温度、水分、热量和地貌等自然因素之间的结合，组成该地区的特点，有利于龙榛的生长发育。

二、龙榛园的规划

龙榛园应向现代经济林方向发展，达到有利于榛子产业的园艺化、产业化、规模化的发展目标。

（一）龙榛园的园址选择

龙榛为多年生经济林木，栽植园要进行持续多年的经营管理。因此，选择园址时除考虑龙榛的生长栽培依据和要求外，还应考虑诸如自然条件、社会经济状况、交通、电力等诸多因素。

1. 温度

温度条件包含年平均气温、年平均地温、年有效积温、日最高温度、最低极限温度、早霜与晚霜等。这其中，年有效积温是龙榛一年内生长发育所需的必要温度，是关乎龙榛完成生长发育的关键，而最低极限温度是龙榛抗寒性的节点，如果温度低于 -35℃就可能受到冻害。所以龙榛一定要在适宜区范围内栽培，否则冬季绝对极限低温就能够使龙榛不能安全越冬。同时还应注意晚霜出现的时间及频率，倒春寒能否在开花期间发生，使花芽、叶芽及混合芽受害等。

2. 降水

降水量的大小是确保龙榛正常生长发育的关键因素。在生长季中，降雨按月份分布，要能够满足龙榛生长发育对水分的需求。同时，要考虑降雨累积量与龙榛生长中是否存在水分逆境，这涉及土壤的排水能力以及减少水土流失、保持高效的抗水土流失能力。

3. 土壤

土壤所涉及的包括土壤质地、土壤肥力、土壤厚度、有机质含量、排水能力和矿物质的补充等。沙壤土透气性与保水性好，所含的有机质易分解，矿物质补充易吸收，最适于龙榛生长，其次壤土、轻黏壤土也是较好的土壤。土层深厚肥沃，有利于龙榛的生长发育，土层厚度一般在 35 cm 以上，适宜其生长，土层厚度不足 35 cm，应改良土壤。土壤黏重、低洼易涝、盐碱土，不适宜建立龙榛园。

4. 水源

水源是龙榛在遇水分缺乏等逆境时补充水分的来源。理想的龙榛园是靠近河流、湖泊、水库、溪流以及有地下水源条件的地块。龙榛喜欢湿润的环境，寒地气候特点是春季易干旱，水分的安全供应是保证龙榛生长发育的必要条件。

5. 地貌

地貌与龙榛适地适树相关，是把龙榛与立地条件相匹配。真正做到适地适树，要对立地进行科学调查研究与评定，深入分析龙榛与立地两方面的条件和要求，达到既符合自然规律和经济学规律，又合理利用立地条件，才能发挥龙榛的最大生产潜力。

在农业区，龙榛一般栽植在平地上，平坦土地的土层深厚且肥沃，生长发育快，榛果结实早而丰产，经营管理便利，同时还有利于现代作业，可降低经营管理成本和提高收益。在林区，龙榛栽植在缓坡地上，土层较深厚，土壤肥力与光照充足，有利于排水。坡度适宜时在任何方位均可建园。

6. 社会条件

龙榛园生产的产品是榛果，建园时应考虑当地人的生活来源、经济富裕的程度、历史上的生产习惯、可提供的人力资源及其素质、适宜的技术等。此外，还有诸如榛果的加工、贮藏、运输及销售等情况。

（二）龙榛园的规划与设计

龙榛园的建设，需要科学的规划和设计，特别是建立专业化龙榛园。规划和设计后，使龙榛园达到合理利用土地，符合现代林业的理念，能够按照先进的有机农业管理模式，采用现代园艺技术、农业机械化作业，逐渐减少资金投入，使资金合理利用，获得较高经济效益、生态效益和社会效益。

1. 准备工作

（1）自然情况调查。

根据栽培园预期的规模和栽培园的地点，调查当地的气象、土壤、水文、植被和地貌等情况。采集空气、土壤和水分的样品，供化验分析使用。

（2）社会情况调查。

调查当地的经济状况、劳动力条件、农机具使用程度、交通与运输能力统计、供电情况、居民收入以及治安等社会经济情况。

（3）预设龙榛园地调查。

对适宜园地进行初步踏查，测量地形图与平面图，绘制设计蓝图，以备规划设计时使用。特别是对通向园内的道路、电力、水资源等情况进行调查。

（4）龙榛园投资规模与预算。

根据寒地区域的劳动力成本、农机具成本、电力成本、生产资料的价格和建园设计的规格与建园规模，进行预投资额估算。

2. 龙榛园的规划

当龙榛园的经营规模、园址等确定后，要确保有通向园内的道路、电力、水资源或圃内有可提供的水资源，要求规划生产区、辅助生产区和非生产区。龙榛园设计完成后，画出园地的设计图。通过这些设计，龙榛园既便于经营管理，又有利于提高经济效益。

（1）生产区的规划。

生产区包括生产栽培区设计、育苗区、排灌系统、晒果场、脱苞烘干场以及贮藏库等。生产栽培区主要是围绕小区进行规划的，也是龙榛园的基本单位。生产栽培区四周设辅道，中间用主道分开。主道两侧用作栽培大区，栽培大区中间用辅道分成若干栽培小区，所以栽培小区是最基本的生产单位。沿主道设置主排灌系统，一边连接蓄水池，另一边连接副排灌管道与喷头。常把晒果场、脱苞烘干场、贮藏库等与辅助生产区规划设置在一起。

比较大的龙榛园栽培小区的设计，以有利于机械化作业为前提，一般栽培小区的大小为 $2\sim3\ hm^2$，小的龙榛园栽培小区一般为 $0.5\sim1.0\ hm^2$。栽培小区的形状，其长边与主道方向相同，同时以长方形为好。如果是平地或 $5°$ 的缓坡，龙榛园栽培小区应垂直于主要风的危害方向，长边方向应垂直于坡长方向。

总之，栽培小区的规划，以利于机械化作业为主，同时考虑耕作管理方便，并能使龙榛自身起到防风作用。坡地龙榛园栽培小区的长边尽可能与等高线平行，以便于水土保持和设置排灌渠道。$\geqslant5°$ 坡度龙榛园的栽培小区，其长边沿等高线规划，长度为 $200\sim300\ m$，有利于水土保持，同时也便于机械化作业。

（2）辅助生产区的规划。

辅助生产区包括道路、办公室、肥料药品库、生产资料库、农机具库、晒水池、堆肥场、厕所等，一般情况下龙榛园的辅助生产区规划在龙榛园区的进口处。道路与生产小区规划设计放在一起，同时包括晒果场、脱苞烘干场、贮藏库等的规划设计。通常把办公室、贮藏库等，肥料药品库、农机具库等，晒果场、脱苞烘干场各自放在一起。晒水池、堆肥场、厕所要各自单放，远离办公场所。

（3）非生产区的规划。

非生产区包括防风林、围栏、停车场等。生产区的四周外围要设置防风林、围栏，在办公室附近应设置停车场等。

3. 龙榛园的设计

（1）生产栽培区的设计。

在生产栽培区设计过程中，面积小的龙榛园仅设计若干小区，面积大的龙榛园要设计若干大区，一个大区下设计若干小区。龙榛园中的栽培小区作为主体部分的设计，要根据规划设计的基本要求单独设计，画出各栽植小区定植图，同时设计专门的育苗小区。设计的龙榛定植图上应包括下列主要内容：小区栽植的龙榛品种、株数、定植方向、定植密度、栽植距离、分布配置以及标志等。要协调植株与道路、排灌渠道及防风林的距离。

（2）道路的设计。

龙榛园内道路分为3种：一是主道路1条，宽为6~8 m；二是辅路，辅路与主路、环圃路相连接，数量若干，宽为4~5 m；三是作业路，作业路与辅路相连接，数量若干，宽为3.5~4.0 m，每12~15行龙榛树设1条作业道。

（3）排灌系统的设计。

喷灌系统的一边连接蓄水池，另一边连接副灌溉管道与喷头。排灌水系统应沿主道、辅道设计，平地或坡地的主系统方向都应与龙榛园小区的长边一致，副系统则与栽培大区的短边一致。灌溉主要分3个系统：漫灌系统，在有坡度的龙榛园内，输入龙榛园的高处，利用高度差进行漫灌或树盘灌水，缺点是浪费水资源与易板结土壤。喷灌系统，增加园内空气湿度，改善局部环境，缺点是适合1~3年龙榛园，4年以后灌溉不均。滴灌系统，节约水量，保持土壤湿润，缺点是设施成本高。

（4）建筑物的设计。

龙榛园地建筑物设置在龙榛园的入口处，如办公室、脱苞烘干场、贮藏库等设置一处，农机具库、生产资料库与肥料药品库等设置一处。存放榛果的仓库必须与有污染的仓库相隔开，以防影响榛果风味和食用安全。这些内容在建龙榛园的过程中要科学合理地安排，也要做设计图。

（5）防风林的设计。

在龙榛栽培园内，为防止秋季大风造成伤害和改善园内小气候条件，要设置防风林。规划设计时，要根据主风方向和林带防风的有效距离（一般为树高的10~20倍）来设计防风林，最终确定防风林带的树种选择、防风带的方向、带间距离。

（6）其他设施的设计。

龙榛园内应设置堆果场兼晾晒场、堆肥场、晒水池、厕所。晾晒场的场地要求平整干净，排水良好，易于堆放带苞的龙榛果实以及进行脱苞、晾晒和除杂物等。

第二节 龙榛园的品种选择与授粉树

一、龙榛园的品种选择

1.品种选择的原则

龙榛园的榛果投放市场，是以为社会公众服务并取得高效益为目的的。优质丰产高抗的良种是龙榛园实现高产优质的基础。

（1）良种的优良特性。

龙榛具有生长健壮、抗逆性强、丰产、果仁优质等良好的综合性状，且其他经济性状独特，如榛果形状美观、果壳光亮、成熟期适中、果仁饱满、风味独特、适合鲜食和便于加工等。

（2）良种的广泛适应性。

龙榛分布北界为北纬 47° 30′ 以内，在分布北界以南，能够适应的气候条件是不低于 - 35℃，无霜期 > 120 d，≥ 10℃ 的有效积温 2300℃ 以上。分布区内土壤条件是暗棕壤、黑土等。龙榛在分布区以北就有可能不再表现优良性状。

（3）市场需求。

优良品种的选择应注意适应市场需求，产品适销对路。龙榛的经济效益最终是通过市场上的销售效益而实现的，销售效益是要接受市场和消费者的检验的。

2.品种选择

榛子新品种系列共 3 个品种（龙榛 1 号、龙榛 2 号、龙榛 3 号）、6 个优系（龙榛 4 号、龙榛 5 号、龙榛 6 号、龙榛 7 号、龙榛 8 号、龙榛 9 号），具有果实个大、果壳较薄、出仁率高、品质佳、果仁光洁饱满、产量高、抗寒性强等特点。因此，在建园选择品种和组合搭配时，必须充分考虑品种的特性，选择适合当地气候、土壤条件的优良品种。

二、授粉树配置

由于雌、雄花开放时期的差异，异花授粉是龙榛的生物学特性之一，不同品种间互为授粉树才能结实。目前还没有固定的授粉品种，因此龙榛建园时，每个园地或小区应选择 3 或 4 个主栽品种，这些品种间的花期相近或相似，以达到互为授粉树的目的。每个品种栽 2~3 行，授粉品种栽 1 行，相间栽植可互相授粉，即可满足授粉需求。

第三节 龙榛园的定植

一、整地

（一）整地的原则

龙榛园的整地应遵循如下原则：改善龙榛园的立地环境、提高立地质量；改善小气候、土壤水分和土壤气体交换，保证龙榛栽植成活率；促进土壤养分转化和蓄积，促进龙榛的生长发育；通过微立地改造，减免土壤的侵蚀和保持水土；便于栽植施工和提高栽植质量。

（二）整地的时间

整地季节是保证整地效果的重要环节，寒地的整地时间主要集中在春秋两季。一般的生地提前整地，有利于控制杂草与保墒，提前整地最晚应在秋季冻土前完成，这样可以做到促进杂草的茎叶和根系的腐烂分解，增加土壤中的有机质，调节土壤的水分状况。熟地可以在栽植前整地。

（三）整地的方法

在龙榛园规划设计后，开始落实设计，区划栽植小区。栽植小区区划完成后，即进入栽植小区的整地阶段。

1. 全面整地

要对龙榛园栽植小区内的土壤进行翻耕，达到改善立地条件的目的。翻耕前，需要去除杂草、灌木与石块等影响作业的杂物，对凹凸比较大的地块，需要进行土地平整。平整土地时，可根据情况进行人工平整或机械平整。比较平坦的龙榛栽植区需要进行翻耕，一般翻耕深度为 25~30 cm。

2. 局部整地

局部整地的龙榛园，适合相对坡度较大的山地龙榛园。局部整地是翻垦种植地部分土壤的整地方式，一般分为 3 种。
（1）台阶（梯田）整地。
台阶（梯田）整地是在寒地山区坡度较大地区进行的一种整地方式，是一种有利于水土保持的方法。用半挖半填的方法，把坡面修成若干平行于等高线的台阶，上下相连成梯田，由梯壁、边埂、梯面和边沟等构成。其梯面宽度是由山地的坡度和龙榛的栽植密度共同决定的。为了保持水土，可以把梯面反向内倾，利于保土保水保肥。通常有水平沟和水平阶两种台阶整地方式。坡度太大（≥20°）时，这种方式不适合整地。
（2）带状整地。
带状整地是在山地呈带状（长条状）翻耕种植土壤，且在翻耕带之间保留一定宽度植被带的整地方式。同样，整地带的方向与等高线保持一致。带状整地适用于坡度平缓的山地。其方法主要有水平带状、水平阶、水平沟、高沟埂等。

（3）块状整地。

块状整地是一种翻耕种植地土壤的整地方法。其优点是具有灵活性，在不同的种植地均可因地制宜选用块状整地，同时是最利于水土保持的方法，而且省工、成本低，缺点是改良土壤立地条件的作用相对较差。其主要用于坡度大的山地，典型的就是鱼鳞坑整地。

二、龙榛园的栽植密度与栽植季节

1. 确定栽植密度的意义

栽植密度是龙榛栽培中最受关注的技术问题之一。龙榛的栽植密度是指单位面积种植地上所栽植的龙榛株数，栽植密度关系着龙榛的群体结构、光能、土壤地力和整个营养空间的利用率，关系到龙榛的生长发育、产量的高低、作业榛园的管理措施及其动态变化，龙榛园的栽植密度对榛果的品质、树体的生命周期及更新都有深远的影响。

2. 确定栽植密度的依据

栽植密度取决于龙榛品种的自身属性、树体管理模式、立地条件与气候条件适应性。具体要注意以下几点：
（1）不同龙榛品种的生物学和生态学特性。
（2）龙榛园的经营目的、栽培方式和采用的树冠类型。
（3）龙榛园的立地条件、地势平缓与陡峭程度、土壤肥沃程度。
（4）气候条件适应性。
（5）土地资源和苗木来源。

3. 确定栽植密度

龙榛在寒地确定栽植密度的原则是株行距为 2 m×（3~4）m×4 m 的范围内。苗木来源充足，可按设计密度定植，若有少量死亡植株，第二年可以补植。

在地势平坦、立地条件好、土壤肥沃深厚的地方，龙榛栽植株行距应大一些，如株行距3 m×3 m、3 m×4 m、3.5 m×4 m、4 m×4 m 等，坡度较大、立地条件相对差一些、土壤相对瘠薄的山地，栽植株行距可小些，如 2 m×2.5 m、2 m×3 m、2.5 m×3 m 等。

树冠长势旺盛且开张角度大的品种，栽植株行距大些，同样，树冠长势弱且冠形直立紧凑的栽植株行距小些。

4. 栽植季节与方法

东北地区的寒地面积广，夏季短，冬季长，最好的栽植时间是 4 月末或 5 月初。栽植前熟地的整地必须在前一年完成，生地的整地在栽植前完成，以免影响栽植工作。

三、龙榛栽植时的植株配置和挖定植穴

1. 植株配置

植株配置是指决定龙榛群体及其叶冠层在龙榛园内的配置形式，对经济利用土地和日常栽培管理有重要影响。平地栽植行向应南北行，有利于树体受光均匀，山地则沿等高线栽植。常见的有以下几种：

（1）长方形配置。

常见的一种配置，即行距大于株距的配置方式，特点是通风透光良好，便于龙榛园的管理和榛果的采收。

栽植密度与栽植株数公式：

栽植密度（株数 /hm²）= 栽植株数 / 栽植面积　　　　　　　　　　　　　　　　（20-1）

栽植株数 = 栽植面积 /（行距 × 株距）　　　　　　　　　　　　　　　　　　（20-2）

（2）正方形配置。

少见的一种配置，即行距株距相同的正方形配置方式，特点是通风透光良好，便于龙榛园的管理。若密植，龙榛树冠易郁闭，光照差，间作不便。

栽植密度与栽植株数公式：

栽植密度（株数 /hm²）= 栽植株数 / 栽植面积　　　　　　　　　　　　　　　　（20-3）

栽植株数 = 栽植面积 /（栽植距离）²　　　　　　　　　　　　　　　　　　　（20-4）

（3）正三角形配置。

正三角形配置是行距大于株距的配置方式。两行之间呈正三角形配置。特点是利用空间变大、郁闭晚，但是不便管理和机械化作业。

（4）带状宽窄行配置。

带状宽窄行配置是由带内较窄行距的 2~4 行树组成，实行行距较小的长方形栽植，两带之间的宽行距为带内小行距的 2~4 倍。具体宽度视立地条件、坡度、机械化作业的难易等确定。

（5）等高线配置。

在坡地或梯田内，采用等高线配置的方式。实际上是长方形栽植在坡地上的应用。

2. 挖定植穴

（1）确定定植穴。

准备测绳、皮尺、白灰、木桩等，然后按照小区的定植图，先确定初始行的位置，再确定行距，逐次依照植株配置图定点，最终确定整园栽植穴的位置。

（2）定植穴的挖掘方法。

先准备有机肥或磷酸氢二铵，以及锹、镐等生产材料，在挖穴时使用。挖定植穴的时间是在春季苗木栽植之前。挖穴时要以定植点为中心，定植穴的规格应为直径 40~50 cm、深 35~40 cm 的穴。挖定植穴时表土、熟土放在一侧，底部生土放在另一侧弃用。用有机肥时，每定植穴用肥 12~15 kg，并与表土混拌均匀，回填 20~30 cm 的高度。挖穴时每个定植穴株间前后要对齐，行距要适中。

四、苗木准备

1. 苗木来源

龙榛是经过主管部门审定的杂交榛子品种，适合于寒地部分地区的栽植。按照程序，购入苗木应经过主管部门的检疫，同时核对龙榛品种、苗木数量和质量。

2. 苗木的贮藏

外地购置的龙榛苗木，其包装采用塑料薄膜，内部用湿锯末填充根系，然后封口，外置编织袋，使根系保持其具有的生活力水平。龙榛到达栽植地点后应放置在阴凉处，可贮藏 10 d 以上。

3. 龙榛定植苗准备

选择龙榛的优质壮苗，苗高 80~120 cm，茎充实，具有 8~10 个饱满芽，根系发达，须根较多，木质化根 8~10 条，株萌生根长 20 cm 以上的苗木。将龙榛苗木稍加修剪，根系剪留长度 12~15 cm，修剪后的龙榛苗木用水浸泡以保持根系的水分，浸泡时间约 20 min。

五、栽植技术

1. 栽植方法

在预先挖好的定植小区内，按照龙榛品种的配置图，准备好龙榛苗木。栽植时，把浸泡后的龙榛苗木放入已经回填底土的定植穴内，需要株距、行距间对整齐，苗木应根系舒展，然后填入表土，边填边将苗轻轻向上提，边填边踏实，填至过根系时，施入磷酸氢二铵 8~10 g 作为基肥，继续填入表土，使根系与土壤紧密结合，填土填到比地平线略低 3~5cm 为止。然后在苗木的周围筑起直径为 60~80 cm 的树盘。

2. 浇定植水

龙榛定植后要立即灌水，并要求灌满浇透树盘。一般水渗下后采用封土保墒的方法，保证定植后龙榛苗木的生长。现代浇水后多用地膜覆盖，封闭树盘，然后用土镇压密封地膜，这样就可以达到保湿增温的目的，有利于促进苗木根系活力，确保龙榛栽植的成活率。

3. 定干

定植、浇水、覆地膜后，开始定干。定干的方法是将龙榛苗木茎干在距地面 50~60 cm 处选择 4~5 个饱满的芽后，在最上部的芽 4~5 cm 处定干。定干后用植物伤口愈合膏或油漆涂抹，以防止风干抽条。伤口愈合膏具有成膜性快、抗温变性好、保护伤口促愈合、涂膜与切口黏着性好等优点，能很好地防止树木伤口水分、养分的蒸发和流失，较耐雨水冲刷和阻止病菌进入，有杀菌、消毒的作用，可快速促进伤口愈合及防腐，从而提高栽植成活率。

第四节 栽植质量要求与后期管理

一、栽植质量要求

1. 选择优良龙榛苗木

选择好龙榛苗木，首要的是苗木下部具有 4~5 个饱满的芽，以满足树体的生长发育需要。

2. 浇水

做好树盘后及时浇水，然后用地膜覆盖，待雨季来临时撤出地膜。

3. 栽植深度

根系不能埋土过深或过浅，要求栽植后根茎与地面平或略低于地面 3~5 cm。以根系以上埋土深度 4~8 cm 为宜。

4. 定干伤口处理

应立即用伤口愈合膏或油漆涂抹，以防止风干抽条。

二、栽植后期管理

1. 抹枝芽

定植后，当龙榛苗木芽开始膨大、展叶后，就可以看到有多少芽生长。到 5 月末，就可以确定保留 4~5 个生长枝条，把幼树根部多余萌条形成的枝条抹除，形成完整的树体。

2. 松土除草

应及时松土除草，增加土壤的通透性，促进发新根和根系吸收。同时除去影响与龙榛生长竞争的生物因子。

3. 灌水

注意及时撤去地膜。如果缺水应及时灌水，达到促进苗木成活率和生长的需要。

4. 施肥

如果是施用有机肥，在没有施磷酸氢二铵作为基肥的情况下，7月下旬，在新梢停止生长以后，龙榛叶面喷施二次 0.3% 的磷酸二氢钾，间隔期为 8~10 d，可促进枝芽成熟，提高抗寒性。

5. 间作

龙榛园行间可以间作豆科植物。间作的垄边缘应当距离种植行 0.5~0.6 m，以防止犁或机械损伤龙榛苗木及其根系。

6. 防治病虫害

龙榛幼苗病虫害较少，主要注意防止食芽食叶害虫。

第二十一章 龙榛栽培园的管理

第一节 土壤与肥力管理

龙榛园建立后，实现龙榛栽培的优质、高效、低耗目标的关键是各项管理措施，而土肥管理是核心内容之一。

一、土壤深翻管理

土壤与水、空气、阳光构成了树木生长的基础，对它们控制的好与坏，直接关系到龙榛的生长发育与结实状况，而土壤管理是龙榛生长发育的根本。如何科学地实施土壤管理，需要相应的技术措施。这些措施包括土壤性状改良、土壤耕作、农作物或林木的间作等。

在新开垦的龙榛园内，对小区土壤深翻，结合施用有机肥料进行土壤性状改良，是一项重要技术措施。这项技术可以促进土壤熟化，增加土壤团粒结构与土壤孔隙度，降低容重，以达到增加土壤保水保肥能力和通气透水性。

1. 深翻时间

一般是在深秋封冻之前，结合施基肥（农家肥）进行深翻与扩穴。这时龙榛地上部分已经逐渐停止生长，地下根系生长减缓，经过深翻后，不影响树体的健康。深翻后经过一个冬季，有利于土壤的风化和蓄水保墒。开春后，龙榛开始萌动生长，根系伤口容易愈合，并生出新的小根，有利于吸收矿物质营养和水分，促进龙榛的生长。

2. 翻耕深度

由于龙榛是浅根性树种，它的翻耕深度以根系分布层为基准，还要考虑土壤的结构与土质状况，翻耕深度一般为 35~40 cm。

3. 翻耕方法

（1）全园深翻。

全园深翻就是对龙榛园除树盘以外土壤进行一次全面的深翻，这种方法有利于机械化作业，但是伤根较多，适合于幼年期龙榛园。

（2）带状深翻。

带状深翻适合于带状宽行栽植，也就是在行间或带与带之间、自树冠外缘的内侧开始进行的带状深翻。

（3）隔行或隔株深翻。

这种方法主要体现在隔行或隔株深翻，第二年或若干年后再翻剩余的行间或株间的土壤。这种方法每一次都能减少对龙榛根系的损伤程度，有利于龙榛根系的恢复、新根的重新发生及其今后根系的生长。

（4）深翻与扩大树盘。

根据龙榛生长情形，逐年或间隔2~3年，将栽植树盘以外的土壤逐步深耕35~40 cm深、40~45 cm宽的深翻方法，这种逐年扩大的深翻直至全龙榛园翻透为止。本方法最适合与施有机肥相结合。深翻扩大树盘时应从树冠投影处内侧先开沟，尽量减少根系损伤，施有机肥后及时回填土，避免根系散失水分。

二、土壤管理制度

龙榛园内土壤管理制度主要有以下几种：

1. 松土与除草（清耕法）

清耕法就是对龙榛园内的土壤常年保持休闲，生长期间清除（割除杂草上部）杂草的一种方法。主要包括中耕除草、割草、土壤翻耕等，尤以中耕除草、割草相结合比较常见。一般每年进行3或4次。

2. 行间间作

在龙榛园定植初期的3年内，主要种植的农作物有豆类、瓜类和马铃薯等低秆作物，间作的边行需距离龙榛行（带）50~60 cm，以保持足够的距离，以免种植时损伤龙榛的根系。同理，4~5年生行间可以间作矮秆作物或种绿肥植物，间作的边行需距离龙榛行（带）80~100 cm。

3. 生草法

在龙榛行间播种当年生禾本科或豆科等绿肥牧草，或者两者混播，根据其生长和龙榛园的需要，每年定期搁置于原地，使其自然腐烂分解或移至树盘内用作覆盖材料，任其腐烂分解的土壤管理方法。这种方法适合于进入5~6年生的龙榛园，要每年给绿肥牧草植物施用有机肥。生草法能够改善土壤理化性质，促进土壤地力的增加，有利于团粒结构的形成。生草法省工省力，是龙榛园土壤的主要管理制度。在土壤肥力低、水分条件差的园地，应注意增施有机肥和加配灌溉设施。

三、土壤肥力管理

土壤肥力管理是龙榛园的关键技术之一，土壤肥力是龙榛保持高产稳产的重要因素。龙榛从定植开始到衰老结束，都要在园中完成一个生命周期。土壤肥力包括土壤的化学性状与物理性状，化学性状的耗损是不可逆的。龙榛生长的生命周期中，每年从土壤中获取了大量的矿物质和有机质等营养元素，使得土壤肥力逐年递减，所以为了保持土壤肥力，促进龙榛正常生长与结实，就要及时补充营养（施肥），以满足龙榛花芽分化、增加榛果结实质量与数量。

（一）主要元素及其作用

19 世纪后半叶，德国化学家李比希提出植物矿质营养学说，以后，经过 20 世纪及近代的植物营养学的发展，以植物必需营养元素及生长有益元素的发现为标志，到目前已经发现 6 种植物必需大量元素——氮（N）、磷（P）、钾（K）、钙（Ca）、镁（Mg）、硫（S）和已知的 8 种必需微量元素——铁（Fe）、锰（Mn）、硼（B）、锌（Zn）、铜（Cu）、钼（Mo）、氯（Cl）、镍（Ni）。植物营养学发展的另一个里程碑是德国植物营养学家马希纳等人基于植物生理学建立的植物营养学体系。龙榛生命中所需的营养元素与此相同，现将其中最主要的几种元素介绍如下。

1. 氮（N）

氮是极其重要的植物养分，它的供给可以人为调控。能为植物所吸收和利用的氮主要是硝酸态（NO_3^-）和铵态（NH_4^+）的氮。氮是蛋白质、叶绿素、酶、辅酶、核酸、多种植物激素和许多其他重要有机物的一个组成元素。氮可以促进植物营养生长，延迟衰老，提高光合效能，增进品质和提高产量。

氮素缺乏时，植物叶片叶绿素合成减少，会出现缺绿现象，另一个现象是影响糖类及蛋白质的形成和新陈代谢，形成枝叶量少，新梢细弱及落花落果。

2. 磷（P）

磷是植物生长发育不可缺少的大量营养元素之一，是植物的重要组成成分，同时又以多种方式参与植物体内各种生理生化过程，如参与光合作用和糖类的合成与转运，以及对促进植物的氮代谢和脂肪代谢等都起着重要作用。磷主要以 $H_2PO_4^-$ 离子的状态为植物所吸收，在植物体内并不被还原，而是以高度氧化的状态与有机化合物结合。在植物的各种组织中，以正在发育的果实和种子，以及活跃的分生组织含磷最多，这与磷酸化的化合物在代谢中的重要作用是一致的。保证磷的含量能促进花芽分化、果实发育和种子成熟及增进品质，还能提高根系的吸收能力，促进新根和茎干的发生和生长，以及提高植物抗寒抗旱等抗逆性能力。

缺磷后，酶的活性降低，糖类及蛋白质等的新陈代谢过程受阻，从而造成分生组织无法正常活动，特点是植物新梢和细根生长减弱，叶片小，花芽分化不正常进而影响植物的果实大小与品质，同时抗寒、抗旱等抗逆性能力降低。

3. 钾（K）

钾离子（K^+）是植物细胞中含量最丰富的阳离子之一，对植物的生长具有重要的作用。植物体内的钾以可溶性盐的状态存在。在活跃的生长区，特别是芽、嫩叶和根尖部位含钾很多，种子和成熟组织中含钾相对较少。它在植物新陈代谢中的基本作用主要是调节性和催化性的。钾离子在细胞内外不同浓度的分布是形成细胞跨膜电势的一个重要原因。K^+ 能影响植物体内的许多生理功能，如增强植物光合作用，促进有机物合成和植物生长、代谢物的转化和运输，有利于果实膨大和成熟，提高坚果品质与植物的抗逆性，以及维持细胞膨压等。

钾供应不足时，糖类的代谢受到干扰，严重时光合作用受到抑制而呼吸增强。起初引起氮素代谢受到干扰，以致组织中糖类有所增加，如果缺钾状态持续下去，糖类的含量就迅速下降，造成生长发育不良，生长受阻，如新梢细、叶小且叶缘黄化向上卷曲、果实小、落叶延迟，抗逆性降低等。

4. 硼（B）

硼以硼酸分子（H_3BO_3）的形态被植物吸收利用，在植物体内不易移动。硼对植物生理过程有三大作用：一是促进作用，硼能促进糖类的运转，植物体内含硼量适宜，能改善作物各器官的有机物供应，使作物生长正常，提高结实率和坐果率。二是特殊作用，硼对受精过程有特殊作用，它在花粉中的量，以柱头和子房含量最多，能刺激花粉的萌发和花粉管的伸长，使授粉能顺利进行。植物缺硼时，花药和花丝萎缩，花粉不能形成，表现出"花而不实"的病症，特别是硼对落蕾、落花、落果等症均有明显调节能力。三是调节作用，硼在植物体内能调节有机酸的形成和运转，缺硼时，有机酸在根中积累，根尖分生组织的细胞分化和伸长受到抑制，发生木栓化，从而引起根部坏死。硼还有增强作物的抗旱、抗病能力和促进作物早熟的作用。

（二）施肥原则

（1）以有机肥为主，无机肥为辅，有机肥与无机肥相结合。
（2）无机肥料采用多元复合肥。
（3）科学地追求经济有效施肥。

（三）施肥时期与种类（基肥和追肥）

龙榛园施肥时期主要有秋季施基肥、夏季施追肥与根外（叶面）施肥。

1. 秋季施基肥

基肥是龙榛园年周期的基本肥料，对龙榛一年中的生长发育至关重要。每年龙榛停止生长后到土壤封冻前，进行施加有机肥。施用基肥应以各种腐熟、半腐熟的有机肥为主，如生物粪肥、堆肥、绿肥等，可少量配比无机复合肥。其中鸡粪要充分腐熟，并与土以 1：（3~5）的比例混拌才可施用。有机物容易腐烂分解，矿质化程度高，翌春可及时供根系吸收利用。同时提高土壤孔隙度，改善土壤肥力状况，有利于微生物活动，保证龙榛树体抗逆性，满足次年龙榛生长发育对养分的需求。

2. 土壤追肥

土壤追肥是龙榛从春季萌动到榛果收获前，根据龙榛生长发育和结实情况及不同发育期需肥特点而补充的肥料。土壤追肥一般以无机肥为主。土壤追肥可使当年龙榛生长发育健壮，保证获得高产、优质的榛果，又可为次年生长奠定基础。具体施肥时间、数量和次数，应根据龙榛品种、树龄、树势和榛果产量情况而定。龙榛一般追肥 2 次：第一次 5 月下旬至 6 月上旬，此时正值果实膨大、花芽分化和枝条生长期；第二次为 7 月上旬至中旬，榛果发育迅速期，追肥对果实生长发育极为重要，同时可提高抗逆性。

3. 根外（叶面）施肥

根外追肥是龙榛生育期内，根据其生长发育需要，将各种速效肥料的水溶液喷施在龙榛树体的叶片、枝条及榛果上的追肥方法，是一种辅助性的追肥措施，主要应用于用量小而少、容易被固定的无机肥，如硼肥等。根外追肥具有被喷施的肥液能够直接被吸收与利用、节约肥料等优点。根据龙榛生长情况，把握根外追肥的关键，一是要配比适当浓度的肥液，一般为 0.1%~0.2%；二是施用两种以上肥料与农药、生长调节剂时，应了解是否能混施，如能混施要充分溶化并混拌均匀；三是喷施时间，晴天在早晚进行，阴天可全天进行。

（四）土壤施肥方法

龙榛树根系浅，主要呈水平状伸展，多分布在地表下 5~30 cm 深的土壤层中，因此要根据施肥种类、目的的不同，采用不同方法。常用的方法主要包括以下几种：

1. 环状沟状施肥

这是在龙榛树冠周围的近外缘向外土壤层挖环状施肥沟，进行施肥。此法多用于幼树。

2. 放射沟状施肥

以龙榛树干为中心，在离树干 60~80 cm 处，向外开挖 7~9 条放射状施肥沟进行施肥，沟长超过树冠外围，且里边浅外边深。这种方法可以避免过多的伤根，挖时应避免伤及大根，并隔年更换放射沟的位置，不断扩大施肥工作面。

3. 条沟状施肥

在龙榛园内，行间、株间或隔行开沟施肥，也可结合深翻进行施肥。此法多用机械化作业。

4. 漫撒施肥

成年龙榛园，根系已密布全园，可将肥料均匀地覆盖在园内地面上进行施肥。此法施肥较浅，省工省力，还可防止生草，是一种比较好的施肥方法。

5. 灌溉式施肥

结合滴灌、漫灌等形式进行施肥，这种方法供肥及时，肥料分布均匀，既不伤根又能保护耕作层土壤结构，是节省劳力、提高生产效率的经济施肥典范。

（五）施肥量

龙榛园的施肥量要根据龙榛的吸收量、自然土壤供肥量、肥料利用率、树龄与树冠幅度等方面来推算。基肥主要根据肥源情况以及龙榛生长情况而定，初期以农家肥为主，进入结果期以堆肥为主。

追肥方面，龙榛幼年期主要以氮肥为主，进入结果期后以氮磷钾复合肥料为主。

第二节 水分管理

水分是龙榛生长发育的重要影响因素，水分管理是重要工作之一，直接关系到榛果的产量与质量。在龙榛园设计中已经完成了排水工作，而我们主要关注的是灌水管理。龙榛属于浅根性树种，其根系主要分布在 5~30 cm 的表土中，适时保证水分适中，是促进龙榛树体发育和结实的重要保证。

一、灌水时期

龙榛园灌水的适宜时间和次数，与当年降雨相关。当预计缺少降雨而即将引起干旱时，采取提前灌水，以减少对龙榛生长发育的危害。灌水前的土壤含水量可根据以往的经验，采用手测与目测相结合，或土壤水分测定仪来进行测定。

1. 定植苗灌水

定植后的苗木，应先及时灌水，之后再覆盖塑料布。

2. 春季灌水

东北寒地主要的缺水时期是 5~6 月份，此时也是北方地区春旱时节。龙榛发芽前后与新枝生长前，即 5 月上旬灌水。如果前一冬季雪大时，可以不用灌水。

3. 夏季果实膨大期灌水

应于 5 月下旬—6 月上旬，即幼果膨大和新梢生长旺盛期灌水，可结合施肥进行，这次灌水是保证当年产量的关键。6 月中下旬以后自然降水增加，一般不需要灌水。

4. 秋后果实采收后灌封冻水

落叶后到土壤封冻前，可将树盘内灌 1 次封冻水。如果秋季雨大或土壤湿润则不用灌水。

二、灌水方法

由于各地的水源和生产条件不同，所采用的灌溉方法也略有差异，目前常见的有以下几种。

1. 滴灌

滴灌是以水滴或细小水流缓慢地滴于龙榛根系的方法。可以节约用水，实现机械化作业，符合现代化管理。

2. 微喷

微喷是通过微喷系统,把灌溉水喷到地面上空,再以细小的水雾形式落于地面的方法。这种方法可节约用水,不产生径流,减少对土壤结构的破坏,改善龙榛园内小气候,省工省时。

3. 带状沟浸灌法

龙榛园内沿着行距或株距的方向,挖带状沟进行浸灌龙榛下地面的方法。灌水浸湿土壤的深度为 40 cm。灌水后要及时松土,防止土壤板结。

4. 树盘灌水

做好龙榛树盘,采用车载或软管管道等对龙榛树盘内进行灌水的方法。这种方法以灌溉龙榛树体下的土壤为主。

三、蓄水保水

蓄水措施主要是在龙榛树体周围修筑鱼鳞坑(方形或圆形)树盘,使上方地面的降雨径流集中在树盘内,蓄贮雨水。保水措施主要是地面覆盖减少蒸发量。方法有有机肥覆盖、秸秆覆盖或其他有机物覆盖。

四、排水

龙榛园排水的主要目的是调节土壤水分和土壤空气的矛盾。在龙榛园设计中已经完成了排水工作,随着时间的累积,如果出现排水不良,应立即疏通完善排水系统。在过于平坦的龙榛园内,有两种情况需要排水。一是龙榛园地势低洼,二是雨季雨水过于集中而无法自然排水造成积水,这时应在雨季来临之前及早挖沟排水。

第三节 龙榛树体管理

一、整形修剪

龙榛整形修剪的主要内容是在建立牢固而合理的树体骨架、群体结构和充分利用光能的基础上,调节龙榛主要器官的质量与数量。

（一）整形与修剪的意义

1. 整形

整形是根据龙榛的生物学特性、生长结果习性、不同立地条件、栽培制度和管理技术等要求，在一定的空间范围，培育一个有效光合面积较大、能负载较高产量、生产优质榛果且便于管理的树体结构。

2. 修剪

修剪是根据龙榛生长、结果习性的需要，通过短截、疏枝、回缩、摘心等技术措施剪成所需的树形，以保持良好的光照条件，调节养分分配，转化枝类组成，促进或抑制生长和发育的技术。

3. 整形与修剪的关系

龙榛整形是通过修剪完成的，修剪是在一定树形的基础上进行的。所以整形与修剪是密不可分的，二者都是龙榛在适宜的栽培管理条件下获得优质、高产、低耗、高效必不可少的栽培技术措施。

（二）整形与修剪的原则

1. 因树修剪，随枝造型

因品种修剪，是对龙榛不同品种整体而言，即在整形修剪中，根据生长习性、结果习性、树龄、树势之间的平衡状态以及龙榛园所在的立地条件等，采取相应整形修剪的方法和修剪程度，从整体着眼，从局部入手。

随枝造型是对局部而言。在整形修剪过程中，应考虑局部枝条的长势强弱、枝量多寡、枝条类别、分枝角度的大小、枝条的延伸方位以及未来开花结果情况。同时，必须在对全树进行准确判断的前提下，考虑局部和整体之间的关系，有效地形成合理的丰产树体结构，可获得长期优质、稳产和高效的结果。

2. 有形不死，无形不乱

龙榛在整形修剪的过程中，要根据树种和品种特性，确定选用何种树形，但在整形过程中，又不能完全拘泥于某种树形，而是有一定的灵活性。对无法成形的树，也不能放任不管，而是根据生长情况，使其骨架牢固、通风透光、枝量充足、龙榛果实丰产。

3. 轻重结合，灵活运用

以轻剪为主，轻重结合，因树制宜，灵活运用。龙榛的整形修剪，毕竟要剪去一些枝叶，这对树体来说无疑是有抑制作用的。修剪程度越重，对整体生长的抑制作用也越强。在整形修剪时，应掌握轻剪为主的原则，尤其是进入盛产期以前的幼树，修剪量更不能过大。

轻剪虽然有利于扩大树冠、缓和树体长势和提早结果，但从长远着想，还必须注意树体骨架的建造，因此必须在全树轻剪的基础上，对部分枝进行适当重剪，以建造牢固骨架。由于构成龙榛树冠整体的各个不同部分，其生长位置和生长状态不可能完全一致，因而修剪的轻重也就不可能完全一样。

（三）整形与修剪的依据

1. 龙榛品种特性

龙榛的品种不同，其生物学特性各有差异。在萌芽率、成枝力、分枝角度、枝条硬度、结果枝类型、花芽形成难易和坐果率高低等方面，都不尽相同。因此，根据不同树种和品种的生长结果习性，采取有针对性的整形修剪方法，做到因品种进行修剪，是龙榛整形修剪最基本和最重要的依据。

2. 树龄与树姿

龙榛年龄时期不同，生长和结果状况不同，整形和修剪的目的各不相同，因而所采取的修剪方法也不一样。幼树至初产期，一般长势很旺，枝条多直立，结果很少。在整形修剪上，以整形为主，加速扩大树冠，促进提早结果，修剪程度要轻，可长留长放。盛产期以后，长势渐缓，枝条多而斜生，开始大量结果，并达到一生中的最高产量。修剪的主要任务是保持健壮树势，以延长盛果期年限。修剪程度应适当加重，并应细致修剪，使营养枝与结果枝有一定的比例。随着树龄的增大和结实数量的增多，树势逐渐衰弱而进入衰老期。修剪的主要任务是注意更新复壮，维持一定的结实数量。

3. 栽植密度与栽植方式

龙榛栽植密度和栽植方式不同，其整形修剪的方法也不同。栽植密度大的树种，应培养成枝条级次低、小骨架和小冠形的树形，修剪时要强调开张枝条角度、抑制营养生长、促进花芽形成、防止树冠郁闭和交接，以便提早结实和早期丰产。对栽植密度较小的树种，则应适当增加枝条的级次和枝条的总数量，以便迅速扩大树冠，增加产量。

4. 修剪反应

龙榛树种的不同品种，用同一种修剪方法处理不同部位的枝条时，其反应也会表现出很大的差异。因此，修剪反应就成为修剪的主要依据，也是检验修剪量的重要标志。修剪反应不仅要看局部表现，也就是看剪口或锯口下枝条的生长、成花结果情况，还要看全树的总体表现，即生长势强弱、成花多少以及坐果率的高低等。

5. 立地条件与管理水平

立地条件和栽培管理水平不同，龙榛的生长发育和结实多少是大不一样的，对修剪反应也各不相同。在土壤瘠薄、干旱的山地和丘陵地，树势普遍较弱，树体矮小，树冠不大，成花快，结果早，但单株产量低，对这种林地，在整形修剪时要注意定干要矮、冠形要小、骨干枝要短，少疏多截，注意复壮修剪，以维持树体的健壮长势，稳定结实部位。反之，在土层深厚、土质肥沃、肥水充足、管理技术水平较高的林地，树势旺，枝量大，营养生长强于生殖生长，因而成花较难、结果较晚。

整形修剪时应注意采用大、中型树冠，树干也要适当高些，轻度修剪，多留枝条，主枝宜少，层间距应适当加大。除适当轻剪外，还应注意夏季修剪，以延缓树体长势，促进花芽分化。

6. 整形修剪的发展趋势

随着龙榛矮化密植栽培的发展，修剪的对象也由单株趋向于群体。所以，无论是为了普及整形修剪技术，还是为了节省用工，提高劳动生产率，都需要对原有的整形修剪进行改革。从趋势看，一是简化修剪，即要求方法简单、便于掌握、节省劳力、提高工效，主要途径是通过简化、矮化树形，或选用短枝型品种，延长修剪时间，减少修剪次数；二是采用矮化修剪技术；三是简化休眠期修剪，强化生长期修剪；四是逐步采用机械化，提高劳动生产率，增加早期产量和累计产量，改进果实品质，提高效益。

（四）龙榛树体结构

龙榛的地上部包括主干和树冠两部分。树冠由中心干、主枝、侧枝和枝组构成。其中中心干、主枝和侧枝构成树冠的骨架，统称骨干枝。

龙榛树体的大小、形状、结构、间隔等，影响群体光能利用和栽培管理过程的劳动生产率，因此，合理分析和确定不同条件下树体的结构，对龙榛栽培有重要意义。

1. 树体大小

龙榛树体高大，可以充分利用空间、立体结果和延长经济寿命，但成形慢，早期光能利用差；叶片、果实与吸收根的距离加大，枝干增多，有效容积和有效叶面积反而减少；同时，树冠大，一般影响品质和降低劳动效率。因此，在一定范围内缩小树体体积，实行矮化密植，已成为经济林现代化栽培的主要方向。当然，树体不是越小越好，树体过小就会使结果平面化，影响光能利用，并带来用苗多、定植所需劳力多、造林费用大的缺点。

2. 树冠形状

龙榛树冠外形大体可以分为自然形、扁形（篱架形、树篱形）和水平形（棚架形、盘状形、匍匐形）三类。在解决密植与光能利用、密植与操作的矛盾中，以扁形最好。群体有效体积、树冠表面积均以扁形最大，自然形其次，水平形最小。因此，一般说来，扁形产量高，品质较好，操作较方便。水平形树冠受光最佳，品质最好，并适于密植，可提早结果，也利于机械化修剪和采收等，虽然产量较低，但在经济效益上有可能超过扁形。

3. 树高、冠幅与间隔

龙榛树高决定劳动效率和光能利用，也与龙榛特性和抗灾能力等有关。从光能利用来说，要使树冠基部在生长季节得到充足的光照，同时立体结实。多数情况下树高为行距的 2/3~3/3。

冠幅和间隔与树冠厚度密切相关，采用水平形时，树冠很薄，光照良好，冠幅不影响光能利用，其间隔越小，则光能利用越好。龙榛一般在树高约 4.0 m、冠厚约 2.0 m 的条件下，冠幅 1.5~2.0 m 为宜。

行间树冠必须保持一定间隔，以便于操作。

4. 主干高度

龙榛主干低则树冠与根系养分运输距离近，树干消耗养分少，有利于生长，树势较强，发枝直立，有利于树冠管理，但不利于地面管理；有利于防风积雪保温保湿，但通风透光差。通常龙榛的定干高度是60 cm左右。龙榛的不同品种差异，导致其定干略微变化，一般树姿直立，干可低些；树姿开展、枝较软的，干宜高些；栽植距离大，干宜高些；密植，干宜低；实行机械耕作，干要适当提高。

5. 骨干枝数目

龙榛骨干枝与主干一样，是运输养分、扩大树冠的器官，在能够布满足够空间的前提下，骨干枝越少越有利。但是适当增加骨干枝数，容易充分利用空间，增强树势，而且个别骨干枝损伤后影响小，有利于生产。一般树形大，骨干枝要多；树形小，骨干枝要少。发枝力弱的骨干枝要多，发枝力强的骨干枝要少。幼树、边行树、坡地栽植、光照条件好的，骨干枝可多一些；成年树光照条件差，骨干枝应少一些。在同一层内主枝数不宜超过5个，在主枝上着生距离不宜过近，以免形成轮生枝，结合不牢，并易削弱中心干的生长。

6. 主枝分枝角度

龙榛主枝与主干的分枝角度对结果早晚、产量高低影响很大，是整形的关键因素之一。角度过小，则树冠郁闭，光照不良，生长势强，容易上强下弱，花芽形成少，早期产量低，后期树冠下部易光秃，影响产量，操作不便，且容易劈折。实践证明，主枝分枝基角越大，负重力越大，树冠开张，生长势弱，花芽易形成，易早期高产。龙榛主枝角度达到45°或更大，更有利于稳定树势、连年稳产。

7. 从属关系

龙榛各级骨干枝从属分明，则结构牢固。一般骨干枝粗与所着生枝粗之比不超过一定比例，如两者粗细接近，则易劈裂。

8. 骨干枝延伸

龙榛骨干枝延伸，有直线和斜上两种。一般直线延伸的，树冠扩大快，生长势强，树势不易衰，但开张角度小的，容易上强下弱，下部内部易光秃，不易形成大型枝组或骨干枝；斜上延伸的，在斜上部位容易发生大型枝组或骨干枝，树冠中下部生长强，不易光秃。

9. 枝组

枝组亦称单位枝、枝群或结果枝组。它是龙榛叶片着生和开花结果的主要部分。整形时，要尽量多留，为增加叶面积、提高产量创造条件。

（五）修剪时期

修剪时期是指年周期内修剪的时期。就年周期来说,分为休眠期修剪(冬季修剪)和生长期修剪(夏季修剪)。生长期修剪也有细分为春季修剪、夏季修剪和秋季修剪的。过去强调冬季修剪而忽视生长期修剪,现在,随着栽培体制的发展改革,也开始重视生长期修剪,尤其对生长旺盛的幼树则更为重视。

1. 冬季休眠期

休眠期修剪又称冬季修剪,即在休眠期进行,一般我国寒地冬季雪大、气候湿润,多在春季龙榛树液流动前进行修剪。冬季修剪是指在正常情况下,从秋季落叶到春季萌芽前所进行的修剪。龙榛在深秋或初冬正常落叶前,树体贮备的营养逐渐由叶片转入枝条,由一年生枝转向多年生枝,由地上部转向根系并贮藏起来。因此,冬季修剪最适宜的时间是在龙榛完全进入休眠以后,即被剪除的新梢中贮存养分最少的时候。修剪过早或过晚,都会损失较多的贮备营养,特别是弱树更应选准修剪时间。

2. 春夏季生长期

生长期修剪又称夏季修剪,就是从春季萌芽至秋冬落叶前进行的修剪。这种修剪是在生长季节进行,对于调节养分的合理分配尤为重要。

生长期修剪一般又分为春季修剪、夏季修剪和秋季修剪,现分述如下。

（1）春季修剪。

龙榛春季修剪也称春季复剪,是冬季修剪的继续,也是补充冬季修剪不足的适宜时间。春季修剪的时间在萌芽后至花期前后。采取轻剪、疏枝、刻伤、环剥等措施,缓和树势,提高芽的萌发力,促生中、短枝,达到在枝量少、长势旺的目的;通过疏剪花芽,调整花、叶芽比例,有利于成年树的丰产、稳产;疏除或回缩过大枝组,有利于改善光照条件,增产优质果品。但由于春季萌芽后,树体的贮备营养已经部分被萌动的枝、芽所消耗,一旦将这些枝、芽剪去,下部的芽或不定根重新萌发,会多消耗养分并推迟生长。春季修剪量不宜过大,剪去的枝条数量不宜过多,而且不能连年采用,以免过度削弱树势。

（2）夏季修剪。

龙榛夏季树体内的贮备营养较少,修剪后又减少了部分枝叶量,所以夏季修剪对树体的营养生长抑制作用较大,因而修剪量宜少。夏季修剪,只要时间适宜、方法得当,可及时调节生长结实的平衡关系,促进花芽形成和果实生产。充分利用生长势,调整或控制树冠,有利于培养枝组。

（3）秋季修剪。

龙榛秋季修剪的时间是在年周期中新梢停长以后,进入自然休眠期以前。此时龙榛树体开始贮藏营养,进行适度修剪,可使树体紧凑,改善光照条件,充实枝芽,复壮内膛枝条。秋剪时疏除大枝后所留下的伤口,翌年春天剪口的反应比冬季修剪的弱,有利于抑制徒长。龙榛秋季修剪也和夏季修剪一样,在幼树和旺树上应用较多,对抑制密植园树冠交接效果明显。其抑制作用较夏季修剪弱,但比冬季修剪强,而且削弱树势不明显。

（六）修剪计划

龙榛以单干形为主，此种树形要保留一个主干，定干高度为 50~70 cm，在主干上选留 4~5 个分布均匀的主枝，主枝上选留侧枝，侧枝上着生副侧枝和结果母枝。形成矮主干，上部为自然开心形树冠。单干形整形修剪程序：

第一年：定植 1 年生苗，栽植后要立即定干，定干高度 50~70 cm，主干应垂直向上。

第二年：选留主干上着生不同方位的主枝 3~4 个，对每个主枝进行轻短截，约剪掉枝长的 1/3，剪口下留饱满外侧芽。

第三年：在每个主枝上选留 2~3 个侧枝，并进行轻短截，对各主枝的延长枝轻短截，剪口下留外芽，内膛短枝不修剪。

第四年：继续轻短截各主、侧枝的延长枝，树冠基本形成。

二、修剪方法

（一）不同生长周期的修剪方法

不同品种的龙榛，树冠开张程度不同，通过修剪措施加以调节。树冠直立的龙榛，则以留侧生枝的办法使其角度开张，树冠开张过度者，则应留向上的直立枝，缩小开张角度。总之，保持树冠开张角度适宜。不同树龄的龙榛，其修剪措施不同。

1. 未结果幼树和结果初期

应以扩大龙榛树冠为主。对各主侧枝的延长枝进行轻短截，剪掉其长度的 1/3。并注意调整开张角度，对于过长的延长枝应中度短截，以防止其下部发生"光杆"现象。内膛小枝不剪。

2. 盛果期树

各龙榛主枝的延长枝要轻剪，剪掉其长度的 1/3 或 1/2，促进发生新枝。对于树冠内膛小枝，除了细弱枝、病虫枝、下垂枝需剪掉外，其余短枝一律不剪，留作结果母枝。为了增加花芽量、提高产量，对中庸枝、短枝不修剪，只轻短截各主侧枝的延长枝。反之，为了促进强壮枝生长、恢复树势，则应重剪发育枝、短截部分中庸枝以减少开花量。

3. 老树更新

龙榛 10 年生进入盛果期，一般可维持 20~30 年，为了延长其经济收益年限，应注意及时更新修剪，即在此期间，龙榛树冠开始向心生长、树势衰退、产量下降，则需要对骨干枝进行回缩重剪。在 3~5 级枝上（主干是 0 级，从主枝开始每分一次枝提高 1 级）进行重剪，促进新枝生长。

（二）不同季节的修剪方法

1.休眠期修剪方法

（1）短截（又称短剪）。

短截即剪去龙榛一年生枝梢的一部分，是冬季修剪常用的一种基本方法。短截可增加新梢和枝叶量，减弱光照，有利于细胞的分裂和伸长，从而促进营养生长。短截可以改变不同类别新梢的顶端优势，调节各类枝间的平衡关系，增强生长势，降低生长量。因短截程度、部位不同，又分为轻短截、中短截、重短截、极重短截和戴帽修剪几种。

（2）疏剪（又称疏删、疏除）。

疏剪是将龙榛枝梢或幼芽从基部去掉。疏剪包括冬剪疏枝和夏疏剪梢。疏除枝梢，可减少枝叶量，改善光照条件，利于提高光合效能。疏剪有利于成花结果和提高果实品质。重度疏剪营养枝，可削弱整体和母枝的生长量，但疏剪果枝可以提高整体和母枝的生长量。疏剪对伤口上部的枝梢有削弱作用，而对伤口下部的枝梢有促进作用，疏枝越多，对上部的削弱和对下部的促进作用也就越明显。

（3）长放（又称甩放）。

长放即对龙榛枝条任其连年生长而不进行修剪。枝条长放留芽多，抽生新梢较多，因生长前期养分分散，有利于形成中短枝，而生长后期得以积累较多养分，促进花芽分化。因此，可以使幼旺树、旺枝提早结果。营养枝长放后，增粗较快，可用以调节骨干枝间的平衡，但运用不当会出现树上长树的现象，并削弱原枝头生长。

（4）缩剪（又称回缩）。

缩剪即在龙榛多年生枝上剪截。一般修剪量大，刺激较重，有更新复壮的作用，多用于枝组或骨干枝更新、控制辅养枝等。回缩后的反应强弱，取决于缩剪的程度、留枝强弱以及伤口的大小和多少。缩剪后伤口较小、留枝较强而且直立时，可促进生长；缩剪后所留伤口较大，留弱枝、弱芽，或所留枝条角度较大，则抑制营养生长而有利于成花结实。所以，缩剪的程度应根据实际需要确定，同时还应考虑树势、树龄、花量、产量及全树枝条的稀密程度，而且要逐年回缩，轮流更新，不要一次回缩过重，以免出现长势过强或过弱的现象，影响产量和效益。

2.夏季修剪方法

（1）抹芽（也称掰芽）。

在发芽后，去掉多余的芽子，以便集中营养，使保留下来的芽子能够更好地生长发育。

（2）摘心和剪梢。

摘除幼嫩新梢先端部分称为摘心，当新梢已木质化时，剪截部分新梢称为剪梢。摘心和剪梢一般在新梢旺长期，当新梢长达20 cm左右时进行。其主要作用：增加枝量，扩大树冠；控制营养生长；利用背上枝培养结实枝组；提高坐果率，花期或落花后，对邻近果枝的新梢进行摘心，可提高坐果率，对生长旺盛的品种效果更好。

（3）扭梢。

扭梢是于5月上旬至6月上旬，龙榛新梢尚未木质化时，将背上的直立新梢、各级延长枝的竞争枝以及向里生长的临时枝，在基部15 cm左右处轻轻扭转180°，使木质部和韧皮部都受轻微损伤，但不能折断。扭梢后的枝条长势大为缓和，至秋季不但可以愈合，而且很可能形成花芽，即使当年不能，翌年一般也能形成花芽。扭梢过早，新梢尚未木质化，组织幼嫩，容易折断，叶片较少，难以成花；

扭梢过晚，枝条已木质化，脆而硬，较难扭曲，用力过大又容易折断，或造成死枝。

（4）开张角度。

龙榛开张角度是整形修剪工作中的主要措施之一。其内容包括拉枝、别枝等。加大枝条的开张角度，可以减缓直立枝条的顶端优势，利于枝条中、下部芽的萌发和生长，防止下部光秃。直立枝拉平以后，可以扩大树冠，改善光照条件，充分利用空间。枝条的角度开张以后，糖类的含量有所增加，营养生长缓和，促进花芽形成的效果比较明显。开张角度的适宜时期为秋季枝条停长前后，此时为枝条加粗生长期，开张角度后容易固定，此时来不及的也可在春季进行。

三、修剪技术的综合运用

由于龙榛修剪时期、修剪程度和修剪方法不同，同一修剪技术的反应也不一样。因此，应针对生产中存在的具体问题，灵活选用相应的修剪措施。

1. 调节生长势

为增强龙榛树体长势，应适当加重并提早冬剪，夏季轻剪。为抑制树的旺长，可减轻并延迟冬季修剪，而加重夏剪。如龙榛树势特别旺，可不进行冬季修剪，而于春季萌芽后再剪。但此时修剪削弱树势严重，所以不能连年使用。为了增强全树的长势，可采用少留枝、留强枝、顶端不留果枝的修剪方法。如为削弱全树长势，则需多留枝、留弱枝和多留果枝。

2. 调整枝条角度

为加大龙榛枝条角度，可在生长季节于适宜部位摘心，利用活枝条，开张枝条角度。通过外力进行拉、撑、坠、扭等方法将新梢拉开。为缩小枝条角度，可选留上枝、上芽作为带头枝，或采取换头的方法，即采用较直立的枝头代替原枝头。

3. 调节枝梢密度

为增加龙榛新梢密度，可采用延迟修剪、摘心、目伤促芽、枝条扭曲或骨干枝弯曲上升等修剪措施；也可采用短截的方法增加分枝。为减少新梢密度，可采用疏枝、长放和加大分枝角度等修剪措施。

4. 调节花芽量

为促进幼树成花或增加花芽数量，可采用轻剪、长放、疏剪和拉枝等措施，缓和营养生长，促进花芽形成；也可采用环割、扭梢或摘心等措施，使所处理的枝梢增加营养积累，促进形成花芽。但这些措施都必须在保证树体健壮生长和必需枝叶量的基础上进行。为了减少龙榛老、弱树的花芽数量，可于冬季重剪，生长期轻剪，以增强树势，促进枝梢生长。为增加龙榛旺盛树体的花芽数量，可在花芽分化前疏去过密枝梢，加大主枝角度，改善光照条件，增加营养积累，促进花芽形成。

5. 保花保果

通过修剪改善花果营养供应，可以减少落花落果，具体途径如下：

（1）调节各器官的比例。

按丰产优质指标保持各器官合理数量和比例，如通过修剪保留合理花芽量，保持合理花芽叶芽比例、结果枝和更新枝比例、长短枝比例和枝梢合理间隔等，以促进营养的制造、积累和合理分配，改善花果营养供应。

（2）调节枝梢生长强度。

如龙榛强壮枝轻剪缓放，弱树弱枝重剪短截，使枝梢适度生长，有利于花果的营养供应。停梢后改善光照、增加贮藏营养、壮梢壮芽，停梢前扭梢、剪梢、摘心、拉枝、断根以及辅养枝环割等，可以改善光照，控梢保果。

6. 龙榛树体保护

（1）刮树皮。

龙榛随着年龄增加树皮增厚，缺乏伸展性，妨碍树干的加粗生长，易使树体早衰，且老树皮的裂缝是许多病虫的越冬场所，因此，刮除老皮，集中烧毁，既能消灭病虫，又能促进树体生长，恢复树势。

龙榛刮树皮，在气候较温暖的地区，休眠期都可进行。在寒冷地区，为防止冻害，一般在严寒期过后至发芽前进行。要求将老树皮的粗裂皮层刮下为度，切忌过深伤及嫩皮和木质部。刮皮时遇有病斑，应按防治病害的要求进行刮除和消毒。树皮刮完后应立即涂保护剂。刮下的树皮必须及时清除干净，堆集烧毁。

（2）涂保护剂。

为保护龙榛树体及伤口，常给龙榛树主干涂刷保护剂，如涂白、刷浓碱水、涂消毒剂等。涂白的主要作用是减轻冻伤及日灼，并能防治病虫害。涂白剂的配合成分各地不一。一般常用的配方：水 10 份、生石灰 3 份、石硫合剂原液 0.5 份、食盐 0.3 份、油脂（动植物油均可）少许。涂白时可用刷子均匀地把药剂刷在主干和主枝的基部。为了提高效率，也可用喷雾器喷白。

7. 吊枝和撑枝

为防止龙榛因结实多而使树枝折断、果实摇落，避免大枝下压重盈和妨碍树冠内部光线透入，常采用吊枝和撑枝。

吊枝是在树冠中心立支柱，用绳索引向各主枝吊起，其形如伞，称之伞状吊枝。吊枝和撑枝宜在果实膨大期主枝开始下垂时进行。过迟则枝条已经下压，过早果实尚小，不易选择吊枝的方向和重心。吊枝应选骨干枝的重心（约在大枝上部的 2/3 处）位置吊起，部位不当易使吊起的枝头下垂或中部弯曲。树冠低矮、结果偏于下方、不便吊枝时，宜采用撑枝，此法用材较多，同时造成树冠下的土壤管理不便，但可以就地取材，简单易行。

第四节 除根蘖萌蘖

龙榛容易产生根蘖和萌蘖。根蘖是从根状茎长出来的枝，萌蘖是从植株基部不定芽长出来的枝。这种蘖枝特性有利于龙榛无性繁殖。但是，龙榛正常生长发育后产生根蘖或萌蘖会分散树体的营养，包括无机营养和有机营养，极不利于龙榛的开花、结实与育苗，严重时影响树体形态以及使榛果产量降低，因此龙榛园除蘖是必不可少的管理措施之一。常见的除蘖方法有以下两种。

一、手工除蘖

用剪枝剪或特制的镰刀剪除蘖枝。全年剪除 2~3 次，手工除蘖用工较多，增加了龙榛园管理难度。

1. 春季除蘖

龙榛第一次除蘖是在 5 月下旬到 6 月上旬进行，从基部剪除根蘖枝及萌蘖枝。这时的萌生条刚开始萌生，清除比较容易，应尽量从基部清除。方法是用剪枝剪或特制的镰刀进行。

2. 夏季除蘖

龙榛第二次除蘖在 7 月中下旬进行，也是从基部剪除根蘖枝及萌蘖枝。这次应该清除干净，以免影响榛树结实的产量与质量。

3. 秋冬除蘖

龙榛第三次除萌蘖于 10 月中旬至翌年 3 月下旬之间进行。这时除蘖是防止蘖枝继续生长发育后形成大的枝条，不利于龙榛园的管理与树体管理。这次除蘖可以结合树体修剪同时进行。

二、化学药剂除蘖

用 2,4-D（2,4- 二氯苯氧乙酸）杀死蘖枝，使用浓度 0.10%~0.15%，每年进行 2~3 次，比手工除蘖省工、效果好。喷洒时喷头位置要低，不能把药喷到树的叶子上。

第五节 保花保果技术

一、产量调控

加强花量和果实数量的调控，对提高经济林木器官的商品性状和价值、增加经济收益具有重要意义，也是实现优质、丰产、稳产和壮树的重要技术环节。花果调控，主要指直接用于花和果实上的各项促进或调控技术措施。

坐果率是形成果实产量的重要因素，而落花落果是造成果实产量低的重要原因之一。通常枣的坐果率仅为0.13%~0.40%，最高2%，李、杏也是花多果少。因此，通过实行保花保果措施提高坐果率，是获得丰产的关键环节，特别对初果期幼树和自然坐果率偏低的树种品种尤为重要。

1. 造成落花的主要原因

造成龙榛落花的主要原因有贮藏养分不足、花器官败育、花芽质量差以及花期不良的气候条件，如倒春寒等。由于上述原因，导致花朵不能完成正常的授粉受精而脱落，它将直接影响榛果的产量与质量。榛树开花早，花期遇不利于传粉的天气而造成授粉受精不良，未授粉受精的花在开花后，随着新梢的生长逐渐脱落。

2. 造成落果的主要原因

新梢旺盛生长坚果增大期，因营养不足引起落果，后期因营养不足和虫害引起落果。前期主要由于授粉受精不良，子房所产生的激素不足，不能调运足够的营养物质促进子房继续膨大而引起落果；树体同化养分不足，器官间养分竞争加剧，果实发育得不到应有的营养保证而脱落；采前落果主要与树种、品种的遗传特性有关。此外，土壤干湿失调、病虫危害等也可引起果实脱落。

各地具体情况不同，引起落花落果的原因也多种多样。必须具体分析，针对主要矛盾，制订有效措施，提高坐果率。

二、提高坐果率的主要途径

1. 确保树体健壮，树势旺盛

加强树体管理，保证树体正常生长发育，增加树体贮藏养分的积累，改善花器发育状况，这是提高坐果率的根本措施。

2. 合理配置授粉树，加强授粉

对异花授粉品种要合理配置授粉树，在此基础上还可采取以下辅助措施以加强授粉，提高坐果率。为了提高授粉效果，可以采用挂罐和振动花枝提高授粉率。具体方法是，在授粉品种缺乏时，在开花之前，需要在授粉的树上选择授粉雄花枝放入挂在树上的水罐或水瓶中，待到盛花期时，进行振动花枝授粉，以代替授粉品种。此法简单易行，但需年年进行。

3. 人工辅助授粉

在授粉品种缺乏或花期天气不良时，应该对龙榛进行人工授粉，其常用方法为花期授粉。花期授粉可采用如下方法。

（1）人工点授。

人工将花粉点在柱头上，此法费工，但效果好。为了节省花粉用量，可加入填充剂稀释，一般比例为1（花粉并带花药外壳）：4（填充剂为滑石粉或淀粉）。

机械喷粉：此法比人工点授所用花粉量多，喷时加入50~250倍填充剂，用农用喷粉器喷。填充剂易吸水，使花粉破裂，因此要在4h内喷完。

（2）液体授粉。

把花粉混入10%的糖液中（如混后立即喷，可减少或不加糖），用喷雾器喷，糖液可防止花粉在溶液中破裂，为增加花粉活力，可加0.1%的硼酸。配制比例为水10L、砂糖1kg、花粉50g/mL，再加入硼酸10g，硼酸在用前才混入。因混后2~4h花粉便会萌发，要在配好后2h内喷完，喷的时间在主要花朵盛开时为好。

（3）花期喷水。

花期的气候条件可直接影响坐果率。花粉发芽需要一定的温湿度条件，在花期高温（25℃以上）干燥时，则花期短，焦花多，影响坐果。此时可在龙榛雄花盛开期（6月上中旬）用喷雾器向雄花上均匀喷清水，可提高坐果率。

4. 应用生长调节剂和微量元素

落花落果的直接原因是离层的形成，而离层形成与内源激素（如生长素）不足有关。此外，外界条件如光线、温度、湿度、环境污染等都可引起果柄基部产生离层而脱落。当前生产上应用生长调节剂和微量元素，对防止果柄产生离层有一定效果。

5. 其他措施

加强病虫害防治，特别是直接危害花器和果实的各种病虫害要及时防治。

三、幼年期疏花疏果

幼年期在花量过大、坐果过多、树体负担过重时，严重影响树体的生长发育。正确运用疏花疏果技术，控制坐果数量，使树体合理负载，是保证龙榛生态正常生长发育的重要措施。

1. 合理负载量

确定某一树种的适宜负载量是较为复杂的，因为它依龙榛品种、树龄、栽培水平、树势和气候条件而不同。通常确定果实的适宜负载量应考虑3个条件：保证当年果实数量、质量及最好的经济效益；不影响翌年必要花果的形成；维持当年的健壮树势并具有较高的贮藏营养水平。

负载量应根据历年产量和树势以及当年栽培管理水平确定，生产实践中，人们经多年的研究探索，积累了较为丰富的经验，并提出一些指标依据，指导应用于生产。具体方法有综合指标定量法、经验确定负载量法、干周法或干截面积定量法、叶果比法或枝果比法等。在疏花和早期疏果时还必须留有余地以防意外。

2. 疏花疏果方法

（1）人工疏花疏果。

疏花可以比疏果减少养分消耗，促进枝梢生长。可以在蕾期人工疏除过密或者较弱的花序，也可人工疏除部分花蕾。但是疏花工作较费工，有时花期遇到不良天气还会影响产量。也可不疏花而早期疏幼果。

（2）化学疏花疏果。

用化学药剂疏花疏果，这项技术在某些国家已作为果树生产上的一项常规措施，它能大大提高劳动效率，但我国还没有在生产上广泛应用。化学疏花药剂可用 0.5 波美度石硫合剂等，疏果药剂可用西维因等。

四、防止榛果空粒或瘪仁的措施

1. 榛果空粒或瘪仁的原因

龙榛榛果有时发生无果仁或瘪仁现象，这直接影响到坚果的质量和产量。主要是因受精不良影响胚囊发育，不能形成种仁。在配子发育初期，由于营养不良和环境条件不利而影响早期发育，形成瘪仁。

2. 防治的方法

主要是选择空粒率低的优良品种栽培。配置授粉树和人工授粉。加强栽培管理，使榛果在发育过程中有充足的营养。

第二十二章 病虫害及其他灾害的防治

　　随着龙榛种植面积的不断扩大，相应的病虫害和其他灾害持续发生，逐渐妨碍着龙榛与平欧杂交榛的推广与栽培。经过20多年的科研与生产的实践，最终明确了榛实象甲、榛黄达瘿蚊、榛子白粉病等三种病虫害是目前龙榛生产过程中的主要危害性病虫害，但其他相关的病虫害和灾害所造成的不良影响也不可忽视。近些年东北地区龙榛与平榛、毛榛的病虫害日趋严重，呈现多样化趋势，但研究基本停留在病虫害的发生及药剂的防治中，病原菌的鉴定和流行规律以及对虫害的天敌保护等相关调查与研究较少，处在发生什么病虫害就防治什么病虫害的阶段，这不利于龙榛病虫害的综合防治。

　　化学农药作为主要防治手段，具有直接、快速、高效、低毒的优点，被人们不断加大投入和使用。近年来，随着人们环境保护意识的加强，对无机食品需求的增加，高效、低毒、低残留的化学农药受到追捧，对于生物防治的研究也越来越多，因其不会使害虫和病原菌产生抗药性，不污染环境，但生物防治周期长、见效慢、易受环境影响，所以只是作为辅助手段应用到防治中。我们需要不断研发高效低毒的化学农药，并加强生物防治的研究，精心栽培管理，科学合理抚育，增强龙榛抗病虫害能力，加强地区间引进抗病品种，制定龙榛病虫害综合防治体系，以取得最佳的防治效果，充分满足龙榛产业的快速发展。

第一节 龙榛主要虫害的防治

　　危害龙榛的虫害中，榛实象甲、榛黄达瘿蚊主要危害叶片、枝干、果实、果苞等部位，其主要影响龙榛果实的产量与质量，是虫害中的主要危害昆虫。榛卷叶象甲、铜绿丽金龟、苹毛丽金龟、东方绢金龟主要危害榛树叶片，疣纹蝙蝠蛾、木蠹蛾为蛀干害虫，主要影响龙榛树体的生长与发育，是虫害中的次级危害昆虫。

一、榛实象甲

　　榛实象甲（*Curculio dieckmanni*）属鞘翅目象甲科，是危害榛树的主要害虫，在野生榛林中发生严重，人工榛林内发生较轻。通过研究榛实象甲的防治对策，发现在榛实象甲发生较为严重的辽宁省铁岭地区，果实的受害率可达41%以上，每年造成该地区野生平榛的损失约1500 t，经济损失巨大，严重影响榛子产业的发展。

1. 发生规律及习性

　　榛实象甲在东北地区大多1~2年1代。春季萌芽期，成虫出土后首先在枯枝落叶层下活动，随着时间的推移，会上树取食嫩叶、嫩芽、嫩枝或蛀食幼果补充营养，为交配产卵做准备。5月下旬，成虫于榛子果苞形成时开始交配，在榛苞或榛果上蛀孔，将卵产于孔内。7月上旬开始，卵孵化为幼虫并在榛果内发育，以榛仁为食。被蛀食的榛果会在8月中下旬逐渐开始脱落，随后幼虫从脱落的榛果中爬出，钻入深约 30 cm 的土中做土室越冬。第二年 6—7 月，老熟幼虫化蛹、羽化，新成虫在土室中越冬，第三年早春出土。榛实象甲成虫喜光、喜温，具有弱趋光性和假死性，防治时可依据此类习性采取相应措施。

2. 防治措施

榛实象甲幼虫在果实内为害，具有一定的隐蔽性，应采取合理密植，改善通风透光条件，及时清除林间枯枝落叶，保持林缘卫生，采用间作、混作等营林措施，提高榛林抗虫害能力。及时捡出落果，集中焚烧；或采收榛果时集中消灭脱果幼虫，即在幼虫尚未脱果前采摘虫果，然后将其集中堆放在干净的水泥地或木板上，待幼虫脱果时集中消灭。另外，还可利用榛实象甲成虫的趋性进行诱杀。对于虫果特别严重、产量低且无食用价值的榛果，可以在 7 月下旬至 8 月上旬提前采收，集中消灭。

在成虫上树前，5 月中旬到 6 月用 60% 的 D-M 合剂，配制 300 倍液毒杀成虫，对榛园进行全面处理，共喷 2~3 次，间隔时间 10~15 d，每公顷施药量 1.5 kg；或者用 50% 腈松乳剂，用其 400 倍液喷洒毒杀成虫；或用 5% 啶虫脒乳油 1000~1500 倍水溶液喷施毒杀成虫。幼虫脱果前及虫果脱落期，即 8 月下旬至 9 月中旬，在地面上撒 40%D-M 粉剂毒杀脱果幼虫，每公顷用药量 22.5~30.0 kg。

二、榛黄达瘿蚊

榛黄达瘿蚊（*Dasinura corylifalva*），属双翅目长角亚目瘿蚊科，是近些年新发现的榛树重要害虫，在国内为新记录种，分布在东北、华北、内蒙古地区。通过研究榛黄达瘿蚊的生物学特性及防治措施，发现该虫主要以幼虫危害榛树的幼果、嫩梢和叶片，被害后果苞皱缩脱落，叶片被刺激后引起虫瘿。据记载，2005—2008 年，铁岭市该虫害大规模发生，榛林被害率最高达 98%，造成榛果产量与质量的下降，经济损失严重。

1. 发生规律及习性

榛黄达瘿蚊在黑龙江地区 1 年 1 代，老熟幼虫在地下 10 cm 处越冬，第二年春季榛树萌发新芽时化蛹，4 月下旬成虫开始出土，5 月中旬为成虫羽化盛期，5 月中旬幼虫孵化，6 月中旬幼虫从虫瘿内脱落、结茧，夏眠后越冬。成虫喜白天活动，夜间在叶背或杂草中静伏，不能长距离飞行，长距离传播常常借助风力、苗木运输。

2. 防治措施

可以采用粘虫胶板诱杀榛黄达瘿蚊，在减少榛黄达瘿蚊数量方面具有明显效果，对危害叶片害虫的防治效果达 95%，但短期效果较差。主要的化学防治方法：可在 5 月中旬幼虫期，喷施 5% 甲氨基阿维菌素苯甲酸盐 1500~2000 倍水溶液进行防治。

三、榛卷叶象甲

榛卷叶象甲（*Apoderus coryli*）属鞘翅目卷叶象甲科，分布于吉林、辽宁、黑龙江等地，近几年在辽宁省内常有发生。目前关于榛卷叶象甲的研究较少，通过研究铁岭地区榛卷叶象甲的生物学特性及防治措施，发现该虫幼虫和成虫都可危害榛树的叶片，幼虫在卷褶叶包内取食生活，成虫取食树木中上部叶片，被害叶出现连片的孔洞，降低了叶片的光合作用，影响树木生长发育，致使果实产量严重下降。

1. 发生规律及习性

在黑龙江地区1年发生1~2代。成虫在枯枝落叶层下、石块下或土壤缝隙内越冬，5月中旬成虫出土后取食叶片补充营养进行交尾产卵，成虫一生中可多次交配产卵，将卵产于卷褶叶包内。5月下旬第一代幼虫孵化，6月中下旬化蛹、羽化，7月上旬第一代成虫补充营养后交配产卵，经化蛹、羽化后，第二代成虫于8月上旬出现，9月上旬开始越冬。成虫喜光，夜伏昼出。

2. 防治措施

常用的防治措施是利用成虫的假死性振落捕杀，或人工采摘含有幼虫的叶包。使用化学农药防治时应注意，7月中旬后切忌使用毒性残存时间较长的内吸剂，以免造成农药残留。

四、苹毛丽金龟

苹毛丽金龟（*Proagopertha lucidula*）属鞘翅目丽金龟科，又称苹毛金龟子、长毛金龟子，取食树木的嫩芽和嫩叶。据记载，1995—2000年，苹毛丽金龟连续在沂蒙山地区大发生，大量取食幼芽和幼叶，导致幼树大片死亡。2004年前后，该虫害在辽宁熊岳地区发生严重，大量取食花、幼芽和幼叶，导致果实结实率降低，严重影响幼树生长，苹毛丽金龟对北方地区林木和果树的危害呈逐年上升趋势。

1. 发生规律及习性

苹毛丽金龟1年1代，成虫在深30~50 cm的地下做土室越冬，翌年3月下旬日平均气温9.5℃以上时，该虫出土。4月上旬至5月为成虫活动盛期，此时对树木的危害最重。4月上中旬成虫交尾，4月下旬开始入土产卵。1~2龄幼虫在深10~15 cm土层活动，3龄幼虫在20~30 cm土层活动。8月中下旬幼虫化蛹，约15 d。9月上旬蛹羽化为成虫，新成虫在土室中越冬。发育气温低时，成虫的活动能力较差，气温在16℃以上时危害能力变强。苹毛丽金龟具有趋光性和假死性。

2. 防治措施

目前常用的方法是肥料防治法，4月上旬树木开花前，将碳铵随水施入土中，既补充水分，又可熏杀成虫，减少了化学农药的使用量，施用效果明显。可利用其假死性，人工振落捕杀。

五、东方绢金龟

东方绢金龟（*Serica orientalis* Motschulsky）属鞘翅目鳃金龟科，又称黑绒金龟子、东方金龟子，广泛分布于东北、华北、西北、江苏、安徽等地区，为我国金龟子类害虫中的优势种。主要以成虫取食幼树的嫩叶，严重时只剩树干，幼虫危害幼林的根部，但危害程度较小。

1. 发生规律及习性

东方绢金龟1年1代，成虫做土室越冬。4月上旬成虫开始出土，4月下旬至6月为成虫活动盛期，降雨促使其成虫出土。5—6月为成虫交尾期，之后于10~20 cm深土层中产卵。7月末，老熟幼虫做土室化蛹，深40~50 cm，蛹期约10 d。8月中旬蛹羽化，新成虫于土室过冬。

2. 防治措施

通过研究利用昆虫病原线虫 TS1 防治东方绢金龟，侵染致死效果良好，具有广阔前景。化学防治有药剂拌种，使用 45% 辛硫磷拌种，可有效防治幼虫，或将沾有 40% 氧化乐果 500 倍水溶液或 80% 敌百虫 100 倍水溶液的杨、柳、榆枝条，于傍晚堆放在林间诱杀成虫，或在林地土壤上撒 2.5% 敌百虫粉剂，具有一定触杀作用。

六、木蠹蛾

鳞翅目木蠹蛾科（*Cossidae*）昆虫在世界广泛分布，种类繁多，分布于中国的主要有芳香木蠹蛾、榆木蠹蛾、小木蠹蛾等。木蠹蛾对多个树种都具危害性，但目前对榛树危害的资料较少。木蠹蛾为主要的蛀干害虫，主要危害阔叶树种，以幼虫蛀食树木的树干、枝条，影响枝干的正常生长，枝条被害后变黄、干枯，易折断。

1. 发生规律及习性

不同种木蠹蛾发生世代不同，1年1代、2年1代或3年1代，木蠹蛾为1年1代，以幼虫于枝条上越冬，翌年从新梢基部蛀入，开始蛀食枝干髓部，5—6月幼虫化蛹、羽化，新成虫将卵产于枝干或叶片上，待孵化后再次蛀入树干内蛀食。多数木蠹蛾成虫具有趋光性，喜夜间活动，幼虫耐饥性强。

2. 防治措施

主要以化学防治为主，于产卵期用低毒高效的农药液喷于枝干毒杀幼虫，或将药液从虫孔注射毒杀幼虫。物理防治可利用成虫的趋光性，使用黑光灯诱杀，或将枝干涂白，阻止成虫在枝干上产卵。

第二节 龙榛主要病害的防治

常见的龙榛病害有榛白粉病、榛子果苞干腐病、榛子叶斑病、黑煤病，主要危害榛树的叶片、枝梢和果苞，严重时造成大量减产，其中危害最严重的榛白粉病，侵害后可造成重大损失。龙榛病害的防治主要为化学防治，但长期单一地使用化学药剂已导致个别病害产生严重抗药性。

一、榛白粉病

榛白粉病的病原菌为榛白粉菌（*Erysiphe corylacearum*）、小疣叉丝壳（*Microsphaera verruculosa*）、榛球针壳（*Phyllactinia guttata*），为龙榛的主要病害，一般以榛树叶片为侵染对象，也会侵染果苞、幼芽、嫩枝。被侵染初期叶背与果苞出现淡黄色侵染点，之后侵染点周围出现白色霉层，有褪绿现象。中后期形成连片的白粉层，叶片、嫩枝、果苞发生形变，随着时间的推移叶片慢慢变黄，扭曲变形，枯焦、落叶、落果。危害梢部时，皮层变得粗糙、龟裂，枝条木质化延迟，生长衰弱，严重影响龙榛树体的生长和花芽分化，造成树木早衰。果苞受害时其上生白粉，然后变黄扭曲，果实产量下降。8月后在白粉层上散生小颗粒（闭囊壳），初为黄褐色，后变为黑褐色。

1. 发病规律

榛白粉病病原菌以闭囊壳在落叶上越冬，牡丹江地区一般6月下旬发病，7—8月为病害高发期，9月上旬开始逐渐减弱。该病害的发生与温度、湿度、龙榛林栽植密度、生长状态有关，龙榛林4~7年生临近郁闭时，幼林易受侵害，随着林龄的增加，榛树的抗病能力加强。龙榛林密度较小，具有良好的通风透光条件时，发病率降低。白粉病病菌在叶片、芽和新梢病斑部越冬，翌年春季产生孢子，借助风力传播到榛子树上引起初次侵染，生成白粉后能多次传播侵染。龙榛树染病时往往由中心病株向四周邻树蔓延，如果发病条件适宜，则传播速度甚快，一般6—8月发病严重。植株过密、通风不良、土壤黏重、低洼潮湿等条件下均有利于该病的发生。

2. 防治措施

由于病原菌在落叶上越冬，要及时清理林地落叶，集中深埋处理，防止其成为第二年病害的侵染源。发现病株应及时消除病枝病叶，如果是中心病株，则应将其全部砍掉，减少病源。同时，要控制榛林的密度，过密的株丛可适当地疏枝；保持良好通风透光，增加龙榛林的抗病能力。

化学防治：可喷施药剂防治，6月上旬，对龙榛树喷施50%多菌灵可湿性粉剂600~1000倍液，或喷洒50%甲基托布津可湿性粉剂800~1000倍液，或喷洒0.2~0.3波美度石硫合剂、30%吡唑奈菌胺500~600倍水溶液，或75%肟菌·戊唑醇2500~4500倍水溶液。交通不便、水资源匮乏的林地可使用70%百菌清腐霉利烟剂熏蒸，注意轮换用药，防止产生抗药性。

二、榛子果苞干腐病

榛子果苞干腐病的病原为聚端孢霉（*Trichotheciu mroseum*），主要侵染榛子的果苞，首先在果苞边缘出现褐腐坏死斑，之后会逐渐扩大，发展到后期整个果苞干枯坏死，果壳的发育受影响随之变黑。湿度较大时，被侵染部位产生红色霉层。该病近几年在辽宁抚顺地区发病严重，最严重的榛树有70%~80%的果苞被侵染，影响榛子的产量。

1. 发病规律

病原菌在果苞上越冬，翌年春季通过风雨传播侵染，该病在辽宁地区6月中旬发病，7月中旬为发病盛期。当日平均气温为25~28℃、平均相对湿度为85%以上时病原菌易侵染，发病严重。

2. 防治措施

预防榛子果苞干腐病需要控制榛林的密度，保持良好通风，避免林内湿度过大。及时采摘染病果苞，集中处理，减少发病面积。

化学方法：6月上旬未发病时可喷洒64%噁霜·锰锌2000~4000倍水溶液预防，7月中旬发病盛期可喷施68%金雷多米尔·锰锌2500~4000倍水溶液，或50%氯溴异氰尿酸2000~3000倍水溶液，具有一定的治疗效果。

三、榛子叶斑病

榛子叶斑病的病原菌为榛叶点霉（*Phyllosticta corylaria*），为壳霉目壳霉科。该病主要危害榛树的叶片，如不及时防治，会侵染到嫩梢、果苞。发病初期叶缘开始扭曲，叶片发生形变。叶片正反两面产生褐色病斑，随着时间的推移，病斑面积慢慢扩大并且变黑，病斑中间的颜色比边缘较深。嫩梢被侵染时出现浅褐色病斑，病斑处会凹陷，表皮表现为纵向裂纹。果苞染病后变为褐色、有凹陷。病原菌侵入榛果内时，出现黑色病斑，影响果实的生长发育，导致提前落果，严重影响榛果的产量和质量。

1. 发病规律

该病在辽宁地区6月中旬开始发病，6月下旬至7月上旬为最严重，8月下旬出现黑色菌丝体和黑色孢子囊，严重时造成榛树死亡。

2. 防治措施

目前对该病的研究较少，未发现理想的防治措施，目前常用的化学方法为喷施40%苯丙甲环唑1000倍水溶液，有一定的效果。

四、黑煤病

黑煤病又称煤污病，为附生菌病害，病原菌有性阶段为小煤炭菌（*Melidacameliae* Lcatt.）、煤炭菌（*Capnodium* sp.），无性阶段为散播烟霉（*Fumagovagans* Pers.）、枝孢霉（*Cladosporium* sp.）。该病会危害榛树的枝干、叶片、花序、果苞、果实，发病部位出现黑色粉状物，慢慢扩大形成膜状物，叶片的光合作用受到严重影响，树势衰弱。

1. 发病规律

黑煤病病原菌以菌丝体在病叶病枝上越冬，在辽宁地区 6—9 月发病，高温高湿、通风不良及虫害严重的地方发病重。传播方式为风雨传播，以蚜虫、介壳虫、蚂蚁的排泄物或寄生的分泌物为营养。

2. 防治措施

防治黑煤病需要及时清理榛林内地上的病叶和修剪下来的病枝，集中烧毁处理。化学防治：于 6—9 月对榛树整株喷施 10% 苯醚甲环唑 2500~3000 倍水溶液。

第三节 自然灾害及其防治

寒地栽培龙榛时树体经常发生自然灾害，这些自然灾害有与低温有关的，也有与水分有关的。低温灾害主要包括冻害、冻旱、霜冻等，水分灾害主要为涝害、干旱等。如果防止或减少自然类灾害发生与危害，则要从根本上避免此类灾害。选择抗性性状优良的龙榛品种，特别是抗低温的能力；统筹考虑建立龙榛园的地点，躲开发生自然灾害的地块。做好龙榛园内防护林的建立，不断增加有机质，改善土壤肥力，促进龙榛树体健康茁壮生长，有利于提高抗各种灾害的能力。日常管理中，相应采取中耕、除草、覆盖、蓄水等栽培技术措施。做到龙榛园保持高水平的综合管理技术，保持树势健壮、增强抗性。

一、冻害

冻害系指龙榛树体在休眠期因受 − 35℃以下低温的伤害而使细胞和组织受伤或死亡。在牡丹江地区，由于气候逐年变暖，从 2000 年开始，现在每隔 8~10 年发生一次低于 − 35℃的极限温度。

1. 冻害的表现症状

龙榛树体冻害一般发生在幼树当年生枝条，轻微冻害时仅髓部变褐色；较重时，二年到多年生枝条也可能出现冻害，这时一年到多年生枝条干枯易折断。冻害表现为树皮局部冻伤，冻伤部分皮层变褐色，其后逐渐干枯。芽受冻时，芽苞干裂、鳞片张开、芽枯萎脱落；雄花序受冻时，花药变深褐色，若是受倒春寒危害时，花药呈干而淡黄色，用手一捻成粉末状。大量的雌花序因当年枝的混合芽脱落而脱落，导致产量降低。

2. 冻害原因

（1）龙榛冻害的内部原因。

龙榛树冻害发生的主因很简单，主要是龙榛品种的抗寒性所导致的。发生轻度冻害可以造成龙榛当年枝条、芽（混合芽）冻害、雄花序冻害；严重冻害可以造成多年枝条、主茎干的冻害，甚至造成全株死亡。从龙榛品种抗寒性的遗传基因因素看，与品种、栽植年龄、生长势以及当年枝条发育成熟度等情况密切相关。如果轻度冻害发生时，上一年枝条成熟度强的、营养物质积累多的抗寒性强，反之，枝条成熟度差，不充实，营养物质积累得少，抗寒力弱的易受冻害。

（2）龙榛冻害的外部原因。

从外部因素看，与寒地栽培的地理位置、小环境气候、土壤与地势，特别是当年极端低温直接相关。龙榛则能耐不超过－35℃的极限低温，再低就能够发生冻害。如果重度冻害发生，则无法防治。

3. 防止冻害的主要措施

（1）适地选择龙榛品种。

根据地理位置、小环境气候、适地选择龙榛品种栽培，超过北纬 47° 30′ 的地区，或者临近北纬 47° 30′ 以内的地区，在小气候不适合的情况下，应慎重栽培。

（2）预防冻害的措施。

增强龙榛园年周期的综合管理技术，保证龙榛抗寒性的提高。如春季前期，加强 N 素和水分的供应，促进生长发育，保证枝条和芽生长发育健壮；临近秋季的 8 月中下旬，增施 P、K 肥，特别是 K 肥，有利于龙榛树体的木质化过程，确保其抗寒性。对于龙榛树体的主干进行包草、涂白等对防止冻害几乎没有任何效果。

二、冻旱（生理干旱）

榛树越冬后枝干失水干枯的现象叫冻旱，或称生理干旱。

1. 冻旱的表现症状

龙榛树的冻旱表现为，在早春气候急剧转暖，枝干因风大抽干失水，表皮形成皱缩状，木质部干枯，芽不能正常开放，甚至脱落，使得树冠发育不良，枯枝满树及形态紊乱，一年生枝条破坏严重，造成结实剧减。冻旱往往是从一年生枝条开始，逐渐向两年生或多年生枝蔓延，严重时整株树冠干枯而导致死亡。

2. 冻旱的原因

（1）龙榛冻旱的内部原因。

龙榛的不同品种抗冻旱能力不同，抗冻旱能力强的品种更多地遗传了平榛的基因，具有较高的抗冻旱性。同时，龙榛树体上的枝条营养充足，生长健壮，新老枝梢生长发育良好，越冬抗冻旱能力强。所以枝条生长发育充实的，其冻旱现象少，反之，抗冻旱性差的抽条现象严重。

（2）龙榛冻旱的外部原因。

早春期间，多发生在坡度小或背阴的地块，地下部分的土壤水分由于土温过低没有融化或仅表层融化，龙榛根系尚未活动或极少活动，还不能吸收足够的水分补充给地上部分枝条，因空气干燥多风造成枝条强烈蒸腾，导致龙榛枝条严重失水。这种生理干旱并非低温冻害引起的枝芽冻旱现象。

3. 防止冻旱的技术措施

选择适宜的龙榛品种栽植，特别是抗性强的品种。同时，采用科学的管理技术，促进一年生枝条的充实饱满，具备适应高寒地区的抗冻旱性能。前一年秋季前增施 P 肥，特别是增加细胞液内的 K^+ 含量，有利于提高龙榛抗早春冻旱的性能。早春喷布防冻液，可以有效防止或减少树体水分蒸发，减轻生理干旱。

三、霜冻

（一）霜冻现象

霜冻是一种较为常见的农林气象灾害，是指空气温度突然下降，地表温度骤降到 0℃以下，使农作物受到损害，甚至死亡。通常寒地发生在春秋两季，多为西伯利亚寒潮来临，短时间内气温急剧下降至 0℃以下引起；或者受寒潮影响后，天气由阴转晴的当天夜晚，因地面强烈辐射降温所致。

根据霜冻发生的季节不同，可分为春霜冻和秋霜冻两种。

1. 春霜冻（又称晚霜冻）

晚霜冻是春播作物苗期、果树花期、越冬作物返青后发生的霜冻。随着温度的升高，晚霜冻发生的频率逐渐降低，强度也减弱，但是发生得越晚，对作物的危害也就越大。

2. 秋霜冻（又称早霜冻）

早霜冻是秋收作物尚未成熟，露地蔬菜还未收获时发生的霜冻。随着季节推移，秋霜冻发生的频率逐渐提高，强度也加大。

（二）霜冻对龙榛的危害现象与机制

1. 霜冻对龙榛的危害现象

白色冰晶，其结构松散，一般在冷季夜间到清晨的一段时间内形成。形成时多为静风。霜在洞穴里、冰川的裂缝口和雪面上有时也会出现。在我国四季分明的中纬度地区，深秋至第二年早春季节，正是冬季开始前和结束后的时间，夜间的气温一般能降低到 0℃以下。在晴朗的夜间，因为无云，地面热量散发很快，在前半夜由于地面白天储存热量较多，气温一般不易降到 0℃以下。特别是到了后半夜和黎明前，地面散发的热量已很多，而获得大气辐射补偿的热量很少，气温下降很快，当气温下降到 0℃以下时，近地面空气中的水汽附着在地面的土块、石块、树叶、草木、低房的瓦片等物体上，就凝结成了冰晶的白霜。

霜冻是多在春秋转换季节，白天气温高于 0℃，夜间气温短时间降至 0℃以下时发生的低温危害现象，即农业气象学中指的土壤表面或者植物株冠附近的气温降至 0℃ 以下而造成作物受害的现象。出现霜冻时，往往伴有白霜，也可不伴有白霜，不伴有白霜的霜冻被称为"黑霜"或"杀霜"。

2. 霜冻对龙榛的危害机制

温度下降到 0℃ 以下时，细胞间隙的水分形成冰晶，细胞内原生质与液泡逐渐脱水和凝固，使细胞致死。解冻时，细胞间隙中的冰融化成水，很快蒸发，原生质因失水使龙榛干死。霜冻对龙榛的危害，主要是使植物组织细胞中的水分结冰，导致生理干旱，而使其受到损伤或死亡，给龙榛生产造成巨大损失。寒地晚霜较早霜更具危害性，春季随着气温的上升，龙榛解除休眠，进入生长期，雌、雄花序开放早，易遭受霜冻，此时遇霜冻，0℃ 以下低温可使雌花柱头变黑，停止伸长，不能授粉受精；雄花则变软，萎缩枯死。当萌芽期受霜冻时，嫩芽嫩叶变褐色，影响树体发育和当年产量。

（三）霜冻的预防与解除方法

1. 龙榛栽植应避开霜带

在龙榛栽培适应区内，根据小气候的特点，避开霜带。根据霜冻来得早晚、无霜期的长短，避开霜冻时间。

2. 灌水法

灌水可增加近地面层空气湿度，保护地面热量，提高空气温度（可使空气升温 2℃ 左右）。由于水的热容量大，降温慢，田间温度不会很快下降。至于小面积的园林植物还可以采用喷水法，其方法是在霜冻来临前 1 h，利用喷灌设备对植物不断喷水。因水温比气温高，水在植物遇冷时会释放热量，加上水温高于冰点，以此来防霜冻，效果较好。

3. 遮盖法

遮盖就是利用稻草、麦秆、草木灰、杂草、尼龙等覆盖植物，既可防止外面冷空气的袭击，又能减少地面热量向外散失，一般能提高温度 1~2℃。有些矮秆苗木植物，还可用土埋的办法，使其不致遭到冻害。这种方法只能预防小面积的霜冻，其优点是防冻时间长。

4. 熏烟法

熏烟法是用易燃的干草、刨花、秫秸等与潮湿的落叶、草根、锯末等分层交互堆起，外面再覆一层土，中间插上木棒，以利于点火和出烟，发烟堆不高于 1 m。发烟堆要分布于龙榛园四周和内部。根据气象预报，在有霜冻的夜晚，当温度降至 5℃ 时即可点火发烟。也可用配制的防霜烟雾剂防霜冻，效果很好。烟雾剂的配方：硝酸铵 20% ＋ 锯末 70% ＋ 废柴油 10%，将硝酸铵磨碎，锯末过筛，锯末越细发烟越浓，持续放烟时间越长。霜冻来临之前，将配料按比例混合放入铁桶或纸筒内，根据风向放置药剂，待霜降前点燃。这些烟雾能够阻挡地面热量的散失，而烟雾本身也会产生一定的热量，可提高温度 1.0~1.5℃，烟雾保持 1 h 左右。但这种方法要具备一定的天气条件，且成本较高，污染大气，应慎重使用。

5. 施肥法

在寒潮来临前早施有机肥，特别是用半腐熟的有机肥做基肥，可改善土壤结构，增强其吸热保暖的性能。也可利用半腐熟的有机肥在继续腐熟的过程中散发出热量以提高土温。入冬后可用暖性肥料壅培林木植物，有明显的防冻效果。暖性肥料常用的有厩肥、堆肥和草木灰等。这种方法简单易行，但要掌握好本地的气候规律，应在霜冻来临前3~4 d施用。入冬后，可用石灰水将树木、果树的树干刷白，以减少散热。

6. 其他方法

实行人工辅助授粉，促进坐果；喷施0.3%硼砂+1%蔗糖液，全面提高坐果率。

四、涝害

（一）积水内涝的起因

龙榛属于浅根性树种，较耐干旱，但不耐积水内涝。龙榛园排水的主要目的是调节土壤水分和土壤空气的矛盾。如果龙榛树盘内长期积水，将造成龙榛根系呼吸困难，因而生长发育不佳。特别是积水内涝时间太久，可对幼树造成不可逆的影响，轻者可导致龙榛树体终生发育不良，重者可导致植株死亡。

（二）积水内涝的排除

虽然龙榛园设计中已经解决了排水工作，山地不存在排水问题，但在雨季过于平坦的龙榛园内需要排水。

1. 建园选址

建园选址时，注意选择排水良好的地块和土壤。修建完成通向主流域的排水通道，雨季来临之前及早清沟，避免排水通道堵塞。

2. 避免树盘内积水

修建好龙榛园内各小区的排水系统，雨季要及时排清树盘内的积水，避免树盘内根系长期积水浸泡。

3. 筑高台排水

若在排水不良的平地或内涝的龙榛园内，栽植树行要筑高台。筑台的高度视排水状况而定，一般筑台高度20~30 cm，以达到能够不积水、有利于排水为准。行与行之间挖排水沟，以达到排水的目的。

第四节 除草剂危害的防治

一、除草剂危害的原因

龙榛园与农田地相邻时，由于农田地中种植玉米、大豆等农作物，在每年的春季种植时，会针对不同农作物进行喷施化学除草剂，如乙酰胺、2,4-D丁酯、大豆欢、广灭灵等除草剂。这些除草剂在喷施的过程中，随风产生漂移后，落到龙榛树叶上，通过内吸传到树体内，造成对龙榛树体的危害。而且尤以2,4-D丁酯、广灭灵等对龙榛的危害为最严重。

二、除草剂危害的主要症状

对龙榛树体产生危害的除草剂主要为在大豆苗前土壤处理、玉米苗前土壤处理和苗后茎叶喷施处理中广泛使用的除草剂，而且多数发生在5月份的农忙时节。如2,4-D丁酯具有较强的内吸传导性，通过干扰内源激素而影响龙榛的多个生理代谢过程。广灭灵也是内吸选择性除草剂，传到叶片内抑制龙榛的叶绿素与胡萝卜素的合成。外在的表现为龙榛叶片外缘向内白化，严重时整个叶片基本白化。危害较轻时，仅龙榛叶片外缘略有白化现象，严重时干扰龙榛的正常生长发育，有的可导致植株的减产、减少花芽分化及死亡。

三、防治方法

1. 清水喷淋树体

应密切关注龙榛园四周农户使用除草剂的动态，发现使用漂移性大的除草剂且风吹向龙榛园时，应尽早地组织人员使用喷淋设备进行喷淋，快速完成对龙榛树体清洗除草剂的工作，减少除草剂在龙榛植株上，特别是龙榛叶片上的保留与吸收。

2. 化学调控方法

在龙榛园内发生除草剂危害时，要了解是何种除草剂的危害，根据除草剂的品种进行相对应的处理。当发生除草剂危害时，应及时有针对性地喷施植物调节剂进行逆向调节。植物调节剂对龙榛的生长发育有很好的刺激作用，同时，还可增施锌、铁、钼等微肥及叶面肥，促进龙榛的生长，有效减轻除草剂的危害。

常见的用来进行调控的植物调节剂有赤霉素、天丰素、芸苔素等。龙榛植株受害时，可用赤霉素每30~50 mL粉剂加1 L水，配成水溶液喷施叶表2~3次，或用天丰素1 mL加1 L水，配成水溶液喷施叶表2~3次，可明显改善植株的白化现象，有效恢复生长，促进生长发育。

3. 加强田间管理

除草剂药害发生后，及时摘除褪色、变态严重的叶片，可减少除草剂在龙葵体内的渗透与传导。及时进行中耕除草松土，适当增施氮磷钾肥，促进龙葵根系的生长发育，有利于提高植株的抵抗能力。补充叶面肥，可缓解除草剂的危害，恢复生长发育。叶面肥的使用原则：大量元素含量高，微量元素适中，浓度大小以不产生药害为准，并且耐雨水的冲刷，如小叶敌、绿灵宝等。

第二十三章 龙榛与经济树种的混交栽培

龙榛可以与多种经济林树种进行混交栽培，这种混交栽培系统具有它的基本特征与原理。目前，龙榛与经济树种混交林系统已成为一门新兴交叉学科，其理论系统正逐渐完善，并随着实践的发展而发展。本章侧重龙榛与森林坚果、小浆果、果树、山野菜、木本药材和藤本的混交林研究。

第一节 龙榛与经济树种混交林系统的基本特征与原理

龙榛与经济树种混交林系统具有多个基本特征，理论原理包括系统论原理、生态系统学原理、景观生态学原理、社会经济学原理。

一、龙榛与经济树种混交林系统的基本特征

龙榛与经济树种混交林系统具有系统性、多样性、集约性、复杂性、稳定性、高效性和可持续性等特征。

1. 系统性

龙榛与经济树种混交林系统是一个开放的人工生态系统，其物质的流动、能量的转化和价值的转移等过程均以系统理论为指导，所追求的目标不是某单一产品或单一效益，而是在健全水土保持功能的基础上，整体功能的发挥和整体效益的取得。

2. 多样性

龙榛与经济树种混交林系统主要包括复合系统组分、时空结构、经营管理方式、功能与效应、系统的生物多样性以及规划设计时所依托的理论原理的多样性。

3. 集约性

龙榛与经济树种混交林系统作为一个人工复合的生态系统，在经营管理上要求比单一组分的生态系统有更高的技术，同时为取得更多的产量、更高的价值，要求投入更多的人力资源。

4. 复杂性

龙榛与经济树种混交林系统由于其复合系统是由两种或两种以上的生物成分组成，因此该系统属于森林生态系统，一方面导致根系的时空分布格局、系统冠层结构和下垫面的物理属性等因子均相对较为复杂，从而也使得系统内辐射传输、能量平衡、土壤水分和养分运移等能流、物流的过程和规律更为复杂，另一方面则表现出经营管理过程及技术措施的复杂性。

5. 稳定性

龙榛与经济树种混交林系统，根据生物多样性、景观生态学原理，生物组分越多，生态系统的自我调控能力、系统的抗逆功能越强，系统的稳定性也越高。

6. 高效性

龙榛与经济树种混交林系统根据生态经济学、系统工程学、景观生态学原理将各物种的有机组合，同时还对各种单项技术措施进行综合优化，将生物技术和工程类技术组合起来，必然会带来生态、经济和社会的高效性。构建农林复合系统的根本目的就是追求高效的水土保持生态效应和社会经济效应。

7. 可持续性

由于以上原因，混交林系统可体现生态学、经济学和社会效应的可持续性。

二、龙榛与经济树种混交林系统的理论原理

龙榛与经济树种混交林系统的复合经营，作为一种土地利用方式，其规划设计、结构配置和模式优化、可持续经营管理等实践过程同样也离不开科学的理论指导，这些理论涉及系统论、生态学、生理生态学、生态经济学、景观生态学、系统工程学、农林区社会学等相关学科和领域。

（一）系统论原理

系统论创始人，奥地利科学家塔良菲在20世纪20年代初，对生物学的理论和研究方法提出了机体论的概念，认为：一切有机体都是由相互联系、相互作用的若干要素有机结合的整体，并按照严格的等级和层次组织起来的。我国著名科学家钱学森将系统定义为：由相互作用和相互依赖的若干个部分组合而成的具有特定功能的有机体。可见，构建一个系统必须具备3个条件：一是具有组成系统的多种要素；二是要素之间相互作用，形成一个有机的整体；三是组成要素的有机整体各具特定功能。系统的范围可大可小，从原子到宇宙，从一块林地到一个林场，从个人到社会均可视为一个系统，其基本特性如下（陈汤臣,1993）：

1. 目的性

凡系统都有目的，而要达到目的，系统必须具有一定的结构与功能，系统是结构与功能的统一体。

2. 有序性

凡系统都是有序和边界的。边界是人为划分的，是为了便于研究边界内的事物，它可能是自然形成的，也可能是人为确立的。然而系统内各因素与外界环境并非隔绝，通过输入和输出与外界联系，同时人为确定边界时，尽可能把关系密切的要素及其反馈联系包括在内，使得边界以内的系统结构

与功能有相对的独立性与稳定性。

3. 集合性

系统是由两个或两个以上的亚系统组成，各亚系统（或称要素）相互依存、相互制约、互为因果。如一个林场系统中的苗木栽植、农作物种植、家畜养殖、河流等可作为亚系统，而苗木栽植又可分为用材林和经济林等子系统。

4. 层次性

自然界是有层次的，从整体上有微观和宏观之分。在生物系统中，从生物圈—生物群落—种群—个体—系统—器官—组织—细胞器—生物大分子等组成一个多层次的、从宏观到微观的系统。复杂的系统中也存在层次，有亚系统、大系统之分。大系统和亚系统是相对的，任何一个系统要素，通常又是一个较低一级的系统。

5. 相关性

系统内各亚系统间的相互联系表现为相互制约，并且有反馈作用，这种依存和制约关系是通过大系统这个整体相联系的。如一株植物作为一个系统，它的亚系统——根系，不断地从土壤中吸收水分和养分，供给叶子进行光合作用，否则叶子无法执行生理功能，植物就会死亡，最后根、叶亦将不复存在。根深叶茂便是根叶之间的依存关系，也表明系统中各亚系统与大系统之间相互依存合作的关系。

6. 整体性

系统各要素间并非简单地组合，它们之间保持着有机的联系，从而形成一定的结构与功能，成为综合整体。整体性是系统各构成部分的统一。系统要素的功能必须服从系统整体功能，而系统整体功能不等于各要素功能的简单相加，而是整体功能大于部分功能之和。

（二）生态系统学原理

1. 生态系统的概念

生态系统(ecosystem)这一概念最初是由生态学家Tansley于1935年较完整地提出来的,他认为"生态系统的基本概念"是物理学上使用的"系统"整体，这个系统不仅包括有机复合体，而且还包括构成环境的各种自然因素的复合体。到20世纪50年代，生态学家Odum建立了比较完善的生态系统概念和体系，60年代得到了进一步的发展，强调生态系统的结构与功能之间的相互联系和相互作用以及自动调节机制，成为目前大家普遍接受的理论。Odum（1983）认为，生态系统就是包括特定地段的全部生物（即生物群落）和物理环境相互作用的任何统一体，并且在系统内部，能量的流动导致形成一定的营养结构、生物多样性和物质循环。

因此，可以认为：生态系统是指一定的时间、某一空间内所有生物（包括动物、植物和微生物）及其环境（包括光、热、水、土、气候、地貌等），通过各组成要素间的物质循环和能量流动以及信息传递而形成的相互依存、相互制约、具有统一功能的综合体。森林就是一个典型的生态系统，在森林中，有乔木、灌木、草本等植物，还有昆虫、鸟、兽等动物，以及各种细菌、真菌等微生物，再加上阳光、空气、温度等各种非生物环境。如果从生态学的观点出发，研究和揭示这些生物之间，以及它们和非生物环境之间的相互关系、相互作用，这样，由许多物种（生物群落）和环境组成的森林就成了一个实在的生态系统。总之，凡是具有生物群落加上环境的生命组织层次，都可以叫作生态系统。生态系统的范围可大可小，浩瀚的海洋、无边的草原、大片的森林、微小的水滴等，都是典型的生态系统，甚至地球上全部生物和所有适于生物生存的环境合在一起（即生物圈），也可以看作是一个全球生态系统。

2. 生态系统的特征

生态系统除具有一般系统所具有的共同特性外，还具有其独有的特性，主要表现在以下几个方面。

（1）组成成分。

生态系统不仅包括植物、动物、微生物，还包括无机环境中作用于生物物理的化学成分，并且只有在生命存在的情况下才能形成生态系统。就地球而言，生态系统不仅存在于生物圈内。

（2）生态系统组分间都具有动态平衡的特性。

系统内存在种内、种间以及生物与环境之间的功能协调，以维持其相对平衡，而系统内任何功能组分的大幅度改变都会引起其他组分的变化，因而改变系统内部的结构（如生物种类、数量、动态等），通过系统自我调控和人为调控，会形成一个新的平衡状态，仍然维持生态系统的持续性，并使系统不断发展，即保持生态系统的动态平衡。

（3）开放性。

生态系统是一个开放系统，不断地从外部环境输入物质和能量，经过系统内部的吸收和转化，输出到外部环境中，从而维持生态系统的有序状态。

（4）结构持性。

生物圈内存在着大大小小的各种类型的生态系统，这些生态系统中水热条件差异很大，反映了该地区自然地理特点和一定空间的结构特点，出现了许多不同种类的生物群落。因此，造成该系统明显的水平分布和垂直分布，构成生态系统的空间结构和成层现象。

（5）系统演替。

生态系统内部的有机体具有生长、发育、繁殖和衰亡的过程，而系统内的环境也在不断地发展和变化着，从而使整个生态系统具有发生、发展和衰亡的过程。这样，生态系统表现出时间特征，具有从简单到复杂、从低级到高级、从成长到成熟的转变状态，即系统的演替。

（6）组分间的相互作用。

生态系统中的生物组分和非生物组分间通过复杂的能量转化和物质循环来完成其代谢作用，生物组分是由生产者、消费者和分解者三大类群组成，而生产者在生态系统形成中起着关键作用，成为消费者和分解者的能量来源。

（三）景观生态学原理

龙榛与经济树种混交林系统是一种具有广泛发展前景的林业景观生态设计（傅伯杰等，2002），其目的在于从木本植物之间共生、共栖的土地单元内获得利益。景观是指由相互作用的拼块或生态系统组成的，以相似的形式重复出现的，具有高度空间异质性的区域。景观生态学是生态学新分支，以整个景观为对象，以景观学理论框架为依托，并依据生态系统理论和生物地理理论，来研究景观的结构和功能、景观动态以及相互作用机制、景观的科学规划和有效管理。景观生态学的基本原理包括景观结构与功能、生物多样性、物种流动、养分再分布、能量流动、景观变化与景观稳定性原理等（Forman，1986）。

1. 景观结构与功能原理

各景观要素在物种、能量和物质的分布方面会表现出不同的结构，因此，其物种、能量和物质在景观结构组分之间的流动方面会出现不同的功能形式。

2. 生物多样性原理

生物多样性是指一定范围内各种活的有机体有规律地结合以构成稳定的生态综合体，包括所有植物、动物和微生物种以及所有的生态系统和形成生态的过程。

3. 物种流动原理

物种在景观组分之间的扩张和收缩既影响景观的异质性，也受景观异质性的控制。

4. 养分再分布原理

矿质养分在景观组分之间的再分布速率，随这些组分中的干扰强度增加而增加。

5. 能量流动原理

热能和生物量通过景观各组分之边界的速率，随景观异质性的增加而增大。

6. 景观变化原理

在无干扰条件下，景观的水平结构逐渐向着均一性发展：中度干扰将迅速增加异质性；而严重干扰则可增加也可减少异质性。

7. 景观稳定性原理

景观拼块的稳定性可能以三种明显不同的方式增加：其一，趋向于物理系统稳定性（以没有生物量为特征）；其二，趋向于干扰后的迅速恢复（存在低生物量）；其三，趋向于对干扰的高度抗性（通常存在高生物量）。

（四）社会经济学原理

1. 投资可行原理（原则）

龙榛与经济树种混交林系统作为一个多输入、多输出的人工复合生态系统，系统的建立、运作、管理除需利用自然资源外，还需要投入一定的人工辅助物质和能量，包括资金、肥料、劳动力和能源等。所以，必须预测分析系统输出的产品的销售状况，并结合当地社会经济背景及发展状况，对初期投资的规模做出可行性分析。在系统引入新物种时，还要考虑当地农民的生产管理技术水平和接受程度，以保证系统设计可提供经济上合理、生产上可行的优化方案。

2. 供求关系原理

龙榛与经济树种混交林系统是一个多样性系统，不仅具有生物多样性特征，而且具有经济多样性特点，因此，这一系统的产出也是多种多样的。这种多样性的产出系统客观上能够满足人们消费的多样性需要。但是，供求法则不仅要求满足人们消费的多样性，而且要求在产出的量比关系、时空关系和品种上有一个合理的结构。只有这样，才能使供与求大体均衡，避免浪费或生产不足。从供求法则出发，对于农林交错区生态经济型水土保持林系统的设计和经营，在提高系统物种多样性的同时，要顺应市场供求形成的价格导向，进行不同植物品种的早、中、晚，短、中、长以及上、中、下的时空配置，力争向市场提供丰富多样、适合消费者需要的产品。

3. 产量产值原理

龙榛与经济树种混交林系统的主要目的在于追求生态效益，但广大的发展中国家和欠发达国家发展农林交错区生态经济型水土保持林则要求在不降低生态效益的前提下，谋求经济效益。在我国，林业产业正朝着"既要高产又要高效"发展，因此我国的农林交错区生态经济型水土保持林经营要积极适应林业产业结构的调整，为此在规划、设计和运行复合系统时，要遵循产量产值原理，要走低投入、高产值的发展道路，以提高林农收入、促进农林交错区生态经济型水土保持林经营的发展，增强林业发展的后劲，最终实现生态、经济和社会效益持续协调的发展目的。

4. 短期效益、中期效益和长期效益相结合原理

所谓短期效益、中期效益和长期效益是指龙榛与经济树种混交林系统中各种物种生产周期的短、中、长期以及再生产周期中所获得的时间的差异性。林木的生长周期相对较长，经济效益滞后，而用材林、防护林和经济林的效益周期又有所差异。因此，在确定龙榛与经济树种混交林系统的种类、规模和结构时，应考虑长、中、短期效益物种的合理搭配，做到以短养长、以长促短，长短结合。如为解决温饱问题，则要优先发展短平快的项目，但也应积极安排中长期项目，以利于林农经济的可持续发展。

5. 风险最小原理

任何经营管理项目都存在一定程度的风险性，但如组织管理得当，可以将风险降低到最小限度。林业为自然再生产和社会再生产相结合的物质生产部门，其风险性主要来自自然灾害造成的损失和人工措施不合理造成的损失。在农林交错区生态经济型水土保持林系统中，虽然各种物种对自然灾害造成的损失和人工措施不合理造成的损失的抗逆能力有所差异，但可以根据当地经常出现的各种自然灾害及其危害程度，合理配置各种物种的时空比例，以增加系统的抗逆性，有利于减少自然灾害带来的损失。因此，在规划设计农林交错区生态经济型水土保持林系统时，不仅要对系统决策的风险大小做出评估，而且还需要采取相应技术措施以减少生产风险。

第二节 龙榛与森林坚果树种的混交林

一、龙榛与森林坚果树种混交林的基本情况

龙榛与森林坚果树种混交林试验地的基本情况见表 23-1。从表 23-1 中可以看出红松 × 龙榛和核桃楸 × 龙榛属于东北坡，坡度为 8°～10°，位于山的上部，土壤颜色为暗棕色，均适合红松、核桃楸和龙榛的生长发育。

表 23-1 龙榛与坚果林混交试验地的基本情况

树种组合	坡向	坡度 /（°）	坡位	地形	土壤相对含水率 /%	A_0	A	AB	B	土壤类型	土壤颜色
红松 × 龙榛	东北坡	8~10	上部	山坡	31.53	3	20	21	15	暗棕壤	暗棕色
核桃楸 × 龙榛	东北坡	8~10	上部	山坡	31.32	5	22	23	15	暗棕壤	暗棕色

二、龙榛与森林坚果树种混交的树木组合目标产量情况

两种组合的试验结果见表 23-2，红松、核桃楸的株行距均为 3 m × 4 m，榛子为 3 m × 3 m，造林苗木中，红松是嫁接苗，核桃楸是实生苗，榛子是根蘗苗。由于造林后的补植，所以其保存率均较高，在 92.8%~95.6% 之间。经统计，两种组合中红松 × 龙榛生长良好，每公顷总产值可达到 10714.39 元，高出龙榛 × 核桃楸每公顷总产值 6400.29 元。预计在未来 10~15 年间，红松 × 榛子的组合效果会较好。

表 23-2 龙榛与坚果林混交的树木组合目标产量情况

树种组合	海拔/m	树种	起源	育苗方式	栽植密度	保存率/%	目标产品	单产/（kg/株）	总产量[①]/（kg/hm²）	单价/（元/kg）	总产值/（元/hm²）
红松×龙榛	390	龙榛	人工林	根蘖	3 m×3 m	94.3	榛子	1.22	479.36	14.0	6711.04
		红松	人工林	嫁接	3 m×4 m	95.6	松子	0.67	266.89	15.0	4003.35
龙榛×核桃楸	454	核桃楸	人工林	实生	3 m×4 m	92.8	核桃	1.05	406.00	0.6	243.60
		龙榛	人工林	根蘖	3 m×3 m	94.3	榛子	0.74	290.75	14.0	4070.50

注：①每公顷混交为各占 5000 m² 的产量以及在现在的保存率情况下，计算得到的产量，以下相同。

三、龙榛与森林坚果树种混交的树木组合根系生长情况

两种组合的试验结果见表 23-3。结果表明，在干重方面，红松×龙榛的总重量较大，达到 26.0 g，其中土层在 0~10.0 cm 为 3.1 g，10.1~20.0 cm 为 14.0 g，20.1~30.0 cm 为 8.5g，30.1~40.0 cm 为 0.4 g，40.1~50.0 cm 为 0g；核桃楸×龙榛的总重量较小，达到 24.6g，其中土层在 0~10.0 cm 为 2.9 g，10.1~20.0 cm 为 9.8 g，20.1~30.0 cm 为 10.8 g，30.1~40.0 cm 为 0.8 g，40.1~50.0 cm 为 0.3 g。由此可以看出，它们的根系主要是分布在 0~30 cm 土层中。这主要是由于榛子属于灌木根系，其发达程度不如红松、核桃楸等乔木树种，因此造成了根系的分布和根量上的差别，但对植株的整体空间分布没有明显的影响。

表 23-3 龙榛与坚果林混交的树木组合根系生长情况

树种组合	总重量		0~10.0 cm		10.1~20.0 cm		20.1~30.0 cm		30.1~40.0 cm		40.1~50.0 cm	
	鲜重/g	干重/g	鲜重/g	干重/g	鲜重/g	干重/g	鲜重/g	干重/g	鲜重/g	干重/g	鲜重/g	干重/g
红松×龙榛	43.2	26.0	5.4	3.1	23.8	14.0	13.4	8.5	0.6	0.4	0	0
核桃楸×龙榛	43.2	24.6	5.8	2.9	17.5	9.8	18.1	10.8	1.2	0.8	0.6	0.3

四、龙榛与森林坚果树种混交的树木组合地上部分生长情况

试验结果见表 23-4。从表中可以看出，红松与龙榛的组合中，红松高度达 1.60 m、冠幅达到 0.56 m、胸径是 3.0 cm，龙榛高度可达 1.81 m、冠幅达 0.92 m、胸径是 1.61 cm；核桃楸生长速度快，其与龙榛的组合中，核桃楸高度达 3.08 m、冠幅达到 2.47 m、胸径达到 5.0 cm；龙榛高度达 1.02 m、冠幅达 0.78 m、胸径是 2.06 cm。所以，从试验结果来看，红松×龙榛的组合最为适合生态经济型水土保持林的需要。可以看出在两种组合中，由于核桃楸生长快，上层树冠大，占据的空间较大，压制了龙榛的生长，使得近两年来龙榛的生长减缓。因此，一般在核桃楸定植的 7~8 年，对其他经济树种组合的灌木和乔木生长都有一定的影响。所以营建龙榛与核桃楸的经济林混交时，就应该加大

株行距和加强修枝，以保证龙榛有一定的营养空间。

表 23-4 龙榛与坚果林的树木组合地上部分生长情况

树种组合	树高 /cm	枝下高 /cm	树冠长 /cm	冠幅 /cm	胸径 /mm
龙榛	180.80	27.80	103.00	91.90	16.14
红松	160.00	17.00	123.00	56.00	30.19
龙榛	102.00	32.00	70.00	78.00	20.56
核桃楸	308.00	67.20	240.80	247.10	50.00

第三节 龙榛与小浆果树种混交组合的效果

一、龙榛与小浆果林试验地的基本情况

龙榛与小浆果林混交两种组合的试验地基本情况见表23-5。从表中可以看出，龙榛与沙棘、龙榛与蓝靛果等属于东北坡；龙榛与蓝靛果的坡度在 11°~12°，龙榛与沙棘的坡度在 13°~15°。土壤相对含水率在 20.46%~22.47%，土层厚度在 35~37 cm，土壤为暗棕壤，土壤颜色暗棕色，均适合龙榛、蓝靛果和沙棘的生长发育。

表 23-5 龙榛与小浆果林混交试验地的基本情况

树种组合	坡向	坡度 /(°)	坡位	地形	土壤含水率 /%	A_0	A	AB	B	土壤类型	土壤颜色
龙榛 × 沙棘	东北坡	13~15	上部	山坡	22.47	2	6	29	20	暗棕壤	暗棕色
龙榛 × 蓝靛果	东北坡	11~12	中部	山坡	20.46	3	10	22	12	暗棕壤	暗棕色

二、龙榛与小浆果林的树木组合目标产量情况

作为龙榛混交搭配的主要小浆果组合的类型，一直备受重视，试验结果见表23-6。从表中可以看出，在两种组合中，按照每公顷总产值计算，龙榛 × 沙棘总产值低（16900.00 元 /hm²），龙榛 × 蓝靛果总产值高（21707.50 元 /hm²）。

可以看出，在龙榛与小浆果的组合中，龙榛与蓝靛果的产值最为优秀，这种组合为大灌木与小灌木的组合，搭配合理，时间上结构完善，空间上是互补的，可以维持在 30 年以上；龙榛和沙棘的组合，在 15~20 年时的产值是可行的，但 20 年之后的产值如何还有待于观察。

表 23-6 龙榛与小浆果林的树木组合目标产量情况

树种组合	海拔 /m	树种	起源	育苗方式	栽植密度	保存率 /%	目标产品	单产 /（kg/株）	总产量 /（kg/hm²）	单价 /（元 /kg）	总产值 /（元 /hm²）
龙榛 × 沙棘	454	沙棘	人工林	实生	2 m×3 m	87.6	果实	2.5	1314.0	6.0	7884.00
		龙榛	人工林	根蘖	2 m×3 m	96.6	榛子	0.8	644.0	14.0	9016.00
龙榛 × 蓝靛果	448	蓝靛果	人工林	实生	1 m×2 m	92.3	果实	1.1	2538.3	5.0	12691.50
		龙榛	人工林	根蘖	2 m×3 m	96.6	榛子	0.8	644.0	14.0	9016.00

三、龙榛与小浆果林的树木组合根系生长情况

龙榛与小浆果林的树木组合根系生长情况见表 23-7。从表 23-7 中可以看出，干重在不同的组合中表现不同，按照干重生物量由小到大的顺序排列依次为：龙榛 × 蓝靛果（126.8 g）< 龙榛 × 沙棘（165.8 g）。这些植物树种的根系大部分是分布在 0~30.0 cm 的土层中，尤以 10.0~20.0 cm 的土层中略多，而 30.0~50.0 cm 的土层中则较少，这样的结果与前面所述土层肥沃相关联。

表 23-7 龙榛与小浆果林的树木组合根系生长情况

树种组合	总重量		0~10.0 cm		10.1~20.0 cm		20.1~30.0 cm		30.1~40.0 cm		40.1~50.0 cm	
	鲜重 /g	干重 /g	鲜重 /g	干重 /g	鲜重 /g	干重 /g	鲜重 /g	干重 /g	鲜重 /g	干重 /g	鲜重 /g	干重 /g
龙榛 × 沙棘	307.3	165.8	89.7	50.5	104.7	59.6	90.6	44.6	21.2	10.5	1.1	0.6
龙榛 × 蓝靛果	224.6	126.8	58.1	35.5	113.9	66.8	42.9	19.2	8.4	4.6	1.3	0.7

四、龙榛与小浆果林的树木组合地上部分生长情况

龙榛与小浆果林的树木组合最为丰富，试验结果见表 23-8。从表 23-8 中可以看出，所有的组合均尚未郁闭，与沙棘有关的林分设置在预防侵蚀沟形成的地方，其面积略小，离郁闭还有一定的时间。在这两种组合中，沙棘 × 龙榛的果实成熟后，沙棘采摘很不方便，影响了种植。树种搭配上，结合表 23-6 和表 23-7 来看，尤以蓝靛果与龙榛的组合为优，不仅配置合理而且经济利益较大，可作为确定的合理模式；其次是蓝靛果与红松、黑豆果与红松。

表 23-8 龙榛与小浆果林的树木组合地上部分生长情况

树种组合	树高 /cm	枝下高 /cm	树冠长 /cm	冠幅 /cm	胸径或基径 /mm
沙棘	380.00	48.00	332.00	350.00	37.25
龙榛	125.00	32.00	93.00	82.00	14.08
蓝靛果	135.00	—	—	134.00	12.50

续表

树种组合	树高 /cm	枝下高 /cm	树冠长 /cm	冠幅 /cm	胸径或基径 /mm
龙榛	134.00	29.00	105.00	110.00	15.26

　　小浆果与龙榛的搭配组合，其稳定期可达到一个生命周期，而且由于龙榛与小浆果均采用园艺栽培，可以有效地通过修剪调控树体形态，有利于其地上空间的管控。核桃楸是不适合与小浆果搭配的树种，由于其生长迅速，树冠较大，会对小浆果的生长造成影响，从而导致小浆果生长不良甚至死亡；小浆果与红松按照株行距 3 m×4 m 的组合配置，基本上可达到 20~25 年稳定期。

第五篇 龙榛果实采摘与保存

第二十四章　龙榛果实采摘与保存

第一节　龙榛果实的采收

一、采收前的准备

龙榛果实的成熟期为 9 月中旬，榛果成熟后即可采收。在采收期到来之前，先将龙榛园的地面整理干净，准备好采收工具与运输机具，做好榛果堆放场地的清扫等准备工作，有条件的单位可采用机械化脱苞、除去杂质和自动烘干设备。

二、龙榛果实的采收

由于每个品种的成熟期不同以及成熟后是落地还是继续挂在树上有所不同，所以采收时间、方法不同，因而产生了龙榛果实先后采收的顺序不同。果苞脱出的方法也因品种的不同而有难易之分。

当龙榛果实的果苞由绿变黄、变褐，基部有一圈变成黄褐色，坚果外壳自白色变为黄褐色，同时果序柄已形成脱离层，达到极易脱落或勉强挂在树上，果苞内榛果用手一触即可脱苞，为适宜采收期。龙榛不同品种的成熟期不一致，因此，要按照成熟的先后次序，采取分期分批采收。过早地采收形成了"捋青"，种仁不充实，晒干后易形成不满仁、半仁和瘪仁，降低榛仁产品的产量和质量；过晚采收造成榛果落地，容易腐败。龙榛不同品种要分别采收和处理，榛果不能相互混合放置，容易产生杂乱。

1. 成熟后容易落地的龙榛果实采收时间

榛果的成熟期一般是 9 月中旬，榛果与其品种（品系）的物候特点密切相关。有些龙榛品种榛果成熟后容易落地，这时应优先采收。一般情况下，生长在阳坡的榛树比生长在阴坡的成熟早；易落地的品种比挂树上的品种成熟早。在寒地一般是 9 月 11 日开始，9 月 15 日完成龙榛果实采摘。

2. 成熟后不容易落地的龙榛果实采收时间

有些龙榛品种榛果成熟后挂在树体上，这时应后采收。同一株丛内，树冠外围及顶部的果实首先成熟，下部及内膛的晚熟，因此，对榛子进行分期采收较为合理。果实成熟略晚的采收时间是 9 月 15 日到 25 日。

三、龙榛果实的采收方法

1.沿龙榛栽植带拉遮阴网

拉遮阴网便于榛果的采集，省力省工，而且一次性投资，可以多年使用。当龙榛进入成熟期前，沿着栽植行拉遮阴网，平铺在地上，遮阴网的宽度超过树冠，一般用透光率为 75%~80% 的遮阴网。当榛果成熟时，可自动落在遮阴网上。我国寒地栽培的龙榛成熟期在 9 月，拉遮阴网采收保证了榛果的质量。

2.龙榛果实人工采收

一般龙榛树体高度控制在 4~5 m，在这个高度范围内，可直接用人工采摘，这时的榛果带有果苞。然后，按照龙榛的不同品种进行榛果装袋，装袋后的榛果集中装车运到晒果场，卸车后，倒出袋中的榛果，平摊开后以备脱果苞用。较高的龙榛树体，可设法采用振动或棒敲方法，使榛果落在遮阴网上，再集中收集起来，装袋后运输到晒果场。在采摘时，要注意尽量采摘树体上的所有榛果，同时避免折断当年生的株枝。

第二节 龙榛果实的脱苞、清洁与烘干处理

在晾晒场中采收回来的榛果是带有果苞的榛果，由于果苞和榛果内的水分含量大、杂质多，为达到商品榛果质量的要求，需及时进行脱果苞、除杂质、清洗榛果和中果干燥等工序。

一、龙榛果实的脱苞处理

龙榛的果苞因品种而不同，但其果苞都超过榛果，且长短不一。当龙榛果序被采集到晾晒场时，大部分榛果往往仍留在果苞内，导致在收获后需要脱苞处理。因此要及时地脱果苞，以免榛果霉烂。常用的方法有两种，一是人工脱苞，二是机械脱苞。

（一）人工脱苞

1.晾晒后手工脱苞

对于容易脱苞的龙榛品种的榛果，将采后的带苞榛果在晾晒场上晾晒，然后用压辊碾压或用木棒敲击，就能够轻易地使榛果与果苞脱离。随后人工将榛果轻松地从果苞中剥离出来，然后对剥离后的榛果进行晾晒。

2.堆积发酵脱苞

对于不容易脱苞的龙榛品种的榛果，可以将采收的带苞坚果堆积起来，一般堆置厚度为

40~45 cm。上面覆透光率为 20%~25% 的遮阴网或草帘等覆盖物，使带果苞的榛果发酵 1~2 d。榛果堆积时间不宜过长，过长则榛果基部容易发黑，影响榛果的外观。堆积后，果苞轻微发热、发酵，使榛果很容易脱苞。在榛果堆积的过程中，随时检查堆内温度、湿度。温度与湿度不宜过高，过高会使榛果发酵过度，榛果壳颜色过深，失去光泽，也会影响榛果的品质。堆置发酵后用木棒敲击即可脱苞。

（二）机械脱苞

在龙榛园内，采用脱苞机脱苞，可以做到随采随脱苞，特别是较大规模的龙榛园，有利于大量采集榛果。脱苞机脱苞应保证既能够使榛果顺利从果苞中脱出，又不会破坏榛果外果壳。榛果的脱苞机类型很多，如 ZZA700 型榛子脱皮机、ZZB700 型榛子脱皮机、ZZ1000 型榛子脱皮机等。总的原理是采用电动机或柴油发动机带外传动力系统，带动一个长圆筒形圆滚筒，其内密布许多刺状金属凸起物，刺状金属凸起物之间有一定的可调距离，圆滚筒转动时将榛果从果苞中挤出。圆滚筒内的刺状金属凸起物的间距可调整，调整的范围是根据龙榛不同品种间果形的大小所确定的。

二、除去杂质

从田间采收的榛果，经人工或机械脱苞后依然或多或少地带有空果、虫果、果苞皮、枝叶残片以及土块等杂质，为了达到榛果的商品质量等级要求，就要进行相应除杂工作。

除去这些杂质的方法，就是利用清选机按照风选原理进行清选，整个过程中，将榛果的空果、虫果、果包碎片、小枝段、叶片等吹出，将小而重的土块或沙粒等筛除，获得纯净榛果。

三、清洗

榛果经过脱果苞、除去杂质等一系列程序后，其表面仍然依附的一些沙土或龙榛的凋落残余物，有时会影响到榛果的表面性状，这就需要及时进行清洗处理。

一般规模小的龙榛园，在室外于自制的清洗槽内进行清洗，这种方式比较费工费力，但是比较经济合理。大的龙榛园会在室内采用清洗机进行清洗，在清洗机中通过移动装置（传送带）传送榛果，依次喷淋清水，以达到把榛果冲洗干净的目的。为达到榛果表面无有害污染物、农药残留物和致病微生物，通常在清洗线上附加消毒设备。

四、质量等级分级

采用人工或榛果质量分级机进行分级。按照龙榛的不同品种、榛果的大小进行质量等级分类，分类后的榛果分别按照龙榛品种、榛果的大小包装，以利于清洗。

1.质量等级

目前，榛果等级标准尚未制定，但是按照通行的做法是把龙榛不同品种的榛果，以榛果的大小分成4个等级，即一等、二等、三等和等外品，同时要求外观 [整齐度（%）、光泽完整（%）]、平均粒重（g）、种仁颜色、饱满程度、风味、杂质和残伤率（%）、商品仁率（%）、种仁含水率（%）、污染物限量、农药最大残留限量、理化指标限量、微生物限量（食品中致病菌限量，大肠菌群、霉菌限量，真菌毒素限量）等。此外，榛果内不应含有榛实象鼻虫。

2.手工质量等级分级

按照龙榛园内所栽植的品种不同，自制一套可以落过下一等级榛果的分级筛子，每一个品种三个分级筛子为一组，可以落过下一等级的榛果。

3.机械质量等级分级

机械质量等级的分级机，按照榛果的品种、大小也分为4级，这就有3种不同孔径的筛子，将榛果进行分级。按榛果大小分级后，挑出空粒、缺陷果、杂质等后，进入晾晒干燥程序。

通常榛果分级机有两种：平板式和滚筒式分级机。平板式或滚筒式分级机的设计原理是按照分级标准要求设计不同孔径的筛子，在机械运行中自动进行分级。

第三节 榛果的晾晒、干燥与包装

一、晾晒与干燥

经过清洗除杂、消毒后的榛果，含水率在20%~30%，这时的榛果不及时晾晒和干燥，就容易变质和霉变。榛果的含水率降至8%~10%的过程，就是晾晒和干燥的过程，这将为下一步的加工和贮藏提供有利条件。榛果通过晾晒和干燥后，即达到贮藏的要求。

（一）自然晾晒与干燥

1.自然晾晒

选择合适的晾晒场所，把清洗后的榛果放在阳光下晾晒。晾晒场应干净平整、湿度较低、通风向阳，可直接铺在水泥地面上晾晒，也可在地面上铺彩条布或塑料布，或用搭晾晒床的方法进行晾晒与干燥。晾晒与干燥时要经常对榛果进行翻动，达到干燥均匀的目的。晾晒开始时，榛果仁比较软，含水率大，仁为白色，经过不断的晾晒，龙榛仁逐渐变硬，最终在完成干燥时，完全变成乳白色。榛果仁是否完成晾晒与干燥，不是通过硬度和颜色来判断的，最后的判断是通过测定龙榛果仁的含水率来确定的，一般榛果仁的含水率需达到8%~10%。

2. 自然通风干燥

黑龙江省的 9 月中旬，气温逐渐降低，为了加快通风干燥的过程，需要搭建干燥棚。干燥棚用木棍或钢管做支架，细铁丝固定铁丝网搭成铺面。一般距地面 80~100 cm、铺面宽度 120~150 cm 为宜，其标准为便于混拌榛果操作。用塑料膜扣棚，棚内设鼓风机。这种棚可增加温度，既能通风，又可避免暴晒。

通风干燥时，把榛果摆摊在铁丝网上，一般厚度为 3~4 层榛果，翻动次数为每天 2 或 3 次，大棚温度控制在 28~30℃。当通风干燥后的榛果含水率为 8%~10% 时，榛果就可以正常贮藏。

（二）机械设备干燥

机械干燥设备种类很多，主要工作原理是通过调控温度与适时通风进行干燥。常见的有滚筒式、固定盘箱式干燥机，装坚果的托盘或滚筒带有小孔，有利于上下通风，通过温控和通风，达到榛果干燥的目的。

二、榛果的包装

榛果通过分级后，进入包装程序。常见的包装材料有麻袋、编织袋、纸箱、塑料袋、复合材料包装袋和气密包装袋。包装袋应符合经济、无污染、轻便、不易破损的要求，以便适应包装、贮藏和运输的需求。

榛果的包装应符合国家相应标准的规定，榛果包装的规格应根据市场、包装材料和贮藏时间的需求来确定，通常麻袋为 70~80 kg、编织袋为 40~45 kg、复合材料包装袋为 20~25 kg、气密包装袋为 10~20 kg。每件包装内的榛果质量等级应一致，并注明相应的龙榛产地、龙榛品种、生产年份、质量等级、产品重量、生产者、质量负责人等信息，做到产品可溯源。

第四节 榛果的贮藏、运输

一、榛果贮藏条件

1. 贮藏库房的条件

贮藏榛果的库房内要保持清洁、阴凉、通风、干燥，无老鼠和松鼠的危害，如黑龙江省森林工业总局牡丹江林业管理局种子站的种子库是建在山坡上，内分 4 个贮藏室，贮藏室外面的 6 面是中空的，然后再用水泥墙封闭。每个贮藏室的温度常年保持在 2~3℃。贮藏榛果的库房不能与任何可能影响榛果质量的物品一同存放，如化肥、农药、毒品、油料腐蚀性物品等。

2. 贮藏榛果的条件

榛果是比较耐贮藏的，但是要把榛果含水率控制在 10% 以内，如牡丹江林业管理局种子站的种子库可存放 4~5 年。在自然贮藏室内，室温夏天控制在 20℃ 以下，可存放 2 年。如果温度过高，会加速其脂肪氧化而酸败，从而产生过高的过氧化值和酸价，品质降低。贮藏坚果的条件是低温、通风、干燥。贮藏过程中，要定期检查榛果的质量。

二、榛果贮藏方法

（一）小规模龙榛园的普通仓库贮藏

小规模龙榛园的普通仓库贮藏，所用的是仓库或闲置的房屋，规模不大，适应短期的贮藏。这种仓库贮藏的温度与湿度受自然条件的约束，榛果可贮藏的时间短，一般 1~2 年，次年的夏季应注意通风，必要时在高温时期可添加排风机进行通风。这种小的仓库贮藏，在垛底平铺木方、木棍或其他坚固材料，垛成 3~4 个麻袋或编织袋，或高度在 180~200 cm 均可。垛的四周要留足够的空间，以便进行通风。如果榛果要销售，提前一天出库后，置于通风良好的环境下即可。

（二）大规模龙榛园的冷库贮藏

大规模龙榛园的冷库贮藏是用专业的冷库。在冷库内按照区划进行榛果码垛。码垛时，垛的四周要留有一定的空间，以利于空气的流动。一般冷库调控为温度 1~2℃，相对湿度 60%~65%。由于榛果是初级产品，它的包装一般是麻袋或编织袋，所以，码垛时注意牢固，并留通风井。如果采用塑料袋或复合材料包装袋包装时，将榛果装袋或置于周转箱、托盘箱等容器内，包装袋开口码垛，两天后待榛果温度降至库温时再扎口密闭冷藏。冷库贮藏的榛果也要定期抽样检测。如若销售时，可提前一天，将包装贮藏的榛果置于室内，随后销售。冷库贮藏可采用充 CO_2 自然降氧法，也可采用充 N_2 的方式进行贮藏。

（三）气调贮藏

1. 现代的气调贮藏技术

气调贮藏是指通过调整和控制食品储藏环境的气体成分和比例以及环境的温度和湿度来延长食品的储藏寿命和货架期的一种技术。在一定的封闭体系内，通过各种调节方式得到不同于正常大气组成的调节气体，以此来抑制食品本身引起食品劣变的生理生化过程或抑制作用于食品的微生物活动过程。

2. 气调贮藏的原理

气调主要以调节空气中的 O_2 和 CO_2 为主，因为引起食品品质下降的食品自身生理生化过程和微生物作用过程多数与 O_2 和 CO_2 有关。另一方面，许多食品的变质过程要释放 CO_2，CO_2 对许多引起食品变质的微生物有直接抑制作用。

气调贮藏技术的核心是使空气组分中的 CO_2 浓度上升，而 O_2 的浓度下降，配合适当的低温条件，来延长食品的寿命。

3. 充 CO_2 自然降氧法

充 CO_2 自然降氧法是指在榛果进塑料薄膜帐密封后，充入一定量的 CO_2，再依靠榛果的呼吸及添加消石灰，使 O_2 和 CO_2 同步下降。这样，利用充入 CO_2 来抵消贮藏初期高氧的不利条件，从而有利于榛果的贮藏。

榛果密封工作做得好坏是自然降氧储藏成败的关键。因此，要按照榛果堆装的方式、仓房的结构，因地制宜，采取不同的密封形式。只有榛果垛的密封工作做得实，才能保证降氧储藏的效果。

（1）制作帐幕。

采用聚氯乙烯帐膜或复合帐膜。目前应用最多的是聚氯乙烯，厚度应以 0.14~0.25 mm 为好，它比较耐用，密封性能较优。尼龙复合薄膜（厚度 0.14 mm）的不透气性与抗拉性能较好，价格合理，目前也已大量使用。帐膜的焊接和黏合，可应用高频热合机，也可用 300 W 调温电熨斗或 150 W 电烙铁焊接。黏合或补漏洞可用环己酮溶解聚氯乙烯薄膜碎片制成的胶黏合剂。

（2）整理榛果垛。

不论榛果用何种包装袋，都要整理垛面，做到垛面平整，便于操作。然后安装热敏电阻以及测气导管，在垛面设走道，上铺一层麻袋，便于操作走动。

（3）密封操作。

榛果堆密封，有单面、五面、六面密封等。按照不同的储藏条件或堆装形式而定，如圆筒仓、廒堆仓等榛果垛，通常只做单面密封。

包装榛果垛要求尽量用六面密封。做法是在榛果袋入仓前先铺好底层帐膜。进榛果袋完毕再套上层帐膜。密封时，应将上下 2 个帐膜的两头拉直拉紧，边对边向下最少卷 2 周（每卷 360° 为 1 周），使卷口边呈一直线，然后夹上铁夹子即可，夹子与夹子的间距不超过 10 cm。

（4）注入 CO_2。

从密封帐幔的底部开口，充入 CO_2 气体。当塑料罩内的 CO_2 气体浓度达到 80% 时停止充气，并扎紧通气孔。此后应经常测量 CO_2 气体的浓度，以便及时补充，同时注意防止漏气。另外，要尽量避免外界高温影响库内温度。

（5）最佳贮藏指标。

温度 1~2℃，经济贮温 ≤ 1.5℃ 即可。气体构成：O_2 占 2%~3%，CO_2 占 70%~80%；湿度 <60%；贮藏期可在 3 年以上。

三、榛果运输

榛果属于食品范畴，应该严格按照国家相应的运输标准进行运输，同时在榛果交易的过程中，要把龙榛品种、等级、数量等交接清楚。不论采用一种或几种交通运输工具，如汽车、火车等，在搬运、装卸车与运输时，要包装良好，避免风吹日晒、雨雪浇淋等，不可与有可能造成榛果污染的货物进行混装混运。运输过程中要按龙榛品种、等级码放，并且加固，以免造成不必要损失。

参考文献

[1] 周以良, 董世林, 聂绍荃. 黑龙江树木志 [M]. 哈尔滨: 黑龙江科学技术出版社, 1986.

[2] 中国科学院植物研究所. 中国高等植物图鉴 (补编第一册)[M]. 北京: 科学出版社, 1982:57-58.

[3] 李合生. 植物生理生化实验原理和技术 [M]. 北京: 高等教育出版社, 2000.

[4] 莫惠栋. 农业试验统计 [M]. 上海: 上海科学技术出版社, 1984:50-105.

[5] 沈熙环. 林木育种学 [M]. 北京: 中国林业出版社, 2002:5.

[6] 王明庥. 林木遗传育种学 [M]. 北京: 中国林业出版社, 2001:4.

[7] 梁维坚, 董德芬. 大果榛子育种与栽培 [M]. 北京: 中国林业出版社, 2002.

[8] 邹琦. 植物生理学实验指导 [M]. 北京: 中国农业出版社, 2003:129-130.

[9] 徐东艳. 辽宁地区榛子资源开发利用的分析 [J]. 沈阳农业大学学报: 社会科学版, 2005 (1):45-46.

[10] 孙冬伟, 邬俊财, 董锐, 等. 野生榛子的开发与利用 [J]. 林业实用技术, 2005(12):31-32.

[11] 苑辉. 辽宁省的灌丛资源及其保护利用 [J]. 国土与自然资源研究, 1996(4):62-65.

[12] 张艳波, 李锋, 陶蕊, 等. 长白山野生榛子资源调查 [J]. 吉林农业科学, 2007,32(5):56-57.

[13] 彭宪祥, 杨宾, 马传和. 对榛属植物资源开发前景的探讨 [J]. 吉林林业科技, 2001,30(4):40-42.

[14] 潘东海, 谷会岩, 孙慧珍. 毛榛资源利用与开发前景 [J]. 中国林副特产, 1999(1):41.

[15] 龙作义, 鲁昌华. 黑龙江省榛子资源分布状况与开发利用研究的进展 [J]. 中国林副特产, 2005(4):41-42.

[16] 龙作义, 刘士方. 杂交榛子引种试验 [J]. 中国林副特产, 2004(3):24.

[17] 龙作义, 赵鹏飞, 逄宏扬, 等. 毛榛与平欧杂交榛的花粉制备技术的研究 [J]. 林业勘查设计, 2010(1):70-72.

[18] 龙作义, 李雪, 逄宏扬, 等. 黑龙江省平榛种质资源调查、选优与收集的研究 [J]. 中国林副特产, 2010(2):82-83.

[19] 龙作义, 李红莉, 逄宏扬, 等. 平榛种质资源性状的描述与评价研究 [J]. 中国林副特产, 2010(3):76-78.

[20] 龙作义, 杨军. 红松榛子果林兼用园的建立技术 [J]. 中国林副特产, 2005(3):18-19.

[21] 龙作义, 鲁昌华. 榛子垦复园建设技术 [J]. 中国林副特产, 2005(2):20-21.

[22] 王道明. 杂交榛子一年生枝条长度与花芽数量的相关性 [J]. 山西果树, 2007(1):56.

[23] 孙万河, 聂洪超, 刘坤, 等. 平欧杂交榛子育苗及丰产栽培技术 [J]. 北方果树, 2007(1):17-18.

[24] 宋锋惠, 史彦江, 卡得尔. 大果杂交榛子引种及优良品种的选育 [J]. 东北林业大学学报, 2007(5):87-89.

[25] 郑金利. 抗寒大果杂交榛子新品种及其栽培技术 [J]. 特种经济动植物, 2005(6):6.

[26] 常书蓉, 黄显奇, 艾新民. 杂交榛栽培技术试验 [J]. 北方果树, 2004(3):22-23.

[27] 杨明轩, 李鹏飞, 汤凯. 杂交榛子的试栽表现 [J]. 北方果树, 2002(1):43.

[28] 梁维坚. 杂交榛子的栽培技术 [J]. 北方果树, 2001(5):26-28,35.

[29] 李宁, 苏淑钗, 靳利军, 等. 榛子花粉生长发育适宜温湿度研究 [J]. 中国农学通报, 2008(3):116-120.

[30] 杜玉虎, 张琳琳, 蒋锦标, 等. 蔗糖和矿质营养对榛子花粉离体萌发和花粉管生长的影响 [J]. 辽宁农业职业技术学院学报, 2008(2):1-3.

[31] 郑金利, 解明, 梁维坚, 等. 榛子新品种辽榛3号的选育 [J]. 中国果树, 2007(4):10.

[32] 徐秀芳, 李艳翠, 张丽敏, 等. 榛属植物种间杂交花粉直感效应的考测与研究 [J]. 中国野生植物资源, 2001(2):17-20.

[33] 戚继忠, 胡晓颖, 吴培莉. 榛子花粉形态学定量研究的取样技术 [J]. 吉林林学院学报, 1998 (1):1-5.

[34] 纪国锋,陶丽霞,戚继忠.榛子花粉形态变异与环境关系[J].北华大学学报:自然科学版,2001(4):345-348.

[35] 王立新.关于果树科学研究中的抽样调查技术[J].中国果树,1986(3):40-45.

[36] 张冬雪,王丹,张志伟.观赏植物组培与辐射结合育种研究进展[J].福建林业科技,2007(1):137-141,181.

[37] 蒋丽娟,周朴华,李培旺,等.绿玉树试管苗物理化学诱变及其抗寒突变体的筛选[J].植物遗传资源学报,2003(4):321-325.

[38] 奚声珂,王哲理,游应天,等.美国核桃、黑核桃引种试验[J].林业科学研究,1995(3):285-290.

[39] 崔宏安,蔡靖,何玉杰,等.美国黑核桃幼树在引种区生长特性研究[J].陕西林业科技,2000(2):27-30.

[40] 孙蕾,荀守华,王开芳,等.美国东部黑核桃超级苗选择[J].山东林业科技,2002(2):15-17.

[41] 荀守华,孙蕾,王开芳,等.黑核桃年生长发育规律研究[J].落叶果树,2004(4):8-10.

[42] 崔澄.植物生长素与细胞形态发生的关系[J].细胞生物学杂志,1983(5):13-14.

[43] 杨青珍,王锋,李娟,等.榛子绿枝插条生根的解剖学观察[J].中国农学通报,2006,22(7):154-156.

[44] 李大威.榛子扦插繁殖技术及不定根发生机理研究[D].北京:北京林业大学,2008.

[45] 郭素娟,凌宏勤,潘万春,等.白皮松插穗的生根特性与其解剖构造的关系[J].北京林业大学学报,2004,26(5):43-46.

[46] 黄卓烈,李明,谭绍满,等.吲哚丁酸处理桉树插条后氧化酶活性和同工酶变化与生根的关系[J].云南植物研究,2002,24(2):229-234.

[47] 黄卓烈,李明,詹福建,等.不同生长素处理对桉树无性系插条氧化酶活性影响的比较研究[J].林业科学,2002,38(4):46-52.

[48] 李玲,黄得兵,吴少梅,等.GL生根剂对扶桑扦插生根及碳水化合物分配的影响[J].园艺学报,1997,24(1):71-74.

[49] 李明,黄卓烈,谭绍满,等.吲哚乙酸处理桉树插条后氧化酶活性及同工酶变化与生根关系的比较研究[J].林业科学研究,2001,14(2):131-140.

[50] 李明,黄卓烈,谭绍满,等.难易生根桉树的过氧化物酶活性及其同工酶多型性比较研究[J].华南农业大学学报,2000,21(3):56-59.